世界著名计算机教材精选

Software Engineering 1

Abstraction and Modeling

软件工程卷 1

抽象与建模

Dines Bjørner 著

刘伯超　向剑文 等　译

清华大学出版社

北　京

图书在版编目(CIP)数据

软件工程卷 1——抽象与建模/(德)比约尼尔（Bjørner, D.）著；刘伯超等译. —北京：清华大学出版社，2010. 1
（世界著名计算机教材精选）
书名原文：Software Engineering 1——Abstraction and Modeling
ISBN 978-7-302-20890-7

Ⅰ. 软…　Ⅱ. ① 比…　② 刘…　Ⅲ. 软件工程-教材　Ⅳ. TP311. 5

中国版本图书馆 CIP 数据核字（2009）第 159918 号

责任编辑：龙啟铭
责任校对：徐俊伟
责任印制：何　芊
出版发行：清华大学出版社　　**地　址**：北京清华大学学研大厦 A 座
http://www. tup. com. cn　　**邮　编**：100084
社　总　机：010-62770175　　**邮　购**：010-62786544
投稿与读者服务：010-62776969，c-service@tup. tsinghua. edu. cn
质　量　反　馈：010-62772015，zhiliang@tup. tsinghua. edu. cn
印　刷　者：北京市清华园胶印厂
装　订　者：三河市李旗庄少明装订厂
经　销：全国新华书店
开　本：185×260　**印　张**：38　**字　数**：949 千字
版　次：2010 年 1 月第 1 版　　**印　次**：2010 年 1 月第1 次印刷
印　数：1～3000
定　价：79.00 元

本书如存在文字不清、漏印、缺页、倒页、脱页等印装质量问题，请与清华大学出版社出版部联系调换。联系电话：(010)62770177 转 3103　　产品编号：023236-01

Kari Skallerud Bjørner

我一生中最美好的事

Caminante, son tus huellas
el camino, y nada más;
caminante, no hay camino,
se hace camino al andar.
Al andar se hace el camino,
y al volver la vista atrás
se ve la senda que nunca
se ha de volver a pisar.
Caminante, no hay camino,
sino estelas en la mar.

Walker, your footsteps
are the road, and nothing more.
Walker, there is no road,
the road is made by walking.
Walking you make the road,
and turning to look behind
you see the path you never
again will step upon.
Walker, there is no road,
only foam trails on the sea.

行人啊，你的脚步
就是路，如此而已。
行人啊，本没有路
路是走出来的。
走便形成了路，
回首看去
你看到了路
而你永远不会再走
行人啊，本没有路，
只有海上泛起的泡沫行踪。

Proverbios y cantares, 29
Campos de Castilla
Antonio Machado
第 280 页 [23]

Proverbs and Songs, 29
Fields of Castilla
第 281 页 [23]，Willis Barnstone 译
Border of a Dream:
Antonio Machado 诗选

原著作者为中文版所作的序

在妻子和我的家中，有许多纪念品。它们来自于我们对中国超过 50 次的访问以及我在中国澳门担任由联合国和中国共同创建的联合国大学国际软件技术研究院首任院长为期 5 年时间的纪念品：20 多件从 18 世纪 60 年代到 1910 年的清代花瓶；三套成对的中国灯挂椅、马掌椅、低背椅。这些和一张非常棒的一米宽、两米长的黄花梨四柱卧床（原名如此！）装饰了我们的大客厅—— 伴上精雕细刻的中国屏风和五彩斑斓的中国玻璃窗，它们时时刻刻都让我们想起一个伟大的文化和卓越的工艺。14 年前我们的女儿和一位年轻的中国人结婚了，他们和我们的两个外孙女促使我们更加热爱中国和中国人民。

所以在 2006 年 8 月当刘伯超博士和他的同事们询问是否可以翻译我的三卷著作的时候，我自然会欣然接受了。我的著作，它代表着 25 年的劳动：思考、教学和写作。我非常高兴中国的优秀青年现在能够学习我的著作了。

要想真正成为计算科学和软件工程的专家，你必须要喜欢阅读和写作。现在你有机会来阅读了。阅读的同时，把你的所学应用到书写漂亮、抽象的规约中来。

我祝你愉快。我真心希望我的读者将享受计算科学、程序设计和软件工程的实践，就像我所享受到的并仍在享受它一样。

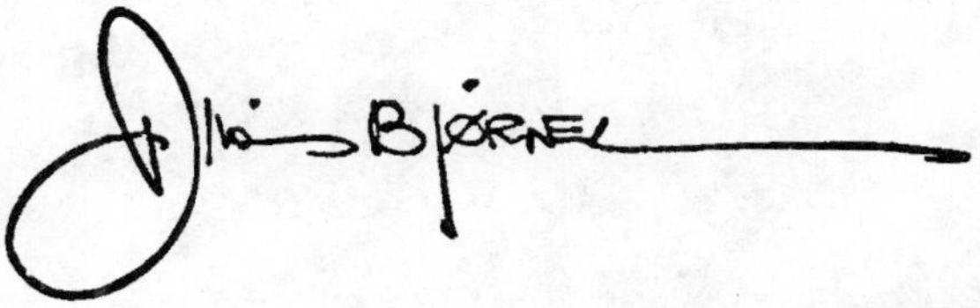

Dines Bjørner

Holte, Denmark, August 2007

译者序

本书是世界著名的计算机科学家 Dines Bjørner 教授对其所从事的软件工程研究的总结。

这几卷书主要讲述了如何使用形式方法指导软件工程的开发，特别是作者独创性地提出了领域工程这一全新的研究领域并在第 3 卷中予以系统的论述。作者结合 RAISE（工业软件开发的严格方法）规约语言，详细阐释了在软件的领域分析、需求分析、软件设计和开发的各个阶段，如何采用形式方法来指导软件开发模式，来保证软件开发的可靠性和正确性。

在翻译的过程中，译者得到了 Dines Bjørner 教授的大力支持。他非常关心中国学者在软件工程这一领域的研究，热心推动我们将他的三卷著作介绍给中国读者。

陈潇怡翻译了前言和第 1 章，李鑫翻译了第 2、8、9 章，向剑文翻译了第 10、11、12、13、14 章和附录 B 的 F-M 的部分，孔维强翻译了第 3、4、15、16、17、18 章，刘伯超翻译了第 5、6、7、19、20、21、22 章和附录 A、附录 B 的 A-E 与 N-Z 的部分，李国强审阅了全书。参加翻译和校对工作的还有田璟、王明华、袁春阳、李智伟、周琼琼、楚国华、齐亮、司慧勇、陈永然、李佳。限于译者水平，译文中难免会出现一些错误和不妥之处，敬请读者和专家予以批评指正。

前言—— 第 1~3 卷

本前言涵盖软件工程三卷书的内容，其中本册是第 1 卷。

- **软件工程—— 艺术、规范、工艺、科学、逻辑:** 软件工程是艺术 [296–298]、规范 [179]、工艺 [399]、科学 [226]、逻辑 [253]，以及下列的实践 [254]:
  - ⋆ 基于科学的洞察对软件（即技术）的**综合** (即构建、构造)，以及
  - ⋆ 为了探清和发现现有软件技术的可能的科学内容，对其的**分析** (即学习、研究)。

为了做到这一点，

- **软件工程—— 抽象与规约:** 软件工程运用抽象和规约。
  - ⋆ **抽象** 被用于把开发分割成可管理的小部分，从时期、阶段和步骤中的高层抽象到低层抽象（即具体化）。
  - ⋆ **规约** 记录并关联所有层次的抽象。

三卷中的第 1、2 卷详细地探讨了抽象和规约。

- **软件工程—— 三部曲:** 软件工程包括应用领域的分析，(对新软件的) 需求综合和分析，以及该软件的设计（即综合和分析）。因此，软件工程由以下组成:
  - ⋆ **领域工程**，正如这几卷所展示给你的一样，它涵盖了许多学科的丰富领域，
  - ⋆ **需求工程**，正如我们在这几卷中将再次看到的一样，它有教科书通常所没有探讨过的许多方面，
  - ⋆ **软件设计**，涉及软件体系结构、构件复合和设计等。

第 3 卷详细地探讨了该三部曲。

- **软件工程—— 实际问题:** 另外，软件工程包含许多实际问题：项目和产品管理；原则、技术和工具，它们被用于确保可能在地理上分散的人员能够有效地一起工作，被用于依据多种开发处理模型中的一种来选择、调节、监测和控制工作；计划、调度和分配开发资源(人、材料、资金和时间)；相关的事务，包括成本预算、遗留系统、合法性等。

在本书中，我们将不涉及软件工程面向管理的那些刻面。

• • •

本卷中的每章以及其他几卷，都以一个提要开始。与本前言相关的一个例子如下:

- **假设：** 你拿起这本书，是由于你有兴趣了解软件工程并可能学习一种软件工程的新方法。
- **目标:** 这几卷的主要目标是向你展示理解软件的崭新方式：它强调 (I) 软件工程是信息科学的一部分，而信息科学是基于 (i) 数学，(ii) 计算机与计算科学，(iii) 语言学，(iv) 硬信息技术（计算机与通信、传感器与执行器）的可用性，以及 (v) 应用。进一步来说 (II) 该信息科学取决于许多通常以下列名字为人所熟知的哲学问题，如认识论、本体论、部分关系学。
- **效果:** 帮助你成为真正的专业软件开发工程师，并且是在该术语最宽泛的意义上，正如这几卷所倡导的那样。
- **方式:** 非技术的、推理的。

开发大规模软件系统是很困难的。构建它们且使得它们 (i) 解决真正的问题，(ii) 正确、人性化，而且 (iii) 良好地服务于需方组织，都是非常困难的。

本套丛书提供了业已被证明具有下列性质的技术：(i) 能够使大规模软件系统的开发比绝大多数当前的软件工程师所了解的要简单许多，(ii) 能够产生比通常所遇到的系统更高质量的系统，并且 (iii) 能够准时交付。

因此，我们强调本套丛书所针对的软件工程的下列性质：值得信任和可信的方法、更高质量的软件产品、更高质量的软件开发项目、开发者和需求方的个人满意，也就是说，软件工程师及其管理和用户及其管理。我们的目标是，如果有挫折，那么也要少些挫折，并多些魅力和欢乐!

丛书的成因

关于为什么必须写这几卷，可以给出许多原因[1]：

- 形式技术应用于软件工程的所有阶段、时期和步骤，应用于各种各样的软件开发中。但是却没有已出版的按照如下方式涵盖软件工程的教科书：就如我们稍后将对软件工程该术语的描述那样的，（除了其他的“非形式”基础之外）也基于形式技术基础的教科书。
- 形式开发(即规约、精化、验证)的书籍更像专著而非教材，并且它们所涵盖的主题相当狭隘：通常只是软件规约，也即抽象软件设计及其具体化的规约。这几卷中的形式规约，不只应用到软件，也应用到它们的需求规定，而且作为（在任何书籍或讲义集中）全新的贡献，它也应用到了领域描述。
- 本套丛书的作者对于现有教材声称涵盖软件工程主题的方式长久以来感到不太满意。
  - ⋆ 现今“所有”有关软件工程的教材就程序设计方法学的非常基础的问题而言都是失败的[2]，特别是对于形式技术来说。如果它们确实给出了所谓的“形式方法”的材料，其中有一些也确实这样做了，则该材料典型地被“隐藏”在一个独立的章节中（如其名所示）。在我们看来，非形式技术和形式技术的相互作用，也即非形式描述和形式描述之间、非形式推理和形式验证之间的相互作用等等，遍布软件工程的全部。（使用）形式技术潜在的能力塑造开发的所有时期、阶段和步骤。传统的软件工程问题，诸如软件过程、项目管理、需求、原型、确认（更不用说验证了)、测试、质量保证和控制、遗留

[1]通常，当为某一“错误”给出诸多“辩解”的时候，它们都不成立。不过本套丛书却绝不是个错误。

[2]一个显著的例外是 [222]。

系统以及版本控制和配置管理，我们通过非形式和形式技术的合理混合展示出这些辅助但关键的软件工程问题可以得到更好的处理。勿容质疑，本套丛书将会解决这些“抱怨”。

- ⋆ 在我们看来，现今所有的教材都没有适当地考虑软件开发者并没能充分地理解软件所嵌入的领域，也即产生希望拥有“该新软件”的领域！正如上面所提到的，我们的书的一个主要的新“特点”是将软件开发过程中所说明的这些问题进行分离——在这一期间开发者首先花费大量的时间和精力去理解应用领域，并为该应用领域的理解编制文档。
- ⋆ 在我们看来，现今所有的教材都没能系统地给出“始终贯彻”和“扩展”的原则、技术和工具。通过“始终贯彻”指那些通过大量的例子给出涵盖开发所有的主要时期、阶段和步骤的原则、技术和工具。通过“扩展”指可以应用到最大型规模软件开发项目的原则、技术和工具。
- ⋆ 在我们看来，现今一些教材完全忽略了程序设计，即设计问题。从程序设计方法学的角度来看，没有对软件开发的任何方法论方法的假设。[3]
- ⋆ 在我们看来，现今的其他教材，没能做到逐步精化（即实现之间的关系的开发观点）。[4]
- ⋆ 现今还有其他的教材没有设计的观点。[5]
- ⋆ 最后，我们认为现今所有的教材都没能适当地将上述尽管更加理论性的观点与诸如以下的普通的、工程问题的观点结合起来：(i) 开发过程模型（“瀑布模型”、“螺旋模型”、“迭代模型”、“进化模型”、“极限程序设计”等等)，(ii) 质量管理，(ii) 测试和确认，(iv) 遗留系统，(v) 软件再工程，等等。

丛书的不足

这三卷书的主要不足在于我们过于简单地探讨了正确性问题，也即单一和成对（开发步骤相关）规约的性质验证(定理证明、模型检查)。

在这几卷的其他地方和适当之处，我们会解释为何我们不引入与验证相关的大量资料。

寻找这一知识的读者，可以参阅大量的教材（书籍、期刊和会议论文集的文章），或等我们觉得能够胜任为该主题编写一本足够一般性的教材。现今的教材更多地与一个特定的记法系统（即规约语言）相关。

• • •

显然我们并不知道有关如何开发所有可能种类的软件所需要知道的全部，而这几卷中也并非包括我们所知的全部。通常软件开发用到多种多样的技术和工具。

任何我们所讨论的特殊技术和工具，我们对其讨论都达到了某个相当的深度，但是还没有达到对一个专业的工程师在相关领域的足够深度。例如：

---

[3]通过程序设计方法学的角度，我们指其本身关注于诸如以下问题的角度：当规约循环时建立不变式，使用例程（过程、函数）等确保适当的程序设计抽象。

[4]通过逐步精化的观点，我们指如下的考虑：抽象，即使当非形式表达时，也能够得到正确的具体化—— 当表达为代码时。

[5]通过设计观点，我们指选择适当的算法和数据结构及其合理性和有效性的程序设计考虑。

- **编译器开发：**我们谈到了许多对于真正的专业编译器开发者所必需的内容，但并不是全部。我们探讨了我们认为所有的软件工程师应当知晓的内容。并且我们对它的探讨采用了我们所发现的所有编译器教材都严重遗漏的方式。请参见卷 2，第 16 至 20 章。
- **操作和分布式系统开发：**我们仅探讨了规约并发系统的一般原则和技术。
- **嵌入式、安全关键和实时系统：** 基本上与操作和分布式系统讨论的内容一样：我们强调卷 2 探讨了规约嵌入式、安全关键和实时系统的技术。这些技术及其基本记法是：佩特里网 [284, 379, 393–395]、消息 [277–279] 和活序列图 [159, 248, 295]、状态图 [244–247, 249]、时态逻辑 [188, 326, 327, 360, 387] 及时段演算 [491, 492]。

不过，在卷 3 第 28 章领域特定的体系结构将在一定深度上给出应用下列的开发上的原则、技术和工具：翻译系统（解释器和编译器）、信息系统（数据库管理系统）、反应系统（即嵌入式、实时及安全关键系统)、工件系统（工单系统）、客户/服务器系统、工作流系统等等。该章的讨论是新颖的，并且受到 Michael Jackson 的问题框架概念 [282]的很大影响。

因此我们讨论了我们认为所有的软件工程师，无论其专业是什么，都应当了解的内容。并且我们认为他们应当了解的内容要远远多于绝大多数的软件工程教材所提供的内容。

正如其他地方所解释的那样，这几卷建议上面提及的专业领域中的教育和训练可以在学习完卷 3 后进行。并且那些专业领域教材的许多内容实际上应当重写：改写为形式规约等等。

着手方法

我们的教学方法寻求找到“问题的根本”。我们认为这些根本由对下列问题的基本理解构成：(i)“如何描述”的语言学，(ii)“描述什么”的近乎于哲学的问题，(iii) 语用、语义和句法的语言学（即符号学）问题，以及(iv)使用数学（即使用形式规约语言）构造简明、客观的系统描述（因此也要理解其语用、语义和句法—— 独立于应用现象的语用、语义和句法)。

所以本书从探究以上四个问题入手。在卷 2 中，我们以四个独立章节（第 6 章到第 9 章）来探讨符号学（语用、语义和句法)这一主题。

同样这也是全新的：现有的有关软件工程的教材完全忽略了对这些问题的提及。对毕业于任一具有良好声誉的学术机构的一个现代的、专业的软件工程师来说，若没有掌握这四个教育基础（i–iv），对作者来说都是难以想象的！唉！而这并不是例外，而是现在的惯例：他们根本就没有了解过这些问题！

软件新观

这几卷将为读者提供看待软件和开发软件过程的全新方式。它们将为读者提供一个用于理解和开发软件的完全显著不同的方法。可能最好这样来描述该“新观”：软件不仅是一件融合思考（分析）、描述（综合）和推敲（推理）这些智力过程的产品，更是艺术品。软件，更容易作为知识的量化，如与应用领域的关联度（也许它是，也许它不是正确的产品），人使用的适合度（人机交互），正确性（产品正确或错误）等。而难以找到作为产品的可量化（如便宜、快、小等标准用语）材料和标准。

掌握抽象——这几卷的一个主要论题，相对没有掌握抽象而言，它给任一开发者提供了更好的机会来得到正确的产品和令产品正确—— 即使同样是这些人并没有使用这几卷中许多的形式技术。绝大多数的从业软件工程师都没有掌握抽象。但从其本质上来讲，软件是而且也必然是抽象的：当自动化软件用于支持过去常常是人类工作过程的自动化时，该自动化软件不是“那些人类的过程”，而仅仅是它们的一个模型、近似和抽象。

我们希望将软件开发的观点看作某事物，它在开发的时期、阶段和步骤中进行，而且对于其来说，现在已有将这些时期、阶段和步骤相互关联的明确的技术。但是这样的开发几乎没有在有关软件工程的标准教材中予以探讨。我们希望采取这样一个软件开发的观点，其中可以形式地给出这些时期、阶段和步骤的规约，可以形式化关系，并且在得到保证的时候，甚至可以形式地验证该关系。至少在小规模和中等规模软件开发中，并且至少 20 年来，这一观点已经是可行的了。但是这样的开发几乎没有在有关软件工程的标准教材中予以探讨。我们希望推进一个软件开发的观点，其中开发者创建抽象、培养抽象的能力和使用抽象。就仿佛这里所有层次中的程序设计者踌躇满志、饶有兴趣地“离析”美妙的抽象并让他们找到对于程序的方式。最后，这些程序设计者让那些抽象来确定系统的主要结构、确定美：正如用户所感，简洁和精确！这样的开发可以扩展到大规模系统。现在它成为可行的、可管理的和可提供的。可以把它教授给绝大多数的在学术上可以教育的学生们，他们也可以对其进行学习。

“轻量级”形式技术

许多从业的程序设计者避开形式推理[6] 或者说就是避开形式规约[7]，并且一些学术界人士也表达了对其的保留态度。

我们的方法是一个更实际的方法。我们考虑到了一系列的开发：从系统开发，经过严格开发，到达形式开发。通过系统开发，我们指形式地规约开发中一些步骤的开发。通过严格开发，我们指表达和形式地证明系统开发中一些证明义务的开发。通过形式开发，我们指形式地证明大多数重要的证明义务和严格开发的其他引理和定理的开发。

> 为了遵循这几卷的原则和技术，我们建议“轻量”前进：系统化的开始。形式地规约你的应用领域、需求和软件设计的最为重要的刻面。然后从那里开始程序设计（即编写代码）！

从实践来看 [145]，软件开发正确性的最为重要的改善是系统化的积累。这几卷主要，可能也是几乎完全地关注于系统化。某些特定种类的应用保证更高层次的信任，因此似乎严格开发实现了可信性的下一个更高的阶段。最后，也有少数的客户愿意接受现今形式开发相当高的成本：心脏起搏器、助听器植入、核动力装置的混合控制器、无人驾驶地铁及诸如此类。

卷 3 第 32 章 32.2 节讨论了相当数量的有关所谓的“形式方法”的信条、错误理解和错误观念。本卷的第 1.5.3 节和卷 3 第 3 章 3.1 节讨论了为什么方法不可以是形式的，但一些技术却可以是。

“超级程序设计师”

许多从业程序设计人员和一些学术界人士坚信程序设计人员无限制的个人主义：他们担心，不得不遵循许多方法原则和形式技术可能会压制“超级程序设计师”的创造性和生产力。

[6]例如：使用一些数理逻辑证明程序性质的一些引理。

[7]例如：非形式但简明地描述某领域，或者使用某形式规约语言形式地规定某需求或规约某软件设计。

我们并不担心。我们已经造就了超过 100 名的理学硕士论文研究生。绝大多数在丹麦的不到 8 个的软件公司工作。所有人都或多或少的遵循这几卷中的许多原则和技术。他们当中的绝大多数都是超级程序设计师。

下文是其他学者和我以前的学生，同样还有和我一样在教授和传播类似于这几卷中的方法和技术的在世界各地的同事们所表达的。我在此强调：

> 这几卷中的原理和技术，即使只是“轻量级”遵循，即使很难显式地遵循，但只要你在学习这几卷的时候掌握了它们，它们将改变你对软件工程的态度。而这将是不一样的。

我们确信，从现在起，你将更多的去享受“超级程序设计”，享受成为一名程序设计者，并且*“在许多小的方面聪明伶俐，设计聪明的小技巧来把事情做的更好、更快。”* 我们不能否认在低层的聪明伶俐的核心作用[8]。我们将用许多可传授的工程原则和技术来增强你在这个方面可能已有的任何技能。*“成功的程序设计者既是野兽也是天使。”*

我们断言我们同样能够给出几个中等规模的软件开发，其中对这几卷的原则的知晓似乎在设计优雅、优美的产品方面提供了巨大的帮助。而且*“美就是我们的工作”* [206]。

何为软件工程

我们继续在本前言的第 1 页所开启的对软件工程的刻画。

- **软件工程:** 对我们来说，在最一般的意义上，“软件工程”和其他各种各样的工程一样，是一个专业的集合，这些专业基于科学的洞察力构造的技术，或者分析技术以探究其科学的内容（包括价值），或者通常两者兼而有之。
- **“软件工程师”：** 因此软件工程师（但请参见下文有关对该术语的批评）“跨越”了一方面是计算机科学与计算科学和另一方面是软件人工制品（软件技术）之间的“桥梁”，基于从计算机和计算科学的许多学科所建立的知识体所获得的洞察力对后者进行构造（或研究）。

更通俗地说，软件工程包含用于下列目的的一般和特定的原则、技术和工具：(i) 分析那些易于通过计算给出解决方案或支持的问题；(ii) 综合这样的（诸如软件的程序的）解决方案；(iii) 在大的项目（即涉及到多于一个开发者的项目，和/或结果软件将被其他（人员）使用而非开发者自己的项目）中进行该分析和综合；以及 (iv) 管理这样的项目和产品（包括计划、预算、监督和控制该项目和产品）。

但是我们可以把一个主题称作软件工程并不必然意味着我们可以谈到“软件工程师”。如上所述，同时我们希望这几卷的读者都能清楚的明白，软件工程是由我们可能本来希望称之为“软件工程师”的人来利用的一组原理、技术和工具。但是对任何人来说，在没有进一步、更加“狭窄”的鉴定的时候某人就被冠之以软件工程师似乎是有问题的。它将会给这条那个人是一个软件工程师消息的接受者传递这样的信念，这里所述的人能够专业地处理几乎任何软件的开发。与 Jackson [280]一致，我们断言并不存在软件工程师！有编译工程师、嵌入式系统（软件）工程师、信息（和数据库）系统（软件）工程师、银行业务软件工程师等等，就如同我们说起汽车工程师和电力工程师而非机械或电气工程师一样。

---

[8] 本段中这两个楷体的引文源自电子邮件，2002 年1 月 20 日，来自 Bertrand Meyer 教授 [5, 340, 341]，瑞士苏黎世 ETH 和美国加利福尼亚圣巴巴拉 ISE。

因此我们断言这几卷中的原则、技术和工具适用于广泛的专业范围内的软件工程师。这几卷给出了这些跨越最广泛的可能范围的原则、技术和工具的应用示例。原则、技术和工具一般来说是有用的且能够被应用到行业和应用的广阔领域中，这一事实只是意味着学生们必须另外学习所选定职业的专门教材，如编译器开发、安全关键的实时软件开发、数据库系统等等，以成为适当的专业软件工程师。

作者的愿望

因此我的希望如下：给你提供一本不同种类的教材；将超过 30 年的精彩的程序设计方法研究和控制实验实践放到更广阔的软件工程的舞台上来；为你展示当遵循语言学、哲学、符号学和数学的教学基础，软件开发将会是怎样一个美妙绝伦的世界；以及将超过 25 年的逐渐发展的课堂讲义变为一套连贯的、一致的和相对完全的三卷书。

> 我写下了这几卷，是因为我曾想理解如何开发大规模软件系统。当我开始的时候，大概 25 年以前当我开始为这个主题书写课程讲义的时候，我所知道的比现在要少的多。同时我对于许多聪明好学的学生参与到该实践中来感到无比的高兴。我发起了为诸如 `CHILL` [234,235] 和 `Ada` [121,122,145] 这些不易使用的程序设计语言的编译器的大规模商业开发，由此我斟酌和修正了我的想法。在测试这些想法的同时对有关软件工程的写作已是一个变得清醒的经历。软件工程中仍存在许多我不得不写、考虑和体验的边边角角。同时，这就是你所得到的了！

这几卷是我的代表作。

这几卷在软件工程教育课程中的作用

这几卷的目标读者是谁呢？下文中间接地回答了这个问题。

在产生硕士学位的学术性软件工程教育这一更大的环境中，我们如何看待这几卷书所扮演的角色呢？图 1 将帮助我们回答这个问题。[9]

我们强调这里将这几卷放在学术性的软件工程理学硕士教育课程的上下文中—— 不要与计算机科学理学硕士教育混淆。前者的目标是工业界的程序设计者：商业软件的开发者。后者的目标是在学术性研究机构中有用的理论家。关于一个类似的在（理论）计算机科学理学硕士学位的学术性课程的上下文中的场景，有关另一个图的另一个解释也可以给出，以及为学术性软件工程理学学士教育课程的本科生教育的另一个解释。

- **前提条件或者“并行”课程：** 我们假定这几卷的读者—— 或者正在上基于这几卷的卷 1 的课程的读者逐渐—— 熟悉命令式、函数式、逻辑、并行和机器程序设计的一般性主题。

[9]图 1 中的标号框指代成为软件工程师日常实践的主题，因此是值得学习的主题。在图 1 中，标号框中的双向箭头表示能够同步学习所指代的主题。标号框间的有向（单向）箭头指代这些主题学习的适当的、建议的优先关系。一个“扇入”（多源）箭头表示一个主题可能需要（即作为前提条件）一个或多个（先导）主题的知识。一个“扇出”（可能多目标）箭头表示箭头源头的主题对于一个或多个后继主题来说是“必须”的。

这些主题的教学必须涵盖有关特定语言的技巧学习和训练，比如函数式程序设计的 SML（标准 ML）[241,350]，逻辑程序设计的 Prolog [270,319]，模块（即面向对象）程序设计的 Modula-3 [242,361], Oberon [478] 和 Java [9,14,225,316,425,463]，以及occam [330] 和某一精选的“流行技术”的硬件（比如类似于 Intel）的芯片。它们的教学也必须涵盖——在基本的程度上—— 有关于这些程序设计方式和语言的理论背景的知识获得：递归函数理论 [129,402]、逻辑程序设计的逻辑 [270,319]、命令式程序设计的 Hoare 逻辑 [11,12] 以及并发进程代数（CSP [267,268,405,411] 和佩特里网 [284,379,393–395]）。机器程序设计主题 [344,456,463] 是唯一真正面向硬件但并不是面向硬件设计 [257,376]的课程。没有涵盖协同设计 [440]，即组合的硬件/软件系统设计（典型的比如嵌入式系统，见下文）。但是可以“添加其他的框”！在上述几种的课程中包含或是另外的一些课程，我们期盼读者具有一些算法和数据结构的能够实际应用的知识，即熟悉这些经典和现代的算法和数据结构和具体复杂性度量 [7,324,337,451,475]。

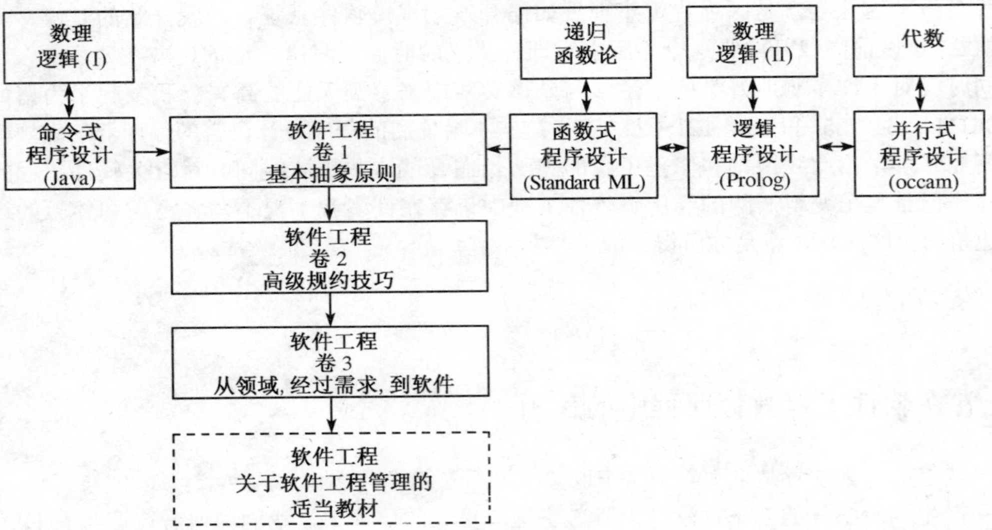

图 1　基于这几卷的课程：第一个场景

- **辅助课程：** 结合软件工程的学习，这几卷也是它的一部分，我们假定读者对达到学士程度的所列科目的数学觉得轻松自在，或变得有此感觉。我们建议 [485]，一个让人高兴的“短小的”介绍，以及对离散数学的大量介绍 [195]。我们发现 [195] 对于该主题的一个完全独立并且是主修的课程来说，是一本非常好的教材。一本假定每个软件工程师都有的书。类似地，但是更多地被看作是学期项目的一部分和实验室（包括自学）工作的其他形式，我们期望读者对实际的、已有的平台技术（软件工具试验箱）感到适度轻松。
- **主要课程：** 在尝试后续课程的广度和深度之前，这几卷也用于有关软件工程的三个主要课程中。另外我们建议得到这两本书 [218,220]， 第一本作为辅助材料，第二本特别是用于填补这几卷中没有讨论的验证（即设计演算）部分。
- **后续课程：** 传统的软件工程更多地关注于“过份的自省”，即计算系统的内省部分：编译器、数据库系统、分布式系统、操作系统、实时（容错和）嵌入式系统等等。理想上现在对这些主题的探讨应当基于形式规约和设计演算并从它们的角度来进行。（给定 1~3 个单元的工作量的）嵌入式系统的主题可以深入到包括硬件/软件协同设计 [440]，并且在其他方面相当依赖于其他系统工程的问题。

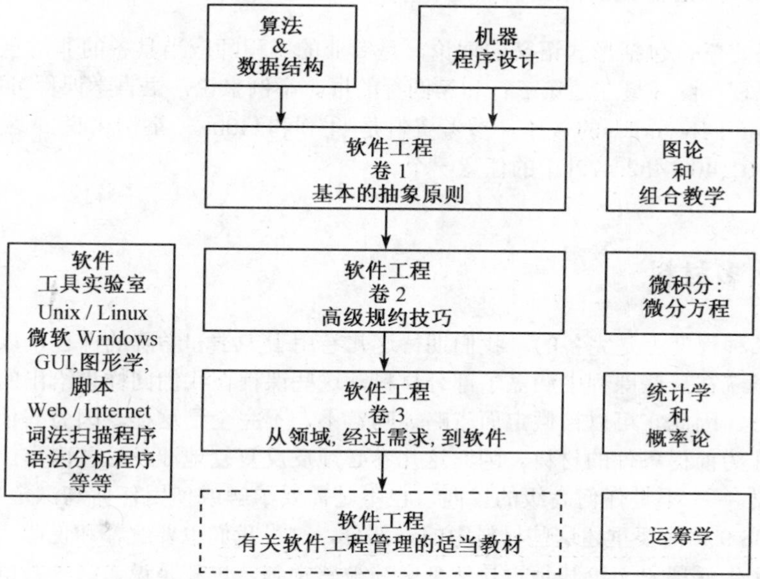

图 2 基于这几卷的课程：第二个场景

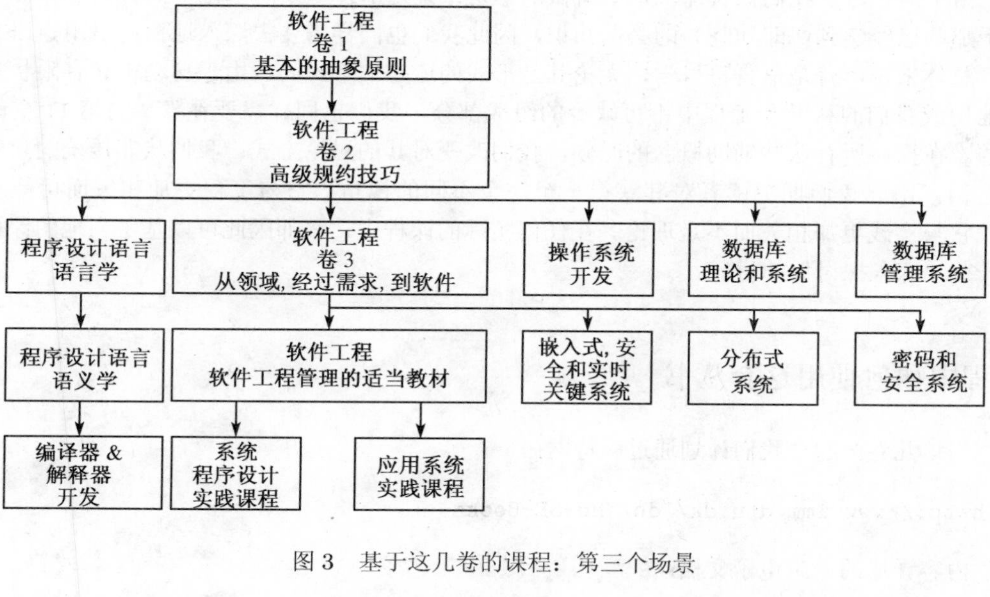

图 3 基于这几卷的课程：第三个场景

另外，我们恳请每位软件工程的学生进行两个“实践”：一个大项目的，面向讨论/研究小组的“系统编程”课程和一个类似“应用系统”课程，分别进行实验性和探索性的研究和开发一个非常重要的硬件/软件控制系统和一个商业的、工业的或其他的应用，这几卷中提示了很多这样的例子！
- 提示的最后一个软件工程课程：“软件工程管理”。我们有许多关于这个主题的课程材料。暂请参考 Hans van Vliet 的杰出著作 [464]。

形式语言的语言学，包括形式语义的理论，是专业的工程师应当具备的非常重要的知识。与之有关的两门课程：图 3 最左边第三行和第四行的框。举例来说，语言学课程可以基于 David A. Schmidt 或 John Reynolds的著作。参考资料是 [410]和 [400]。 举例来说，语义学课程可以基于 [170, 232, 401, 409, 452, 472] 中的任意一个。

为什么这么多材料

这几卷某种程度上是完备的。我们期待这几卷用于大学和学院的课程，以及由读者自学。一些大学和学院在一些课程中涵盖了部分材料，这些课程在我们同样也给出的这些课程材料中是较早的部分。因此它可以被假定而省略掉吗？不，不完全是这样，因为其他的大学和学院没有涵盖这些作为前提条件的材料。因此这几卷必须反反复复地涉及这些内容。由于这几卷严重地依赖于数学—— 不是任何高级的东西，也不是需要了解或使用任何高深定理的东西—— 我们需要在第 3~9 章简要重述这些材料中的一部分。这里我们也要解释和说明 λ 演算。

由于现实生活现象无论其是否显然都必须被感觉到，也就是说，必须被概念化，在卷 3 的第 3、5、6、7 章，我们将深入探讨什么构成了方法学，什么是定义，什么是现象和概念，以及什么是描述。

由于语言对于我们在软件工程中所做的一切来说是那样重要的基础，而且由于我们不能依赖于那些已经学到（即知晓）的必需知识，因此我们也同样需要去深入地探讨语用、语义和句法，总体来说，就是语言符号学，无论其是形式的还是非形式的。由于自动机和有限状态机类似地构成我们的科学和工程中不可缺少的组成部分，我们也同样需要在卷 2 的第 11 章讨论该主题。在探讨所有这些辅助概念的时候，我们改变对其的讨论方式：我们从非传统的角度来介绍它们。由此我们期望读者对其获得一个完全不同的视角，它与工程更加相关而可能不是科学，它与实践更加相关而不是理论。在任何实际的课程中，教师因此可以基于当地的课程来省略一些“深入探讨”的材料。

课程中如何使用这套丛书

与这几卷一起，我们计划通过因特网：

- `http://www.imm.dtu.dk/~db/The-SE-Books`

提供内容详尽的一组电子文档：

- 各种建议的课程结构（有对各卷的章节和幻灯片的参考）
- 小组项目描述—— 一些带有解答
- 大型开发示例

- 形式方法的 URL
- 形式方法工具的 URL

自本书出版之日起，真实身份的教师可以通过出版社获得

- 几千页的 postscript/pdf 课程幻灯片
- 选定练习的解答
- 有代表性的（学生）项目报告

幻灯片将涵盖这几卷文本的一个很大的子集。通过绝大多数计算机上的阅读软件，教师可以亲自选择那些涵盖适当课程的幻灯片。

本书的简要介绍

本书分为三卷。每卷分为若干部分。绝大部分由若干章或附录构成。

绝大多数章都提供了练习。一组特定的练习给出了系统的描述。它们的给出几乎贯穿整个卷 1。这些练习在附录 A 中予以介绍。

所有的卷都有大量的交叉引用的索引和文献引用。在卷 1 中，有术语表附录 B。它用于涵盖整个三卷。该术语表的阅读可以独立于这几卷的其他部分。

卷 2 的附录 A 给出了类型、值、函数、变量、通道、对象和模式以及在它们其中大多数之上的参数的命名习惯。

本卷的简要介绍

本卷有若干章节。这些章节被编组为部分。图 4 提炼出这些章节之间的优先关系。这也是对学习本卷大致顺序的建议。

- 第 1 章是学习所有其他章的前提。
- 第 2~4 章可以被在学校学习过一定离散数学的读者略过。
- 第 5~6 章可以被在学校学习过更多离散数学的读者略过。
- 第 7~9 章只能被熟练掌握所提及主题的读者略过。
- 第 10~16 章组成卷 1 的核心部分。在第 1 章之后，如果你继续学习第 2 章，则你应当学习第 2~9 章的全部。
- 在第 1 章后，如果你继续学习第 5 章，则你应当学习第 5~9 章的全部。在第 1 章后，如果你继续学习第 7 章，则你应当学习第 7~9 章的全部。
- 在继续学习 19~21 章之前，你可以略过第 17 和/或 18 章。
- 在完成第 16~21 章中的任一章后，你可以结束本卷的学习。
- 学习第 22 章没有任何害处。

大多数章节中的小节可以略过。特别是那些具有较大的例子，或是结束章节的部分。

这样教师和读者能够组织许多适当的课程和学习。

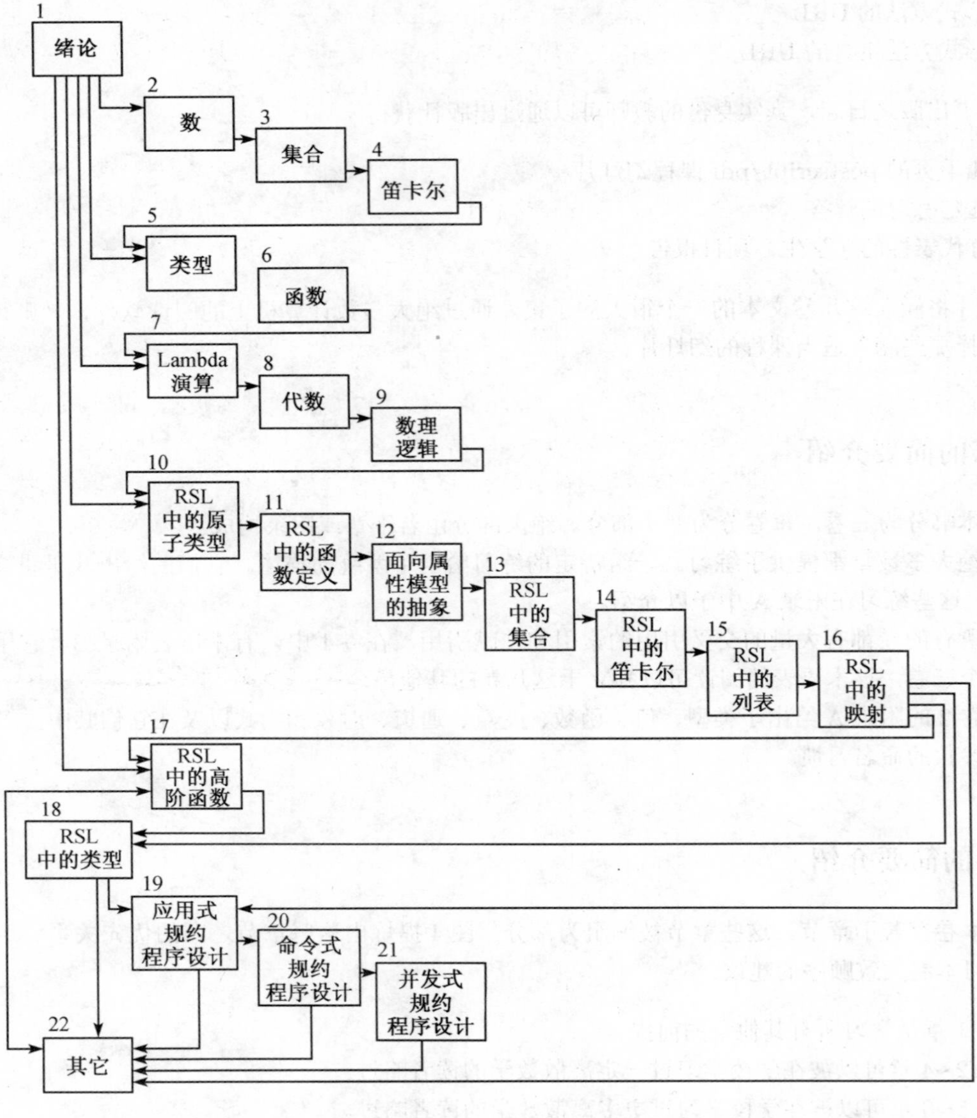

图 4　章节优先顺序图

致谢

作者真挚地感谢以下同事，他们中的绝大多数都曾经与我共事，并且多年以来他们在很大程度上影响了我的思想和行动：Cai Kindberg，Jean Paul Jacob，Gerald M. Weinberg，Peter Lucas，Gene Amdahl，John W. Backus，Lotfi Zadeh，(the late) E.F. (Ted) Codd，Cliff B. Jones，(the late) Hans Bekič，Heinz Zemanek，Dana Scott，(the late) Andrei Petrovich Ershov，Hans Langmaack，Andrzej Blikle，Neil D. Jones，Jørgen Fischer Nilsson，David Harel，Bo Stig Hansen，Søren Prehn，Sir Tony Hoare，Mícheál Mac an

Airchinnigh，Michael Jackson，Zhou ChaoChen，Chris George，Jim Woodcock，Kokichi Futatsugi，Joseph A. Goguen，Larry Druffel 和 Wolfgang Reisig —— 大致按时间顺序排列。特别地我希望向 Søren Prehn 和 Chris George 表达我最真诚的谢意和感激—— 为了这多于四分之一个世纪的灵感的激发。

我也要向 IFIP 工作组 WG 2.2 和 WG 2.3的（上面没有提及的）成员致以我的感激之情。这些工作组的会议，其讨论和辩论对所有主题都是“自由的”，帮助我细化和关注于这几卷的内容：Jean-Raymond Abrial，Jaco W. de Bakker，Manfred Broy，(the late) Ole-Johan Dahl，(the late) Edsger W. Dijkstra，Leslie Lamport，Zohar Manna，John McCarthy，Bertrand Meyer，Peter D. Mosses，Ernst-Rüdiger Olderog，Amir Pnueli，John Reynolds，Willem-Paul de Roever 和 Wlad Turski —— 按字母序排列。

关于这几卷写作（和文字编辑）阶段，极其感谢我以前的学生Christian Krog Madsen（完成了卷 2 的第 12~14 章），Steffen Holmslykke（完成了卷 2 的节 10.3），Martin Pěnička（基本上完成了卷 2 的节 12.3.4、14.4.1 和 14.4.2），以及 Hugh Anderson。最后，致以我在施普林格的编辑最亲切和热诚的感谢。首先是 Ingeborg Mayer，然后是 Ronan Nugent。同样也非常感谢文字编辑 Tracey Wilbourn —— 非常感谢您严格彻底的工作。

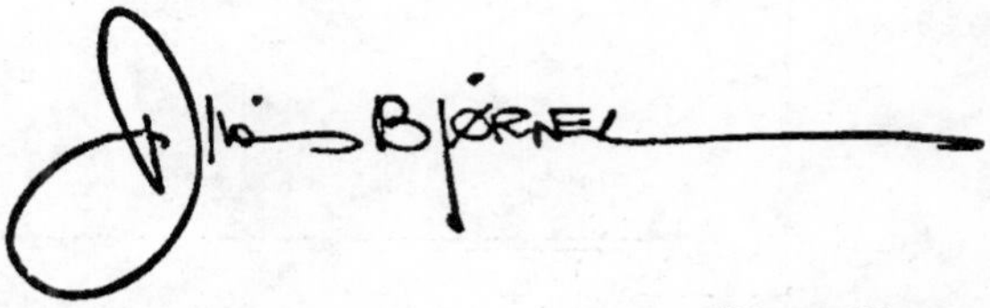

Dines Bjørner

目录

V 规约程序设计

开篇

1

绪论

- **学习本章的前提：** 你接受过程序设计（即算法和数据结构）的教学训练，如使用两种或两种以上的 Standard ML、Java 或者 Prolog 程序设计语言。
- **目标：** 为你学习整套丛书打好基础，介绍领域工程、需求工程以及软件工程中“三部曲”的概念，强调文档和描述的重要性，预览形式技术、方法以及方法论中的概念，并介绍句法、语义以及语用的概念。
- **效果：** 引导你进入我们所认为的软件工程的重要方向，即对于本书的目标和达到的效果来说，调整你的思想状态以尽量与作者相近。
- **讨论方式：** 非形式和推理的。

> 本章的写作目的用以阅读，即使不是非常的详细，至少使得读者有希望把“音调调整”到与本章的作者的“波长”相近的地方。因此本章可以在学习后面的许多章节时返回来阅读。

1.1 准备

特性描述： 工程是将科学的洞察力和人类的需要转化为技术产品的数学 、职业、规范、工艺和艺术 。 ■

软件工程的科学是计算机与计算的科学。

特性描述： 计算机科学 是什么样的“事物”可以（或能够）存在于计算机“之中”，也就是说，数据 （即值 及其类型）和进程，及其函数、事件和通信的研究和知识。 ■

特性描述： 计算科学 是如何构造这些“事物”的研究和知识。 ■

这几卷为教授你软件工程的数学、职业、规范和工艺的核心内容提供材料。工程师跨越科学和技术的桥梁， 从科学结果中创造技术，分析技术以确定其是否具有科学价值。这几卷将教授你一些计算科学的知识，例证当今的软件技术，帮助你成为“跨越该桥梁”的专业的工程师！

学习这几卷的学生不必熟悉下列计算机科学主题的学科：自动机、形式语言和可计算性 [271, 290]，程序设计语言语义 [170, 232, 401, 409, 452, 472]，类型理论 [1, 223, 366]，复杂性

理论 [290]，密码学 [329]及其他如 [313] 中所介绍的。上述列表中的主题，除了第一项以外，其他的将在这几卷中介绍，或者可以在学习完之后再进一步学习。

希望学习这几卷的学生应熟悉下列计算科学主题：函数式程序设计 [241]，逻辑程序设计 [270, 319]，命令式程序设计 [14, 225, 264]，并行式程序设计 [406]， 以及算法和数据结构 [7, 151, 296–298]。

关键词艺术 [296–298]、 规范 [179]、 工艺 [399]、 科学 [226]、 逻辑 [253] 和实践 [254] 也同样是程序设计非常重要的教材名称的前缀词，如索引文献所示。从某种意义上说，这些参考书同时也暗示出了我们对程序设计的基本方法。但是软件工程却超出了上述计算机和计算科学主题所暗示的内容。软件工程超出了算法和数据结构和程序设计语言技巧。这些计算机和计算科学技巧可以而且必须首先被个人、专业的和学术上受到教育和训练的程序设计人员适度地掌握。软件工程等同于令由两个或者更多的程序设计人员组成的小组卓有成效地一起工作。[1] 并且软件工程是关于生产能够被进一步使用在由其他开发者所进行的更大型计算系统开发中的软件。

为了达到后面的这些期望，软件工程必须增加计算机和计算科学的知识，如项目和产品管理的学科。通过*项目管理* 我们通俗地指：项目领导者如何规划（调度和分配）开发资源，如何监测和控制“进程”，等等。通过*产品管理* 我们通俗地指：软件公司如何确定一个产品或其自身产品的策略，也就是说，从事哪些项目，营销哪些产品，如何定价、服务和扩展，等等。

我们细化许多项目管理事项：(1) 开发过程的选择和规划，(2) 资源的调度和分配，(3) 工作进程的监测与控制，(4) 质量检测与控制：确保和评估，(5) 版本控制和配置管理，(6) 遗留系统，(7) 成本估算，(8) 法律问题，等等。还有其他的事项，但是这里在本卷中只列出这些就已显示出开发所考虑问题种类之多。

(1) *过程（选择和）建模* 是一个项目管理问题。工程师如何推进，先做什么后做什么等等？不只有一个做事情及在阶段、时期及步骤中推进的正确方法，实际上有许多合适的过程模型。首先，开发过程由问题框架确定，其次，由问题的新颖性确定；第三，由程序设计人员和管理的经验确定，等等。

(2) *资源规划、调度和分配*是另一个项目管理事项。在规划中，我们决定要做哪些事情。在调度中，我们决定什么时候做这些事情。而在分配中，我们决定使用哪些资源（资金、人力、机器等等）。

(3) *工作进程监测和控制*扩展了项目管理所关心问题的列表。一旦项目在规划后完全启动，需要经常性地持续地检查进展。如果进展与计划一致，则继续。但是如果计划没有被遵循，则通过可能的对计划的变更、开发资源的重新调度和/或重新分配以进行控制。

(4) *质量确保和评估的监测与控制* 进一步扩展我们的项目管理所关心内容的列表。软件产品所使用的应用领域知识的网络，期望软件产品所实现的成百上千的绝大多数彼此无关需求的纷繁芜杂，以及软件设计技巧和工具（语言等等）的“巴比伦塔”，所有这些都使得对产品质量所指内容进行仔细地系统描述和对开发过程进行仔细地检查成为必要，其目的是为了确定质量目标是否能够达到或处于危险。

---

[1]不过，即使是在“独立”的程序设计人员开发其“自己的”软件的时候，这几卷讨论的原则、技术和工具也应当适用。

(5) 版本控制和配置管理：在软件开发中，程序设计人员通常构造代码的几个版本或“生代”。必须监测和控制这些生代和版本。这被称作版本控制。这可能是一个相当大的任务，通常说来，就算不到上千，也有数以百计的这样的可选或者补充版本。一些这样的版本可能进入产品的发布当中，其他的一些版本的子集则进入到相关产品的其他发布当中。将这些版本组合到软件产品中被称作配置管理。

(6) 遗留系统：在软件客户（用户、需方、买方）操作通常是由“年代久远”的部分组合而成的计算系统的任何时候，必须对其进行维护：调整以适应新的硬件和软件，完善以提供相关的性能，（通过消除隐错）来修正。所有这三种维护方式都逐渐变得有问题起来，因为原始的软件所使用的程序设计语言不再有足够的、更别提“最新的”编译器和相关的支持工具，或者其文档的风格基本上对新生代的程序设计人员来说是陌生的，或者根本没有文档。这种软件和这些种类的问题构成了遗留软件的概念。

(7) 成本估算：两个成本估算的问题可能是相关的：估算开发新（或者维护旧）软件的成本，以及为软件估算有竞争力和盈利的价格。成本估算的问题与下列问题相互交织：软件开发过程模型、项目和产品管理、质量确保、版本控制和配置管理、遗留系统，等等。

(8) 与软件相关的法律问题：有许多法律问题与软件相关。有软件专利，其确立知识和财产权利。有软件课程认定，也就是说，大学或学院软件工程课程的通过。有软件公司认定：一般来讲，（通常且典型地由或通过某 ISO 相关代理）批准为可信的软件开发者。有软件工程师认证：（通常由某个国家工程协会）批准某人为专家。最后有软件产品认证：（通常由某个国际代理，如 Lloyd's Register of Shipping, Bureaux Veritas, Norwegian Veritas, TÜV 或者其他）批准特定的软件产品达到质量的特定标准。

• • •

软件工程根深蒂固于程序设计之中：(1) 在软件设计之中，(2) 之前在构造软件需求之中，(3) 之前在理解应用领域之中。

这几卷花费大多数章节在软件工程的开发方面：关于开发适当的对应用领域理解的原则和技术，关于开发适当的软件需求的原理和技术，关于开发适当的软件设计的原理和技术。这几卷基于非形式和形式语言的工具为描述领域、规定需求 和 规约（设计）软件 展开这些原理及技术。

1.2 软件工程三部曲

这的确是卷 3 的一个新的贡献：它采用“特殊的方式”集中论述了领域工程、需求工程 和 软件设计 的三部曲（Triptych）。[2, 3] 该方式强调领域工程，“从理念和逻辑上来说”，先于需求工程，而需求工程从理念和逻辑上来说先于软件设计。这个最新的贡献就是赋予领域工程以核心角色。

[2]Triptych: (i) 来自于希腊的“triptychos”，三联，(ii) 一种古罗马写字板，有三个上蜡的树叶用铰链连接在一起，(iii) 在三个并排的面板上一幅画（组塑）或雕刻，(iv) 由三部分组成或陈列的东西。等同于三部曲（trilogy）。

[3]译者注：为了更加符合中文的习惯，我们没有将其译为“三联体”，而是与其基本上同义的“三部曲”。

1.2.1 软件和系统开发

尽管这几卷主要是关于软件工程的内容，我们在非常大的程度上却不能避免涉及到更加宽泛的计算系统工程。

特性描述： 通过计算系统，我们指共同实现某需求的硬件和软件的组合。 ■

典型地一个计算系统分布在本地和全球，因此典型地需要大量的数据通信硬件和软件。在下文中，当我们说“软件”或“系统”的时候，通常我们可以用更加宽泛的术语“计算系统”来替代。

1.2.2 三部曲引出

我们将三部曲的三个组成部分的作用说明如下：在我们能够 (3) 设计软件之前，我们必须理解 (2) 对该软件的需求。 在我们能够规定 (2) 需求之前，我们必须理解应用 (1) 领域。在这几卷中所反复讨论的是我们如何解释上文提到的“理念和逻辑上”的优先顺序。但首先我们将看一下三部曲的三个组成部分，或者即如我们将在这几卷中所称作的软件开发的三个阶段。

1.2.3 领域工程

特性描述： 通过领域工程，我们指领域描述的工程。 ■

特性描述： 通过领域，我们指 (i) 人类活动的范围，(ii) 和/或半机械化或全机械化的行为，(iii) 可以被描述的自然范围，潜在地能够得以部分或完全计算的部分或全部。 ■

例 1.1 三个领域 与上述列举 (i–iii) 相关的（各个）领域的例子：(i) 账簿登记；(ii) 用船从某起点港口经由其他港口向目的港口的货物发送；(iii) 行星运动，即天体力学 [450]。 ■

当我们可以使用客观的方式来描述一个领域的时候，我们理解了该领域。

特性描述： 通过领域描述，我们指对下列领域刻面的属性的用陈述式表达的描述：内在（基本部分、不变部分、核心部分）、企业（商业、机构）过程、技术支持、管理和组织、规则和规定、人的行为和可能的领域的其他刻面。 ■

领域描述解释事实上的领域。不能有任何对所要软件的需求引用—— 需求在后面才出现！另外，不能有任何对所要软件的引用—— 软件同样是在后面才出现！因此，领域描述与信息技术（IT）或软件没有任何关系—— 除了已经在领域中安装或部署的以外，并且只有那些对已存在的 IT 或软件的引用才被认为是相关的。

例 1.2 物流领域 我们并没有描述该示例领域，只是用几乎是描述性的语言说明一下：物流领域包括 (a) 货物的发送者和接收者；(b) 物流公司，它们安排发送者和接收者发送或接收货物；(c) 运输中心（如港口、火车站、卡车站、机场空中货物中心），这里货物可以向运输机加载或卸载；(d) 货运公司拥有的和/或运营的运输机（比如船、货物火车、卡车和飞机）；(e) 货运公司（如定期货轮、铁路运营商、载重汽车公司、航空公司)；(f) 货运线路网络（船运航线、铁路线、高速公路和空中走廊）。

可以提示一些其他的描述：运输路径[4] 是两个运输中心之间的连接。运输线路是一序列的一个或者多个连接路径。一些运输中心具有两个或更多种类，如港口和火车站、空中货运中心和卡车站等等。运输机根据固定的时间表沿它们的路线行进。运输机的费用表规定了两个运输中心之间运输货物每立方米的成本。例 1.3 将接着本例。注意并没有对规约或对可能所需的软件（即计算系统）的引用，更不用说这样的一个系统了。■

再重复一遍，领域描述描述事实上的领域。卷 3 第 5 章讨论了描述任意论域 的原则、技术和工具，无论是领域、需求或软件。卷 3 的第 IV 部分讨论了适当的领域描述的原则、技术和工具。领域知识需要从那些工作在领域中并为其所影响的人获取，也即引出。

1.2.4 需求工程

特性描述： 通过需求工程，我们指 需求规定的工程。■

需求是获取所需软件（即将交付的软件）的 客户和该软件的交付人或者开发者之间的合同关系的自然结果。通过需求，我们指一组一个或多个对将被开发软件所期望的性质采用推定式表达的语句。 需求必须从那些被该最终所获取的软件所影响的人得到，也就是说引出。

例 1.3 一些物流需求 本例接着例 1.2。我们并没有例证一个真正的需求规定，只是提示一下其可能涉及的内容。物流系统需要软件系统对（至少）下列若干种类行为的支持：

首先我们例证一些领域需求。这是一些仅与领域相关的需求，其专业术语为领域术语。举例如下：处理来自于可能的发送人对物流公司有关可能的运输路线、日程和成本咨询的软件支持；处理来自于实际的发送人对物流公司请求货物的发送，以及货单的发行和将要发送货物的处理的软件支持；对物流公司跟踪货物（在运输中心或是在预定运输机的运输公司）行踪的软件支持；对进出运输中心的运输机管理、运输机卸载和装载、对来自于物流公司的货物的接收，和到物流公司的货物的发送等的软件支持。

接着我们例证一些机器需求。这些是主要与将要构建的机器相关的需求，它们是：所需计算系统的软件 + 硬件，换句话来说，其专业术语另外一般还包括信息技术术语。举例如下：该计算系统出现故障的时间间隔平均为两年；当该系统崩溃时，其最长时间为两个小时，等等。

最后，我们例证一些接口需求。这些是与领域和将要构建的机器同时相关的需求，是与机器和领域之间、领域中的人类用户及（其他）自然现象和领域中人造设备之间接口相关的需求。接口需求与领域和机器共享的现象有关。举例如下：发送者和接收者应当能够从自己家里

[4]路径的例子：海洋航线、铁路线、公路和空中走廊。

的电脑上通过标准的互联网浏览器确定他们自己货物的运输状态；计算系统应当为物流公司显示可放大缩小的路线网络，等等。

例 1.4 将接着本例。■

注意例 1.3 是如何引入三种需求概念的：领域需求、接口需求和机器需求。

这种分解代表所考虑事物的语用分离。领域需求，再重复一遍，是仅与领域现象相关的需求，即它们是其专业术语为领域术语的需求。接口需求，再重复一遍，是与领域和将要构建的机器同时相关的需求，是与机器和人之间、领域中的人类用户及（其他）自然现象和领域中人造设备之间接口相关的需求。也就是说，与环境和机器共享的现象相关的需求。机器需求，再重复一遍，是主要与将要构建的机器相关的需求，也就是说，所需计算系统的软件 + 硬件。换句话说，机器需求的专业术语另外一般还包括信息技术术语。

注意在粗略描述一些需求的时候，我们是如何依赖于前面已经描述过的术语。尽管我们并没有精确地描述那些术语。但是我们提示了对所有这些领域特定的术语的解释如何成为了领域描述的目的。类似地我们依赖于在其他的地方精确规约的机器（硬件 + 软件技术，即 IT）术语！

同时请注意我们是如何“偷偷地的加入”*领域*、*接口* 和*机器需求*这些关键概念到例子中去的！卷 3 第五部分（第 17~24 章）讨论了关于适当的需求规定的原则、技术和工具。

一种流行的需求观点做了下列区分：用户需求、系统需求、非功能性需求。我们如何来看待它们？用户需求形成了一个完整的需求集合：领域、接口和机器需求。系统需求也是如此。非功能性需求是我们所称之为的一些接口需求和大部分（如果不是全部）的机器需求。这是如何实现的呢？用户需求不必完全，正如我们所称之为的那样，它们可以是粗略描述，尽管典型情况下它们都是结构非常清晰而且交叉索引非常仔细的，它们构成了系统需求开发的输入。系统需求必须是一致和相对完全的：它们“改进”用户需求，且构成了软件设计的输入。

1.2.5 软件设计

软件：代码和文档

特性描述： 通过软件，我们不仅仅指计算机能够运行所基于的代码，同样也指对该代码的适当使用所必须的所有文档编制。这包括：*企业过程再工程手册*，对于需要获取计算系统，并使用其来进行最优运作的企业（机构）来说它们是必要的；*安装手册*，当最初安装该计算系统时它们是必要的；*用户培训和日常使用手册*，在对将来的系统用户的培训和被安装系统的日常使用中需要它们；*维护手册*，在被安装系统的日常设备管理（（适应性）升级或降级、性能（完善性）提高、错误改正）中需要它们；*处理手册*，当拆除系统的时候需要它们。理想状态下软件同样也包括软件确认和验证历史的精确记录：参与者反应、验证和测试，包括测试套件及其预期结果和使用其进行实际测试的实际记录。通过测试套件，我们指作为测试输入的数据集。■

软件设计，I

特性描述： *通过软件设计，我们指（所需）软件的实现，不仅仅是编码，还有其阶段和逐步开发和文档编制。* ■

开发时期、阶段和步骤

特性描述：通过软件开发，我们指领域描述、需求规定和软件设计的组合开发。■

软件、领域描述和需求规定通常都是非常复杂的。因此这些都需要根据所考虑事物的分离原则（即分治法）来开发。因此我们将领域描述、需求描述和软件设计的开发时期分为阶段和步骤。一个最初的开发示例在例 16.10 到例 16.21 中给出，它适度地举例说明了多步骤开发。卷 3 的第 VI 部分（第 25~30 章）讨论了软件设计。

软件设计，II

传统上我们认为在软件设计阶段，首先建立软件体系结构[5]，卷 3 的第 26 章在某种意义上对其进行了解释，它实现了领域需求、接口需求和机器需求的一个“高层设计”。在第二个阶段，我们建立程序构件，卷 3 的第 27、28 章在某种意义对其进行了解释，它为软件设计了总体和详细的模块结构。最后阶段或者说实现阶段，它通常由许多步骤构成，包括平台重用设计，其中检查了可用的软件构件 在实现中可能的重用；模块化，或者对象化，其中出现了从程序组织到模块的细粒度分解；最后是编码本身，其中最终的代码行得以规约。也即，用某种程序设计语言和对运行时系统程序和（其他平台）构件的调用所表达的对机器的指令。

在例 1.4 中，我们给出了非形式表达的软件体系结构设计。

例 1.4 物流系统软件设计 本例接着例 1.2 和例 1.3。我们没有举例说明一个适当的软件设计规约。我们只是提示它可能涉及到的内容。物流计算和通信系统实现如下：每个发送者或接收者，每个物流公司，每个运输公司，每个运输中心和（一个运输公司的）每个运输机都实现为一个独立的、并发运行的带有其自身状态的进程。所有的进程都不会共享全局状态构件，而是基于同步和通信消息运行。货物没有实现为对象，即独立进程。共享数据实现为独立的进程，其状态表示共享数据（即数据库）。■

1.2.6 讨论

一般问题

本节结束了软件开发三部曲核心概念的说明。总之，我们强调在三个软件开发时期之间的两组关系。三种（和三阶段的）工程开发可以总结如下：领域工程中，我们描述事实上的领域；在需求工程中，为了支持我们所想拥有的在领域中的行为，我们为其规定对软件（即计算系统）的需求；在软件设计早期阶段，我们规约软件为我们对其所确定的内容。

这三种文档的关系源于各自的开发阶段。领域描述是陈述式的 [281]，正如我们所严肃地认为领域描述本质上的确如此。我们必须确保描述了领域所有可能的行为，包括我们通常期望的正常运行的行动者，同样也包括错误的、有故障的、不那么勤勉的、草率的甚至完全是犯罪的行为。需求规定是假定的 [281]，正如我们命令软件所表现的那样。自然地需求规定将关注

[5] 凡是我们谈到软件体系结构的地方，我们都可以说计算系统体系结构。

于正常运行的行为并且试图确保所有行为者的正确行为，无论是人或是机器。软件规约是命令式的 [281]，也就是说，是强制性的。

当领域描述被形式化时，“可能”的阻碍就没有了。当需求规定被形式化时，“必须”的阻碍也就类似地没有了。形式领域描述、需求规定和软件（设计）规约的共同之处在于一定的“权威性氛围”，而领域描述是绝不会有这样的“氛围”的。领域描述只是一个抽象，或者某一现实的模型，但它不是该现实，而需求规定却用于表示将要实现的软件的精确模型。

软件工程的三部曲方法是这几卷的核心。我们将尽力说明清楚领域描述、软件规定和软件规约开发的原则、技术和工具。在领域描述中，我们发现如领域属性、参与者及其观点和领域刻面的这些概念。在需求规定中，我们发现如领域需求、接口需求和机器需求的这些概念。与上述这些无关，我们发现如领域投影、例示、扩展和初始化的需求技术。在软件设计中，我们发现如软件体系结构、程序组织和结构、模块化概念。

1.3 文档

本节是后面卷 3 第 2 章的先期章节，包括许多例子以及阐明许多文档编制的原则、技术与工具。因为文档编制在软件工程中非常普遍而且重要，我们将在这几卷中这里较早时候揭开介绍文档的序幕，这样我们可以在本节和卷 3 的第 2 章之间的文本中广泛地和一般性地对文档类型进行引用，并且卷 3 的第 2 章对该主题进行最终的讨论。

在前一节中我们看到软件开发需要三个主要的时期，在时期中可能的若干阶段和阶段中可能的若干步骤。对这些步骤的执行产生了文档。这些文档是关于领域描述、需求规定和软件规约的。

除了纸质或电子文档，步骤、阶段和时期没有产生任何其他的东西[6]。所以问题就是：什么种类的文档？在本节我们将简要的概述三种源于步骤、阶段和时期工程的文档。很重要的一点是读者要将论域记住，领域、需求、软件、前两者（领域和需求）、后两者（需求和软件）或者三者（完整的开发）。也就是说，各种各样的文档，甚至内容最为翔实的那些，全都有一个特定的论域在头脑中。这必须在开始的时候清晰地陈述出来，以免开发合同的一方在刚刚开始就混乱不清了！

1.3.1 文档种类

出现于开发过程的文档基本上有三类，因此它们也应当是开发者的目标。这些文档是：(1) 信息文档，或者文档部分如合作者和当前的情况、需要和想法、产品概念和措施、范围和区间描述、假设和依存关系、隐式/派生目标、纲要、简要设计、合同、日志；(2) 描述文档，或者文档部分如粗略描述（“头脑风暴”的记录）、术语、叙述、形式模型；最后 (3) 分析文档，或者文档部分如描述性质验证、开发变迁（也即开发步骤）正确性验证、形式和非形式描述确认。

我们将简要地回顾这些种类的文档，既考虑其语用：为什么它们是必要的；也考虑其众多的数量：为什么有这么多看上去不同种类的文档。

[6]严格的来讲：也会产生理解，同样也会产生客户（需方、顾客）和开发者（交付人、提供商）之间更紧密的关系。但是除了比如合同性的教育和训练同样也是项目的一部分之外，文档是唯一有形的交付的商品！

1.3.2 时期、阶段和步骤文档

一个开发时期产生了一个信息、描述和分析文档的全面的、定义性集合。一个开发阶段产生了类似的一个信息、描述和分析文档的全面的集合，或者产生了一个相对完全的领域、接口或者机器需求的规定。

子时期和阶段之间的界限，以及它们的全面性之间的界限并不是明显的。这里，或对于这几卷所倡导的方法来说，试图区别它们没有什么用处。阶段和步骤的概念仅仅是出于语用上的目的。你可以继续定义子步骤等等，但是我们避免这样做。让实际的项目来确定更细粒度的需求吧！

如果需要区分时期和阶段，那么阶段文档的完整集合代表在时期中多于一个开发“阶段”。

开发步骤仅产生了一个全面的文档集合中的一部分，比如：（只是）作为子步骤的一个信息、描述或者分析文档或文档部分的完整集合、这些文档中的一个或文档部分。随着我们在这几卷中逐步深入还会有更多。

1.3.3 信息文档

特性描述： *信息文档*，通过其我们指提供信息的文档或文档部分，它不必描述一个可指的显然的现象或概念。 ■

如其名所示，信息文档给出具有多种形式的信息：信息文档包括那些察觉的或已经清晰表达的需要、产品概念和措施、范围和区间描述、假设和依存关系、隐式/派生目标、纲要、合同、设计概要，等等。

当前情况文档编制

对软件开发，或需求规定，或领域描述的需要通常来自于*当前的情况*。当前需要可能是领域没有得到良好的理解，或者是需要软件。因此专业的软件开发项目会生成一个信息文档—— 两三页—— 它给出产生需要的当前情况的信息。

需要文档编制

需要涉及到察觉的或者实际的对所要产品的需要，无论是领域描述、需求规定、软件设计（即规约），还是像最经常的情况那样，只是软件本身。需要可以通过多种方式来表达：我们必须理解领域；我们必须建立需求；“So ein Ding muss Ich auch haben”[7]；自动化人类那些无趣、令人厌烦的过程；加速缓慢过程的软件；等等。如果可能的话，需要一定要被量化。

产品概念和措施

产品概念和措施涉及到“头脑风暴”或想法（“梦想”）。也就是说，论域“包含”的事物或将要包含的事物，建议者对该“软件”的目标是什么，在更大的社会经济环境中，该产品

[7]“我必须也有这样的东西”（即软件）。

服务（或实现）的作用是什么。也就是说，开发者和/或客户的策略目标是什么，它如何补充以前的产品，和/或它为下一代的产品如何开辟道路，或成为下一代的产品。

设计概要

设计概要涉及那些描述将要进行什么样的项目的文档：为了什么样的论域，特定地（目标是特定客户），或者一般性地（目标是一类非常大的这样的客户），或者两者之间。该项目是一个普通的开发，或者是一个研究，或者是包括研究和开发的某高级项目。最后它同样包括那些一般性的交付中所期望的事物，时间期限、成本、涉及的研究机构等等。

通常范围和区间描述是设计概要的一部分，或者就与设计概要相邻。下面我们对其进行探讨。

范围和区间描述

范围和区间描述 涉及项目中所处理的论域中更加特定的主题，也就是说，目标和模式范围，比如：铁路或保健、金融服务；新的开发（包括研究与开发）或维护，或其他。目标和模式区间，比如车辆监测和控制、电子版患者期刊、股票交易；库存现有货物广告、某类的一个产品，或其他产品。

纲要

纲要涉及所需软件的一个简要（即短小的综述）刻画，无论是领域描述、需求规定，还是软件设计。纲要就像是一个电影预告片。它用几句话讲述整个事情（领域、需求或软件）所相关的事物。纲要不是一个描述（规定、规约），“但几乎”是。它提及论域中所有最为重要的现象，它们的实体、类型、值、动作、事件和行为。它提及它们的语义和语法，但是并不完全。并且一个纲要将这些现象构件与它们的语用“联系”，即它们所起的作用，等等。

纲要通常构成了合同的一个重要的介绍部分。

合同

合同描述了合同方、主题事项和考虑事项。

合同涉及指定立约人（合同方：客户和开发者）的法律文档；并且其规定什么将会被开发：如果是软件，则通常合同会涉及已经存在的需求规定；如果是需求，则合同通常会涉及已经存在的领域描述；或者如果是领域描述，则范围和区间描述将是非常重要的文档部分。另外（考虑事项）合同规定开发成本（预计）：如果开发软件，则该预计将是有约束力的。如果开发需求，则成本可以基于固定的每小时费用和一些通常可协商的粗略时间预计。由于在合同方之间有许多不可预计的交互会发生，是不可能给出精确的数字的。或者如果开发领域描述——在这种情况下，该项目基本上是个联合研究工作—— 则成本通常是可以协商的，比如以月为单位来付费。合同（更进一步的考虑事项）将会涉及法律事宜。许多其他的考虑事项可以是合同文档的一部分。

讨论

我们已经概述了必要的信息文档。我们强调开发者（和 / 或客户）在极端情况下的每个时期、阶段中，在一些情况中的开发步骤及其变迁中不得不“重复”这些文档。也就是说，信息文档可能对于每个和所有的三部曲时期来说都是需要的：领域、需求和软件设计。

我们选择了文档（和文档编制）这个措辞用以表明你可以将上述每个列出的信息文档类型看作对个体的、独立的“装订”文档实例的指定。对于下一类的文档，描述文档，我们选择的措辞允许其各种各样的类型来指代能够“混合”（编制在一起）成为更大文档的文档部分。

1.3.4 描述文档

特性描述： 描述文档，通过其我们指描述显然的现象或概念的文档或文档部分。 ■

这里在非常特定和狭窄的意义上使用术语描述（describe、description）和描述的（descriptive）。描述指代（即某文本用文字表达）物理上存在的某自然部分（它以通常受到物理定律约束的物理行为为中心），或者世界的某人造部分（它以人类行为为中心，包括人类行为与人工制品的交互），或者这两类世界的组合。

因此正如我们所使用的术语描述，它趋向于关注最终可能“存在于计算机中”的事物。也很有可能我们有关一个领域的描述是不可计算的，是不可能由计算机模仿的。然而需求规定“缩减”其潜在的领域描述，并且确保其所需要的也是可计算的。所以看法，感情，超自然的、政治的或其他类似的主观文本在这里不被看作是描述。

从上面可以看到，并且它也会在后面反复出现，即：精确地界定什么时候是一个描述（规定、规约），而且什么能够被描述，也就是说，什么能够存在并不是一个简单直接的事情。第3卷的第5、6、7章关注于形成适当的描述（规约）的原则和技术，并且探讨一些存在的哲学问题。

（因此）我们考虑三种描述：领域描述、需求规定、软件设计。我们指出我们同义地使用三个不同的术语：描述、规定和设计（规约）。领域描述是关于已经存在的事物，即“实际的世界”。[8] Michael Jackson [281] 将领域描述称为陈述式的。需求规定是关于我们对软件的期望，即“我们所想要的世界”。Michael Jackson [281] 将需求规定称为假定的。软件（设计）规约则概括了软件设计结构，也就是说，特定类型、值、函数、事件和行为的规约。Michael Jackson [281] 将软件设计称为命令式的。

描述文档种类和类型

我们了解基本上有两个种类的描述文档：非形式的和形式的。我们了解基本上有四种类型的描述文档：粗略描述（记录“头脑风暴”结果的文档）、术语、叙述、形式模型。你可以将后两个类型（描述和形式模型）看作一个类型，“适当描述文档”的类型，非形式和形式的。我们将使用上述的分类法。

粗略描述

特性描述： 粗略描述文档，通过其我们指一个描述文档，它是一个草稿，其描述是不完全的并且/或者不是良好组织的。 ■

[8]从认识论的观点来看，我们可能应当说：我们主观地观察到的世界。

作为适当的开发的最初行为，当我们首先试图开发某事物的时候，我们进行“头脑风暴”。将“头脑风暴”中出现的想法记录下来就产生了粗略描述。我们被告知开发一个领域描述，或需求规定，或软件设计。而我们并不确定从选定论域中的哪里开始。因此我们“心不在焉地乱写一通”，或者说我们粗略描述。粗略描述基本上是无组织、无系统地对将必须被描述（规定、规约）的事物所进行的描述。

通过探索的、实验性的方式，粗略描述起到了理解论域中核心概念的作用，由此也起到理解衍生概念的作用。在开发粗略描述的过程中，粗略描述作为确认核心概念及它们的关系的方法。该确认过程具有极端的重要性。它具有分析的特性，且在第 1.3.5 节中对其进行了进一步的讨论。第 3 卷的第 2.5.1 节给出了粗略描述的例子、原则和技术。

术语

特性描述： *术语文档*，通过其我们指描述文档，它使用系统的但不必完全或详尽的方式列出并简要解释许多术语。 ■

粗略描述步骤和概念形成分析步骤一起起到了确认和统一重要概念（即无论是领域、需求或者软件中的现象的抽象）的作用。该确认包含有命名这些概念的这一点。一个所有这些概念的名字和它们的特性描述（描述、解释、定义）的列表被称为*术语* 。我们也将该列表称为*术语表*，或者词典，或者甚至是*本体论*。请参考第 B.1 节关于这四个术语以及相关术语百科全书和类属词典的讨论。

> 我们认为在软件开发的每一个时期中进行下列四个术语学相关的动作是非常重要和必要的：(1) *建立* （面向时期的）术语；(2) *使用* 且遵守该术语；(3) *更新*，也即维护该术语，且令所有使用该被引用术语的文档反映这些变化；(4) *使得该术语可供使用*。

如没有能够按照上述建议去做通常会有非常不好的结果。

第 3 卷的第 2.5.2 节将会为创建术语学给出例子、原则和技术。

叙述

特性描述： *叙述文档*，通过其我们指描述文档，它使用自然语言，但也很可能是（应用领域特定的）专业语言来系统地和适度全面地解释指定论域的实体、函数和行为（包括事件）。 ■

叙述就是“讲述一个故事”。这里将要讲述的故事（叙述）是选定论域的故事，无论其是一个论域，或者论域的一部分，还是需求，或者软件设计。该叙述必须使得听众（即读者），当然还有叙述者能够形式化该故事：也就是说，我们将以下看作对叙述的一个约束：可以给它们赋予数学（也即计算科学）的模型或者可以在数学上进行特性描述。所描述的事物是可计算的不是对领域描述的约束（可以通过计算机来模拟的（机械化的））。领域需求规定和软件设计规约构成计算模型实际上是对这两者的约束。

可以通过以下论述来说明对形式化这一坚持是合理的：领域需求必然包含可计算的事物。毕竟，它们是关于计算系统的。软件设计当然必须也包含有可计算的事物。

但是为什么我们坚持领域描述应当是可形式化的呢？首先我们必须接受领域需求，如例 1.3 所提及的，来自于领域描述，并且我们希望该“来自于”操作能够得到非常好的形式上的理解。其次，我们必须接受，最初的任务以及最近的这两千五百年来对其成功的探索，就是去形式化现实世界的现象，先是物理现象，现在则是人造现象。因此为何我们不对领域也尝试一下呢—— 直到我们实际上拥有了形式模型的时候，我们才能说理解了领域本质的部分。第三，必须理解我们只是试图形式化领域的语义和句法的方面，而不是其语用意义。[9] 最后，我们必须接受，今天 2005 年 11 月 2 日，我们并不十分了解如何形式化领域和需求的方方面面！这最后一句提示尤其适用于领域描述、接口和机器需求规定。

这样任务就明确了：主要描述可以或者应当被形式化的事物。非形式叙述的方式源自于以下信条：首先给出实体类别的文本（即类型：抽象类型（分类）和具体类型）。然后在如果需要和在需要的时候，假定任何固定的事物（即常数）、例示（即值）。接着假定应用到实体上的所有函数（即观测器、生成器、谓词、辅助函数），并刻画这些函数：从声明其应用到的（输入）实体的类型和作为结果所产生的（输出）实体的类型开始；接着刻画输入和输出之间的函数关系。类似的确认行为（即过程）；及它们的交互（即其共享事件、如同步和通信）。

遵循上述“秘诀”，上述“叙述”的信条，我们可以在对某事物进行非形式描述的任务中得到指导—— 它将引导到形式化本身。

第 3 卷的第 2 章（第 2.5.3 节）给出了构建适当的叙述的例子，原则和技术。这些原则和技术在第 1、2 卷中的绝大多数的章节中都体现出来。特定的领域、需求和软件设计叙述原则和技术在第 3 卷的第 IV ~ VI 部分予以讨论。

形式模型

特性描述： *形式文档*，通过其我们指使用形式语言表达（某论域）的模型的文档。 ■

形式模型是使用某数学记法或某形式语言表达的模型。数学表达式允许传统但精确的推理，就如那些数学教材中通常所做的那样。形式语言是具有精确的句法，精确的语义和数学逻辑证明系统（即一个能够进行形式推理的证明规则集合）的语言，就如那些数理逻辑的教材中所做的那样，但在这里稍有变化。非形式叙述和形式模型可以在文字上交织在一起，就如我们经常在数学和物理教材中所看到的那样。非形式叙述和其形式模型之间的关系必然是非形式的。也就是说，该关系的正确性永远无法得到证明，它必须得到确认。

第 1、2 卷包括许多为构建适当的形式模型而给出例子、原则和技术的章节。特定领域、需求和软件设计形式化的原则和技术则在第 3 卷的第 IV ~ VI 部分予以讨论。

讨论

非形式粗略描述，更加结构化一些，但仍旧是非形式叙述，而形式模型可以在独立的文档中予以说明，或者与分析文档组合和交织在一起。通常来说，粗略描述文档的编制方式不适于发布，除了给直接参与的客户和开发人员以外，并且通常也只是给开发人员。我们说非形式叙述、术语和形式模型可以构成可交付文档。并且我们通常认为粗略描述是开发企业所有文档。

[9]关于语用、语义和句法的讨论，请参考后面的第 1.6.2 节和卷 2 的第 IV 部分（第 6 ~ 9 章）的材料。

1.3.5 分析文档

特性描述： 分析文档，通过其我们指其对象为描述文档的文档。分析文档的文本分析一个描述文档。 ■

如该术语所示，分析文档是其内容为其他文档（这里是描述文档）的分析的文档。我们考虑四种分析文档：那些表示以下内容的文档 (i) （在头脑风暴中）来自于粗略描述的概念的形成，(ii) 形式和非形式描述文档的确认，(iii) 描述性质验证，和 (iv) 开发变迁（即开发步骤）正确性验证。

可能有其他的分析文档。例如：其内容是分析所需计算系统行为方面的文档，比如基于排队理论研究所预期的接口反应时间；基于复杂度理论研究所预期的机器计算时间；基于引用模式的统计研究的字典或数据库散列算法的细节等等。也可能包括有内容为分析实际问题的文档，比如项目和生产规划、监测和控制计算系统的基于统计研究的生产线流程（拥塞）；金融服务或电子交易计算系统的基于类似研究的公司现金流等等。可以设想其他种类的分析文档。在这几卷中，我们将只考虑那些提及的文档。

粗略描述分析和概念形成

在描述一个领域、规定某需求或规约某软件设计中，最为重要的任务就是识别论域发展所围绕的核心概念。一方面，领域中的这些现象是所想要的在软件或软件程序结构（数据结构、程序等等）中的工具。另一方面在现实世界中的这些现象，这些（将在所需软件中显现出来的）工具或程序代码结构将（对于该领域来说）被概念化，或者当它们作为需求获取出来或存在于软件代码中时，实际上它们就是概念（抽象观念）。

因此我们了解了从通常可触知现象的具体的、显然的、现实的世界到概念的抽象、可理性感知但通常无形的世界的变迁。从可感知的事物，通过可想象的事物，到达“做进”软件中的事物，我们需要记录的正是这一变迁。

对于领域，我们这样做是通过首先进行头脑风暴，也就是说，通过粗略地描述领域描述，并且由此通过分析来识别领域概念。然后，对于需求，通过构想来这样做。其中通过粗略地描述需求“规定”，并且由此通过分析来识别需求概念。最后对于软件我们通过“角色分配”，也就是说，通过粗略的描述软件“设计”，并且由此通过分析来识别适当的软件结构。

以形成概念为目标的分析是一门艺术。恐怕最难学习的事情就是正确地对其进行处理，或者至少通过某种方式来处理，其中会出现令人高兴、优雅和实用的概念。但是阅读许多分析示例可能会有所帮助。因此第 3 卷的 第 13、21 章给出了分析和概念形成的例子、原则和技术，它们对于进行上述所示的分析来说非常有用。

描述、规定和规约的确认

特性描述： 确认文档，通过其我们指分析文档，它对于被描述论域的参与者来说验证了描述文档（*&c.*）的文本。 ■

通过 *&c.*，我们指：规定和规约文档。

领域描述必须被确认，它们非常可能是由主要为开发人员组成的小组，在由客户人员组成的一个类似的小组的帮助下写成的。但是更大、更具代表性的客户人员组需要回顾领域描述以对其取得一致同意。需求规定亦是如此。

领域描述和需求规定确认必然是客户人员和开发人员之间交互的过程，亦必然是基于非形式叙述和术语描述的过程。这种确认是非常关键的：它必然是非形式的人为过程，其作用是获得正确的产品。第 3 卷的第 14、22 章给出了确认的例子、原则和技术，它们对于进行上述所示的分析来说非常有用。

规约属性的验证

特性描述： 验证文档，通过其我们指分析文档，它证明、模型检查或测试关于描述、规定或规约性质的陈述。 ■

一个领域描述表示一个理论。描述只是领域的一个模型，而不是真正的领域。通过使用精确的英语表达，尤其是使用某形式语言表达，领域描述所指示的模型具有一些属性。所有这些属性的总和是该领域的一个理论。需求规定和软件设计规约亦是如此。

当给定了一个一致且相对完全的描述（或规定、或规约），我们可以非形式的思考这些属性。当我们也拥有一个形式描述（形式规定、形式[设计]规约）时，我们也可以形式地记录下来该推理。形式模型的优点是这些定理可以得到证明。对这些定理的证明提供了对描述更高层次的信任。

例 1.5 一个领域理论 假定我们已经描述了一个铁路系统，它的线路和车站网络，它的列车时刻表，以及依据时刻表的实际列车运行。让我们另外假定列车时刻表且运输以 24 小时为模：每日重复且总是准时的。现在只是由列车时刻表（和列车运行）非常间接地产生的一个性质可以是下面的 Kirchhoff 定律的一个变体：在相同的 24 小时中，对于网络中的任一车站，该车站列车到达的数量减去在该车站停止旅程的列车的数量，加上在该车站启程列车的数量，等于离开该车站列车的数量。 ■

领域的信息科学模型可以成为理论，就像物理现象的模型一样，如牛顿力学、热力学等等。第 3 卷的第 15 章给出了领域理论的例子、原则和技术，它们对于建立如上所示的领域理论来说非常有用。

开发时期、阶段或步骤变迁的正确性

当我们从描述领域的时期变迁到对支持该领域行为软件的需求进行规定的时期时，我们正确性关联这一从后者到前者的变迁。当我们从对软件进行需求的规定变迁到对所需软件进行规约的时期时，我们正确性关联这一从后者到前者的变迁。当这些正确性关系被适当地陈述时（如果我们要信任开发，它们也必须被适当陈述），能够对其进行非形式地思考。并且，如果描述、规定和（设计）规约得以形式地表达，这些关系亦是如此，则该推理可以得到形式地支持：可以对正确性进行形式证明。

时期能够分解为开发阶段，阶段之间的变迁可以得到正确性关联和讨论。类似地阶段能够分解为步骤，步骤之间的变迁可以得到正确性关联和讨论。

注意我们有时使用“能够”，有时使用“可以”。像数学家那样，我们总是能够尝试非形式地推理。但是如今并不是总是能够形式地证明属性和变迁的正确性。其原因可能如下：我们可能构建了一些笨拙的模型，使得难以证明。或者计算科学和规约语言设计者可能尚未研究和开发出适当的规约语言结构和证明系统。或者我们，这些开发者，还不太善于陈述和证明辅助引理和定理。或者我们在试图证明一个并非是定理的事物，一个为假的事物。

讨论

我们综述了在软件开发中可能出现的分析文档。至少有四种分析文档部分：概念形成、描述（规定和设计规约）确认、性质验证和正确性验证。一些分析文档是受灵感启发的，比如概念形成似乎就是如此。其他的分析文档是受人类交互指导的，比如确认就是如此。还有一些其他的文档是可以形式化的，比如性质和正确性验证就可以。

不过这几卷的目标并不是为这三种分析文档给出适当、全面的介绍。我们会引用一些有关软件验证的专著。

1.4 形式技术和形式工具

> 在阅读完本卷的第 2~9 章之前，读者可以先跳过本节。本节对于非专业读者来说显得有些深奥难懂。

较早的这一节的目的是使得读者知晓表达领域描述和需求规定的语言不是程序设计语言，而是规约语言。这些规约语言要能够表达抽象，这样能够容易地表达本质的属性，同时还能够自由地进行软件设计实现。

1.4.1 关于形式技术和语言

特性描述： 形式技术，通过其我们指如下两个内容：具有数学基础，因此能够在数学上得以解释的技术，通过该技术，其用户可以形式地表达描述、规定和（设计）规约，并且能够形式地对所表示的内容进行推理。 ■

由此形式技术包括：使用辅助技术的形式规约，和可能的形式验证及其辅助技术。所以形式技术需要形式规约语言。

特性描述： 形式规约语言，通过其我们指所有的如下内容：具有形式、数学的句法，形式、数学的语义，和形式、数学的逻辑证明系统的语言。 ■

在本卷的第 9 章，我们解释了什么是证明系统。在卷 2，第 IV 部分我们将解释什么是形式句法和形式语义。

通常，在传统的软件工程中，只有最后一个开发步骤使用一个[10] 几乎形式的语言，即编码（即计算机程序设计）语言。我们将倡导从所有的最初的开发时期、阶段和步骤就使用形式语言。在传统的软件工程中，运用了许多不同种类的非形式描述、规定和（设计）规约语言，其中的一些具有一种形式的图表结构，其他的又有其他的结构，但是都没有一个适当的句法，更不用说清晰的语义了。

1.4.2 软件工程教材中的形式技术

这几卷的目标和效果都取决于形式技术和形式工具的概念。本节的目的就是说明形式的核心作用。即使不是全部，如今绝大多数的关于软件工程的教材也都回避对形式概念的推广。即使一些其他的关于软件工程的教材有任何关于所谓的“形式方法”的材料，通常其都是以书中某处独立章节的形式出现。在这几句卷中，形式技术渗透在所有的技术章节中。形式技术是可运用的，因此对其的教授将与软件工程的所有技术方面相关。

1.4.3 一些程序设计语言

当一个语言被看作表达一个工程目标的方法时，它可以被看作一个工具。由此，形式语言代表软件工程的一类工具。对于所有的工艺来说，需要许许多多的工具，木匠都需要不同尺寸的锤子、不同尺寸的锯子、不同尺寸的螺丝刀、不同尺寸的刨等等。也就是说，将要构建的人工制品，也即其“本质”或其属性（性质），精确地确定了应当使用哪些不同种类的工具。

我们有许多不同种类的“过去的”和“现在的”[11]程序设计语言：函数式程序设计语言，如 LISP [336]、 • Standard ML [241,350]、• Miranda [457] 和 • Haskell [453]，且举几种；逻辑程序设计语言，包括• Prolog [270,319]、CLPR [283]；命令式[12] 程序设计语言，Fortran [488]、Cobol [486]、Algol 60 [17]、Algol 68 [462]、Pascal [473]、• C [292]；面向对象程序设计语言，如 Simula 67 [44]、• C++ [445]、Modula 2 和 Modula 3 [242,361,476]、• Eiffel [342,343]、Oberon [392,477,479–481] 和 • Java [9,14,225,316,425,463]；最后是并行式程序设计语言，PL/I [28,487]、CHILL [135]、Ada [121] 和 • occam [275,330,406]。

1.4.4 一些形式规约语言

我们也期望有许多不同种类的面向模型或面向性质的形式规约语言。

关于面向模型的规约语言

一些规约语言是面向模型的：[13] • VDM-SL [113,114,208,288]、• Z [259,431,432,484] 和 • B [3]。

---

[10]通常绝大多数的程序设计语言仍然不具有一个证明系统。

[11] “现在的”程序设计语言用着重号 • 标出。

[12]命令式程序设计语言是主要关注于可赋值变量和赋值，具有语句，因此通常也有语句标号和 GOTO。某种意义上来讲，语句规定：先做这个，再做那个 —— “命令式的”。

[13]面向模型的规约语言允许使用数学实体，如集合、笛卡尔、列表、映射、函数等来表达模型。（本卷的）第 12~16 章将首次给出面向模型。

特性描述： 面向模型的规约语言，通过其我们指使用数学构造（即模型）如集合、笛卡尔、列表、函数等等来表达任何事物的语言。 ■

关于面向性质的规约语言

一些其他的规约语言是面向性质的（代数语义）规约语言：[14] • OBJ3 [215]、• CafeOBJ [175,214] 和 • CASL [40,357,359]。

特性描述： 面向性质的规约语言，通过其我们理解使用所规约事物的逻辑性质来表达任何事物的语言。 ■

关于面向性质 + 面向模型的规约语言

一些其他的规约语言是“混合的”面向性质和面向模型的规约语言：• RSL [218,220,221]。

在这几卷中，我们将主要使用 RAISE 规约（Specification）语言（Language），RSL。但是实际上，没有什么妨碍教师采用其他的语言，如 VDM-SL 或 Z。

再论程序设计语言

一个人根据其希望表达的事物，即其希望讨论的值，来选择程序设计语言。不同的程序设计语言种类，如上所列，适合不同的值空间。

在*函数式程序设计*中，我们处理函数及其定义、应用和复合，因为函数（包括一般的操作符/操作数表达式）被认为能够最好地把握手头的问题。

在*逻辑程序设计*中，我们表达命题和谓词，即处理逻辑值，因为人们认为通过刻画计算问题的性质能够最好地表达它们。

在*命令式程序设计*中，我们建立、初始化、更新和读取状态（即可赋值变量），因为状态和状态变化被认为能够最好地把握要处理的问题。

在*面向对象程序设计*中，我们建立、初始化、更新读取特殊的成为对象的语句构件群集，因为将问题分割为这样的对象的集合和通过表达对象间的交互来解决问题被认为能够最好的把握手头的问题。

在*并行式程序设计*中，我们建立、初始化和复合进程，并且通过确定性或非确定性方式从进程中选择进程。另外，我们通过进程间的同步和通信来表达合作，因为人们认为通过将某些计算问题分解为协作和并发式操作的进程能够最好的表达它们。

规约语言续

关于形式规约语言，其情况不是那么简单。实际上，在上面提及的面向模型和面向性质的形式规约语言之间还是有区别的。因此可以根据一个人所想表达的事物，和如何表达该事物来来选择任一种类别。

[14]面向性质的规约语言允许使用逻辑上表达的代数来表达模型。第 9 和 12 章将首次给出代数和面向性质。

纯粹主义者可能会选择（始于1980年的）Z 或者（大约始于1990年的）B 规约语言范式。两者都是基于简单的集合论概念，都非常优雅，能够传统地处理可以将其考虑为简单的面向状态的顺序问题的事物。Z 在很多方面都得以扩展：表达并发，或者除了其自身基本的、优雅的模块概念之外，还可表达对象。

（始于 20 世纪 70 年代早期）VDM [113,114,208] 代表可能是第一个完全成熟的形式规约语言概念，并且以 ISO 标准化的 VDM-SL 形式仍旧在蓬勃发展。RAISE [101–103,218,220] 规约语言（RSL）构想于 20 世纪 80 年代中期，作为 VDM 规约语言的后继，则一般被通俗地称为 Meta-IV。

这几卷所主要使用的 RSL，其特点是面向性质和面向模型的表达方式，具有较复杂的面向对象的复合方式，并且借用了 CSP [267,268,405,411] 以提供表达并发的方式。同样也给出了对 RSL 的扩展，比如定时 [489]、和时段演算，即时态逻辑的概念 [252]。

1.4.5 目前形式语言的不足

上面所讲的故事可能给你这样的印象，即形式（程序设计和规约）语言提供了足够的可表达性来处理所有的情况，但是并不是这样的。即使有，也是非常少的专业上得以支持的程序设计语言提供了表达时态概念的方式，如绝对时间、相对时间（时间段）、延迟等等。规约语言亦是如此。因此我们看到了一组关注于表达同步的非常迷人的程序设计语言：Esterel [38,39]、Lustre [236] 和 Signal [228]。我们也看到了涉及时态概念的规约语言：定时自动机（Timed Automata）[8]、TLA（动作时态逻辑）[301] 和 时段演算 [491,492]。我们也发现一些提供表达状态转换的语言：佩特里网（Petri Nets）[284,379,393–395]、MSC（消息序列图，Message Sequence Charts）[277–279] 和 LSC（活序列图，Live Sequence Charts）[159,248,295]和状态图（Statecharts）[244–247,249]。我们在第 2 卷的第 12 ~ 15 章将深入讨论佩特里网、序列图、状态图和时段演算 [491,492]。

如此过剩的程序设计和规约语言说明了什么？首先，它告诉我们，现在仍然处于计算科学和软件工程的早期。新的和更好的语言或者完全不同的语言范式的建议正在接连不断的被提出来。它也许也告诉我们，我们不应当寻找通用的语言，那种能够处理全部所想表达的事物的语言。当规约和实现问题的时候，我们也许应当使用不同语言的组合。

更宽泛的来讲，在这几卷中它告诉我们，应当满足于目前可用的形式规约语言，同时认识到它们的（和我们的）不足。换句话来说，在这几卷中会出现这样的情况，我们希望给出一个问题的形式规约，但是这将需要给出一个全新的较长的记法的介绍，或者我们就干脆放弃，因为不可能找到一个令人满意的、充分的、甚至为人所知的这样的语言！

1.4.6 其他的形式工具

软件开发最为著名的形式工具就是编译器：它接受使用一种形式语言，源程序设计语言的程序，它检查输入程序满足多种静态属性，并且如果满足，它产生目标编码语言的输出程序，使得输入程序的意义保留在输出程序的意义之中。为了适当地做到这一点，编译器含有许许多多理论产物的实例化。这些里面包括有限状态机，它处理（ASCII）字符串为关键字或标识符标记，处理其他符号为适当的分隔符或操作符标记；下推栈机，它处理标记串，并且创建和同时检查该输入程序适当的内部表示（字典、语法分析树等等）；重写系统，它转换这些内部表示到其他的有时称作被优化了的表示；另外一个*重写系统*，它最终将可能产生的内部表示转换为输出代码。

其他的形式工具也是可能的并且存在的：抽象规约的类型检查器；一般的数据或控制流分析器，证明检查器，证明辅助；模型检查器，定理证明器，以及程序解释器。这些与编译器一起都是我们通常称之为*抽象解释器*或者*部分求值器*的例子。目前对抽象解释的作用和可能性还远不是全部彻底的 [153,154,197,213,291]。

1.4.7 为什么要形式技术和形式工具

一些理由

工程，在其传统的形式上，土木工程、机械工程、电子工程都运用了一种形式或另一种形式的计算。他们这样做是为了确定结构属性和设计参数，比如为了钢筋混凝土或钢铁建筑、飞机的机翼设计、电子变压器设计等等。当我们驶过一架桥梁、做飞机飞行、或者使用某电子设备的时候，我们这样做的同时确信传统设计工程师已经得到了适当的训练：如何以及在需要的时候能够并且实际上确实进行这样的计算。

当我们使用一般的文字处理系统的时候，是的，甚至当我们发送那些“无辜的”（读作：不重要的）电子邮件的时候的，我们则并不操心该软件的无错性。但是当我们坐飞机飞行，或者居住在临近核电站的旁边，或者收到每个月（从无数的相互依赖的税收条例计算出来）的工资，或者遵循医生的指导的时候，而且当我们被告知飞机、核电站、工资处理和医疗建议中的任何一个是由一台计算机监测并且部分或完全控制的时候，我们可能想知道相关软件的正确性了！但是软件工程师是不是在为了确保对软件的信任而在如今业已存在的许多演算方面得到了较好的训练，并且如果是这样的话，他们是否实际上使用这些演算了呢？对于目前的实践来说，可悲地讲，答案是没有使用！这几卷将教授你一些这样的演算，即形式技术，但当然还远远不够。

对本节的设问句*为什么要形式技术和形式工具？*的答案因此就是：*因为在给定如今的知识的情况下，我们需要对我们的软件具有最高的所可能的信任度。*由于这是可以做到的，即保证*最高的所可能的信任度*，它也必须做到。不这样保证就等同于欺骗客户—— 也可以称之为构成犯罪的玩忽职守！

轶事和类比证据

在 18 世纪中期以前，绝大多数船只的船长（和其他船员）都不知道如何来计算经度[15]。经纬仪第一次的完全使用并为人所知是在 18 世纪的最后 25 年里。Samuel Pepys [16] 评价了航行的悲惨状态：

> 从所有这些人所陷入的迷惘，从他们不知如何进行计算，甚至每个人都有其自己的计算，从他们所要使用的进行计算的荒谬数据，以及从他们对其所陷入的混乱，可以非常清楚的看到，藉由上帝万能的眷顾和绝好的机会、海洋的宽广，航行中不会比这有再多的不幸和倒霉了。

[15]（在世界地图上，或这里更为适当地说海洋地图上）从冰冷的两极延展开来的那些“有趣的”线。
[16]来自 1683 年从英格兰到丹吉尔的旅途中，他作为英国皇家海军的高级官员。

出于类比的目的，我们把这个故事放到这里。

我们认为没有使用形式技术开发软件就好像在公海中航行却并不知道如何计算当前的经度。我们认为如果他们不知道如何计算经度的话，根本不可能成为一名船员，更不用说船长了。

它就像那样的简单，但是问题本身却并不简单。经纬仪确实解决了经度问题，也许这一点更明显一些。对有些人来讲，下面这一点还不是那么明显，即形式规约和相关技术（验证等等）已经将我们带上了向着解决软件开发难题前进的漫长旅途之上。

1.5 方法和方法学

请参阅第 3 卷的第 3 章对方法、方法学、原则、技术和工具的概念更加全面的讨论。这里给出这些术语的一个简要描述就足够了。

1.5.1 方法

特性描述： 方法，通过其我们理解为了有效地构造一个有效的人工制品，这里是软件（即一个计算系统），选择 和应用 许多分析 和合成 （构造） 技术和工具 的一组原则 。 ■

上述将是我们对方法这一概念的指导性特性描述。它将给这几卷添加几分特色。我们试图阐述这些原则 、技术 和工具，它们将指导软件工程师从哪里开始、如何前进、在哪里结束。

在上面的特性描述中，我们也强调了原则、技术和工具所关注或应用到的事物，强调了选择、应用、分析、合成（构造）和效率。人类选择原则、技术和工具。因此对选择的抉择则构成了一个方法的一个关键的方面。我们人类，或机器（即工具）应用技术。因此应用的模式构成了一个方法的一个关键的方面，类似地分析和构造亦是如此。效率作为一个概念，同时应用到开发过程和被开发的人造制品上。我们添加了效率作为方法这一概念的一个属性。

1.5.2 方法学

特性描述： 方法学，通过其我们理解对一个或者多个方法的研究及其知识。 ■

这几卷也探讨了方法学：我们将比较若干种方法，包括若干种可选的原则、技术和工具。没有一种方法能够满足所有的软件。有许多原则、技术和工具可以帮助我们。但是对于任何一种方法，仍然学要确认、学习和尝试原则、技术和工具。

1.5.3 讨论

原则将由人来解释。选择和分析在绝大多数情况下也由人来进行。一些技术和一些工具可以由机器来使用，即形式化。但是这还远不是全部。因此说形式方法的概念是一个不恰当的名字。似乎更适宜说一些技术和一些工具是形式的。因此我们做出结论：方法不能是形式的。

1.5.4 元方法学

在本书中，即这几卷中，我们将强调特定的文本部分。这些被强调的文本是关于如下的

- 特性描述，
- 定义，
- 原则，
- 技术，
- 工具和
- 例子。

在文本中，下列这些被强调文本将突显出来。请对这些文本予以适当地注意。

特性描述： 特性描述是描述性的文本。它们不是精确的定义。 ■

定义： 定义是具有数学的精确程度的描述性文本。我们以本定义所示的形式，或者以编号和强调段落的形式，或者以数学文本或 RSL 规约的形式来给出定义。 ■

原则： 这里原则被看作是作为软件工程探索的基础的行为的全面和基本的定律、原理、假设或者规则（规范）。我们的原则是阐述特性描述、定义、原则、技术和工具，以及给出许多例子。 ■

技术： 这里技术与软件工程师所处理技术细节的方式有关。给出强调的特性描述、定义、原则、技术和工具这些技术，基本上是对描述文本所使用的技术。 ■

工具： 这里工具被看作帮助实现一项任务的智力（或乃至软件）设备，也就是说，工具在执行一个操作中被使用，并且它在软件工程的专业实践中是必要的。汉语是给出被强调的特性描述、定义、原则、技术和工具等的工具。 ■

例 1.6　前面这五个粗体强调的段落一起举例说明了本节所阐述的概念。它们都以“■”符号结束；本例亦是如此。 ■

1.6 软件基础

本节预览了软件工程的核心问题。这里的讨论方式可能让人觉得有些费力，也就是说，它需要仔细的阅读。你可能希望略过本节，比如说在读完本卷的一半的时候返回来再来阅读！

在介绍类型、函数和关系、代数、逻辑之前，我们必须首先探讨一些更为基本的材料：教学法和范式是指什么，符号学是指什么，也就是说，语用、语义和句法。换句话来说，本节涵盖和给出了许多基本的概念，由此它是本卷的第 II 部分的一个序言。

1.6.1 教学法和范式

生活是奇妙的，而非教授给你的。

Ralph Waldo Emerson 1803–1882

我们被许多的范式所指导，参见第 1.6.3 节。我们认为好的范式反映了适度澄清了的教学法。

The Shorter Oxford English Dictionary [318] (OED) 定义：didactics（教学（法））具有老师的特点或风格的；由给予指导所刻画的；指导的；教训的和系统的指导。

在这几卷中，我们将用该词教学法（didactics）来指实践性质或理论性质的基本概念，基于此（能够最佳地或在一定程度上）从事人类行为的一个领域的实践。我们认为我们的再解释是与 OED 的解释一致的。除了如上提及的类型、函数、代数和数理逻辑以外，还有其他的软件工程教学和实践的基础。尽管在后面的几卷中将用独立的章节来详细地探讨这些教学基础，为了（在我们到达那些章节之前）能够指出这些基础最为本质的内容，我们将要探讨一下这些概念。它们是符号学和描述。

1.6.2 语用、语义和句法

出于我们的目的来讲，符号学可以卓有成效地理解为对语言的语用、语义和句法的研究及其知识。也就是说，语言文本的使用、意义、分析和合成。

语用

特性描述： 语言的语用，通过其我们指在社会环境中对其的使用：为什么使用这一特别的表达式？（似乎是）潜藏在说话、表达背后的“最终的”动机是什么？ ■

当规约的时候，我们有一些潜在的动机：它是什么？它们是什么？语用，其特性描述有一点错综复杂，是不能够被形式化的！ 语用是“真实的事物”。句法和语义使得我们能够传递，并期望能够理解那些“真实的事物”！

软件规约语言，更宽泛的来讲，计算系统规约语言，用来描述领域、规定需求和规约软件设计。因此它们的语用和每个领域、需求和软件设计规约的语用如下：它们能够涵盖这一范围，并且它们每一个都能够允许某些种类的开发，比如可信和可管理的开发。因此任何规约语言的设计，比如 B、Cafe-OBJ、CASL、RSL、VDM-SL 和 Z，都考虑到该语言最合适的目标应用。这几卷最主要的规约语言是 RSL。正如我们将看到的那样，RSL 涵盖了非常宽泛的范围。允许模块的、可重用的开发和可证明正确性的开发是 RSL 许多重要的方面中的两个方面。

语义

特性描述： 语义 是关于我们句法上所表达的事物的意义。 ■

稍后我们将细化这一特性描述，但是首先我们表达一些我们所深深感觉到的信条。在某种意义上，语义的全部是在抽象上来说的！ 在该意义上，在特定的社会、人类环境中，语用是在具体上来说的。如果我们不能抽象地表达本质，那么我们没有理解它。我们对源于这样一个不完全的理解的任何软件是几乎没有什么信任的。软件就其本性而言是抽象的，也必然是概念的。因此在我们寻找对其从句法上表示之前，更重要的是从思想上获取语义。我们最好的抽象就是那些数学的抽象。数学是抽象的科学。

因而 RSL 规约的语义是什么呢？为了认识和理解对 RSL 的语义所做的选择，让我们考虑一些非常基本的 RSL 规约。通常一个规约指定了“事物”。

例 1.7　类规约的语义 我们的例子如下：它没有对任何“实际的”事物建模，但是用了最少的符号举例说明了我们所想谈的关于语义的内容。

```
[0] scheme EXAMPLE =
[1]   class
[2]     type
[3]       A = Int, B = Nat
[4]     value
[5]       f: A → B
[6]     axiom
[7]       [ bijection ]
[8]       ∀ a:A,a′:A • a≠a′ ⇒ f(a)≠f(a′)
[9]   end
```

指定了五个事物：(i) 类表达式（EXAMPLE，行 [1~8]），(ii–iii) 值的两个类型，A 和 B （行 [2~3]），(iv) 一个函数，一个值f （行 [4~5]），它映射 A（整数）到 B（自然数），和(v) 公理 bijection（**双射**）（行 [6~7]），它表达了 f 对于不同的参数产生不同的结果。

在这五个指定的事物中，只有四个指定了特定的数学实体。公理名，总是由方括号包围起来，[...]，可以放在关键字 **axiom** 之前，放在这里是出于实用的原因，使得我们可以引用该公理。因此公理名是可选的，可以被省略的。

RSL 赋予标识符 EXAMPLE、A、B 和 f 的语义是什么呢? 我们从里开始：A 和 B 分别代表整数集合和自然数值集合，f 代表任何满足该公理的函数。类定义 EXAMPLE 等（行 [0~8]）代表模型的一个集合， 这里一个模型提供了从标识符，如 A、B 和 f 到它们的意义的映射。该模型集合的所有成员都有 A 和 B 代表同样的整数域和自然数域，但是该集合的每个成员将 f 映射到一个不同的从 A 到 B 的函数，使得该模型的集合呈现了实际上无数个函数 f ！由此 EXAMPLE 代表模型的一个无限集合。

我们总结一下：在规约中，每个由规约者，比如你，指定的 **type** 和 **value** 事物都有一个意义。并且其意义可以确定性地为一个值，或者对于类型名来说为（带类型的）值的一个特定集合，或者对于举例说明的函数名来说非确定性地为可能无限的值中的一个或另一个。因此，函数可以为值。所有值的集合包含所有函数的集合。像这里把两个或者多个这样有意义的标识符组合起来放在类表达式中，或者只是并列放置定义而无 **class** 关键字和类名会分别产生（一个或多个）模型的命名集合和非命名集合。公理也可以是约束的，使得没有模型满足公理。或者可能有有限数量的模型，包括只有一个模型的时候！

让我们“给出”类表达式（行 [0~8]）的模型的集合：

{
  [A ↦ { ...,−2,−1,0,1,2,... },
   B ↦ { 0,1,2,... },
   f ↦ λa • **if** a<0 **then**
        3∗(2∗(−a)) **else if** a=0 **then** 0 **else** 3∗(1+2∗a) **end end**,
  ...],
  [A ↦ { ...,−2,−1,0,1,2,... },
   B ↦ { 0,1,2,... },
   f ↦ λa • **if** a<0 **then**
        5∗(2∗(−a)) **else if** a=0 **then** 0 **else** 5∗(1+2∗a) **end end**,
  ...],
  [A ↦ { ...,−2,−1,0,1,2,... },
   B ↦ { 0,1,2,... },
   f ↦ λa • **if** a<0 **then**
        7∗(2∗(−a)) **else if** a=0 **then** 0 **else** 7∗(1+2∗a) **end end**,
  ...], ...
}

通过 λa:A•E(a)，我们指函数，当其被应用到 A 中的参数 x 的时候，产生由函数体 $E(x)$ 所规定的值，即这里 $E(a)$ 中所有的自由的 a 都被 x 替换掉了。通过省略号，即 ...，我们试图说明模型可能包含有映射其他标识符到其他数学值的部分。 ■

在这几卷的其他部分，我们将反复回到上述此类语义模型来。

句法

特性描述： *句法* 在我们这里是关于我们如何可以写下规约：形式、基本形式及它们适当复合的规则。形式语言的这些规则具有如下的性质：形式，即语言的表达式，可以得到分析，并且使得可以从分析中“构造”意义。 ■

句法当然很重要，但是其重要性对于语义来说是次要的！我们应当努力做到语义的清晰，然后才是句法的优雅。如果所要表达的概念是混乱的，那么无论句法形式多么漂亮，人们都不可能轻易地理解它们！

你已经看到了一些 RSL 句法，比如例 1.7 中的模式定义。由于 RSL 的目标是非常宽泛的应用和整个范围的开发，从实际领域的描述，通过需求规定到抽象的软件设计，RSL 的句法是非常丰富的。也就是说，有许多的实体。当我们在这几卷中持续进行的时候，我们将试图逐步说明它们，并且在这几卷中任意给定的地方，我们只介绍截止到那里所需要的句法。

上面举例说明的类表达式句法，则似乎可以由如下包含：

<class_expression> ::=

```
class
  type
    <type_definitions>
  value
    <value_definitions>
  axiom
    <axiom_definitions>
end
```

但是由于类表达式还有比现在说明的许多更多的方面，其句法比上面所示的要更复杂。

当解释一个规约语言的结构的时候，我们应当系统地讨论其一般形式和其静态语义，即有什么约束限制比如标识符、操作符符号、关键字、分隔符等等的使用及其意义。不过我们将只是给出粗略的解释，把细节留给 RSL 参考手册 [218]。

1.6.3 规约和程序设计范式

我们通过范式来得到指导：

(1) Paradigm（范式）：所复制的事物。

(2) Model（模型）：pattern（模式）、standard（标准）、rule（规则）、original（原型）、mirror（典型）；

(3) Prototype（原型）：archetype（原型）、antetype（原型）；

(4) Precedent（先例）：lead（榜样）、representative（代表）、epitome（典型）

Roget's International Thesaurus [403]。

使用范式我们构造人工制品：

世界... 严格地与其范式，或全体样式一致。

(*The Shorter Oxford English Dictionary* [318].)

这几卷的组织是根据一组规约范式。而这些又是依据我们所认为的是软件工程实践和理论的教学基础的事物。

因而什么是“最基本的”的范式呢？一般来说，我们可以这样说：抽象是一个规约范式；在规约中所偏向使用和鼓励使用的非确定性也是一个规约范式。不同的程序设计风格—— 函数式（也称作应用式）、逻辑、命令式和并行式程序设计—— 各自代表了一个程序设计范式。偏向于允许从（更）抽象的规约到（更）具体的规约，最后到可执行程序的形式可证明的变换的规约风格是一个软件开发范式。在范式中也有范式：实践函数式规约（或者函数式程序设计）范式可能依据，比如延续 [49, 53, 286, 353, 363, 398, 426, 443, 465, 466] 程序设计范式。类似地实践并行式规约（或并行式程序设计）范式可以依据，比如 CSP 范式，即通信顺序进程范式 [266, 267, 405] 等等。

1.6.4 描述、规定和规约

在这几卷中，我们将严格、一致地使用下列术语，并且依据下列重叠的分类：

- **描述**：作为一个涵盖下面内容的一般术语，并且作为与领域的文本的特性描述相关联的专门术语。
- **规定**：主要与需求相关联的特定术语。
- **规约**：作为涵盖上述内容的一般术语，并且作为与软件设计的文本的特性描述相关联的专门术语。
- **定义**：作为涵盖形式化以及对上述的形式化的一般术语；并且作为与特定的文本的特性描述，即特定地是那些构成不同于指代和可驳斥断言的适当定义的部分。

软件规约、需求规定和领域描述

要引导计算机进行任何操作，它必须得到这样的指示。这些指令构成了一个程序。一个程序是由可能无限的计算构成的可能无限的集合族的有限规约。因此，描述、规定和规约构成了我们努力的最本质的目标：开发软件。我们首先解释规约的概念，然后是规定的概念，最后我们解释描述的概念。

我们规约计算：因此，为了设计软件，我们规约计算应当如何进行：如何就是最终目标。我们规定事物，即我们希望随后设计的软件实现的需求。并且，在所有之前，我们描述这些计算将发生的现实世界，也就是说，（应用）领域。

1.6.5 元语言

我们使用语言，如 $\mathcal{M}$，来描述或“谈论”其他的语言，如 $\mathcal{L}$。人们不能使用 $\mathcal{L}$ 来描述 $\mathcal{L}$。它将导致谬论。$\mathcal{M}$ 被称作 $\mathcal{L}$ 的元语言。为了描述 $\mathcal{M}$，我们需要另外一个元语言，或者正如我们将其称之为元-元语言 $\mathcal{M}'$。

我们使用假定为 $\mathcal{M}$ 的语言来解释数学，即数学及其意义的记法 $\mathcal{N}$，因此它必然不同于 $\mathcal{N}$。我们并不描述 $\mathcal{M}$。

1.6.6 总结

我们简要地介绍了教学和范式的概念；符号学的概念：语用、语义和句法。我们也介绍了文档：信息文档、描述文档和分析文档，以及（领域）描述、（需求）规定和（软件）规约。最后我们介绍了元语言和目标语言。

稍后我们将非常详细地探讨这些内容。现在只要读者知道在进行专业的软件工程的时候，对这些基本的概念的适度理解是不可或缺的，这样就足够了。

1.7 目标和效果

通过“这几卷的目标”，我们指将探讨的主题。通过“这几卷的效果”，我们理解我们希望通过探讨特定的材料所实现的目的。

1.7.1 目标

主要目标

主要目标是教授你一般的软件工程原则、技术和工具。即（第 3 卷中的）：领域工程、需求工程和软件设计的那些软件工程原则、技术和工具。其中，我们将另外挑选和教授（第 1、2 卷中的）抽象和建模、（第 3 卷中的）描述、（第 3 卷中的）文档编制的原则、技术和工具。

一些其他的目标

其他的目标是提供适当的数学基础，（第 1 卷的第 II 部分），确保对符号学问题的适当理解：语用、语义和句法（第 2 卷的第 IV 部分），在模型和定义的一个适当的框架下来处理所有的这一切（第 3 卷的第 4、6 章）。

与上述其他目标无关的另一个目标是举例说明支持大型、分布式和并发基础架构的子系统和系统的软件开发构件。

1.7.2 效果

主要效果

主要效果是有助于确保你成为一名软件领域内的专业工程师，因此有助于确保你所参与开发的软件（和计算）系统成为具有最高可达质量的可信系统，并且通过我们对举例说明基础架构构件的软件（和计算）系统开发的强调，有助于确保你和你的同事能够被可信地开发高复杂性系统。

一些其他的效果

其他的效果是将软件工程所关注的更为宽泛内容，如这几卷中所探讨的内容，置于其他不可或缺和更加专门的计算科学学科的环境中，如人工智能和基于知识的系统、编译器系统、并发的安全关键和实时应用系统、数据库管理系统、分布式系统、操作系统、安全的可加密和解密系统等等。另外一个效果是展示形式技术。可以应用于开发的所有时期、阶段和步骤，以及可以应用于各种各样的计算系统。

1.7.3 讨论

我们没有使用通常的节目标和效果，而是有所变化：通常目标和效果这两个概念是放在一起来讨论的。这里我们则对其进行适当地区分。

有一个概念上的三角关系：这几卷的作者；作为读者学习这几卷内容的你；以及最重要的事物：主题本身——软件工程。目标是关于作者希望讨论，也即教授你，什么样的软件工程主题。效果是关于对于软件工程学科来说学习这些主题对你将有什么结果。换句话说目标是关于“什么”，而效果是关于“为什么”。

1.8 文献评注

这三卷书不同于绝大多数其他的软件工程教材。我们列出以下不同于下列教材的主要方面：[381, 388, 430, 464]。首先关于实际开发的例子来说它们都太简短了：几乎没有任何规约和设计的现实示例。本书三卷则极为重要地依赖于规约和设计的现实示例。其次，当它们给出关于形式方法的一章的时候，它被特别地“藏在”书中某处独立的一章之中。本书则强调在开发的所有时期、阶段和步骤当中都使用形式技术。再次，包括[222]在内，它们都没有给出任何关于领域工程的材料。也许正是最后的这个领域工程是本书真正新颖的地方。

[222]是一本非常好的书，它的确展示了许多形式技术。我们几乎完全展示了这些技术（即使不是全部）并且还有更多，并且将这些技术放在整体方法论的环境之中。Watts Humphrey 的[273]是一本关于管理的非常睿智的书，“很难超越”。当谈到这些实际和管理的问题时，在我们看来 Hans van Vliet 的[464]是上述所引用的书中最好的。

1.9 练习

练习 1.1 *科学* 你能解释在这几卷中我们用计算机科学指什么，用计算科学指什么吗？

练习 1.2 *项目管理问题* 你能列出一些更为实际的，即软件工程的项目管理问题吗？

练习 1.3 *软件工程三部曲* 请列出本卷中提出的软件工程的三个主要时期。

练习 1.4 *文档编制* 你能列出（本卷所提出的）主要文档种类吗？在每个种类中你能列出一些主要的文档部分吗？

练习 1.5 *形式技术和形式语言* 请阐释这几卷用形式技术和形式语言指什么？

练习 1.6 *方法和方法学* 这几卷用（有效）方法、用方法论指什么？

练习 1.7 *基础* 本章所示的规约的意义是什么？

II

离散数学

我通过有些迂回的方式来探讨基本的数学概念：在讨论数（第 2 章）、集合（第 3 章）、笛卡尔（第 4 章）、函数（第 6 章）、λ 演算（第 7 章）、代数（第 8 章）和数理逻辑（第 9 章）当中，我们探讨类型（第 5 章）。对此是有原因的。一个合理的主题顺序可以是数、集合、笛卡尔、函数、λ 演算、代数和逻辑。每个这样的数学领域都需要值的集合。我们把这些可以刻画描述的子集分组为类型，其中简单地来讲类型就是值的集合：其值为集合的类型，其值为笛卡尔的类型。集合值的成员和笛卡尔值的元素被假定为具有某类型。

从（值的）类型我们能够构造新的类型：其值为（典型地从笛卡尔类型的值到值的）函数的类型，等等。然后我们介绍作为被给定类型的实体集合和其上的操作集合的代数。最后，我们可以介绍数理逻辑—— 允许量化遍及特定的类型。类型出现在所有我们对数、集合、笛卡尔、函数、λ 演算、代数和逻辑讨论的数学领域中。一些关于数理逻辑的教材是 [240, 378, 383, 439]。

2

数

- **学习本章的前提：** 你至少具备简单的数学熟练水平。
- **目标：** 介绍数的简单概念。
- **效果：** 帮助确保读者将来可以容易、自然和正确地处理各种类型的数：自然数、整数、有理数、实数、超越数。
- **讨论方式：** 非形式的但系统的。

> Kronecker 说过，或者人们认为他这样说过，“上帝创造了整数，所有其他都是人类的作品。”

2.1 引言

在这几卷中，也就是在使用数对一些论域中现象的建模中，我们的兴趣不在于更深层的数论的性质，[1] 而在于更简单的，某种程度上更为浅显的性质：数是严格有序的并且实数是密集的。

数有许多种，即：自然数: $0, 1, 2, \ldots$; 整数: $\ldots, -2, -1, 0, 1, 2, \ldots$; 有理数: 包括整数（即 i, j）和分数 $\frac{i}{j}$, 这里对于所有的整数 i, j，其中$j \neq 0$；无理数；实数，虚数和复数；以及超越数。尽管有时（甚至对于各种各样典型的人造“系统”）我们可能只用到自然数、整数和实数，也同时熟悉所有这些其他的数的概念或许是一个不错的想法。目的是确保你充分地意识到我们选择的可用于建模的方法和那些没有被选择的方法！

2.2 数符和数

数符 是数的名称。没有人曾经（在头脑清醒的状态下）见过数。数是抽象的数学量。它们的特点是其性质。每一个存在于数学域中的数都有确切的一个拷贝：原始的数。许多数有简单的名称，并且相同的一个数常常有不止一个不同的简单名称：

7, seven, sieben, sept, syv, ...

[1] 性质诸如素数、因数分解、无理数或超越数：欧拉定理和费马小定理，欧拉 phi 函数，波林那克公式，梅森素数，默比乌斯函数，欧几里德算法，佩尔方程等 [243]。

大部分数有简单或者复合的名称：

14/2, 6+1, 2∗4−1, ... ; vii, III, ııııııı, ...

数字，我们通过其理解某个特定数的简单数符：如果以十为基数（即底数），那么数字是十进制数字，通常写作 0, 1, 2, 3, 4, 5, 6, 7, 8 和9。如果以二为基数，那么“数字”[2] 是二进制数字，通常写作 O 和 I。如果以一为基数（!），“数字”是一个标记或不存在：ı。如果我们能够谈及罗马“数字”，它们可以是：I, V, X, L, C, D 和 M。

2.3 数的子集

我们将简要概述那些证明是对规约有用的数的性质：自然数和整数，有理数和实数。并简单介绍其他种类的数：无理数和超越数。

2.3.1 自然数：Nat

自然数，我们通过其理解那些特点基本上由佩亚诺公理（Peano's Axioms）所刻画的数（例 9.21）。令 **Nat** 表示全体自然数的集合，并根据以下 BNF 语法书写自然数：[3]

```
<NatNum> ::= <DecDig> | <DecDig> <NatNum>
<DecDig> ::= 0 | 1 | 2 | 3 | 4 | 5 | 6 | 7 | 8 | 9
```

<DecDig> 代表十进制数位。

例 2.1 十进制数字自然数数符的语义 让我们来做下列思考性的实验：令 **0, 1, 2, 3, 4, 5, 6, 7, 8, 9** 从左到右“设法表示”和十进制数字 0, 1, 2, 3, 4, 5, 6, 7, 8, 9 相应的自然数；则

M: <NatNum> → Num
M(d,n) ≡ 10∗M(d) + M(n)
M(d) ≡ **case** d **of** 0→**0**,1→**1**,...,9→**9** **end**

非形式地说明了自然数数符的含义。 ■

注意 M 是一个态射（态射的概念参见第 8.4.4 节）。

我们来解释上例用到的记法。此处我们尚未解释，M 如何能够区分自然数 <NatNum> 仅是一个十进制数字 <DecDig>，还是一个复合形式 <DecDig><NatNum>。稍后，当介绍了适当的“工具”的时候，我们也就能够介绍句法和类型定义的形式，RSL 和其他的规约语言借助这些形式解决上述的可识别性问题。

但是我们能够解释其余部分：如果该数是复合形式，那么 M(d,n) 是第一个数字值的十倍和该记数其余部分值的和。如果该数仅是一个数字，那么有 10 种情况需要区分。如果这个数

[2] 我们实在应该保留数字（digit）这个名称，仅表示在以 10 为基的系统里的基本数符。因为在拉丁语中“digitus”代表手指。

[3] BNF 意为“巴科斯（或诺尔）范式（Backus Normal (or Naur) Form）”。我们假定读者熟悉此类 BNF 语法的记法，包括熟悉上下文无关语法的概念。

字是数字 0，那么它的值是数学中的数 0，依此类推。如果我们选择用字符序列 zero, one, two, . . . , nine 来书写数字，则情况之间的差别将是这些字符序列，但其产生相同的在 →右侧的粗体字数标志符。

例 2.2 “四元一组”二进制数字自然数数符的语义 我们用“四元一组”的二进制数符来表示一个或多个特定的由 O 和 I 组成的四元一组，即：OOOO, OOOI, OOIO, OOII, . . . , IOOO, IOOI。那么我们再次得到相同的右侧描述：

type
  ⟨QuaNum⟩ ::= ⟨QuaNum⟩ ⟨QuaDig⟩ | ⟨QuaDig⟩
value
  M: ⟨NatNum⟩ → Num
  M(d,n) ≡ 10∗M(d) + M(n)
  M(d) ≡ **case** d **of** OOOO→**0**, OOOI→**1**, ..., IOOO→**8**, IOOI→**9** **end**

■

对一些 RSL 结构的解释

换句话说，结构“**case** e **of** $p_1 \to e'_1\ p_2 \to e'_2, \ldots, p_n \to e'_n$ **end**”的第一个参数是一个可为任意值和类型的表达式 e。第二个参数是一个由逗号隔开的“三元组”序列：$p_i \to e'_i$，紧跟关键字 **of** 之后的第一个三元组中 i 为 1，其次为 2，并依此类推。如果 e 的值能够表示为模式， 像此处包括某个模式的所有值，那么整个 **case** 结构的值就是 e'_i 的值，否则我们试着比较下一个三元组。如果没有三元组产生相等的比较，即“匹配”，那么这个表达式（整个 **case** 结构）的值为 **chaos**。 后面我们将介绍更多关于模式的内容。

2.3.2 整数: Int

整数得自自然数，并包括负的自然数。即如果 i 是一个整数，并且 $-i = j$ 是它的负数，$i + j = 0$。

性质

令 a, b 和 c 代表整数。一些整数的重要性质是：

[+ 和 ∗ 的结合律和交换律：]
  a+(b+c) = (a+b)+c, a+b = b+a
  a∗(b∗a) = (a∗b)∗c, a∗b = b∗a
[∗ 对于 +的分配律：]
  a∗(b+c) = a∗b + a∗c
[0 和 1 的性质：]
  0+a = a, 1∗a = a, 0∗a = 0

[− 的性质：]

$(-a)+a = 0$, $(-a)*b = -(a*b)$, $(-a)*(-b) = a*b$

[消去律：]

$a+b = a+c \Rightarrow b=c$, $a\neq 0 \rightarrow (a*b=a*c \Rightarrow b=c)$

[序的性质：]

$a>0 \wedge b>0 \Rightarrow a*b > 0$

$\forall$ a:**Int** • a<0 ∨ a=0 ∨ a>0 [三分法]

[加法和乘法定义：]

s:**Int**→**Int**, $s(i) \equiv i+1 \equiv i'$

$a+0 = a$, $a+s(b) = s(a+b) = a+b+1$

$a*0 = 0$, $a*s(b) = (a*b)+a$

[整数除法]

a / b **as** (q,r) 这里 $a = b*q+r \wedge 0\leqslant r<b$

RSL 的整数代数

RSL 的整数可以为正的无穷大或负的无穷大。其中定义了常用的算子和一些不那么常用的算子 \ 和 /。

value
  +,−,/,∗,\: **Int** × **Int** $\stackrel{\sim}{\rightarrow}$ **Int**
  <,⩽,=,≠,⩾,>: **Int** × **Int** → **Bool**
  −, ↑: **Int** → **Int**
  abs: **Int** → {| i:**Int** • i⩾0 |}
axiom
  ∀ n:**Nat** • **abs** −n = n = **abs** n

令斜线 / 和反斜线 \ 算子表示整数除法和余项函数：

∀ i,j:**Int** • j≠0 ⇒ i = (i / j)∗j + (a \ b)

令 ↑ 表示整数取幂函数。其第二个自变量必须是一个自然数。如果两个自变量均为零，那么结果为 **chaos**。

2.3.3 实数：Real

除了整数之外，实数也能够写作（即表示为）一对可能无限的，譬如由句点隔开的数字序列。我们指出两个极端情况，对于数字 $d_k, d'_{k'}, d''_{k''}, d'''_{k'''}$ 的所有组合，有限可写的实数：

$$d_n d_{n-1} \ldots d_1 . d'_1 d'_2 \ldots d'_{m-1} d'_m$$

和双重无限可写的实数：

$$\ldots d''_i d''_{i-1} \ldots d''_1 . d'''_1 d'''_2 \ldots d'''_{j-1} d'''_j \ldots$$

数字 $d_k, d'_{k'}, d''_{k''}, d'''_{k'''}$ 的值域为 $0, 1, 2, 3, 4, 5, 6, 7, 8$ 和 9。其中 k, k' 是有限的，而 $-\infty \leqslant k'', k''' \leqslant \infty$，无论这个实数表示什么意思！

显然，在 RSL 中我们只能书写有限可表示的实数。

有理数

有理数是可以表示为分母非零的两个整数的除法的实数：

Rat = {| i/j • i,j:**Int** ∧ j≠0 |}

每个整数都是一个有理数。

实数上的操作

RSL 定义了下列实数上的操作：

value
  +,−,/,∗: **Real** × **Real** $\stackrel{\sim}{\to}$ **Real**
  <,⩽,=,≠,⩾,>: **Real** × **Real** → **Bool**
  −: **Real** → **Real**
  abs: **Real** → {| r:**Real** • r⩾0 |}
  int: **Real** → **Int**
  real: **Int** → **Real**
axiom
  ∀ n:**Nat** • **abs** −n = n = **abs** n

函数 **int** 把一个实数转换成最接近0的整数；函数 **real** 把一个整数转换成实数：

int 2.71 = 2，**int** −2.71 = −2，**real** 5 = 5.0，等等

因此 **int**r 是小于或等于实数（r）绝对值的最大整数，且它的符号是 r 的符号。

2.3.4 无理数

无理数是所有其他非有理数的实数。

2.3.5 代数数

代数数是所有满足下列形式多项式方程的根 r 的实数或虚数：

$$a * x^n + b * x^{n-1} + \cdots + c * x + d = 0$$

其中 n 是任一整数，系数 $a, b, \ldots, c, d$ 是整数。$\sqrt{2}$ 是一个代数数。根是使多项式：

$$a * x^r + b * x^{r-1} + \cdots + c * x + d$$

的值为 0 的任何数 r。

我们没有任何基本的需要来处理代数数。但是，如果要为多项式上的计算开发一个软件系统，那么我们将需要抽象地定义多项式为句法结构，并且定义诸如求解多项式方程的函数。

2.3.6 超越数

非代数数的实数被称作超越数。

1844 年，法国数学家 Joseph Liouville[4] 首次揭示了超越数的存在。超越数的例子如 e 和 π。同样，在这几卷中，我们没有需要表示超越数的场合，但是我们将提供对超越数建模的方法。

2.3.7 复数和虚数

复数是作为某种多项式方程的解而出现的。在一般数学中，这种数（c）通常写作一对实数（a）和虚数（ib）（其中 a 和 b 本身是实数）：

$$c : a + ib$$

在 RSL 中没有直接的方法表达复数。因为 RAISE 不是专为这种需要表达或表示复数的应用而设计的。但是，如果我们需要处理复数的“表示”和操作，我们用对来对它们建模：

type
  Complex = **Real** × **Real**
value
  add, sub, mpy, div: Complex × Complex → Complex

  add((a1,ib1),(a2,ib2)) ≡ (a1+a2,ib1+ib2)
  sub((a1,ib1),(a2,ib2)) ≡ (a1−a2,ib1−ib2)
  mpy((a1,ib1),(a2,ib2)) ≡ (a1∗a2−ib1∗ib2,a1∗ib2+a2∗ib1)
  div((a1,ib1),(a2,ib2)) ≡ ... /∗ 留作练习∗/ ...

2.4 类型定义：数

那么在什么时间和场合，数被用于对论域、需求和软件建模呢？当对这些现象和概念的操作需要诸如加法、减法、乘法和较少出现的除法操作的时候，我们用数对某些（具体的）现象和某些（抽象的）概念建模。

一个（具体的）类型定义把一个类型表达式和一个类型名称联系起来。在本章介绍的类型表达式是：

[4]例如，见 http://www.stetson.edu/~efriedma/periodictable/html/Lu.html。

type
  Nat, **Int**, **Real**

令 N, I 和 R 表示（任意选取的）类型名称，则类型定义的例子是：

type
  N = **Nat**
  I = **Int**
  R = **Real**

N 代表自然数值的类型（即类）。I 和 R 代表整数和实数值的类型。

我们可以把身高、体重和一个人联系起来。可以把人口（即公民的数量）、男女的划分和一个国家联系起来。可以把一个人口和此人口的年度增加量或缩减量（即偏移量），和此人口联系起来。因此建议的类型是：

type
  Height, Weight = **Real**
  Population, Female, Male = **Nat**
  Deviation = **Int**

上述内容仅是我们为各“类”现象和概念建模的初步探讨。

2.5 总结

我们介绍了自然数 **Nat**，整数 **Int** 和实数 **Real** 类型。另外，展示了如何表达它们的值，并介绍了在这些类型值中每种类型上的通常的操作。其他提及的数类型不能在 RSL 中直接地表示。

整数通常用来为数学中任意数组的索引建模，因此用于那些在数组（矢量、矩阵、张量等）上的数学计算的程序设计语言中。类似地，大于 0 的自然数通常用来为列表数据值的索引建模，包括如句子结构的序列。有时，在普通程序设计语言设计的普通程序中，程序员有时候选择整数和自然数对数本身之外的其他现象编码。

例 2.3 *不太受欢迎的编码* 典型的采用“陈旧”程序设计风格的编码是：1 表示真值 0 表示假值；用数 1, 2, 3, 4 表示一副扑克牌中同花色的一组牌 s：$1 \simeq \clubsuit, 2 \simeq \diamondsuit, 3 \simeq \heartsuit$ 和 $4 \simeq \spadesuit$；并用数字 $1, \ldots, 13$ 表示每组牌中每张牌的面值 v：$1 \simeq$ ace, $i =$ i, $1 \leqslant i \leqslant 10$, $11 \simeq$ knight, $12 \simeq$ queen 和 $13 \simeq$ king。因此，任意一张牌（即非大王牌）可以编码成一对 (s, v)，并且大王牌因此可以表示为，例如 $(5, 14)$！ ■

我们留给读者去想象出于什么用途在抽象的模型规约中使用实数。

2.6 文献评注

关于数论的经典的教科书和专著是 Hardy 的 [243]

2.7 练习

练习 2.1 *以 0 为基数的数符系统。* 令自然数符表示为菱形 ◇ 序列，◇ 表示0，◇◇ 表示1，◇◇◇ 表示 2，依此类推。

（1）为这些以 0 为基数的数符定义一套 BNF[5]语法。

（2）定义函数 R0R10 和函数 R10R0， 使得 R0R10 把一个以 0 为基数的数符转化成为一个以 10 为基数的数符，而 R10R0 把一个以 10 为基数的数符转化成为以 0 为基数的数符。假定函数 modulo 应用于数 m 和 n，即 modulo（m, n）， 生成一对 (m', d)，使得 $0 \leqslant d \leqslant n$，并且 $m = n \times m' + d$。

（3）定义合适的算术操作符、加法、乘法和整数除法。它们接受以 0 为基数的数符并返回以 0 为基数的数符。

练习 2.2 *以8为基数的数符系统（I）。* 基于非形式的例 2.1 中的思想，为一个以 8 为基数的自然数数符系统定义一套语法，并设计一个非形式意义的函数，该函数把以 8 为基数的数符转化为以 10 为基数的数符。

练习 2.3 *以 8 为基数的数符系统（II）。* 给定一个以 10 为基数的数，把它转化为以 8 为基数的数符。即：非形式地定义一个函数。此函数接受一个自然数并生成一个以 8 为基数的数符。假定函数 modulo 接受两个自变量 m, n，这两个自变量均为大于 0 的自然数，并生成一个对 w, r，使得 $w \times n + r = m$。

练习 2.4 *实数数符。* 为实数数符给出一个 BNF 语法，即一对由句点隔开的数字序列。然后设计一个把实数数符转化为实数的非形式的函数。

练习 2.5 *虚数。* 参见第 2.3.4 节。请定义复数的除法（即复实数）。

♣ ♣ ♣

贯穿本卷，我将使用一组三个 ♣ 来区分关于运输网络、集装箱物流和金融服务行业的“连续”练习。在最开始的文字 **练习**和练习编号之后的单个 ♣，表示正在讨论中的练习属于这些贯穿本卷的练习。

♣ ♣ ♣

练习 2.6 ♣ *在运输网络领域中的数。* 请参见附录 A，第 A.1 节，*运输网络*。

仔细阅读在第 A.1 节中的大致描述，试图确定尽可能多的、可以以合理的方式被建模为数的实体。根据第 2.4 节中的概述说明它们的类型定义。

练习 2.7 ♣ *在集装箱物流领域中的数。* 请参见附录 A，第 A.2 节，*集装箱物流*。

仔细阅读在第 A.2 节中的大致描述，试图确定尽可能多的、可以以合理的方式被建模为数的实体。根据第 2.4 节中的概述说明它们的类型定义。

[5]我们在第 36 页提到一个 BNF 语法的例子。

练习 2.8 ♣ 在金融服务行业领域中的数。请参见附录 A，第 A.3 节，金融服务行业。

仔细阅读在第 A.3 节的大致描述，试图确定尽可能多的、可以以合理的方式被建模为为数的实体。第 2.4 节中的概述说明它们的类型定义。

3

集合

- 学习本章的**前提**： 你愿意学习简单的数学概念。
- **目标**： 介绍简单集合的基本数学概念。
- **效果**： 帮助确保读者对所有面向模型抽象中最重要的概念——集合，有一个良好的开端。
- **讨论方式**： 从严格的到形式的。

特性描述： 集合，我们粗略地通过其理解不同元素（即实体）的无序集，此外，对于集合我们可以有意义地谈论：(i) 一个实体是（或者不是）一个集合的成员 $\in$, (ii) 两个或多个集合的并（归并），以形成一个（由参数集合中的所有元素构成的）集合 $\cup$，(iii) 两个或多个集合的交，以形成一个（由所有参数集合所共有的元素构成的）集合 $\cap$，(iv) 一个集合就另一个集合而言的补 $\setminus$，(v) 一个集合是否是另一个集合的子集 $\subset$ 和 $\subseteq$，(vi) 一个（有限）集合的势（即它包含多少个成员） **card**。此外还有几个操作。 ■

集合和集合的元素是未定义的。我们在上面已经暗示了一些集合构成和集合及其元素上的操作。集合“真正是”什么，通常由在数学中建立所谓的公理系统[1]来定义。按公理来说，集合和集合上的操作就是集合论中的许多公理对其定义的事物！集合论有几个公理系统。每一个系统定义一个集合论，因此不同的集合论可以不完全相同。Zermelo/Fraenkel (ZF) [193, 212][2] 所提出的公理系统可能是最有名的集合论的公理系统。

3.1 背景

集合论是数学的一个主要分支。你可以通过以集合论为基础，或者以数理逻辑为基础对数学进行解释来开始。我们参考集合论的具有广泛影响的教材 [37, 193, 212, 238, 251, 354, 447, 455, 460] 来讨论作为数学基础的集合。这些教材也将集合论放入一个历史的上下文中。

---

[1]我们稍后将在第 9 章定义所指的公理系统。

[2]请参见，例如：

http://plato.stanford.edu/entries/set-theory/ZF.html

http://mathworld.wolfram.com/Zermelo-FraenkelAxioms.html

http://planetmath.org/encyclopedia/ZermeloFraenkelAxioms.html

http://www.britannica.com/eb/article?tocId=24035 等。

3.2 数学的集合

令 $e_1e_2\ldots e_n$ 为任意元素（即数学实体）。在不失（接下来我们不得不提到的）一般性的情况下，假定它们全部是不同的和基本的（即原子的）。也就是说，没有任何 e_i 包括函数或者其他集合等等。那么 $\{e_1, e_2, \ldots, e_n\}$ 指代一个由 n 个不同元素 e_i（$i = 1\ldots n$）构成的集合，我们可以将该集合命名为 s。$\{\}$ 指（没有任何元素的）空集[3]。$\{$ 和 $\}$ 是集合构成的括号。

我们将集合的成员关系（$\in$），$e \in s$ 看作是无进一步解释的基本函数。如果 e 是 e_i（$i=1\ldots n$）中的一个的话，$e \in s$ 成立（即为 **true**），否则表达式 $e \in s$ 为 **false**。

基于成员关系函数，我们现在可以定义[4]集合操作的一个标准集。令 e, s, s' 指代任意元素和任意两个集合：

$$s \cup s' = \{e \mid e \in s \vee e \in s'\} \tag{3.1}$$
$$s \cap s' = \{e \mid e \in s \wedge e \in s'\} \tag{3.2}$$
$$s \setminus s' = \{e \mid e \in s \wedge e \notin s'\} \tag{3.3}$$
$$s \;/\; s' = \{e \mid e \in s' \wedge e \notin s\} \tag{3.4}$$
$$s \subset s' = \forall e \bullet e \in s \Rightarrow e \in s' \wedge \exists e \bullet e \in s' \wedge e \notin s \tag{3.5}$$
$$s \subseteq s' = \forall e \bullet e \in s \Rightarrow e \in s' \tag{3.6}$$
$$s = s' = s \subseteq s' \wedge s' \subseteq s \tag{3.7}$$
$$s \neq s' = \neg(s = s') \tag{3.8}$$

由于这里是对逻辑公式的一个提早的说明，我们这样“读”它们：

- 等式 (3.1)：两个集合 s 和 s' 的并，是由 e 构成的集合，e 是集合 s 或者集合 s' 的成员，或者是这两个集合的共同成员。
- 等式 (3.2)：两个集合 s 和 s' 的交，是由 e 构成的集合，e 既是集合 s 的成员，也是集合 s' 的成员。
- 等式 (3.3)：集合 s 就集合 s' 而言的差，是由 e 构成的集合，使得 e 是集合 s 的成员，但是不是集合 s' 的成员。
- 等式 (3.4)：集合 s 就集合 s' 而言的补，是由 e 构成的集合，使得 e 是集合 s' 的成员，但是不是集合 s 的成员。
- 等式 (3.5)：如果集合 s 的所有（$\forall$）成员也是集合 s' 的成员，并且 s' 中存在（$\exists$）不是 s 的成员的成员，那么 s 是 s' 的真子集。
- 等式 (3.6)：如果集合 s 的所有成员也是集合 s' 的成员，那么 s 是 s' 的子集。
- 等式 (3.7)：如果一个集合是另一个集合的子集，且另一个集合也是这个集合的子集，那么这两个集合相等。
- 等式 (3.8)：如果两个集合不相等的话，那么这两个集合不等。

定义 (3.1)~(3.4) 举例说明了集合的内涵：[5]

[3] 有时用 Ø 来指代空集。

[4] 定义 3.1~3.8 都是以数学的传统风格给出。

[5] 当使用 RSL 符号来表示集合的内涵的时候，我们将“加上”类型绑定：$\{e \mid e : T \bullet \mathcal{P}(e)\}$。

$$\{e \mid \mathcal{P}(e)\}$$

图 3.1 举例说明以上操作中的六个。最左上角子图中的左边的黑圈代表集合 A；右边的另一个黑圈代表集合 B。头两行中的子图都是如此。

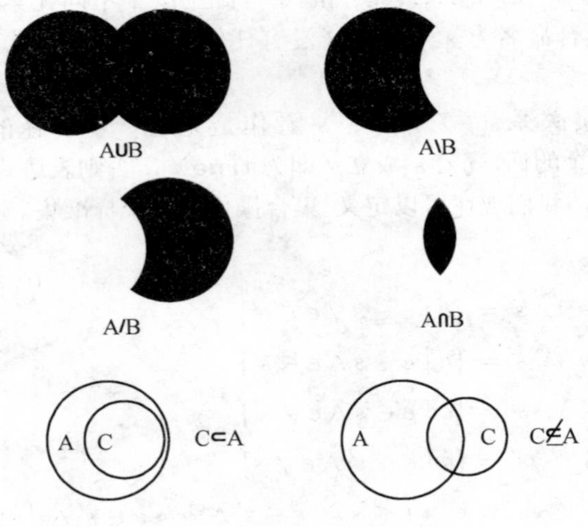

图 3.1　六个集合操作的非形式说明

因此我们这样读等式 (3.1)~(3.8) 中的操作符：$\vee$: 或，$\wedge$: 和，$\notin$: 不是 ... 的成员，$\forall e\bullet$: 对全部元素来说是 ... 的情况，$\exists e\bullet$: 存在一个元素使得 ...，$\neg$: 否。前四个定义以集合的内涵的形式给出。后四个定义使用全称和存在量词。符号 | 读作：使得。这些等式（即定义）的逻辑在第 9 章中介绍。

总结：有两种表示集合的方法：通过枚举：$\{\}$，$\{a\}$，$\{a,b\}$ 等，和通过内涵：$\{e \mid e : T \bullet P(e)\}$。我们在等式 (3.1)–(3.8) 中没有给出元素 e 的给定类型 T。如等式 3.1：

$$s \ \cup \ s' = \{e \mid e : T \in s \vee e \in s'\}$$

也就是说，我们稍后将把集合的元素绑定到一个特定的类型，从而表示给定类型的集合。但是我们的确给出了谓词的使用（元素 e 上的谓词 P）。稍后我们将介绍给定类型（第 5 章）和谓词（第 9 章）。

3.3 特殊集合

3.3.1 外延公理

外延公理 叙述了集合是完全由其元素确定的。

3.3.2 划分

令 s 为一个集合，比如 $\{a_1, a_2, a_3, a_4, a_5, a_6\}$。集合 s 的划分是一组不相交的（即无重叠的）集合，例如，$\{s_1, s_2, s_3\} = \{\{a_1\}, \{a_2, a_3\}, \{a_4, a_5, a_6\}\}$，使得这些集合的并：$\{a_1\} \cup \{a_2, a_3\} \cup \{a_4, a_5, a_6\}$ 形成集合 s。

3.3.3 幂集

集合 s 的幂集 $\mathcal{P}(s)$，是由 s 的所有子集构成的集合。因此，集合 $s = \{a_1, a_2, a_3\}$ 的幂集 $\mathcal{P}(s)$ 为 $\{\{\}, \{a_1\}, \{a_2\}, \{a_3\}, \{a_1, a_2\}, \{a_1, a_3\}, \{a_2, a_3\}, \{a_1, a_2, a_3\}\}$。

3.4 分类和类型定义：集合

3.4.1 集合抽象

当对领域、需求和软件进行建模时，什么时候和在哪里使用集合呢？我们在这些情况下使用集合对特定的具体现象和抽象概念进行建模：在这些现象和概念上的操作必须用到，比如说，一个现象（或概念）是一类这样的现象（或概念）的一个成员，或者是一组这样的现象（或概念）的并，或者是一组这样的现象（或概念）的交，或者一个现象（或概念）作为集合包含于另一个现象（或概念），等等。

3.4.2 集合类型表达式和类型定义

（具体的）类型定义是将类型表达式与类型名联系在一起。本章介绍的集合类型表达式是：

B-**set**

B 是任意的类型（表达式）。令 B 是一个已定义的类型名，那么：

type
  A = B-**set**

是一个类型定义的例子。A 代表由 B 中元素构成的集合的类型（即类）。

例 3.1 社会学 如果人的邻居关系 N 由一组人构成，如果家族（即，家庭）C 类似地由一组人构成，如果（人类）社会 S 由一组邻居关系构成，那么：

type
  P
  N = P-**set**
  C = P-**set**
  S = N-**set**

用未定义的人的分类 P 来对邻居关系、家族和社会进行建模。 ■

上面的例子仅是我们对各种各样的现象和概念进行建模的一个开始。

3.4.3 分类

我们通过分类理解一个对其元素没有给出进一步描述的类型。也就是说，我们目前不指出这些元素是什么。换句话说，它们是没有进一步定义的。

3.5 RSL 中的集合

在第 13 章，我们将详细介绍 RSL 集合概念的细节：它们怎样被给定类型、枚举、通过内涵来表示、操作以及被用来进行各种抽象。

3.6 文献评注

集合论和逻辑是紧密联系的经典数学科目。具有广泛影响的集合论的教材有：[37, 193, 212, 238, 251, 354, 447, 455, 460]。

3.7 练习

练习 3.1 简单的集合枚举和操作。(1) 用集合表达式（即使用花括号和逗号分隔符 $\{\_,\_,\ldots,\_\}$ 列出下列有限集合：(a) 前 10 个斐波那契数构成的集合，(b) 前 6 个斐波那契数构成的集合，(c) 前 6 个平方数构成的集合。(2) 列出上面集合 a 和集合 b 的交，a 就 b 而言的补（即 a\b）和 b 就 a 而言的补（即 a/b）得到的集合中的元素。

练习 3.2 集合的描述。填充以下的 $\boxed{1}$ 和 $\boxed{2}$：

- 如果元素 e 在 $A\cap(B\cup C)$ 之内，那么也就是说 e 在 $\boxed{1}$ 和 $\boxed{2}$ 之内。
- 如果元素 e 在 $(A\cap B)\cup C$ 之内，那么也就是说 e 在 $\boxed{1}$ 或 $\boxed{2}$ 之内。
- 如果元素 e 在 $A\backslash(B\cap C)$ 之内，那么也就是说 e 在 $\boxed{1}$ 之内，但是不在 $\boxed{2}$ 之内。

♣ ♣ ♣

关于后面练习的注释： 令 A 为某个领域的主类型（即运输网络、集装箱物流或金融服务行业——如附录 A 所概括的）。如果某个主要的，即类型 A 的实体的一个直接子实体可以建模为类型 B 的实体构成的一组集合，那么也可以说我们能够**观测**这些（类型为 B 的）实体构成的集合：

type
  A, B
value
  obs_Bs: A → B-**set**

这里 obs_Bs 被称为是一个观测器函数，该函数应用于类型为 A 的实体，得到类型为 B 的实体构成的集合。我们说我们能够从类型为 A 的元素观测这些后面的集合。

♣ ♣ ♣

练习 3.3 ♣ 集合在运输网络领域。请参见附录 A，第 A.1 节，运输网络。

仔细阅读第 A.1 节中给出的概括性描述，并尽可能多地确定能够以合理的方式建模为集合的实体。像第 3.4 节概括的那样描述出它们的类型定义。给出相关的观测器函数。

练习 3.4 ♣ 集合在集装箱物流领域。请参见附录 A，第 A.2 节，集装箱物流。

仔细阅读第 A.2 节中给出的概括性描述，并尽可能多地确定能够以合理的方式建模为集合的实体。像第 3.4 节概括的那样描述出它们的类型定义。给出相关的观测器函数。

练习 3.5 ♣ 集合在金融服务行业领域。请参见附录 A，第 A.3 节，金融服务行业。

仔细阅读第 A.3 节中给出的概括性描述，并尽可能多地确定能够以合理的方式建模为集合的实体。像第 3.4 节概括的那样描述出它们的类型定义。给出相关的观测器函数。

4

笛卡尔

- **学习本章的前提：** 你至少具有简单的数学熟练程度。
- **目标：** 介绍传统笛卡尔的数学概念。
- **效果：** 确保读者将来能够处理某些类型的聚集、复合、乘积、记录和结构等的问题，这些问题作为可能的笛卡尔例子。
- **讨论方式：** 非形式但准确的。

> 依照法国哲学家和数学家 René Descartes，我们为本章介绍的这类数学结构选择了笛卡尔这个名字。其他更常见的术语有：结构、记录、分组或聚集。在本章的最后，我们给出一个“借来的” René Descartes 的传记。

特性描述： 笛卡尔，我们通过其粗略地理解一些不必非要两两不同的实体的固定分组（即聚集），使得谈论以下事物是有意义的：(i) 复合实体 e_i 为一个笛卡尔 $(e_1, e_2, \ldots, e_n)$，(ii) 分解笛卡尔 c 到它的分量：$\textbf{let}\ (id_1, id_2, \ldots, id_n) = c\ \textbf{in}\ \ldots\ \textbf{end}$，等。 ■

4.1 要点

在集合的元素（即成员）之间，除了是该集合的不同成员外，没有其他关系。如果想表达这样一个数学实体——具有固定数量的可能两两不同的实体，且实体的位置是固定的却是无序的，那么建议将该实体建模为笛卡尔。

4.2 笛卡尔值表达式

笛卡尔，我们通过其理解由两个或更多值构成的有限分组。[1] 分组，我们通过其理解复合的值，该值可以被唯一地分解：[2]

[1]我们认为说由零个元素，或者仅一个元素构成的笛卡尔是无意义的。RSL 表达式 () 代表类型 **Unit** 的值，也就是说，仅有一个值 () 的类型。令 v 的类型为 A，那么表达式 (v) 的值的类型是 A。

[2]在下面（亦即上面）的公式中，我们介绍一些基本的 RSL 记法：我们通过 **type** X 粗略地指具有相同类型 X 的一组实体。我们通过 **value** x:X, y:Y, z:Z 来对各自类型的任意值 x, y, z 命名。我们通过 **axiom** ∀ x:X,y:Y,z:Z • $\mathcal{P}$(x,y,z) 表示总是对所有值 x, y, z 成立的性质 $\mathcal{P}$(x,y,z)。

```
type
  X, Y, Z
value
  x:X, y:Y, z:Z
  (x,y,z) /* 表示一个笛卡尔*/
  /* 假定 k 为有三个分量的笛卡尔：*/
  let (x,y,z) = k in ...x...y...z... end
axiom
  ∀ x:X,y:Y,z:Z •
    let k=(x,y,z) in let (x′,y′,z′)=k in x ≡ x′∧y ≡ y′∧z ≡ z′ end end
```

左边和右边的括号被用来描述一列由逗号分隔的两个或更多元素，以形成（即构成）一个笛卡尔。

axiom（参见第 9 章）表示：对于任意由独立值构成的笛卡尔结构（即分组、复合），当分解这个结构的时候，我们可以唯一地、准确地取回这些值。

在强调复合的语义概念的时候，我们也或多或少地顺便提及了对子句 **let ... in ... end** 的句法的扩展。

4.3 笛卡尔类型

为了表达分类[3] X，Y 和 Z 上的笛卡尔值的类型，我们写出如下类型表达式：

$X \times Y \times Z$

也就是说：× 是中缀笛卡尔类型构造器。下面举例说明给笛卡尔类型赋予名字，如 K：

```
type
  X, Y, Z
  K = X × Y × Z
```

X × Y × Z 的意思是（未命名的）类型。该类型的值可以唯一地、准确地分解为类型分别为 X，Y 和 Z 的三个分量。

任意类型表达式都可以被分组：

X×Y×Z, (X×Y×Z), (X×Y)×Z, X×(Y×Z) 等。

前两个类型表达式不是不同的，X×Y×Z 和 (X×Y×Z) 代表相同的类型空间。但是最后两个（下面将重述）是不同的。也就是说，这三个空间 K1，K2 和 K3 是不同的：

```
type
  K1 = X×(Y×Z)
  K2 = X×Y×Z
```

[3] 当类型没有进一步被定义的时候，术语分类被用来代替术语类型。

K3 = (X×Y)×Z
axiom
[非形式地：]
K1 ∩ K2 = {} ∧ K1 ∩ K3 = {} ∧ K2 ∩ K3 = {}
[形式地：]
∀ x:X,y:Y,z:Z • (x,(y,z))≠(x,y,z)∧(x,y,z)≠((x,y),z)∧((x,y),z)≠(x,(y,z))

虽然我们尚未介绍 **axiom** 的概念，我们可以阅读非形式的和形式的部分：这三个类型空间不共享值。因为不存在由分属各自类型（即类型空间）的值 x，y 和 z 构成的对应于三个类型空间 K1，K2 和 K3 的组合，且该组合是相等的特定组合。

4.4 笛卡尔的目

一般来说，令 $D_1, \ldots, D_n$，（也写作 D_1 等）代表类型名（或类型表达式），那么

D_1 × D_2 × ... × D_n
type
C = D_1 × D_2 × ... × D_n

代表 D_i 上的 n-元笛卡尔。笛卡尔的目因此是其分量的数目。

4.5 笛卡尔的相等

我们仅定义笛卡尔上的一个操作符。当且仅当 $m = n$，而且对于区间 $[1..m]$[4] 中的所有 i，$a_i = b_i$，那么如下相等表达式成立：

$$(a_1, a_2, \ldots, a_m) = (b_1, b_2, \ldots, b_n)$$

4.6 一些构造的例子

本节的例子是构造的（或编排的），用以举例说明（尽管是人造的）笛卡尔的使用。此外，它们违反了我们的指令，我们的语言设计决策，即笛卡尔的目至少是 2。在以下例子中，我们也要处理目为 0 和 1 的笛卡尔。[5]

例 4.1 一个笛卡尔数符的简单语言 假定以下以笛卡尔对自然数的编码。令 token 为任意原子的值。

[4]在 RSL（这几卷书中主要使用的规约语言）中，从 j 到 k 的区间被表示为双句点的值域表达式：$[j..k]$。

[5]当然，我们可以修改关于笛卡尔参数数目的设计决策并允许参数数目为 0 和 1。那么我们将不得不给出表达具有这些参数数目的笛卡尔的方法，并可能选择：() 和 (A)，其中 A 是任何类型。

0: token,
1: (token),
2: (token,token),
3: (token,token,token),
...
n: (token,token,...,token) n 次 token
...

现在假定以下这些笛卡尔数符上的“操作”：

+: (token,token,...,token)+(token,token,...,token) = (token,token,...,token)
n 次 token　　　　　　m 次 token　　　　　　m+n 次 token

问题是：我们怎样表示这个操作？下面是一个建议：

```
cn1 + cn2 ≡
   case (cn1,cn2) of
      (token,("lst2")) → cn2,
      (("lst1"),token) → cn1,
      (("lst1"),("lst2")) → (lst1,lst2)
   end
```

“lsti”代表任意一列 token，比如，t1,t2,. . . ,tn。

只有你相信它有效时它才会有效！也就是说，你必须同意作者关于以上公式的观点：“lst1” 和 “lst2” 代表“token,token,...,token”的列。直觉上，这种形式的“文本和省略号”表达式可能有效，但是在正式实践中很少有效。也就是说，可以容易地（或者可能不是那么容易地）想到以上建议的元语言变量（即“lst1” 和 “lst2”）所导致的意义不明确的例子。

在该行中，怎样表示减、乘积和整数除法操作？

我们介绍这个例子来引出对元语言（这里是 RSL）的需求，使用该元语言来对如本例中的结构进行建模。我们说元语言是因为它被用来表示另一个语言的属性——这里是笛卡尔数符的属性。 ■

例 4.2 一个笛卡尔列表的简单语言 假定 ⟨ 和 ⟩ 是列表表达式的分隔符，也就是说，⟨a,b,c⟩ 指代一列元素 a，b 和 c，并且有以下顺序：a 是第一个列表元素，b 是第二个，c 是第三个。现在假定仅用笛卡尔的对来指代列表：

(token,token) ≡ ⟨⟩
((a),token) ≡ ⟨a⟩
((a),((b),token)) ≡ ⟨a,b⟩
((a),((b),((c),token))) ≡ ⟨a,b,c⟩
...

也就是说，(token,token) 指代空列表，$((a),\ell)$ 表示这样一个列表：第一个元素是 a，且尾是笛卡尔列表 ℓ。

这样做有效吗？嗯，只有在对遵守例如这个限制句法时：

<CL> ::= (token,token) | (<A> , <CL>)
<A> ::= a | b | c | ...

A 是任意的，例如，原子的（非笛卡尔）值的集合（即，类型）。

使用这个笛卡尔列表语言，我们怎样表示两个列表的拼接 ^？

$\langle a,b,c \rangle$ ^ $\langle d,e \rangle$ = $\langle a,b,c,d,e \rangle$?

好，让我们试试：

^: (token,token)^$((a),\ell) \equiv ((a),\ell)$
^: $((a),\ell)$^(token,token) $\equiv ((a),\ell)$
^: $((a),\ell)$^$((a'),\ell') \equiv ((a),\ell$^$((a'),\ell'))$.

我们定义列表的 **hd**（头）和 **tl**（尾）：

hd $\langle\rangle \equiv$ **chaos**
hd $\langle a \rangle$^tail $\equiv$ a
tl $\langle\rangle \equiv$ **chaos**
tl $\langle a \rangle$^tail $\equiv$ tail

即：

hd (token,token) $\equiv$ **chaos**
hd $((a),\ell) \equiv$ a
tl (token,token) $\equiv$ **chaos**
tl $((a),\ell) \equiv \ell$.

chaos 表示未定义的值。 ■

我们将定义以下笛卡尔列表的操作留作练习：列表的长度 **len**，列表的索引集合 **inds**，列表的元素集合 **elems**，和列表的索引操作 $\ell(i)$。

4.7 分类和类型定义：笛卡尔

4.7.1 笛卡尔抽象

当对领域、需求和软件进行建模时，什么时候和在哪里使用笛卡尔呢？我们在这些情况下使用笛卡尔对某些具体现象和抽象概念进行建模：这些现象和概念被设想为由已知数量的不同实体的固定组合而构成。

4.7.2 笛卡尔类型表达式和类型定义

具体的类型定义是将类型表达式与类型名联系在一起。本章所介绍的笛卡尔类型表达式为如下形式：

B × C × ... × D

B, C, . . . , D 为任意类型（即任意类型表达式）。令 B, C, D 为已定义的类型名，那么：

type
  A = B × C × D

是类型定义的一个例子。A 则代表笛卡尔元素 (b,c,d) 的类型（即类），也就是说：b 属于 B，c 属于 C，d 属于 D，也写作 b:B，c:C，d:D。

例 4.3 复数 令 R 为实数，I 亦为实数，那么

type
  R, I = **Real**
  C = R × I

对复数进行建模。 ■

上面的例子仅是我们对各种各样的现象和概念进行建模的一个极其初步的开始。

4.8 RSL 中的笛卡尔

在第 14 章，我们将详细介绍 RSL 笛卡尔概念的细节：它们怎样被给定类型、枚举、操作以及被用来进行各种抽象。

4.9 文献评注

请参考一个关于 René Descartes 的网络上的传记：

`www-gap.dcs.st-and.ac.uk/~history/Mathematicians/Descartes.html`

该传记的作者是圣安德鲁大学，计算代数交叉学科研究中心（Univ. of St Andrews, Centre for Interdisciplinary Research in Computational Algebra）的 J. J. O'Connor 和 E. F. Robertson。对我们有历史价值的这本书是：Discours de la méthode pour bien conduire sa raison et chercher la vérité dans les sciences，附有三个附录：La Dioptrique，Les Météores 和 La Géométrie [172, 174]。

4.10 练习

练习 4.1 简单的笛卡尔。$(1,2) = (2,1)$ 吗？$(\sqrt{16}, (-2)^3, \frac{1}{4}) = (4, \sqrt{64}, 6/24)$ 吗？

练习 4.2 笛卡尔集合。令集合 A, X 分别为 $\{a,b,c\}$ 和 $\{p,q\}$。列出集合 $A\times A, A\times B, B\times B$ 和 $B\times A$ 的元素。

练习 4.3 笛卡尔列表上的其他操作。请参考例 4.2。

定义笛卡尔列表的以下操作：

(1) 列表的长度 **len**：它所包含的（零个、一个或更多）元素的个数。

(2) 列表的索引集合 **inds**：从1 到（包含）列表长度的索引的集合。如果列表为空，那么索引集合是空集。

(3) 列表元素的集合 **elems**：列表的不同元素构成的集合。如果列表为空，那么元素的集合是空集。

(4) 列表的索引操作 $\ell(i)$。如果列表为空，那么操作是未定义的，即返回结果 **chaos**。

♣♣♣

练习 4.4 ♣ 笛卡尔在运输网络领域。请参见附录 A，第 A.1 节，运输网络。

仔细阅读第 A.1 节中给出的概括性描述，并尽可能多地确定能够以合理的方式建模为笛卡尔的实体。像第 4.7 节概括的那样描述出它们的类型定义。

提示： 沿着一个段的运输方向可以建模为零个（该段停止运输）、一个（是一个单向段）、或者两个由不同段标识符构成的对。

请自己找出更多的例子。

练习 4.5 ♣ 笛卡尔在集装箱物流领域。请参见附录 A，第 A.2 节，集装箱物流。

仔细阅读第 A.2 节中给出的概括性描述，并尽可能多地确定能够以合理的方式建模为笛卡尔的实体。像第 4.7 节概括的那样描述出它们的类型定义。

提示： 集装箱码头由一个（或一组）码头和一个集装箱存储区组成。[你可能也想将港口内港加入到“集装箱码头由什么组成”中。]

请自己找出更多的例子。

练习 4.6 ♣ 笛卡尔在金融服务行业领域。请参见附录 A，第 A.3 节，金融服务行业。

仔细阅读第 A.3 节中给出的概括性描述，并尽可能多地确定能够以合理的方式建模为笛卡尔的实体。像第 4.7 节概括的那样描述出它们的类型定义。

提示： (i) 银行由顾客和（他们的）账户的目录组成。(ii) 买[卖] 定单由以下构件组成：顾客身份标识、证券文件标识、（买[卖] 数量的）数量指示、希望完成已定交易的时间段、和希望“买[卖]”价所处的价格区间（“lo” – “hi”）。

请自己找出更多的例子。

5

类型

- **学习本章的前提：** 你掌握了一般程序设计语言中类型概念的知识以及前面的章节中讨论的集合和笛卡尔数学概念的知识。
- **目标：** 首先给出类型概念的概述，然后我们在接下来的章节中进一步展开讨论。
- **效果：** 确保读者最终能够熟练地选择、表达和使用类型。
- **讨论方式：** 系统的到半形式的。

> 类型概念可能是计算机科学对数学所做的最大的贡献了。类型概念是非常普遍的，但是它并不是完全等同于，比如物理中的量纲和单位的概念。

特性描述： 类型，粗略地来讲，我们通过其理解值的被命名（也即被标识）集合。 ■

类型被简化地看作值的集合。类型集合的值，也即它们的元素，诸如布尔、数、集合、笛卡尔、函数、关系、列表和映射。在这里，复合类型（集合、笛卡尔、函数、关系、列表和映射）本身也是由值构成的。

在本节中，我们将向读者简要地介绍类型的基本概念。专业的软件工程师不断地使用类型来思考。也就是说，类型概念以及对其抽象和具体的掌握，对于专业的软件工程来说是非常关键的。

本节是粗略的介绍。类型概念将会被标识出来。第 2~4 章已经介绍了类型，第 6~9 章以及第 10章和第 13~16 章也将会介绍类型概念。第 18 章将总结 RSL 类型概念。此后它将被用在这几卷中其余的地方。因此，伴随着介绍性的本节，我们将开始漫长的旅程，到达可能是非常重要的软件工程概念，类型理论和实践！

• • •

世界上充满了显然的事物（即现象）：可以指向的实体。其中的一些共享属性，并且“具有同样的种类”，其他的则不然，“具有不同的种类”。类型概念首先被哲学家在某种抽象的意义上引入进来，然后被数学家引入进来，接着更迟地，它被用在程序设计语言中来分别处理“同一性”和“特殊性”。

我们假定对一些程序设计语言类型概念的基本方面有一些基本的熟悉。从这样一个程序设计语言类型概念及其分析的例子谈起， 我们在下面逐步展开介绍更加抽象的类型概念的一些非常基本的观念。这样我们可以一点一点地介绍规约语言类型概念。

本节我们将介绍类型概念非常基本的方面，基于此我们稍后将构建其他的类型概念。这些基本的方面是：分类 （即抽象类型）、具体类型、原子类型、类型名、类型表达式、类型构造器 以及下面的事实：值和类型 构成了互补的概念。

5.1 值和类型

我们如何给出学习类型概念的动机呢？ 我们按照如下所示来做：在我们的周围，我们看到了现象，比如一个人有 1.79 米高，67岁，重有...，噢，非常重！在这几卷中，我们将把“人”的现象称为实体。 这个人是一个可以通过本例中提到的三个实体属性来描述的实体，即可以被特性描述的。首先我们想到这些属性表示（也即刻画）值， 其次我们想到，这些属性是类型： 身高、年龄和重量。所以一个实体具有一个属性值，它具有原子或复合类型。

人**属性值**具有复合类型，且该复合类型分量包括身高、年龄和重量，它们均为原子类型，也就是说不可以被进一步分解。一些实体有常数值，其他的有变量值。人的出生日期是明确确定的。人的性别（通常）是确定的。人的年龄总是变化的！

实体很少变化其类型。一个特别构造出来的考虑实体变化其类型的例子如下：某物，一个实体，“首先”可以被看作或者记录为一个木制椅子。它具有用品类型。接着椅子“变化”其类型为一个古董的、展览的，但是不可以坐的类型。它不再具有用品类型，当然，这要依据个人的观点。或者它被毁坏了，变成了“一堆木头”，因此可能被看作生炉子用的燃料。也就是说，又具有了用品类型，然而是一个不同的用品类型！对类型建模—— 包括类型的变化——通常被称作数据建模。换句话来说：类型和值总是在一起的。

在这几卷中，我们有许多的内容要谈，关于类型的概念、属性（一种类型）和值，以及关于在对现实世界进行（领域）建模中，在对软件预期进行（需求）建模中和在表达软件实现模型中对这些概念的使用。

5.2 现象和概念类型

5.2.1 现象和概念

特性描述： 现象，我们通过其指某个物理上显然的事物，可以指向或者通过某种物理工具测量该事物。 ■

任何特定的人都是这样的一个现象。

特性描述： 概念，我们通过其指抽象，指我们意识的某事物。 ■

概念通常抽象相关现象的类。

5.2.2 实体：原子和复合

特性描述： 实体，我们通过其指现象或概念的表示。 ■

特性描述：（某事物的）表示，我们通过其粗略地指“讨论该事物的方式”，“写下该事物的”方式。 ■

现象的表示不是该现象，而只是我们提及它的方式。

题外话：现象的表示，无论怎样表示，只要其没有被表示在计算（和通信）系统“内部”，都称为信息。一旦被表示在计算（和通信）系统内部，我们将其称为数据。数据是信息的形式化表示。

特性描述： 原子实体，我们通过其指自身不是由适当的子实体构成的实体。 ■

人可以看作一个原子实体，因为从某个角度来看，人的头、脚、腿等等从其本身来讲都不能看作实体。也许外科医生会认为它们是，但是任何人肯定都不会那样认为：就像在机械工程中，不会用一个头，一只左腿等来组装一个人！

请注意是你来决定是否将一个现象（或者概念）看作原子，也就是是否不可分。

特性描述： 复合实体，我们通过其指可以说其独立地由其他适当的实体组成的实体。 ■

机动车可以称为复合实体，因为可以说其由发动机、传动系统、左前门等等构成，每个这样的子实体从其自身来讲被那些生产的人（也即组装它们的人）看作实体。

5.2.3 属性和值

特性描述： 属性，我们通过其指命名的性质，它具有一个相关的类型，而且对于不同实体的相同的命名属性，它可以具有不同或者相同的值。 ■

原子实体属性和值

一个原子实体可以具有一个或者多个属性。

一个人，这里我们考虑一个原子实体，在其众多的其他属性中，我们决定其具有以下属性：名字（具有固定的值，如 Dines Bjørner），（目前）身高（具有某个变化值，如 179 厘米），性别（具有固定值，男），等等。

因此，一个原子实体的“完整值”可以是一个复合值！

复合实体属性和值

复合实体的构成方式可以说是该复合实体的属性，它不同于其适当子实体的属性构成。

例 5.1 道路网：实体和属性 道路网由一组段和一组连接器构成。段不包含连接器，但是其终止于或者具有正好两个这样的连接器。段是实体。连接器不包含段，但是连接了一个或者更多的段（如果道路是单一出口道路时，那么是一个）。连接器是实体。我们决定每个段有属性：唯一的段标识、道路名、段长、段曲率、段路面（柏油路面或其他）等，它们都不是可分离的实体。我们决定每个连接器有属性：连接器标识、可能的一个连接器名、接入连接器（和/或从连接器发出）段的标识符集合等，它们都不是（可以分离的）实体。道路网将其实体构成（组成，终止，连接）方式作为属性。 ■

特性描述： 复合实体属性 我们区别一个复合实体的构件实体的属性和该复合实体的属性：令复合实体 c 由实体 $c_1, c_2, \ldots, c_m$ 构成。每个个体 c_i，$i = 1 \ldots m$ 具有属性 $\mathcal{C}_{i_1}, \mathcal{C}_{i_2}, \ldots, \mathcal{C}_{i_n}$。另外，复合实体 c 具有属性 $\mathcal{C}$。后面的这个属性概括了构成关系是如何显示出来的，也即我们如何决定它是这样的。比如：$\mathcal{C}$ 是：c 由构件 c_j 的序列构成，或者 $\mathcal{C}$ 是：c 由构件 c_k 的一个集合构成，或者 $\mathcal{C}$ 是：构件 c_{ℓ_p} 邻接于构件 c_{ℓ_q}，而 c_{ℓ_q} 又邻接于 ... 邻接于构件 c_{ℓ_r}，它们以这种方式构成 c。 ■

我们将在稍后通过类型操作符（即定义构件类型如何组成整体类型的在类型上的操作符）来捕捉...的序列，...的集合，邻接于 等等的本体论。

特性描述： 复合实体值 我们给每个属性都关联一个当前值。令复合实体 c 由实体 $c_1, c_2, \ldots,$ c_m 构成。每个个体 c_i，$i = 1 \ldots m$，都有整体当前值 $v_{v_{i_1}}, v_{c_{i_2}}, \ldots, v_{c_{i_n}}$。另外，复合实体 c 的属性 $\mathcal{C}$ 具有值 v_c。c 的整体当前值也就是 v_v，它是按照 $\mathcal{C}$ 所规定的，由整体当前子实体值 $v_{c_{i_1}}$，$v_{c_{i_2}}, \ldots, v_{c_{i_n}}$ 构成。 ■

例 5.2 道路网值 我们接着例 5.1。正如图 5.1 中的子图 [A~C] 所示，一个特定的道路网是由三个段组成的。两个连接的段交汇于连接器中的组合方式是粘着在一起。子图 [A] 和 [B] 分别给出了两个和三个单一出口道路。

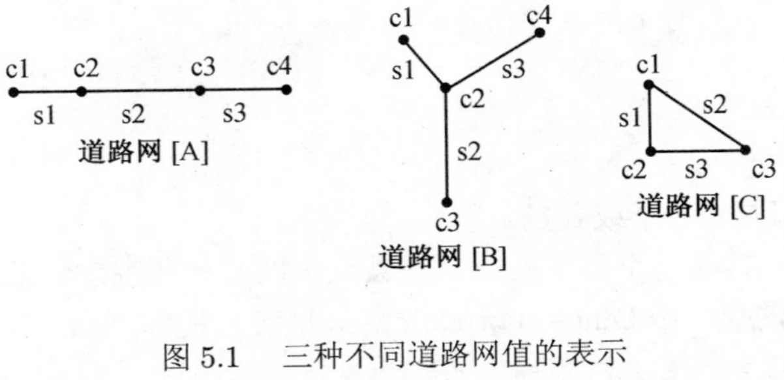

图 5.1 三种不同道路网值的表示

整体道路网值的不同，主要是由于它们特定的拓扑结构。这三个段是可以都具有相同的值的，也就是说，同样的长度，同样的标识，同样的名字等等，正如所示。但是我们认为，当你观察图 5.1 时，你最先注意到的是三个属性道路网值的不同。 ■

• • •

我们已经试图有些非形式地概述原子和复合实体及其属性和值的一些概念。这些概念需要细化，也即更加精确。这是本卷的主要理论基础！

讨论

在普通数学中，可以使用图来抽象道路网：

$$G : (S, C, K)^1$$

S 表示段的集合。比如，$\{s_1, s_2, s_3\}$。C 表示连接器的集合。比如，$\{c_1, c_2, c_3, c_4\}$，如同图 5.1 中的子图 [A] 和 [B]，或者 $\{c_1, c_2, c_3\}$，如同图 5.1 中的子图 [C]。K 表示段到连接器特定的连接。比如，$[s_1 \mapsto \{c_1, c_2\}]$，如同图 5.1 中的子图 [A] 。第 12~18 章的要点是，我们给出了几种可以对道路网（即图）进行抽象建模的方式：

面向性质的代数分类和解析函数表示：

type
  G0, S, C
value
  obs_Ss: G0 → S-**set**
  obs_Cs: G0 → C-**set**
  obs_K: G0 → (C $\overrightarrow{m}$ (S $\overrightarrow{m}$ C))

对于 g0 为图 5.1 中子图 [A] 的道路网，将产生：

  obs_Ss(g0) = {s1,s2,s3}
  obs_Cs(g0) = {c1,c2,c3,c4}
  obs_K(g0) = [c1↦{s1},c2↦{s1,s2},c3↦{s2,s3},c4↦{s3}]

面向模型的面向集合、面向笛卡尔、面向映射的规约：

type
  G1 = (C × S × C)-**set**
  G2 = C $\overrightarrow{m}$ (S $\overrightarrow{m}$ C)

对于同样的道路网（图 5.1 的子图 [A]）产生下面的 g1 和 g2 的值：

  g1: {(c1,s1,c2),(c2,s1,c1),(c2,s2,c3),(c3,s2,c2),(c3,s3,c4),(c4,s3,c3)}
  g2: [c1↦[s1↦c2],c2↦[s1↦c1,s2↦c3],c3↦[s2↦c2,s3↦c4],c4↦[s3↦c3]]

也就是说，本卷所倡导的类型定义工具代替了数学家们定义数学结构的一般方式。我们的类型定义工具与函数定义工具密切的联系起来，并且允许带有实体和函数的非常丰富和新颖的数据结构定义。

[1]表达式 G: (S,C,K) 没有使用这几卷书中所使用的风格。

5.3 程序设计语言类型概念

我们回顾程序设计语言的一些标准概念。

一些例子

从经典的程序设计语言，比如 Algol 60、Pascal、C、C++ 和 Java，我们了解了一个类似于现在所要总结的类型概念。

例 5.3　简单类型在关键字 var 之后的三个句法结构：

```
[1]  var i integer,
[2]      b Boolean,
[3]      c character;
```

规定了应当为三个变量分配存储，使得：首先（[1]），i 获得足够的存储空间来容纳 integer 值，举例来说它的范围在 -2^n 和 $+2^n-1$ 之间（对于某个这样的 n，比如 16、32 或 64），这里 n 是用比特表示的存储单元大小（也称作半字、字、或双字）。另外一个（[2]），b 获得足够的存储空间，如一个比特，来容纳一个 Boolean **值** —— **true** 或者 **false**。最后（[3]），c 获得足够的存储空间，如一个字节或者两个字节，来容纳 char **值**，如字符 "a"，"b"，...，"z"及可能的其他（如数字、符号和操作符："0"，"1"，...，"9"，","，";"，"."，...，"-"，"+"，"*"，"/"，...）。

我们注意到与理解上述例子似乎相关的许多事情: (i) 关键字 var（或者声明的变量，或者某个这样的变体）的使用，表示变量 被声明了；(ii) 似乎有三个声明；(iii) 每个声明有两个部分：变量名字（i，b，c），以及一个常量（“内建的”）类型名（integer，Boolean，character）；(iv) 对于每个变量，都（隐式地）规定了具体的存储表示；(v) 变量名（很有可能唯一地）标识容纳有规定类型值的存储空间。 ■

例 5.4　复合类型

```
[4]  type r =
[5]     record (i integer,
[6]             b Boolean,
[7]             a array[1..m,1..n] of char);
[8]  var p r;
```

像前面一样，我们注意到变量声明（行[8]），但是现在变量名 p 与一个定义类型名 r 关联（而不是如前所示，一个常量，内建类型）。定义类型名是例中行[4]“=”右侧（即行[5–7]）的简写，也即由其定义。这里我们注意到定义类型具有类型 record，也即其他类型值的某种组合，并且它具有三个命名字段，它们相应的存储位置片段将会容纳 integer、Boolean 类型的值，以及 m 行 n 列的 char 元素的矩阵。上例所包括的是对变量界限（[1..m,1..n]）array 类型（实际上定义了一个矩阵）的说明。另外，可能会引起一些可能的混淆（见例 5.5），我们选择“类似于”（对于标识符来说）前面（相应地）介绍了的变量名的字段选择器名。

关于 p （[8]）：它是具有类型 r 的一个实体（一个变量），并且 p （除了具有作为一个变量的整体属性以外）也具有作为整型、布尔型、字符型的局部属性。 ■

例 5.5 类型检查表达式和赋值

```
[9]    i := i + 1;
[10]   b := (if i > p.i then true else false end);
[11]   p.i := p.i + i;
[12]   c := p.a[i,p.i];
```

最后的这个例子实际上对于我们给出和讨论这些例子的主要目的来说不太重要。该目的是介绍在经典程序设计语言中遇到的类型概念。而这个例子则是说明这样一些命令式程序设计语言概念，如赋值、表达式、记录字段值选择。上例说明了四个赋值语句。在行[9]，我们给出了一个简单赋值：整型变量 i 值加一。在行[10]，我们给出另一个赋值，一个条件表达式和一个记录字段值选择：如果变量 i 的值大于记录 p 的字段 i 所容纳的值，布尔 变量 b 值置为 **true**，否则它被置为 **false**。最后在行[12]，我们给出涉及到看上去“很微妙的”数组元素索引的一个赋值：字符变量 c 的值规定为记录数组字段的字符元素的值，对其的索引中一维是简单整型变量 i 的值，另一维的值是记录 i 字段的值。 ■

讨论

我们注意到使用了两种与类型相关的关键字：类型名 和类型构造器。类型名诸如 integer、Boolean 和 character，表示特定种类值的类型，即整型、布尔型和字符型。这些关键字表示内建或者给定类型。类型构造器，如 record 和 array，与其他的语言标记（定界符）、标识符和类型名一起来帮助定义或者构成新的定义类型。这些关键字表示高阶函数。也就是说，我们讨论类型名，它们是标识符，内建的（如 integer，Boolean，character）或者定义的（如）r，我们也讨论复合类型表达式，如 record(id1 te1, id2 te2, ..., idn ten)，这里 idj 和 tej 分别表示记录字段选择器标识符和类型表达式。类型名是简单类型表达式。在上面的例子中，我们也注意到给类型定义配对，类型名如 r 与类型表达式如 record(id1 te1, id2 te2, ..., idn ten)。

我们说类型名 r 被具体地定义了：它被给定了一个模型。给定到 r 的模型是布局于存储中的记录的模型：适当的存储位置（和单元）片段构成的选择器命名的连续字段。我们不久将会看到并不是所有的类型名都需要给定具体模型。

构成类型构造器的记录类型看上去像：

```
record(∗∗,∗∗,...,∗∗)
```

这里重复的 ∗∗ 对中的第一个 ∗ 看作位置，可以插入相异的记录字段选择器标识符于其中，（重复对中的）第二个 ∗ 类似地也看作位置，可以插入不必相异的类型名，或者更一般地意义上的类型表达式于其中。

构成类型构造器的数组类型看上去像：

```
array[*..*,*..*,...,*..*] of *
```

重复对 * * 中的第一个和第二个 * 都是位置，可以分别插入表示数组每维的下限和上限，在关键字 of 后的最后一个 * 是类型表达式的占位符。

除了存储空间分配，带有可能的对于布局的约束[2] 的上述类型和值的概念几乎可以在任何抽象规约语言中找到，RSL 亦是如此。我们将这些给定的例子看作是具体数据结构的例子，而（在领域规约和需求规定中）我们初始建模的是信息结构。我们把数据看作信息的计算机化表示。也就是说，在领域规约和需求规定中我们从任何存储表示抽象出来。但是从其他方面来讲，我们将大量的使用类型和类型变量名（尽管我们主要使用的都将是不可赋值的[也即应用式或者函数式程序设计]变量）。

5.4 分类或抽象类型

现在我们转到类型问题上，不是程序设计语言的类型，而是规约语言的类型。绝大多数规约语言提供内建类型，比如整型、布尔型和字符型。这样的内建类型通常表示*原子类型*，也就是说，表示值为原子的类型，换句话来说，是那些若把值分解到适当的组成部分值将变得没有意义的类型。许多规约语言，典型地主要是面向模型的那些，比如 RSL，VDM-SL 和 Z，提供了类似于 record 和 array 结构，用来从其他已有或者定义类型构建复合类型。本节我们将只介绍笛卡尔类型构造器。

许多规约语言，典型的是代数规约语言，Cafe-OBJ [177,216] 和 CASL [358]，允许引入*抽象类型* 或者*分类*。分类是那些没有显式给出模型（比如，使用集合、笛卡尔、函数等等）的类型：

type
  A, B, C

分类 A、B 和 C 被命名了，但是却没有进一步给出其定义。

我们介绍了一些 RSL 句法：关键字 **type** 给读者一个信号，说明接下来的（在其他这样的关键字之前）是类型声明。上面说明的类型声明把名字 A、B 和 C 作为类型名引入。为了帮助你思考分类 A、B 和 C，我们建议你把它们想象做类型 A、B 和 C 值的空间（即集合）。

现在或以后，在你的思考中，可能会发觉一个分类是原子的，或者复合的。在后者中，其值可以解析为具有特定构件类型的适当组成部分（即值）。

5.5 内建和具体类型

RSL 类型概念将会分步介绍。在上面我们已经介绍了概念的一些方面。现在我们将再介绍一些，然后贯穿于接下来的许多章节中，我们会介绍的更多。目前，我们要求你简单地将类型看作集合，可能是无限的值的（也即某种实体的）集合。

我们需要一些句法来命名和定义类型：

[2]举例来说，这样的约束可以是：向量数组在存储中布局为连续地从“高位地址向下”；矩阵数组的第一维元素被称为列，第二维元素被称为行，并且布局为行序，也就是说，它们被连续地布局，第一行是第一个，以此类推，同样也是从“高位地址向下”。

[0] **type**
[1] I = **Int**, B = **Bool**, C = **Char**
[2] P, Q, R
[3] K = P × Q × R

Int, Bool 和 **Char** 是文字。它们是内建名；是 RSL 带来的。它们分别是整数、布尔和字符三个不相交集合的名字。P，Q 和 R 是用户定义类型名。它们表示分类，即抽象类型。K 是用户定义的类型名。它表示三个分类值的笛卡尔（即积）的集合，或者“三组合”。

RSL形式：

[4] **value**
[5] p,p′,...,p″:P, q,q′,...,q″:Q, r,r′,...,r″:R

表示绑定的集合。标识符 p,p′,... 和 p″ 都是相异的并且表示任意（非确定性选择）的具有类型 P 的值。类似地，标识符 q,q′,... 和 q″ 都是相异的并且表示任意（非确定性选择）的具有类型 Q 的值，标识符 r,r′,... 和 r″ 都是相异的并且表示任意（非确定性选择）的具有类型 R 的值。

（行[10]的）值绑定：

[6] **type**
[7] A, B
[8] L = A × B × ... × C
[9] **value**
[10] (a,b,...,c),(a′,b′,...,c′),(a″,b″,...,c″), ..., (a‴,b‴,...,c‴):L

绑定自由和相异的名 a, a′, . . . , a″, b, b′, . . . , b″, c, c′, . . . 和 c″ 到各自类型的任意值。类型 K 和 L 表示笛卡尔值。[3]

让我们评注一下行 [0..10] 所介绍的零零碎碎的句法。这里它是 RSL 句法。关键字 **type** [0,6] 表达接着的是类型名或类型定义。[1]，关键字 **type** 后的首行，我们给出三个具体类型定义；[2]，第二行，我们给出三个抽象类型定义，也就是分类定义；[3]，最后一行，我们再次给出了一个具体类型定义。开始的三个具体类型定义，[1]，只是为整型、布尔型和字符型给出了其他的名字（即 I、B、C）。具体类型定义，[3]，K=P×Q×R，给笛卡尔类型 P×Q×R 名字 K。中缀 × 符号类似于散缀（distributed-fix）**record**（ , , . . . , ）类型构造器。也就是说，× 是笛卡尔类型构造器，行 [8] 亦是如此。

关键字 **value**，[4,9]，表达接下来的通常是确定类型的值名，首先是[5]：p, p′, ..., p″，具有 P 类型相异的名字，它们表示不必相异的值，等等。

复合绑定[10]，(a, b, ..., c), (a′, b′, ..., c′), (a″, b″, ..., c″), ... 和 (a‴, b‴, ..., c‴) 表达（无引号、单引号或多引号）a, b, c 分组为笛卡尔（或积，或分组，或记录，或结构）值。重复一遍，也就是说我们将同义地使用术语：笛卡尔、积、分组、记录和结构。

5.6 类型检查

将类型与标识符关联有两层意思：告知读者对标识符有目的的使用，同时使得规约语言处

[3]省略号（. . . ）的使用是元语言的：RSL 表达式不允许像在普通数学中那样使用省略号。

理器、类型检查器能够分析是否有对带类型的标识符的错误使用。我们将简要分析最后的这个命题。

5.6.1 类型确定的变量和表达式

让我们考虑下面的程序片段，来自于第 5.3 节：

```
[0]    var i integer   := 7,
[1]        b Boolean   := true,
[2]        c character := 'd';
       ...
[3]    type r =
[4]      record (i integer,
[5]              b Boolean,
[6]              a array[1..4,1..2] of char)
       ...
[7]    var p r;
       ...
[8]    i := i + 1;
[9]    b := (if i > p.i then true else false end);
[10]   p.i := p.i + i;
```

上面的表达式和语句似乎没有任何错误！

5.6.2 类型错误

如果在行[9]，我们写 `b*7`，或者在行[10]，我们写 `if b > p.a`，或者在行[11]，我们写 `p.i := c`，那么，我们可以根据某个原因认为什么事情错了。

什么错了呢？

在行[9]（现在有`b*7`）`b`被认为是布尔型，但是不能用布尔值操作数做乘法。在行[10]（现在有 `if b > p.a`） `b` （仍然）被看作布尔值， `p.a` 被看作字符值，但是不能比较布尔值和字符值。在行[11]（现在有 `p.i := c`） `p.i` 看作整数值变量， `c` 被看作字符值变量，但是不能将字符赋给整数变量。

例 5.6　良构的道路网 我们接着道路网的例 5.1 和例 5.2。

我们举例说明作为一个适当的道路网所应当检查的两种类型约束。

(1) 如果我们通过道路网来指没有孤立道路的道路网，那么例 5.1 的特性描述需要细化：(1′) 道路网必须如此，即从任何一个连接器可以到达（同一个道路网中）任何其他的连接器。(1″) 另一种叙述方式：道路网图不能蜕变成两个或多个孤立子图。上述意义上的孤立取决于所有为双向的道路。

(2) 如果我们通过道路网指具有非单一出口段为单向或者双向段的道路网，那么例 5.1 的特性描述应当扩展以确保非孤立性：(2′) 单一出口段皆为双向段，并且 (2″) 任何其他的段是单向段或者双向段。(2‴) 从任何连接器，只遵循连接段的方向，可以到达（同一个道路网的）任何其他连接器。（也就是说：单向段只有一个方向。） ■

5.6.3 类型错误检测

在用类型“注释”了各种各样的变量后，我们可以推断哪些操作符、索引和赋值看起来是正确的，哪些不是。这称为类型检查。我们将在后面（在这几卷中更后面一些）的地方更加适当地定义知晓其具有类型指什么，并且如何评价该知晓。也就是说，我们将给出如何形式化和可能地自动化某些类型检查。

许多计算机科学家和软件工程师认为类型概念仅与类型检查相关（即提供其存在的原因）。我们将采取更宽泛的视角来看：类型检查对于捕捉早期的规约错误非常重要。但是使用分类和具体类型进行抽象也同样被认为是重要的，因为它使思维集中。

5.7 类型作为集合，类型作为格

在本章中我们把类型看作值的集合。这通常是对类型建模的合理方式，但不总是这样。当期望类型 D 包括从 D 到 D 的函数空间时，集合论的处理方式是不够的。它将不能解释下面这个类型等式的意义：

$$D = D \to D$$

为了对这样的等式 $D = D \to D$ 求解，需要在“类型集合”元素上设置序，称为“类型域”。这里我们只是稍微提及该类型理论。该类型理论能够解任意的类型等式。也就是说，给自反函数类型以适当的意义正是计算机科学的特色。Dana Scott 创建了上面提及的类型理论 [231, 413–417, 419, 421–423]。请参见 [223, 260, 382, 483] 对于类型理论的介绍。

5.8 总结

这将结束我们对 RSL 类型概念的初步介绍。基本的、原始的，也即内建类型（**Int**，**Bool**，**Char**）的命名，都表示具体的，这里是原子的类型。我们也探讨了抽象类型的定义，也即分类，以及通过中缀类型构造器 × 定义具体的复合类型，这里是笛卡尔（记录、积、分组、结构）。

贯穿这于几卷中，我们将介绍 RSL 类型概念的其他方面。第 6.5.2 节进一步详述了类型概念。

5.9 练习

♣ 注意： 接下来的三个练习，5.1、5.2 和 5.3 共用同样的三个“共同练习题目”。所以它们都标记着♣。见附录 第 A.1 节： 运输网络，第 A.2 节： 集装箱物流 和 第 A.3 节： 金融服务行业。请同样参见第 5.2 节，及例 5.1 和例 5.2。本章的练习与引用节和例子是一致的。

练习 5.1 ♣ 运输网络，集装箱物流或 金融服务行业领域的原子实体。

1. 标识（即命名）许多可能的原子实体。
2. 为每个实体标识（即命名）许多属性。
3. 为每个命名属性标识其可能的值。

练习 5.2 ♣ 运输网络，集装箱物流或 金融服务行业领域的复合实体。 请参见（上面的）练习 5.1。下面的问题提及了在 运输网络，集装箱物流 或 金融服务行业 领域中同样的物理现象。

1. 标识（即命名）一些可能的复合实体。
2. 为某个这样的（不同种类的）实体列出其构件实体（即子实体）。
3. 为某个复合构件实体（即子实体）列出其构件实体（即子子实体）等等。
4. 为某个复合构件实体标识（即命名）许多复合构件属性。
5. 为某个如此命名的复合构件实体属性，标识其可能的复合构件值。

练习 5.3 ♣ 运输网络，集装箱物流或 金融服务行业 领域类型检查实体描述 请参见练习 5.1 和 5.2。下面的问题提及了在 运输网络，集装箱物流 或 金融服务行业 领域中同样的物理现象。

1. 原子实体属性值约束。 回忆一下练习 5.1 的问题 3。你能想到某个类型检查，当给出一些可能的原子实体属性值的时候，必须执行该类型检查吗？提示：原子实体属性值的约束可以相对于一些其他的（原子或复合）属性值来描述。
2. 复合实体属性值约束。 回忆一下练习 5.2 的问题 2。你能想到某个类型检查，当给出一些可能的复合实体属性值的时候，必须执行该类型检查吗？请列出某个这样的类型检查。提示：复合实体属性值的约束可以相对于一些其他的（原子或复合）属性值来描述。

6

函数

- **学习本章的前提：** 你已经理解了前面章节介绍的集合和笛卡尔的概念。
- **目标：** 向你介绍我们在计算科学和软件工程中所理解的函数的数学概念。
- **效果：** 为了实现软件开发最为重要的方面之一，即抽象，我们将使得读者能够熟练地使用和处理函数概念。我们将努力确保读者学会使用数学函数进行思考。
- **讨论方式：** 从半系统的到半形式的。

> 我们将要介绍和使用的函数概念是一个数学概念。它极为重要，仅次于类型。没有人曾经看到过函数。数学函数可以通过其被应用到参数值上且产生结果值而被“观察到”。

特性描述： 函数，通过其我们理解一个数学实体，它可以被应用到 一个参数 （即实体）上，然后产生 “对于该参数的函数结果值”。

■

谈到函数和关系的空间（或类，或类型），我们需要类型概念，它已经首先在第 5 章中得到了说明。在第 8 章中，我们将探讨代数概念，但是这样做我们需要函数概念。这解释了我们为什么使用如下的顺序：首先是类型，然后是函数和关系，接着是代数。

有一些函数和关系概念的介绍是从关系开始，然后在其之后给出函数。我们将从函数开始，因为我们发现在软件工程的上下文中[1]首先介绍函数更加自然一些，并且在该上下文中，关系可以看作解释函数的“机械”方式。如果这个推理使你感到迷惑，那么接着阅读下去，等你阅读完本章之后，返回来再阅读本段。

例 6.1 日常生活中的函数例子请参考第 5.2 节中的例 5.1 和例 5.2。

令 S、C 和 V 为段、连接器和交通工具的类型名。相应地，令这些类型名适当注释的小写字母表示段、连接器和交通工具的值。令 N 为道路网的类型名。因此 n 表示特定的道路网。从道路网可以观测到其段和连接器。现在令任何段，作为复合实体，包括（该段上的）零个、一个或者多个交通工具的值。连接器亦是如此。也就是说，从段和连接器可以观测到该道路（和该交叉路口）上的交通工具集合。“观测”也就是把函数应用到参数值并得到结果值。

type

[1]在这几卷中，我们将更多地探讨函数，而非关系。

N, S, C, V, Si, Ci, Vi

value

obs_Ss: N → **S-set**

obs_Cs: N → **C-set**

obs_Vs: (S|C) → **V-set**

obs_Cis: S → **Ci-set**

obs_Sis: C → **Si-set**

从段可以观测到连接到其上的两个连接器的标识。从连接器可以观测到接入（和接出）的段标识集合。

当在段上驾驶交通工具时，令该交通工具进入一个连接器就是执行一个函数。当离开连接器和进入段时亦是如此。

value

enter: $S \times V \times C \xrightarrow{\sim} S \times C$

enter(s,v,c) **as** (s′,c′)

pre: $v \in obs\_Vs(s) \wedge v \notin obs\_Vs(c)$

post: $v \notin obs\_Cs(s') \wedge v \in obs\_Vs(c') \wedge$

$obs\_Cs(s') = obs\_Cs(s) \backslash \{v\} \wedge obs\_Vs(c') = obs\_Vs(c) \cup \{v\}$

leave: $C \times V \times S \xrightarrow{\sim} C \times S$

leave(c,v,s) **as** (c′,s′) ...

从段 s，令交通工具 v 进入连接器 c 导致段和连接器的值变化为 s′，c′。交通工具值没有变化，因此没有在结果值中提及。段在前后的值 s 和 s′之间的区别是段不再“包含”交通工具 v，反过来说即为连接器值的区别。 ■

第 12~18 章的要点是解释上面说明了的此种抽象，而本章的要点是向你介绍函数 f 的基本概念，也就是说，在上面值表达为 **value** f:A → B 的那些东西。

6.1 概述

首先我们把函数概念置于我们的上下文中，然后给出一些直觉上的函数概念：函数定义、映射（也即函数图)、类型和属性。然后我们通过非形式说明“函数是如何产生的”来“重新开始”。

本章的结构

本章包括三个必要的主题：(1) 函数代数：函数“到底”是什么，函数空间类型构造器，函数属性（非确定性、常数、严格性）和操作（抽象、应用、复合、定义、值域集）；(2) Curry 化[2]；(3) 函数模型的关系。

[2]术语 Curry 化来自于美国数学家 Haskell B. Curry 的名字。

特别注释

我们将会介绍观察函数的不同方式：

(a) 可以在句法上定义的函数，
(b) 意义为数学函数的函数，
(c) 句法和意义为“同一”的函数。

这三个方面（a~c）应当来自于以下内容：存在有 (i) 函数，它 (i.a) 可以在句法上定义为文本实体（见第 6.2.2 节的函数定义），并且 (i.b) 这些句法形式具有语义或者意义，它们类似于数学中的函数（见第 6.2.2 节的函数映射（图））。另外 (ii) 存在有函数，它们 (ii.a) 也可以在句法上定义，但是 (ii.c) 它们可以通过一组重写规则来给定一个“句法”意义，这些规则把这些句法表达式“按摩”（编辑，翻译）到具有同样形式的句法表达式（见第 7 章）。

再重复一遍：存在有两种不同的句法函数表达式形式，以及两种不同的函数概念：一种是句法的，另一种是数学的。我们也介绍了关系的数学概念。然后关系被用于解释函数的抽象概念。

6.2 要点

我们首先把函数概念置于数学的上下文和程序设计语言的上下文中。接着我们非形式地给出一些易于理解的概念：函数定义、函数“映射”（图）、函数类型和函数属性，也就是说，函数的特殊类别。

6.2.1 背景

在数学中我们使用和定义函数。三角学的 sine 和 cosine 函数在我们从计算数学中学习通过适当地定义函数来近似它们的计算之前就被使用和（我们将会看到，公理化地）由其属性定义了。在程序设计中我们定义和使用函数，只是我们会将其称为其他的名字：过程、例程、方法等等。在本节中，我们将首先看一下这几卷中我们将探讨的函数种类，我们所期望的是程序设计语言过程或方法的抽象对应物的函数，以及我们期望表示某个现实世界被描述的现象或者需求所规定的现象的意义（指称）。

显然地，函数是任何对计算的理解的基本部分，并且我们认为也是任何对我们周围现实世界的理解的基本部分。在数学中，函数不仅仅是抽象概念。有时它们需要被计算，无论是通过很早以前手工完成的计算（reckoning），或者通过像现在一样借助计算机进行的计算（computation）。本节中我们所集中考虑的函数概念将上述紧密地联系起来: 可定义的和指称的函数，也即数学函数。我们不必关注于那些我们可以设计出算法来计算的函数，而是关注于一般的函数。

6.2.2 一些函数概念

我们将依次讨论函数定义、函数“映射”（即函数图）、函数类型和函数类别的概念。

函数定义

特性描述： 函数定义，通过其我们理解文本，比如 $f(a) \equiv \mathcal{E}\ (a)$，它声明了函数名 f，典型参数（或参数列表）的名 a，定义符号 $\equiv$ 和体 $\mathcal{E}(a)$，通常体是某个子句（表达式或语句），其中参数 a 是自由的。■

首先给出一些形式函数定义的例子和一些直观理解。

例 6.2 两个函数定义 你熟悉 factorial 和 Fibonacci 函数。选择这两个函数只是作为例子。在 RSL 中我们可以将这些函数表达如下：

```
type
  Nat1 = {| n:Nat • n≥1 |}
value
  fact: Nat1 → Nat1
  fact(n) ≡
    if n=1
      then 1
      else n*fact(n−1)
    end
```

```
value
  fib: Nat1 → Nat1
  fib(n) ≡
    case n of:
      1 → 1,
      2 → 1,
      _ → fib(n−2)+fib(n−1)
    end
```

“下划线”（通配符）符号表示“其他的”选项。■

由于上面的公式表示了某个形式 RSL 文本的另一个早期出现，让我们“大声地朗读”这些定义：

Nat1 是大于或等于 1 的自然数集合，即 **Nat** 但不包括 0。（我们说 Nat1 是 **Nat** 适当的子类型。）fact 和 Fib 作为标识符，表示函数（如右箭头 → 所示），并且它们都接受自然数作为参数产生非零自然数作为结果（如左右两边的 Nat1 所示）。fact 函数定义体表示，如果参数是 1 那么结果是 1，否则结果是该参数和比该原始参数小 1 的参数的阶乘的乘积值。

Fib 函数定义的情形类似。它的体表达：如果参数是 1，那么结果是 1，否则如果参数是 2，那么结果（也）是 1，否则[3]（也即对于所有其他大于参数的值）结果是“两个前面的斐波纳契数”的和！因此第一个和第二个斐波纳契数都是 1。

关于一些 RSL 句法：关键字 **value** 向读者表示现在下面接着的是 RSL 标识符到值的绑定。[4] 这里绑定的名字是 fact 和 Fib。该例中这些名字绑定到函数值。因此我们这里有两个函数定义，每个都由一对子句构成：适当的函数基调和函数定义。前者由函数名和函数空间类型表达式构成，通常是含有（至少）一个中缀函数空间类型构造器 → 或 $\xrightarrow{\sim}$ 的类型表达式。后

[3]该“否则”由“通配符” _ 表示。

[4]抽象 **type** 子句：**type** A，或者具体 **type** 子句：**type** A = ... 分别指代类型标识符到分类或具体类型（也即值空间）的绑定。

者在上面的例子中由三元组构成：(i) 函数名 和圆括号括起可能为空的参数列表[5] (ii) 恒等号≡，分隔开来函数定义头 和(iii) 函数定义体，它永远是一个RSL 表达式—— 这里两者都是简单的条件表达式。

给出上述两个函数定义示例的原因现在是：仍将其作为示例并将其与函数"映射"的非形式概念联系起来。

函数"映射"（图）

特性描述： 函数"映射"，通过其我们粗略地理解对 (a, r) 构成的集合，对于所有的函数参数 a，函数被定义并且产生结果值 r。 ■

我们可以互换地使用术语函数"映射"和函数图。这里我们刻意的使用引号在术语"映射"上。无引号的映射引用稍后将表示一个特别种类的函数。也就是说，那些其定义集可以计算的函数。 函数定义集是函数被定义的参数值的集合。

图 6.1 说明了两个函数"映射"。[6] 它们试图说明定义集的参数，在函数"下"，映射到也即产生 函数的值域（值域集） 或映像(映像集)的结果。

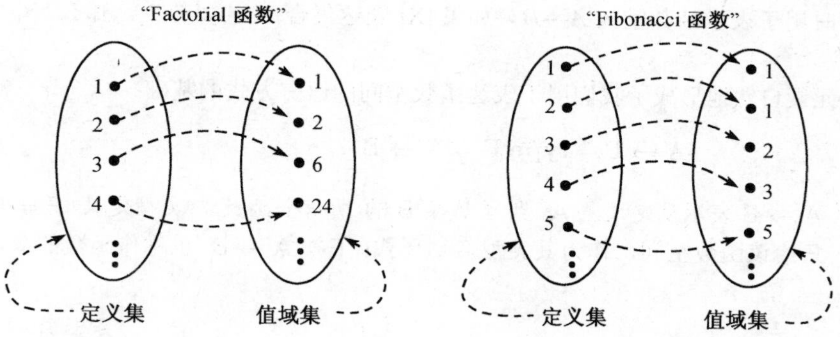

图 6.1 具体函数"映射"（即图）

函数"映射"（图）的概念是可视化定义集的特定元素"映射"到值域集的特定元素。为了了解图 6.1"相应于"（也即可视化） factorial 和 Fibonacci 函数片断，请参见这些函数的定义（例 6.2）。

后面我们将了解到这样的例子，其中有声明为定义集的元素，对于其函数"映射"没有规定相应的值域元素（图 6.3）。请参见单射的部分函数和满射的同样为部分函数的问号 ?。

[5]包围两个或者多个参数的圆括号 (...) 实际上将它们组成了笛卡尔。RSL 没有为单元素提供笛卡尔。因此函数调用表达式 $f(a)$ 也可以写作 $f\ a$。$f(a)$ 中的圆括号这里只是用于无歧义性，万一有人写 fa 但是却用其表示 $f\ a$ （即 $f(a)$）。

[6]图 6.1 的标题列出了括在双引号中的函数名。与通行的做法一样，我们使用双引号来表示我们并不是完全表示引文所说的内容！在图 6.1 示例中，图只是试图给出某些东西：它们不是命名的函数，只是它们的片断"图"！

函数空间和函数基调类型

这是关于函数类型两节的第一节。该介绍是非形式的，简短的。随后的介绍（第 6.5.2节）更加系统一些。这里我们略述为函数空间书写类型表达式的形式。后面我们将假定这个直观的理解。

图 6.1 的两个函数映射都含有三个元素：函数定义集，函数值域集，以及函数“映射”箭头（图示箭头，也即函数的“映射”集）。图 6.2 给出了总结。

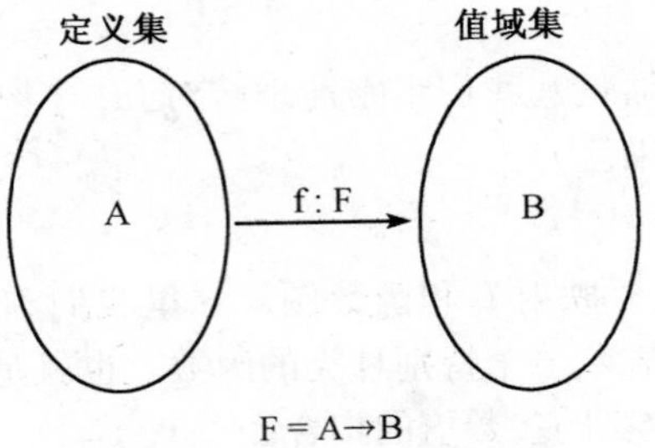

图 6.2　函数类型

符号 B^A 有时用于表示函数空间 $A \to B$。如果 |X| 表达集合 X 的“势”，那么 $|B|^{|A|}$ 表达集合 B^A 的“势”。[7]

这三个元素自然地形成了我们用于表达函数空间的语言方式的基础：

$$\mathrm{A} \to \mathrm{B}, \quad \textbf{type}\ \mathrm{F} = \mathrm{A} \to \mathrm{B}$$

类型表达式 A → B 表示从定义集 A 到值域集 B 的所有全函数。类型定义 F = A → B “分配”标识符 F 给该函数空间，作为其类型名。形式：F = A → B 也称作函数的基调。

函数类别

结果为真假值的函数称为谓词函数，其他仅称为（可选地，具有非真假值结果类型的）函数。

无需细化特定的函数性，我们可以“描绘”一些其他的函数（图 6.3）。我们用函数定义集表示函数定义的严格地全体参数的集合 A′⊆A。我们通过函数映像（或值域）来表示被定义参数的严格地全体结果值的集合 B′⊆B。对于假定定义集中的全部值，不是都有定义的函数称为部分函数。我们用 $\mathrm{A} \xrightarrow{\sim} \mathrm{B}$ 在句法上表达从定义集 A 到值域集 B 的所有全函数和部分函数的空间。
映射其假定定义集的值到值域的一些而非全部元素的函数是单射函数。映射其假定定义集的值到值域的全部元素的函数满射函数。满射且映射所有的定义集元素到不同的值域元素（即全函数）是双射函数。

---

[7]当然，如果两者中的任何一个的势是无限的，那么讨论其势实际上是没有意义的，因此用了双引号。

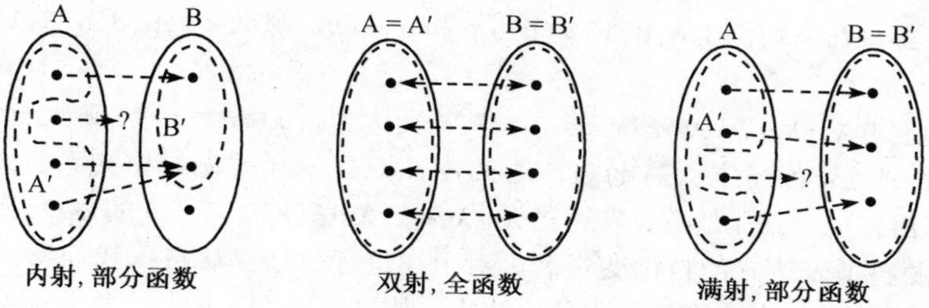

图 6.3 概念上的函数“映射”（即图）

6.3 函数是如何产生的

通过若干步推理，我们试图给出函数如何产生的动机！在接下来的几段里，我们首先探讨的有 (1) 名字和 (2) 值的概念，包括常量和变量名；(3) 然后是表达式的概念，表达式求值的概念和自由变量的概念。接着我们 (4) 介绍函数和抽象函数的概念。然后我们非常粗略地 (5) 提及函数应用、函数结果和值到自由变量替换的概念。从名字，通过带自由变量的表达式，到函数的这个顺序，给出了 λ 函数概念的动机—— 在第 7 章中将给出更加形式的介绍。好，我们出发吧！

(1–2) 名，名表示 值， 常量 或变量: 7、`true`、`"a"` 和 `i`、`b`、`c` 分别是常量名和变量名的例子。[8] 一些这样的常量或变量值是如数、布尔、字符以及由值构成的记录或者数组等等这样的值。因此 7、true、"a"、r(i:7,b:true,c:"a") 和 <1,2,3,5,8,13> 是常量值表达式的例子。其他这样的常量和变量值是如（数的）加法 +、减法 - 等等，或者（布尔值的）合取 ∧、析取 ∨，列表拼接 ^ 等等这样的函数值。因此：`+`，`-`，∧，∨ 和 ^ 分别是函数名的例子。当它们作为非字符符号书写为如上所示，我们称其为操作符名，或操作符符号，或就是操作符，或者如果是布尔值，我们称其为联结词。

(3) 表达式，表达式由常量名或变量名以及定界符（如 (，)，>，< 和 ,）构建起来，这样的表达式指代值：`i+7`，`<"a">^<1,2,3,5,8,13>` 和 `a∧true`。如果所有的表达式名都指代常量值，那么表达式就指代（也即求值[9] 为）一个常量值。如果表达式中的一个或者多个名字指代变量值，如 `i+7` 中的 `i`，或者 `a ∧ true` 中的 `a`，或者 `<1,p,3,q,8,13>` 中的 `p` 和 `q`，那么我们说它们是这些表达式中的自由变量。

(4) 表达式，典型地带有自由变量— 一般写作：$\mathcal{E}(x, y, \ldots, z)$，这里 x, y 和 z 是表达式 $\mathcal{E}(x, y, \ldots, z)$ 的自由变量—— 表示[10] 一个函数。 也就是说，从能够与 x, y 和 z 分别关联的值（比如 α，β 和 γ）到用 α，β 和 γ 分别替换 x，y 和 z（常量）表达式值的函数。我们说该表达式是已经被（函数）抽象的，并且该表达式在抽象函数中构成体。给个例子：如果 α 和 β 分

[8] 我们用楷体（译者注：原著中为“斜体”，考虑到中文的书写习惯，我们用“楷体”代替。）书写那些表示计算科学概念的术语。我们使用电传打字机字体书写表示例子的术语。在前面介绍的几行里我们已经这样做了，我们在本节介绍新概念的时候将仅使用这些类型的字体。

[9] 见第 6.4 节，关于术语求值的非形式解释。

[10] 我们已经几乎无差别地使用了两个术语指代和表示：我们使用指代，当求值 应当产生通常所认为的（表达式的）值的时候。我们使用表示，当求值不应当产生那样的值，而是产生一个从上下文到那样的值的函数的时候——这里上下文把变量与值关联起来。

别是值 7 和 9，并且在 `<1,p,3,q,8,13>` 中与 `p` 和 `q` 关联，那么 `<1,p,3,q,8,13>` 的值就变成了 $\langle 1,7,3,9,8,13\rangle$。[11]

(5) 我们通过 $\lambda x \bullet \lambda y \bullet \ldots \lambda z \bullet \mathcal{E}(x,y,\ldots,z)$ 来表达“$x, y, \ldots, z$ 的函数当被应用于参数 $\alpha, \beta, \ldots, \gamma$ 时，产生 $\mathcal{E}(x,y,\ldots,z)$ 的值，这里 $\alpha, \beta, \ldots, \gamma$（首先）替换了 $\mathcal{E}(x,y,\ldots,z)$ 中的 $x, y, \ldots, z$。” $\mathcal{E}(x,y,\ldots,z)$ 是函数表达式 $\lambda x \bullet \lambda y \bullet \ldots \lambda x \bullet \mathcal{E}(x,y,\ldots,z)$ 的体。

因此函数源自于表达式的自由变量名。对上述进行总结：从 (1) 我们所抽象的常量名到 (2) 变量，从这里到 (3) 常量和变量上的表达式，从这里到 (4) 函数。后者被看作带有自由变量表达式的抽象。基于此，在第 7 章中我们介绍“纯” λ 演算。注意 $\lambda x \bullet \mathcal{E}(x)$ 中的 λx 令我们讲：“x 的函数应用于参数 a 时产生由 $\mathcal{E}(a)$ 表示的值”。

6.4 关于求值概念的题外话

我们简要地探讨求值、解释和细化的概念；函数求值（等等）的例子；以及函数应用（即调用）的概念。

6.4.1 求值，解释和细化

在前一节中我们提到了术语*求值*。求值概念应用于句法量上，可以被看作一个过程或元函数，它被应用到句法结构上和通常被称为语义上下文的某物，然后产生一个值。也就是说，如果我们想要找到表达式的值，那么我们就对表达式求值。如果该表达式包含变量，那么我们需要查找某处，也即在语义上下文中，找到这些变量的值。通常我们会使用术语*环境*来替代[12]术语语义上下文。

求值的其他用语有 *赋值*、 *解释* 和*细化*。在这几卷较晚的时候我们将区别这三个术语。同时，我们请读者参见本卷的索引。

6.4.2 两个求值的例子

例子有助于理解。

例 6.3　*函数求值* 在例 6.2 中给出的斐波纳契函数可以表示为参数 / 结果值对的集合，也即表示为一个关系，正如图 6.1 所示：

$$\{(1,1),(2,1),(3,2),(4,3),(5,5),(6,8),\ldots\}$$

相应地，我们可以探讨对斐波纳契函数求值的两个基础。基于上面的关系表示，我们可以通过如下在很大程度上非形式地略述求值的一种形式：

---

[11] 观察我们对数字的两处使用：用电传打字机字体表达的句法上的使用：`0`，`1`，`2`，`...`，`9`，和用数学字体表达的语义上的使用：$0,1,2,\ldots,9$，以及尖括号的两处使用：表达式中的 $<$ 和 $>$，和值形式中的 $\langle\ldots\rangle$，就好像我们能够“书写”值！当然，我们不能，只是使用数符来讨论数，等等。

[12] 注意我们在这几卷中在两个意义上使用术语环境：(i) 如上所示，表示语义环境，其中自由变量同值相关联，(ii) 在某个领域中作为上下文，其中置有某个机器，也即某个计算系统（硬件+ 软件），与环境交互。

fib = {(1,1),(2,1),(3,2),(4,3),(5,5),(6,8),...}

evaluate(fib,4) =

evaluate({(1,1),(2,1),(3,2),(4,3),(5,5),(6,8),...},4) =

选取对 (i,j)
它的第一个元素 ≡ 4
产生其第二个元素，这里是 3

稍后我们将回到函数表示的这种形式（第 6.7 节）。我们称上述的求值形式为关系搜索。

基于第 6.2 节的函数定义，我们可以类似地，无须过多的解释，很大程度上非形式地略述求值的另一种形式。在这种形式里，我们把调用文本，即 对于某（常量） i 的 fib(i)，替换成为函数定义体文本，其中函数参数 n 已经被替换为常量 i：

fib(4) =
  case 4 **of**: 1 → 1, 2 → 1, _ → fib(2) + fib(3) **end**
  =
  fib(2) + fib(3) =
  case 2 **of**: 1 → 1, 2 → 1, _ → fib(0) + fib(1) **end** +
  case 3 **of**: 1 → 1, 2 → 1, _ → fib(1) + fib(2) **end**
  =
  1 + fib(1) + fib(2)
  =
  1 +
  case 1 **of**: 1 → 1, 2 → 1, _ → fib(−1) + fib(0) **end** +
  case 2 **of**: 1 → 1, 2 → 1, _ → fib(0) + fib(1) **end**
  =
  1 + 1 + 1
  =
  3

■

后面我们会有更多关于组合的句法重写和简单算术与布尔测试表达式计算这种形式的讨论。我们将这种求值方式称为符号解释。

6.4.3 函数调用

我们已经使用了术语函数应用。在上面的非形式函数求值的例子中，我们了解了应用可能的意思：求值的某种形式。下面给出了函数应用（或者我们也会称其为函数调用）的几个例子：

evaluate(relation,argument)，或者

fib(4),fib(3),fib(2),fib(1),fib(0),fib(−1),fib(−2),...

在例 6.3 中，通过关系搜索的求值 是元调用：换句话说，元语言求值器函数 evaluate “模拟”函数表示 **relation** 应用到函数参数 **argument** 上：

'relation'('argument')

通过函数应用，我们理解将函数作为数学量应用到其定义集的参数（也是数学量）的数学现象。通过函数调用，我们理解对“函数应用”模拟或求值过程中的第一步。通过符号函数求值，我们理解持续进行的“事物序列”，就像为斐波纳契示例（例 6.3）所展示的句法重写和简单算术与布尔测试表达式计算显示的那样。

6.5 函数代数

本节中我们可以总结许多前面讨论过的关于函数的东西。也就是说，现在我们基本上没有给出新的材料，只是给出了对将来我们所需要的东西的回顾。我们通过将函数概念看作代数的方式来回顾。正如我们将在第 8 章看到的那样，代数由值的集合和操作的集合构成。我们将添加一个名字给代数。本节我们将换个次序来讨论这三个问题：值、代数名和操作。

6.5.1 代数

函数代数的值是该代数所有函数的空间。函数是个“神秘的东西”，当被应用到其定义集的参数时，产生其值域集的结果。没有人曾经见过函数—— 就像没有人曾经见过数一样。更确切的来说，它们是由其属性刻画的数学实体。

6.5.2 函数类型

首先，我们探讨如何书写表示函数空间的类型表达式，然后探讨如何表达高阶函数类型。我们在句法上区别 $\rightarrow$ 全函数和 $\overset{\sim}{\rightarrow}$ 部分函数：

类型表达式：

$A \rightarrow B$
$A \overset{\sim}{\rightarrow} B$

类型定义：

type
　$TF = A \rightarrow B$
　$PF = A \overset{\sim}{\rightarrow} B$

我们对其理解如下：类型表达式 A→B 和 A$\overset{\sim}{\rightarrow}$B 是函数代数的复合名（即基调）。类型名 TF 和 PF 是函数代数的简单名称。我们写 f = A $\overset{\sim}{\rightarrow}$ B 等于确定函数 f 的类型。

因此 $\rightarrow$ 是个中缀类型构造器函数：它接受两个参数类型（即值的集合）A 和 B，产生从定义集（即类型） A 的全部到值域集（即类型） B 内[13]的全函数空间。$\overset{\sim}{\rightarrow}$ 是一个中缀类型构

[13]通过 A 内，我们表示 A 的全部或者 A 的真子集。

造器函数：它接受两个参数类型（即值的集合）A 和 B，产生从类型 A 内到值域集（即类型）B 的部分函数空间。也就是说，（可能会有不同的）A 中的值，对其来说 A $\xrightarrow{\sim}$B 中的每个函数都没有定义。

上面我们在语义上解释了 → 和 $\xrightarrow{\sim}$ 符号。现在我们在句法上解释它们：→ 是中缀操作符。它的两个操作数是类型表达式。$\xrightarrow{\sim}$ 亦是如此。

6.5.3 高阶函数类型

类型 A 和/或 B 自身可以是函数类型：

type

  A = P → Q
  B = U → V
  F = (P → Q) → (U → V) ≡ A → B

更一般地来讲，类型表达式：

$$A \to B \to C \equiv A \to (B \to C) \neq (A \to B) \to C$$

也就是说，中缀函数空间类型构造器是右结合的。上面我们已经在元语言的意义上使用了 ≡ 和 ≠ 操作符：它们看上去类似于 RSL 操作符，但是它们不是。这里它们可以理解为数学操作符（因为在 RSL 中不能对类型进行比较）。

6.5.4 非确定性函数

令 f 和 g 为如下定义的函数：

value

  m,n:**Nat**

  f: **Nat** $\xrightarrow{\sim}$ **Nat**, f(i) ≡ **let** j:**Nat** • j>i **in** i+j **end**
  ... f(7) ... f(9) ... f(13) ...

  g: **Real** → **Nat**, g(j) ≡ m
  ... g(1/**if** n=0 **then** 100000000000000 **else** n **end**) ... g(1/(1+n)) ...

这里 **Real** 和 **Nat** 分别表示实数类型和自然数类型，另外我们说函数 f 是非确定性的。也就是说，它会产生任意的某个自然数，对于每次 f 调用来说它不必相同，但是“向上偏斜”。从类型 A 到类型 B 的非确定性函数所给定的部分函数基调为：A $\xrightarrow{\sim}$ B 。

6.5.5 常量函数

（上面定义的）函数 g 是常量函数。在上面的 g 的定义中，该定义依赖于 m 的非确定性定义；m 可以具有任何自然数值。但是 m 仅定义了一次。此后，它是常量，也因此 g 是常量函数。常量函数被调用的时候，如果有参数值，那么无论它是多少，每次总是产生同样的结果。特别地：

```
type
  A
value
  a:A
  f: Unit → A, f() ≡ a
```

显示了这样的观点：任意类型的值都可以看作常量函数：[14]

```
value
  zero, one, two, ..., nine: Unit → Nat
  zero() ≡ 0, one() ≡ 1, two() ≡ 2, ..., nine() ≡ 9
  tt, ff: Unit → Bool
  tt() ≡ true, ff() ≡ false
```

6.5.6 严格函数

（上面定义的）函数 g 是严格函数：它依赖于参数是否定义，也即是否为 **chaos**（上面的值 m 可以是 0）。注意 g(**chaos**) = **chaos**。**chaos** 不是实数，因此函数基调是全函数基调。

RSL 函数全部是严格的。RSL 的 **if .. then .. else .. end** 操作符是唯一非严格 RSL 操作符（即函数）：

```
type
  A, B, C
value
  h: A × B × C → D, p: A → Bool
  h(a,b,c) ≡ if p(a) then b else c end
```

如果表达 h 的语言是非严格的，换句话说就是非 RSL，那么函数 h 调用的结果依赖于混沌参数是否在函数体内被求值。参数 c 可以是完全没有定义的值（**chaos**）。如果谓词函数（p）调用（p(a)）阻止，也即“绕行避开”了对参数 c 的求值，那么函数调用 f(a′,b′,c′) 仍然可以产生定义的结果值。上面的例子适用于任何具有一个或多个参数的函数，也即非零目的函数。

6.5.7 严格函数和严格函数调用

严格函数 是这样的函数，无论其函数定义体规定了什么，当给定任何 **chaos** 值的参数时，总是产生完全未定义值 **chaos**。值调用的程序设计语言具有严格函数（包括过程）调用。

---

[14] 文字 **Unit** 指代值 ()。每当我们想要定义没有参数的函数时就会使用它。对这样的无参数函数 f 的调用，写作 f()。

严格函数调用不应同严格函数相混淆：严格函数调用是一个性质，典型情况下是程序设计语言的性质，通常它具有值调用的性质，而严格函数，典型情况下是在规约语言中，通常具有名调用的性质。RSL 具有值调用的语义。

6.5.8 函数上的操作

到现在为止我们可以探讨应用于函数或者产生函数的五个操作，三个（[1~2~3]）“可计算的”，以及两个（[4~5]）不可计算的。可计算的函数是：([1]) 函数抽象，$\lambda x : X \bullet \mathcal{E}(x)$；[15] ([2]) 函数应用，$\bullet(\bullet)$；([3]) 函数复合，$\bullet^\circ\bullet$。（符号 $\bullet$ 表示参数占位符）。

在我们可以定义和对其求值的意义上来讲，它们（即[1~3]）是“可计算的”。该可计算性还允许不终止的求值。但是虽然我们可以 ([4]) 谈及函数的定义集 $\mathcal{D}(\bullet)$，([5]) 谈及函数的值域集 $\mathcal{R}(\bullet)$，一般来说给定一个函数，我们却不能计算这些集合。

([6]) 后面我们将会看到，我们可以添加第六个函数上的操作：不动点获取函数 **Y** (第 7.8 节)。

我们举例说明上述内容：

type
  F = A → B, G = B → C, H = A → C
value
[1] λa:A•e
[2] (λa:A•e)(e′)

[3] f°g ≡ λa:A•g(f(a))
    pre $\mathcal{R}$f ⊆ $\mathcal{D}$g

[4] $\mathcal{D}$: F → A-**set**, G → B-**set**
[5] $\mathcal{R}$: F → B-**set**, G → C-**set**

A、B 和 C 是任意类型，F、G 和 H 是函数空间。

[1] 表达将表达式 e 抽象为（未命名）函数；a 在 e 中可以是或不是自由的。给定如下求值：通过用任何应用的值替换 e 中 a 的自由出现，对 e 的求值生成具有类型 B 的值，则函数具有类型 F。[2] 表达将这样的一个函数应用到由表达式 e′ 所表达的一个参数。给定如下求值：通过用 e′ 的值替换 e 中 a 的自由出现来对 e 的求值产生具有类型 B 的值，则函数结果具有类型 B。[3] f°g 表达两个函数的复合。如果第一个函数 f 的值域是第二个函数 g 定义集的子集，那么复合的结果被定义，并且具有类型H。[4] $\mathcal{D}$ 设定了一个应用于函数（的任意类型）的函数，并且产生其定义集，同时 [5] $\mathcal{R}$ 设定了一个应用于函数（的任意类型）的函数并且产生其值域集。

[4~5] 的问题是这些函数是不“可定义的”，也就说，不能被计算。给定任意函数，如其定义的形式，不可能去判定（也即不可判定）什么才是其定义集和值域集确切地全部元素。但是在数学中，我们可以谈及函数的定义集和值域集。

[15]通过表达式 $\lambda x : X \bullet \mathcal{E}(x)$，我们表示 x 的函数，当应用于具有类型 X 的参数时，产生通过对体 $\mathcal{E}(x)$ 求值而找到的此类值。在第 7 章我们介绍 λ 演算。

6.6 Curry 化和 λ 记法

6.6.1 Curry 化

有时我们会想到具有多于一个参数的函数。因此，在函数定义中，我们将这些函数分组为笛卡尔结构。

不采用如下方式书写：

type
  X, Y, Z, R, K = X×Y×Z
value
  f: X → Y → Z → R

我们可以写：

  f: X × Y × Z → R, 或者: f: K → R

并且，不将函数应用表达为：

  f(a)(b)(c)，

对于适当的 a，b 和 c，我们可以写：

  f(a,b,c)，

或者，如果 k 是某个笛卡尔结构——如 (a,b,c) —— 我们可以写：

  f(k)。

6.6.2 λ 记法

本节是第 7 章的前言。

以下是在 RSL 中表达函数定义的相等方式：

type
  A, B, C
value
  f: A × B → C
  f(a,b) ≡ $\mathcal{E}$(a,b)

  f: A → B → C
  f(a)(b) ≡ $\mathcal{E}$(a,b)
  f(a) ≡ λb:B.$\mathcal{E}$(a,b)
  f ≡ λa:A.λb:B.$\mathcal{E}$(a,b)

也就是说：从函数头 g(x)(...)(y)，移动最右边的参数 y，“跨过”定义符号 ≡，使之作为函数定义体 $\mathcal{E}$ (x,...,y) 前缀 λ y:Y. 出现在右手边。[16]

---

[16]回想算术（演算）中“类似的情况”：$p \times q = r$ 等同于 $p = r/q$，当 $q \neq 0$ 时。

6.6.3 Curry 化和 λ 记法的例子

例 6.4 Curry 化和未 Curry 化的函数定义令：

type
  X, Y, Z
  K = X × Y × Z

接下来我们看一下表达简单的、显式的函数定义的各种不同例子：

[1] **let** f = λx:X•λy:Y•λz:Z•$\mathcal{E}$(x,y,z) **in** f(a)(b)(c) **end**
[2] **let** f′(x)(y)(z) = $\mathcal{E}$(x,y,z) **in** f′(a)(b)(c) **end**
[3] **let** g = λ(x,y,z):(X×Y×Z)•$\mathcal{E}$(x,y,z) **in** g(a,b,c) **end**
[4] **let** g′(x,y,z) = $\mathcal{E}$(x,y,z) **in** g′(a,b,c) **end**
[5] **let** g″ = λ(x,y,z):K•$\mathcal{E}$(x,y,z) **in** g″(a,b,c) **end**
[6] **let** g‴ = λk:K•$\mathcal{E}$(k) **in** g‴(abc) **end**
[7] **let** g⁗(k) = $\mathcal{E}$(k) **in** g⁗(abc) **end**
[8] **let** h = λ(x,y):(X×Y)•λz:Z•$\mathcal{E}$(x,y,z) **in** h(a,b)(c) **end**
[9] **let** h′(x,y)(z) = $\mathcal{E}$(x,y,z) **in** h′(a,b)(c) **end**

这九个函数 f, f′, g, g′, g″, g‴, g⁗, h 和 h′ 表示相同的函数，因为它们具有共同的函数类型和共同的体表达式 $\mathcal{E}$(x,y,z)。但是下面的 [$\alpha \sim \beta$]，尽管是一样的函数，但却不像上面的 [8~9] 具有一样的种类（即类型）。

[α] **let** h″ = λx:X•λ(y,z):(Y×Z)•E(x,y,z) **in** h″(a)(b,c) **end**
[β] **let** h‴(x)(y,z) = E(x,y,z) **in** h‴(a)(b,c) **end**

其所以是这样的，是由于这两个类型：

$$(X \times Y) \to Z \quad 和 \quad X \to (Y \times Z)$$

是不同的。 ■

6.7 关系和函数

特性描述： 关系，通过其我们理解具有相同目和构件类型的分组所构成的集合。 ■

例 6.5 抽象关系有 e_{i_j}，$1 \leqslant i \leqslant n$，则：

$$\left\{\begin{array}{l}(e_{1_{1_1}},\ e_{2_{1_2}},\ \ldots,\ e_{n_{1_n}}),\\(e_{1_{2_1}},\ e_{2_{2_2}},\ \ldots,\ e_{n_{2_n}}),\\\ \ldots\quad \ldots\quad \ldots\quad \ldots\\(e_{1_{m_1}},\ e_{2_{m_2}},\ \ldots,\ e_{n_{m_n}})\end{array}\right\}$$

每行指代一个分组，指代集合的由行组成的聚合一般可以作为关系的表示。 ■

典型地，我们可以定义：

type
  D_1, ..., D_n
  T = D_1 × ... × D_n
  R = **T-set**

R 的任意子集现在可以称为关系。

6.7.1 谓词

举例来说，现在我们将具有如下基调的谓词函数：

value
  p: D_1 × ... × D_n → **Bool**

解释为 R 的有限或可能无限的子集、关系 p_rel：

  p_rel:R, 如 p_rel = {(d_1,...,d_n),...,(d′_1,...,d′_n),...}
  p(r) ≡ **if** r ∈ p_rel **then true else false end** ≡ r ∈ p_rel

类型表达式 **R-set** 和 **R-infset** 分别表示有限和可能是无限的 R 的子集构成的集合，也称为 R 的幂集。

6.7.2 通过关系搜索的函数求值

这样我们可以将函数（比如，从 D_1 × ... × D_n 到 D）解释为在 D_1 × ... × D_n × D: 上的关系 f_rel。

type
  F = D_1 × ... × D_n × D
value
  f_rel:**F-infset**，如$\{(d_1, ..., d_n, d), ..., (d'_1, ..., d'_n, d')\}$

  f: D_1 × ... × D_n $\xrightarrow{\sim}$ D
  f(r) ≡
    if ∃ (d_1,...,d_n,d):F•(d_1,...,d_n,d) ∈ f_rel∧r=(d_1,...,d_n)
      then
        let (d_1,...,d_n,d):F•(d_1,...,d_n,d) ∈ f_rel∧r=(d_1,...,d_n)
        in d **end**
      else chaos end

6.7.3 非确定性函数

n 元非确定性函数 f 现在是这样一个函数，对其来讲 f_rel 中的几个分组具有相同的头 n项：

value
  is_nondeterministic: **F-infset** → **Bool**
  is_nondeterministic(f_rel) ≡
    ∃ (d_1,...,d_n,d),(d′_1,...,d′_n,d′):F •
      {(d_1,...,d_n,d),(d′_1,...,d′_n,d′)} ⊆ f_rel ∧
      (d_1,...,d_n) = (d′_1,...,d′_n) ∧ d≠d′

注意我们使用了类型构造器 $\xrightarrow{\sim}$ 来表达该函数空间为部分函数的函数空间，或者非确定函数的函数空间，或者就此而言两者都是！同样请注意上述的谓词函数 p、函数 f，以及 is_nondeterministic 的定义都是元语言的：它们不是用 RSL 表达的，而是用非形式的、但精确的普通数学的语言表达的。

6.8 类型定义

尽管在第 11 章进行了详细地探讨，我们将简要地总结如何用 RSL 来定义函数空间，即函数类型：

type
  A, B
  F = A → B
  G = A $\xrightarrow{\sim}$ B

A 和 B 是任意类型，这里作为分类提及。F 表示全部的全函数空间，定义在 A 的全部到 B 上。G 表示所有部分函数的空间，定义在 A 的全部或部分到 B上。

6.9 结论

我们已经介绍了函数的本质：它们映射其定义集的参数到（即产生）其值域的结果，并且它们可以被表达（即定义）、命名、应用和抽象。我们也介绍了函数具有类型的概念—— 从定义集（的类型）到值域集（的类型）。与函数名一起，它被称为函数的基调。我们了解到函数是全函数或部分函数，并且函数可以进一步被归结为满射、单射或双射。

6.10 文献评注

递归函数论，“潜藏”在本章介绍背后的理论，对其经典的介绍是 Hartley Rogers 的介绍 [402]。

6.11 练习

练习 6.1　简单算术操作，I。 假设只给定了简单的 RSL 表达式结构：

value
　f: A → B
　f(a) ≡ **if** $\mathcal{P}_{\text{test}}$(a) **then** $\mathcal{E}_{\text{con}}$ **else** $\mathcal{E}_{\text{alt}}$ **end**
　pre: $\mathcal{P}_{\text{pre}}$;

$\mathcal{P}_{\text{test}}$ 是简单的布尔值表达式，测试 f 的调用是否应当终止；$\mathcal{E}_{\text{con}}$ 是结果（*con*sequence）表达式，是不包含对 f（递归）引用的简单表达式；$\mathcal{E}_{\text{alt}}$ 是选择（*alt*ernative）表达式，也是包含有对 f（递归）引用的表达式；$\mathcal{P}_{\text{pre}}$ 是简单布尔值表达式，测试 f 是否应当被应用，为前置条件。

只使用加法和减法，或已经定义的函数来定义

1. 算术（自然数）乘法（mult）（$i \times j$），和
2. 算术（自然数）取幂（exp）（i^j）。

也就是说：A 是自然数类型的笛卡尔，B 是自然数类型。

练习 6.2　简单算术操作，II。 请参见练习 6.1。

定义

1. 整数除法（div）（带余数）（$i/j = (d, r)$）

这里 $d \times i + r = i$。

练习 6.3　通过关系搜索的函数应用求值。 请参见练习 6.1 以及例 6.3 的第一部分。

计算参数/结果值对的集合，也即作为以下两个函数的一个关系（如图 6.1 所示）：

1. 参数为 0 到 4 之间的乘法，和
2. 参数为 0 到 3 之间的取幂。

练习 6.4　通过递归函数调用的函数求值。

请参见练习 6.1 和例 6.3 的最后一部分。

使用该部分的方式对 mult(3,4) 和 exp(2,3) 求值。

练习 6.5　高阶算术函数。

定义函数 thrice，当被应用到两个参数的（即二元）算术函数 f 的时候，产生了三个参数（等等）的函数 τ。当 τ 被应用到三个参数时产生将 f 应用到 (1) 将 f 应用到头两个参数而产生的结果 (2) 以及第三个参数所产生的结果！

用练习 6.1 的函数 mult 和 exp 来测试你的函数 thrice。给出 $(\tau(\text{ mult}))(4,3,2) = 24$，以及 $(\tau(\text{ exp}))(4,3,2) = 4096$。

7

λ 演算

- **学习本章的前提**：你理解第 6 章介绍的函数概念。
- **目标**：介绍 λ 演算的概念，介绍递归定义函数的不动点概念，把 λ 演算表达式与 RSL（RAISE 规约语言）关联起来。
- **效果**：确保读者为了适当的抽象目的能够自如地使用和处理 RSL λ 记法。
- **讨论方式**：形式的和系统的。

> 有一种称为 λ 演算的演算。演算是计算“某事物”的规则集合。[1] 我们给出两个 λ 演算：“纯” λ 演算，和 λ 记法，即在 RSL 记法中（新的，少于）“纯” λ 演算的嵌入。该 λ 演算及其变体，已经成为对计算建模的事实上的标准。

λ 演算由 Alonzo Church [142]在 20 世纪 30 年代中期作为计算的模型首先提出来。

特性描述：λ 演算，通过其我们理解特定的语言 (1) 具有称为 λ 表达式的句法实体 e：即 (1.i) λ 变量 x，(1.ii) λ 函数 $\lambda x : T\bullet e$，和 (1.iii) λ 应用 $e_f(e_a)$（或者 $(e_f e_a)(e_f)e_a(e_f)(e_a)$，或 $e_f e_a$）；和 (2) 具有相关的“语义” λ 转换（即演算）规则：(2.i) α 重命名，(2.ii) β 归约，和其他可能的规则。 ■

在这一章，我们简要地概述 λ 演算的要点。

利用前面章节的背景，我们系统地但非常粗略地给出我们称作的“纯” λ 演算：它的句法、语义和各种不同的（终止或可能不终止的）转换形式。然后扩大范围，把 λ 演算作为记法并入这几卷主要的规约语言 RSL 之中。我们介绍作为其一部分的必要的语言结构 **let ... in ... end**，使用 λ 函数应用对其解释。[2] 最后我们以对递归定义函数、不动点、不动点操作符和函数应用的不动点求值的介绍来结束。

7.1 非形式介绍

在 λ 演算中，任何事物都是函数。为了表达这样的 λ 演算函数值，我们书写 λ 表达式。以

[1] 从一年级开始，你就非常熟悉普通算术演算：数的加减乘除。同样也假定你熟悉微积分。稍后在第 8 章，你将遇到布尔代数演算、命题演算和谓词演算。

[2] 人们认为是 Peter Landin 在 20 世纪 60 年代早期首先引入该结构 [302,303,306–308]，从那以后，它被许许多多的函数式程序设计和计算机科学记法使用。

下是 λ 表达式的唯一形式：

$$x, \quad \lambda y \bullet e, \quad f(a)$$

这里 λ 是关键字，x 和 y 被称为变量（或 λ 变量），e、f 和 a 是任意的 λ 表达式。λ 变量是简单标识符。$\lambda y \bullet e$ 形式被称为 λ 函数：它抽象了 λ 表达式 e。注意 y 出现或没有出现在 e（函数表达式体）中，我们用如下方式来"读"表达式 $\lambda y \bullet e$：e 指代的 y 的函数，或者更详细一些：λ 函数表达式，当把其"应用到"参数 λ 表达式 a 时，产生 λ 表达式结果。该结果来自于将 λ 表达式 a 代入 y 的所有自由出现所得到的 λ 转换表达式 e。$f(a)$ 形式，我们也可以写作 (fa)、$(f)a$ 和 $(f)(a)$，它被称为 λ 应用（或者 λ 组合，或就是函数应用）。

7.2 "纯" λ 演算句法

我们简要地介绍"纯" λ 演算。纯 λ 演算不包含一般表达式。稍后介绍的 λ 记法则包含它们。我们使用非形式但精确的风格来定义所有 λ 表达式的集合，我们将经常使用它。

定义：λ 表达式句法：

- 基本子句：如果 x 是变量，则 x 是 λ 表达式。
- 归纳子句：如果 x 是变量而且 e、f、a 是 λ 表达式，则 $\lambda x \bullet e$ 和 $f(a)$ 也是 λ 表达式。
- 极子句：只有通过对上述子句（规则）有限次应用所构造的形式是 λ 表达式。

上述是归纳定义的例子。

因为这是在这几卷中第一次真正地介绍语言，并且由于我们尚未介绍能够使得我们稍后形式地给出该语言定义的材料，我们使用上述非形式但精确的介绍风格。该介绍代表了介绍归纳[3]结构（也即，通常是具有结构的实体（这里它们是句法实体）的无限集合）典型的数学方式。这里结构是以下表达式的结构：基本子句 的原子表达式（实际上没有结构），或者是变量和表达式构成的实体对，或者两个表达式（也就是说，结构就是那两个组合形式的结构）。

基本子句通常列出有限或无限的项（实例），这里是一族变量。归纳子句具有递归的性质：它假设一些项的存在并表达其他项的构造（存在）。基本子句确保了初始项的存在。归纳子句加入其他的项到项语言中来。极子句确保多余的项不会意外地跑到语言中来。形容词"极（extremal）"表达了排除的意思。

我们可以给纯 λ 表达式一个 BNF 语法[4]：

type /∗ BNF 句法：∗/
　⟨L⟩ ::= ⟨V⟩ | ⟨F⟩ | ⟨A⟩
　⟨V⟩ ::= /∗ 变量∗/
　⟨F⟩ ::= λ⟨V⟩ • ⟨L⟩
　⟨A⟩ ::= (⟨L⟩⟨L⟩)

value /∗ 例 ∗/
　⟨V⟩: x, y, z, f, a,
　⟨F⟩: λ x • λ y • z
　⟨A⟩: (f a)
　/∗ 应用 ∗/
　⟨A⟩: (f a), f(a), (f)(a), 等等

[3] 通过归纳，我们表示：从特定的实例推断（归纳）一般的结论。

[4] 通过 BNF 我们表示"巴科斯诺尔范式（Backus–Naur Form）"。我们假定读者熟悉 BNF 语法的概念，也熟悉上下文无关语法的概念。

这样有三种基本的"纯" λ 表达式：变量（V）、函数定义（F）和函数应用（A）。

我们放宽 BNF 句法来允许表达函数应用的变体形式。选择哪种形式（f a, (f a), f(a), (f)a, (f)(a) 和 ((f)(a))）取决于 f 和 a 表达式的"大小"，也即根据可读性。句法放宽可以通过扩展初始的 BNF 句法规则予以说明：

$$\langle \mathrm{L} \rangle ::= \langle \mathrm{V} \rangle \mid \langle \mathrm{F} \rangle \mid \langle \mathrm{A} \rangle \mid (\ \langle \mathrm{L} \rangle\ )$$

⟨V⟩ 的元素称为变量。⟨F⟩ 的元素称为 λ 函数。我们说 λ⟨V⟩•⟨L⟩ 中的表达式 ⟨L⟩ 已经被抽象了，也就是说，"升"为一个函数，也称作λ 抽象。表达式 ⟨A⟩ 被称为函数应用。

7.3 λ 演算的语用

我们不会真正去仔细地探讨 λ 演算中"所有事物都是函数"这句话。不过，我们确实强调乃至变量都表示函数。函数应用的参数和结果也是函数。

因此，为了给一般数学或演算建模，如算术或逻辑，我们需要指出：布尔真值和布尔操作，整数和算术操作，以及条件表达式实际上都可以建模为 λ 表达式。[5] 我们在练习 7.1～练习7.2 中这样做。我们这样做的目的是让你能够更好地接受为什么我们这么强调 λ 演算。通过做这些练习，读者可以变得"相对地确信"。更形式的讨论和"完全确信"，请参见文献 [19,21,142,261,303,307,420,468]。

7.4 "纯" λ 演算语义

λ 演算的要点是函数表达式 λx•e 指代这样一个函数，当把它应用到参数表达式 a 时，用 a 代入 x 在 e 中所有的自由出现。

例 7.1 λ 表达式求值 让我们尝试非形式地了解代入过程的一些例子：每当我们有如 $(\lambda p \bullet e)(q)$ 形式的函数应用，就用 q 代入体 e 中所有 p 的自由出现：

1. $(\lambda x \bullet x)(a) \Rightarrow a$
2. $(\lambda x \bullet y)(a) \Rightarrow y$
3. $(\lambda x \bullet (xy))(a) \Rightarrow (ay)$
4. $(\lambda x \bullet \lambda y \bullet (xy))(\lambda z \bullet z) \Rightarrow \lambda y \bullet ((\lambda z \bullet z)y) \Rightarrow \lambda y \bullet y$
5. $(\lambda x \bullet \lambda y \bullet (yx))(\lambda z \bullet (zy)) \Rightarrow \lambda y \bullet (y(\lambda z \bullet (zy)))$

头四个例子很直接，没有什么问题。最后一个例子，行 5，有问题！问题是参数 $\lambda z \bullet (zy)$ 中自由的 y，当其代入 x 的时候，被 $\lambda y \bullet (yx)$ 中的 y 约束。 ■

这两个 λ 函数 $\lambda u \bullet u$ 和 $\lambda v \bullet v$，或更一般地说，λ 函数 $\lambda u \bullet \mathcal{E}(u)$ 和 $\lambda v \bullet \mathcal{E}(v)$ 有条件地被认为是相等的。通过把上面的 $\lambda y \bullet (yx)$ 变化为 $\lambda r \bullet (rx)$，自由的 y 在参数 $\lambda z \bullet (zy)$ 中现在不再受约束。

函数应用表达式 (a y) 实际上假设 a 是函数，或者至少能够使之成为如 λv•e 形式的某物。

[5] 要证明整数、布尔和条件表示一些计算能力，并且为了让绝大多数的读者非形式地确信这一点，我们需要：λ 演算实际上能够处理"任何可以计算的事物！"

7.4.1 自由和约束变量

为了对其和将自由变量变为绑定变量的问题进行更系统地解释，我们介绍如下概念：(i) 自由和约束变量，(ii) 代入，(iii) α 重命名 (iv) β 归约—— 后者涵盖了函数应用的概念。

定义：自由和约束变量： 令 x, y 为变量名，e, f 为 λ 表达式。

- $\langle V \rangle$：变量 x 在 x 中是自由的。
- $\langle F \rangle$：如果 $x \neq y$ 且 x 在 e 中是自由的，那么 x 在 $\lambda y \bullet e$ 中是自由的。
- $\langle A \rangle$：如果 x 在 f 或 e 中（即在两者中也都）是自由的，那么 x 在 $f(e)$ 中是自由的。

如果变量出现在表达式中且不是自由的，那么它在该表达式中是约束的。

7.4.2 绑定和辖域

我们也说在某表达式 e 中变量 x 的自由出现在 λx•e 中是约束的。因此在 λx•e 中的形参变量 x 起到绑定变量的作用。并且 e 中 x 的自由出现在 λx•e 是绑定的。

绑定变量的辖域是函数表达式的体，除去任何内部（即适当内嵌的）重新引入同样绑定变量的函数表达式。因此下面的第一个 x 的辖域

λx•λy•(x λx•(x y))

在上面的 λ 函数表达式中延展到第二个（从左至右），但是不包括第三个和第四个 x 的出现。

7.4.3 变量的冲突和混淆

下面表达式中的变量 x（从左到右的）第一次出现被称为与其（从左到右的）第二次出现冲突：

λx•λy•λx•x.

下面表达式中变量 y 的（从左到右的）第一次出现是绑定出现。它只绑定了（从左到右的）第二次出现：

$$\underbrace{(\lambda x \bullet \lambda y \bullet (xy))}_{f}(y) \text{ 把 } f \text{ 应用到 } y \text{ 上产生 } \lambda y \bullet (yy)$$

却没有绑定（从左到右的）第三次出现。但当我们进行预期的参数代入时，即第三个 y 代入 λy•(xy) 中自由的 x，它与 λy•(xy) 中的第二个 y 混淆。因此我们说变量的混淆。

冲突，正如其所示，没有带来什么问题，但是似乎“令人混淆”。可以通过简单地重命名来避免混淆：

λx•λy•λx•x　重命名最后一个被绑定变量产生　λx•λy•λz•z

7.4.4 代入

如上所示，为了解决自由和约束变量的混淆，我们介绍适当的代入 函数。代入是一个非常重要的概念。这里需要它是为了理解 λ 演算的函数应用，即写 f(e) 所表达的意义。直觉上来讲，想法是用 e 替换函数表达式 f 形参的所有出现。并且如果 f 是 λ 表达式 λx•e′，那么 e 替换

掉 e′ 中变量 x 的所有自由出现。不过自由和约束变量的冲突和混淆问题说明了一些关于“用谁来替换谁”所需要注意的事项。

将表达式 N 代入到 M 中 x 的所有自由出现被表达为：**subst**([N/x]M)。根据表达式 N 和 M，我们得到如下所示的任一情况：

定义：代入：

- **subst**([N/x]x) ≡ N
- **subst**([N/x]a) ≡ a 对于所有的变量 a≠ x。
- **subst**([N/x](P Q)) ≡ (**subst**([N/x]P) **subst**([N/x]Q))。
- **subst**([N/x](λx•P)) ≡ λy•P。
- **subst**([N/x](λy•P)) ≡ λy•**subst**([N/x]P) 如果 x ≠ y 并且 y 在 N 中不是自由的，或者 x 在 P 中不是自由的。
- **subst**([N/x](λy•P)) ≡ λz•**subst**([N/z]**subst**([z/y]P)) 如果 y ≠ x 且 y 在 N 中是自由的，x 在 P 中是自由的（这里 z 在 (N P) 中不是自由的）。

代入是计算机科学中非常重要的概念，正如从上面了解到的一样，也不是非常简单的概念。

7.4.5 α 转换和 β 转换规则

如果代入可能会引起自由变量与绑定辖域冲突，那么代入函数强制规定了预先重命名（见上面的最后一条规则）。我们把这个重命名挑出来，将来把它称为 α 重命名（或 α 转换）。另外我们把代入的真正目的（即函数应用）分离出来，置入 β 归约（或 β 转换）规则中。

定义：α 重命名： (λx•M)≡ λy•**subst**([y/x]M)。

如果x、y是相异的变量，则用 y 替换 λx•M 中的 x 将产生 λy• **subst**([y/x]M)。如果体 M 中的自由变量没有因重命名而被绑定，则允许对 λ 函数表达式形参进行重命名。

定义：β 归约： (λx•M)(N)≡**subst**([N/x]M)。

如果 N 中没有自由变量因此替换而成为结果中的约束变量，则 M 中 x 的所有自由出现被表达式 N 替换。

7.4.6 λ 转换

如非形式“代入”示例（例 7.1）所说明的那样，可以多次重复应用转换规则。一个自然的问题是：“转换会终止吗？” 为了了解可能会有的终止 问题，让我们看看下面的四个例子：

例 7.2 四个 λ 转换

(a) $(\lambda x\bullet(xy)(z)) \rightarrow_\beta (zy)$

(b) $(\lambda x\bullet(xx))(\lambda y\bullet(yy)) \rightarrow_\beta (\lambda y\bullet(yy))(\lambda y\bullet(yy)) \rightarrow_\alpha$
$(\lambda z\bullet(zz))(\lambda y\bullet(yy)) \rightarrow_\beta (\lambda y\bullet(yy))(\lambda y\bullet(yy)) \rightarrow_\alpha$ ... 无限地！

(c) $(\lambda x{\bullet}y)(\lambda u{\bullet}(uu)\lambda v{\bullet}(vv))$

或者：$\to_\beta\ y$, or $\to_\beta (\lambda x{\bullet}y)(\lambda v{\bullet}(vv)\lambda v{\bullet}(vv))$

或者：$\to_\beta\ y$, or $\to_\beta (\lambda x{\bullet}y)(\lambda v{\bullet}(vv)\lambda v{\bullet}(vv))$

等等！

我们再次给出例 (c)，其图形方式便于形象理解!

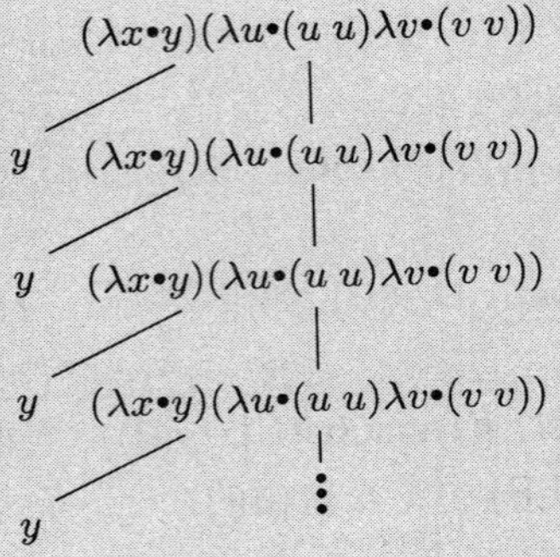

(d) 最后的这个例子展示了 λ 表达式所有（总会）终止的转换。首先是直观图：

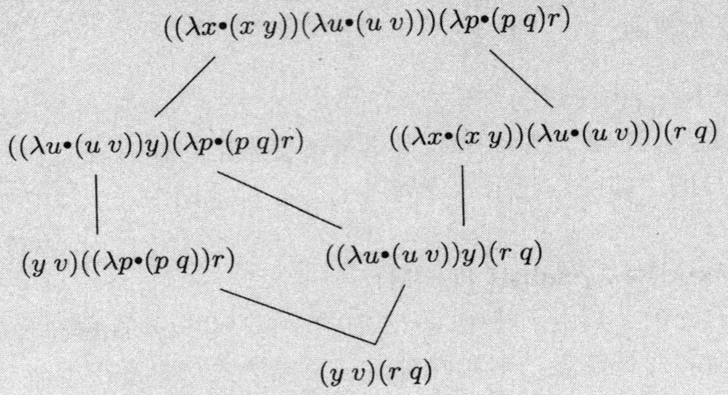

然后是更文本的线性图：

[1] ((λx•(x y))(λu•(u v)))(λp•((p q)r))
[2] ⇒ ((((λu•(u v)) y)))(λp•((p q)r))

[1] ((λx•(x y))(λu•(u v)))(λp•((p q)r))
[3] ⇒ ((λx•(x y))(λu•(u v)))(((r q)))

[2] ((((λu•(u v)) y)))(λp•((p q)r))
[4] ⇒ (((((y v)))))(λp•((p q)r))

[2] ((((λu•(u v)) y)))(λp•((p q)r))
[5] ⇒ (((λu•(u v)) y))(((r q)))

[3] ((λx•(x y))(λu•(u v)))(((r q)))
[5] ⇒ (((λu•(u v)) y))(((r q)))

[4] (((((y v)))))(λp•((p q)r))
[6] ⇒ ((((y v))))(((r q)))

[5] (((λu•(u v)) y))(((r q)))
[6] ⇒ ((((y v))))(((r q)))

■

我们注意到一些 λ 表达式总是（例 7.2(a)和例 7.2(d)[1~6]）归约到一个形式，其中不再包含任何可以被进一步归约的 λ 函数的句法出现。这样的形式称为不可规约的 λ 表达式。我们也注意到，如例 7.2(b)，一些 λ 表达式不能被规约到不可归形式。其他表达式的转换终止或不终止，依赖于选定哪一个可归约的 λ 函数—— 如例 7.2(c) 中。

7.5 名调用和值调用

特性描述： （按）名调用　当进行 β 归约是可能的，并且当总是选择最左边、最外边（即由最少的括号所包围的最左边）的时候，我们称该归约序列（即转换）是（按）名调用 或者最左最外转换。

■

特性描述： （按）值调用　当进行 β 归约是可能的，并且当总是选择最右边、最内部（即由最多数量的括号所包围的最右边）的时候，我们称该归约序列（即转换）是（按）值调用 或者最右最内转换。

■

例 7.2(a) 和 (b) 是最左最外转换和最右最内转换的例子。前者归约到不可规约形式，后者则永远不会！在例 7.2(c) 中，最左最外转换归约到不可归约形式，而最右最内转换永远不会归约到不可归约形式。

7.6 Church–Rosser 定理—— 非形式版本

Church–Rosser 定理说：

- 如果一个 λ 表达式有一个不可规约形式，则最左最外转换会找到它。
- 如果两个不同的 λ 转换归约到两个不可归约的形式，则它们对 α 重命名同一。

因此：名调用归约是“最安全的”！通常程序设计语言提供值调用。

7.7 RSL λ 记法

我们喜欢指代函数而无需总是命名它们的这个能力。我们也喜欢通过 λ 函数抽象来简明地表达函数而无需太多的句法“装置”（即“句法糖”）的这个能力。自由和约束变量、代入、α 重命名和 β 归约的简单规规则也同样适用于所有的程序设计语言这个更大的语境中，也因此适用于所有的规约语言。因此，作为计算机和计算科学文献的习惯做法，我们这里把 λ 表达式的扩展版本引入 RSL。

7.7.1 扩展 λ 表达式

现在我们通过允许在任何 RSL 指代值的子句（语句或表达式）出现的地方 λ 表达式都可以出现来把 λ 表达式嵌入到我们的规约语言 RSL 中。我们给定 λ 函数约束变量参数的类型：$\lambda x{:}X \bullet \mathcal{E}(x)$。类型 X 不必与函数的定义集完全重合（相等）。它只是可方便表达的类型表达式，通常是类型名。不过，函数定义集却属于该类型。下面我们给出对“纯” λ 句法的 BNF 语法做了细微更改的语法：

type /* 扩展的 BNF 句法 */

$\langle Tn \rangle$ ::= /* 类型名 */

$\langle L \rangle$ ::= $\langle V \rangle \mid \langle F \rangle \mid \langle A \rangle$

$\langle V \rangle$ ::= /* 变量，即标识符 */

$\langle F \rangle$ ::= $\lambda \langle V \rangle : \langle Tn \rangle \bullet \langle E \rangle$

$\langle A \rangle$ ::= $(\langle E \rangle \langle E \rangle)$

$\langle E \rangle$ ::= $\langle L \rangle \mid (\langle E \rangle) \mid$ etcetera

/* 任何一般的 RSL（或其他）*/

/* 的表达式、语句或子句 */

value /* 例 */

$\langle E \rangle$: 0, 1, **if** n=0 **then** 1 **else** n ∗ f(n−1) **end**, 4

$\langle V \rangle$: n, f

$\langle F \rangle$: λ n:**Nat** • **if** n=0 **then** 1 **else** n ∗ f(n−1) **end**

$\langle A \rangle$: (λ n:**Nat** • **if** n=0 **then** 1 **else** n ∗ f(n−1) **end**)(4)

我们把 λ 记法做为表达函数而无需命名它们的句法方式嵌入到了 RSL 中。对于那些对 RSL 文本求值不蕴含副作用（即隐藏的状态变化或通道上的通信等等）的使用，我们可以借助于 λ 演算来理解嵌入的 λ 表达式。否则我们不能！稍后我们将有机会对上述似乎神秘的话进行澄清。

7.7.2 “let ... in ... end” 结构

RSL 的一个非常有用的表达式结构是 “**let ... in ... end**” 子句。基本上可以使用 λ 演算对其进行解释。为了这样做我们说以下的三个表达式：

(λ a:A • E(a))(b)

let a:A = b **in** E(a) **end**

let a = b **in** E(a) **end**

对于非函数式，或对于函数式表达式（在 a 处）非递归的 b 来说是相同的。

a 在 b 中自由出现的情况等同于在 b 中递归地引用 a。在第 7.8 节中我们处理这些情况。

7.8 不动点

无论是类型，还是函数，或者其他值的递归定义都是非常让人有兴趣的。这里，我们将从实际的观点出发，简要地探讨 λ 演算递归函数定义的意义。

递归函数论主要关注于不动点。因此不动点在计算机和计算科学中非常重要；而且如果作为软件工程师，我们把这些搞错了，那么我们就把“事情”严重地搞错了。

7.8.1 要点

数学以及规约和程序设计语言一个重要的概念就是递归概念。在数学中，递归概念“属于”有时被称为元数学或递归函数论的范畴。

本节我们首先概述该问题。然后通过若干步骤“按摩”一个 λ 表达式。我们进行转换和简写代入，用表达式代入名（下面的 F）。该转换和代入引领我们到不动点的概念和不动点生成操作符（下面的 **Y**）。最后，我们给出使用不动点恒等式 **YF** = F(**YF**) 进行不动点求值的例子。该恒等式应用于任何函数，即任何高阶函数，但是它不一定产生所谓的最小不动点。

7.8.2 非形式概述

现在我们来探讨下面在表达式 E(a) 中 a 自由出现在 b 中的情况：

let a = b **in** E(a) **end**

假设：

type
  F
value
  let f = λx:X•B(f,x) **in** E(f) **end**。

通过 B(f,x) 中自由的 f，如果我们表示与左边的 f 相同，那么这两个表达式（[1–2]）：

[1] **let** f:F = λx:X•B(f,x) **in** E(f) **end**,
[2] (λf:F•E(f))(λx:X•B(f,x))

是不一样的。第二个 (λf•E(f))(λx:X•B(f,x)) 的B(f,x) 中的 f，没有被 λf•E(f) 中的 λf 绑定，这很可能就是其意图。让我们假设：

value
  fact: **Nat** → **Nat**
  fact(n) ≡ **if** n=0 **then** 1 **else** n∗fact(n−1) **end**.

这个例子说明了递归函数定义的一些要点。

7.8.3 不动点操作符 Y

现在我们系统地探讨这个一般性的例子：我们省略为 λ 函数参数给定类型。

let f(x) = B(... f ... x ...) **in** E(f) **end**

编号的这些条目涉及紧接于其后的形式的逐行推导。(1) 令右边的 B(... f ... x ...) 中的 f 与左边的 f（即在 f(x) 中)表示相同。(2) 把 x 从左边移到右边的起始位置—— 这通过在 x 做抽象来实现，即前置 λ 于被移动的 x，后置 • 于 x。(3) 现在通过把表达式 (... f ... x ...) 升为随后被应用到 f 的函数 λg•(... g ... x ...)（由此我们得到原先的表达式 (... f ... x ...)），重命名右边 (... f ... x ...) 中的 f 为 g。

1 **let** f(x) = (... f ... x ...) **in** f(a) **end**
2 **let** f = λx•(... f ... x ...) **in** f(a) **end**

3 **let** f = λg•λx•(... g ... x ...)(f) **in** f(a) **end**

4 **let** f = F(f) **in** f(a) **end** --- **where** F = λg•λx•(... g ... x ...)

5 **let** f = **YF** **in** f(a) **end**

6 不动点恒等律： **YF** = F(**YF**)

从 1 到 2：λ 抽象。

从 2 到 3：λ 抽象+ λ 应用。

从 3 到 4：缩写。

从 4 到 5：如果 f 满足 $f = Ff$，则 f 是 F 的不动点。

(4) 现在观察表达式 f = F(f)，这里 F = λg•λx•(... g ... x ...)。任何满足等式 f=F(f) 的函数 f 都称为 F 的不动点。

(5) 操作符 **Y** 是不动点获取操作符的例子。

因此可以通过用函数的不动点代替函数名来消除对递归定义函数的命名引用。**Y** 产生一个这样的不动点。有许多这样的不动点，但是我们引用那些对其进行适当讨论，更加基础性的语言语义教材。 [21,170,230–232,258,261,290,356,401,409,452,472] 中的任意一个都可以。我们提醒读者我们省略了上述 λ 函数表达式的形参类型给定。在本节中，我们仍然将其省略。

7.8.4 不动点求值

例 7.3 不动点求值 我们展示使用不动点操作符 **Y** 和不动点恒等式 **YF** = F(**Y**(F)) 求值的例子。

我们留给读者去解读在下面的每一步中应用了哪条转换规则：α 重命名，β 归约（或者它的逆，有关 g 引入的函数抽象），或者不动点恒等式 **YF** = F(**Y**(F))。

```
let f(n) = if n=0 then 1 else n*f(n−1) end in f(3) end
let f = λn•if n=0 then 1 else n*f(n−1) end in f(3) end
let f = (λg•λn•if n=0 then 1 else n*g(n−1) end)(f) in f(3) end
let f = F(f) in f(3) end
   where F = (λg•λn•if n=0 then 1 else n*g(n−1) end)
let f = YF in f(3) end
(YF)(3)
(F(YF))(3)
((λg•λn•if n=0 then 1 else n*g(n−1) end)(YF))(3)
(λn•if n=0 then 1 else n*((YF))(n−1) end)(3)
(if 3=0 then 1 else 3*(YF)(3−1) end)
(3*(YF)(2))
(3*(F(YF))(2))
(3*((λg•λn•if n=0 then 1 else n*g(n−1) end)(YF))(2))
(3*(λn•if n=0 then 1 else n*(YF)(n−1) end)(2))
(3*(if 2=0 then 1 else 2*(YF)(2−1) end))
(3*(2*(YF)(1)))
```

(3∗(2∗(F(**YF**))(1)))
(3∗(2∗((λg•λn•**if** n=0 **then** 1 **else** n∗g(n−1) **end**)(**YF**))(1)))
(3∗(2∗((λn•**if** n=0 **then** 1 **else** n∗(**YF**)(n−1) **end**))(1)))
(3∗(2∗((**if** 1=0 **then** 1 **else** 1∗(**YF**)(1−1) **end**))))
(3∗(2∗((1∗(**YF**)(0)))))
(3∗(2∗((1∗(F(**YF**))(0)))))
(3∗(2∗((1∗((λg•λn•**if** n=0 **then** 1 **else** n∗g(n−1) **end**)(**YF**))(0)))))
(3∗(2∗((1∗((λn•**if** n=0 **then** 1 **else** n∗(**YF**)(n−1) **end**))(0)))))
(3∗(2∗((1∗((**if** 0=0 **then** 1 **else** 0∗(**YF**)(0−1) **end**))))))
(3∗(2∗((1∗((1)))))) = 3∗2∗1∗1 = 6

■

我们已经给出了另一个符号函数求值的例子。这次，与例 6.3 的第二个例子相比，我们混合地使用了 α 转换、β 归约和应用不动点恒等式的不动点转换。不动点操作是函数代数操作。

7.9 讨论

现在是结束这个 λ 演算简述的时候了。

7.9.1 概述

我们已经介绍了 λ 演算的核心内容。首先，λ 函数表达式具有绑定变量，它绑定其辖域（即体）中该变量的所有自由出现。第二，函数可以由带有自由和约束变量、代入、α 重命名和 β 归约概念的 λ 演算建模。最后，它可以定义不动点、不动点获取操作符、不动点恒等式和不动点求值的概念。

7.9.2 关于最小、最大、全部不动点

上面给出的不动点操作符不一定会产生所谓的最小不动点。递归定义函数的最小不动点是参数和结果对的最小集，使得没有其他的参数和结果值满足递归函数定义。我们引用一些有关语义和递归函数论的已有论文和教材，它们对不动点以及为什么处理最小、最大和全部不动点是那样重要进行了探讨 [21, 170, 230–232, 258, 261, 290, 356, 401, 409, 452, 472]。RSL 的递归定义生成的模型集合相应于所有的不动点。

7.9.3 强调

如第 6.1 节中所提，函数的两个不同概念在最后这两章中予以介绍：（本章中）λ 表达式形式的句法概念，和（前一章中）可图示为函数“映射”语义概念的数学函数形式。

这是两个分离的世界：用前者的观点来看，即 λ 演算的观点，我们仍然停留在为后者建模的句法形式集合中。用后者的观点来看，我们假定没有人曾经看到实体！但是它们的性质可以完全令人满意地描述出来—— 因此我们知道它们在数学上存在！

7.9.4 原则、技术和工具

原则： λ 抽象 每个表达式都可以提升（即抽象）为该表达式自由变量的函数，使得该函数对于这些自由变量的值所生成的值和用这些值去替换这些自由变量而得到的值相同。 ■

类似语句等等的子句亦是如此。

技术： λ 转换 λ 转换技术包括 α 重命名、β 归约、不动点扩充技术。

工具： λ 演算 是用于表达函数、函数定义、函数应用的工具。

7.10 文献评注

7.10.1 参考文献

λ 演算在 20 世纪 30 年代由 Alonzo Church 和他的学生 [142, 293]在对可计算性（即什么可以被计算？）进行解释的非常成功的尝试中引入。λ 演算业已被证明是解释程序设计概念 [204, 303, 307, 352, 384] 最简单的工具，并且是函数式程序设计的基础 [42, 163, 207, 241, 256, 345, 391, 471]。受到 Christopher Strachey 的启发，Dana Scott 首先给出了 λ 演算的数学基础 [231, 413–417, 419, 421–423]。Barendregt 从学术的角度探讨了 λ 理论 [18]- [21]。 一本非常好的教材是 [261]。

7.10.2 Alonzo Church, 1903–1995

请参见因特网上 Alonzo Church 的传记：

`http://www-gap.dcs.st-and.ac.uk/~history/Mathematicians/Church.html`

作者是 J. J. O'Connor 和 E. F. Robertson，St Andrews 大学，苏格兰：计算代数跨学科研究中心（Centre for Interdisciplinary Research in Computational Algebra）。

7.11 练习

我们将给出一些实用的 λ 表达式练习。它们的给出是为了帮助你了解可以在 λ 演算内对布尔真假值及其操作，整数及其算术操作，以及列表进行建模。

请参考关于练习的标准参考文献中有关使用代入、α 重命名、β 归约、不动点恒等式转换规则的一般性 λ 转换 [19, 22, 261]。

练习 7.1　布尔真值和联结词的 λ 表达式。 考虑：

if b **then** c **else** a **end**.

把 **if** b **then** c **else** a **end** 中的 c 和 a 看作对，或者更一般地看作列表，把 b 看作该列表的选择器。如果 b 为 **true**，则 c 被选择。如果 b 为 **false**，则 a 被选择。这决定了我们在 λ 演算中对 **true** 和 **false** 的表示。

T,**true**: λx.λy.x
F,**false**: λx.λy.y

现在给出布尔联结词的 λ 演算表示：

$\sim$: λx((xF)T)
$\wedge$: λx.λy.((xy)F)
$\vee$: λx.λy.((xT)y)

1. 写出 T 和 F 的完整形式（即写作 λ 表达式），展示把 $\sim$ 应用到 F 上得到 T，和把 $\sim$ 应用到 T 上得到 F。
2. 写出 T 和 F 的完整形式，把 $\wedge$ 应用到 T 和 F 上得到你所预期的结果。
3. 类似地处理 $\vee$。

注意布尔联结词的这些表示期望归约到 T 或 F 的操作数。对于没有归约到布尔值的操作数（即参数）来说，这些 λ 演算联结词定义了“其他的”函数！

练习 7.2 *列表和列表元素选择的 λ 表达式。* 考虑列表：

$\langle\phi_0,\phi_1,\ldots,\phi_{n-1}\rangle$

使用 λ 演算表达如下：

$\langle\phi_0\rangle$: λx.((xϕ_0)ψ)
$\langle\phi_0,\phi_1\rangle$: λx.((xϕ_0)$\langle\phi_1\rangle$)
$\langle\phi_0,\phi_1,\phi_2\rangle$: λx.((xϕ_0)$\langle\phi_1,\phi_2\rangle$)
...
$\langle\phi_0,\phi_1,\ldots,\phi_{n-1}\rangle$: λx.((xϕ_0)$\langle\phi_1,\phi_2,\ldots,\phi_{n-1}\rangle$)

ψ 是“伪”“*列表尾*”定界符。它可以是任何 λ 表达式。

现在我们重述练习 7.1 中令 T 和 F 从长度为 2 的列表中选取并产生其第一个和第二个元素的想法：

T: λx.λy.x
FT: λx.λy.(y λx.λy.x) $\equiv$ λx.λy.(y T)
F^2T: λx.λy.(y λx.λy.(y λx.λy.x)) $\equiv$ λx.λy.(y FT)
...
F^{i+1}T: λx.λy.(y F^iT)

现在请证明：

1. $\langle\phi_0,\phi_1,\ldots,\phi_{n-1}\rangle\text{T} = \phi_0$
2. $\langle\phi_0,\phi_1,\ldots,\phi_{n-1}\rangle\text{FT} = \phi_1$

3. $\langle\phi_0,\phi_1,\ldots,\phi_{n-1}\rangle F^{n-1}T \;=\; \phi_{n-1}$

练习 7.3 整数和算术操作符的 λ 表达式。Church 说明了自然数的如下表示：

$0 \;\equiv\; \lambda a.\lambda b.b$
$1 \;\equiv\; \lambda a.\lambda b.(ab)$
$2 \;\equiv\; \lambda a.\lambda b.(a(ab))$
...
$n \;\equiv\; \lambda a.\lambda b.(a(a(\ \ldots\ (ab))))$

这里自然数 n 通过 第一个参数（a）对第二个参数 （b） 的 n 次应用来表示。

使用如下的算术操作符表示：

$m + n$: $\lambda x.\lambda y((m\ x)((n\ x)y))$,
$m \times n$: $\lambda x.(m(n\ x))$, and
m^n: $(n\ m)$,

计算：

1. 2+3
2. 2×3
3. 2^3

8

代数

- 学习本章的**前提**：你理解前面章节中介绍的集合和函数的数学概念。
- **目标**： 介绍诸如在计算机科学和软件工程中使用的代数的数学概念，并在本章开始部分介绍代数规约，即计算机科学和软件工程领域中通常所说的抽象数据类型。
- **效果**： 确保读者能够尽早自如、果断地使用和处理规约代数的概念。
- **讨论方式**： 从系统的到半形式的。

本章的主要目的是基本上仅介绍代数的专业术语（代数的“语言”）。我们这样做是为了方便：代数的数学概念为我们提供了合适的术语。当使用这些术语的时候，它们帮助我们描述正在表达的事物。

特性描述： 代数，粗略地说，我们通过其指一个可能无限的实体集合和一个在这些实体之上的通常有限的操作的集合。 ■

在软件工程中，代数扮演着两个首要的数学角色。我们（通过模式、类、模块、对象）组织规约和程序的方式可以最好地通过代数来理解。同样地，从抽象规约到具体规约的开发步骤能够最好地理解为一些代数的态射。

8.1 引言

代数通过函数来定义，因此本节跟在前面关于函数的章节之后。代数抓住了把实体和实体之上的动作、实体之上的事件和行为，以及实体之间的通信集合在一起的本质。用通常的程序设计用语来说，“代数就是对象”。关于现代代数适当的介绍请参考 [43,317]。

代数的概念是一个数学概念，它使我们能够对以非数学的主题为背景的观察进行抽象。函数的概念可以被看作为此类概念。在第 6 章中，我们将其和一些实际世界中的现象相联系。函数的概念以及数理逻辑概念的基本内容（第 9 章）均能够通过用代数介绍它们的一些结构来改进对它们的表述。因此，*函数代数* 包括所有函数空间和一些操作，如函数抽象、函数应用和函数复合，获取函数的定义集合，获取函数的值域集合，以及最后获取函数的不动点。

8.2 代数概念的形式定义

当确定（即对其作出决定）软件开发描述的形式以及开发软件开发描述的时候， 我们主要采用一种代数的方法。代数系统是一个集合[1] A（有限的或者无限的），和一个操作的集合[2] Ω（通常为有限的）：

$$(A, \Omega)$$

$$A = \{a_1, a_2, ..., a_m, ...\}, \Omega = \{\omega_1, \omega_2, ..., \omega_o\}$$

集合 A 是代数系统的载体，Ω 是定义在 A 上的操作集。每个操作 $\omega_i : \Omega$（ω_i 属于 Ω，即类型为 Ω 的 ω_i）是一个具有一定目的函数，比方说 n。其接受操作数（即域为 A 的参数值），并生成域为 A 的结果值：

$$\omega(a_{i_1}, a_{i_2}, \ldots, a_{i_n}) = a$$

也就是说，ω_i 的类型是 $A^n \to A$。[3] 不同的函数（域为 Ω）可能有不同的目。把 arity 看作一个泛函，即应用于一个函数并生成其目的函数：

$$\textbf{type}\ \ \mathsf{arity}: \Omega \to \mathbf{Nat}, \quad \mathsf{arity}(\omega_i) = n$$

8.3 代数是如何产生的

流行的软件工具，也就是通常所说的抽象数据类型，如栈、队列、表格、图等，都能被看作代数。

例 8.1　“日常的”代数

1. 栈代数：栈代数以所有栈元素值的集合和所有栈值的集合的并为载体，并以创建空栈（create）、取栈顶（top）、压栈（push）、出栈（pop）和判断是否为空栈（is_empty）为操作。
2. 队列代数：队列代数以所有队列元素值的集合和所有队列值的集合的并为载体，并以诸如创建空队列（create）、入队列（enqueue）、出队列（dequeue）、取最先入队元素（first，即“最老的”）、取最后入队元素（last，即“最年轻的”）和判断是否为空队列（is_empty）为操作。
3. 目录代数：目录代数以所有目录条目值（即条目名称、日期和信息值的三元组）的集合和所有目录值的集合的并为载体，并以诸如创建空目录（create）、向目录中插入条目（insert）、目录查询（look-up）、编辑目录条目（edit directory）和删除目录条目（remove）为操作。
4. 有向无圈图代数：有向无圈图代数以所有结点标号的集合、所有边的集合和所有由（这些）标号结点和无标号边构成的无圈图的集合的并为载体，并以诸如创建空图（create）、向图中插入结点（insert_node）、向图中插入边（insert_edge）、探索图中结

[1] 我们通常不谈论这个集合的元素是什么，它就是一个集合！

[2] 类似地：仅是一个集合！

[3] 表达式 $A^n \to A$ 不是一个 RSL 表达式。首先，我们不是通过 RSL，而是以非形式的、假定读者已经理解的数学记法解释基本的数学概念。其次，对于一个已知的、不变的 n，如果我们想要通过 RSL 表达一个目为 n 的笛卡尔积，我们将其完整地写出：$A_1 \times A_1 \times \cdots \times A_n$。如果 n 变化，我们可能不把它建模为（即看作）一个笛卡尔积，而是把它建模为一个列表 A^*，其中 A 是所有 A_i 类型的并类型。

点之间的边（trace）、对图的深度优先搜索（depth_first_ search），和对图的宽度优先搜索（breadth_first_ search）为操作。

5. 患者病历卡代数：患者病历卡代数以所有可能的患者病历卡为载体。每个病历卡由一份档案组成。每个病历卡由一张或者多张表单（即记录）组成，表单有如下种类：先前的病史，会见记录，分析记录，诊断决定，治疗方案（包括处方），治疗效果的观察，等等。此外，载体也包括这些不同的表单。换句话说，此载体相当复杂。患者病历卡代数有诸如下列操作：**新病历的创建，插入新的信息，编辑之前的（即旧的）信息，拷贝一张表单或者一份档案和销毁一份档案**。

■

代数可能有有限的或无限的载体，即具有有限或无限数量、可能不同类型的元素的载体。

8.4 代数的种类

代数有许多种类。了解哪些代数是软件工程感兴趣的和哪些不是很重要。鉴于此，我们说明各种各样你可能会遇到的代数。

8.4.1 具体代数

上述例子都是具体代数的例子。

特性描述： 具体代数 以已知、特定的值的集合为载体，并有一个特别给定的操作的集合。 ■

就是说，当我们知道了载体的元素、操作符和如何对操作调用求值的时候，我们知道我们有一个具体代数。第 9 章中的布尔代数是一个具体的、数学代数的例子 8.2。其他具体的数学代数可见例 8.2。

例 8.2 数代数

- 整数代数：(Integer,$\{+,-,*\}$)是一个具有无限载体的代数，其操作生成所有的整数。
- 自然数代数：(NatNumber,{gcd,lcm}) 是一个具有无限载体的代数，其中 gcd, lcm 分别是获取最大公因数和最小公倍数（即：gcd(4,6)=2, lcm(4,6)=12）的操作。这些操作生成所有的自然数。
- 模自然数代数：$(\Im_m = \{0, 1, 2, \ldots, m-1\}, \Omega = \{\oplus, \otimes\})$是一个具有有限载体的代数：$\oplus$ 和 $\otimes$ 是模（modulo）m 的加法和乘法操作。

还可能有其他的关于数的代数。 ■

作为软件工程师，我们主要开发具体代数。作为计算机科学家，我们常常需要用抽象代数或者泛代数解释事物。我们接下来介绍抽象代数。

8.4.2 抽象代数

和具体代数是已知的（即实际构造的）相反，抽象代数是假定的。换句话说，它们是我们在第 9 章中称为（并定义为）“公理化的”对象。

特性描述： 抽象代数 以一个分类（即目前未进一步定义的实体集合）为载体，并具有操作集合以及联系（即约束）载体元素属性和操作的公理集合。 ■

因此，抽象代数的代数系统是由一个公设（postulate，之后通常所说的公理）系统定义的，后面我们将对其作深入的探讨。请参阅第 9.6 节。

我们经常使用公理描述现实世界中显然的现象；并且我们同样经常使用公理规定软件工具—— 这些软件工具随后将被实例化为和那些可能存在于计算机中的“现象”一样“具体”公理系统不应该被看作实际“是”这样或那样的具体世界，而应被看作“仅”是对现实世界的建模。

似乎是时候来介绍一个关于非形式假定的抽象代数的“具体”例子了：

例 8.3　另一个栈代数 我们介绍例 8.1(1)中栈代数的另一个版本。有一个特殊、唯一的载体元素叫做作空栈：empty()。令 s 代表任意的载体的栈值（即栈），并令 $E = \{e, e', \ldots, e'', \ldots\}$ 代表载体的栈元素值。E 的成员将成为栈的元素。is_empty(empty())始终满足（始终为真），然而对于任意 e 和s，is_empty(push(e, s)) 始终不满足（始终为假）。对于任意栈 s，询问栈 s 的栈顶（top）—— 可被看作是其上刚刚压入元素 e 的栈—— 生成 e：pop(push(e, s')) $= e$，而当从栈 s' 中弹出（pop）一个元素（即pop(push(e, s))）生成 s。从一个空栈中弹出或者访问栈顶元素总是生成无类型的 **混沌** 值，其表示全体普遍地未定义的元素。 ■

无论何时给出一个上述那样非具体地指明栈元素是什么的例子，我们将更为明确地使用抽象代数的概念。换句话说，当我们定义了一个参数化的代数，在被定义的抽象代数中的一个或者多个子载体中是抽象的（如同函数抽象的）时候，我们使用它。因此我们下面介绍异构代数的概念。

8.4.3 异构代数

特性描述： 一个异构代数：

$$(\{A_1, A_2, \ldots, A_m\}, \Omega\})$$

其载体集合 A 表示为不相交的子载体 A_i 的集合的并，并且把每一个属于 Ω 的操作 ω 和一个**基调**相联系：

$$\text{signature}(\omega) = A_{i_1} \times A_{i_2} \times \cdots \times A_{i_n} \to A_{i_{n+1}}$$

■

因此 ω 的第 k 个操作数具有类型 A_{i_k}，且结果值具有类型 $A_{i_{n+1}}$。

例 8.4　栈代数 我们详述例 8.3 中栈代数的例子。通过把该栈代数看作一个异构代数，栈操作有（现在）下列基调：S 是栈的类型，E 是栈元素的类型：empty：$\mathbf{Unit} \to S$，is_empty：$S \to \mathbf{Bool}$，push：$S \times E \to S$，top: $S \xrightarrow{\sim} E$，和 pop：$S \xrightarrow{\sim} S$。 ■

Unit 是一个文字。它表示一个元素的类型。该元素由参数为空的分组指定：()。随后我们将回到对 **Unit** 更全面的讨论。

8.4.4 泛代数

特性描述： 泛代数 是具有载体和操作集合的、没有公设的代数，即操作不被进一步地约束。 ■

态射概念

在软件开发中，当我们把抽象规约转换到具体规约的时候，通常代数态射就出现了。

假设有两个代数：

$$(A,\Omega),(A',\Omega')$$

函数 $\phi: A \to A'$ 叫做从 (A,Ω) 到 (A',Ω') 的态射 (也叫做同态)，如果对于任意的 $\omega \in \Omega$ 和 A 中任意的 a_1,a_2,$\ldots$, a_n，都有一个相应的 $\omega' \in \Omega'$，使得：

$$M: \phi(\omega(a_1,a_2,\ldots,a_n)) = \omega'(\phi(a_1),\phi(a_2),\ldots,\phi(a_n))$$

我们说同态关系 M 遵守或者保持了在 Ω 和 Ω' 中相应的操作（图 8.1）。 ϕ^n 是 $\phi: A \to A'$ 的 n 次笛卡尔乘方，即映射 $A^n \to (A')^n$，并定义为：

$$\phi^n : (a_1,a_2,\ldots,a_n) \mapsto \ (\phi(a_1),\phi(a_2),\ldots,\phi(a_n))$$

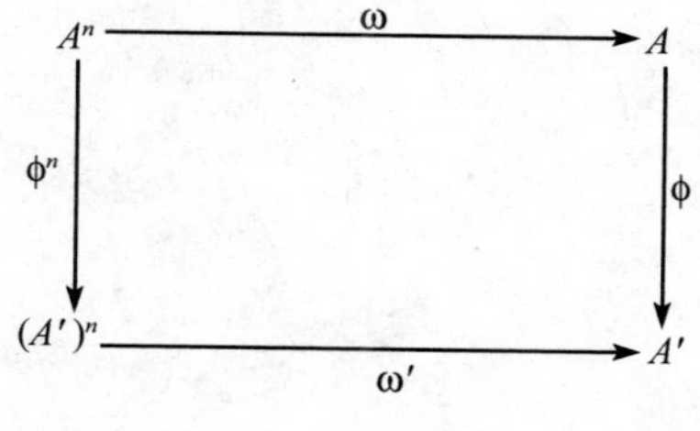

图 8.1　态射映射图

如果 $\phi: A \to A'$ 是 Ω 代数的一个同态，则根据定义 ϕ 保持了 Ω 的所有操作。

当然我们以集合、列表、映射包含的形式介绍（RSL 的）面向模型的集合、列表、映射数据类型的时候，将会给出态射概念的一个特定的翻译（即表现形式和版本）。请分别参阅第 13.2.2、第15.2.2 和第 16.2.2节。

特定种类的态射

根据态射作为函数的属性，我们将其分类。如果 $\phi: A \to A'$ 是一个态射，如果 ϕ 是双射的则我们称 ϕ 为同构；如果 ϕ 是满射的称其为满态射；称如果 ϕ 是单射的其为单态射。

一些其他的特性：代数系统的抽象性质是那些在同构下 不变的（即没有改变的）性质。对于满射，A' 被称为 A 的同态象，并且我们把(A', Ω') 看作是 (A, Ω) 的抽象或者模型。单态射 $A \to A'$ 有时叫作A 到 A' 的嵌入。

我们挑出那些把代数映射到自身的态射。我们称态射 $\phi : A \to A'$ 为自同态，其将 (A, Ω) 映射到自身。如果 ϕ 同时是双射的（因此是一个同构）$\phi : A \to A$，我们则称它为自同构。

8.5 规约代数

代数的数学思想对我们给出软件设计、软件规则和大体上软件开发相关的各种文档有着巨大的影响。面向对象的整体概念基本上是一个代数概念。通过给出从句法代数到语义代数的态射而对句法结构赋予意义（即语义），显然又是一个代数概念。

因此，在程序设计语言和规约语言中，我们找到了依据句法的方法来给出等同于异构代数的事物。在 RSL 中，用于给出异构代数的句法结构叫作类表达式。所以在 RSL 的类表达式中，我们期望找到依据句法的方法来定义异构代数的载体和操作。我们现在开始讨论这个主题。但是我们首先提醒读者参阅第 1.6.2 节，其中我们首次引入类的概念。我们将直到第 2 卷第 10 章才会形式地介绍 RSL 的类和模式概念的语用、语义和句法。

8.5.1 表达代数的句法方式

我们定义载体的类型以便定义各种载体，并且将操作定义为函数值来定义这些载体之上的各种操作。示意性地：

```
class
  type
    A, B, C, D, ...
  value
    f: A → B
    f(a) ≡ ...
    g: C → D
    g(c) ≡ ...
    ...
end
```

上述类表达式定义了载体 A、B、C 和 D（等等），以及操作 f 和 g（等等）。

8.5.2 一个栈代数的例子

例 8.5 栈代数 我们给出例 8.1（1）和 8.3 中栈代数的第三个版本。

让我们定义一个关于简单栈的代数。E 和 S 分别是栈的元素类型和栈类型，即我们感兴趣的类型。它们是两个不相交的载体集合. 操作 empty 和 is_empty 分别生成空栈（即没有元素的栈）和检验一个任意的栈是否为空；push、top 和 pop 是我们感兴趣的操作。空栈为 empty。

我们无法对一个空栈调用 pop（即生成一个残余的栈），也不能观察一个空栈的栈顶。观察一个栈的栈顶得到元素 e，该栈是把 e 压“入”[“之前”]的栈 s 上的[“最近”]结果。出栈（pop）生成栈 s，如果该栈是将任意元素 e 压入[“之前的”]栈 s 得到的[“最近的”]结果。

class
  type
    E, S
  value
    empty: **Unit** → S
    is_empty: S → **Bool**
    push: E → S → S
    top: S $\stackrel{\sim}{\to}$ E
    pop: S $\stackrel{\sim}{\to}$ S
  axiom
    is_empty(empty()),
    top(empty()) ≡ **chaos**,
    pop(empty()) ≡ **chaos**,
    ∀ e,e′:E, s:S •
      top(push(e)(s)) ≡ e ∧
      pop(push(e)(s)) ≡ s
end

到目前为止，上述形式化应该看起来相当习惯了！ ■

一些 RSL 结构的非形式解释

因为这是前面例子中一个全面使用迄今尚未解释、但是却相当简单的 RSL 结构的例子，让我们在第 9 章数理逻辑之前预先解释它们。RSL 中的关键字 **class** 和 **end** 给出了类表达式。在这个例子中，类表达式包括三类定义：类型、函数值和公理。你应该熟悉 **type** 的定义。**value** 的定义命名了许多值。这里，所有这些值都是函数：一个零元（0-ary，nullary）、一个二元（2-ary，binary，dyadic）和三个一元（1-ary，unary，monadic）。这些函数值都只给出了它们的类型，叫作**基调**（没有函数定义[函数体]）。

axiom 的定义（即公理）将函数值限制在一个比它们的基调所定义的更小的函数空间。我们留给读者解读这些公理的特定功能，但最后解释一下 ∀ “绑定符”的使用。子句：∀ e,e′:E, s:S • $\mathcal{A}_1, \mathcal{A}_2, \ldots, \mathcal{A}_n$，（其中个体 $\mathcal{A}_i$ 是公理—— 可能含有或不含有量词变量 e、e′ 和 s 的表达式）表示这些公理的变量的取值范围分别是类型 E、E 和 S。

8.5.3 一个队列代数的例子

例 8.6 队列代数 我们给出例 8.1（2）中队列代数的一个形式的例子。让我们定义一个关于简单队列的代数：E 和 Q 分别是队列元素的类型和队列类型，即是我们感兴趣的类型。操作

empty 和 is_empty 分别生成空队列（即没有元素的队列）和检验一个任意的队列是否为空，并且 enq 和 deq也是我们感兴趣的操作。一些有趣的函数在这里用隐函数 dq 和 rq 来定义。

```
hide
  dq,rq in
class
  type
    E, Q
  value
    empty: Unit → Q, is_empty: Q → Bool
    enq: E → Q → Q, deq: Q ~→ (Q × E)
    dq: Q ~→ E, rq: Q ~→ Q
  axiom
    is_empty(empty()), deq(empty()) ≡ chaos,
    dq(empty()) ≡ chaos, rq(empty()) ≡ chaos,
    forall e,e′:E, q:Q •
      ∼is_empty(enq(e)(q)),
      dq(enq(e)(empty())) ≡ e,
      rq(enq(e)(empty())) ≡ empty(),
      dq(enq(e)(enq(e′)(q))) ≡ dq(enq(e′)(q)),
      rq(enq(e)(enq(e′)(q))) ≡ enq(e)(rq(enq(e′)(q))),
      deq(enq(e)(q)) ≡ (rq(enq(e)(q)),dq(enq(e)(q)))
end
```

操作 dq 叫作辅助操作。其找出第一个入队的（即最“老的”，或者时间上最早插入的）元素。辅助操作 rq 通过减去该队列目前出列的元素重建队列。 ■

一些记法：hide

函数 dq 和 rq 定义为隐函数。它们不是为类表达式之外的使用而设计的。在类表达式中，它们仅作为辅助函数，即辅助操作。标记符**hide** 的作用是可以从句法判断辅助函数未在类表达式的范围之外使用。隐含值（或类型）使我们能够合理、简单地刻画此处我们感兴趣的函数 deq 和 enq。

8.5.4 “类”表达式的语义模型

因此，一个类表达式，甚至迄今为止我们介绍的少许关于类表达式的内容，能够被看作“紧密聚集”了引入的许多标识符，即：A、B、C、D、f、g，或是 E、S、empty、is_empty、push、pop、top，或是 E、Q、empty、is_empty、deq、enq、dq 和 rq。但是它们表示什么意思呢？ 现在我们回到首次在第 1.6.2 节中开始的主题，即非形式地解释 RSL 结构的语义。该“解释”此外还在此处适用。

正如已在第 1.6.2 节中所概述的，一个类表达式的意义是一个模型的集合。这个集合中的每个模型把所有类表达式中定义的标识符（无论隐藏与否）映射到它们的意义。

上面提到的标识符，如 E、S、empty、is_empty、push、pop 和 top 的意义如下：任意的类型标识符被映射到由公理所约束的值集合，而一个函数标识符被映射到由公理所约束的函数值。由于公理通常不会限制函数值为一个特定的函数，而是一个（可能为无限的）具有适当输入参数值和结果值关系的函数空间，我们得出一个类表达式的意义是一个可能无限的模型的集合：每个模型对应所定义函数值等的一种组合。我们将随后看到需要进一步把（完全）没有在类表达式中提到的标识符映射到任意值（包括集合值）。

因此，栈的类表达式的意义是一个模型的集合，其中每个模型把至少七种在栈表达式中提到的标识符映射到各自的意义：所有元素、所有栈的值类型和对于 empty、is-empty、push、pop 和 top 函数的特定值。

8.6 代数规约的 RSL 句法

8.6.1 "类"表达式

我们曾几次通过一类模型的形式表示某种代数，来举例说明 RSL 的句法：

```
class
  type
    ... [分类和类型定义] ...
  value
    ... [值，包括函数定义] ...
  axiom
    ... [类型和值（函数）的属性...]
end
```

类表达式的意义是一个（可能为空、可能含有单元素、可能无限的）以绑定（即在类表达式中引入的类型和值标识符以及诸如数、集合、笛卡尔集和函数的数学实体之间的联系）为形式的模型的集合。

我们将偶尔把类型和值的定义以及公理打包为一个类表达式，但是从某种意义上说我们的确应该这么做！所想表达的意义当然是一样的。

8.6.2 "模式"声明

RSL 的模式结构允许我们对类命名：

```
scheme A =
  class
  type
    ... [分类和类型定义] ...
  value
```

... [值，包括函数定义] ...

axiom

... [类型和值（函数）的属性...]

end

标识符 A 此时命名了由类表达式表示的所有此类模型。

8.7 讨论

8.7.1 概述

我们颇具匠心地（即使如此粗略地）介绍了一些数学代数的概念。目的是双重的。首先，给出许多代数概念的名称。这些名称被恰当地定义，并可用于随后刻画许多规约（和程序设计）的概念、原则和技术。其次，我们展示了这些定义的记法和精练。这些是我们作为软件工程师能够从中学习和应该模仿的内容。换句话说，那些可以用这些代数概念刻画的关于规约和开发的思想实在太多了。知道这一点或许可以促使我们进一步研究代数概念（特别是泛代数）。尽管此类研究超出了这几卷书的目的，它将揭示泛代数的引理和定理的用处。然而，在任何相关的时候，我们将尽力传达其潜在的代数概念的思想。

在本章关于代数的介绍中，我们最终展示了软件界如何服用该处方药：代数的概念，作为载体和操作组成的数学结构用于程序设计和规约语言。我们从句法和语义构成上展示了 RSL 类表达式结构的初始概念。在程序设计语言中，这种代数概念通常表示为所谓的面向对象。在规约语言中，这种代数概念通常表示为所谓的模块、类或者抽象数据类型结构。

8.7.2 原则、技术与工具

原则： 代数语义 是指把论域、需求或者软件设计的核心概念表达为代数，进而把握这些事物的核心概念。 ■

技术： 代数构造 的特征包括(i) 通过对载体命名表达载体分类（即，抽象类型），(ii) 表达操作（函数）的基调，和(iii) 提供一个适当的（小的）、联系载体元素和操作的公理集合。 ■

工具： 代数工具 包括 RSL（类似地，基本上面向模型的语言（例如：B [3]，event-B [4]，VDM++ [184–187] 和 Object-Z [134,182,183]））、CASL（Common Algebraic Specification Language） [40,355,359] 和 CafeOBJ [178,214] 的 **class** 和 **scheme** 结构。 ■

8.8 文献评注

一本关于代数的经典教材是 Birkhoff 和 MacLane 所著的 [43]。我们要感谢该书以及 Lipson 的令人愉快的 [317] 对介绍本章内容的帮助。Cohn 在 [147] 中介绍了泛代数。另一本不错的关于代数的书也出自 Cohn: [148]。

8.9 练习

♣ **注意：** 下面的三个作业从某种意义上说有些为时过早。这些作业要求你用 RSL 来表达一些事物，而你仍需要学习 RSL 的基本要素。但是无论如何尝试一下！在本章和前面章节中确实有足够的关于 RSL 的素材可用。但是这些素材将会从第三部分开始再次介绍，并且会系统得多。

♣ ♣ ♣

练习 8.1 ♣ 建议一个运输网络代数。参见附录 A 中第 A.1 节，运输网络。

为运输网络实体（网络，段，连接）建议简短的分类（或类型）名称，以及为（四类）函数建议基调。这些函数是：插入[删除]一个新的[“旧的”] 段，和插入[删除]一个新的[“旧的”] 连接（交）。用汉语写出公理，并陈述那些任何为段、交和运输网络的输入参数或者结果值必须满足的属性。把整个这些内容“包装”成为一个 **scheme** 声明。

练习 8.2 ♣ 建议一个集装箱物流代数。参见附录 A 中第 A.2 节，集装箱物流。

为下列集装箱实体建议简短的分类（或类型）名称：集装箱船舶、集装箱、码头、集装箱存储区、海湾、行、栈，以及海湾、行和栈标识符（名称，索引）。为（四类）函数建议基调。这些函数是：从[向]一个码头向[从]集装箱船舶栈中装载[卸载]集装箱，和分别地从[向]一个码头向[从]集装箱船存储区中装载[卸载]集装箱。（记得识别装箱船舶和集装箱船存储区的海湾、行和栈。）用汉语写出公理，并陈述那些在许多集装箱终端实体中任何输入参数或者结果值必须满足的性质。把整个这些内容“包装”成为一个 **scheme** 声明。

练习 8.3 ♣ 建议一个金融服务行业代数。参见附录 A 中第 A.3 节，金融服务行业。

为金融服务行业，特别是银行实体（客户，银行账户，等），建议简短的分类（或类型）名称，并为（四种）函数建议基调。这些函数是：开户和销户，建立共享账户，存入和支取资金，以及账户之间转移资金。（记得同样识别那些记录客户账户数字和账户共享内部银行“帐簿”。）用汉语写出公理，并陈述那些在许多金融服务行业实体中任何输入参数或者结果值必须满足的性质。把整个这些内容“包装”成为一个 **scheme** 声明。

9

数理逻辑

- **学习本章的前提**：你理解前面章节中介绍的集合、函数和代数的数学概念。
- **目标**：介绍布尔代数、命题逻辑和谓词逻辑的概念；介绍证明论和模型论的概念；以及介绍公理系统的概念，并例示它在抽象规约中的应用。
- **效果**：帮助确保读者在把逻辑作为一种规约工具使用时变得比较轻松，并且开始了一条漫长之路：帮助确保读者最终适当地全面掌握逻辑推理。
- **讨论方式**：从半形式的到完全形式的。

数理逻辑无疑是软件工程最重要的数学分支。

特性描述：通过数理逻辑，我们指下述一种形式的语言：句法定义了一个无限的公式的集合，而"语义"—— 其形式这里是一个有关这些公式的公理集合和一个在这些公式之上的推理规则的集合。 ■

逻辑是关于推理的研究。逻辑曾很长时间作为哲学的一部分存在。数理逻辑是关于数学家所从事的推理的研究。与数学相比，数理逻辑曾一度被冷落。[1]

毋庸置疑，我们将基本上把数理逻辑作为我们的规约记法中最重要的部分来使用。即我们将使用所有数理逻辑的子语言：布尔基项子语言，命题子语言和谓词子语言。因此读者（从一开始，也就是现在！）对众多数理逻辑概念感觉驾轻就熟非常重要。本章的目的便是：教授给你这些概念和如何用这些子语言形式地表达你自己的想法。

软件的正确性以及证明它们的规约和实现的性质是核心重要的关注对象。对于论域描述、需求描述以及它们和软件设计之间关系的性质的证明也同等重要。数理逻辑的语言（即工具）和技术用于保证实现预期的性质。

我们将同样介绍数理逻辑中的一些证明。但是本节介绍的出发点是把数理逻辑作为一种抽象的规约语言。我们将不会介绍数理逻辑的理论，但是会给出很多优秀的教材作为参考，譬如 [217,239,338,412]。

9.1 要点

首先，我们主要论述逻辑的九个要点，包括三种子语言：(i) 基于布尔值的基项语言，

[1] 不夸张地说，看样子许多大学的数学系在某种程度上仍未解决和数理逻辑的关系。

(ii) 基于布尔值的命题表达式语言，以及(iii) 基于布尔值的谓词表达式语言。并且我们将同样介绍一些其他的要点：(iv) 布尔值表达式，(v) **chaos** ——未定义表达式，(vi) 公理和推理系统，(vii) 证明系统，(viii) 逻辑语言的公理和 RSL 的公理定义工具，以及(ix) **if ... then ... else ... end** 子句的含义。

我们首先概述这九个要点，然后在第 9.3 ~ 9.5 节中更详细地论述这三种语言。但是在此之前，我们会概述基于证明论的和基于模型论的逻辑的区别（第 9.2 节）。该区别将揭示句法和语义、可证的和为真的以及完全性和可靠性之间的区别。

9.1.1 布尔基项语言

首先，介绍布尔基项[2] 代数，或简称作布尔演算，包括它的句法、语义和语用。我们通过类型名 **Bool**[3]指代布尔基项代数。

在语句构成上，布尔代数是关于基项的语言。其句法包括：布尔（常量）文字（**true** 和 **false**），联结词集合：$\{\sim, \wedge, \vee, \Rightarrow, =, \neq, \equiv\}$, 构成基项的（句法）规则集合, 关于基项和联结词的公理集合及一套演算。

true, **false**, ~**true**, ~**false**, **true** ∧ **false**, ~**true** ∧ **false**, ...

就语义而言，我们有这些联结词的真值表：真假值和三值逻辑[4]。我们通过介绍一个对基项求值（即解释）的过程来解释该语义。

就布尔基项代数的语用而言，我们用该（基项）代数所能表达的内容很少。但是它构成了最小的基础，即使是仅使用上面所列出的前两个联结词！

9.1.2 命题表达式语言

接下来，我们介绍命题演算，包括它的句法、语义和语用。命题演算建立在布尔基项语言的基础上。

命题（操作符/操作数）表达式的句法由布尔文字、联结词、变量标识符、公理和推理规则构成。公理和推理规则定义了命题演算的演算部分。变量用来表示语义中的真假值。

true, **false**, ~**true**, ~**false**, **true** ∧ **false**, ~**true** ∧ **false**, ...
a, b, ..., a ∧ **true**, a ∧ b, ...

并有语义规则（求值过程）用来解释命题表达式。

其语用是：通过命题演算，我们能够比使用布尔基项更多地表达一些事物。

9.1.3 谓词表达式语言

最后，我们介绍谓词演算，包括其句法、语义和语用。谓词演算包含命题演算。

因此谓词（操作符/操作数）表达式的句法包括命题表达式，并扩展了任意类型的常量值、表示此类值的变量，在此之上的操作符/操作数表达式、量化表达式（$\forall, \exists$），以及公理和推理规则。

---

[2]基项指不含变量的操作符/操作数表达式，譬如这里的布尔文字和联结词。
[3]类型名 **Bool** 将同样指代命题和谓词演算。
[4]正如随后将看到的，一般而言我们必须知道未定义的（例如非终止的）表达式求值。三值逻辑用来处理非终止的表达式求值。

公理和推理规则定义了谓词演算的演算部分。

true, **false**, ~**true**, ~**false**, **true** ∧ **false**, ~**true** ∧ **false**, ...
a, b, ..., a ∧ **true**, a ∧ b, ...
∀ x:X • **true**, ∀ x:X • x ∧ ..., ∃ x:X • x ∧ ...

并有语义规则用来解释（求值）谓词表达式—— 结果为真假值（或者 **chaos**!）。

其语用是：通过使用谓词演算，我们能够表达相当多的事物。在很长一段时间内谓词演算足够用了！

9.1.4 布尔值表达式

在语句构成上，我们能够谈论四类范畴的表达式：布尔基项、命题表达式、谓词表达式和量化表达式。图 9.1 非形式地指出*布尔基项表达式* 在句法构成上是*命题表达式*的真子范畴；*命题表达式*在句法构成上是*谓词表达式*的真子范畴；*量化表达式*在句法构成上是*谓词表达式*的真子范畴；但是 *量化表达式*在句法构成上不是*命题表达式*的真子范畴。该图还表示所有这些表达式均为*布尔值表达式*。

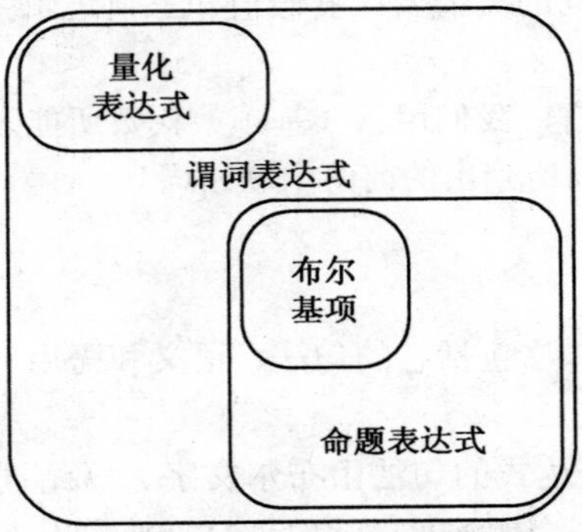

图 9.1　布尔值表达式语言

9.1.5 “chaos” —— 未定义的表达式求值

此处，我们再次介绍文字 **chaos**，其在第 6.5.6 节（在命名为严格函数的小节（第80页））中首次介绍过。贯穿本卷，它是关于对（将要介绍的）任意表达式的可能的求值（即确定表达式的值）。如果一个表达式不能被求值（$e/0$ 永远不可能被求值!），那么它的值被称作 **chaos**。换句话说，我们能够谈论永不终止或未定义的求值。并且我们给这类“值”起名为 **chaos**，即此类求值的结果。

9.1.6 公理系统和推理规则

正如我们有对整数的演算，即关于整数加、减、乘和整数除整数的规则，和消去某种加法、减法、乘法和除法的法则：

$$0+a=a,\ 1\times a=a,\ 0\times a=0,\ a/1=a,\ 0/a=0\ (\text{其中}\ a\neq 0), \text{等}$$

所以我们有用来"简化"或"重写"句法逻辑表达式为其他（通常更简单的）此类表达式的规则，这些规则通常称作推理规则。

（某逻辑的）公理和推理规则共同构成此逻辑的演算。一种逻辑由其公理和推理规则定义。我们将在随后的节中介绍各种各样的公理系统。

公理和公理系统

公理 是有自由变量的谓词表达式。这些变量指定任意的谓词表达式。因此一个公理指定了无穷多的不含变量的谓词，其中所有（之前自由的）变量被命题替换。

一个"经典"的逻辑公理是：

$$\phi \vee \neg\phi$$

这里 ϕ 是自由变量。此公理的意思是：ϕ 成立或 ϕ 不成立。这个公理被称作排中律，也通俗地被认为是排异律!

逻辑中公理的语用是，它在该逻辑的某些或全部的语义中表示不需证明的真理。一个公理系统 是一个或多个公理的集。

推理规则

推理规则 是一个对：含有自由变量的谓词的集合（前提）和含有部分相同自由变量的推断谓词（结论）。

最著名的逻辑推理规则是肯定前件式假言推理：

$$\frac{P, P \supset Q}{Q}$$

这里 P 和 Q 是自由变量。它的意思是：如果我们知道 P 成立以及 $P \supset Q$ 成立，那么我们可以推断（作出结论）Q 成立。

逻辑中推理规则的语用是：在该逻辑中的某些或者所有语义中，它表示从一个逻辑表达式集合到下一个、或者另一个逻辑表达式的不需证明的推理方式。

9.1.7 证明系统

逻辑言的证明系统是指：公理模式集合，推理规则集合和可由公理模式和推理规则证明的定理集合。后者可以被认为是公理。一些定理可以重新用公式表示为"额外"的推理规则：[5]

$$\frac{\Gamma, \phi \vdash \psi}{\xi}$$

一个验证者，一个人，或者一个自动系统，有"更多的选择"！

[5] $\frac{\Gamma,\phi\vdash\psi}{\xi}$ 的意思是：假定公理集合（等）Γ，如果 ψ 可由 ϕ 证明，那么 ξ 成立（即可以[因此]被证明）。

在对证明系统的介绍中，特别是 RSL 的证明系统中，我们不仅没有介绍完整的证明系统，也没有 介绍如何实现全部证明的详尽细节。当然也没有介绍如何使用已有的定理证明器和证明辅助软件系统来进行即使简单的证明。学习如何为实际的开发进行实际的证明本身就是一个深入的研究。关于这个主题的专业的教材请参考：[169, 224, 325–327, 377, 427, 484]。

我们可以总结说：证明系统可谓公理模式和推理规则的特别定制形式—— 在公理和推理规则之外，它增加了定理和关于如何给出证明的特殊的句法约定。

9.1.8 有关两个公理系统的注解

公理是不需证明的真理，即可被认为是定律。但是我们需要注意两种公理和公理系统的概念：用来定义逻辑语言（包括 RSL）的证明系统的公理，和当规约分类和函数的性质时，（RSL）用户定义的公理。

这两种公理系统的关系如下：

如同 RSL，逻辑语言的证明系统的公理是先验的[6]给出的，且不是由同类语言表示的。但是，读者可能有这样的印象，即 RSL 的证明系统是由 RSL 定义的，因为这些公理看起来非常像 RSL 的公理定义工具。RSL 中表示的公理使用布尔值和其他表达式，并且在证明这些用户定义的公理所表达的对象时，要依靠 RSL 的证明系统。

在接下来的分别介绍关于布尔基项、命题和谓词的逻辑语言的节（第 9.3 节~第 9.5 节）中，我们将论及 RSL 的证明系统。相对而言，在第 9.6 节中，我们将举例说明 RSL 的公理定义工具如何用于定义数据类型，譬如欧几里得平面几何、自然数（皮亚诺公理系统）、简单集合和简单列表（分别是例 9.20、9.21、9.23 和 9.24）。

9.1.9 “if ... then ... else ... end” 联结词

if...then...else...end 结构“锚定”了对于逻辑的基本理解。因此我们解释该结构。令 e 为：

if b **then** e′ **else** e″ **end**

例如，e 是 RSL 的一个句法结构。它允许 b 为任意类型的值和 **chaos**（其没有类型）。该表达式 e 只有当 b 的值为 **false** 或者 **true** 时才有意义：

if false then e′ **else** e″ **end** ≡ e″
if true then e′ **else** e″ **end** ≡ e′
if chaos then e′ **else** e″ **end** ≡ **chaos**

如果 b 被求值为任意其他值，结果依然是 **chaos**[7]。**chaos** 代表对表达式求值结果的混沌的行为，包括非终止。

---

[6] 先验的（a priori），是从不需证明的命题推理中联系或者获得的；其由经验假定，未经过实验和分析；预先形成或者构想得到的（Merriam–Webster Dictionary [437]）。

[7] 但是 RSL 这样设计以排除此类所谓的类型错误，因此这样的表达式 b 将不会被认为是正确的 RSL 表达式。

诸如散缀 **if...then...else...end** 的泛函的非严格性是指，将泛函应用于可能求值为 **chaos** 的参数不一定产生 **chaos**：

if true then e′ **else chaos end** ≡ e′
if false then chaos else e″ **end** ≡ e″

我们称 **if ... then ... else ... end** 为散缀或者混缀联结词。

9.1.10 讨论

我们逐渐地、轻松地增加对逻辑的介绍。在本节中，我们基本上明确了三种逻辑语言：关于布尔基项的语言、关于命题的语言和关于谓词的语言。每种语言将会在第 9.3 节~第 9.5 节作详细介绍。但是我们会首先在第 9.2 节中介绍这三类语言许多共有的问题。

9.2 证明论和模型论

前面我们对语言的句法和语义加以区别。在本节中，我们将阐明该区别。假定本节的论述基于经典二值逻辑。

9.2.1 句法

我们所书写的是句法。在某语言中，当我们使用特定（例如推理）规则和公理操作书面文本，并因此获得该语言的其他文本时，这些规则基本上属于句法范畴。

例 9.1 解析式的微分法，I 我们以解析式的形式语言为例，其中的一些表达式如下左列所示。并且，我们以下表右列为定义微分法的规则。可以看出这些规则是递归定义的。

解析式	微分法规则
$y: \quad a$	$\frac{\partial y}{\partial x} = \frac{\partial a}{\partial x} \rightsquigarrow 0$
$y: \quad x$	$\frac{\partial y}{\partial x} = \frac{\partial x}{\partial x} \rightsquigarrow 1$
$y: \quad x^n$	$\frac{\partial y}{\partial x} = \frac{\partial(x^n)}{\partial x} \rightsquigarrow n \times x^{n-1}$
$y: f(x)+g(x)$	$\frac{\partial y}{\partial x} = \frac{\partial(f(x)+g(x))}{\partial x} \rightsquigarrow \frac{\partial(f(x))}{\partial x} + \frac{\partial(g(x))}{\partial x}$
$y: f(x)\times g(x)$	$\frac{\partial y}{\partial x} = \frac{\partial(f(x)\times g(x))}{\partial x} \rightsquigarrow \frac{\partial(f(x))}{\partial x} \times g(x) + \frac{\partial(g(x))}{\partial x} \times f(x)$
Ø	Ø

可以看出，当把这些微分法规则应用到任何解析式的时候，这些微分法规则终止并生成一个解析式为结果。换句话说，该语言连同这些规则仍是依据句法的。我们只是在拿符号“消遣”。 ■

（逻辑中）证明和定理的概念是句法概念。有大量理论仅涉及所有或者某些逻辑语言的句法。类似地，有大量理论仅涉及解析式的可微性，这也属于句法理论。

可以在停留在句法层面的情况下，对数理逻辑作详细和深入地探讨。

9.2.2 语义

相对而言，我们通过书面文本所表达的是语义。

例 9.2　*解析式的微分法，II* 我们执行微分法的原因和所应用的微分法规则没有关系。一个解析式的语义可以表示某时间段内覆盖的距离。因此，为了表示速度可以执行关于时间的微分法。为了表示加速度可以执行关于时间的两次微分法。■

语义讨论真假值，以及一个逻辑句子成立或者不成立。因此，布尔基项 **false** 和 **true** 分别表示语义值假值和真值。

例 9.3　*逻辑表达式的意义* 一个逻辑表达式 ϕ 可能表示，它指明了一个需求规定的属性。另一个逻辑表达式 ψ可能表示，它指明了一个软件规约的属性。逻辑表达式 $\psi \supset \phi$ 可能表示，软件规约实现了某要求。■

9.2.3 句法和语义

总结：当论及逻辑语言的句法范畴时，逻辑表达式仅仅是符号—— 我们对它们的意义不感兴趣。我们使用公理和推理规则操作符号串。当论及逻辑语言的语义范畴时，逻辑表达式表示值，且这些值通过解释获得。其中，*上下文* 把表达式符号（包括变量标识符）映射到它们的真假值。不同的上下文（我们称不同的“世界”） 可能把相同的变量标识符映射到不同的真假值。

9.2.4 形式逻辑：句法和语义

本节和下一节（第 9.2.4~9.2.6节）受 John Rushby 在 1993 年的报告*数理逻辑快速入门*（Rapid Introduction to Mathematical Logic） [407]的启发。

各种逻辑语言（它们的句法和语义）都是形式系统的例子。在语句构成上，一个形式系统包括几个部分。首先，它包括 (i) 由一些具体语法定义的逻辑语言。该语法阐明了常量和函数（即操作）文字，例如 **false**、**true**、**chaos**、 ¬ （或 ~)、∧、∨ 和 ⊃；变量、函数和谓词标识符、定界符（像逗点：“，”，括弧：“（”、“）”等），以及它们的组合（根据 BNF 规则）。其次，在语句构成上，一个形式逻辑系统也包括 (ii) 一个公理系统：一个公理的集合，即：

$$\phi \vee \neg\phi$$

换句话说，该公理系统是该语言的句子的子集，其中变量标识符（ϕ）是元语言的：它们指定了该语言的正确句子（即：$(P \vee Q) \wedge R$)。最后，在语句构成上，一个形式逻辑系统还包括(iii) 一个推理规则的集合：一个前项和后项对的集合，即：

$$\frac{\phi, \phi \supset \psi}{\psi}$$

前者是一个句子集合，后者是一个句子，满足这些句子的所有变量标识符是元语言的。它们指定了该语言的正确句子。

关于形式逻辑系统的更多讨论

就语义而言，一个形式系统从两方面扩展了它的句法。一方面，给出一个上下文，它把语言的每个符号和适当的语义记法联系起来。并将文字（**false**、**true**、**chaos**）和语义真假值（ff、tt 或者假值、真值）以及语义中的未定义值（⊥）分别联系起来。⊥ 的“传播”是通过使其所出现的任一表达式的求值指示该值实现的。我们把变量标识符和一些适当的真假值或者其他值联系起来。这里的“其他值”代表什么将在后面介绍，此处知道其暗示操作符、函数和谓词符号就足够了。

另一方面，语义规定了求值（解释）过程。将该过程在某上下文中应用到逻辑句子，生成值：falsity、truth 或 ⊥。

关于形式逻辑系统句法的更多讨论

形式系统通常分为两部分：一部分是所有逻辑语言共有的*逻辑部分*，另一部分是*非逻辑部分*。

属于*逻辑部分*的符号叫作系统的*逻辑符号*。 联结词是逻辑符号：

$$\neg,\ \vee,\ \wedge,\ \supset, \equiv$$

在谓词演算中额外引入了：

$$f_1,\ f_2,\ \ldots, f_n,\ \forall,\ \exists$$

其中 f_i 是函数符号，∀ 和 ∃ 分别是全称量词和存在量词。

非逻辑符号被赋予了特殊的解释：

$$+,\ -,\ \times,\ /,\ <,\ \leqslant,\ =,\ >,\ \geqslant,\ \ldots$$

联结词更为精确地“模拟”了下列语言项在每个语言中的使用：“与”（∧）、“或”（∨）、“非”（¬）、“相等”（≡）和“蕴涵”（⊃）。在 $P \supset Q$ 中，P 被称作前项。Q 被称作后项。

关于实质蕴涵的意义，⊃

此刻，让我们来详述蕴涵 ⊃ 所要表达的（语义）意义：

$$P \supset Q$$

当我们说一个逻辑表达式成立，我们指对其求值为 **true**。

$P \supset Q$ 的意思是：如果 P 成立，那么 Q 也成立；如果 P 则蕴涵 Q。

例 9.4 *蕴涵的非形式使用*，I 让我们举例说明使用蕴涵的一些例子。这些例子取自 [407]：

下列演绎“jaberwocky 是 tove；所有的 toves 是 slithy 的；因此 jaberwocky 是 slithy 的”好像是可行的，即使我们不知道 jaberwocky、tove 和 slithy 是什么意思。

“这是一架波音 737 飞机；因此它有两个引擎”如何？这个演绎好像是不可行的，即使它的结论是正确的。它直接得出了一个结论，而该结论并不被明确提到的事实支持。

下列演绎如何："这是一辆克莱斯勒汽车；因此它有两个引擎"？我们将该演绎视为明显的谬论。我们可以将上面的例子修改为"这是一架波音 737 飞机；除了 747，所有的波音飞机都有两个引擎；因此该飞机有两个引擎。"现在的推理合理了。并且其可靠性不依赖于我们是否理解术语"波音"、"引擎"、"737"或者"747"。 ■

遵循 John Rushby[8]，我们给出一个例子，并分析蕴涵联结词可能的语义。

例 9.5　蕴涵的非形式使用，II

考虑四个蕴涵：(1) $2+2=4\supset$ 巴黎是法国的首都；(2) $2+2=4\supset$ 伦敦是法国的首都；(3) $2+2=5\supset$ 巴黎是法国的首都；以及(4) $2+2=5\supset$ 伦敦是法国的首都。

我们对 (1~4) 可以归结出什么真假值？(1) 为真，因为前项和后项都为真。(2) 为假，因为后项为假。那么 (3) 呢？ (4) 呢？回答 (3) 和 (4) 请看接下来的分析。 ■

我们继续引用 [407]：

因此，如果在 $P\supset Q$ 中，P 不成立，那么（基于目前所介绍的内容）我们不知道 Q 是否成立，且因此我们不知道 $P\supset Q$ 是否成立。如果 P 成立，并且 Q 不成立，那么我们的直觉表明 $P\supset Q$ 不成立。

那么当 P 不成立时，我们将如何判定$P\supset Q$ 的成立与否呢？如果当 P 和 Q 不成立的时候，我们判定 $P\supset Q$ 不成立，那么 $P\supset Q$ 等同于 $P\wedge Q$。如果我们判定 $P\supset Q$ 确切地在 Q 成立的时候成立，那么 $P\supset Q$ 等同于 Q。如果我们判定 $P\supset Q$ 确切地在 Q 不成立的时候成立，那么 $P\supset Q$ 等同于 $P\equiv Q$。因此我们得出，$P\supset Q$ 当 P 和 Q 成立或者 P 不成立的时候（和 Q 成立与否无关）成立。

元语言变量

在公理中，如：

$$\phi\vee\neg\phi$$

以及在推理规则中，如：

$$\frac{\phi,\phi\supset\psi}{\psi}$$

标识符 ϕ 和 ψ 代表任意的逻辑句子。它们是元语言变量。在对逻辑在一些规约中的任何特定使用中，我们可能有一些命题或者谓词 P 和 Q。

现在它们可以分别用来替代 ϕ 和 ψ

$$P\vee\neg P$$

以及

[8] Rapid Introduction to Mathematical Logic [407] 中的附录，1993。

$$\frac{P, P \supset Q}{Q}$$

因为任何 P 和 Q 都可以被接受，可以看到公理和推理规则的确分别是公理模式和推理模式。也就是说，它们代表了无限的公理和无限的推理规则。

假定一个元语言变量 ϕ 和某个命题或者谓词句子的实例 P。我们可以说，在某（指明的）公理模式或者（指明的）推理规则模式中 P 将替换 ϕ，如下所示：

$$[\phi \mapsto P]$$

形式 $[\phi \mapsto P]$ 叫做代入规约子句。代入规约可能含有几个子句：

$$[\phi_1 \mapsto P_1, \phi_2 \mapsto P_2, \ldots, \phi_n \mapsto P_n]$$

9.2.5 和证明相关的问题

证明

假定一个句子 ϕ。从句子集合 Γ 得到的对 ϕ 的证明是一个句子的有限序列 $\phi_1, \phi_2, \ldots, \phi_n$，其中 $\phi = \phi_1$，$\phi_n = \mathbf{true}$，并且每个 ϕ_i 或是一个公理，或是 Γ 中的一个成员，或是从前面 ϕ_j 根据某个推理规则得到的。

我们说根据假定 Γ，ϕ 是可证明的，或简单地说 Γ 证明了 ϕ：$\Gamma \vdash \phi$

证明和可证性是句法概念，即证明论中的概念。

定理和形式系统理论

定理是无需假定即可证明的句子。换句话说，可纯粹根据公理和推理规则证明。我们说一个特定形式系统的理论是其所有定理的集合。

定理和理论是句法概念，即证明论中的概念。

一致性

如果一个形式系统不包含 ϕ 使得 ϕ 和其否定 $\neg\phi$ 都是定理，则该形式系统是一致的。

一个关于所有二值逻辑的元定理是：一个非一致的、形式的二值逻辑系统中，所有句子都是可证明的。

一致性是一个句法概念，即是证明论中的一个概念。

可判定性

如果存在一个算法，它所指定的操作能够确定任一给定的句子在一个形式逻辑系统中是否是一个定理，则该形式逻辑系统是可判定的。

9.2.6 联系证明论和模型论

在使用逻辑对领域、需求和软件建模时，我们是在对一些“世界”建模。迄今为止，我们强调了逻辑的句法方面。为了建立形式语言句子的句法方面与某世界的联系，我们必须求助于语义。

因此，数理逻辑的目标，是为了确保定理在选定的一个或多个世界中是正确的。我们希望确保，我们能够证明的定理和有关选定的一个或者所有世界的真实描述是相符的。

解释

句法和语义之间的联系总是通过一个解释 $\mathcal{I}$ 建立的。因此，我们从一个形式逻辑系统 $\mathcal{L}$ 开始。一个解释 $\mathcal{I}$ 确定某一选定的世界 Ω，并把形式系统中的每个句子和真假陈述相联系。陈述是这样的："逻辑表达式 ϕ（关于某某人或事物）在 Ω 中是真的。"，或者"逻辑表达式 ϕ（关于某某人或事物）在 Ω 中是假的"。

解释 $\mathcal{I}$ 有两部分：一个上下文（一个环境）ρ，它把 $\mathcal{L}$ 中的每个符号和 Ω 中的某个值相联系，以及一个对 $\mathcal{L}$ 中任一句子 ϕ 求值的过程。

例 9.6　阶乘和列表倒置函数

这个例子受 [325]的启发。假定句子 ϕ：

$$\exists F \bullet ((F(a) = b) \wedge \forall x \bullet (p(x) \supset (F(x) = g(x, F(f(x))))))$$

它在模型论上的意思是：存在一个数学函数 F 使得（$\bullet$）下列内容成立，即：$F(a) = b$（其中 a 和 b 在模型论上是未知的），并且（$\wedge$）对于每个（即全部）x 有（$\bullet$）以下事实，如果 $p(x)$ 为真，那么 $F(x) = g(x, F(f(x)))$ 为真（其中 x, g 和 f 在模型论上是未知的）。

现在有（至少）两个可能的关于 ϕ 的解释。在第一个解释中，我们首先建立自然数域 Ω 和其上操作的联系，且该特定的上下文 ρ 是：

[F $\mapsto$ fact,
　a $\mapsto$ 1,
　b $\mapsto$ 1,
　f $\mapsto$ λ n.n−1,
　g $\mapsto$ λ m.λ n.m+n
　p $\mapsto$ λ m.m>0]

我们发现 ϕ 对于阶乘函数 fact 为真。换句话说，ϕ 刻画了阶乘函数的性质。

在第一个解释中，我们首次建立列表域 Ω 和其上操作的联系，该特定的上下文 ρ 是：

[F $\mapsto$ rev,
　a $\mapsto$ $\langle\rangle$,
　b $\mapsto$ $\langle\rangle$,
　f $\mapsto$ **tl**,
　g $\mapsto$ $\lambda\ell_1.\lambda\ell_2.\ell_1 \frown \langle \mathbf{hd}\ \ell_1 \rangle$
　p $\mapsto$ $\lambda\ell.\ell \neq \langle\rangle$]

我们发现 ϕ 对于列表倒置函数 rev 为真。换句话说，ϕ 刻画了列表倒置函数的性质。

我们留给读者去发现那些使得 ϕ 不成立的世界和/或上下文联系。 ■

模型

如果解释 $\mathcal{I}$ 对逻辑系统 $\mathcal{L}$ 中所有的公理求值为真，则它是 $\mathcal{L}$ 的一个模型。

如果解释 $\mathcal{I}$ 对句子集合 Γ 中所有句子的求值为真，则它是 Γ 的一个模型。

模型的概念是一个语义概念。

可满足性、衍推：$\models$ 和永真

如果一个句子集合 Γ 有一个模型，则它（该集合）是*可满足的*。

如果 Γ 的每个模型也同样是 ψ 的模型，即：ψ 在每个 Γ 的模型中求值为真，则句子集合 Γ *衍推*一个句子 ψ

$$\Gamma \models \psi$$

句子 ψ 是（普遍地）*永真的*，写作 $\models \psi$，如果它在其形式系统的所有模型中求值为真。

可靠性和完全性，$\vdash$ 和 $\models$

如果无论何时 $\Gamma \vdash \psi$ 则 $\gamma \models \psi$，则一个形式系统是*可靠的*。可靠性有助于确保每个可证的事实都为真。如果无论何时 $\Gamma \models \psi$ 则 $\gamma \vdash \psi$，则一个形式系统是*完全的*。完全性有助于确保每个为真的事实都是可证的。非一致的系统不可能是可靠的。用于描述规约的形式方法和验证规约属性的形式系统，必须是一致的，但是通常是不完全的和不可判定的。

9.2.7 讨论

因此句法（句子、公理和推理规则）确定了证明论。像证明、定理、一致性和可判定性是证明论中的概念。而解释确定了模型论。解释把证明和模型论联系起来，同样地还有像模型、可满足性、衍推、永真、可靠性和完全性等问题。我们提醒读者，本节（第 9.2 节）假定经典的二值逻辑为前提。

9.3 布尔基项语言

一方面，我们有代数的语义概念。另一方面，我们有布尔基项的句法概念。这两者一起加上适当的句法和语义扩展，定义了布尔基项语言。在本节，我们将介绍这些概念和扩展。

9.3.1 句法和语义

这几卷书中提出的布尔代数，可以被当作 RSL 的 **class**（类）来介绍：[9]

class Boolean
  type
    Bool
  value
    true, **false**, **chaos**
    $\sim$: **Bool** $\rightarrow$ **Bool**
    $\wedge, \vee, \Rightarrow, =, \neq, \equiv$: **Bool** $\times$ **Bool** $\rightarrow$ **Bool**

[9]在此提醒读者，我们不能用 RSL 定义 RSL 的逻辑子语言中的公理。那样将导致一个无意义的循环。因此，上面所述的 **class** 子句（在本脚注第一次提及的位置之后）不是作为 RSL 而是作为普通数学来介绍的。

axiom

$\forall$ b,b′:**Bool** •

$\sim$b $\equiv$ **if** b **then false else true end**

b $\wedge$ b′ $\equiv$ **if** b **then** b′ **else false end**

b $\vee$ b′ $\equiv$ **if** b **then true else** b′ **end**

b $\Rightarrow$ b′ $\equiv$ **if** b **then** b′ **else true end**

b = b′ $\equiv$ **if** (b$\wedge$b′)$\vee$($\sim$b$\wedge\sim$b′) **then true else false end**

(b $\neq$ b′) $\equiv$ $\sim$(b = b′)

(b $\equiv$ b′) $\equiv$ (b = b′)

end

关于限定 **if ... then ... else ... end** 子句使用的公理请参考第 9.1.9 节。从现在开始，对于适当的 RSL，我们将使用蕴涵符号 $\Rightarrow$ 而不是前面使用的通常的数学逻辑符号 $\supset$。但是，它们表示同样的意义。

我们强调的是，上面只不过介绍了一个代数：它的值（通过它们的标志符 **true, false, chaos**, 一种语义表示）和它的操作（通过它们的基调，并且通过定义这些操作的意义的公理）。还想强调的是，在某种意义上，我们“误用”了 RSL。我们当然不能使用 RSL 来解释 RSL。我们在上面非形式地使用数学，但是以某种类似 RSL 的文本来表达。

在下一节，我们将非形式地解释这些操作。随后，我们介绍布尔基项语言，包括其语法的句法记法、公理和推理规则。

9.3.2 联结词：$\sim, \wedge, \vee, \Rightarrow, =, \neq, \equiv$

我们将从语义上解释这些联结词，仿佛我们已经允许它们的操作数能够获得未定义值 **chaos**。对于布尔基项代数，我们不需要“未定义值”的概念。随后我们将把逻辑扩展到谓词表达式，它有和布尔基项一样的联结词。因此，我们下面解释这些联结词的时候，好像它们出现在命题表达式 中一样，即在变量表示真假值的真假值表达式中。

否定，$\sim$

逻辑联结词 $\sim$ 叫作“否定”。我们可以把 $\sim$P 读做“非 P”。排中律 蕴涵的意思是，我们不能同时具有“非 P ”和“ P ”；确切地其中一个命题表达式为真。一些三值逻辑（比较 Cheng 和 Jones 的部分函数逻辑（Logic for Partial Functions（LPF）） [140, 141, 289]）不具备“排中律”性质。

合取，$\wedge$

逻辑联结词 $\wedge$ 叫作“与”和“合取”。应用 $\wedge$ 不仅表示两个操作数同时为真，而且表示如果左边的操作数具有的真假值为假值，则不用考虑对右边操作数的求值！$\wedge$ 的这种非交换性削减了可能需要写出的表达式的大小：

a $\wedge$ b $\equiv$ **if** a=**false then false else** b **end**

上面 $\equiv$ 左边的表达式比 $\equiv$ 右边的表达要短。

析取，∨

逻辑联结词 ∨ 叫作“或”、“逻辑或”、“同或”或者“析取”。通常地在英语中使用“或”表示“异或”—— 后者确切地表示两个参数中的一个为真，另一个为假。但是对于 P∨Q，如即使两个参数都为真我们也接受。因此小心！但是如果左边的操作数为真，那么我们可能跳过求值，即不考虑右边的操作数。

相等，=

相等 = 和恒等 ≡ 形成对比。在 $E = E'$ 中，命题表达式 E 和 E' 可能含有任意的标识符，即值可变的（在目前的情况下：真假值）变量。因此，对 $E = E'$ 的求值发生在某个上下文，[10] 其中这些变量被绑定到一些值。并且对 $E = E'$ 的求值只考虑“当前”的上下文。换句话说，$E = E'$ 可以被多次求值，假定该表达式在一个函数体的定义中出现，每当该函数被调用，它就会被求值。$E = E'$ 的值仅由和特定调用相关的上下文决定。因此对于两个不同的调用，同一表达式 $E = E'$ 的值可能不同！

蕴涵，⇒

逻辑联结词 ⇒ 叫作“蕴涵”。在 P⇒Q 中，命题表达式 P 叫作假设、前项，或者前提，而（P⇒Q 中的）命题表达式 Q 叫作后项 或者结论。

命题 P⇒Q 为假，仅当 P 为真并且（∧） Q 为假。可以以多种方式“解读” P⇒Q：如果 P 那么 Q，P 仅当 Q，P 是 Q 的充分条件，Q 是 P 的必要条件，Q 如果 P，Q 根据 P 得出，假定 P 则有 Q，Q 是 P 的逻辑结论，或者每当 P 则 Q。

恒等，≡

解释恒等联结词 ≡ 比解释相等联结词 = 稍难一些。如前所述，当检验值相等的时候，我们根据某个当前的操作数表达式中的自由标识符和值的绑定，对两边的操作数表达式作一次求值，然后检验它们相等与否。

对于 ≡(e′，e″) （也更自然地写作 e′ ≡ e″），我们需要根据所有可能的操作数中的自由标识符和值的绑定，对两个操作数表达式求值。并且对于所有绑定，求值必须生成相同的结果：或者总为 **true**，或者总为 **false**，从而使得该恒等成立（即为 **true**）。如果一些求值为 **chaos**，那么 **chaos** 就是其值。如果没有求值为 **chaos**，并且不是所有求值都为同样的真假值（**true** 或者 **false**），那么其值为 **false**。

9.3.3 三值逻辑

本节将从证明论的（即句法的）角度介绍基于布尔基项的新兴的三值逻辑语言。在语句构成上，我们现在应该介绍公理的集合以及（可能的话）推理规则的集合。我们将介绍这些内

[10] 我们将随后在本章节中更为详细地解释，我们此处所指的术语“上下文”，并且然后我们将此上下文的概念和“模型”的概念对比。模型的概念在第 1.7 节中介绍，并在第 8.5.4 节中作了更为深入的探讨。

容，但不是以“某事物在横线之上和某事物在横线之下”的形式来介绍推理规则，我们通过下面的表格表示法来举例说明这些推理规则。

公理是 **true** 和 ~**false** 。但是注意，上述内容不是通过 RSL 而是通过非形式的数学来解释 RSL。

$\vee,\wedge$ 和 $\Rightarrow$ 句法真值表

∨	**true**	**false**	**chaos**
true	**true**	**true**	**true**
false	**true**	**false**	**chaos**
chaos	**chaos**	**chaos**	**chaos**

∧	**true**	**false**	**chaos**
true	**true**	**false**	**chaos**
false	**false**	**false**	**false**
chaos	**chaos**	**chaos**	**chaos**

⇒	**true**	**false**	**chaos**
true	**true**	**false**	**chaos**
false	**true**	**true**	**true**
chaos	**chaos**	**chaos**	**chaos**

≡ 和 =

假定 e_1 和 e_2 是定义的表达式，两者都具有确定的（一定的）值，没有效应，即副作用（对可赋值的变量的改变），没有通信，即将如我们首次在（本卷）第 21 章中见到的类似 CSP 的输入/输出通信。进一步假定 e_1 和 e_2 分别求值为 v_1 和 v_2。那么这两个三值逻辑的真值表如下：

≡ 和 = 句法真值表

≡	e1	e2	**chaos**
e1	**true**	**false**	**false**
e2	**false**	**true**	**chaos**
chaos	**false**	**false**	**true**

=	e1	e2	**chaos**
e1	**true**	**false**	**chaos**
e2	**false**	**true**	**chaos**
chaos	**chaos**	**chaos**	**chaos**

推理规则的形式

从表格形式，我们得出表示推理规则

$$\frac{\text{前项（可能多个）}}{\text{后项}}$$

的标准形式如下：每个表中的每个条目对应一个推理规则。这样的推理规则的前项是通过复合三个符号形成的：依次为行索引的基项，“左上角”的操作符，以及列索引的基项。推理规则的后项现在是条目项：

$$\frac{\textbf{false}\Rightarrow\textbf{chaos}}{\textbf{true}}$$

上面我们给出一个例子，其来自上面第三个表格的第二行和第三列！

真值和假值的（句法）标志符以及语义值

如真值表所给出的，对于 **true** 和 **false** 是真假值标志符，我们可以获得句法上的理解。即我

们是如何依照句法表达它们的。从实用主义而言，我们需要一个方法写下真假值—— 因此我们使用文字 **true** 和 **false**。我们区分句法文字—— 那些我们在规约中写下的—— 和它们所表达的意义（即语义或者解释）的名称。例如，一些作者使用元语言文字 `tt`、`ff`和 ⊥ 对其加以区别。换句话说，解释上下文（ρ）把 **true** 和 `tt` 等联系起来。我们因此可以使用后者作为定义联结词的解释上下文意义的三个表格中的条目：

解释上下文：语义真值表

∨	tt	ff	⊥
tt	tt	tt	⊥
ff	tt	ff	⊥
⊥	⊥	⊥	⊥

∧	tt	ff	⊥
tt	tt	ff	⊥
ff	ff	ff	ff
⊥	⊥	⊥	⊥

⇒	tt	ff	⊥
tt	tt	ff	⊥
ff	tt	tt	tt
⊥	⊥	⊥	⊥

但是我们不能在任何前面介绍的标识符中使用解释标志符。换句话说，我们不能在 **if ... then ... else ... end** 公理中使用它们。它们是元语言：它们是解释事物的手段。

布尔联结词的非交换性

我们称上面所示的基于三个值的逻辑为三值逻辑。第一个这样的针对计算机科学的三值逻辑是由 John McCarthy [333]提出的。Cliff B. Jones 为 RSL 的前身 VDM 提出了一个关于 *部分函数的逻辑* [140,287,288]。[124–126,299] 中介绍了三值逻辑的几种形式。

假定下列表达式：

(E1 ∧ E2) ∨ E3

其中当 E1=**false** 时，E2 的求值可能不会终止。如果 E1∧E2 求值为 **true**，则对表达式 E3 的求值无需进行。如果 E1∧E2 求值为 **false**，则必须对表达式 E3 求值。

为表达上述基于可交换的 ∧ 和 ∨ 的二值逻辑，我们需要写下表达式，例如：

if E1 **then** (**if** E2 **then true else** E3 **end**) **else** E3 **end**

9.3.4 基项和它们的求值

让我们首先看几个例子：

例 9.7 基项 基项的例子是：

true, **false**, ∼**true**, ∼**false**,
true∧**true**, **true**∨**true**, **true**⇒**true**, **true**=**true**, **true**≠**true**, **true** ≡ **true**

true∧false, true∨false, true⇒false, true=false, true≠false, true ≡ false
...
(true∧((∼true)∨false)⇒true)=false, ...

■

布尔基项的句法，BGT

布尔基项语言 BGT 被定义为：

- 基本子句：**true, false** 和 **chaos** 是布尔基项。
- 归纳子句：如果 b 和 b′ 是布尔基项，那么下列也是布尔基项：∼ b，b∧ b′，b∨ b′，b⇒ b′，b= b′，b≠ b′，b≡ b′ 和 (b)。
- 极子句：只有通过有限次使用上述两种子句构成的项才是布尔基项。

因为这仅是在这几卷书第二次严格地介绍一种语言，并且因为我们仍需要介绍一些内容使得我们在后面能够形式介绍这样一种语言，我们使用了上述非形式的然而非常精确的表述形式。[11]

我们能够以 BNF 语法的形式表示上面的归纳定义：

$$
\begin{aligned}
\langle \mathrm{BGT} \rangle ::= &\ \mathbf{true} \mid \mathbf{false} \mid \mathbf{chaos} \\
&\mid \sim \langle \mathrm{BGT} \rangle \\
&\mid \langle \mathrm{BGT} \rangle \wedge \langle \mathrm{BGT} \rangle \\
&\mid \langle \mathrm{BGT} \rangle \vee \langle \mathrm{BGT} \rangle \\
&\mid \langle \mathrm{BGT} \rangle \Rightarrow \langle \mathrm{BGT} \rangle \\
&\mid \langle \mathrm{BGT} \rangle = \langle \mathrm{BGT} \rangle \\
&\mid \langle \mathrm{BGT} \rangle \neq \langle \mathrm{BGT} \rangle \\
&\mid \langle \mathrm{BGT} \rangle \equiv \langle \mathrm{BGT} \rangle \\
&\mid (\ \langle \mathrm{BGT} \rangle\ )
\end{aligned}
$$

上面语法的问题是有二义性。项：

true ∧ **false** ∨ **true**,

和

true ∧ (**false** ∨ **true**),

[11] 首次这种结构的、然而非形式的介绍是关于 λ 表达式（第 7.2 节）。

基本、归纳和极子句的介绍表现了一种介绍归纳结构的经典的、数学的方式。这些归纳结构典型地是具有某种结构的实体的无限集合（此处它们是句法实体）。这种三子句描述旨在表述这种结构。这种结构包括就基本子句而言的原子实体，或复合实体，如此处的二元或者三元实体：操作数和前缀或者中缀操作符，以及加入括号的结构。基本子句通常列举了有限的、或者涉及无限数目的项。逻辑子句仅列出两个。归纳子句通常是递归的：其假定存在某些项，并表达了更多项的存在和结构。基本子句保证初始项的存在。归纳子句加入更多的语言项。极子句保证多余的项不会意外地悄悄出现在语言中。形容词“极”表示排它!

或者

(**true** ∧ **false**) ∨ **true**?

一样吗？
归纳定义没有示意联结词的绑定优先级。

为了达到这个目的，我们通过 BNF 语法介绍另一可选择的语法：

⟨BGT⟩ ::= ⟨aBGT⟩ | ⟨pBGT⟩
⟨aBGT⟩ ::= **true** | **false** | **chaos**
⟨pBGT⟩ ::= (⟨BGT⟩)
| (∼ ⟨BGT⟩)
| (⟨BGT⟩ ∨ ⟨BGT⟩)
| (⟨BGT⟩ ∧ ⟨BGT⟩)
| (⟨BGT⟩ ⇒ ⟨BGT⟩)
| (⟨BGT⟩ = ⟨BGT⟩)
| (⟨BGT⟩ ≠ ⟨BGT⟩)
| (⟨BGT⟩ ≡ ⟨BGT⟩)

现在不可能写出：

true ∧ **false** ∨ **true**。

上面的项应该写作

true ∧ (**false** ∨ **true**),

或是

(**true** ∧ **false**) ∨ **true**。

通过适当地设计 BNF 语法使其直接“具体表示”操作符（绑定）优先级规则，我们可以实现避免括号化过多的表达式形式。

布尔基项求值，Eval_BGT

给定任意布尔基项，我们能够给出一种解释。换句话说，我们可以对其求值。

求值的规则是：如果基项为 **true**，它的值为 tt。如果基项为 **false**，它的值为 ff。如果基项是 ∼b，并且 b 的值是 tt，则 ∼b 的值为 ff。b 的值为 ff 导致 ∼b 的结果值为 tt。如果基项是 b∧b′ 且 b 和 b′ 的值为 τ和τ' —— 其中 τ 和 τ' 各自为 tt 和 ff 中的某个值—— 那么 b∧b′ 的值通过查询 ∧ 表中的相关条目。对于 b⊙b′ 也是一样，其中 ⊙ 是 ∨、⇒、=、≠，或者 ≡ 中的任何一个，根据它们选择适当的真值表。

我们“伪形式化”这个解释函数。该函数是伪形式化，因为它没有用适当的形式记法表示。为什么不呢，即为什么不使用 RSL 呢? 答案是：因为我们仍需要介绍在正确的形式化中所必需的全部 RSL 系统。该伪形式化用来使读者熟悉函数形式定义的形式和可能内容。

表格表示为（有限大小的、可枚举的）从真假值到真假值的映射。它们是上面给出的表格的直接“数学”形式。缺少一个表格：关于否定的表格。我们留给读者给出该表格。因此布尔基项求值过程 Eval_BGT 的类型是：

```
value
  Eval_BGT: BGT → TBLS → Bool
type
  TBLS = uTBL×bTBL×bTBL×bTBL×bTBL×bTBL×bTBL
  uTBL = Bool ⇸ Bool
  bTBL = Bool × Bool ⇸ Bool
```

上述六个表格是关于否定、合取、析取、蕴涵、相等、不相等、恒等（等价）。

```
value
  Eval_BGT(bgt)(tbls) ≡
    let (n,a,o,i,eq,neq,id) = tbls in
    case bgt of
      true → tt,
      false → ff,
      chaos → ⊥,
      ∼t → let b = Eval_BGT(t)(tbls) in n(b) end,
      t′∧t″ →
        let b′=Eval_BGT(t′)(tbls), b″=Eval_BGT(t″)(tbls)
        in a(b′,b″) end,
      ... /* similar for p′∨p″, p′⇒p″, p′=p″, p′≠p″, and */ p′is p″
    end end
```

随后将看到如何表达上述对于Eval_BGT的伪形式化。

9.3.5 “句法”和“语义的语义”

因此，有两种方式来看待我们将在这几卷书中介绍的语言（各种 RSL 的子集，以及 RSL 之外的语言（或语言片断））。

一种看待语言的方式是从语义上 —— 正如我们刚才介绍的。这里我们通过展示一种求值过程，解释了项（此处是布尔基项）的意义。该过程把句法文字 **true** 和 **false** 分别“翻译”为 tt 和 ff。并且我们没有另外花费篇幅告诉读者，这些“新的”标记符 tt 和 ff 代表什么！

另一种看待语言的方式是从句法上 —— 我们前面介绍过，如第 126 页中的例子。当时我们基本上把由布尔文字 **true** 和 **false** 以及联结词（∼、∧、∨、⇒、= 、≡）构成的操作数项“重写”为这些文字中的某一个文字。

在前面的语义中，一个项的意义是一个“没有人曾经见过的”数学值！在后面的“语义”中，一个项的值就是一个项，即一个“每个人都看到的”、句法上的“事物”！

前面的语义定义形式，将在这几卷书中一遍一遍的反复提到。并且将被称为语义定义的指称形式，特别当我们将要介绍下面的例子时。后面的句法定义形式，将被称为“重写规则”语义。如前面（第 7.2 节中）给出的 λ 演算正是给出了句法（即重写规则）语义。

"句法语义"是证明形式规约的性质的基础，也是证明俩俩形式规约之间某种关系（包括正确性）的基础。我们将在适当的时候回到这个主题。

9.3.6 讨论

我们"毫无保留地"介绍了布尔基项语言 BGT。我们将此介绍分为介绍 BGT 的句法以及介绍 BGT 的语义。并且我们刚刚在上面简要讨论了一个反复出现的主题：关于句法的一个合适的语义视角，以及适用于大部分演算的"句法语义"。最后，至于前面提到的关于 BGT 的语用：仅使用布尔基项语言，我们能表达的有意义的事物很少。

使用下面的命题逻辑语言，我们能表达的有意义的事物也很少。需要等到掌握了一些谓词语言的句法（和语义），我们才能开始表达一些事物。

在介绍"实际的事物"之前，对两种声称为不那么"强大"的语言，作这样似乎缓慢的、书生气十足的阐述的原因缘于教学法：因为一些读者不熟悉逻辑的、特别是如我们前面介绍的三种"子语言"的概念。另外，演算的句法（包括证明系统）之间的差别和读者可能熟悉的内容非常不同，因而，和如上我们所尝试的逐步阐述相比，立即直接地仅仅介绍谓词演算语言是一种不必要的智力挑战。

9.4 命题逻辑语言

通过*命题逻辑* 我们从句法上理解 (i) 一个真假值集合，(ii) 一个由带有联结词和*真假值命题变量的 真假值表达式*构成的无限集合，(iii) 一个公理集合，(iv) 一个推理规则的集合。以上确定了句法，即一个命题演算的证明论。

语义上我们为该命题逻辑（语言的句法）提供 (v) 一个适当的上下文以确定*命题文字*和符号的值，(vi) 一个*解释函数*，它使我们能够计算 *命题表达式的真假值*。因此通过命题表达式我们指类似于布尔基项的表达式，但是其中一些布尔文字（**true**、**false** 或 **chaos**）被替换为*命题变量*。 *命题变量*是一个标识符，语义上它被用于代表一个布尔真假值（可以为 **chaos**）。我们将只从形式规约中对其实际使用的角度来探讨命题逻辑：(i–iv) 使得表达式的句法精确，(v–vi) 给出一个解释程序以对它们求值。

9.4.1 命题表达式，PRO

命题表达式的例子

令 V 为变量标识符（即变量）的字母表，令 v, v′, . . . , v″ 为这样的变量的例子。

value v,v′,...,v″:**Bool**
... **true**, v, v∧**true**, ..., (∼(v∧v′)⇒(v′⇒v″)) = **false**, ...

上文的最后一行举例说明了一些命题表达式。

命题表达式的句法，PRO

- 基本子句 I： 任一布尔基项是一个*命题表达式*。
- 基本子句 II： 给定一个由（未被进一步分析的）*变量标识符*构成的*字母表* V。如果 v, v′, . . . , v″ 在该字母表中，则 v, v′, . . . , v″ 是命题表达式。

- 归纳子句：如果 p 和 p′ 是命题表达式，则∼ p、p∧ p′、p∨ p′、p⇒ p′，p= p′、p≠ p′、p≡ p′ 和 (p) 是命题表达式。
- 极子句：只有通过有限次使用上述两种子句而构成的那些项是命题表达式。

一个 BNF 语法的例子可以是：

⟨PRO⟩ ::= **true** | **false** | **chaos**
| ∼ ⟨PRO⟩
| ⟨PRO⟩ ∧ ⟨PRO⟩
| ⟨PRO⟩ ∨ ⟨PRO⟩
| ⟨PRO⟩ ⇒ ⟨PRO⟩
| ⟨PRO⟩ = ⟨PRO⟩
| ⟨PRO⟩ ≠ ⟨PRO⟩
| ⟨PRO⟩ ≡ ⟨PRO⟩
| (⟨PRO⟩)
| ⟨ Identifier⟩
⟨ Identifier⟩ ::= ...

我们留给读者去完成 ⟨ Identifier⟩ 的 BNF 定义，比如由小写字母字符开始，可能适当嵌入分隔下划线（_）的字母数字字符串。上文中的 BNF 语法是多义的，布尔基项的 BNF 语法亦是如此，比较第 9.3.4 节。

在上文中我们了解了归纳定义的例子。下面我们将看到以态射（即同态）的方式给出语义的例子，正如稍早些在第 8.4.4 节中解释的那样。

这两个概念是密切相关的：归纳定义使用假定的结构和操作符符号描述了复合结构。我们通过使用一个被应用到假定（语义）结构（即值）的函数 ϕ 来解释态射。归纳定义这里被用于解释句法。同态将被用于解释归纳（即递归）定义的句法结构的语义。

9.4.2 例子

下面的例子与附录 A 中概述的相应的共同练习题目相关。

例 9.8 ♣ 命题：运输网络

请参见附录 A，第 A.1 节：运输网络。

令下列命题是可以表达的：

- a: 百老汇大街的 17 号段有连接器第 34 街和第 35 街。
- b: 百老汇大街的 18 号段有连接器第 35 街和第 36 街。
- c: 百老汇大街的 17 号段与百老汇大街的 18 号段连接。

给定上述简写，我们可以表达：

- $a \wedge b$ 且 $a \wedge b \Rightarrow c$，

如果 a 和 b 成立，则这些命题成立，即 c 成立。 ∎

例 9.9 ♣ 命题：集装箱物流

请参见附录 A，第 A.2 节：集装箱物流。

令下列命题是可以表达的：

- a: “集装箱码头 PTP 的 7–12 号码头位置是空闲的。”
- b: “Harald Maersk 号轮船有 6 个 PTP 码头位置的长度。”
- c: “Harald Maersk 可以进入集装箱码头 PTP。”

给定上述简写，我们可以表达：

- $a\wedge\ b$ 且 $a\wedge b\Rightarrow c$,

如果 a 和 b 成立，则这些命题成立，即 c 成立。■

例 9.10 ♣ 命题：金融服务行业

请参见附录 A，第 A.3 节：金融服务行业。

令下列命题是可以表达的：

- a: Anderson 有余额为 US＄1,000 的账户 α。
- b: Peterson 有账户 π。
- c: Anderson 能够从账户 α 转帐 US＄200 到 Peterson 的账户 π。

给定上述简写，我们可以表达：

- $a\wedge\ b$ 且 $a\wedge b\Rightarrow c$,

如果 a 和 b 成立，则这些命题成立，即 c 成立。■

第 9.5.3 节在某种意义上接着上文中的例子。

9.4.3 命题求值，Eval_PRO

为了对命题表达式求值，我们必须假定一个上下文函数 $\mathcal{C}$：

type
  $\mathcal{C} = \mathrm{V} \ \overrightarrow{m}\ \textbf{Bool}$
value
  c:$\mathcal{C}$

其中 $\mathcal{C}$ 将任一给定的命题表达式中的一些，但不必为全部的变量映射到真假值。

在所有命题表达式的类型 PRO 中，一个命题表达式 p 的意义是一个（函数类型为）从上下文（即 $\mathcal{C}$）到布尔的部分函数！为了了解这一点，我们展示如何对命题表达式求值，如何确定其值，而非其意义。然后我们“提升”该值，也就是说，我们就上下文来抽象该命题表达式以获取其意义。

因此，给定某 $c:\mathcal{C}$，且假定任一命题表达式 p。任一正确嵌入的布尔基项的值通过前文所述的过程来找到。如果 p 是一个变量 v，则 p 的值通过将 c 应用到 v 来找到，即 c(v)。如果 p，即 v，不在 c 的定义集中，则结果是未定义值 **chaos**。如果 p 是前缀表达式 ∼p′，则首先找到 p′ 的值 τ，然后取其否定。如果 p 是中缀表达式 p′⊙p″，则首先分别找到 p′ 和 p″ 的值 τ'、τ''。然后以对基项求值的方式继续求值。如果 p 是括号表达式 (p′)，则其值即为 p′ 的值。

该求值程序将会终止，因为被归纳（即递归）应用的子求值应用到了“越来越小”的子表达式上，最终应用到基项和变量上。

命题表达式求值程序的类型是：

```
value
  Eval_PRO: PRO → TBLS → C ~→ Bool
```

因此，当命题表达式的值是 **Bool** 值的时候，命题表达式的意义便是语义函数 $\mathcal{C}\xrightarrow{\sim}$**Bool**。

```
value
  Eval_PRO(pro)(tbls)(c) ≡
    case pro of
      true → tt,
      false → ff,
      chaos → ⊥,
      ∼p → let b = Eval_PRO(p)(tbl) in Eval_BGT(b)(tbls) end,
      p′ o p″ →
        let b′ = Eval_PRO(p′)(tbls)(c), b″ = Eval_PRO(p″)(tbls)(c)
        in Eval_BGT(b′ o b″)(tbls) end,
      (p) → Eval_PRO(p)(tbls)(c),
      v → c(v)
    end
```

9.4.4 二值命题演算

前言

对于一些其命题变量值（的组合），一个命题表达式可以求值为真，而对于其他的值（的组合），求值为假。

*重言式*是一个对于其命题变量的所有可能的值，其真假值均为真的命题表达式。*矛盾式*或者*谬论式*，是一个总为假的命题表达式。既不是重言式也不是矛盾式的命题表达式是*偶然式*。

一些证明概念

本节的内容基于 [439]。

断言 是一个语句。*命题* 是被声称为真的断言。

*公理*是一个为真的断言—— 典型地关于某数学结构。即：公理是*先验的* 真；将不予证明的；不能被证明的；不是定理。

定理 是一个可以被证明为真的数学断言。*证明* 是建立定理为真的论证。

断言的证明是一个语句的序列。该语句序列表示了该定理为真的论证。一些证明断言可以是先验的真：公理或以前被证明了的定理。其他的断言可以是定理的假设 —— 在论证中被假定为真。最后，一些断言可以从已经在较早的证明中出现的其他断言推理得到。

因而，为了构造证明，我们需要一种做出结论或从旧断言导出新断言的方法。*推理规则*实现了这一点。推理规则规定了可以从已知或能被假定为真的断言所能够得出的结论。

公理和一条推理规则，I

本节的内容基于 [407]。[12]

有许多定义一个命题逻辑的方式。第一个问题是它是二值还是三值逻辑，然后的问题是选择哪些公理和推理规则。这里我们选择二值逻辑。然后我们选择一个简单集合的公理和一条推理规则。令 ϕ、ψ 和 ρ 指代元语言变量。任一命题表达式都可以用来替代它们。

下面的三个公理模式是选定的命题演算的公理：

$$\phi \supset (\psi \supset \phi)$$
$$\phi \supset (\psi \supset \rho) \supset ((\phi \supset \psi) \supset (\phi \supset \rho))$$
$$(\sim (\sim (\phi))) \supset \phi$$

仅有的一条推理规则是，*肯定前件式假言推理*：

$$\frac{\phi, \phi \supset \psi}{\psi}$$

这里我们选择 $\supset$ 来表示蕴涵。在下一个二值命题逻辑的例子中，我们选择 $\Rightarrow$ 来表示蕴涵。

我们可以通过推理规则引入其他的联结词—— 除了 $\neg$（或 $\sim$）和 $\supset$（或 $\Rightarrow$）。比如，析取（$\vee$）可以表示为：

$$\frac{\phi \vee \psi}{(\neg\phi) \supset \psi}, \quad \frac{(\neg\phi) \supset \psi}{\phi \vee \psi}$$

公理和推理规则，II

本节的内容基于 [439]。

我们现在给出另一个*形式证明系统*，它使得命题表达式的证明能够由机器完全实现。我们之所以能这样做，是因为在任一命题表达式中，只有有限的命题变量，且每一个此类变量的值只可能为真或假，或根本未定义（即产生 **chaos**）。

以下是一个二值逻辑的命题表达式的一个推理规则集合。该集合和那些表达式构成了一个命题演算。

令 ϕ、ψ、ρ、ξ 表示元语言变量。

- **等量代入**：在一个具有任一被解释值的命题表达式可以出现的任何地方，任何其他具有相同值的命题表达式都可以出现。

[12]我们提醒读者，本小节和下一小节所给出的公理是命题逻辑语言证明系统的公理模式。它们不是使用 RSL 来表达的。

- $\frac{\phi}{\phi \vee \psi}$ 加

$\frac{\Phi}{\Psi}$ 形式读作：从 Φ 得到结论 Ψ。

- $\frac{\phi \wedge \psi}{\phi}$ 简化
- $\frac{\phi, \phi \Rightarrow \psi}{\psi}$, $\frac{\sim\psi, \phi \Rightarrow \psi}{\sim\phi}$ 肯定前件式假言推理和否定后件式假言推理

$\frac{\Phi, \Psi}{\Omega}$ 形式读作：从 Φ 和 Ψ 得到结论 Ω。

- $\frac{\sim\phi, \phi \vee \psi}{\psi}$, $\frac{\phi \Rightarrow \psi, \psi \Rightarrow \rho}{\phi \Rightarrow \rho}$ 析取和假言三段论
- $\frac{\phi, \psi}{\phi \wedge \psi}$ 合取
- $\frac{(\phi \Rightarrow \psi) \wedge (\rho \Rightarrow \xi), \phi \vee \rho}{\psi \vee \xi}$, $\frac{(\phi \Rightarrow \psi) \wedge (\rho \Rightarrow \xi), \sim\psi \vee \sim\xi}{\sim\phi \vee \sim\rho}$ 构造性和解构性两难推理

RSL 证明系统不同于上文中的系统，因为 RSL 逻辑是三值逻辑。请参考权威的 [220]，它不但列出了完整的 RSL 证明系统，而且是一篇关于如何使用该证明系统进行逐步的、可证明为正确的 RSL 开发的专题论文。

9.4.5 讨论

我们已经完成了对“实际事物”阐述的第二步：一个命题语言、演算和解释。我们的阐述结构遵循了前面对布尔基项语言的阐述结构。布尔值标识符的引入，即命题变量的引入，在句法上区别了布尔基项语言和命题语言。语义上这些变量引入了一个上下文，它应当绑定这些变量到布尔值。我们请读者逐行比较这两个非形式陈述的求值定义：Eval_BGT 和 Eval_PRO。不过为了使一个逻辑语言能够在处理现实世界的现象时有用，同样需要允许变量表示除了布尔值以外的其他值。为此，我们转向下一节。

9.5 谓词逻辑语言

> 就本卷而言，现在我们到了应用数理逻辑“最有意思的”部分了。有了如 RSL 所允许的此类谓词逻辑表达式，我们能够表达许多事物。也就是说，谓词逻辑将是我们的主要工具。

9.5.1 动机

在命题逻辑中，我们不能[13] 表达“如果 x 是偶数，则 $x+1$ 是奇数”的概念。为了了解这一点，让我们遵循 [407] 来仔细地探究这一语句。这里表达了两个独立的命题：is_even(x) 和 is_odd(succ(x))，这里 succ(x) 产生 x 的后继。语句 is_even(x)⇒ is_odd(succ(x)) 不是一个命题。它的两个项是，但是 x 不是一个命题变量，即具有真假值的变量。显然，x 具有一个数值。

谓词演算[14] 以个体变量扩展了命题逻辑，模型论上其取值范围不仅是布尔值，因此给予我

[13] 本例是谓词逻辑概念产生的动机，它藉由 John Rushby 的 [407]而取自于 Ruth E. Davis 的 [169]。

[14] 谓词演算的其他名字是：一阶逻辑（first-order logic，FOL）， 初等逻辑 和量化理论。

们（使用量化的）表达能力，使得我们能够表达上述语句。比如：

$$\forall x : \mathbf{Int} \bullet \mathcal{O}(x) \Rightarrow \mathcal{E}(x+1)$$

这里 $\mathcal{O}$ 和 $\mathcal{E}$ 分别指代 is_odd 和 is_even 谓词。

9.5.2 非形式介绍

通过谓词逻辑我们在句法上，即证明论上，理解 (i) 一个真假值和其他非真假值的集合；(ii) 一个通常为无限的谓词表达式集合，该表达式含有(ii.1) 联结词，(ii.2) 真假值命题变量，(ii.3) 通常为其他非真假值的量化或自由变量，(ii.4) 量化表达式 ；(iii) 一个公理模式集合；(iv) 一个推理规则集合。

语义上，即模型论上，我们将上述内容扩展有如下内容来理解谓词演算：(v) 对于每个谓词表达式，一个映射个体变量到值的上下文$c : \mathcal{C}$，以及(vi) 给定任一上下文和任一谓词表达式，确定该表达式的值的解释程序。

因此谓词表达式是命题表达式的扩展：命题表达式可能出现的地方，现在能够通过表达一些真假值之外的值之间的真假值关系来表达某性质。

例 9.11 谓词表达式 非形式地，一个例子是：

$$((\mathrm{e}-1 \leqslant 3) \Rightarrow \mathrm{e}') \Rightarrow (\exists\ \mathrm{i}{:}\mathbf{Int} \bullet \mathrm{i} > \mathrm{e} * (\mathrm{e}'' + 3))$$

我们可以将其读作：如果 e− 1 小于或等于 2 蕴含 e′，则它蕴含 存在有一个大于非真假值表达式 e ∗ (e″ + 3) 的 值 的整数。该示例举例说明了许多——从现在开始——可能出现在逻辑（即谓词）表达式中的新的结构。在上文中，新的结构是：

$\leqslant, >, \exists, -, *, +$

■

更一般地，且在本例中模式化地，我们可以列出一个谓词演算的结构：

[1] p(e,e′,...,e″)
[2] f(t,t′,...,t″)
[3] ∀ x:X•E(x)
[4] ∃ x:X•E(x)
[5] ∃ ! x:X•E(x)

我们可以在语义上将其读作：[1] 公式 p(e,e′,. . . ,e″) 表达了在子表达式 e, e′, . . . , e″ 的值之间的某关系 p 的成立或不成立。上文中 p 的例子是 ⩽ 和 >，以及许多用户定义的 n 元（$n > 1$）谓词。[2] 表达式 f(t,t′,. . . ,t″) 的值是应用结果值为非真假值的函数 f 到子表达式 t, t′, . . . , t″ 的值的结果。上文中 f 的例子是 −、∗ 和 +，以及许多用户定义的一元（$n = 1$）谓词。[3] 对于类型为 X 的所有的值 x ，E(x) 成立。[4] 至少存在类型为 X 的一个值 x，E(x) 成立。[5] 存在有类型为 X 的一个唯一的值 x 使得 E(x) 成立。

这些谓词表达式（[1-5]）是否成立，即为真（**true**），或不成立（**false** 或 **chaos**），并不是写出它们就可以得以保证！

形式 [3~4~5] 举例说明了绑定和类型给定的概念，$x : X$： 通常一个类型给定是具有如下某形式的一个子句：

identifier : type_expression
identifier_1,identifier_2,...,identifier_n : type_expression

类型给定将它们的 identifier[_i] 绑定到由类型 type_expression 指定的（任意）值。

9.5.3 例

下文中的例子与附录 A 概述的相应的共同练习题目相关。某种意义上，它们也接着 9.4.2 节中的例子。

例 9.12 ♣ 谓词：运输网络
请参见附录 A，第 A.1 节：运输网络。

假定从网络 $n : N$，我们可以观测到段 $s : S$ 和连接 $c : C$，[分别]从段[和连接]我们能够观测到连接标识符[和段标识符]，然后我们必须假定后者的观察与前者符合：网络的所有的段[和连接]都有唯一的标识符，且从连接[和段]观测到的任一段[和连接]的标识符是在网络中观测到的段[和连接]的标识符。

type
  N, S, C, Si, Ci
value
  obs_Ss: N → S-**set**
  obs_Cs: N → C-**set**
  obs_Sis: (N|C) → Si-**set**
  obs_Cis: (N|S) → Ci-**set**
axiom
  ∀ n:N •
    card obs_Ss(n) = **card** obs_Sis(n) ∧
    card obs_Cs(n) = **card** obs_Cis(n) ∧
    ∀ s:S • s ∈ obs_Ss(n)
      ⇒ obs_Cis(s) ⊆ obs_Cis(n) ∧
    ∀ c:C • c ∈ obs_Cs(n)
      ⇒ obs_Sis(c) ⊆ obs_Sis(n)

第一个公理子句表达标识符的唯一性：段[和连接]的基和段[和连接]标识符的基相同。如果你不喜欢那种形式，改为试试这个：

type
  N, S, C, Si, Ci
value
  obs_Ss: N → S-**set**

obs_Cs: N → **C-set**
obs_Si: S → Si
obs_Ci: C → Ci
axiom
∀ n:N •
∀ s,s′:S • {s,s′} ⊆∈ obs_Ss(n) ∧ s≠s′
⇒ obs_Si(s) ≠ obs_Si(s′) ∧
∀ c,c′:C • {c,c′} ⊆∈ obs_Cs(n) ∧ c≠c′
⇒ obs_Ci(c) ≠ obs_Ci(c′)

■

例 9.13 ♣ 谓词：集装箱物流
请参见附录 A，第 A.2 节：集装箱物流。

假定从集装箱码头 ct:CT 我们能够观测到(i) 集装箱存储区 csa:CSA 和(ii)（在集装箱存储区的）集装箱 c:C。从前者我们能够观测到(iii) 排 bay:Bay，(iv) 行 row:Row，和 (v) 堆 stk:Stk，以及任一其中一个（排、行、堆），可以观测到集装箱。最后假定从后者我们能够观测到 (vi) 集装箱 c:C：

type
CT, C, CSA, BAY, ROW, STK
value
obs_Cs: (CT|CSA|BAY|ROW|STK) → **C-set**
obs_CSA: CT → CSA
obs_BAYs: (CT|CSA) → **BAY-set**
obs_ROWs: (CT|CSA|BAY) → **ROW-set**
obs_STKs: (CT|CSA|BAY|ROW) → **STK-set**

现在从集装箱码头观测到的集装箱必须是集装箱存储区的某唯一堆、某唯一行、某唯一排的集装箱：

axiom
∀ ct:CT •
∀ c:C • c ∈ obs_Cs(ct) ⇒
let csa = obs_CSA(ct) **in**
∃!bay:BAY •
bay ∈ obs_BAYs(csa) ∧ c ∈ obs_Cs(bay)
⇒ ∃!row:ROW •
row ∈ obs_ROWs(bay) ∧ c ∈ obs_Cs(row)
⇒ ∃!stk:STK •
stk ∈ obs_STKs(row) ∧ c ∈ obs_Cs(stk)
end

■

例 9.14 ♣ 谓词：金融服务行业

请参见附录 A，第 A.3 节：金融服务行业。

假定从一个银行 bank:Bank，可以观测到 (i) 其所有客户的唯一标识 cid:Cid，(ii) 所有他们的账户的唯一标识 aid:Aid，(iii) 所有这些账户的集合 accs:Accs，(iv) 在所有账户的集合 accs:Accs 中的所有账户 acc:Acc 的标识，(v) 任一被标识客户所拥有的账户号码，(vi) 可能共享任一（被标识）账户的客户标识。

type
  Bank, Cid, Aid, Accs, Acc
value
  obs_Cids: Bank → Cid-**set**
  obs_Aids: (Bank|Accs|(Bank×Cid)) → Aid-**set**
  obs_Accs: Bank → Accs
  obs_Cids: Bank × Aid → Cid-**set**

(vii) 如果一个客户在一个银行注册，则我们假定该客户具有一个或多个账户。(viii) 如果银行知晓一个账户，则它是账户集合中的一个账户。(ix) 并且如果该账户由一个（!）或者多个客户共享，则他们都为银行所知晓且被看作拥有该账户。

axiom
  ∀ bank:Bank •
    ∀ cid:Cid • cid ∈ obs_Cids(bank) ⇒
      obs_Aids(bank,cid) ≠ {} ∧
    ∀ aid:Aid • aid ∈ obs_Aids(bank) ⇒
      aid ∈ obs_Aids(obs_Accs(bank)) ∧
      ∀ cid′,cid″:Cid •
        cid′ ∈ obs_Cids(bank,aid) ⇒
          cid′ ∈ obs_Cids(bank) ∧ aid ∈ obs_Aids(bank,cid′)

■

9.5.4 量词和量化表达式

句法

量化表达式，如 ∀x:X•E(x), ∃x:X•E(x) 和 ∃!x:X•E(x)，是谓词表达式。一般来说，量化表达式具有 归纳 形式：令 x 为任一标识符，令 X 为任一类型表达式，令 E(x) 为任一命题 或谓词表达式，其中 x 可能（或不可能）出现，且如果它出现，它可以自由出现 或约束出现。现在 ∀x:X•E(x)、∃x:X•E(x) 和 ∃!x:X•E(x) 是量化谓词表达式。接下来是 极子句。

我们将上述 ∀!∃ 和 ∃! 称作量词，将 x 称作绑定变量，将 E(x) 称作量化表达式的体，将 X 称作量化的值域集合（由类型表达式指明）。

更一般的来说，量化表达式 具有句法形式：

quantifier typing_1,typing_2,...,typing_2 • bool_expr

这里类型给定的简单形式具有句法形式：

id_1,id_2,...,id_m: type_expr

自由和约束变量

在 λ 演算中，我们定义自由和约束 变量的概念。令 E(x) 是不具有 $\mathcal{Q}$x:X•E(x) 形式的表达式，这里 $\mathcal{Q}$ 是 ∀、∃ 或 ∃!，并且其中没有进一步内嵌的，即那样形式的真子表达式，则 E(x) 中 x 的任一出现都是自由的。令 E(x) 为具有 $\mathcal{Q}$x:X•E(x) 形式的表达式，这里 $\mathcal{Q}$ 是 ∀、∃ 或 ∃!，则 E(x) 中 x 的任一出现都是约束的。令 E(x) 为不具有 $\mathcal{Q}$x:X•E(x) 形式的表达式，这里 $\mathcal{Q}$ 是 ∀、∃ 或 ∃!，但是其中有一些进一步内嵌的，即那些（x 绑定）形式的真子表达式，则在 E(x) 中而不在后者形式中的 x 的任一出现都是自由的，但是其他的当然是约束的。

复合量化表达式

由于在 $\mathcal{Q}$x:X•E(x) 中，表达式的体 本身可能就具有 $\mathcal{Q}$y:Y•E′(y) 形式，我们可能会有多重绑定：

... ∀ x:X • ∀ x′:X • ∃ y:Y • ∀ z:Z • E(x,x′,y,z)

对其我们给出一个简略表达法：

... ∀ x,x′:X, z:Z, ∃ y:Y • E(x,x′,y,z)

例 9.15 *复合谓词表达式* 对于所有大于 2 的自然数 i，存在有两个相异的大于 0 的自然数 j、k（但不必相异于 i）使得 i 是 j 和 k 的积：

∀ i:**Nat** • i>2 ⇒ ∃ j,k:**Nat** • j≠k ∧ i = j∗k

■

例 9.16 *复合谓词表达式* 对于所有的整数集合 s，如果 i 在该集合当中，则 $-i$ 也在该集合当中；事实是所有整数的和等于 0。

```
type
  S = Int-set
value
  sum: S → Int
  sum(s) ≡
    if s={} then 0 else let i:Int • i ∈ s in i + sum(s\{i}) end end
axiom
  ∀ s:S • ∀ i:Int • i ∈ s ⇒ −i ∈ s ⇒ sum(s) = 0
```

这里 **Int-set** 指代其值皆为整数集合的类型。 ■

9.5.5 谓词表达式的句法，PRE

我们给出谓词表达式的句法量：符号、项、原子公式、良构公式（wff）和 BNF 语法。也就是说，我们把对谓词表达式语言的介绍分解为对项语言的介绍，基于此我们构建了关于原子公式的语言，并由此进一步构建了良构公式，即谓词表达式。

谓词演算的符号

一个谓词演算的符号包括许多元素。有变量 $b, b', \ldots, b''$ 和 $x, x', \ldots, x''$，其中我们将 b 看作真假值命题变量，将 x 看作其他类型给定的变量（整数等）。有布尔连接词 ~、∨、∧ 等等。有存在量词 ∃、∃! 和 ∀。对于每一适当的目 n，有谓词函数符号的集合 $\{p_{n_1}, p_{n_2}, \ldots, p_{n_{p_n}}\}$。对于每一适当的目 m，有其他类型给定的函数符号的集合 $\{f_{m_1}, f_{m_2}, \ldots, f_{m_{f_m}}\}$。

想法是：

$$p_{i_j}(t_1, t_2, \ldots, t_i), j : 1, 2, \ldots, i_p;$$

和

$$f_{k_\ell}(t'_1, t'_2, \ldots, t'_k), \ell : 1, 2, \ldots, i_f;$$

是两个表达式形式。第一个是一个公式，表面上看起来具有一个真假值；第二个是一个项，表面上看起来具有一个任一种类（即任一类型）的值。最后参数 $t_j, t'_{j'}$ 也是值为任一种类（即任一类型）的项。注意我们现在区分作为表达式基本模块的项 和作为具有真假值的表达式的公式。

一个谓词演算的项语言

归纳定义项语言：

- 基本子句： 一个变量，如 b 或 x 等，也即无论真假值与否，是一个项。
- 归纳子句： 如果 $t_1, t_2, \ldots, t_n$ 是项，f_n 是一个 n 元函数符号，且如果 p_n 是一个 n 元谓词符号，则 $f_n(t_1, t_2, \ldots, t_n)$ 和 $p_n(t_1, t_2, \ldots, t_n)$ 是项。
- 极子句： 只有那些能够通过有限次应用上述子句形成的表达式是项。

想法是，布尔文字是 0 元谓词函数符号：true() ≡ **true**，false() ≡ **false** 以及 chaos() ≡ **chaos**；比如，数字是 0 元函数符号：one() ≡ 1 等等。更复杂的例子是：and(b, b')（≡ $b \wedge b'$）等；ift(equalzero(i), one(), mult(i, fact(sub(i, 1))))（≡ **if** i=0 **then** 1 **else** i×fact(i-1) **end**）等。

一个谓词演算的原子公式语言

归纳定义原子公式语言：

- 基本子句： 任一命题表达式是一个原子公式（且是一个项）。

- 归纳子句：如果 $t_1, t_2, \ldots, t_n$ 是项，且 p_n 是一个 n 元谓词函数符号，则 $p_n(t_1, t_2, \ldots, t_n)$ 是一个原子公式。[15]
- 极子句：只有那些能够通过有限次使用上述两个子句形成的项是原子公式。

一个谓词演算的良构公式

归纳定义 wff 语言：

- 基本子句：原子公式是公式，即谓词表达式。
- 归纳子句：如果 x 是一个类型为 X 的变量，u、v 和 $\mathcal{E}(x)$ 是公式（即谓词表达式），则：$\sim u$ 是一个公式；$u \wedge v$、$u \vee v$、$u \Rightarrow v$ 、$u = v$、$u \neq v$ 和 $u \equiv v$ 是公式；$\forall x{:}X \cdot \mathcal{E}(x)$、$\exists x{:}X \cdot \mathcal{E}(x)$ 和 $\exists ! x{:}X \cdot \mathcal{E}(x)$ 是公式。
- 极子句：只有那些通过有限次使用上述两个子句形成的项是公式，即谓词表达式。

谓词表达式的非形式 BNF 语法

请参见前面的关于布尔基项（第 9.3.4 节）和命题表达式（第 9.4.1 节）的 BNF 语法示例。我们并没有基于这些来构建，而是给出一个新的 BNF 语法：

$$
\begin{array}{ll}
\langle \text{Fn} \rangle ::= \langle \text{Identifier} \rangle & /*\ \text{Fn：非真假值函数} */ \\
\langle \text{Pn} \rangle ::= \langle \text{Identifier} \rangle & /*\ \text{Pn：真假值谓词} \quad */ \\
\langle \text{Term} \rangle ::= \langle \text{Identifier} \rangle & \\
\quad \mid \langle \text{Fn} \rangle \ (\ \langle \text{Term}-\text{seq} \rangle\ ) & \\
\quad \mid \langle \text{Pn} \rangle \ (\ \langle \text{Term}-\text{seq} \rangle\ ) & /*\ \textbf{true, false, chaos}\text{：0 元项} */ \\
\langle \text{Term}-\text{seq} \rangle ::= & /*\ \text{空序列} */ \\
\quad \mid \langle \text{Term} \rangle & \\
\quad \mid \langle \text{Term} \rangle\ \langle \text{Comma}-\text{Term}-\text{seq} \rangle & \\
\langle \text{Comma}-\text{Term}-\text{seq} \rangle ::= \langle \text{Comma}-\text{Term} \rangle\ \langle \text{Term}-\text{seq} \rangle & \\
\langle \text{Comma}-\text{Term} \rangle ::= \ ,\ \langle \text{Term} \rangle & \\
\langle \text{Atom} \rangle ::= \ \langle \text{Identifier} \rangle & /*\ \text{布尔值} */ \\
\quad \mid \langle \text{Pn} \rangle \ (\ \langle \text{Term}-\text{seq} \rangle\ ) & \\
\langle \text{Wff} \rangle ::= \langle \text{Atom} \rangle & \\
\quad \mid \sim \langle \text{Wff} \rangle & \\
\quad \mid \langle \text{Wff} \rangle \wedge \langle \text{Wff} \rangle \mid \langle \text{Wff} \rangle \vee \langle \text{Wff} \rangle \mid \langle \text{Wff} \rangle \Rightarrow \langle \text{Wff} \rangle & \\
\quad \mid \langle \text{Wff} \rangle = \langle \text{Wff} \rangle \mid \langle \text{Wff} \rangle \neq \langle \text{Wff} \rangle \mid \langle \text{Wff} \rangle \equiv \langle \text{Wff} \rangle & \\
\quad \mid \langle \text{Quant} \rangle\ \langle \text{Identifier} \rangle : \langle \text{Tn} \rangle \bullet \langle \text{Wff} \rangle & \\
\langle \text{Quant} \rangle ::= \exists \mid \exists\,! \mid \forall &
\end{array}
$$

9.5.6 一个谓词演算

在第 9.4.4 节中我们为一个命题演算给出了一个公理和推理规则系统。现在我们希望为一

[15] 真假值和非真假值关系操作符（即分别是：=、≠、≡ 和 =、≠、≡、<、⩽、>、⩾ 等等。）是 p_{2_i} 的例子，因此是原子公式的例子，如同任一应用到项上的用户定义的谓词。

个谓词演算给出这样一个系统。

公理模式

本节和下一节的内容基于 [407]。引用部分用楷体表示。

令 $\phi[x \mapsto t]$ 指代表达式 ϕ'，其类似于 ϕ，除了 ϕ 中的一些或全部的自由 x 已经被项 t 替代—— 其中 x 没有在 t 中自由出现。

一个这样的谓词演算系统以下列内容扩展了（前面）为一个命题演算给出的某些公理模式集合：

- 假定 ϕ 中没有 x 的自由出现位于出现在项 t 中的一个自由变量的任一量词的作用域中，我们有：

  $$\forall x : X \bullet \phi(x) \ \Rightarrow \ \phi[x \mapsto t]$$

  语义上表达为：如果某公式 ϕ 对于所有的 x 为真，则当某特定项 t 代入 ϕ 中的 x 时它一定为真。

- 假若 t 对于 ϕ 中的 x 是自由的，我们有：

  $$\phi[x \mapsto t] \ \Rightarrow \ (\exists x : X \bullet \phi(x))$$

  语义上表达为：如果某个 ϕ 的代入实例为真，则我们可以断定存在有满足该公式 ϕ 的某 x。

推理规则

上文引出下列推理规则：

- 首先：

  $$\frac{\psi \supset \phi(v)}{\psi \supset (\forall x : X \bullet \phi(x))},$$

- 和：

  $$\frac{\phi(v) \supset \psi}{(\exists x : X \bullet \phi(x)) \supset \psi},$$

  其中变量 v 在 ψ 中不是自由的。

- 通过考虑当 ψ 为真时这一更简单的情况，全称量化规则可以在语义上得以最好地理解。则该规则变为：

  $$\frac{\phi(v)}{\forall x : X \bullet \phi(x)}$$

  在语义上，它表明如果 ϕ 对某任意 v 为真，则它对于所有的 x 一定为真。

- 全称和存在量化是关联的：

  $$\exists x : X \bullet \phi(x) \ \equiv \sim (\forall x : X \bullet \sim \phi(x)))$$

  如果我们已经定义了等价，则该定义可以作为公理给出。

9.5.7 谓词表达式求值

正如我们为布尔基项（Eval_BGT）、命题表达式（Eval_PRO）所做的那样，现在我们也将为谓词表达式这样做：即提供一个非形式但精确的求值过程描述（Eval_PRE）。

求值上下文

语义上我们可以通过构造模型来理解谓词演算。任一这样的模型都有两个部分：一个上下文 $\rho:\mathcal{R}$，它映射谓词表达式语言中的所有用户定义的符号到某一世界 Ω 中它们的意义，以及一个解释函数。因此，为了确定一个给定谓词表达式的值，必须提供一个上下文，它映射（该谓词表达式的）一些、全部或者更多的自由变量 v:V 到具有适当类型的值 VAL；映射（该谓词表达式的值域类型[名]表达式的）一些、全部或更多的类型名 Tn 到它们各自的—— 有限或甚至无限的值空间；映射（该谓词表达式的）一些、全部或者更多的谓词函数符号 p 到适当目的谓词函数；映射（该谓词表达式的）一些、全部或者更多的结果值为非真假值的函数符号 f 到具有适当目的结果值为非真假值的函数：

```
type
  Vn, Tn, Pn, Fn, VAL
  R = (Vn→VAL)
    ∪ (Tn→VAL-set)
    ∪ (Pn→(VAL* → Bool))
    ∪ (Fn→(VAL* → VAL))
```

回忆一下 $A \rightarrow B$ 代表值为从 A 到 B 的函数的类型，*A*-**set** 代表值为具有 A 类型元素值的集合的类型，A^* 代表值为具有 A 类型元素值的列表的类型。不常见的非 RSL 结构 $(A \rightarrow B) \cup (C \rightarrow D)$ 代表值为从 A 到 B 的函数和从 C 到 D 的函数的类型。

例 9.17 *谓词表达式求值上下文* 让我们回顾一个例子。见下文的第一个公式。为了对下一个表达式求值，我们似乎需要如下文所示的一个上下文 $c:\mathcal{C}$：

```
value
  (a ∧ (v ⩾ 7)) ⇒ ∀ k:K • fact(j) ⩽ k

  ρ: λx:(Vn|Tn|Pn|Fn) •
      if x ∈ Vn then
        case x of
          a→t,v→i,j→m, ...
        end
      else if x ∈ Tn then
        case x of K→{−2,−1,0,1,2}, ... end
      else if x ∈ Pn then
        case x of
```

```
        "larger-than-or-equal" → λ(x,y):(Int×Int)•x≥y,
        "smaller-than-or-equal" → λ(x,y):(Int×Int)•x≤y,
        ...
      end
    else /* 断言：*/ x ∈ Fn:
      case x of
        "factorial" → λn:Int•if n=0 then 1 else n*fact(n−1) end,
        ...
      end
    end end end
```

作为一个示例，令 $(a\wedge(v\geqslant 7))\Rightarrow\forall k{:}K\bullet fact(j)\leqslant k$ 为将被求值的谓词表达式。变量 a、v 和 j 是自由的，类型名 K 亦是如此——假定后者为某（有限或无限的）整数集合。对于该表达式，我们需要一个最好类似于上文 $\rho:\mathcal{R}$ 的上下文—— 其中 t 是某布尔真假值，i 和 m 是某整数。如果 t、i、m 的值是 **true**、9、−2，则我们看到该表达式求值为 **true**。 ■

谓词表达式的意义和值

在所有的谓词表达式 PRE 的类型中，一个谓词表达式 p 的意义现在就是一个从上下文，即 $\rho:\mathcal{R}$，到布尔值的函数！

value
  Eval_PRE: PRE → $\mathcal{R}$ $\stackrel{\sim}{\to}$ **Bool**

为了了解这一点，我们给出如何对谓词表达式的值（而非意义）进行求值，即确定该值。然后我们"提升"该值，并对于上下文而言来抽象该谓词表达式！

求值程序，Eval_PRE

项求值

令 $\rho:\mathcal{R}$ 为某上下文，令 t 为在上下文 ρ 中要求值的项。

如果 t 是变量 v，则 c 被应用到 v 以找到其值。如果 v 不在 ρ 的定义集中，则产生未定义值 **chaos** 。

如果 t 具有形式 f(t,t′,…,t″)，则分别对项 t, t′, …, t″ 的值求值得到值 v, v′, …, v″；在 ρ 中"查找"函数 f（即 c (f)），结果函数 ψ 被应用到 v, v′, …, v″：ψ (v,v′…,v″)。如果 f 不在 ρ 的定义集中，则产生未定义值 **chaos**。

公式求值

令 e 为公式。

如果 e 是一个命题表达式，也就是说，如果 e 具有以下任一形式：∼e、e∧e′、e∨e′、e=e′、e≠e′ 或 e≡e′，则如前所规定的那样求值（Eval_pro）。

如果 e 具有形式 p(t,t′,...,t″)，则分别对项 t, t′, ..., t″ 求值得到值 v, v′, ..., v″，在 c 中“查找”谓词函数 p（即 ρ (p)），结果函数 ϕ 被应用到 v, v′, ..., v″ ：ϕ (v,v′...,v″)。如果 p 不在 c 的定义集中，则产生未定义值 **chaos**。

如果 e 具有形式 ∀x:X•E(x)、∃x:X•E(x) 或 ∃!x:X•E(x)，即如果其具有一般形式 $\mathcal{Q}$ x:X•E(x)，则在 ρ 中找到值域集 X 的值 Ξ。如果 X 不在 ρ 的定义集中，则产生未定义值 **chaos**，且成为 $\mathcal{Q}$ x:X•E(x) 的值。

否则，必须区别三种情况：

- 如果 $\mathcal{Q}$ 是 ∀，则对可能是无限的合取：E(ξ_1)∧E(ξ_2)∧...∧E(ξ_i)∧... 求值。这里 ξ 的范围是 Ξ 所有的可能无限的值。

  注意： ∧ 这里被限制为可交换的。

  若要 ∀ x:X•E(x) 产生 **true**，则所有的 E(ξ_i) 必须产生 **true**。任一为 **chaos** 则产生 **chaos**。对于 ∀ x:X•E(x)，无 **chaos** 的情况下任一为 **false** 则产生 **false**。

  我们可以重述上文：如果 E(x) 对于所有的由 x:X 所指出的模型都成立，则 ∀x:X•E(x) 的值为真。也就是说，x:X 定义了一个模型的集合，即上下文的集合，对于 X 中的每个元素 x 至少都有一个。另外每个这样的模型定义了 E(x) 中所有其他自由标识符的绑定。

- 如果 $\mathcal{Q}$ 是 ∃，则一定存在有一个析取：

  E(ξ_1)∨E(ξ_2)∨...∨E(ξ_i)∨...

  并对该析取求值。若要其产生 **true**，E(ξ_1)必须产生 **true**，而对于所有的 j>1，其他 E(ξ_j) 产生 **true** 、**false** 或 **chaos**。

  或重述：如果 E(x) 对于由 X 引入的模型集合中的至少一个模型成立，则 ∃x:X•E(x) 为真。

- 如果 $\mathcal{Q}$ 是 ∃!，则在某任意析取中一定恰恰存在一个 i：

  E(ξ_1)∨E(ξ_2)∨...∨E(ξ_i)∨...

  使得 E(ξ_1) 产生 **true**，且对于所有的 i>1，所有其他的 E(ξ_i) 产生 **false** 或 **chaos**！

  重述：∃!x:X•E(x) 成立，当且仅当 E(x) 只对一个引入的模型成立。

我们将稍后给出 Eval_PRE 的形式定义。

9.5.8 一阶和高阶逻辑

如果量化的值域集允许值为函数或包括函数，则我们说该谓词逻辑是一个高阶逻辑。否则它是一个一阶逻辑。

为了举例说明需要高阶逻辑，可以给出一个例子：

type
  P = A → **Bool**
value

axiom
  ∀ p:P • ...

RSL 的逻辑是高阶的。

9.5.9 永真、可满足性和模型

我们简要地介绍诸如永真、可满足性和模型的概念。但是首先我们再看一下解释和它们的上下文，即它们的可能世界。

上下文和解释

我们已经看到只有给定一个适当的上下文，谓词表达式才具有值。在数理逻辑中，这样一个上下文被称作解释。一个上下文，即一个解释，通常是一个从标识符到数学值的映射。目为 n 的谓词符号 p_n 可以看作被映射（$p_n \mapsto \pi$）到由 n 元分组 $(v_1, v_2, \ldots, v_n)$ 构成的可能为无限的集合 π，其意义是对于 π 中所有的 $(v_1, v_2, \ldots, v_n)$，$p_n(v_1, v_2, \ldots, v_n)$ 或表示真值，或表示假值。目为 n 的函数符号 f_n 可以类似地看作被映射（$f_n \mapsto \phi$）到由 $n+1$ 元分组构成的可能为无限的集合 ϕ，— 其意义是对于 ϕ 中的每个 $(v_1, v_2, \ldots, v_n, v)$，$f_n(v_1, v_2, \ldots, v_n)$ 具有值 v，否则为未定义。非函数符号（即变量标识符）i 被映射（$i \mapsto v$）到具有某类型的值 v。

例 9.18　*谓词表达式解释*　可以给出一个例子我们在两个模型中解释谓词 ... ∀ i:Integer, ∃ n:Natural • square(i) = n ...：

```
type
  Integer, Natural
value
  square: Integer → Natural
  ... ∀ i:Integer, ∃ n:Natural • square(i) = n ...

  /* 解释_1: */
    [Integer↦{ ...,−2,−1,0,1,2,... },
     Natural↦{ 0,1,2,... },
     square↦{ ...,(−2,4),(−1,1),(0,0),(1,1),(2,4),... }]

  /* 解释_2: */
    [Integer↦{ ...,−2,−1,0,1,2,... },
     Natural↦{ 0,3,5,7,9,... },
     square↦{ ...,(−2,4),(−1,1),(0,0),(1,1),(2,4),... }]
```

上文中的谓词在**解释_1** 中为真，在**解释_2** 中为假。■

永真和可满足性

给定可能为无限的解释集合。如果一个谓词表达式对于所有的解释均为真，则该谓词表达式被称作永真的。如果一个谓词表达式至少对于一个解释为真，则该谓词表达式被称作可满足的。没有自动程序可以用来确定谓词表达式的永真和可满足性。也就是说，不可能写一个计算

机程序以确定永真和可满足性。一个谓词表达式被称作*矛盾的*，如果它对于所有的解释均为假。

模型

给定一个谓词表达式集合 α 和一个解释 ι。如果 α 中的每个 w 在解释 ι 中均成立，则 ι 被称作 α 的一个模型。

上下文、解释和模型

现在我们接着始于第 1.6.2 节并且在第 8.5.4 节中继续讨论的关于模型的内容。早前我们已经介绍了下列相关术语：上下文和解释。是时候整理一下在我们对术语的使用中的任何可能的区别了：模型、上下文和解释。

在本节的开始，我们在数理逻辑学科中将这两个概念等同起来：上下文和解释。我们以后将使用术语上下文（或者稍后，术语环境）—— 与语言解释器的实际开发和介绍相关——来代表上文中使用的术语上下文和解释。

类似地，我们将使用术语解释来代表完成由那些语言解释器所规定内容的函数。对于数理逻辑问题，我们将不再使用术语上下文。对于术语模型，在卷 3 第 4 章之前，对该术语的技术使用将与作为模型集合的 RSL 定义的意义相关：将一类标识符空间中的标识符绑定到类型值（其本身是值的集合），或函数值，或我们稍后将看到的包括变量和通道的许多其他种类的值。在卷 3 第 4 章，我们将讨论术语模型更加宽松的，不必是技术的，但是通常更加实际的使用——在建模和创建模型的意义上。

9.5.10 讨论

我们已经介绍了谓词演算语言。现在我们有了几个语言，因为我们可以选择一个二值逻辑，或者选择一个三值逻辑，且因为我们可以选择或这一组或另一组推理规则。RSL 基本上具有一个三值逻辑。我们之所以说基本，是因为我们能够安全地限制 RSL 的特定使用为二值逻辑——它与一个三值逻辑的解释一致。也就是说，在那些声称两值逻辑就足够了的表达式中，**chaos** 永远不会出现。每当必要之时，我们鼓励声明所需要的逻辑。我们提醒读者注意一个逻辑的证明论（即句法）的描述和该逻辑的模型论（即语义）的描述之间的区别。

本节和前两节为我们将 RSL 谓词演算用作规约语言提供了一个基础。 由于这几卷基本上强调了规约开发而非对这些开发的验证，我们请读者参考对验证讨论更为全面的专门教材和专著。这些文献是： [169, 224, 325–327, 377, 427, 484]。

9.6 公理系统

公理是无需证明的真理。也就是说，它们是我们无需证明就接受的定律或公设。

当数学系的学生学习数理逻辑的时候，他们学习谓词逻辑体系的证明和模型论的性质，并学习什么样的公理系统一般来讲是可能的。

相对而言，在本节你将学习为现实世界的现象和——稍后的——计算，构建令人满意的和优雅的公理系统的初步步骤。

在本节我们将举例说明使用 RSL 语言结构，依据公理来规约分类和分类上函数的性质。也就是说，相较于前三节对逻辑语言的证明系统的讨论，包括嵌入在 RSL 中的证明系统，我们现在将使用 RSL 本身来表达公理。

这里给出的一些例子可以说有些不太成熟或冗余：它们或者依赖于尚未给出语义和公理的算术，或者前面业已给出或稍后将更加完全地给出。尽管如此，我们的目的是使你熟悉 RSL 的公理规约。关于两种公理系统的讨论请参见第 9.1 节。本节的一些内容总结了前面的材料。

9.6.1 概述

公理系统通常包括类型定义集合，（观测器和生成器函数，包括谓词）函数基调集合，和谓词表达式（公理本身）集合。

例 9.19 欧几里德平面几何 下文举例说明一个公理系统。它非形式地表达为：[0] 每条直线是一个点的**集合**。[1] 至少存在有两个点。[2] 如果 p 和 q 是相异的点，则存在有且仅有一条直线 **包含** p 和 q。[3] 如果 ℓ 是一条**直线**，则存在有不**在** ℓ **上**的点。[4] 如果 ℓ 是**直线**且 p 是不**在** ℓ **上**的点，则存在有且仅有一条直线 **包含** p 且平行于 ℓ。 ■

在这些表达中，我们可以确认三种平面几何术语。它们是：直线、点和平行。我们也可以确认本体论上确定的术语：集合、包含和在...上；以及其他的自然语言术语。这些公理假定你理解本体论和自然语言术语，但将平面几何术语定义为一个公理集合。

9.6.2 公理

对我们来说，公理是永远成立的谓词表达式，也就是说，它是永真的。换句话来说，任何被某些量化值域标识符（比如上面的 X）所蕴含的量化集合都必须使得该公理为真。

比如，如果我们写作：

type
  X, Y
axiom
  $\forall$ x:X • $\forall$ y:Y • x $\neq$ y

则分类 X 和 Y 至少被限制为不包含相似元素。若写作

type
  X
axiom
  $\forall$ x:X • $\exists$ i:**Int** • x = i∗i

则分类 X 是所有平方数的类型。我们可以通过子类型定义[16] 来定义 X：

type
  X = {| n:**Nat** • $\exists$ i:**Int** • n = i∗i |}

---

[16] 从这里开始到第 18.8 节正式介绍子类型概念之前，我们将大量地使用子类型。

重述：公理是谓词表达式。谓词表达式只对于特定的解释才是永真的。这些解释就是公理（实际上）所想要建模的对象。因此公理被用于对结构的属性建模，这些结构或者为如上所示的抽象结构，或者为如欧几里德平面几何系统那样表面上看起来显然的结构。

9.6.3 公理系统

公理系统，是一个谓词表达式的集合，也包含一些类型（包括分类）定义和函数基调。量化值域集合标识符的其中之一—— 可能会在一个或多个公理中提及—— 是分类，且公理的目的之一就是刻画这些分类。通常至少有一个标识符— 可能会在一个或多个公理中提及—— 是函数名，且公理的目的之一就是刻画该函数。

例 9.20 *欧几里德平面几何* 例 9.19 非形式描述的欧几里德几何可以首先通过引入分类 P 和 L 来进行形式公理化：

type
  P, L
value
  [0] obs_Ps: L → P-**infset**
    parallel: L × L → **Bool**

观察例 9.19 中的非形式公理如何由*观测器函数* obs_Ps建模。它应用于直线，产生可能无限的点的集合。

现在我们可以介绍真正的公理了：

axiom
  [1] ∃ p,q:P • p ≠ q,
  [2] ∀ p,q:P • p ≠ q ⇒
      ∃! l:L • p ∈ obs_Ps(l) ∧ q ∈ obs_Ps(l),
  [3] ∀ l:L • ∃ p:P • p ∉ obs_Ps(l),
  [4] ∀ l:L • ∃ p:P • p ∉ obs_Ps(l) ⇒
      ∃ l′:L • l≠l′ ∧ p ∈ obs_Ps(l′) ∧ parallel(l,l′)

平行的概念由同样名字的谓词符号（parallel）及其基调、公理建模 [4]. ■

因此公理系统通常通过以下表示（RSL 中亦是）(i) 一组分类定义，(ii) 一组观测器和生成器函数，(iii) 一组量化表达式，严格意义上的公理。

9.6.4 一致性和完全性

形式地讲，一个*理论* 包含一个公理集合和一个定理集合，该定理集合使用声明了这些公理的逻辑中的推理规则，通过证明[17]由公理集合推导得出。推理规则集合和公理集合是否足以

[17]请参见第 9.4.4 节中关于“一些证明概念”的段落。

证明所有永真的断言，即对于所有的永真谓词而言，公理系统是否是完全的是不可判定的：不可能设计一个自动程序来测定一个公理系统及其推理规则的完全性。此外，推理规则集合和公理集合是否使得某人可以证明断言的永真及其否定，也就是说，公理系统是否是不一致的，是不可判定的：不可能设计一个自动程序来测定一个公理系统及其推理规则的一致性。

9.6.5 面向性质的规约

我们给出许多公理系统的例子。每一个都刻画了一个或多个模型。我们说它们使用面向性质的方式规约了这个（或这些）模型。这与直接使用比如离散数学的概念，如集合、笛卡尔、列表、映射和函数等给出模型的方式是相对的。

例 9.21　皮亚诺公理 目的是定义关于自然数和后继（successor）（+1）以及等于零函数（=0）的代数。

[1] 零（0）是一个自然数。[2] 对于每个自然数 n，确切地只存在另一个自然数 $n+1$。[3] 没有自然数 n，使得 $n+1$ 等于零。[4] 对于任一自然数 m 和 n，如果 $m+1=n+1$，则 $m=n$。[5] 对于任一包含零的自然数集合 N，如果 $n\in A$ 蕴含 $n+1\in A$，则 A 包含所有的自然数。

type N
axiom
[1] $0 \in \mathrm{N}$
[2] $\forall$ n:N • $\exists!$n′:N • n′=n+1 $\wedge$ n′ $\in$ N
[3] $\sim\exists$ n:N • n+1 = 0
[4] $\forall$ m,n:N • m+1=n+1 $\Rightarrow$ m=n
[5] $\forall$ A:N-**infset** • (0 $\in$ A$\wedge$n $\in$ A $\Rightarrow$ n+1 $\in$ A) $\Rightarrow$ A $\equiv$ N

[5] 是归纳原则的一个特殊化：如果 p 是一个性质，即 p 可以表达为谓词函数，该函数对于自然数 n 成立（即适用于自然数 n）；如果 $p(0)$ 成立；且如果 $p(n)$ 对于某自然数 n 成立则 $p(n+1)$ 也成立，那么这蕴含了所有的自然数都满足 p。用公式来表示，我们大体上得到：

axiom
[6] $\forall$ p:(N $\rightarrow$ **Bool**) • ($\forall$ n:N • p(n) $\Rightarrow$ p(n+1)) $\Rightarrow$ $\forall$ n:N • p(n)

■

另一个例子：

例 9.22　正弦和余弦

给定一类角 A 和一类在 −1 到 1 之间的有理数 R[18]。此外给定一对函数 sin 和 cos（正弦和余弦）。最后给出公理：

---

[18]在例 9.22 中，R 被定义为实数的子类型。关于子类型概念的适当介绍请参见第 18.8 节。

type

A = **Real**

R = {| r:**Real** • −1⩽r⩽1 |}

value

sin,cos: A → R

axiom

forall a:A •

$-1 \leqslant \sin(a), \cos(a) \leqslant 1$,

$\sin^2(a) + \cos^2(a) = 1$

这里我们引入了 ∀ 量化的变体：关键词 **forall** 令紧接其后的量词绑定作用于用逗号分隔的公理上。

基于对有理数及其乘方与求和，以及 ⩽ 关系的适当公理的假设，图 9.2 举例说明了该公理的一个模型。 ■

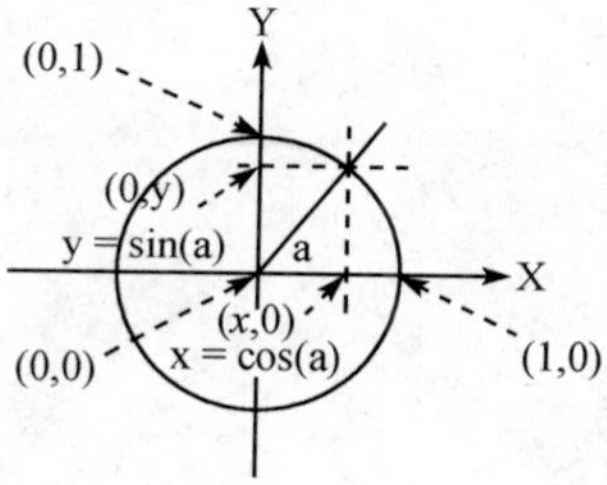

图 9.2　sin 和 cos 三角函数的定义

更多的例子：

与上面的例子一样，通过 RSL 给出了它们的形式部份。但它不是 RSL，因为它具有谓词演算的简单语义。重述：不可能使用语言本身来解释该语言（即给该语言语义）。我们必须使用已经定义的语言。

例 9.23　简单集合 通过一个简单集合，我们理解一个由简单、（如本例中）相异的原子元素构成的无序有限聚集。令后者属于分类A。令 S 指代简单集合的分类。如上所示，现在简单集合的特点是聚集，有限的，具有相异元素的，无序的，以及具有下列操作：∈ 被看作一个原语，代表“左边的操作数（一个原子元素）是右边操作数（集合）的成员。” {} 是一个重载函数符号: {} 或者代表产生（没有元素的）空集的 0 元常数函数，或者 {} 代表产生其操作数的单元素集合的一元函数。={} 代表一元谓词函数，是空集，测试其操作数集合是否为空。∪ 代表并 操作符，当被应用到两个操作数集合时，它产生具有这些操作数的所有元素的集合。∩ 代表交 操作符，当被应用到两个操作数集合时，它产生具有两个操作数共同元素的集合。\ 代表集合补 操作符，当被应用到两个操作数集合时，它产生具有在第一个操作数中而不在第二个操作数中的元素的集合。= 代表相等 操作符，当被应用到两个操作数集合时，如果它们是相同的集合则产生真否则假。⊂ 代表真子集 操作符，当被应用到两个操作数集合时，如果左边操作符的所有元素都在右边操作数集合的元素当中，而且存在有第二个操作数集合的元素不在左边操作数集合的元素当中，则产生真。⊆ 代表子集 操作符，当被应用到两个操作数集合时，如果左边操作数集合的所有元素都在右边操作数集合的元素当中，则产生真。**card** 代表势 操作符，当被应用到有限操作数集合的时候，它产生其元素的数目。公理系统提供了特性描述。

重述：隶属关系操作 ∈ 被看作原语。也就是说，将不予解释！

定义 S = A-set 的形式公理系统概述

类型和基调：

type
  A, S
value
  $\in, \notin$: A × S → **Bool**
  {}: **Unit** → S
  {}: A → S
  $\cup, \cap, \backslash$: S × S → S
  $=, \neq, \subset, \subseteq$: S × S → **Bool**
  card: S $\xrightarrow{\sim}$ **Nat**

公理：

axiom
  forall a:A, s,s′:S •
    $\{a\} \in S$,
    $((a \in s \cup s') \equiv (a \in s \vee a \in s'))$,
    $((a \in s \cap s') \equiv (a \in s \wedge a \in s'))$,
    $((a \in s \setminus s') \equiv (a \in s \wedge a \notin s'))$,
    $s = s' \equiv (a \in s \equiv a \in s')$,
    $s \subseteq s' \equiv (a \in s \Rightarrow a \in s')$,
    $s \subset s' \equiv (s \subseteq s' \wedge s \neq s')$,
    $\mathbf{card}(\{\}) \equiv 0$,
    $a \notin s \Rightarrow \mathbf{card}(\{a\} \cup s) = 1+\mathbf{card}(s)$

■

第 13 章接着我们对集合的介绍。它关注于这几卷中主要的规约语言 RSL 为集合提供的方式，以及关注于在抽象规约中对集合的选择和使用。

例 9.24 简单列表 通过简单列表我们理解一个有序的、有限聚集，它由如本例中的原子的，但不必相异的元素构成。令后者属于分类 A。令 L 指代简单列表的分类。如上所示，现在简单列表的特点是它是一个聚集，有限的，允许一些元素的多次出现，有序的，以及具有下列操作：⟨⟩，=⟨⟩, **hd**，**tl**，⁀，**elems**，**inds**，**len** 和 [·]。⟨⟩ 是一个重载函数符号：⟨⟩ 或者代表产生（没有元素的）空列表的零元常数函数，或者 ⟨⟩ 代表产生其（唯一）操作数的单元素列表的一元函数。=⟨⟩ 代表一元的测试空列表的谓词操作符。它被应用到一个列表，如果该列表为空则产生真，否则假。**hd** 代表头（head）操作符，当被应用到操作数列表时，它产生该列表的第一个元素。**tl** 代表尾（tail）操作符，当被应用到操作数列表时，产生除该列表第一个元素以外的，具有与操作数中相同顺序的列表。⁀ 代表两个操作数列表的拼接，其中第一个列表必须是有限的。结果是一个列表，其起始列表元素即为第一个操作数列表的元素，且保持该列表的顺序和元素相重性；其余的列表元素即为最后一个操作数列表的元素，且保持该列表的顺序和元素相重性。**elems** 代表元素 操作符，其作为一个函数被应用到一个操作数列表时，产生该列表所有相异元素的集合。**inds** 代表索引 操作符，其作为一个函数当被应用到一个操作数列表时，产生该列表所有索引的集合。如果该列表的长度为 *ell*，则对该列表应用 **inds** 产生从包括 1 到包括 *ell* 的所有自然数的集合。如果该列表为空，则产生的索引集合为空。**len** 代表列表长度操作符，当被应用到一个有限操作数列表的时候，产生该列表的长度，即该列表不必相异的元素的数目，否则产生 **chaos**。·(·) 代表列表元素选择，即代表一个（散缀）列表操作符，当其被应用到"左"操作数列表和"右"操作数索引（即在该列表索引集合中的一个自然数）的时候，产生该列表中具有该索引位置的列表元素。对于某些参数列表的"边界"情况来说，上述说明是"粗略的"。这些参数列表或者是无限的，或者是空的，或者没有足够的长度——上述情况结果都是 **chaos**。

公理系统提供了更全面的特性描述。

定义 L = A* 的形式公理系统的概述

类型和基调：

type
  A, L
value
  ⟨⟩: L
  ⟨ • ⟩: A → L
  • =⟨⟩: L → **Bool**
  hd •: L $\stackrel{\sim}{\to}$ A
  tl •: L $\stackrel{\sim}{\to}$ L
  • ⁀ •: L × L → L
  elems •: L → A-**set**
  inds •: L → **Nat-set**
  le n•: L $\stackrel{\sim}{\to}$ **Nat**
  • [•]: L × **Nat** $\stackrel{\sim}{\to}$ A

公理：

axiom

$\forall$ a:A,ℓ:L •
 ⟨⟩ ∈ L,
 ⟨⟩=⟨⟩,
 hd⟨⟩ = **chaos**
 hd⟨a⟩^ℓ ≡ a ≡ (⟨a⟩^ℓ)[1],
 ℓ^⟨⟩ ≡ ℓ ≡ ⟨⟩^ℓ
 tl⟨⟩ = **chaos**,
 tl⟨a⟩^ℓ ≡ ℓ,
 chaos [i] ≡ **chaos**,
 ∀ i:**Nat** • i>0 ⇒ l[i+1] ≡ (**tl** l)[i]
 elems⟨⟩ ≡ {}, **elems**⟨a⟩^l ≡ {a} ∪ **elems** l
 inds⟨⟩ ≡ {}, **inds** l ≡ {i|i:**Nat** • 1⩽i⩽**len** l}, i.e.,
 inds⟨a⟩^l ≡ {1} ∪ {i+1|i:**Nat**•i ∈ **inds** l}
 len⟨⟩ ≡ 0, **len**(⟨a⟩^l) ≡ 1+**len** l, i.e.,
 len(l^l′) ≡ **len** l + **len** l′,
 ∀ i:**Nat** • i>**len** l ⇒ (l^l′)[i] ≡ l′[i−**len** l]

■

一般来讲，允许列表包含任意种类的元素：函数、整数、布尔、集合等等。因此，当我们说“简单列表”的时候，我们仅将其看作一个例子；它作为一个简单示例没有（即不应）将事情复杂化。

第 15 章将继续对列表的介绍。它关注这几卷中主要的规约语言 RSL 规定列表的方式，以及在抽象规约中对列表的选择和使用。

例 9.25 *简单算术表达式的句法* John McCarthy 在 [332] 中首先提出了第一个抽象句法提议。其为算术表达式给出了一个分析抽象句法。在一个分析抽象句法中，我们假定一类项为分类。你可以将项看作所有可分析的事物的一个子集。我们将许多观测器函数与它们关联。

这些例子取自 McCarthy [332]。

分析句法

我们抽象地定义一个算术表达式的微型语言。我们关注常量、变量和中缀和与积项。

type
 A, Term
value
 is_term: A → **Bool**
 is_const, is_var, is_sum, is_prod: Term → **Bool**
 s_addend, s_augend, s_mplier, s_mpcand: Term → Term
axiom
 ∀ t:Term •
  (is_const(t)∧∼(is_var(t)∨is_sum(t)∨is_prod(t))) ∧

(is_var(t)∧∼(is_const(t)∨is_sum(t)∨is_prod(t))) ∧
(is_sum(t)∧∼(is_const(t)∨is_var(t)∨is_prod(t))) ∧
(is_prod(t)∧∼ (isc_onst(t)∨is_var(t)∨is_sum(t))) ∧
∀ t:A • is_term(t) ⇒
(is_var(t)∨is_const(t)∨is_sum(t)∨is_prod(t)) ∧
(is_sum(t) ≡ is_term(s_addend(t))∧is_term(s_augend(t))) ∧
(is_prod(t) ≡ is_term(s_mplier(t))∧is_term(s_mpcand(t)))

A 是一个事物的论域。一些是项，一些不是！本例中项被限制于常数、变量、两参数和和两参数积。一个常数、变量、和、积是如何表示的对上面的定义来讲是不重要的。

可以想到下列一些其他的算术表达式的书写表示：

$$a+b, +ab, (\text{PLUS}\quad A\quad B), 7^a \times 11^b。$$

最后一个（$7^a \times 11^b$）是算术表达式的 Gödel 数表示 [168, 290, 402] 的某种形式。

合成句法

合成抽象句法另外引入了分类值（即项）的生成器：

value
mk_sum: Term × Term → Term
mk_prod: Term × Term → Term
axiom
∀ u,v:Term •
is_sum(mk_sum(u,v)) ∧ is_prod(mk_prod(u,v)) ∧
s_addend(mk_sum(u,v)) ≡ u ∧ s_augend(mk_sum(u,v)) ≡ v ∧
s_mplier(mk_prod(u,v)) ≡ u ∧ s_mpcand(mk_prod(u,v)) ≡ v ∧
is_sum(t)⇒mk_sum(s_addend(t),s_augend(t)) ≡ t ∧
is_prod(t)⇒mk_prod(s_mplier(t),s_mpcand(t)) ≡ t

分析和合成句法确实是抽象的。 ■

McCarthy 的抽象句法概念，分析和合成，可在绝大多数的抽象语言中找到，因此在 RSL 中也可找到。

9.6.6 讨论

我们展示了最强有力的抽象方式之一：即使用分类、观测器函数（谓词和其他值“选择”函数）和生成器函数的面向性质的抽象。

关于何时选择和如何表达公理的面向性质抽象的特定原则将主要在第 12 章给出。

9.7 总结

我们将数理逻辑作为一个规约语言而非验证语言给出其概览。我们的说明包含许多部分。

在阐述的三个阶段，我们首先揭示了作为基础的布尔代数，然后是一个命题逻辑，最后给出了一个谓词演算。我们写下一个“代数”、一个“逻辑”、一个“演算”，是因为有许多可能的布尔代数——我们的只是一个特定的三值逻辑—— 和许多的命题逻辑和谓词演算。我们也区分了代数、逻辑和演算：代数只是一个简单的事物，逻辑更加宽泛一些—— 指出一个我们没有详细阐述的理论（包含公理、推理规则和定理）—— 我们所讨论的演算真正是一个演算：就像 λ 演算具有的规则（α 重命名和 β 归约）那样，用于计算的一组规则，推理规则。我们将要在后面许多章节中使用谓词演算进行抽象与规约。

在第 8 章中我们解释了代数态射的概念（第 8.4.4 节），两个代数，一个句法的和一个语义的。在关于逻辑的本章中，我们反复应用这一概念：在组织我们对布尔基项及其求值的介绍中（第 9.3.4 节），在组织我们对命题表达式及其求值的介绍中（第 9.4.3 节），以及在组织我们对谓词表达式及其求值的介绍中（第 9.5.7 节）。可能直到上述的最后，我们才看到坚持使用归纳方式给出句法和使用同态方式给出语义的好处。我们断言，使用态射的概念帮助我们组织对于要求以下三个子句的归纳的理解：基本子句、归纳子句、（通常默认地理解了的）极子句。特别是归纳子句，使得规约者能够更容易地决定开发、定义和给出的内容以及程度。态射“告诉”我们如何开发语义：首先是开发对应于基本子句的语义，然后开发对应于归纳定义的句法语义。

对三值逻辑的选择，其必要性是由于我们处理的不是可执行程序，而是规约：从现实应用领域的抽象模型，通过需求，直到抽象的软件设计。不过该选择使得语义和证明规则变得复杂。目前我们只给出了二值逻辑的推理规则。

最后，接着始于关于代数的章节中的讨论，在第 9.6 节中我们给出了对一个包含量化表达式的谓词演算的全面探讨—— 一个公理系统的实际概念。然后我们立即应用这一概念，而并没有深入到逻辑理论中去，如公理系统的不可判定性问题，一致性或完全性问题。我们这样做的目的是给出抽象规约的实际例子。有了适当的，尽管是面向规约的逻辑观点，我们现在可以继续应用本章所讨论的这些逻辑概念了。

9.8 文献评注

关于数理逻辑的经典教材是：

- Willard van Orman Quine: Mathematical Logic (1951) [461]
- Alonzo Church: Introduction to Mathematical Logic (1956) [143]
- Elliott Mendelsohn: Introduction to Mathematical Logic (1964) [338]
- Patrick Suppes: A First Course in Mathematical Logic (1964) [448]
- Stephen Kleene: Mathematical Logic (1967) [294]
- Joseph R. Schoenfield: Mathematical Logic (1967) [412]
- Herbert B. Enderton: A Mathematical Introduction to Logic (1972) [192]

还有许多其他的教材，包括有：[129, 217, 239, 269, 362]。不过应当适时地提醒一下读者。

一方面是数理逻辑的数学主题，另一方面是数理逻辑的计算科学主题，但是它们的关注点是不同的。对逻辑学家来说，数理逻辑是对下列内容的研究：有哪些种类的逻辑，它们有怎样的表达能力，哪些问题是可判定的，也即什么是可以证明的。对软件工程师来说，数理逻辑是用于表达抽象和用于对所声明、期望性质的经常冗长繁复的证明的工具。在节 9.2 中，基于 John Rushby 的令人高兴的报告 [407]，我们讨论了一些在这两个观点之间的结合部分的问题。

9.9 练习

练习 9.1 ♣ 运输网络领域上的谓词。请参见附录 A，第 A.1 节：运输网络。

请参见例 9.12，其中我们建议了一些类型、一些观测器函数以及涵盖两个约束的一个公理。

但是那些约束不足以满足适当良构的运输网络。

(i) 如果从任一段可以观测到连接，则从每个这样的连接应该能够（至少）观测到该段。以及：(ii) 如果从任一连接可以观测到一些段，则从每个这样的段应该能够（至少）观测到该连接。

1. 用公式表示适当的公理（即谓词表达式）以表达这些约束。
2. 你能想到其他的约束吗？
3. 我们希望插入一个新的段到一个给定运输网络当中，并且假定它将被连接到已存在连接。声明适当的插入段（insert_segment）函数的基调，并为该函数声明前置和后置条件。
4. 我们希望插入一个新的连接到一个给定运输网络当中，并且假定它将被插入到一个已存在段中。声明适当的插入连接（insert_connection）函数的基调，并为该函数声明前置和后置条件。

练习 9.2 ♣ 集装箱物流领域上的谓词。请参见附录 A，第 A.2 节：集装箱物流。

请参见例 9.13，其中我们建议了一些类型、一些观测器函数和一个涵盖一个约束的公理。

假定一个集装箱船的每个排或一个集装箱存储区都关联有它们的任一行中的任一堆的最大高度。因此假定最大高度是可以从任一排观测到的一个属性，而且一个堆的当前高度可以从任一堆观测到。

表达一个谓词，它可以应用于任一排（bay:Bay），如果该排的堆都没有高于所声明的最大高度则产生真。

练习 9.3 ♣ 金融服务行业领域上的谓词。请参见附录 A，第 A.3 节：金融服务行业。

请参见例 9.14，其中我们建议了一些类型、一些观测器函数和涵盖三个约束的一个公理（vii，viii 和 ix）。

对于在给定时间 t 发生在一个证券交易所的一个有关指定证券的交易来说，证券的名字 i 必须给定，而且必须有该证券的买卖订单（buy_orders$_i$，sell_orders$_i$）使得它们所考虑的时间间隔包含给定的时间 t，买订单（buy_orders$_i$）数量的总和（即 q_{b_i}）和卖订单（sell_orders$_i$）的总和（即 q_{s_i}）相等，并且它们所考虑的价格区间（“lo–hi”）包含某交易价格 p_i。

表达上述约束为一个交易（transact）函数的前置条件，该函数的参数包括证券的名字 i，当前时间 t，以及证券交易所 sec_exchg。

因此假定适当的观测器函数，如 (i) 从给定（即指定）的证券观测买[卖]订单，(ii) 从一个买、卖订单观测其请求买、卖的数量，其交易期间（时间间隔），以及其“lo–hi”（买、卖）价格区间。

III

简单 RSL

概要

我们已经介绍了离散数学和函数中的非常基本和简单的概念。我们现在准备把这些概念“嵌入”到这几卷书的主要工具—— RAISE 规约语言（简称 RSL）中去。

我们对 RSL 首次系统的介绍将会遵循第II 部分中所设定的“模式”，只是在这里我们将会涉及函数。在这一部分中，我们将会较早地给出 RSL 中函数的定义，然后在结尾章节将会再次深入介绍。

其他的有关 RSL 和 RAISE 方法的入门书籍和资料我们建议参考 [218,220]。

RSL 与 VDM-SL、Z 以及 B

尽管也有一些其他的规约语言，但是我们选择了 RSL。我们本可以选择 VDM-SL 作为替代。本书的作者是 VDM-SL [113,114,208] 最早的发起者、研究者和开发者之一（而且他还是从 RAISE 到 RSL 的发起者之一）。

或者我们本可以选择 Z [431,432,484] 以及 B [3,4]。基于以下几个原因，我们选择了 RSL。

- 与刚才提到的规约语言相比，从某种意义上来说，RSL 与离散数学是结合最紧密的；
- 与 VDM-SL 一样，RSL 也表达了命令式规约的风格，即支持可分配的变量和语句；
- 此外，RSL 能够表达并发的概念（见第 21章），而无论是 VDM-SL，还是 Z 和 B 都不能表达；
- 类似于代数规约语言（比如 CASL [359] 和 CafeOBJ [176]），RSL 允许引入分类、假定观测器函数，然后通过公理确定这些分类和已经定义好基调的函数的“形状”；
- 最后，如同 Z、B、CafeOBJ 以及 CASL 一样，RSL 也能够模块化地构造规约（参见卷 2 第 10 章）。

RSL 中引入了分类、公理以及类似 CSP 的进程概念，这使得它可以被视为 VDM-SL 的一种“扩充”，这也正是作者较 VDM-SL 而言更倾向于 RSL 的原因。如果你以前曾经学习和使用过 VDM-SL，你就能够十分容易地“转移”到 RSL。

由于 B 以及其后继 event-B 尚未稳定，所以当编写一本其主要目的不是去教授一种特定的语言，而是去教授如何抽象的教材时，基于 B/event-B 是不成熟的[1]。

Z 中的模块结构化功能看上去十分优美。同样地，在 event-B 中也出现了类似的功能。Z 和 B 似乎都强调在开发的每一个步骤中所进行的强制形式证明——而 VDM-SL 与 RSL 则着重于规约。总而言之，对本书的作者来说 RSL 看上去是一种最佳的选择——最通用的。

但是我们需要指出的是，表达面向模型的抽象比挑选某种特定的语言更重要。因此我们建议教师在使用这几卷书进行授课之外，自己再基于任何一种面向模型的规约语言（比如 VDM-SL、Z、B）准备一些补充讲义。

句法上什么构成了规约

在这一卷中，我们将令规约由以下构成：

- 一个或者多个类型（**type**）定义，
- 一个或者多个函数值（**value**）定义，
- 零个、一个或者多个公理（**axioms**），
- 零个、一个或者多个变量（**variable**）声明，
- 零个、一个或者多个信道（**channel**）声明。

我们目前满足于前面三种规约。

第 20 章将会介绍变量，第 21 章将会介绍信道。

第 2 卷第 10.2 节将会稍微改变上述的规约的句法，以便允许模式（**schemes**）和类（**classes**）包含类型、值和公理，同时引入对象（**objects**）来扩展 RSL。

一个关于RSL的“标准”

作为一种语言，RSL[2] 正在被 Chirs George[3] 维护和更新着。RSL 的主要参考文献是 [218]:

The RAISE Specification Language.
Chris George, Peter Haff, Klaus Havelund, Anne Haxthausen, Robert Milne, Claus Bendix Nielsen, Søren Prehn, and Kim Ritter Wagner.
The BCS Practitioner Series. Prentice-Hall, Hemel Hampstead, , 1992.

---

[1] 本书作者发现 event-B 中的原理表达了一种吸引人的规约范例。

[2] 这一节以及下一节所提供的信息是具有时效的。换言之，我们只能保证到 2004 年末/ 2005 年初为止这些信息是正确的。

[3] UNU-IIST, 中国，澳门特区，联合国大学，国际软件技术学院，邮政信箱 3058，电子邮件：cwg@iist.unu.edu, 网址：www.iist.unu.edu。

这本书可能已经绝版。你可能可以从以下网址购买被出版商授权的这本书的重印本：

`http://spd-web.terma.com/Projects/RAISE/faq.html#contact_info`
att.: Mr. Jan Storbank Pedersen

原文的一个细微修订版本有可能可以从因特网上获得。

其他有关 RAISE [220]的主要参考文献：

The RAISE Method.
Chris George, Anne Haxthausen, Steven Hughes, Robert Milne, Søren Prehn, and Jan Storbank Pedersen.
The BCS Practitioner Series. Prentice-Hall, Hemel Hampstead, UK, 1995.

现在已经可以从因特网上获得：

`ftp://ftp.iist.unu.edu/pub/RAISE/method_book/`

这几卷丛书所介绍的 RSL 是严格意义上的 RSL 的一个“微扩展”。其他的受各种自由工具所支持的 RSL 的不同版本请参见以下网址：

`www.iist.unu.edu/newrh/III/3/1/docs/rsltc/RSL.changes/`

RSL 工具

有关可下载的 RAISE 工具的信息可以从 UNU-IIST 获得：

`http://www.iist.unu.edu/newrh/III/3/1/page.html`

这些信息包括针对不同平台（Linux, Solaris, DOS, Windows）的自由和开源软件，这其中包括类型检查、优质打印，以及到 SML 和 C++ 的翻译工具等等。

其他新颖的 RAISE 工具的信息可以从销售这些工具的 Terma 公司获得：

`http://spd-web.terma.com/Projects/RAISE/faq.html#tool_support`

另外，有关工具手册的信息可以参见以下网址：

`ftp://ftp.iist.unu.edu/pub/RAISE/tool_manuals/`

10

RSL 中的原子类型和值

- **学习本章的前提**：你熟悉一般编程语言中类型和值的概念，并知晓前面章节中所介绍的数的数学概念。
- **目标**：介绍原子类型和值的概念，特别地介绍 RSL 中枚举类型（以及它们的值）的概念，以及强调 RSL 规约的特定空间与模型化的标识符的任意空间的两面的观点。
- **效果**： 教授读者如何挑选恰当的原子类型和值来作为基本现象和概念的模型。
- **讨论方式**：系统的和半形式的。

不是每一个现象都可以被分解成石头，即原子的事物。但是许多事物可以——正因为如此我们介绍一些建模的原则、技术和工具。

特性描述： 原子值，我们通过其指一个实体，并且我们对该实体中可能有的子部分并不感兴趣。一个实体可能含有一些自己的子部分，也可能没有，但是我们只对值本身感兴趣。 ■

特性描述： 原子类型，我们通过其指一个其中所有值都是原子的类型。 ■

10.1 引言

我们将要讨论为什么这一章要介绍这些材料，而且为什么要在这里介绍！

10.1.1 数学与企业建模

数在日常生活中扮演了一个重要的角色: 在预算编制和会计学中——即在平常的计算中——以及在数学中。自然现象的模型被传统地表达成了诸如多项式、微分与积分的方程式。这些方程式的表达式中的变量通常意味着数。我们不会涉及传统的，经常被称为应用的数学。它们经常被工程人员、运筹学家以及经济学家等所使用。相反，我们将会传授建模的原则、技术与工具。“我们的”数学规约将不会取代上述专业人员。我们——以及你们，基于你们在这里学习的知识——将要把“我们特有的”数学规约运用到那些不适合或者不方便用传统数学来解决的现实生活现象中去。

虽然这一章是关于数的，我们不会基于数来构造“我们的”规约，而会更多地基于一些“更丰富的”数学结构——这些数学结构也不适合于用多项式、微分、积分或者其他传统的数学表达式形式来建模。我们将会介绍那些建模和为一般企业提供软件的原则、技术与工具，而这些对普通的数学来说通常是不“可建模的”。

10.1.2 “原始的”模型构造块

在这一章中我们将会着眼于那些用于构造我们模型的极其基本的元素，即原子元素（你可能想称之为“原语”）。这些原子元素包括数：自然数、整数、有理数—— 我们将介绍为什么仅仅而且恰好只包括这些数。该元素同样包括字符和文本串，以及那些可以被我们称之为是标识符或者标记的元素。

在建模中，我们对数字的主要使用是在对数量的建模中。正如物理学者用数字去量化重量、速度等等，我们用数字去量化类似的现象和其他的现实世界现象。我们对字符、文本串以及标识符的使用主要在于对简单的、具体的输入/输出信息的建模中，或者对论域中现象的标识分别进行建模的过程中。

10.2 RSL 中的数

在第 2 章中，我们已经介绍了数的有关数学概念。在这里简单归纳一下。不同的数有：自然数（**Nat**: $0, 1, 2, \ldots$）；整数（**Int**: $\ldots, -2, -1, 0, 1, 2, \ldots$）；有理数：由整数（即：$i, j$）和分数 $\frac{i}{j}$ 组成，其中对于所有的整数 i, j，$j \neq 0$；无理数；实数（**Real**）；虚数；复数以及超越数。

10.2.1 三种数的类型

我们不用去考虑对数的操作（第 10.2.2 节），在 RSL 中只考虑以下三种类型的数：自然数、整数和实数。这三种数的相互关系如下：

Nat $\subset$ **Int** $\subset$ **Real**

自然数：Nat

自然数是指那些全部大于或等于零的数: $0, 1, 2, \ldots$.

整数：Int

整数包括全部正的或者负的数：$\ldots, -2, -1, 0, 1, 2, \ldots$.

实数：Real

RSL 中的实数是指那些其数符（numerals，即数的名字）可以被记做一个有限小数的数：小数点“.”的左边是一个数字的有限序列（可以带或者不带负号），右边也是一个数字的有限序列。例如：-987654321.0123456789！

10.2.2 RSL 中数的操作

在 RSL 中我们定义了以下对实数的操作：

value

  +,−,/,∗: **Real** × **Real** $\stackrel{\sim}{\rightarrow}$ **Real**

  <,⩽,=,≠,⩾,>: **Real** × **Real** → **Bool**

  −: **Real** → **Real**

  abs: **Real** → {| r:**Real** • r⩾0 |}

  int: **Real** → **Int**

  real: **Int** → **Real**

axiom

  ∀ n:**Nat** • **abs** −n = n = **abs** n

其他类型的数上也同样地定义了等价（≡）和非等价（≠）操作。**int** 和 **real** 函数分别用来转换一个实数到其最接近的整数，以及转换一个整数到其对应的实数：

int 2.71 = 2, **int** −2.71 = −2, **real** 5 = 5.0, ...

10.3 枚举标记

当我们希望谈及一组有限的、可标识的原子实体而又不希望进一步具体描述它们的时候，我们可以借助于对枚举标记的使用。

10.3.1 动机

我们相信例 2.3 已经清楚地说明了：对于有限的原子值的集合（通常是“小集合”），当我们不是真正关心这些值具体是什么，而只是想分别地、清楚地命名这些值的时候，有必要用较少的编码来对这些集合进行建模。因此，我们要介绍如编程语言（例如 Pascal（Niklaus Wirth [285,473]））中实现的枚举标记的概念。

例 10.1 枚举标记，扑克牌 一副牌，除去大小王，还剩 52 张。这 52 张牌可以通常被建模成：

type

  Suit == club | diamond | heart | spade

  Face == ace | two | three | ... | ten | knight | dame | king

  Card = Suit × Face

花色通常被显示为：♣、♢、♡ 和 ♠。 ∎

10.3.2 一般理论

我们把一个枚举标记理解成为一个特殊定义的原子值。假设 t 和 t' 是两个枚举标记，不是

$t = t'$ (和 $t \equiv t'$) 就是 $t \neq t'$ (和 $t \not\equiv t'$)。相等（等价）与不相等（不等价）是定义在枚举标记上的仅有操作。[1]

一个恰当的示意性的例子如下：

type
　Token == token_1 | token_2 | ... | token_n

是一个变体定义，它定义了n个原子值 token_1，token_2，...，token_n。

定义符号：== 表示我们将要调用一个变体构造器。类型构造器 | 有效地指明了一个不相交的类型的并。

上述变体定义是以下“详细表达式”的一种简略的表达方式：

type
　Token
value
　token_1:Token,
　token_2:Token,
　...
　token_n:Token
axiom
　[枚举标记的不相交性]
　　$\text{token}_1 \neq \text{token}_2 \wedge ... \wedge \text{token}_1 \neq \text{token}_n \wedge$
　　$\text{token}_2 \neq \text{token}_3 \wedge ... \wedge \text{token}_2 \neq \text{token}_n \wedge$
　　...
　　$\text{token}_{n-1} \neq \text{token}_n$

如同上面的例子，枚举标记（即变体定义）因此会伴随或者“生成”一条附加的公理：归纳公理。

归纳公理的作用在于表达这个变体定义指明了一个其中恰好只有这 n 个枚举值的模型。

为了用元语言来表达这一点（即不是作为变体定义的一部分，而是作为一个蕴涵的公理），我们假定：对于所有的谓词 p，如果 p 对于所有列出的枚举值都成立，那么 p 对于所有的标识都成立：

axiom
　[枚举标记归纳]
　　$\forall$ p:Token→**Bool** •
　　　$\text{p}(\text{token}_1) \wedge \text{p}(\text{token}_2) \wedge ... \wedge \text{p}(\text{token}_n) \Rightarrow \forall$ token:Token • p(token)

这样，通过取（某个）p 作为：

value
　p: Token → **Bool**
　$\text{p} \equiv \lambda$ t:Token • $\text{t}=\text{token}_1 \vee \text{t}=\text{token}_2 \vee ... \vee \text{t}=\text{token}_n$

[1]实际上这四种操作：=，≡，≠ 和 ≢，被定义在了所有的值上。

我们知道一个 Token 或者是 token_1，或者是 token_2，或者是 ...，或者是 token_n；即仅仅是它们中的某一个。

10.3.3 标识上的操作

只有 4 种操作适用于标记：相等 (=) 与不相等 (≠)，等价 (≡) 与不等价 (≢)：

type
  Token == a | b | ... | c
value
  =: Token × Token → **Bool**
  ≠: Token × Token → **Bool**
  ≡: Token × Token → **Bool**
  ≢: Token × Token → **Bool**

10.3.4 抽象模型中的枚举标记

当选择使用枚举标记来进行抽象的时候，有一个（可能的）应用要遵守的原则，以及一种处理的技术。而且在 RSL 中，当实现规约的时候，也就是说当分别考虑和选择把枚举标记引入到一个抽象模型（即一个抽象规约）的时候，有一个工具来应用。它们（这个原则、技术和工具）是：

原则： 枚举标记

如果一个具体的、物理上显然的现象或者一个抽象的概念能够被一个具有（通常只有少数几个）值的属性所描述，而且所有这些值可以被看成原子的，在这些值上适用的操作也只有相等和等价的时候，那么我们选择枚举标记去对这些现象和概念进行建模。 ■

技术： 枚举标记

识别现象（概念）的一个或者多个属性；分配不同的名字给它们的值类型；确定每个枚举类型的值域；给这些值授予适当的表达标识符来作为它们的名字，及使用工具去对这些枚举标记进行建模。 ■

工具： 枚举标记

用来表达枚举标记的 RSL 语言工具是变体定义：

type
  ET == et_1 | et_2 | ... | en_n

用来处理枚举标记的 RSL 工具，包括相等的表达，是 **case** 结构：

type
  A, B

value
  obs_ET: A → ET
  fct, fct_1, fct_2, ..., fct_n: A → B
  fct(a) ≡
    case obs_ET(a) **of**
      et_1 → fct_1(a), et_2 → fct_2(a), ... , et_n → fct_n(a)
    end

其中，对于一个给定的属性（ET），fct 用于检验一个参数 a:A 的枚举标记的值 et_i，并且调用一个适当的辅助函数 fct_i（进一步）处理这个参数。

类型 A 和 B，观测器函数 obs_ET 和辅助函数 fct_i 是假定的。 ▪

10.3.5 用枚举标记来建模

枚举标记和有限状态设备

我们把一个有限状态设备理解为一个有限状态自动机或者一个有限状态机。在卷 2 第 11 章中我们将会介绍有限状态自动机和有限状态机的概念。这些设备的每一个状态都典型地被贴上了标号，并且这些标号是从一个有限的符号字母表中提取的。运用这一节所介绍的枚举标记的概念，我们可以对这些有限状态设备进行建模。

例 10.2 有限状态自动机标号 我们介绍一些非形式的例子。

(1) 在一个操作系统中，调度作业有**运行**、**排队**、**等待输入**、**空闲**或者其他几种状态。我们可以把每一个作业关联到其状态——这可以用枚举标记来表示。

type
  Job_Status == running | queued | waiting_for_input | idle | other

(2) 一辆汽车可以处于以下几种状态之一：**停放**、**不动但是发动机依然运转**、**向前开**、**倒车**或者其他。

type
  Car_Status == parked | idling | forward | backward | other

(3) 一架飞机可以处于以下几种状态之一：**等待维修**、**维修中**、**滑行去侯机门**、**服务中**（正在加油、装行礼、乘客登机等）、**许可起飞**、**起飞**、**飞行**、**着陆**等。

type
  Aircraft_Status == wait_maint | under_maint | taxi_dept |
      | under_service | cleared | take_off | flying | landing

▪

枚举标记和 Linux 命令

例 10.3 Linux 命令名 当为实现规约软件设计的时候，或者为规定 Linux 命令的意义而规约需求的时候，我们需要给它们命名。这些命令包括：cp、emacs、latex、ls、mkdir、mv、rm、rmdir等。

type
  Linux_Cmd_Nms == cp | emacs | latex | ls | mkdir | mv | rm | rmdir | ...

■

10.4 字符和文本

字符和字符序列（即文本）组成了一个十分具体的类型。这个类型我们不应该在领域描述和需求规定中过多地使用。

10.4.1 动机

对于计算机的一般使用，必须读取输入数据，操作存储数据，并且生成输出数据。通常最初的输入数据和最终的输出数据是由一些可视的符号组成：字母字符、数字，以及特殊字符（操作符符号、定界符等）。所有这些都被计算机程序所规定。

抽象规约的目的不是去定义可执行的程序，而是在软件设计中指定它们的类。而且就领域描述和需求规定而言，我们并不需要去规定具体的输入和输出，但可以对它们进行抽象。

因此，在高层次的抽象中，我们不需要使用 RSL 内置的 **Char**（字符）和 **Text**（文本）数据类型。但是，在接近执行层次的 RSL 软件设计规约中，拥有这些对应于一般编程语言中的字符和字符串类型的数据类型是有用的。

10.4.2 字符和文本数据类型

RSL **Char**（字符）和 **Text**（文本）数据类型是相互关联的，而且 **Text** 数据类型是与 RSL 中的列表数据类型相关的。我们可以用元语言（即在RSL之外）来解释这两种 RSL 类型如下：

literals /* 这是元 RSL */
  'a', ..., 'A', ...
type
  Char ≃ {| 'a', 'b', 'c', ..., 'z', 'A', 'B', ..., 'Z' |}
  Text ≃ **Char***
value
  c1,c2,...,cn:**Char**
value 表达式
  c1=c2 ∨ c1≠c2 ∨ ... ∨ c='a' ∨ c='b' ∨ ...

这里是具体的 RSL。

value 表达式的解释或者等价（关系）：

"abra" ≃ ⟨'a','b','r','a'⟩

hd "abra" = 'a'

tl tl tl "cadabra" = "abra"

len "abracadabra" = 11

"" ≃ ⟨⟩

"abra"⌢"cadabra" = "abracadabra"

card inds "abracadabra" = **card** {1,2,3,4,5,6,7,8,9,10,11} = 11

card elems "abracadabra" = **card**{'a','b','c','d','r'} = 5

我们引用例 9.24 中第一次对 RSL 列表数据类型的表示。由于文本是字符的序列，所以文本的确不是原子的（数据类型），但是其中的元素（字符）是原子的（数据类型）。

没有预先解释，通过上面的陈述我们介绍了 RSL 中的确定子类型结构。如果 A' 是一个类型（即一个类型名），那么 A 是 A' 的子类型，并且值全部满足假定谓词 $P(a)$：

type

A′

A = {| a:A′ • P(a) |}

value

P: A′ → **Bool**

因此 {| 和 |} 是集合类型构造器的特殊形式。

10.5 标识符与一般标记

标识符是特别标识的“原子”语言量，也就是说它们“是”句法。标记是可标识的原子指代，它们“是”原子的语义量。

10.5.1 标识符

有两种类型的标识符：在诸如 RSL 规约中（以及在程序中：变量、标号、类型、过程名等等）使用的标识符，和我们为特定现象和特定概念建模而需要反复使用的标识符。这一节将介绍标识符。

RSL 标识符

在我们的规约中，我们需要通过命名来标识诸如类型、值，以及函数等现象。标识符（例如 RSL 中的标识符）扮演了这个角色。RSL 标识符是字母数字字符所组成的任意字符串，其中可能带有作为中缀的下划线和/或作为后缀的符号“′”：[2]

a, aa, ala, a_la, a1a, abra_ca_dabra, a_1, a′, a″

[2]对于了解 Z 规约语言的读者，符号“′”是一种时序状态操作符，因此不是标识符名字的组成部分。

论域标识符

当我们需要对一个其中具有许多未进一步指定的名字或者标识符的领域（或者是需求或软件）进行建模的时候，我们将使用论域标识符。

例 10.4 论域标识符 一些真实的、现实的领域中的论域标识符的例子包括(i) 人名，(ii) 城市名，(iii) 产品部件名（即部件编号），(iv) 病人病历名等等。就需求规定或者软件设计而言，论域标识符还可以包括(v) 数据库关系名，(vi) 关系的属性名（即列名）或者计算资源名：(vii) 记录指针名，(viii) 磁盘（存储）段名，或者其他。 ■

就我们而言，论域标识符不需要给出一个具体的表示，但是可以被任何我们可以假定其中元素是“未进一步分析的”的分类所建模。在节 10.5.3 中，我们将介绍如何对这些论域标识符进行建模。

10.5.2 一般标记上的操作

只有 4 种操作应用于一般标记：相等 (=) 与不等 (≠)，等价 (≡) 与不等价 (≢):

type
  Token
value
  $=$: Token × Token → **Bool**
  $\neq$: Token × Token → **Bool**
  $\equiv$: Token × Token → **Bool**
  $\not\equiv$: Token × Token → **Bool**

10.5.3 一般标记

不同于枚举标记（比较第 10.3 节），我们把一个一般标记理解成一个未进一步分析的原子量。我们可以典型地设想一个分类的名字代表了一个由唯一的一般标记所构成的不定集合。

原则： 唯一的论域标识符 当一个实体（即一个现象的集合）把自身表示成（或者一个概念可以被最好地理解成）一个由唯一的、原子的、未进一步分析的量所组成的可能的不定集合，并且在这个集合中基本上只有相等（以及与之对应的不相等）操作，而且对于这个集合不需要特定的表达（即具体的名字），那么分别为这些现象和概念的抽象规约选择一般标记的建模概念。 ■

技术： 唯一的论域标识符 我们一旦选择使用一般标记来对一个或者多个现象或概念的集合进行建模，就分别为每一个现象或概念的集合选择适当的、不同的名字来作为分类名。不需要声明任何公理去定义这些截然不同的分类的分类值，不同的一般标记的值是明显不同的。 ■

工具： 唯一的论域标识符 我们使用一般标记的概念为论域标识符建模。我们可以采用以下方式去为（每次时间）不同的标识符的动态发行建模：声明一个全局变量 ids 和一个不带参数的操作 get_Id 。对 get_Id 的调用（即 get_Id()），等于生成一个迄今为止还没有创建的标识符。

```
class =
   type
[1]   Id
   variable
[2]   ids:Id-set := {}
   value
[3]   get_Id: Unit → read ids write ids   Id
[4]   get_Id() ≡
[5]      let id:Id • id ∉ ids in
[6]      ids := ids ∪ {id};
[7]      id end
   end
```

上面的关键词 **variable** 和行 [2] 声明了一个标识符集合类型的可分配变量，并且把这个变量初始化成了一个空集。在→ 之前的文字 **Unit** “宣告”了函数 get_Id 不带参数。[3] 关键词 **write** 宣告了函数 get_Id 有可能读取并将要或一定会写入一个变量。在这个例子中的赋值语句规定了加入一个新生成的标识符。在这个规约的其他地方——即除了上面的一般标记定义及其生成器操作 get_Id 被发现之外的地方——我们现在可以调用操作：

... **let** id = get_Id() **in** ... id ... **end** ...

其中，唯一的标识符 id 可以被使用多次：... id ... ■

10.6 讨论

现在进行回顾。

10.6.1 概要

在这一章中我们介绍了数（包括自然数（**Nat**）、整数（**Int**）和实数（**Real**））、枚举与一般标记、以及字符与文本的原子值和类型。

10.6.2 对原子实体建模

在这里还剩下一个重要的观点需要表达，而且我们发现最好在此处，即小结中提及，因为我们不希望这个观点被忽略掉：当我们必须在某些论域中对自然数、整数或者实数进行建模的时候，我们不通过它们的表示（即数字），而是直接按照它们的语义值：**Nat**、**Int** 与 **Real**，来分别建模。这与我们对布尔值 **Bool** 的建模类似，不是通过某些表示，而是通过它们的语义值。

[3]**Unit** 是个类型名；() 是类型 **Unit** 的唯一值。

我们强调在以下两种情况中对数和布尔值的使用存在着区别：一是由于技术原因在某些规约中对它们的使用，二是使用它们抽象某个论域中的现象和概念。在后一种情况中，规约者不是描述（或规定）前述各种原子类型的表示，而仅仅使用它们的语义值类型。

在许多应用领域中存在着许多不同的，甚至相当大差别的原子实体种类（读作：类型）。我们如何去处理它们？答案已经在上面给出。

原则： *原子实体* 原子实体通常被处理成“未进一步描述的”量。除了被建模为不同的模型值的不同的现实世界的实体，原子实体不附带任何附加的特性。原子实体的建模原则最终宣称：不要为原子实体去描述特定的句法表示。 ■

上面所介绍的是一个原则。这个原则是如何与我们的形式建模联系起来的？换言之，我们是如何去处理原子实体的描述和形式建模的？

技术： *原子实体* 我们对类型和值作一个区分：原子实体的类通常被建模成未进一步指定的分类；但是当这些原子实体确实拥有那些数、字符或者字符串所具有的特性的时候，我们就对它们如此这样建模。 ■

10.7 练习

下面的问题 10.1 让我们想起 J.H. Conway 的《数与博弈》（On Numbers and Games）一书 [149]。[4]

练习 10.1 *把自然数当作集合。* 把自然数 0 表示成一个空集，{}；自然数 1 表示成一个只包含一个空集的单元素集，{{}}；依此类推：自然数 n（n 大于 0）被表示成一个单元素集，其唯一的元素表示了自然数 $n-1$。

1. 现在为上面的自然数集合定义一个恰当的类型 N，以及两个函数：Nat2N 和 N2Nat。Nat2N 取一个自然数并生成其对应的集合表示（在 N 中），而 N2Nat 取一个自然数的集合表示并生成其对应的自然数。
2. 然后在 N 上定义简单的**加法**和**乘法**算术运算符——对加法的定义可借助于对加 1 和减 1 操作的使用，对乘法的定义可借助于或者不借助于加 1 操作（当不借助于加 1 操作的时候，可以考虑用普通加法，即定义好的简单加法操作来实现）。

♣ ♣ ♣

练习 10.2 ♣ *在运输网络领域中的原子类型。* 请参见附录 A，第 A.1 节：*运输网络*。

1. *段和连接名：* 段和连接具有唯一的名字——但是我们不操心它们的表示形式。为这些名字建议类型（即这些名字的名字），并用一个或者两个词解释它们应该属于四种原子类型的哪一种。
2. *段和网络类型：* 一个运输网络具有种类数目确定的段（你可以设想这些种类包括：**公用公路**、**收费公路**、**免费道路**、**铁路线**、**空中走廊**或者**海洋航路**）。

[4] 同时参见 [35,36]。

(a) 具体的网络类型：或者你决定精确地对一个特定的种类进行建模，例如上面所建议的那些。那么为这个种类提出一个合适的原子类型定义。

(b) 抽象的网络类型：或者你决定对任何这样的种类进行建模，比方说公用公路或者空中走廊 的不同级别等等。那么为这种情况提出一个合适的原子类型。

(c) 某一个类型的网络：现在为前面两个模型中的任意一个定义一个谓词，这个谓词用来判定一个运输网络中的所有段是否属于同一个类别。

3. 连接类型：假定一个人可以通过一个段来观测其网络类型，那么可以合理地假设一个连接呈现了一个网络类型的总计，即这个连接所连接的段的网络类型的集合。

(a) 声明一个观测器函数的基调来判定任意连接的网络类型。

(b) 声明一个必须被任何网络所满足的公理，即任意连接的网络类型与其连接的段的网络类型相匹配。

练习 10.3 ♣ *在集装箱物流领域中的原子类型*。请参见附录 A，第 A.2 节：*集装箱物流*。

假设集装箱船和集装箱码头能够处理各种不同的集装箱：20′（20 英尺），40′（40 英尺），以及这些尺寸的冷藏集装箱。因此船上和岸边的排位都被指定成只能容纳上述某种特定尺寸的集装箱。提出一个对此进行建模的方法：

1. （具有适当种类的）原子类型，
2. 适用于集装箱和排位并生成它们的集装箱类型的观测器函数，和
3. 一个适用于排位并检查所有堆放的集装箱是否具有适当种类的谓词。

练习 10.4 ♣ *在金融服务行业领域中的原子类型*。请参见附录 A，第 A.3 节：*金融服务行业*。

介绍一个有关信用卡的概念，这个信用卡可以是以下任意一种信用卡：AEX (American Express)，DC (Diners Club)，MC (Master Card)，或者 VISA。我们可以从信用卡来观测客户名、信用卡号以及隐藏的信用卡账户号——这个账户号同时是这个指定客户的查询/储蓄账户。

银行账户可以具有多种种类：抵押（即贷款）账户或者查询/储蓄账户。在后一种情况，这个账户可以与零个、一个或者多个信用卡类型和号码关联起来。

两个或者多个信用卡可以关联到同一个，由是共享的查询/储蓄银行账户。

1. 信用卡属于什么类型的实体：原子的或者复合的？
2. 什么样的属性可以被关联到信用卡上？
3. 形式化信用卡的类型为分类，
4. 并且定义适当的观测器函数。
5. 添加前面可能定义过的涉及银行账户的类型和观测器函数来考虑上述粗略的叙述性描述。特别地，扩展银行类型来包括所有的可被该银行所接受的信用卡。
6. 首先用言语（即英语），然后用定义在银行类型上的公理去表示一些约束条件。这些约束条件必须在银行的银行账户与其关联的信用卡之间成立。

11

RSL 中的函数定义

- **学习本章的前提：** 你已具备有先前章节所介绍的有关数字、集合、笛卡尔和函数等数学概念的知识。
- **目标：** 为后面的章节作准备，介绍定义函数的方法和手段。
- **效果：** 令读者踏上旅途，当需要的时候，可熟练地根据需要尽量抽象地定义函数。
- **讨论方式：** 系统和半形式的。

> 为了表达对现象和概念的观测与其上的操作（这些操作可能会产生“新的”现象和概念）—— 换言之，为了表达变化——我们必须应用函数。因此我们必须定义这些函数。

定义函数的方法有许多种。这些方法或多或少是彼此的变体。从风格上区分可以分为面向性质的和面向模型的定义方法。本章将会阐明五种定义函数的方法。我们首先概述一下函数的类型。

11.1 函数类型

当给出一个数据类型的时候，有三个总是关联的问题：表达这个数据类型的方法（句法），所表达的含义（语义），和我们为什么首先写下这些表达式（语用）。我们将会探讨前面两个问题。

11.1.1 函数类型的句法

令 A, B 代表任意的类型。令 F 指定所有从 A 映射到 B 的全函数的类型，并且令 G 指定所有从 A 的子集映射到 B 的部分函数的类型。后者的函数的类型包括了前者的函数的类型。也就是说：部分函数的空间包含了全函数的空间。

type A, B
　$F = A \to B$
　$G = A \xrightarrow{\sim} B$
value
　f: F, g: G

"axiom"—— 即一条 RSL 元语言语句：

$F \subseteq G$，即 $(A \to B) \subseteq (A \stackrel{\sim}{\to} B)$

我们称那两个子句 f:F 和 g:G 表示了函数空间的基调（名字和类型）。

11.1.2 $\to$ 和 $\stackrel{\sim}{\to}$ 的非形式语义

$\to$ 和 $\stackrel{\sim}{\to}$ 是中缀类型操作符。应用于各自的类型（这里指类型 A 和 B），它们分别“构造”了从 A 到 B 的全函数和部分函数的（类型）集合。

我们现在简要地介绍五种定义函数的方法，即 RSL 中定义函数的五种语言结构。

11.2 面向模型的显式定义

在面向模型的风格的函数定义中，我们采用面向模型的方式并使用 λ-函数，典型地一次定义一个函数。

让 $\mathcal{E}$(a) 表示正在使用的规约语言的任意表达式。$\mathcal{E}$(a) 用来生成一个类型为 B 的值。

一个示意性的面向模型的函数的定义是：

type

  A, B

value

  f: $A \stackrel{\sim}{\to} B$

  f $\equiv$ λa:A.$\mathcal{E}$(a) **pre** $\mathcal{P}$(a)

  f: $A \to B$

  f $\equiv$ λa:A.$\mathcal{E}$(a)，或者：

  f(a) $\equiv$ $\mathcal{E}$(a)

第一个变式，f 是一个部分函数，需要一个前置条件 $\mathcal{P}(a)$。

例 11.1 面向模型的显式函数定义 我们定义一个取模函数：

value

  mod: **Nat** × **Nat** $\stackrel{\sim}{\to}$ **Nat**

  mod $\equiv$

    λ(m,n):(**Nat**> **Nat**)

      if n=0 **then chaos else**

      if 0<m−n⩽n **then** m−n **else** mod(m−n,n)

      end end

■

显式的函数定义：

type

  A, B

value

  f: $A \to B$, f $\equiv$ λ a.$\mathcal{E}$(a), etc.

是下面公理定义的一个实例：

type
  A, B
value
  f: A → B,
axiom
  ∀ a:A • f(a)≡$\mathcal{E}$(a)

11.3 面向模型的公理定义

在这种函数定义的风格中，我们采用面向模型的方式典型地一次定义一个函数，但是在这里是通过一个子句的三元组 **type/value/axiom**：

type
  A, B, ...
value
  f: A $\stackrel{\sim}{\to}$ B
  ca:A, cb:B, ..., ca′:A, cb′:B
axiom
  $\mathcal{R}$(ca,cb), ..., $\mathcal{R}$(ca′,cb′)
  ∀ a:A, b:B •
    $\mathcal{P}_1$(a) ⇒ $\mathcal{Q}_1$(a,b)
    ∧ $\mathcal{P}_2$(a) ⇒ $\mathcal{Q}_2$(a,b)
    ∧ ...
    ∧ $\mathcal{P}_n$(a) ⇒ $\mathcal{Q}_n$(a,b)

ca，cb，...，ca′，cb′ 通常是常量值。它们的定义（即值标识和例示）通常被省略掉。$\mathcal{R}$(ca,cb), ..., $\mathcal{R}$(ca′,cb′) 是定义在常量上的命题。谓词表达式 $\mathcal{P}_i$(a) 和 $\mathcal{Q}_i$(a,b) 通常被算术地表达成至少涉及函数 f 和一些非平凡的操作符（或者定义在 A 和 B 之上的辅助函数等等）的表达式。如果 f 是全函数，那么一个或者多个 $\mathcal{P}_i$(a)⇒ 会被省略掉。

例 11.2 两个面向模型的公理定义

- 取模函数

  value
    mod: **Nat** × **Nat** $\stackrel{\sim}{\to}$ **Nat**
  axiom
    ∀ m:**Nat** • mod(m,1) = 0
    ∀ m,n:**Nat** • n≠0 ⇒
      ∃ q,r:**Nat** • q∗n+r=m ∧ 0≤r≤n−1 ∧ mod(m,n)=r

- 平方根函数

value
  sqr: **Real** $\stackrel{\sim}{\to}$ **Real**
axiom
  $\forall$ v:**Real** • v > 0.0 ⇒ $\exists$ r:**Real** • sqr(v) = r ∧ v*v = r

■

下一种函数定义的风格与现在的风格的区别仅仅在于前者更强调面向性质，而后者更强调面向模型。这个区别是个个人喜好问题。

11.4 面向模型的前置/后置条件定义

在这种函数定义的风格中，我们采用面向模型的方式典型地一次定义一个函数，并且使用一对谓词：一个谓词用来刻画函数参数值；另外一个则用来联系函数参数和对应的函数结果。它的句法可以示意性地表示为：

type
  A, B
value
  f: A $\stackrel{\sim}{\to}$ B
  f(a) **as** b
    pre $\mathcal{P}$(a)
    post $\mathcal{Q}$(a,b)

$\mathcal{P}$(a) 和 $\mathcal{Q}$(a,b) 是定义在（量化的）变量 a 和 b 上的一般（通常是全称量化的）谓词表达式。请注意关键字 **as**。

例 11.3 面向模型的隐式前置/后置条件函数定义 现在我们给出取模函数的另外一种形式的定义：

value
  mod: **Nat** × **Nat** $\stackrel{\sim}{\to}$ **Nat**
  mod(m,n) **as** r
    pre n≠0
    post $\exists$ q:**Nat** • q*n+r=m ∧ 0≤r≤n−1

■

隐式的前置/后置条件定义：

type

A, B

value

f: A $\stackrel{\sim}{\rightarrow}$ B

f(a) **as** b **pre** $\mathcal{P}$(a) **post** $\mathcal{Q}$(a,b)

是以下任意一种公理定义的一个实例：

type

A, B

value

f: A $\stackrel{\sim}{\rightarrow}$ B

axiom

∀ a:A • $\mathcal{P}$(a) ⇒

∃ ! b:B • f(a) = b ∧

$\mathcal{Q}$(a,b)

type

A, B

value

f: A $\stackrel{\sim}{\rightarrow}$ B

axiom

∀ a:A • $\mathcal{P}$(a) ⇒

∃ b:B • f(a) = b ∧

$\mathcal{Q}$(a,b)

上面两种方式的唯一区别在于带有唯一存在量化的那个定义确定性地定义了一个函数，而另外一个则是非确定性的定义。

我们还没有展示许多的类似 f(a) **as** b **pre** p(a) **post** q(a,b) 的定义。但是，许多这样的定义将会被介绍，包括：例 13.5 的 merge 函数，例 13.11 的 int_Call, int_Hang 和 int_Busy 函数，例 15.6 的 index 函数，例 15.8 的 sort 函数，例 15.10 的 A_sort 和 KWIC 函数，以及例 16.10 的 retr_G2 函数。

11.5 面向性质的公理定义

在这种函数定义的风格中我们通常采用一种半面向性质的方法典型地一次定义一个函数，更确切地说，是通过对面向模型的适当使用和一个 **type/value/axiom** 子句的三元组：

type

A, B, ...

value

f: A $\stackrel{\sim}{\rightarrow}$ B

axiom

∀ a:A, b:B •

$\mathcal{P}_1$(a) ⇒ $\mathcal{Q}_1$(a,b) ∧

$\mathcal{P}_2$(a) ⇒ $\mathcal{Q}_2$(a,b) ∧

... ∧

$\mathcal{P}_n$(a) ⇒ $\mathcal{Q}_n$(a,b)

表达式 $\mathcal{P}$(a) 和 $\mathcal{Q}$(a,b) 没有被算法地表达。如果 f 是全函数，那么 $\mathcal{P}_i$(a)⇒ 会被省略掉。

例 11.4　两个面向性质的公理函数定义

• 阶乘：

value
　factorial: **Nat** → **Nat**
　n:**Nat**
axiom
　n > 1
　factorial(1) = 1,
　factorial(n) = n ∗ factorial(n−1)

• 斐波纳契数列：

value
　fibonacci: **Nat** → **Nat**
　n:**Nat**
axiom
　n > 1
　fibonacci(0) = 1, fibonacci(1) = 1,
　fibonacci(n) = fibonacci(n−1) + fibonacci(n−2)

■

11.6 面向性质的代数定义

在这里通常只给定 RSL 固有的原子类型，函数的分类（抽象类型）和基调（即类型）。一个原子的、面向性质的函数定义通常同时定义了几个函数和分类。它的句法可以示意性地表示为：

type
　A, B, C, D, E, F
value
　f: A $\xrightarrow{\sim}$ B, g: C $\xrightarrow{\sim}$ D, ..., h: E $\xrightarrow{\sim}$ F
axiom
　$\mathcal{E}_{p_1}$(f,g,...,h), ..., $\mathcal{E}_{p_k}$(f,g,...,h) [constants]
　$\mathcal{E}_{e_{1_\ell}}$(f,g,...,h) = $\mathcal{E}_{e_{1_r}}$(f,g,...,h) [equations]
　...
　$\mathcal{E}_{e_{n_\ell}}$(f,g,...,h) = $\mathcal{E}_{e_{n_r}}$(f,g,...,h) ...

$\mathcal{E}_i$(f,g,...,h) 是通常包含类型 A、B、C、D、E和/或 F 的量化（在这里没有显示）的一般表达式。

我们已经展示了几个公理的定义：例 8.5 （堆栈），例 8.6 （队列），例 9.23 （简单集合）和例 9.24 （简单列表）。

例 11.5 佩亚诺（Peano）代数的一个面向性质的数据类型定义 我们继续例 11.4，但是现在用一种完全的代数风格来表现。请参阅例 9.21 的佩亚诺公理。它们定义了 **Nat**，我们现在定义任意的和、后继和前趋（分别加 1 和减 1）：

value
  z: **Nat** → **Bool**
  s: **Nat** → **Nat**
  p: **Nat** $\stackrel{\sim}{\to}$ **Nat**
  sum: **Nat** × **Nat** → **Nat**
  mpy: **Nat** × **Nat** → **Nat**
  fact: **Nat** → **Nat**
  fib: **Nat** → **Nat**
axiom
  ∀ m,n:**Nat** •
    z(n) = n=0,
    p(s(n)) = n,
    p(0) = **chaos**,
    sum(0,n) = n,
    ∼z(m) ⇒ sum(m,n)=sum(p(m),s(n)),
    mpy(0,n) = 0, mpy(m,0) = 0,
    mpy(1,n) = n, mpy(m,1) = m,
    ∼z(m) ⇒ mpy(m,n)=sum(m,mpy(p(m),n)),
    fact(0) = **chaos**, fact(1) = 1,
    ∼z(p(n)) ⇒ fact(n)=mpy(n,fact(p(n))),
    fib(0) = 1, fib(1) = 1,
    ∼z(p(n)) ⇒ fib(n)=sum(fib(p(p(n))),fib(p(n)))

在这里等于 0 被假定成一个原语，即假定谓词。 ∎

11.7 RSL 函数定义风格的小结

我们不加注释地列出本章所介绍的各种函数定义风格如下：

1. 面向模型的显式定义

type
  A, B
value
  f: A $\stackrel{\sim}{\to}$ B
  f ≡ λa:A.$\mathcal{E}$(a) **pre** .$\mathcal{P}$(a)

f: A → B
f ≡ λa:A.$\mathcal{E}$(a)
  [or − which is the same]
f(a) ≡ $\mathcal{E}$(a)

2. 面向模型的公理定义

type
　A, B
value
　f: A $\stackrel{\sim}{\to}$ B
　ca:A, cb:B, ..., ca′:A, cb′:B
axiom
　$\mathcal{R}$(ca,cb), ..., $\mathcal{R}$(ca′,cb′)
　∀ a:A, b:B •
　　$\mathcal{P}_1$(a) ⇒ $\mathcal{Q}_1$(a,b) ∧
　　$\mathcal{P}_2$(a) ⇒ $\mathcal{Q}_2$(a,b) ∧
　　... ∧
　　$\mathcal{P}_n$(a) ⇒ $\mathcal{Q}_n$(a,b)

3. 面向模型的前置/后置条件定义

type
　A, B
value
　f: A $\stackrel{\sim}{\to}$ B
　f(a) **as** b
　　pre $\mathcal{P}$(a)
　　post $\mathcal{Q}$(a,b)

4. 面向属性的公理定义

type
　A, B, ...
value
　f: A $\stackrel{\sim}{\to}$ B
　ca:A, cb:B, ..., ca′:A, cb′:B
axiom
　$\mathcal{R}$(ca,cb) ∧
　... ∧
　$\mathcal{R}$(ca′,cb′) ∧
　∀ a:A, b:B •
　　$\mathcal{P}_1$(a) ⇒ $\mathcal{Q}_1$(a,b) ∧
　　$\mathcal{P}_2$(a) ⇒ $\mathcal{Q}_2$(a,b) ∧
　　... ∧
　　$\mathcal{P}_n$(a) ⇒ $\mathcal{Q}_n$(a,b)

5. 面向属性的代数定义

type
　A, B, C, D, E, F
value
　f: A $\stackrel{\sim}{\to}$ B, g: C $\stackrel{\sim}{\to}$ D, ..., h: E $\stackrel{\sim}{\to}$ F
axiom
　[常量]
　$\mathcal{E}_{p_1}$(f,g,...,h),
　...,
　$\mathcal{E}_{p_k}$(f,g,...,h),
　[等式]
　$\mathcal{E}_{e_{1_\ell}}$(f,g,...,h) = $\mathcal{E}_{e_{1_r}}$(f,g,...,h),
　...,
　$\mathcal{E}_{e_{n_\ell}}$(f,g,...,h) = $\mathcal{E}_{e_{n_r}}$(f,g,...,h)

11.8 讨论

我们已经介绍了定义函数的五种风格。很明显有一组定义风格：从纯代数的（即面向性质的）一直到纯算法的（即面向模型的显式函数定义）。我们让读者自己去选择对这些风格的适当组合。

一个函数定义（基于上述五种风格中的任意一种）可能并不是恰好唯一地确定了某一个函数，即一个数值。一个函数定义的句法可以表示一个这些数值的通常是无限的集合。这种次规约，或称之为松散性，可能是或者不是人们所想要的。

11.9 练习

♣ 提示：建议你最好先学习第 13~16 章中的一章或几章有关 RSL 集合、笛卡尔、列表和图的介绍，然后再来解决本章的三个练习。

♣♣♣

练习 11.1 ♣ 在运输网络领域中的函数。请参见附录 A，第 A.1 节：运输网络。

作为一个练习，尝试用本章所介绍的五种风格中的几种或者全部去表达一个运输网络中的函数。

提示： 试试以下的函数：分别插入一条线段或者一个连接到一个运输网络。参阅练习 9.1，项目 3 和 4。准备好用很多辅助函数包括谓词去定义这些函数。使用你自己的语言去宽松地描述它们，而不是试图给出一个完整的定义，因为你还必须学习适当的抽象数据类型来定义这些函数。

练习 11.2 ♣ 在集装箱物流领域中的函数。请参见附录 A，第 A.2 节：集装箱物流。

作为一个练习，尝试用本章所介绍的五种风格中的几种或者全部去表达一个集装箱物流中的函数。

提示： 试试以下这个函数：把一条船开进一个集装箱码头。准备好用许多辅助函数包括谓词去定义这个函数。使用你自己的语言去宽松地描述它们，而不是试图给出一个完整的定义，因为你还必须学习适当的抽象数据类型来定义这些函数。

练习 11.3 ♣ 金融服务行业领域中的函数。请参见附录 A，第 A.3 节：金融服务行业。

作为一个练习，尝试用本章所介绍的五种风格中的几种或者全部去表达一个金融服务行业中的函数。

提示： 试试以下函数：开启和注销一个银行账户，对一个活期/存款账户分别进行存款和取款操作。

准备好用许多辅助函数包括谓词去定义这个函数。使用你自己的语言去宽松地描述它们，而不是试图给出一个完整的定义，因为你还必须学习适当的抽象数据类型来定义这些函数。

12

面向性质与面向模型的抽象

- 学习本章的**前提**：你愿意从事抽象并具备有理解抽象的能力。
- **目标**：讨论抽象的概念并介绍抽象的原则和技术；回归面向性质的抽象的概念并介绍面向模型的抽象的概念，并且将这二者联系起来。
- **效果**：培养认真的读者在抽象建模的基础方面成为专家。
- **讨论方式**：从系统到形式的。

特性描述： 抽象，我们通过其理解某个论域中的某个现象或者概念的系统化表示，该现象或者概念的某些方面将会被强调（即被认为是重要的或者相关的），而其他部分则会被忽略（即被认为是不重要的或者不相关的）。 ■

特性描述： 面向性质的抽象，我们通过其理解某个论域中的某个现象或者概念的抽象，而且该抽象主要或者完全使用逻辑性质进行表达。 ■

特性描述： 面向性质的抽象，我们通过其理解某个论域中的某个现象或者概念的抽象，而且该抽象主要或者完全使用数学实体（诸如抽象标记、集合、笛卡尔、列表、以及函数等等）进行表达。 ■

抽象是强调某些重要的现象，系统描述某些重要的概念，并同时抑制其他不重要的现象的行为。抽象是软件工程的一个基石。抽象需要有反映和追求精确与完美的能力。虽然抽象工作的某些方面可以被明白地传授，但是大多数是通过潜移默化的学习来掌握的。

本章（用一种悠闲的方式来）讨论和系统描述主要的抽象和建模原则及其相关技术：抽象，面向性质的抽象（要点概述），面向模型和面向性质的抽象和面向模型的抽象（要点概述）。

在本章我们只给出概述：这几卷书其余部分将会交替给出这两种建模风格的范例以及它们的整合。

因此，本章开始了教授规约之旅。从接下来的五章来看，该规约也可以被称之为离散数学程序设计。这个主题主要在有关基于 χ 的抽象的例子的节中得以说明。这些章节也可以被称之为基于 χ 程序设计的示例。它们是：13.3 (χ = 集合), 14.3 （χ = 笛卡尔），15.3 （χ = 列表），16.3 （χ = 映射），以及 17.2 （χ = 函数[即被看作是值]）。

离散数学程序设计是我们自己教授诸如算法与数据结构的课程的方式。[1]

12.1 抽象

在这一节中我们将要涉及以下几个议题：建模，一般的抽象与规约，以及有关抽象的论述。

12.1.1 关键问题

这一节将要粗略地讨论以下几个问题：模型、建模、抽象与规约。

建模与模型

建模是创造模型的行为。模型包括离散数学结构（集合、笛卡尔、列表、映射等等），并且是被表示成代数的逻辑理论。换言之，任何给定的 RSL 文本表示了一个模型的集合，并且每个模型都是一个代数，即一个指定的值的集合和一个定义在这些值之上的指定的操作的集合。建模是创建、分析并使用这些结构和理论的工程活动。我们建立模型的意图是：除了仅仅作为一种数学结构或者理论本身，这些模型还“模型化”了一些“其他的事物”。在我们这里，那些“其他的事物”是现实[2]、或者所构造的这样的现实、或者对这个现实的需求[3]，或者实际的软件[4] 的某个部分。

一些澄清性的观测结果顺次如下。我们写下模型，也就是我们规约它们。因此一个规约语法地表示了一个模型。一个规约的含义，即它的语义，是模型——实际上是一个模型的集合。规约经常在被感知的现实（本来并且一直是难于定义的，并因此是非形式的）和该规约的文本部分（也就是它们所表示的数学）之间创建了许多的标识。模型不是它所建模的事物，而仅仅只是一个它所建模的事物的模型！

因此，模型这一术语具有两个紧密关联的含义：一个是规约所表示的数学模型，另外一个是这个规约对某些现象的建模。

12.1.2 抽象与规约

抽象涉及对系统描述的复杂性的克服，这种克服是通过对抽象的明智的运用来实现的。简单说来，抽象是一种省略细节并突出重点的行为和结果。

更确切地说，某些系统可能会被认为是复杂的。例如，许多人大概会说 (i) 铁路系统的领域是复杂的；或者(ii)铁路领域（的子系统）的若干软件包的不同需求的集合是复杂的；或者(iii)覆盖适当不同范围的，计算系统支持的铁路操作的实际软件是复杂的。而且，毫无疑问地，上述(i–iii)任意一种的一些描述实际上可能会十分复杂。像这样的复杂性可能是固有的，

[1]例如我们曾经让学生用 VDM-SL （而不是这里所提及的 RSL）“重写”过许多 [151]中的图的算法。关于像这样的“重写”的含义的一个较早的例子，请参见例 16.10。

[2]—— 在领域建模中。

[3]—— 在需求建模中。

[4]—— 在软件设计中。

即无法避免的。或者它是被无心地“放到”这些描述中去的。我们宣称通过小心地运用抽象，后一种情况中的无心的复杂性是可以避免的。

从消极的方面上来说，我们经常发现描述是不必要地扭曲的，冗长的和杂乱无章的，并且因此表现出被描述的对象是复杂的。许多像这样的描述混淆了句法、语义和语用的本质问题（第 1.6.2 节）。从积极的方面上来说，通过掌握抽象我们常常能够用一种避免不必要的复杂性的方式来呈现这个问题。

12.1.3 论抽象

构思——我的孩子，基本的脑力劳动——是所有艺术的关键所在。

D.G. Rossetti：致 H. Caine 的信

由于这是首次探讨抽象的概念的章节——与对论域的建模联系起来，我们将花费一定的时间和篇幅来给出一个主要依据 C.A.R. Hoare 所写的有关抽象意味着什么的简单论述。

“抽象作为一种基本的工具。”

在自然科学中人们首先观测现象——然后对它进行抽象。在程序设计中我们创建域，但是首先是抽象的。

下面的内容摘自于 C.A.R. Hoare 的“Notes on Data Structuring” [263]中的起始部分。

> 抽象是一个被人的思想所使用的工具，并且被应用于描述（理解）复杂现象的过程。抽象是人的智力可利用的最强有力的工具。科学的进行是通过简化现实来实现的。简化的第一步是抽象。抽象（在科学的环境中）意味着不考虑所有那些不适合特定概念框架的经验数据，在这个特定的概念框架中，科学恰巧起作用。抽象（在规约的过程中）起于一个有意识的决定。该决定是去提倡特定想要的基本对象、情况和过程；通过在一个最初步的或者更高层次的描述中去展现它们的相似性，并且——在这个层次上——忽略可能的差异性。

我们可以重新描述上面的观点：我们认为那些支配预言和控制未来事件（即“含义”）的相似性是极其重要的，并且认为那些差异性是不重要的。然后，我们开发了—— 在规约的过程中——一个涵盖正在被讨论的对象和情况的集合的抽象概念。设计程序的第一个要求就是专心于与情况相关的特性，并忽略那些被认为是不相关的因素。因此，抽象必然包含简化。换言之，在规约的每一个阶段，我们归约（概念及其相互关系的）信息的数量；而这些信息是当我们考虑该情况的时候所必须具备并操作的。抽象因此是一种关系。我们选择简化和归约的层次。我们的选择是至关重要的。考虑某一“现实世界”现象的建模：

> 我们归约这个现象的概念为我们自己的概念，即对不同样本的共有特性进行的概括。通过表示相似性，我们的概念省去了去列举性质的麻烦，因此更适合于去组织知识的材料。这些概念被认为仅仅是它们所涉及的项目的缩写。任何使用，如果超越对实际数据所进行的辅助的、技术的总结，都被当作最后的迷信痕迹消除掉了。

程序设计的“无法控制律”准确地说就是：我们对概念的选择成为最终程序行为所依据的定律手册。它们与所想问题之间的密切关系，或者说不同程度上这种关系的缺乏，对于计算机来说是没有意义的—— 并且因此由于这种关系在某些编程人员上面发挥的神秘作用，使得这些程序员也不关心。

12.2 面向性质的抽象

在第 8.5 节（关于规约代数）中我们介绍了面向性质的规约。而且在第 9.6 节的小节“面向性质的规约”中，我们更充分地阐述了这个主题。这不是一个几个章节就能说明清楚的主题。在这一节中我们将回顾面向性质的规约的思想。贯穿于这几卷书中，我们会反复给出面向性质的规约的例子。在下一节中我们将比较面向性质的规约与面向模型的规约的概念。它们是两种主要的规约范例。

在下文中我们将探讨面向性质的规约的三个方面。它们是：(i) **语用**：当选择面向性质的规约范例的时候，我们想要强调什么；(ii) **句法**：面向性质的规约的文本构件有哪些；以及：(iii) **语义**：面向性质的规约的意义是什么。

在描述的上下文中，语用这一概念粗略地表示：为什么使用某个语言的结构。在描述的上下文中，范例这一概念粗略地表示：使用可运用的语言方法可表达的语义——从某种意义上说就是去观察那些不可表达的语义。[5] 因此，这两个概念在描述的上下文中是相关的。

12.2.1 面向性质的规约的语用

形容词“面向性质的”揭示了以下语用：当我们希望强调（逻辑）性质的时候，我们选择面向性质的规约方法——注意我们不是为我们所描述的事物给出一个特定的（比方说离散）数学模型。面向性质与面向模型的规约之间的界限是不明显的。在一种不精确的意义上我们可以谈及“或多或少面向性质的”，或者“或多或少面向模型的”，或者“既面向性质又面向模型的”。 有以下几种情况：论域[6]中的某些现象“请求”，即“要求”使用面向性质的风格来描述，或者这些现象能最“有效地”用面向性质的风格来描述，其他一些现象则最好用面向模型的风格来描述，还有一些其他的现象则适合用一种“混合的”风格来进行描述！[7] 这几卷书的目的之一就是去刻画这些情况是什么。一个描述何时何地需要考虑面向性质的规约的主要方法是沿着三部曲的“划分”：(i) 领域： 主要或只通过领域的性质来尝试表达领域描述通常是一个好的开发选择。(ii) 需求： 主要或只通过领域的性质来尝试表达需求通常是一个好的开发选择。(iii) 软件设计： 主要或只通过提出模型来尝试表达软件设计的描述通常是一个好的开发选择。因此实际上没有严格的描述去指定何时何地不使用面向性质的规约的风格。而且，正如我们会常常看到的那样，会有很多例外的情况存在。

---

[5]我们因此提及像以下这样的程序设计范例：(i) 函数式，(ii) 命令式，(iii) 逻辑和 (iv) 并行程序设计范例。这四种程序设计范例各自强调了(i) 函数，它们的定义，复合和应用；(ii) 变量，它们的声明，初始化，更新，对它们（即存储单元）的引用（指针），和指针的操作（存储和“追踪”[链接]）；(iii) 真值，量化，推理和归结；(iv) 进程，它们的定义，复合[“并行的方式”，非确定的外部或内部选择]，同步和进程间通信。

[6]通过论域我们指“我们想要描述的事物”。有时候我们的论域是领域，即现实世界的某些现实部分，有时候论域是去支持该世界中的动作的软件的需求，还有些时候论域是该软件，即它的设计。

[7]对特定的词，即“请求”、“要求”和“有效地”的使用在下文中将会变得十分容易理解。

12.2.2 面向性质的规约的符号关系学

早就应该给出一个纯面向性质的规约的例子了。我们现在给出这个例子，然后再谈论一个典型的面向性质的规约的文本结构。这个例子是对一个简单电话交换机系统的需求的建模。首先我们给出一个非形式描述，然后再给出一个形式描述。在这里，我们构造这个非形式描述去“适应”形式描述。

例 12.1 面向性质的电话系统规约 这个例子是一个简单的电话交换机系统。

非形式文档

通过给出一个提纲和其紧接着的分析，我们开始非形式的描述。

- **提纲：** 该**简单电话交换机系统** 用于**有效地**响应**电话会议**中任意数量的**用户**的**请求**，无论是**立即可以连接的**， 由此它们成为**实际的**（连接），还是正在**排队的**， 即**延迟的**（或者**等待中的**)，以等待稍后的**连接**。
- **分析：** **用户**和**呼叫**的概念是关键：在这个例子中我们不进一步分析**用户**的概念。一个**通话**或者是一个**实际呼叫**，包括两个或多个没有参与其他**实际呼叫**的**用户**，或者一个**通话**是一个**延迟呼叫**，即一个非**实际的 请求呼叫**，因为这个**延迟呼叫**中的一个或多个**用户**已经参与了**实际呼叫**。稍后，我们将分别探讨**请求**和**实际呼叫**的概念，并且只间接地涉及**延迟呼叫**的概念。

类型和值——非形式描述

我们首先描述那些我们关心的类型结构。我们首先非形式地描述基本类型，然后是它们的复合。(i) 用户： 存在有一个未进一步定义的用户的类（S）。(ii) 连接： 一个连接的类（C）。一个连接包括一个用户，即“呼叫者”，和任意数量的一个或多个其他用户，即“被呼叫者”。(iii) 交换机：在任何时间一个交换机反映了（即在一个状态中，该状态记录了）许多请求连接和实际连接：(a) 没有两个实际连接共享一个用户，(b) 所有的实际连接同时也是请求连接，(c) 没有这样的请求连接，它不是实际连接且不与其他实际连接共享用户。（换言之，实际连接是所有那些可以实际连通的请求连接。这一部分处理了前面所提及的效率问题。）(iv) 请求连接：对一个给定的交换机来说，所有请求连接的集合组成了一个连接的集合。(v) 实际连接：对一个给定的交换机来说，所有实际连接的集合组成了一个请求连接的子集，其中没有两个实际连接共享用户。

在这个例子中我们可以把交换机看作（**电话交换机系统的**）“状态”，并且在后文中把它命名为 X。我们稍后将会更多地讨论状态的概念。

类型和值——形式描述

type
  S, C, X
value
  obs_Caller: C $\to$ S

```
obs_Called: C → S-set
obs_Requests: X → C-set
obs_Actual: X → C-set

subs: C → S-set
subs(c) ≡ obs_Caller(c) ∪ obs_Called(c)

subs: C-set → S-set
subs(cs) ≡ ∪ { subs(c) | c:C • c ∈ cs }
```

重载的函数名 subs 代表两个不同的函数。一个函数观测（“抽取”）所有正**参加**一个**连接**的用户的集合。另外一个函数同样地观测参与到任意的**连接**的集合中的所有用户的集合。我们将会常常发现引入这样的辅助函数是有用的。

```
axiom
[1]  ∀ c:C, ∃ s:S •
[2]    s = obs_Caller(c) ⇒ s ∉ obs_Called(c),

[3]  ∀ x:X •
[4]    let rcs = obs_Requests(x),
[5]      acs = obs_Actual(x) in
[6]    acs ⊆ rcs ∧
[7]    ∀ c,c′:C • c ≠ c′ ∧ {c,c′} ⊆ acs ⇒
[8]      obs_Caller(c) ≠ obs_Caller(c′) ∧
[9]      obs_Called(c) ∩ obs_Called(c′) = {} ∧
[10]     ∼∃ c:C • c ∈ rcs \ acs •
[11]         subs(c) ∩ subs(acs) = {} end
```

让我们给上面的规约加上注释。[1] 所有的连接中都存在着一个用户，并且 [2] 这个用户是一个呼叫者，而不是一个被呼叫的用户。[3] 对于所有的电话交换机（即电话交换机状态），[4–5] 让我们观测请求与实际连接。[6] 实际连接必须也是请求连接，并且 [7] 对于两个不同的实际连接，[8] 它们的呼叫者必须是不同的，[9] 呼叫者和被呼叫者不能共享用户，并且 [10] 不存在一个非实际的请求连接 [11] 可以成为一个实际连接。换言之，所有这样的连接必须与一些实际连接共享某些用户。

上面最后两行表达了前文中提及的效率准则。

对于我们所描述的这种交换机我们可以表达一个定律如下：

```
theorem
  ∀ x:X •
    obs_Actual(x)={} ≡ obs_Requests(x)={}
```

上面的定律表明了如果没有实际呼叫，就不能有延迟呼叫的非空集合。也就是说，如果以下情况发生：最后一个实际呼叫结束且至少存在一个延迟呼叫，则至少有一个延迟呼叫可以被建立。

基于**电话交换机系统**中定义的公理和一个针对集合的证明系统，这条定律是一条可以被证明的定理。

操作：

下述涉及电话交换机的操作可以被执行：(i) Request：一个**呼叫者**指示**交换机** **请求**一个**连接**（即呼叫）的一个或多个**用户**的集合。如果这个**连接**可以被实现，那么它马上变成**实际的**，否则就是**延迟的**，并且一旦所有的**被呼叫用户**都没有参与任何**实际呼叫**的时候，这个**连接**就会成为**实际的**。(ii) Caller_Hang：一个参与一个**请求呼叫**的的**呼叫者**，如果这个通话是**实际的**，那么这个呼叫者可以代表所有的**被呼叫用户** **挂起**（即**中止**）这次通话。或者他可以**取消**这个请求呼叫（如果这个通话还不是一个实际呼叫的话）。(iii) Called_Hang: 任何参与某个**实际呼叫**的**被呼叫的用户**可以单独离开这个**通话**。如果那个**被呼叫的用户**是唯一的（**留在这个通话中的**）**被呼叫用户**，那么他代表**呼叫者**终止了这次**通话**。(iv) is_Busy：任何**用户**可以查询其他**用户**是否已经**参与**了一个**实际呼叫**。(v) is_Called：任何**用户**可以查询其他**用户**是否已经被其他**呼叫者**所**呼叫**。

形式描述

首先是基调：

value
  newX: **Unit** → X
  request: S × **S-set** → X → X
  caller_hang: S → X $\stackrel{\sim}{\to}$ X
  called_hang: S → X $\stackrel{\sim}{\to}$ X
  is_busy: S → X → **Bool**
  is_called: S → X → **Bool**

生成器函数 newX 是一个辅助函数。它的作用仅仅是去使得公理涵盖**电话交换机系统**的所有状态。从某种意义上来说，它生成了一个空状态，即一个初始状态。像这样的空状态生成器函数通常与一个类似的**测试空状态观测器函数**进行“配对”。

然后我们得到以下公理：

axiom
  ∀ x:X • obs_Requests(x)={} ≡ x=newX(),
  ∀ x:X,s,s′:S,ss:**S-set** •
    ∼is_busy(s,newX()) ∧
    s≠s′ ⇒
      s ∈ ss ⇒ is_busy(s)(request(s′,ss)(x)) ∧

$s \notin ss \Rightarrow \text{is\_busy}(s)(\text{request}(s',ss)(x)) \equiv \text{is\_busy}(s)(x)$,

... etcetera ...

■

我们没有给出全部的公理。这是因为我们的任务是去举例说明一个面向性质的规约的非形式和形式部分，而不是去给出一个完整的规约。

12.2.3 面向性质的规约的语义

继续第 1.6.2 节，例 1.7，以及接着在第 6.5 和 6.7节中的内容，我们把以下作为一个基本的假设：一个规约（即任意表达式）的含义是一个模型的集合。每一个单独的模型"分配给"（授给）表达式标识符一个单独的值，但是如果仅仅只"观察"这个表达式本身，它可能代表任意的许多值，最多可以与这个表达式所对应的模型的数量一样多。在这几卷书中，我们将会对这个问题进行更多的阐述。

12.2.4 讨论

概要

在第 8.5 和 9.6 节中，我们开始分析面向性质的规约。本节继续该分析。在这几卷书的许多部分中，我们将会回到面向性质的规约的议题中去。面向性质的规约范例是一个极其重要的规约范例。

为什么这一节会这么短，我们什么时候刚好表明了面向性质的规约的重要性？对于这些问题我们回答如下：结合第 8.5 和 9.6节中有关面向性质性的材料，对于那个概念不需要进行太多方法性的阐述。并且在这一节以及后续章节的讨论中，会有许多的面向性质的规约的例子。

原则，技术与工具

原则： 面向性质 在开发的最初时期和阶段选择（主要是）面向性质的规约风格。或者，换言之，当你希望尽可能地为后面的开发时期、阶段和步骤留下更多的实现自由的时候，选择面向性质的规约方式。 ■

技术： 面向性质 定义分类（而不是具体的类型），引入（假定）观测器和生成器函数，并且用公理把分类值和函数联系起来。谨慎地引入辅助函数，即尽可能少地引入，并且只引入那些反映了相关论域中的某个概念的辅助函数。 ■

工具： 面向性质 使用 RSL 中诸如 **type, value** 和 **axiom** 的结构。 ■

12.3 模型与性质抽象

第 12.2 节重申了面向性质的规约的基本思想。第 12.4 节和第 13~17 章将会介绍面向性质的规约的基本思想。本节将会比较这两种规约范例。

12.3.1 表示与操作抽象

我们将介绍两个补充概念：表示和操作抽象。表示和操作抽象这两个补充概念起源于代数的观点，即一个数据类型是一个值的集合和一个这些值上的操作的集合。我们在某种程度上对这两个抽象原则（表示和操作抽象）进行隔离对待。当我们宣传一个基本上是模型论的方法的时候，并且在该方法中，类型和对象的实例是从包括这些对象的函数的定义中分别定义和构造的时候，这种隔离是可能的。本章的其他部分将会主要讨论面向性质的表示和与之关联的面向性质的操作抽象的概念。

在一个代数规约中，函数的模型的表示与它们应用到和产生的值之间的分离不是立即显而易见的。这是因为分类的性质（即值）和操作是用一种“缠绕的”方式一起定义的。这种代数的方法较早地在第 8.5，9.6.5 和 12.2.2 节中——迄今为止充分地——予以说明过。

12.3.2 面向性质与面向模型的抽象

特性描述： 面向性质的抽象，我们通过其主要指集中在性质上的规约，即被逻辑地表达的规约。 ■

讨论： 在满足一个面向性质的抽象的模型中，可能会有一些模型包含有诸如集合、笛卡尔、序列、映射和函数等数学概念。 ■

特性描述： 面向模型的抽象，我们通过其主要指用诸如集合、笛卡尔、序列（即列表）、映射和函数等数学概念来表示的规约。 ■

讨论： 一个逻辑性质有可能会被任意有限或无限数量的数学集合、笛卡尔、序列、映射或函数结构所满足，包括空。这些数学实体被称之为这个面向性质的规约的模型。 ■

关键问题

传统上计算机通过对具体值执行特定操作来动作，也就是说计算机在操作上是具体的和面向模型的。然而为了适当地理解在计算机中现在正在发生什么事情，或者将要发生什么事情，我们必需求助于逻辑。所以这里好像有个二分法：我们该如何协调面向性质与面向模型的概念？ 计算机程序经常必须细致到人无法理解的（代码）层次！所以这里好像有个问题：我们如何从面向性质到面向模型进行“求精”？ 我们会给出一些初步的例子来介绍面向性质与相关的面向模型的规约，并且为其介绍一些初步的原则和技术。

进一步描述

我们给出并讨论一些非形式定义。

特性描述： 面向性质的规约用抽象类型（分类）和逻辑表达式（包括公理）来表示正在被描述的事物。 ■

讨论： 重点是性质，换言之，重点是表示什么，而不是如何去表示。 ■

特性描述： 面向模型的规约用数学实体（例如数、集合、笛卡尔、列表、映射、函数（包括谓词）和进程等）对正在被描述的事物进行建模。 ■

讨论： 在面向模型的抽象中，重点仍然是性质，但是它是通过离散或连续的数学结构来呈现这些性质的。 ■

在面向模型的描述中，我们因此选择首先描述表示抽象。在术语中，我们指对那些稍后在软件编码中成为数据结构的事物所进行的抽象。然后我们描述操作抽象。稍后在这一节中我们同时用面向性质和面向模型的方法来介绍表示和操作这两种抽象。

12.3.3 定义

特性描述： （给定类型的）值的表示抽象，我们通过其指没有暗示特定的数据（结构）模型的规约，换言之，该规约不是偏向实现的。 ■

讨论： “最抽象的”表示抽象发生在当我们指定一个值的集合（即一个类型）作为一个抽象类型，即作为一个分类。 ■

特性描述： 我们说（数据或函数）值的规约是偏向实现的，如果它为了支持某个实现概念，无论其有多么根本，而放弃了抽象。 ■

讨论： 最后一个特性描述比较含糊。首先，我们对“数据或函数”值的区别是不重要的。但是这个区别是出于教学的目的：实际上没有区别。通过“计算机内部的”数据值我们可能会想到整数、或整数向量、或整数上的纪录、或者字符串和布尔值等等（在这里仅仅给出几个例子）。通过函数值我们相应地联想到指令序列（即代码）。但是由于数据值可以作为一种被解释器解释的结构，我们可以认为数据值表示了一个函数。反之亦然：比方说，函数值可以用于表示一个无限序列。在任何调用中我们最多只需检查该序列的一个有限前缀。 ■

特性描述： 函数（函数值）操作抽象，我们用其指没有暗示计算函数结果所需特定过程（算法）方法的规约。 ■

12.3.4 表示抽象的例子

我们举例说明两种规约风格：面向性质和面向模型。同时，我们也举例说明表示抽象的概念。然后在第 12.3.5 节中我们举例说明与之对应的操作抽象的概念。

例 12.2　*电话号码簿——类型*　我们集中考虑电话号码簿的本质特性。我们把这些特性看作"号码簿本身"所具有的特性和"我们能够利用（处理）的事物"。

- 一本电话号码簿被看作是一个抽象的文档。我们把所有这样的电话号码簿文档的类命名为 TelDir。
- 它列出了一个用户的有限集合（比方说通过名字），我们称这些用户的类为 S。
- 每一本电话号码簿有一个电话号码的有限集合，Tn。

这就是全部！ ■

面向性质的表示

再重复一次，在面向性质的模型中，我们用分类、函数基调和关联类型值和函数的公理来表示性质。有时我们需要定义一些辅助函数。与传统的代数规约对比，我们的函数类型允许具体的类型表达式。在下面的例子中这些主要是集合。

例 12.3　*电话号码簿：一个性质模型，I* 给定一本电话号码簿，td，我们可以观测它所有的用户和号码的集合。

给定一个用户和一本电话号码簿，我们观测那个用户的电话号码。并且给定一个电话号码和一本电话号码簿，我们可以观测共享那个号码的用户。

在介绍本章的后续（集合、列表、映射）章节中的更系统的形式表示方法之前，我们给出以下的形式化：

type TelDir, S, Tn
value
　obs_Ss: TelDir → S-**set**
　obs_Tns: TelDir → Tn-**set**
　obs_Tns: S → TelDir → Tn-**set**
　obs_Ss:　Tn → TelDir → S-**set**

注释：关键词 **type** "宣告"标识符 TelDir，S 和 Tn 是类型名。由于这些类型没有被进一步解释，我们称它们是抽象类型，或者分类。（在面向性质建模中我们几乎只使用分类。）TelDir 将代表电话号码簿的集合，S 代表用户的集合，并且 Tn 代表电话号码的集合。

关键词 **value** "宣告"两个标识符 obs_Ss 和 obs_Tns 表示了由其后的类型表达式所表示的类型中的（某些）特定值。由于这些类型都是 A→ B 的形式，它们都是函数值。在这里它们代表应用于电话号码簿的**观测器**。这两个观测器分别用来抽取这本电话号码簿中所列出的全部用户和电话号码的集合（-**set**）—— 没有必要是所有可能的用户和电话号码。 ■

• • •

当我们稍后介绍操作抽象的概念的时候，我们继续讨论这个（面向性质的）例子。

面向模型的表示

重申一次，在面向模型的规约中，我们集中考虑类型的数学模型。典型的集中于数学实体的数学模型有：数、集合、笛卡尔、列表（或序列）、映射和函数等等。

例 12.4 电话号码簿：一个面向模型的模型，I在一本电话号码簿中我们通常把用户信息（名字等等）与一个或多个电话号码（一个电话号码的集合）联系起来。这种联系可以用很多数学方法来进行建模：

type S, Tn

TelDir0 = S $\overrightarrow{m}$ Tn-**set**

TelDir1 = S $\overrightarrow{m}$ Tn*

TelDir2 = (S × Tn-**set**)-**set**

TelDir3 = (S × Tn-**set**)*

TelDir4 = (S × Tn*)*

注释：我们继续把用户和电话号码的类型建模成分类。但是我们现在为电话号码簿的类型给出几种面向模型的（具体的）类型建议。

TelDir0 把一本电话号码簿看作一个**映射**。该映射把每一个用户与零个或多个电话号码的有限**集合**联系起来。通过这些被联系的电话号码，我们可以识别该用户。

TelDir1 把一本电话号码簿看作一个**映射**。该映射把每一个用户与零个或多个电话号码的有限**列表**联系起来。通过这些被联系的电话号码，我们可以识别该用户。

TelDir2 把一本电话号码簿看作一个**笛卡尔对**的有限**集合**。每一个（对）把一个用户与零个或多个电话号码的有限**集合**进行配对。通过这些被配对的电话号码，我们可以识别该用户。

TelDir3 把一本电话号码簿看作一个**笛卡尔对**的有限**列表**。每一个（对）把一个用户与零个或多个电话号码的有限**集合**进行配对。通过这些被配对的电话号码，我们可以识别该用户。

最后，TelDir4 把一本电话号码簿看作一个**笛卡尔对**的有限**列表**。每一个（对）把一个用户与零个或多个电话号码的有限**列表**进行配对。通过这些被配对的电话号码，我们可以识别该用户。 ■

• • •

给定对模型的选择，我们可能会提出许多问题。我们该选择上述多种可能的模型中哪一种？上述中的哪一种是“最抽象的”？这两个问题的答案是：这取决于我们想定义在电话号码簿上的操作。我们稍后将会回到这个问题，但是在另外一个语境中。

例如，电话号码簿的面向性质的规约（TelDir）是如何与其面向模型的规约（TelDir0）联系起来的？

例 12.5 电话号码簿：面向性质与面向模型 在这个例子中，我们通过同样为面向模型的（即具体的）类型定义面向性质的模型的抽象假定观测器函数来给出（用 ~ ）许多可能答案中的一个。

type
  TelDir0
relations: obs_Ss ~ extract_Ss0, obs_Tns ~ extract_Tns0
value
  extract_Ss0: TelDir0 → S-**set**
  extract_Ss0(td) ≡ **dom** td

  extract_Tns0: TelDir0 → Tn-**set**
  extract_Tns0(td) ≡ $\bigcup$ **rng** td

  extract_Ss0: Tn → TelDir0 → S-**set**
  extract_Ss0(tn)(td) ≡ { s | s:S • s ∈ **dom** td ∧ tn ∈ td(s) }

  extract_Tns0: S → TelDir0 → Tn-**set**
  extract_Tns0(s)(td) ≡ td(s) **pre** s ∈ **dom** td

注释： 通过 TelDir 面向模型的（即具体的）类型定义，我们因此可以定义观测器函数。**dom** td 表示映射 td 的定义集元素集合，**rng** td 则表示映射 td 的值域（即上域）元素集合。操作 $\bigcup$[8] 表示分布式的并，即应用于一组集合并生成"它们的"并集的操作。 ■

两个子例子，即例 12.3 和例 12.4 （通过例 12.5 联系起来）中的面向性质和面向模型的表示，分别说明了一些应用于面向性质与面向模型的规约的技巧：分类（或抽象类型）与具体类型，观测器函数与显式定义的（抽取）函数。在下文中接着的两部分的电话号码簿的例子会进一步说明面向性质与面向模型的规约的区别。

12.3.5 操作抽象的例子

我们现在介绍与例 12.3 和例 12.4 中电话号码簿的两个表示抽象相关的操作抽象。在术语中，操作抽象是那些稍后在软件编码中变为子例程（过程，函数）的事物的抽象。

例 12.6　*电话号码簿操作：面向性质*　我们定义电话号码簿上的操作如下：

- empty：创建一个初始为空的电话号码簿。
- enter：添加一个新用户的电话号码到电话号码簿中。
- is_in：检查一个（可能的）用户是否在电话号码簿中：**true** 或者 **false**?
- look_up：查找一个用户的电话号码。
- delete：从电话号码簿中删除一个用户。

面向性质的规约

我们首先给出一个面向性质的规约——一个用简单谓词和（代数）等式公理表示性质的规约。

[8] 前缀 $\bigcup$ 操作并不是规约语言 RSL 中的固有操作符，但是可以很容易地实现。

type
  S, Tn, TelDir
value
  empty: → TelDir,
  is_empty: TelDir → **Bool**,
  enter: S × Tn-**set** × TelDir $\stackrel{\sim}{\to}$ TelDir
    pre enter(s,tns,td): tns ≠ {} ∧ ∼is_in(s,td),
  is_in: S × TelDir → **Bool**
  look_up: S × TelDir $\stackrel{\sim}{\to}$ Tn-**set**
    pre look_up(std): is_in(s,td),
  delete: S × TelDir $\stackrel{\sim}{\to}$ TelDir
    pre delete(s,td): is_in(s,td)
axiom
  forall s,s′:S, tns:Tn-**set**, td,td′:TelDir •
    is_empty(empty()),
    ∼is_empty(enter(s,tns,td)),
    ∼is_in(s,empty()),
    is_in(s,enter(s,tns,td)),
    s ≠ s′ ⇒ is_in(s,enter(s′,tns,td)) = is_in(s,td),
    look_up(s,enter(s,tns,td)) = tns,
    s ≠ s′ ⇒ look_up(s,enter(s′,tns,td)) = look_up(s,td).
    delete(enter(s,tns,td)) = td
    s ≠ s′ ⇒ delete(s,enter(s′,tns,td)) = delete(s,td).

注释：我们首先给出 empty，is_empty，enter，is_in，look_up 和 delete 的值的基调。

第一个 empty，指代了一个常量（全）函数；empty() 指代了一个空的电话号码簿。剩下的也表示函数。在这里我们只解释其中的一部分：关于要定义的函数应用所必须满足的前置条件。为一个用户登记（enter）的电话号码集合一定不能为空，并且该用户一定不能已经在这个电话号码簿中。为了查找（look_up）或者删除（delete）一个用户的电话号码，那个用户必须在电话号码簿中。

我们然后给出进一步定义这些函数性质的公理。一个空的（empty）电话号码簿确实是空的（is_empty）。一本至少有某个用户已经被登记（enter）的电话号码簿是非空的（not empty）。没有用户在（is_in）一本空的（empty）号码簿中。一个已经被登记（enter）到一本号码簿的用户在（is_in）那本号码簿中。一个用户 s 是否在一本登记（enter）另外一个用户 s′ 到号码簿 td 的结果号码簿中，等于用户 s 是否在 td 中。同理可知查询（look_up）和删除（delete）。 ■

• • •

我们把 empty, enter 和 delete 称为生成器，并且把 is_empty，is_in 和 look_up 称为观测器。通过使用值 empty 和生成器函数 enter，我们可以构造 TelDir 中所有的值。我们因此为每一个观测器定义公理——有时候使用生成器。一组公理（例如在这里所给出的公理）是否是一致和完全的（也就是说这些公理是否没有同时定义一个事物和该事物的反事物，并且这些公理是否定义了所有我们想要定义的事物），在这里我们不会讨论这个问题。我们建议参考标准的逻辑学 [129, 143, 192, 217, 239, 328, 338, 412] 和代数语义学 [34, 190, 191, 229, 272] 的教科书。

面向模型的规约

在初步地介绍面向性质的规约之后，我们现在介绍面向模型的规约——一种对操作进行显式建模的规约。

例 12.7　电话号码簿操作：面向模型　操作的基调和定义在面向性质的公理规约中的基调一样，除了现在这些基调应用于具体的、面向模型的类型，TelDir0 的值，而不是抽象的、面向性质的分类，TelDir 的值。

type
　TelDir0
value
　empty() ≡ [ ]
　is_empty(td) ≡ td = [ ]
　enter(s,tns,td) ≡ td ∪ [s ↦ tns]　**pre** s ∉ **dom** td
　is_in(s,td) ≡ s ∈ **dom** td
　look_up(s,td) ≡ td(s)　**pre** s ∈ **dom** td
　delete(s,td) ≡ td \ {s}　**pre** s ∈ **dom** td

■

12.3.6 讨论

概述

我们先前单独地讨论了面向性质的规约（比较第 12.2 节）。在这一节中我们比较了面向性质和面向模型两种规约。可以得出哪些初步的结论？唔，我们现在可以得出的结论是十分肤浅的。正如稍后的例子将会证明：例 12.3 和例 12.4 (即使连同把它们联系起来的例 12.5），以及例 12.6 和例 12.7 中的结论，都分别是非常不确定的。

但是我们可以这样说：分类（即抽象类型）规约，也就是面向性质的模型，有时从某种意义上来说是“唯一的”：给定基本的“成分”（如这里的 S，Tn 和 TelDir），其类型和定义在这些类型之上的结构限制公理基本上只能用一种方式来表达。从另一方面来说，对于这个“一样的”（现在是具体的）类型的面向模型的规约留给开发者许多的选择（比较 TelDir0，TelDir1，TelDir2，TelDir3，TelDir4）。由于某种原因看上去我们更容易说：抽象类型（分类）定义是最抽象的定义，即有较少偏向的定义。

在那些成对的例子对（例 12.3 与例 12.4，以及例 12.6 与例 12.7）中，面向性质的模型的操作定义比面向模型的要“更长”一些。正如在相当多的例子中这种情况确实将会存在，即使不是在大部分的例子中。但是我们不应该被面向模型的规约中的函数操作的惯常简短性所引诱。

面向性质的公理同时定义了分类和操作的性质，并且我们认为它们相当显式地表示了值和操作性质。正因为这样，面向性质的公理很适合于去证明其他的性质。

面向模型的规约把类型（和它们的值）规约和操作规约分隔开来。一个具体类型定义中包含有许多的性质。我们然后发现这些具体类型性质在某一个地方被表示成公理，即规约语言定义那些（集合、笛卡尔、映射等）具体类型的地方。

面向模型的操作定义，尽管被声称是抽象的，但在特定的，差不多是规约语言结构的“算法的”使用中，可以被声称为“埋葬”了操作性质，尤其是当使用许多集合、笛卡尔、列表和映射等操作符的时候。然而，当被恰当使用的时候，面向模型的操作的规约的简短性和抽象性经常使得开发人员选择面向模型的规约而不是面向性质的规约。

因此，现在去“中止这个游戏”（即说任何确定的东西）还为时过早。

详细说明：“总之，区别到底是什么？”

在例 12.3 中，我们说明了一些观测器函数（即观测器）。它们通常应用于面向性质定义的抽象类型（分类）值，但是生成了面向模型的具体类型（集合）值。

因此：“*总之，区别到底是什么？*” 十分简单：我们不按照观测器所建议的那样去把分类定义成“完全”由面向模型的构件所组成的东西，而是留下这些（基本的，“有趣”的）分类不作进一步规约。这样做可以让我们稍后给基本分类加入另外的观测器。我们可以持续这样做，并且尽可能早地从领域描述开始，贯穿需求规定，一直到软件设计规约。这个技巧留给软件设计人员最大程度上的“自由”。

12.4 面向模型的抽象

该节充当后续六章（第 13~18 章）的序言。

12.4.1 后续六章的一个极短概述

在后续六章中，基于以下内容我们将介绍许多面向模型的表示与操作抽象技术和工具。

- 集合 第 13 章
- 笛卡尔 第 14 章
- 列表 第 15 章
- 映射 第 16 章
- 函数 第 17 章
- 类型 第 18 章

在这样做的时候，我们会扩展我们主要的抽象规约语言 RSL 中的 RSL 类型概念。第 18 章将会总结 RSL 类型概念。同时，后面六章的主题将会介绍为数并非微不足道的新 RSL 语言结构。我们已经选择这种介绍规约语言的风格：与在抽象和建模中使用它们的语用需要相匹配——而不是一种学究气的 RSL 参考手册 [218] 风格。稍后的章节将会补充我们马上会在（即将到来的）后面六章中所说的东西。这是因为我们已经决定了将语言结构（不管来自于 RSL 还是其他规约语言）的介绍和使用这些语言结构的设想需要联系起来。

12.4.2 模型与模型

面向性质的规约的模型

第 12.2.3 节概述了面向性质的规约的语义。在那一节中我们说到一个已经完成或正在书写的面向性质的规约的意义是一个模型的集合。通过这句话，我们指：一个已经完成或正在书写的规约要不没有解释（其对应的模型的集合为空），要不只有一个模型，或者有一个（像这样的）模型的确定或不定集合。我们用“模型”指，并将持续用其指：用构造性数学事物（诸如布尔值、数、字符、文本串、集合、笛卡尔、列表、映射和甚至一般函数（就 λ-函数而言））表示的解释。

面向模型的规约的模型

我们用公理（即逻辑地）表示面向性质的规约。因此面向性质的规约实际上对于它们可能表示的模型没有任何明确的暗示！面向模型的规约是“直接”表示的：使用它们应该“成为”的数学事物：数、字符、文本串、集合、笛卡尔、列表、映射和甚至普通函数（就 λ-函数而言）。所以面向模型的规约对于它们打算表示的模型而言给出了所有可能的（即十分明显的）暗示。这也是我们称这种规约的类型为“面向模型的”的原因。

12.4.3 不充分规约

重点

特性描述： 不充分规约标识符　我们用其指在规约正文中反复出现并总是产生相同值——但是这些值具体是什么，则是不可知的——的标识符。■

例 12.8　不充分规约（抽象）　下面代码中的标识符 a

value a:A
　　... a ... a ... (a = a) ...

是不充分规约的。第二行文字 ... a ... a ... (a = a) ... 对于 a 的所有出现都具有一个相同的值，因此那个相等测试总是产生 **true**。

一个不充分规约函数的例子如下：

value
　is_prime: **Nat** → **Bool**
　is_prime(n) ≡ n=1 ∨ (n>2 ∧ ∼∃ i,j:**Nat** • i>1 ∧ j>1 ⇒ i×j=n)
　f: **Int** → **Nat**
axiom
　∀ i:**Int** • is_prime(f(i))

从某种程度上来说，函数 f 是规约的（因为它的类型已经给定）。但是实际上它是不充分规约的，因为有无穷多的 f 满足这个公理，即应用于任意整数并产生一个质数的所有函数。谓词 is_prime 是唯一规约的（即确定的）。■

为什么需要不充分规约？

对于这个“问题”的一个简单答案是：现实世界（某个领域）的现象是不可完全规约的。在开发领域描述到需求规定，以及对需求规定进行求精从而得到软件设计的时候，软件开发人员（与订购软件的客户达成一致）可以自由地（在某一个恰当的时期）删除不充分规约。

12.4.4 确定性和不确定性

确定性表达式

一段特定的（比方说 RSL）文本可以被求值为一个值，也可以被求值为几个值中的任意一个值。

例 12.9 确定性表达式（抽象的）考虑下面的规约：

value
  f: **Unit** → **Nat**, f() ≡ 7

函数 f 是确定的：当被调用的时候，f() 总是返回一个可预知的结果。当在某个规约文本的不同位置被多次调用的时候：

  ... f() ... f() ... f() ...

其结果值总是7。 ■

对例 12.9 中 f 的求值只有一个值。

不确定性表达式

与之对比，考虑例 12.9 的一个细微改动版本：

例 12.10 不确定性表达式（抽象的）现在令规约为：

  let n:**Nat** • 5<n<9 **in** n **end**

上面的表达式式非确定性的。当在某个规约文本的不同位置被多次调用的时候：

... **let** n:**Nat**•5<n<9 **in** n **end** ...
    let n:**Nat**•5<n<9 **in** n **end** ...
      (**let** n:**Nat**•5<n<9 **in** n **end** =
        let n:**Nat**•5<n<9 **in** n **end**) ...

其结果值可以是 6，7 或者 8 中的任意一个！上面第一行的表达式值可以是 8；第二行的表达式值可以是 6；并且第三行的表达式值可以是 7；同时第四行的表达式值可以是 8。第三与第四行之间的相等关系有时为 **true**，有时为 **false**。 ■

对例 12.10 中 f 的求值可以产生三个可能的值。对于不同的调用，哪一个值会被选择，是不可预知的：f 是非确定的。

12.4.5 为什么需要宽松规约

特性描述： 通过宽松规约我们指包含不充分规约或不确定性的元素的规约。 ■

给定例 12.8~例 12.10，这个问题现在已经十分清楚。我们需要为之考虑一个答案。在这几卷中，这不是第一次，也不会是最后一次我们仔细考虑不充分规约和不确定性。

一个眼下的答案（该答案也将会在这几卷中反复阐述）如下：在特定的、现实和实际领域的世界中，“事物”是不确定的。人的行为是不充分规约的和不确定的，但是我们不得不对人的行为进行建模！即使是若干并发运行的生产进程行为，也是不可预测的：机械测量法所产生的细微偏差，即便在误差允许范围之内，也可能造成生产处理时间上的偏差。因此，两个或多个生产机器可能会彼此先于（后于）另外一个机器开始（中止）它们的加工。然而，我们的生产通常必须是健壮的，并且即使存在像这样的不充分规约性和不确定性，我们的生产也必须导致可合理预测的产品。

因此我们宣称，任何现实的抽象规约语言都必须易于不充分规约性和非确定性的“自由和简单的”表达。一般而言，不充分规约性会导致多个模型。因此，在后续第 13~17 章中——当我们分析使用集合、笛卡尔、列表、映射和函数等数学结构的时候——我们基本上会假设任意一个表达式的表示是一个模型的集合。

12.4.6 讨论

概要

数学结构的顺序

我们已经简单列出了后面六章中关于集合、笛卡尔、映射、函数和类型的参考文献。我们选择以下顺序去介绍这些数学结构：集合（在我们的语境中被认为其是最基本的数学结构），然后笛卡尔，接着列表，等等。每一章中有一到两个主要的例子。由于我们介绍这些数学结构的顺序，我们试着使这些例子只使用那些在讲述这些例子的时候已经介绍过的（数学）结构（即类型）。这意味着某些（较早章节中的）例子会看上去有点不自然并且不十分抽象。但是它们都对一些事物进行了建模！

RSL 语言结构

为了与（集合、笛卡尔、列表、映射、函数和类型）数学结构的介绍同步，我们介绍相应的 RSL（或就此而言，VDM-SL 或 Z）抽象数据类型。同时我们也介绍许多其他的 RSL（等）语言结构：类型合并（A|B|...|C）和子类型（{|a:A•wf_A(a)|}），麦卡锡条件从句（McCarthy Conditionals）（**case** e **of** p1→e1, p2→e2, ..., _→en **end**），以及模式和它们暗指的**绑定**的概念。关于类型的那一章（第 18 章）进一步介绍以下 RSL 语言结构：变体定义（A == B|C|...|D），带有构造器和析构器（destructor）的记录（B == mk_BRec(u:U,v:V,...,w:W)），等等。

12.5 原则、技术与工具

与第 1.5.1 节中采用原则、技术和工具的方法的介绍相称，后面六章以及这几卷的其余部分将会阐明这些原则、技术与工具，在这里它们与面向属性与面向模型的规约相关。

在本章中我们介绍与之相关的方法学上的考虑。

12.5.1 面向性质与面向模型的规约

何时面向性质

原则： 面向性质的规约 在开发的早期阶段我们选择面向性质的规约。换言之，在某种意义上来说，当对所描述的事物所知最少的时候选用面向性质的规约。典型地，为领域描述或需求规定的最早阶段选择面向性质的规约。通过给出一个面向性质的规约，规约者告诉读者：这个规约对于数据和操作表示没有做出任何设计选择。 ▪

何时面向模型

原则： 面向模型的规约 在开始设计的时候（即在开发的后面的时期和阶段）我们选择面向模型的规约。换言之，在某种意义上来说，当对规约的事物有足够的了解来采用具体的数据和操作表示的时候选用面向模型的规约。典型地，为需求规定和软件设计规约的后期阶段选择面向模型的规约。 ▪

12.5.2 面向性质的规约的风格

技术： 面向性质的规约 面向性质的规约的基本规约成分有：分类（即抽象类型），观测器和生成器的函数基调，与联系分类值和操作的公理。

scheme POS =
  class
    type
      A, B, ..., C, P, Q, ..., R
    value
      obs_P: A $\to$ P,
      obs_Q: B $\to$ Q,
      ...
      obs_R: C $\to$ R,
      make_A: P $\times$ ... $\to$ A
      make_B: Q $\times$ ... $\to$ B
      ...
      make_C: R $\times$ ... $\to$ C
    axiom
      $\forall$ a:B, b:B, ..., c:C, p:P, q:Q, ..., r:R
        $\mathcal{E}_1(a, b, ..., c, p, q, ..., r)$
        $\mathcal{E}_2(a, b, ..., c, p, q, ..., r)$
        ...

$\mathcal{E}_m(a, b, ..., c, p, q, ..., r)$

end

在上面概念化的（即解释性的），一般性的但是不是十分详细的命名为POS的（面向属性的规约，property-oriented specification）模式中，我们暗示了一个类（class）。

就类型而言，它只有抽象类型，即分类：A，B，...，C，P，Q，...和R。

它具有一些观测器函数（典型地记为：obs_T，其中T是一个类型名）。这些观测器函数应用于分类值生成类型分类值，或者简单集合、笛卡尔、列表等等，但在这里没有给出。

它具有一些生成器函数（典型地被记为：make_T，其中T是一个分类名）。典型地，当只依赖分类的时候，我们需要为其中一些分类定义初始值。这可以通过使用适当的生成器函数来表达。（为每一个类型定义一个生成器函数来表示其初始值。）而且我们必须定义观测器函数来观测给定类型的值是否是初始值。这可以通过使用适当的观测器函数来表达。

面向属性的规约典型地具有一些公理。模式表达式 $\mathcal{E}_i(a, b, ..., c, p, q, ..., r)$ 代表某个谓词。可能会有几个这样的谓词，这里暗示有 m 个。这些谓词不需要包括所有量化的分类值。一些 $\mathcal{E}_i(a, b, ..., c, p, q, ..., r)$ 可以为简单项，通常只包括初始值。$\mathcal{E}_i(a, b, ..., c, p, q, ..., r)$ 可以为等式：$\mathcal{E}_{j_{k_\ell}}(...) = \mathcal{E}_{j_{k_r}}(...)$ 或 $\mathcal{E}_{j_{k_\ell}}(...) \equiv \mathcal{E}_{j_{k_r}}(...)$ ■

混合规约风格

我们经常发现在本质仍为面向属性的规约中，同时使用抽象和具体类型（即分类和定义类型（集合、笛卡尔、列表和映射等））能带来便利。而且我们常常发现同时使用面向属性和面向模型的函数定义（即仅部分使用公理）能带来便利。

12.5.3 面向模型的规约的风格

技术： 面向模型的规约 面向模型的规约的基本规约成分有：定义（即具体）类型，解析和合成函数的函数基调，以及它们的定义。

scheme MOS =
  class
    type
      A = ...
      B = ...
      ...
      C = ...
    value
      f: $\mathrm{ARG}_f \to \mathrm{RES}_f$
      $\mathrm{f}(\mathrm{arg}_f) \equiv \mathcal{B}_f(\mathrm{argl}_f)$
      g: $\mathrm{ARG}_g \to \mathrm{RES}_g$
      $\mathrm{g}(\mathrm{arg}_g) \equiv \mathcal{B}_g(\mathrm{arg}_g)$
      ...
      h: $\mathrm{ARG}_h \to \mathrm{RES}_h$

$h(arg_h) \equiv \mathcal{B}_h(argl_h)$
end

在上面概念化的（即解释性的），一般性的且不是十分详细精确的 MOS（面向模型的规约，model-oriented specification）模式中，我们暗示了一个类。这个类只具有定义类型，即具体类型。（没有给出它们是什么。如果是复合的，它们可以为集合，笛卡尔，列表，映射等类型。）而且它具有许多函数定义：$f, g, \ldots, h$。每一个函数都给定一个基调：$ARG_f \to RES_f$，其中 ARG_f 和 RES_f 是类型表达式——通常包括笛卡尔和函数。并且每一个函数都给定一个定义：$g(arg_h) \equiv \mathcal{B}_g(argl_g)$。在这里，$arg_g$ 是一个形式参数（即参数标识符）的列表，$\mathcal{B}_g(argl_g)$ 是一个 RSL 表达式，即一个其中参数标识符自由出现的函数定义体（$\mathcal{B}$ody）。■

混合规约风格

我们经常发现在本质上仍为面向模型的规约中，同时使用具体和抽象类型（即定义类型（集合，笛卡尔，列表，映射等）和分类）能带来便利。而且我们常常发现同时使用面向模型和面向属性的函数定义是方便的。因此你会发现在面向模型的规约中也同时存在公理和前置/后置规约。

12.5.4 隐函数和显函数

在上文中我们区分了观测器和解析函数，以及构造器和合成函数。

这种区别是纯理论上的，更确切地说，是一种语用便利：在我们的描述中，观测器和生成器函数这两个概念涉及面向属性的规约。反之，解析和合成函数这两个概念则涉及面向模型的规约。成对地，观测器和解析函数实际上是相同的：前者是假定的，产生于它们的基调和公理，而后者可以被显式地定义。成对地，生成器和合成函数实际上是相同的：前者是假定的，产生于它们的基调和公理，而后者可以被显式地定义。

12.5.5 请不要混淆！

你不可以既把蛋糕吃掉又完整地保留它。[9]

原则： 请不要混淆面向属性和面向模型的规约 正如上面那句古老的谚语所说明的那样：你不能把类型定义成具体的类型，比方说：

type
  B, C, D
  A = B × C × D

[9] 鱼与熊掌不可兼得（译者注）。原句来源于海伍德（John Heywood）1962 年的A Dialogue Conteynyng Prouerbes and Epigrammes: “Wolde ye bothe eate your cake, and haue your cake? ”。1816 年，约翰・济慈（John Keats）在他的诗On Fame的开头部分把这句话引用为 “Eat your cake and have it”。富兰克林・德拉诺・罗斯福（Franklin D. Roosevelt）在 1940 年的《国情咨文》中借用了后者。

同时又假定观测器函数：

value
  obs_B: A → B, obs_C: A → C, obs_D: A → D。

但是你又有具体（即复合）类型（和值），并且通过显式定义函数来抽取构件值：

value
  extr_B: A → B
  extr_B(a) ≡ **let** (b,_,_) = a **in** b **end**

不知何故，这看上去有点像一个人既穿着吊带裤，同时又系着皮带。但是，我们声称，这个问题实际上更加严重：它混淆了两个观点：抽象与具体类型，或换言之，抽象的假定观测器函数与具体的、精确和确定性定义的抽取函数。■

12.5.6 有关观测器函数的注释

第一个原则：假定

什么是观测器函数？它们是假定的。它们不可以被定义；它们只是“存在”着的。

当我们假定一个运输网络 N，并且假定在 N 中我们可以观测段和连接（例如街道段和十字路口） S 和 C，然后我们声称存在着这些观测器函数 obs_Ss: N → **S-set** 和 obs_Cs: N → **C-set**。的确，在这个领域中，即在街道网络的现实中，我们可以用我们自己的眼睛去执行这些观测。因此，观测器函数不是被定义的：“它们只是存在着”。但是观测器函数是受约束条件约束的。我们用公理去表达这些约束条件。

为了说明观测器函数是假定的，为下面这个问题“乞求”一个答案：我可以通过什么方法来记录观测结果？换言之：如果我不能定义一个观测器函数，我如何能够计算一个给定的参数的值？答案是简单的，而且应该是简单的：如果被观测的事物是现象，即物理上显然的事物，那么着眼于该事物，并且指出（“标出”）它的可观测部分。如果被观测的事物是概念，即只存在于我们的意识中的事物，那么假定该事物并且声明它的部分！

第二个原则：不“自引用”

考虑另外一个例子：当我们假定一个运输网络 N，并且假定在 N 中我们可以观测段和连接（例如街道段和十字路口） S 和 C 的时候，如果我们也可以从段[连接]观测其“附属”的连接[段]，这是不是很好呢？这可能很好，但是它可能会导致悖论，或者至少是我们会称之为不想要的无限递归下降！

让我们从一个更一般性的角度来证明这一点：假设给定下面的抽象的例子：

type
  A, B
value
  obs_Bs: A → **B-set**
  obs_A: B → A

axiom

$\forall$ a:A • $\forall$ b:B • b $\in$ obs_Bs(a) $\Rightarrow$ obs_A(b) = a

现在我们意思是什么？看上去好像我们指所有的 a:A 都以某种方式包含于每一个 b:B，而 b:B 在 a:A 中都是可观测的。但是那么，在那个被包含的 a 中的可观测的 b 是什么？这种情况是站不住脚的。

所以我们正式地宣布：我们不能允许出现谓词：$\forall$ a:A • $\forall$ b:B • b $\in$ obs_Bs(a) $\Rightarrow$ obs_A(b) = a。如果我们想在 b 中包含 a，那么这些 a 不是那些通过观测 b 所得出的 a。用面向模型的术语这个决定等价于允许：

type

A = ... × B-**set** × ...

B = ... × A × ...,

b 中 a 的递归结束于 b 的空集。

第三个原则：标识

当观测或一般对复合实体进行建模的时候，我们需要对子实体进行标识。在下面（和其他）的情况中，这是一种典型的范例。

[1] **集合元素标识**

当正在被观测（建模）的事物很快被认为是集合的时候：

type

A, B

value

obs_Bs: A → B-**set**

那么为了去区别（B 中）个体的 b，可以通过引入一个标识函数 obs_Bi 来很好地解决这个问题，实际上是两个（只是为了确保！）：

type

A, B, Bi

value

obs_Bs: A → B-**set**

obs_Bis: A → Bi-**set**

obs_Bi: B → Bi

axiom

$\forall$ a:A •

card obs_Bs(a) = obs_Bis(a)

[或者，等同于：]

$\forall$ b,b′:B • {b,b′}$\subseteq$obs_Bs(a) $\wedge$ b$\neq$b′

$\Rightarrow$ obs_Bi(b) $\neq$ obs_Bi(b′).

实际上，正如我们稍后将会看到的那样，把 A 建模成一个从 Bi 标识符到 B“其余部分”的映射经常能够“带来好处”：

type
  B, Bi
  A = Bi $\overrightarrow{m}$ B
value
  extract_Bis: A → Bi-**set**
  extract_Bis(a) ≡ **dom** a

我们将会在第 16 章中介绍映射。

[2] **固定结构元素标识**

当正在被观测（建模）的事物很快被认为是数目固定的，可能有不同种类（如类型）的实体的结构的时候，那么把它建模成笛卡尔。笛卡尔中的位置信息可以用来标识分量：

type
  B, C, ..., D
  A = B × C × ... × D
value
  a:A
  ... **let** (b,c,...,d) = a **in** $\mathcal{E}$(a,b,c,...,d) **end**

我们将会在第 14 章中介绍笛卡尔。

[3] **序列元素标识**

当正在被观测（建模）的事物很快被认为是序列的时候，那么把它建模成列表，并且用索引来标识列表中的元素。

我们将会在第 15 章中介绍列表。

12.6 练习

练习 12.1 面向性质与面向模型抽象。把书合上，即不参考第 186 页或第 12.3.2 节中的内容，然后陈述我们对抽象，面向性质的抽象和面向模型的抽象的定义。尝试用简洁的语言来陈述面向性质的抽象和面向模型的抽象之间的主要区别。

练习 12.2 更多的关于抽象。把书合上，即不参考第 12.1.3 节（有关抽象的随笔），尝试用简洁的语言来陈述抽象的基本思想。

练习 12.3 表示和操作抽象。把书合上，即不参考第 12.3.3 节，尝试用简洁的语言来陈述表示和操作抽象的基本的面向模型的思想。将其与表示和操作抽象的面向性质的抽象的处理进行比较。

♣ ♣ ♣

练习 12.4 ♣ 运输网络领域中的面向性质与面向模型的抽象。 请参见附录 A， 第 A.1 节：运输网络。

简述由段和连接的网络，两个网络的组合（合并、添加两个网络到一个网络），以及网络的投影（从一个网络中删除、减掉另外一个网络）所组成的两个规约：一个规约是面向性质的（即使用分类、观测器函数和公理），另一个规约是面向模型的（即使用笛卡尔和集合，并使用显式函数定义来表示网络**合并**和**投影**操作）。

提醒：不要忘记（正如人们通常在面向性质规约中所做的那样）表达所有不会改变的事物。

简述：这是其在本卷中的较早出现，因此你现在只能简述。你还没有掌握所有的面向模型的类型以及它们的操作。但是无论如何还是尝试一下！

练习 12.5 ♣ 集装箱物流领域中面向性质与面向模型的抽象。请参见附录 A， 第 A.2 节：集装箱物流。

简述集装箱船和集装箱存储区的类型规约，以及卸载（从集装箱船卸载集装箱到集装箱存储区）和装载（从集装箱存储区装载集装箱到集装箱船）的函数定义：一组规约是面向性质的（即使用分类、观测器函数和公理），另外一组规约是面向模型的（即使用笛卡尔和集合，并使用显式函数定义来表示**卸载**和**装载**操作）。假设集装箱**卸载**是把集装箱从集装箱船的层（堆）顶位置转移到集装箱存储区中的相似位置——其中这些位置是通过排位、行位和层（堆）位索引来标识的。集装箱的**装载**与此类似。

提醒：不要忘记（正如人们通常在面向性质规约中所做的那样）表达所有不会改变的事物！

简述：这是其在本卷中的较早出现，因此你现在只能简述。你还没有掌握所有的面向模型的类型以及它们的操作。但是无论如何还是尝试一下！

练习 12.6 ♣ 金融服务行业领域中面向性质与面向模型的抽象。 请参见附录 A， 第 A.3 节： 金融服务行业。

简述银行的类型规约，以及开户和销户，存款和取款的函数定义：一组规约是面向性质的（即使用分类、观测器函数和公理），另外一组规约是面向模型的（即使用笛卡尔和集合，并使用显式函数定义来表示**开户**、**销户**、**存款**和**取款**操作）。

假设银行的主要实体有：**客户**目录：对于每一个银行客户，列出了其所有的账户；**共享**目录：对于每一个账户，列出了一个或多个共享该账户的客户；以及把每个账户与其对应的余额联系起来的“状态”。

提醒：不要忘记（正如人们通常在面向性质规约中所做的那样）表达所有不会改变的事物！

简述：这是其在本卷中的较早出现，因此你现在只能简述。你还没有掌握所有的面向模型类型以及它们的操作。但是无论如何还是尝试一下！

13

RSL 中的集合

- **学习本章的前提**：你掌握了第 3 章中所介绍的有关集合的数学概念的知识。
- **目标**：介绍 RSL 集合抽象数据类型：类型、值、表达集合的枚举和内涵形式，介绍 RSL 集合操作，然后通过一些简单但是不是十分简单的，可以用集合来建模的现象和概念来举例说明集合的"能力"（表达力）。
- **效果**：当适当的时候，让读者可以自由选择集合来作为现象和概念实体的模型。当不适当的时候，则不选择。
- **讨论方式**：半形式和系统的。

一队乐师
一伙骗子
一群鹅
一伙歹徒
一群牛
一群狗
一群狮子
一组钟

一群佳人
一帮水手
一批船
一群人
一束头发
一队保安
一群海豚
一群飞虫
一群箭

—— 都是集合的例子！

特性描述： 集合，我们将其粗略地理解为一个彼此不同的元素（实体）的无序聚合—— 它使得以下的讨论变得有意义：(i) 一个实体（是否）是一个集合的成员之一，$\in$，(ii) 两个或多个集合的并（合并），合并而成的集合拥有参数集合（被合并的集合）的所有元素，$\cup$，(iii) 两个或多个集合的交，相交而成的集合拥有那些在所有参数集合中出现的元素，$\cap$，(iv) 就另外一个集合而言的某个集合的补，$\backslash$，(v) 一个集合是否是另外一个集合的子集，$\subset$ 和 $\subseteq$，或者它们是否相等，$=$ 和 $\neq$，以及 (vi) 一个（有限）集合的势（该集合"包含"多少个成员），**card**，等等。 ■

请参考第 3 章来得到一个初步的、适度完全的有关集合的数学概念的介绍。在本节中我们将集中介绍在这几卷书中最主要的规约语言 RSL 中定义和使用集合类型和集合的方法。

13.1 集合：关键问题

本节的要旨是说明在领域、需求和软件现象与概念的抽象中对离散数学集合概念的使用。当一个构件 s 能够被最恰当地描述成一个“大小可变的”（“可伸缩的”）[1]，包含有一组“未区分”但彼此截然不同的元素的无序聚合[2] $\{a,b,\ldots,c\}$ —— 我们可以检查元素隶属关系 ($\in$)，可以“添加”元素到一个集合 ($\cup$)，可以从一个集合中“减去”某些元素 ($\backslash$)，就两个集合我们可以形成另外一个“公有”（“共享”）集合 ($\cap$)，等等。

集合将会成为对其他“无数”问题进行建模的适当构件。但是在抽象中把集合作为唯一的面向模型的（唯一的离散数学的）“工具”进行“施展”，是一个过分节俭的信号。这只是我们的一个谨慎的观点。

关于简单集合的公理系统请参见例 9.23。

像第 13~17 章一样，本章由以下部分构成：

- 集合数据类型（第 13.2 节）
- 基于集合的抽象的例子（第 13.3 节）
- 用集合进行抽象与建模（第 13.4 节）
- 集合的归纳定义（第 13.5 节）
- 集合抽象与模型的回顾（第 13.7 节）

本章有许多例子，这是因为在能够写出好的规约之前，必须先阅读和学习许多规约的例子。你不必现在就学习所有这些例子，其中一些可以稍后再看。本章以一个简短的讨论结束。

13.2 集合数据类型

通过介绍集合一个公理系统，我们在例 9.23 中已经介绍了简单集合的数学概念。我们敦促读者先回忆那个定义。

13.2.1 集合类型：定义和表达式

假设 A 代表一个类型，该类型包含数量可能无限的元素：$\{a_1,a_2,\ldots,a_n,\ldots\}$。

一个类型，如果其值可被认为是有限（无限） A 元素所组成的集合，那么我们可以用后缀类型幂集[3] 操作符 **-set**（**-infset**）来定义该类型。请参见图 13.1。

类型构成操作符 **-set** 将后缀应用于一个类型表达式，比方说 A，并构成一个包含 A 所有有限子集的类型。**-set** 和 **-infset** 类型操作符与集合上的幂集操作符类似。注意 **-set** 和 **-infset** 应用于类型表达式，而幂集操作符（RSL 中没有提供）应用于集合。

---

[1] 关于“大小可变的”或变化的真正含义的解释请参见节 13.6。

[2] 集合本质的揭示在于我们无法用我们都了解的术语来描述集合。在这里，我们“仿造”了一个特征描述，即通过用一个无序集合的概念来解释集合的概念。我们本可以尝试用聚集或结构等概念来解释集合。而且我们——和你们——本可以不更聪明！

[3] 幂集操作符的其他形式有：$\wp A$，$\mathcal{B}A$（其中 $\mathcal{B}$ 指 Boole，一位爱尔兰数学家），或 $_2A$（其中 2 的求幂指集合 A 的基数的幂——这用来指定 A 的不同子集的数量，即 $_2A$ 的元素的数量。）

类型和值

类型	例值
A	$\{a, a_1, a_2, ..., a_m, ...\}$
F = **A-set**	$\{\{\}, \{a\}, \{a_1, a_2, ..., a_m\}, ...\}$
S = **A-infset**	$\{\{\}, \{a\}, \{a_1, a_2, ..., a_m\}, ..., \{a_1, a_2, ...\}\}$

图 13.1　例子

例 13.1　一个简单的集合的例子 假设 fact 代表阶乘函数，那么

{fact(1),fact(2),fact(3),fact(4),fact(5),fact(6)}

表示了一个由 6 个元素（“最前面” 6 个阶乘积）所组成的简单集合。 ■

A-set 和 A-infset 是集合类型表达式。 F = A-set 和 S = A-infset 是集合类型定义。人们可以发现，使用元语言符号，即数学符号[4]（RSL “之外”）：

[1] **Bool-set** = **Bool-infset**, and **Nat-set** ⊂ **Nat-infset**

注释： A（被假定）为一个类型名，代表一个类型，即一组值的集合—— 我们现在还没有定义这些值。关键字 **-set** 当作为后缀应用于一个类型名的时候表示了一个类型上的幂集操作，并且使得类型表达式 A-set 表示该类型（集合 A）的所有有限子集的一个类型（集合）。A-infset 相应地代表 A 的所有有限和（有可能）无限子集的集合（通俗地说就是类型）。（A 具有无限子集的唯一可能性就是 A 本身是一个无限（类型）集合。）通过类型等式，类型名 F 和 S 然后被分别用来命名这些类型。A 可能是一个“分类”，即一个只被命名而没有用其他事物来给出一个模型的“抽象类型”。与之相反，F 和 S 被称之为“具体类型”。关键字 **type** 告诉我们其后的定义是类型定义。

13.2.2 集合值表达式

集合值化的表达式有以下几种形式：枚举、内涵和操作符/操作数表达式。

集合的枚举

在前面中表达式（枚举集合表达式的例子）的右边部分有：一个空集，一个单元素集，以及一个包含 m 个元素的有限集合。省略号 (...) 是一种元语言的表示，不属于我们 RSL 记法的一部分。使用它只是告诉你（读者）我们想要举例说明一个任意的 m 个元素的集合。如果我们想要枚举一个特定的 m（例如 m = 7）个元素集合，那么我们会用名字（或者表达式）列出所有的 7 个元素。

集合是有限或无限个不同个体的聚集、收集、或结构。由于集合中元素的个数可能变化，集合被认为是大小可变或可变通的。波形大括号：“{”，“}”和逗号：“,”，是集合值组

[4]公式的元语言学 [1] 是指我们在类型表达式之间使用中缀相等操作符和真子集操作符（= 和 ⊂）。

成符。一个集合可能不包含任何元素，即包含零个元素（空集 {}）。另外一个集合可能只包含一个元素（单元素集 $\{a_i\}, \{a_j\}, \ldots, \{a_k\}$），等等。一个给定的（假定为有限的）集合，当然有一个特定的势（元素的个数）。人们可以把两个集合构成一个集合，新构成的集合的势等于那两个集合中不同元素的个数之和。人们也可以从一个非空集合中删去一个元素，从而得到一个势减 1 的新集合。

令 e, e1, e2, . . . , en [5] 为确定或不确定性地求值为 (v, v1, v2, . . . , vn) 的表达式，这些值都属于某一个类型 A，且不必相异。同时令 ei, ej 确定或不确定性地求值为整数值（比方说 vi, vj）的表达式，那么下面这些就是集合值表达式的例子：

[1] {}, {e}, ..., {e1,e2,...,en}
[2] {ei..ej}

[1] 中的表达式从左到右表示：一个不包含任何元素的空集的模型；一组仅包含一个元素值（任何值都可以！）的单元素集的模型，等等；一组包含 n 个元素值（元素值不必相异，因为对于不同的 i, j，某些 ei, ej可能会求值为相同的值）的集合的模型。行 [2] 的值域集表达式表示了一组模型，其中每一个模型是一个由位于 vi 和 vj 之间（包括 vi 和 vj）的整数所组成的（稠密）集合。如果 vi> vj，那么这个整数集合为空。对于每一个模型，上面的表达式都有一个特定的、确定的值。请注意我们用模型（一组数学结构）表示的指称（denotation）和用数学实体所表示的值之间的区别。

这是一个重要的区别——在这几卷书中请“警惕地”牢记这个区别。

我们称上面 [1–2] 为集合值的显式枚举。我们称第二行的例子 [2] {ei..ej} 为一个整数值域表达式。稍后（在该节中的段落：**集合内涵**）我们将用集合内涵（通过内涵表示的集合表达式）来介绍集合值的隐式枚举。当我们希望说明特定的、总是有限的、并且通常“小”的集合的时候，我们采用显式集合枚举表达式。当我们希望隐式地说明（“暗示”）有可能无限的，用某些谓词进行描述的集合的时候，我们使用通过内涵刻画的集合表达式。

集合值操作符/操作数表达式

下面列出了 RSL 中的集合及其通常操作。∈ 用来表示一个原语（一个无法解释的操作）：集合隶属操作。

集合操作基调和例子

我们解释图 13.2.2 中的公式和表达式如下。关键字 **value** 告诉我们其后的定义是值定义。在所有的下文中我们假设这些操作在任何可适用的地方都应用于集合值。下面 13 行代码不是 RSL，而是额外的（元）语言。在这里我们使用它们去说明 RSL 集合结构。特别地，它们被用来表示 13 个给定的（“固有”）集合操作符：∈，隶属操作符（一个元素是一个集合的

[5] 我们将要在这几卷书中使用以下命名规则：以 e 开头的标识符（通常使用文字或数字字符来作为其后缀或者索引（下标））代表表达式。以 v 开头的标识符（通常使用文字或者数字字符来作为其后缀或者索引（下标））代表值。一个值是一个特定的事物，就这种意义来说**值**是确定的。**表达式**可以是常量表达式，即在任何上下文（和状态）下，表达式都可以被求值为一个而且是同一个值；或者**表达式**可以是变量表达式，即在不同上下文（和状态）下，表达式可以被求值为不同的值。

成员之一，**true** 或者 **false**？）；$\notin$, 非隶属操作符（一个元素不是一个集合的成员之一，**true** 或者 **false**？）；$\cup$，中缀并操作符（当应用于两个集合的时候，表示一个集合，该集合的成员在任意一个或两个操作数集合之中）。

基调和例子

value	**例子**
$\in$: A $\times$ **A-infset** $\to$ **Bool**	a $\in$ {a,b,c}
$\notin$: A $\times$ **A-infset** $\to$ **Bool**	a $\notin$ {}, a $\notin$ {b,c}
$\cup$: **A-infset** $\times$ **A-infset** $\to$ **A-infset**	{a,b,c} $\cup$ {a,b,d,e} = {a,b,c,d,e}
$\cup$: **(A-infset)-infset** $\to$ **A-infset**	$\cup${{a},{a,b},{a,d}} = {a,b,d}
$\cap$: **A-infset** $\times$ **A-infset** $\to$ **A-infset**	{a,b,c} $\cap$ {c,d,e} = {c}
$\cap$: **(A-infset)-infset** $\to$ **A-infset**	$\cap${{a},{a,b},{a,d}} = {a}
$\backslash$: **A-infset** $\times$ **A-infset** $\to$ **A-infset**	{a,b,c} $\backslash$ {c,d} = {a,b}
$\subset$: **A-infset** $\times$ **A-infset** $\to$ **Bool**	{a,b} $\subset$ {a,b,c}
$\subseteq$: **A-infset** $\times$ **A-infset** $\to$ **Bool**	{a,b,c} $\subseteq$ {a,b,c}
=: **A-infset** $\times$ **A-infset** $\to$ **Bool**	{a,b,c} = {a,b,c}
$\neq$: **A-infset** $\times$ **A-infset** $\to$ **Bool**	{a,b,c} $\neq$ {a,b}
card: **A-infset** $\stackrel{\sim}{\to}$ **Nat**	**card** {} = 0, **card** {a,b,c} = 3

图 13.2　集合操作

$\cup$，分布式前缀并操作符（当应用于一组集合的时候，表示一个集合，该集合的成员在某些操作数集合之中。）；$\cap$，中缀交操作符（表示一个集合，该集合的成员同时在两个操作数集合之中）；$\cap$，分布式前缀交操作符（当应用于一组集合的时候，表示一个集合，该集合的成员同时在所有的操作数集合之中。）；$\backslash$, 集合补（或集合减）操作符（表示一个集合，该集合的成员是那些不在第二个操作数集合之中的第一个操作数集合的成员）；$\subset$, 真子集操作符（第一个操作数集合中的成员全部是第二个操作数集合的成员，并且第二个操作数集合中的一些成员不在第一个操作数集合中，**true** 或者 **false**？）；$\subseteq$, 子集操作符（就真子集而言，但是允许两个操作数集合的相等关系为 **true**）；=, 相等操作符（两个操作数集合相同，**true** 或者 **false**？）；$\neq$, 不相等操作符（两个操作数集合不同，**true** 或者 **false**？）；和 **card**, 势操作符（“计算”假定为有限的操作数集合中元素的个数）。$\cup$ 和 $\cap$ 被称之为重载操作符。它们应用于一对集合和有可能无限个集合。

在图 13.3 中，文字“**并**”和“**交**”分别代表数学操作符 $\cup$ 和 $\cap$。

集合操作符的数学含义

我们定义集合操作符的数学含义。假定 $\in$ 是一个原语操作：

value

$s' \cup s'' \equiv \{\, a \mid a{:}A \bullet a \in s' \vee a \in s'' \,\}$

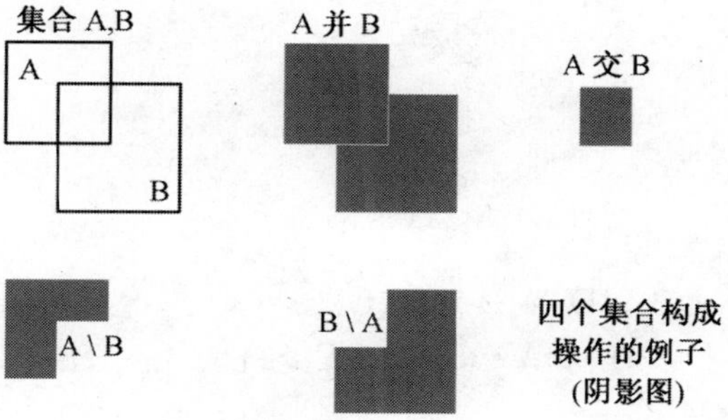

图 13.3　四个集合构成操作

$\cup$ ss $\equiv$ { a | a:A • $\exists$ s:**A-set** • s $\in$ ss $\Rightarrow$ a $\in$ s }
s′ $\cap$ s″ $\equiv$ { a | a:A • a $\in$ s′ $\wedge$ a $\in$ s″ }
$\cap$ ss $\equiv$ { a | a:A • $\forall$ s:**A-set** • s $\in$ ss $\Rightarrow$ a $\in$ s }
s′ \ s″ $\equiv$ { a | a:A • a $\in$ s′ $\wedge$ a $\notin$ s″ }
s′ $\subseteq$ s″ $\equiv$ $\forall$ a:A • a $\in$ s′ $\Rightarrow$ a $\in$ s″
s′ $\subset$ s″ $\equiv$ s′ $\subseteq$ s″ $\wedge$ $\exists$ a:A • a $\in$ s″ $\wedge$ a $\notin$ s′
s′ = s″ $\equiv$ $\forall$ a:A • a $\in$ s′ $\equiv$ a $\in$ s″ $\equiv$ s$\subseteq$s′ $\wedge$ s′$\subseteq$s
s′ $\neq$ s″ $\equiv$ s′ $\cap$ s″ $\neq$ {}
card s $\equiv$
　if s = {} **then** 0 **else**
　let a:A • a $\in$ s **in** 1 + **card** (s \ {a}) **end end**
　pre s /* 是一个有限集合*/
card s $\equiv$ **chaos** /* 测试 s 的无限性*/

上面的定义不属于 RSL，而属于“普通”数学。它依赖于已经理解的逻辑和集合内涵概念。如果我们宣称它在 RSL 中是自引用定义的，那么一个人可以赋值给诸如逻辑联结词和量化任何含义，并且他每一次都可能得到一个新的含义！

集合内涵

我们通过举例说明集合内涵来结束 RSL 集合数据类型的简要概述。为此我们引入一个分类 B 和定义在 A 之上的谓词（P）以及从 A 到 B 的函数（Q）等具体类型。（函数 q:Q 可以为部分函数，但是当 p(a)（p:P）为 **true** 的时候，它必须是定义好的（在 a:A 之上）。现在“函数”comprehend 说明了集合内涵的思想：我们定义一个由所有 q(a) 所组成的集合，a 的类型是 A，其中（•）a 在（参数）集合 s 中并且谓词 p(a) 成立。

我们可以具体表示如下：

例 13.2　一个简单集合的例子 令 fact 代表阶乘函数，那么

{fact(i)|i:**Nat** • i $\in$ {1..6}}

表示了一个包含 6 个元素的简单集合，前六个阶乘！ ■

type
　A, B
　P = A → **Bool**
　Q = A $\tilde{\to}$ B
value
　comprehend: A-**infset** × P × Q → B-**infset**
　comprehend(s,$\mathcal{P}$,$\mathcal{Q}$) ≡ { $\mathcal{Q}$(a) | a:A • a ∈ s ∧ $\mathcal{P}$(a) }

$\mathcal{Q}$(a) 和 $\mathcal{P}$(a) 不必分别是函数 $\mathcal{Q}$ 和 $\mathcal{P}$ 的调用，而可以分别是任意的定义在自由变量 a 之上的 B 值和 **Bool** 值表达式。另外，为了求值为 **true**，$\mathcal{P}$(a) 必须是确定性的。

当我们希望隐式地指定（“暗示”）由某个函数 q 和某个谓词 p 所刻画的集合（有可能为无限集合）的时候，我们使用内涵集合表达式。

与列表和映射内涵（将会在即将来临的章节中进行介绍）一样，集合内涵表示了一个‘同态’原则：复合结构上的函数被表示成（另外）一个（第一个）函数上的函数，第一个函数被应用于该结构的所有直接成分。请参考第 8.4.4 节中对同态概念的首次介绍。

内涵集合表达式的一般句法形式如下：

{ <value_expr> | <typings> • <bool_expr> }

其中 • <bool_expr> 是可选的。

集合——确定性和非确定性的回顾

由于集合枚举和值域表达式一般表示多组集合的模型；并且由于集合操作符/操作数表达式的集合操作数一般应用于在这些模型中的求值，我们可以认为集合操作符/操作数表达式和通过内涵表示的集合表达式所表示的含义同样地表示了多组集合的模型，或者其他恰当的值（布尔值，自然数）—— 这些值是集合操作符返回结果的类型。始终牢记这一点是很重要的！

例 13.3　非确定性集合（抽象）　令表达式 e_1，e_2 和 e_3 分别表示一组模型：

　$\{v_{1_1}, v_{1_2}\}$, $\{v_{2_1}, v_{2_2}, v_{2_3}\}$, 和 $\{v_3\}$,

那么集合表达式 $\{e_1, e_2, e_3\}$ 表示一组模型：

　$\{\{v_{1_1}, v_{2_1}, v_3\}, \{v_{1_2}, v_{2_1}, v_3\}, \{v_{1_1}, v_{2_2}, v_3\}, \{v_{1_2}, v_{2_2}, v_3\}, \{v_{1_1}, v_{2_3}, v_3\}, \{v_{1_2}, v_{2_3}, v_3\}\}$

　其中任何一个，例如 $\{v_{1_1}, v_{2_3}, v_3\}$，是 $\{e_1, e_2, e_3\}$的一个值。 ■

集合—— 模型、值和 ≡ 操作

一个规约的全部表示了一个模型的集合。对一个规约的求值全部只发生于这些模型中的某一个。如果该集合中存在着一个以上的模型，那么我们不能指明哪一个模型会被选择。

当被选择的模型拥有适当的集合元素值，集合表达式的相等，=，为 **true**，否则为 **false**:

$\{e1,e2,...,en\} = \{e,e',...,e''\}$

为 **true**，当两个表达式在被选择的模型中求值为相同数量的值的集合，并且这些值的集合是相同的；否则为 **false**。为了表示我们希望相等在所有的模型中都成立，我们使用 ≡ 操作符：

$\{e1,e2,...,en\} \equiv \{e,e',...,e''\}$

为 **true**，当对于所有的模型而言集合值都相等。

13.2.3 集合绑定模式与匹配

在这里我们考虑集合绑定模式的 RSL 结构和集合匹配的概念。 稍后我们将在其他上下文中继续讨论这些概念：第 14.4.1 节和第 14.4.2 节：笛卡尔, 第 15.2.3 节：列表和第 16.2.3 节：映射。

通过一个"集合 **let** 分解绑定模式"， 我们理解一个结构的基本形式如下：

```
type
  A, B = A-set
value
  ... let {a} ∪ b = e in ... end ...
  post e = {a} ∪ b ∧ b = e \ {a}
```

这里我们（以某种方式）知道 e 是一个非空集合。{a} ∪ b 是绑定模式。对 **let** {a} ∪ b = e **in** ... **end** 的理解是：e 是一个具有非空值（比方说 v）的集合表达式；自由标识符 a 被绑定 到 v 的任意一个成员；并且自由标识符 b 被绑定到 v 的剩余部分，即一个有可能为空不包含 a 的集合。

例 13.4 集合模式 我们给出一个使用集合绑定模式的非常简单的例子—— 我们把"编码"工作留给读者：

```
value
  sum: Nat-set → Nat
  sum(ns) ≡
    if ns={}
      then 0
      else
        let {n} ∪ ns' = ns in
        n + sum(ns')
    end end
```

■

集合绑定模式定义的一般形式是：

let { binding_pattern } ∪ id = set_expr
in body_expr **end**

在这里 binding_pattern 是一个只具有自由标识符的简单表达式，id 是一个标识符，set_expr 是一个至少求值为一个元素的集合值表达式，该元素的种类与 binding_pattern 相“匹配”。在第 19.6 节中，我们将讨论 binding_pattern 可以取什么样的形式，以及“匹配”意味着什么。对于笛卡尔、列表和映射，我们将介绍类似的规约语言绑定模式结构。

13.2.4 非确定性

在给定类型结构和集合分解结构中：

let a:A • P(a) **in** ... **end**
let {a} ∪ s = set **in** ... **end**

对 a 的值的选择是非确定性的。非确定性是一个重要的抽象机制。它表示了我们从特定的选择中进行抽象：任意的，或者几乎是任意的，都可以！

13.3 基于集合的抽象的例子

本节与第 14.3、15.3、16.3 和 17.2 节“相匹配”。它们都给出了集合、笛卡尔、列表、映射和基于函数规约的小例子。它们被用来作为课堂授课的例子。

13.3.1 表示 I

例 13.5 等价关系和划分 令 A 表示任意（简单）值的有限集合。一个 A 上的等价关系是一组不相交的 A 元素的集合，这些集合一起“跨越”全部的 A。这样一个等价关系也被称为 A 的一个划分。给定一个定义在 A 上的等价关系 q，以及两个 A 元素 a 和 a′，a 和 a′ 属于 q 的两个不同元素（亦称之为类） s 和 s′，合并这两个类成为 q′ 中的一个类，并且让 q 的所有其他类在 q′ 中不变。

type
  A
  Q′ = (A-**set**)-**set**
  Q = {| q:Q′ • wf_Q(q) |}
value
  sas:A-**set**
  wf_Q: Q′ → **Bool**
  wf_Q(q) ≡
    ∪ q = sas ∧
    ∀ s,s′:A-**set** • s≠s′ ∧ {s,s′}⊆q ⇒ s ∩ s′={}

$$
\begin{aligned}
&\text{merge: } A \times A \times Q \to Q\\
&\text{merge(a,a}',\text{q) } \mathbf{as}\ q'\\
&\mathbf{pre}\ \exists\ s,s'{:}S\bullet s\neq s' \wedge \{s,s'\}\subseteq q \wedge a \in s \wedge a' \in s'\\
&\mathbf{post}\ (\forall\ s{:}S\bullet s \in q \wedge s \cap \{a,a'\}=\{\} \Rightarrow s \in q') \wedge\\
&\qquad (\forall\ s,s'{:}S\bullet \{s,s'\}\subseteq q \wedge a \in s \wedge a' \in s' \Rightarrow\\
&\qquad\qquad s \cup s' \in q')\\
&\mathbf{assert:}\\
&\quad \mathbf{card}\ q = \mathbf{card}\ q' + 1 \vee\\
&\quad \exists\ s,s'{:}S \bullet q \cap q' = \{s,s'\} \wedge a \in s \wedge a' \in s'
\end{aligned}
$$

请参考例 15.3 和 16.4。 ∎

13.3.2 文件系统 I

这是在一系列我们认为是最重要的并称之为文件系统的模型中的第一个模型。其他的模型在例 14.2（笛卡尔），例15.6（列表）和例 16.8（映射）中进行介绍。

例 13.6 基于集合的文件系统 一个文件系统仅仅由一个不同信息的无序非空集合组成。信息本身是一个不同数据的无序非空集合。

一个文件系统用户可以 (i) 创建一个不包含任何信息的空文件系统；可以 (ii) 插入尚不在文件系统中的信息；可以 (iii) 查询某些信息是否在文件系统中；可以 (iv) 得到所有信息的集合，每一个信息包含一些特定的数据；可以 (v) 从给定的信息中删除某些给定的数据；可以 (vi) 删除包含某些给定数据的所有信息；并且可以 (vii) 更新包含某些给定数据的所有信息（通过替换这些给定数据为其他一些给定数据）。

type
　D
　I = D-**set**
　B = I-**set**
examples
　$d, d', ..., d''{:}D$
　$i{:}\{\}, i'{:}\{\{d\}\}, i''{:}\{\{d,d'\},\{d,d''\},\{d',d''\},...\}$
　$b{:}\{\{\{d\}\},\{\{d'\}\},\{\{d''\}\},\{\{d,d'\}\},\{\{d,d'\},\{d,d''\},\{d',d''\}\}\}$

更新 b 中所有包含 d 的信息，并且把 d 替换为 d′得到：

　$b{:}\{\{\{d'\}\},\{\{d''\}\},\{\{d'\},\{d',d''\}\}\}$

value
　void: **Unit** → B
　void() ≡ {}

insert: I → B $\xrightarrow{\sim}$ B
insert(i)(b) ≡ b ∪ {i} **pre** i ∉ b

is_in: I → B → **Bool**
is_in(i)(b) ≡ i ∈ b

get: D → B → **I-set**
get(d)(b) ≡ { i | i:I • i ∈ b ∧ d ∈ i }

del_spec: D × I → B $\xrightarrow{\sim}$ B
del_spec(d,i)(b) ≡
　{i′|i′:I•i′isinb∧d∉ i′}∪{i′\{d}|i′:I•i′isin b∧d ∈ i′∧i=i′}
　pre d ∈ i

del_all: D → B $\xrightarrow{\sim}$ B
del_all(d)(b) ≡
　{i′|i′:I•i′isinb∧d∉ i}∪{i′\{d}|i′:I•i′isin b∧d ∈ i′}

update: D × D → B $\xrightarrow{\sim}$ B
update(od,nd)(b) ≡
　{i′|i′:I•i′isin b∧od∉ i}∪{i′\{od}∪{nd}|i′:I•i′isin b∧d ∈ i′}

■

13.3.3 表示 II

例 13.7　最粗略的划分 请参考先前的例子：例 13.5。假定有一个元素未进一步规约的分类 A。令 q 为一个 A 元素集合的集合。这些集合可能会重叠。一个最粗略的划分 p 是 A 上的最小等价关系，即一组不相交的 A 元素的集合，其中每一个集合被 q 的某个集合元素所包含，并且 q 的所有 A 元素在 p 的某个集合之中。

type
　A, Q = (**A-set**)-**set**, P′ = Q
　P = {| p:P′ • wf_P(p) |}
value
　wf_P: **A-set** → **Bool**
　wf_P(p) ≡ ∀ ma,ma′:**A-set** • ma≠ma′ ∧ {ma,ma′} ⊆ p ⇒ ma ∩ ma′ = {}
　cp: Q → P
　cp(q) ≡
　　if ∃ ma,ma′:**A-set** • ma≠ma′ ∧ ma ∩ ma′ ≠{}

```
      then
          let ma,ma′:A-set • ma≠ma′ ∧ ma ∩ ma′ ≠{}
          in cp((q \ {ma,ma′}) ∪ {ma ∩ ma′,ma \ ma′,ma′\ma} \ {})
          end
      else q
    end
```

■

例 13.7 中定义的函数 cp 实际上“计算”了最粗略划分，即生成了一个满足 wf_P 的结果，该结果产生于 cp 的终止准则。但是 cp 是否到底会达到一个满足终止准则的输入参数的值，这需要证明。

13.4 使用集合进行抽象和建模

本节与第 14.4、15.4、16.4 和 17.3 节相似。它们都给出了集合、笛卡尔、列表、映射和函数抽象与建模的更大的例子。它们是用于自学的例子。

本节的目的是介绍主要基于集合的面向模型规约的技术和工具。集合建模的原则、技术和工具有：(1) 确定子类型：有时一个类型定义定义了“太多的东西”，因此可以应用类型限制（良构性，不变式）谓词的技术。(2) 前置/后置条件：使用前置和后置条件来进行函数抽象。(3) “输入/输出/查询”函数：根据它们的基调来标识主函数。(4) 辅助函数：分解函数定义成“最小的”单位。在第 14.4、15.4 和 16.4 节中，这些原则和技术重新出现来作为笛卡尔、列表和映射建模的原则和技术。

13.4.1 网络建模

在例 16.7 中我们介绍了树形层次的模型—— 正如我们所看到的诸如过去的封建主义的，中央集权的欧洲政府，以及传统的公司组织结构。在下一个例子中，我们对扁平的以“群体”为中心和进行联结的网络进行建模。这种网络模型尤其在中国农村社会中普遍存在，不仅仅是在过去 [454]。

例 13.8 中国社会网络

扁平网络的叙述：

令 c:C 代表一个居民值 c 是所有这些居民值的类型 C 中的一个元素。令 g:G 分别代表任意的居民的群体和这些群体的类型。令 s:S 分别代表任意的群体的集合和这些集合的类型。两个群体如果共享至少一个居民（联络员），那么它们彼此联系起来，否则就是截然不同的群体。一个网络 n:N 是一个群体的集合，其中对于网络中每一个群体，我们总是可以发现另外一个群体与其共享联络员。

扁平网络的形式化

只使用集合数据类型和子类型的概念，我们可以对上面的叙述进行建模：

type
  C
  $G' = C\textbf{-set}$, $G = \{| g{:}G' \bullet g \neq \{\} |\}$
  $S = G\textbf{-set}$
  $L' = C\textbf{-set}$, $L = \{| \ell{:}L' \bullet \ell \neq \{\} |\}$
  $N' = S$, $N = \{| s{:}S \bullet wf\_S(s) |\}$
value
  $wf\_S{:}\ S \to \textbf{Bool}$
  $wf\_S(s) \equiv \forall g{:}G \bullet g \in s \Rightarrow \exists g'{:}G \bullet g' \in s \wedge share(g,g')$
  $share{:}\ G \times G \to \textbf{Bool}$
  $share(g,g') \equiv g \neq g' \wedge g \cap g' \neq \{\}$
  $liaisons{:}\ G \times G \to L$
  $liaisons(g,g') = g \cap g'$ **pre** $share(g,g')$

注释： L 代表适当的联络员（至少一个 liaison）。G′, L′ 和 N′ 是“原始”类型，它们被约束为 G, L 和 N。{| binding:type_expr • bool_expr |} 是子类型表达式的一般形式。对于 G 和 L 我们“在内部”声明其约束，即把约束作为子类型表达式的直接部分。对于 N 我们通过引用一个单独定义的谓词来声明其约束。wf_S(s) 通过辅助函数表示 s 包含至少两个群体，并且任意两个这样的群体共享至少一个居民。liaisons 是一个“真正的”辅助函数，因为我们尚未为这个函数“发现一个积极的需求”。

超网络的叙述

一个社会 m:M 可以被认为由两个或两个以上（多个）的网络所组成。同上，对于多个网络的集合 m 中的每一个网络 n:N ，n:N 中每一个群体都至少与一个该网络中的其他不同群体联系起来。对于一个社会，两个或两个以上截然不同的网络可能会或者可能不会有共享使者（居民）的群体。并且，对于一个社会，两个或两个以上截然不同的网络可能会或者可能不会有完全相同的群体，等等。

超网络的形式化

type
  $M' = N\textbf{-set}$
  $M = \{| m{:}N' \bullet \textbf{card}\ m > 1 |\}$
value

■

13.4.2 伪层次建模

如果完全基于集合，我们根本不能举例说明任何合理的模型的使用。在下一个例子中我们另外采用第 6.6 节中介绍的笛卡尔数据类型。

例 13.9　图：单图和超图

单图的叙述

一个图 g:G 由一组唯一标记的节点 n:N 和一组未标记的重边 e:E 所组成。一条重边是（“被认为是”，即被建模成）一个节点的非空集合（该集合由一个或多个节点所组成）：如果一条边是（被建模成）一个单元素集合，那么这条边被说成一个从标记的节点只返回到自身的“圈”。如果一条边是（被建模成）一个两个或多个节点的集合，那么这条边被说成是去“连接”这些节点，包括“圈”。图的边的节点必须是图的节点。

单图的形式化

type
　N
　$E' = N\text{-}\mathbf{set}$
　$E = \{|\ ns{:}E' \bullet ns \neq \{\}\ |\}$
　$G' = N\text{-}\mathbf{set} \times E\text{-}\mathbf{set}$
　$G = \{|\ (ns,es){:}G' \bullet \cup\, es \subseteq ns\ |\}$

注释：　E′ 约束谓词 ns≠{} 表示边不为空。G′ 表示一个（有可能为非良构的）图被建模成一个节点和边的笛卡儿对。G′ 约束谓词表示所有的边的节点是图的节点。

超图的叙述

一个超图 h:H 是一个带有顶点和弧的图，而单图只具有节点和边。更确切地说，顶点 v:V 是上面定义的单图，其中没有两个顶点拥有相同的节点。弧 a:A 是一个集合，该集合由一个或多个节点所组成。其中所有的节点属于不同的顶点。图 13.4 试图去举例说明一个超图。

超图的形式化

type
　$V = G$
　$A = N\text{-}\mathbf{set}$
　$H' = V\text{-}\mathbf{set} \times A\text{-}\mathbf{set}$
　$H = \{|\ h{:}H' \bullet wf\_H(h)\ |\}$
value
　$wf\_H{:}\ H' \to \mathbf{Bool}$
　$wf\_H(vs,arcs) \equiv wf\_vertices(vs,\_) \wedge wf\_arcs(vs,arcs)$

注释： V：一个顶点是一个先前定义的图，因此可以被认为是良构的。A：一条弧是一个节点的集合。H′, H：一个超图的顶点是良构的（“隔离来看”），并且它的弧对于顶点而言也是良构的。（注意在（上面的）wf_vertices 的调用和（下面的）定义中，我们使用通配符 (_) 来作为一个“不关心的”参数。作为替代，人们可以在一个更狭义地给定类型的函数中只使用 vs 参数。为了通过使用通配符 (_) 来提示特定的约束只应用于图的一部分，我们已经（有可能武断地）决定保留这个选择的类型！）

value

wf_vertices: H′ → **Bool**

wf_vertices(vs,_) ≡

  ∀ v,v′:V • {v,v′}⊆vs ⇒ wf_ns(ns(v),ns(v′))

wf_arcs: H′ → **Bool**

wf_arcs(h) ≡ wf_arcs_ns(h) ∧ wf_links(h)

ns: V → N-**set**, ns(nodes,_) ≡ nodes

ns: V-**set** → N-**set**,

ns(vs) ≡ ∪{ns(v)|v:V•v ∈ vs}

注释： wf_vertices: 顶点是良构的，当它们的节点是良构的。wf_arcs: 弧是良构的，当它们对于顶点的节点而言是良构的，并且它们的连接是适当的。ns 是一个重载辅助函数：它同时应用于顶点和顶点的集合，并生成它们的节点。

wf_ns: N-**set** × N-**set** → **Bool**

wf_ns(ns,ns′) ≡ ns≠ns′ ⇒ ns ∩ ns′ = {}

wf_arcs_ns: H′ → **Bool**,

wf_arcs_ns(vs,arcs) ≡ arcs ⊆ ns(vs)

wf_links: H′ → **Bool**

wf_links(vs,arcs) ≡

  ∀ n,n′:N,v:V •

    {n,n′}⊆arcs∧v ∈ vs∧{n,n′}⊆nodes(v) ⇒ n=n′

注释： wf_ns： 超图的顶点的节点集合是良构的，当这些节点集合是不同的集合，并且不共享相同的的节点。wf_arcs_ns： 关于顶点的节点的弧的良构性成立，当弧只指顶点的节点。wf_links： 连接的良构性表示没有两个不同的弧的节点属于同一个顶点。反之亦然：弧的每一个节点属于一个不同的顶点。 ■

先前的两个例子说明了几个观点：(1) 通过使用集合和笛卡尔，可以用简单的术语来对表面上复杂的概念进行建模。(2) 社会科学概念（这里指由居民担任中间人的社区网络和网络间由社会担任中间人的交互作用）可以被抽象地捕捉。这还需要展示许多在这些网络和交互作用之上

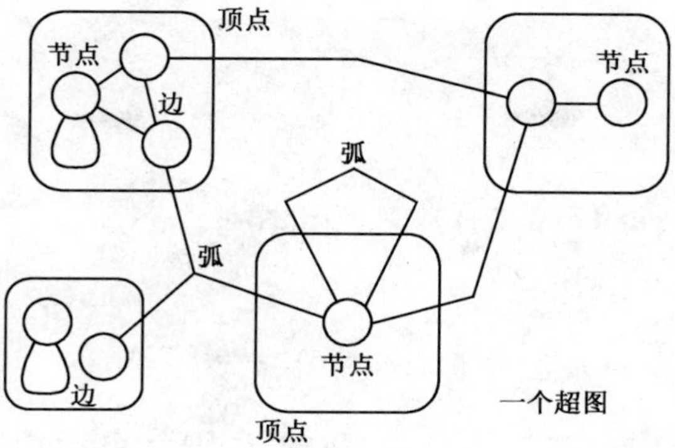

图 13.4 一个超图的例子

的“有趣”函数，即使用形式化去创建形式社会科学理论。(3) 图和超图是联系居民网络的社会科学概念的数学概念，等等。(4)（表示适当的子类型的时候需要的）良构性约束可以而且应该被分解成“最小的”部分—— 其中一些可以被辅助函数来适当定义。

一些补充注释： 上面提出的形式社会科学理论的确可以使用许多这样的辅助概念。“草草地记下”它们（例如例 13.8 中的**联络员**）是研究该理论的一部分：进行形式化工作的人员的思想“漫步于未知的领域”。有时候对这些表面上为辅助概念的形式化会具有它自己的生命，并且成为一门新兴理论的关键成分。这些最后的注释不仅仅对于上面的例子（一个可能的社会科学理论）成立，而且对于任何我们可能思考的领域、需求或软件设计理论都成立！

下一个例子将会采用一种稍稍不同的陈述风格。

13.4.3 对电话系统的建模

我们给出一个说明集合和笛卡尔的例子。它与电话交换机系统的面向性质的模型例 12.1 稍微有些不同。在下面的例子中我们不再区分呼叫者和被呼叫者。这使得若干问题变得简单了。

这个例子是从 J.C.P. Woodcock 和 M. Loomes 的书《软件工程数学》中“借用”（以一种重新编辑过的形式）的 [485]。

例 13.10 电话系统，I 陈述分为两部分：当前的例子和例 13.11。每一部分的陈述将以叙述和形式化的形式交替给出。

状态的叙述

有以下几个概念：

- 用户，s:S；
- 两个或多个用户之间的连接，c:C；
- 两个或多个用户之间的实际连接，a:A，和
- 请求连接，r:R；
- 和一个电话交换机系统，x:X，该系统中有实际和请求连接，其中所有实际连接都是请求连接。

状态的形式化

type
  S
  $C = \{| ss \mid ss{:}S\textbf{-set} \bullet \textbf{card}\ ss \geqslant 2 |\}$
  $R = C\textbf{-set}$
  $A = C\textbf{-set}$
  $X = \{| (r,a) \mid (r,a){:}R\times A \bullet a \subseteq r \wedge \bigcap a = \{\} |\}$

其中，$\bigcap$ 是分布式交集操作符。$\bigcap a = \{\}$ 表示 a 的任意两个连接元素不共享用户。换言之，没有用户参与一个以上的实际呼叫。我们可以考虑用 x:X 去表示该系统的状态概念。

可以给出一个例证如下：

value
  a,b,c,d,e,f,g,h,k:S
  x:X
axiom
  $x = (\{\{a,b,c\},\{d,e\},\{f,g\},\{g,h,k\}\},\{\{a,b,c\},\{d,e\},\{g,h,k\}\})$

有效状态的叙述

这里有一个电话交换机效率的概念，即一个控制其任意时间上的操作和状态的约束。效率准则宣称所有实际上可以被连接的请求呼叫都确实被连接上了：

有效状态的形式化

value
  eff_X: X $\xrightarrow{\sim}$ **Bool**
  $\text{eff\_X}(r,a) \equiv \sim\exists\ a'{:}A \bullet a \subset a' \wedge (r,a') \in X$

用户动作的叙述

用户动作的概念：建立一个（有可能为多方通话的）呼叫，终止（挂断）一个呼叫和查询一条线路是否忙。让我们对它们进行建模，仿佛它们是在一个状态 x:X 中的“正在被执行”的命令的指称一样。

动作类型的形式化

type
  Cmd = Call | Hang | Busy
  Call′ == mk_Call(p:S,cs:C)

Call = {| c:Call′ • **card** cs(c) ⩾ 1 |}
Hang == mk_Hang(s:S)
Busy == mk_Busy(s:S)

cs 从一个 *Call* 中选择 *C* 部分。 ■

题外话：类型并和变体记录

在这几卷书中，看上去我们好像首次使用两个类型构造器 | 和 mk_Id。例如，| 用于 A|B 中，mk_Id 用于 mk_Id(r:R,s:S,...,t:T) 中。（这里 A 和 B 是任意类型表达式，Id（实际上是 mk_Id）可以为任意标识符。R, S, ..., 和 T 是任意类型表达式。）让我们进一步解释。（我们把 mk_Id(s_r:R,s_s:S,...,s_t:T) 简单化，使之仅仅成为 mk_A(s_a:A) 和 mk_B(s_b:B)。）

- 首先，非形式的、直观的想法是我们希望表示两个类型的类型并—— A|B 是我们这样做的一种手段。
- 然后我们可能会处于一种情形：两个类型 A 和 B“重叠”，即具有相同的值。
- 所以我们不能写 A|B，但是我们可以写 A′ | B′ 并且分别定义 A′ 和 B′ 为 A′ == mk_A(s_a:A) 和 B′ == mk_B(s_b:B)。
- 现在，正如我们稍后将会解释的那样，更形式地说，两个类型（A′ 和 B′）指代两个不相交的集合。
- s_r, s_s, ..., s_t, s_a 和 s_b 被称之为选择器函数。

为了系统地防止可能的类型重叠，并且在另一方面为了能够充分利用我们的主要规约语言（RSL）的一些模式分解特性，我们扩展这个不相交的并构造到所有的可选择的并构造中，正如上面的例子那样。我们称构造 V == mkA(a:A) | mkA(a:A,b:B) | mkA(b:B,a:A) 等为记录变体构造。在第 10.3 节中我们说明了与枚举标记定义相关的变体定义的使用。第 18.4 节介绍了变体记录类型。第 18.5 节介绍了并类型。

例 13.11 电话系统，II 我们继续例 13.10。

叙述：多方呼叫

一个多方呼叫包括一个（原始的）呼叫者 s 和一个或多个（间接的）被呼叫者 ss 。执行这样一个呼叫使得想要的连接变成一个请求连接。如果所有的呼叫者和被呼叫者都没有参与一个实际连接，那么这个呼叫可以被实际化。一个多方呼叫不能被一个已经请求其他呼叫的呼叫者所建立。

多方呼叫的形式化

我们用两种方法来定义建立一个多方呼叫的含义：使用前置/后置条件，和显式地：

value

$\quad$ int_Call: Call $\stackrel{\sim}{\to}$ X $\stackrel{\sim}{\to}$ X

$\quad$ int_Call(mk_Call(p,cs))(r,) **as** (r′,a′)

$\quad$ **pre** $p \notin \bigcup r$

$\quad$ **post** $r' = r \cup \{\{p\} \cup cs\} \wedge$ eff_X(r′,a′)

$\quad$ int_Call(mk_Call(p,cs))(r,a) $\equiv$

$\quad\quad$ **let** $r' = r \cup \{\{p\} \cup cs\}$,

$\quad\quad\quad$ $a' = a \cup$ **if** $(\{\{p\} \cup cs\} \cap \bigcup a) = \{\}$

$\quad\quad\quad\quad\quad$ **then** $\{\{p\} \cup cs\}$ **else** $\{\}$ **end in**

$\quad\quad$ (r′,a′) **end**

$\quad\quad$ **pre** $p \notin \bigcup r$

上面（int_Call）的前置/后置定义说明了这种定义的风格的力量。没有规约任何算法，但是所有的工作通过求助于不变式得以表示！

叙述：终止呼叫

一个人，一个用户终止一个呼叫。

终止呼叫的形式化

value

$\quad$ int_Hang: Hang $\to$ X $\stackrel{\sim}{\to}$ X

$\quad$ int_Hang(mk_Hang(p))(r,a) **as** (r′,a′)

$\quad\quad$ **pre** existS c:C • $c \in a \wedge p \in a$

$\quad\quad$ **post** $r' = r \setminus \{c|c:C \cdot c \in r \wedge p \in c\} \wedge$ eff_X(r′,a′)

$\quad$ int_Hang(mk_Hang(p))(r,a) $\equiv$

$\quad\quad$ **let** $r' = r \setminus \{ c \mid c:C \cdot c \in a \wedge p \in c \}$,

$\quad\quad\quad$ $a' = a \setminus \{ c \mid c:C \cdot c \in r \wedge p \in c \}$ **in**

$\quad\quad$ **let** $a'' = a' \cup \{ c \mid c:C \cdot c \in r' \wedge c \bigcap a' = \{\} \}$ **in**

$\quad\quad$ (r′,a″) **end end**

$\quad\quad$ **pre** existS c:C • $c \in a \wedge p \in a$

上面的 int_Hang 函数的两种定义方法再一次证明了使用前置/后置条件进行定义的强大抽象特性。

叙述：用户忙

一条线路（即一个用户）“忙”当且仅当它（他）参与了一个实际呼叫。

用户忙的形式化

value
  int_Busy: S → X $\tilde{\to}$ **Bool**
  int_Busy(mk_Busy(p))(_,a) **as** b
    pre true
    post if b **then** p ∈ ⋃ a **else** p ∉ ⋃ a **end**

  int_Busy(mk_Busy(p))(_,a) ≡ p ∈ ⋃ a

这里，可能不是太意外地，我们发现显式函数定义是最直接的。 ■

13.5 集合的归纳定义

我们希望说明通常的递归和归纳定义的使用。在这一章中讨论集合，在后续章节中说明笛卡尔、列表和映射。

13.5.1 集合类型的归纳定义

是否允许去规约：

type
  S = S-**set**?

答案是不允许，因为一些技术上的原因。

让我们尝试去理解这个答案。

首先让我们尝试想象什么可以作为上面的类型定义的一个解。一个建议是：

$\mathcal{S}$: {{}, {{}}, {{},{{}}}, {{},{{}},{{},{{}}}}, ... },

其中通过 ...所指示的集合元素全部是有限或无限集合，它们的元素是从“前面列出的元素”中“抽取”而来的。你可能会说不是很有用。令 $\mathcal{S}$ 为上面所指示的集合。它本身是不是 $\mathcal{S}$ 的一个成员？很明显不是。那样会导致一个传统的悖论：“所有集合的集合是那个集合的一个元素？”。左边的一类类型为 S 的值的势必须与右边的一类类型为 **S-set** 的值的势相等。显然它们不相等。所以我们否决这种递归的集合类型定义。

我们因此使用这个例子作为不卷入悖论的一个实用理由。

但是我们可能需要某些集合的归纳定义。

让我们试试这个：

type
  E
  S = mS-**set**

mS = Es | Ss
Es == mkE(e:E)
Ss == mkS(s:S)

现在一个类型为 S 的例子元素 s 可以在 RSL 记法之外表示如下：

value
$\mathcal{S}$ = ∪{es|es:Es-**set**} ∪ ∪{mss|mss:mS-**set**•mss⊆$\mathcal{S}$}

上面的 $\mathcal{S}$ 的数学定义是允许的吗？是的，在数学中是允许的，但是不是在 RSL 中。在数学中我们可以给 RSL 一个数学基础，使得 mS 的递归类型定义有意义。在 RSL 中，$\mathcal{S}$ 中的递归等式是等式的任意不动点，即一个在等式中替换 $\mathcal{S}$ 的时候满足那个等式的集合 σ。σ 可能是无限的事实不应该困扰我们：我们是在规约，而不是在计算。我们因此得出以下结论：集合的递归定义必须加入一个变体（“自展程序”）来作为其组成部分。这个变体用来启动恰当的集合值的生成，以及用来避免看起来无意义的空值。

我们将会在第 18 章中介绍上述的变体记录 type mS == mkE(se:E) | mkS(ss:S) 。

13.5.2 集合值的归纳定义

我们说明对于集合值的归纳定义的使用—— 主要以集合内涵的形式。此外，在下面的例子[6]的结尾处我们介绍一个集合上的递归函数定义。

例 13.12 完全基于分类和集合的网络模型。

一个网络由唯一标识的段和唯一标识的连接器所组成。从一个段可以观测到正好两个连接器的标识符，该段被这两个连接器所定界。并且从一个连接器可以观测连接到该连接器上的一个或多个段标识符的集合。

type
N, S, Si, C, Ci
value
obs_Ss: N → S-**set**
obs_Cs: N → C-**set**
obs_Si: S → Si
obs_Sis: C → Si-**set**
obs_Ci: C → Ci
obs_Cis: S → Ci-**set**
axiom
∀ s:S • **card** obs_Cis(s) = 2
value
xtr_Cis: S-**set** → Ci-**set**
xtr_Cis(ss) ≡ ∪{obs_Cis(s)|s:S•s ∈ ss}

[6]译者注：这个例子已经由原作者重新修订，所以与原英文版书中的内容有所出入。

axiom
  ∀ c:C • **card** obs_Sis(c) > 0
value
  xtr_Cis: N → Ci-**set**
  xtr_Cis(n) ≡ xtr_Cis(obs_Ss(n))

一条路径具有一个非空、有限且索引化的段的集合 r，这些段也被称之为路径元素。其中，从每个路径元素，即 r 中的 r_i，可以观测其唯一的索引：一个大于 0 的自然数。这使得所有路径元素的索引形成了一个从 1 到 r 的势（即该路径的长度）的连续自然数的集合，并且使得路径 r_i 和 r_{i+1} 拥有重叠的连接器标识符。路径可能具有我们没有介绍的附加性质[7]。

type
  R, RE
  Index = { | i:Nat • i > 0 | }
value
  obs_REs: R → RE-**set**
  obs_S: RE → S
  obs_Index: RE → Index
axiom
  ∀ r:R •
    ({obs_Index(re) | re:RE • re ∈ obs_REs(r)} = {1 .. **card** r})
    ∧ (∀ re:RE • re ∈ obs_REs(r) ∧ **card** r > 1 ⇒
      (∃ re′:RE • {re,re′} ⊆ obs_REs(r) ∧ re ≠ re′ ⇒
        (obs_Index(re′ = obs_Index(re)+1 ⇒
          let {cia, cib} = obs_Cis(obs_S(re)),
              {cic, cid} = obs_Cis(obs_S(re′)) **in**
          card {cia, cib} ∩ {cic, cid} ∈ {2, 3} **end**)))

当把 gen_Rs 应用于一个网络的时候，生成一个网络的的所有路径的集合。

value
  genRs: N → R-**set**
  genRs(n) ≡ { r | r:R • { obs_S(re) | re:RE • re ∈ obs_REs(r) } ⊆ obs_Ss(n) }

一对相邻的路径元素的中缀连接器标识符是这些路径元素所共享的一个或两个连接器标识符所组成的集合。

value
  Infix_Cis: RE × RE → Index-**set**
  Infix_Cis(re, re′) ≡ obs_Cis(obs_S(re)) ∩ obs_Cis(obs_S(re′))

引理: 一条路径中的相邻路径元素共享一个或两个连接器标识符：当相邻的路径元素段没有形成循环的时候为一个，否则就是两个。

非循环路径是满足以下条件的路径：其中相邻路径元素共享最多一个连接器标识符，并且该路径中的不同的连接器标识符的数目等于该路径的长度加 1！为了定义 is_acyclic_route 我们使用辅助函数 Distinct_Cis。

value
  Distinct_Cis: RE × RE → Index-**set**
  Distinct_Cis(re, re′) ≡ obs_Cis(obs_S(re)) ∪ obs_Cis(obs_S(re′))

  is_acyclic_route: R → **Bool**
  is_acyclic_route(r) ≡
    card obs_REs(r) + 1 =
    card ∪{ Distinct_Cis(e, e′) | e, e′: RE • {e, e′} ⊆ obs_REs(r) }

■

13.6 关于变化的集合的注释

在第 13.1 节的开头部分我们为本节作了一个脚注。第 13.1 节涉及到了可变集合这个术语。我们现在精确地表达这个术语的意义。

我们所要表示的意思用两种方法进行解释粗略如下：令 v_s 为一个可赋值的变量。令其值遍及一组集合。对 v_s 的赋值可能会导致在某一个时间没有元素在可变的值中，即该集合为空；但是在另外一个时间的赋值可能会添加任意数量的集合元素到该集合变量中，或从该集合变量中删除任意数量的集合元素。

type
  A
variable
  v_s:A-**set** := {}
value
  g: A-**set** → **Unit**
  g(set) ≡
    ...
    v_s := set; ...
    let a:A • a ∉ v_s **in** v_s := v_s ∪ {a}; ... **end**; ...
    let a:A • a ∈ v_s **in** v_s := v_s \ {a}; ... **end**; ...
    v_s := set; ...
    v_s := {}; ...
    ...

---

[7]路径的附加性质的例子可以为：路径的名字，若有的话，无论该路径是巴士路径、航运路径、铁路路径或其他等。

上面是一个用命令式（赋值）语言给出的解释。

一个用函数程序设计风格给出的解释可能如下：假设给定一个函数定义：

type
　A, B
value
　f: A-**set** → **Nat**
　f(set) ≡
　　if set={} **then** 0 **else let** a:A • a ∈ set **in** 1+f(set\{a}) **end end**

参数 set 指定一个集合。为了实现 f 的递归调用，集合 set 接受“变化的”值。最初可能有 5 个元素。在连续的调用中，将会有 4、3、2、1，最终 0 个元素。附带提一句，函数 f 同对有限集合求势的 **card** 函数一样。

13.7 原则、技术和工具

基于这一章关于集合数据类型、其定义和许多例子的介绍，我们现在阐明抽象与建模的原则、技术和工具。

原则： 集合抽象与建模 如果并且当选用面向模型的抽象的时候，如果适当数量的下述特征可以被确认为正在被建模的现象的性质，那么我们选择集合抽象：(i) 被建模的复合构件的抽象结构由没有必要是唯一命名的，然而是截然不同的子构件（构成现象或概念）的无序集合所组成。(ii) 它的数量是不固定的，即有可能变化的，换言之，(iii) 有可能加入新的、截然不同的子构件；(iv) 从中可以删除现有的子构件；(v) 其中人们有可能查询被建模的现象（概念）之间的“容纳”关系；(vi) 其中人们可能从类似的像这样的现象（概念）复合成其他这样的现象（概念），(vii) 或者分解成“更小的”像这样的现象（概念）；和 (viii) 其中人们有可能查询这个现象（概念）是否包含一个给定的构成现象（概念）。 ■

我们可以选择其他的模型（例如列表和映射），但是它们常常需要使用集合操作来进行操作。

技术： 集合抽象与建模 请参考第 13.4 节的开头段落，其中有一个清单介绍了一些当使用集合进行抽象的时候所使用的技术。更确切地说，它提供了许多基于集合的技术：(ix) 观测器函数通常“提取”集合；(x) 不同的集合操作应用于适当的建模实例：(x.1–.3) 并、交和集合补分别应用于一个现象的实例的模型，这些实例分别是现象的两个或多个集合的“全部”，“共有”和“一些，除了...的”实例；(x.4–.5) 子集、相等和不相等分别应用于一个现象的实例的模型，这些实例分别是现象的两个或多个集合的“包含的”，“相同的”和“确实不相等的”实例；(x.6) 势应用于一个现象的“多少个”实例的模型；(xi–xii) 集合枚举和集合内涵应用于另一个用集合来建模的现象的实例的构造表达式。这些仅仅只是一些更“重要”的技术。 ■

工具： 集合抽象与建模 如果选择使用集合数据类型来进行抽象与建模，那么工具可以为诸如 RSL、VDM-SL、Z、或 B 等规约语言。 ■

请比较本节和第 15.6（列表）和 16.6（映射）节。

13.8 讨论

我们已经介绍了集合数据类型。我们还阐述了什么时候使用集合抽象的原则，提及一些从这样一个选择而得出的技术，并且指明一些可用的集合抽象规约语言。集合组成了面向模型的抽象与建模的“基本骨干”。在第 15 章和第 16 章中我们介绍列表和映射数据类型。我们然后会发现集合是如何分别在一个列表的元素和所有索引的集合的表达式中再次出现，以及如何分别在映射的定义和值域集中再次出现。

13.9 文献评注

请参考以下有关集合理论的重要参考文献：[37, 193, 212, 238, 251, 354, 447, 455, 460]。

13.10 练习

练习 13.1　集合类型。 本练习是为了帮助你提高操作集合的技能。它当然不是一种抽象。

1. 列出 **Bool-set** 和 **Bool-infset** 的元素。
2. 分别列出 **Nat-set** 和 **Nat-infset** 中的部分元素。

练习 13.2　简单的数的集合，I。 本练习同样帮助你提高操作集合的技能。它确实不是一种抽象。

你现在形式地规约自然数集合 ns:NS 的集合 sns:SNS，使得某一个集合 sns 中的每一个集合 ns 包含一组稠密的从 0（包括 0）到比该集合（ns）的势小 1 的数（包括该数）的数，并且使得 sns 包含所有的集合：ns_0，ns_1，一直到 ns_{n-1}（包括 ns_{n-1}），其中 n 是 sns 的势。

练习 13.3　简单的数的集合，II。 该练习继续练习 13.2。你现在形式地定义操作：

1. 加入一个“下一个更高的数”到一个数的集合的集合中，
2. 以及删除一个这样的“最高编号的”集合。

换言之，如果 sns 是集合 $\{\{0\},\{0,1\},\{0,1,2\}\}$，

- 那么加入一个“下一个更高的数”到 sns 中得到集合 $\{\{0\},\{0,1\},\{0,1,2\},\{0,1,2,3\}\}$，
- 删除一个这样的“最高编号”的集合得到集合 $\{\{0\},\{0,1\}\}$。

练习 13.4　更多的关于网络。 请参考例 13.8。本练习是为了让你了解相当非传统的应用：基本上而言，这里介绍的例子来自于社会科学！

1. 定义函数 citizens，该函数对于任意一个网络 n:N 和任意一个社会 m:M 分别生成其所有的居民。
2. 定义一个函数 hermits，该函数对于任意群体的集合 s:S 生成其所有的隐居者，即那些其群体只包含他们自己并且不是联络员的居民。
3. 定义一个函数 isolated，该函数对于任意一个社会 m:M 生成那些只属于一个网络的所有居民。

4. 定义一个函数 individualists，该函数对于任意一个社会 m:M 生成一个只属于一个网络的所有居民的集合。
5. 定义一个函数 emissaries，该函数对于任意一个社会 m:M生成所有那些是使者的居民。
6. 定义函数 ordinary，该函数对于任意一个网络 n:N 生成那些不是联络员的所有居民；对于任意一个社会 m:M 该函数生成那些既不是联络员又不是使者的所有居民。

♣♣♣

我们建议读者（练习解答者）在学习完下一章（有关笛卡尔的介绍）之前先不要解决下面三个练习。在学习完下一章之后，你可以更好地有针对性地解决这些练习。

练习 13.5 ♣ 运输网络领域中的集合。请参见附录 A，第 A.1 节：运输网络。

我们假设运输网络的如下性质：它们由段（Segment[8]）和连接 (Connections) 的集合组所组成。段可以被建模成笛卡尔，该笛卡尔包含一个唯一的段标识符（Segment Identifier）、一个段名（Segment Name）、一个段的长度（Segment Length）和车辆行人可以沿着该段流动的方向。段的方向被建模成诸如零对、一对或两对连接标识符（Connection Identifier）的集合，其中后面这些被认为是在该段的任意一端去标识那些连接。连接可以被建模成笛卡尔，该笛卡尔包含一个唯一的连接标识符（Connection Identifier），一个连接名（Connection Name）和入射到（和/或发源于）该连接的段的标识符。

1. 定义分类：段标识符、段名和连接标识符，
2. 定义网络、段和连接的具体类型。
3. 定义一个谓词函数 wf_N，该函数根据以下条件测试一个给定的网络是否是良构的：(i) 网络的所有段都有唯一的段标识符；(ii) 网络的所有连接都有唯一的连接标识符；并且(iii) 对于网络的每一个段，它的连接标识符是该网络中的实际连接的连接标识符。
4. 定义一个函数 is_Route，该函数测试一个给定的段的子集是否是顺序连接的。
5. 定义一个函数 is_Circular_Route，该函数测试一个给定的路径（Route）是否是循环的。
6. 定义一个函数 is_Line，该函数测试一个给定的路径的所有段是否具有相同的段名，而且然后它是非循环的。
7. 定义一个函数 all_non_Circular_Routes，该函数生成一个网络的所有非循环路径。
8. 定义一个函数 all_Lines，该函数生成一个网络的所有线路（Line）。
9. 定义一个函数 Route_Length，该函数计算一条路径的长度。

练习 13.6 ♣ 集装箱物流领域中的集合。请参见附录 A，第 A.2 节：集装箱物流。

假设一条航线（Line）是一个集装箱船卸货码头访问（Container Ship Terminal Visit）的集合，其中每一个集装箱卸货码头访问是一个集装箱卸货码头名（Container Terminal Name）的三元组：前一个，现在的，以及下一个集装箱卸货码头名。假设有一个航运路径（Shipping Route）的集合和一个所有航运路径（Shipping Route）的集合：一条航运路径是一个对，包括一个集装箱船名（Name of a Container Ship）和一条航线。假设一张运货单（Waybill）是一个集装箱卸货码头访问（Container Terminal Visit）的一个集合，其中每一个集装箱卸货码头访问是一个三元组，包括一个“从何而来的”集装箱卸货码头名（Container Terminal

[8]我们使用大写字母来指示一个可能的类型名。

Name），一个集装箱船的名字，和一个“到哪里去的”集装箱卸货码头名。进一步假设有一个给定的集装箱卸货码头名的类型：七大洋（Seven Sea）。

1. 定义类型：七大洋、航线、集装箱船卸货码头访问、所有航运路径、航运路径、运货单和集装箱卸货码头访问。
2. 定义一个谓词 wf_Single_Line 来测试一条航线（即一个集装箱船卸货码头访问的集合）是否形成一个简单循环序列：也就是说一个集装箱船卸货码头访问连接到下一个，最后一个连接返回到第一个：

$$\{(n_6,n_1,n_2),(n_1,n_2,n_3),(n_2,n_3,n_4),(n_3,n_4,n_5),(n_4,n_5,n_6),(n_5,n_6,n_1)\}$$

任意一个集装箱卸货码头可以作为该航线中的最后一个，等等。图 13.5 的上部显示了这样一条航线。

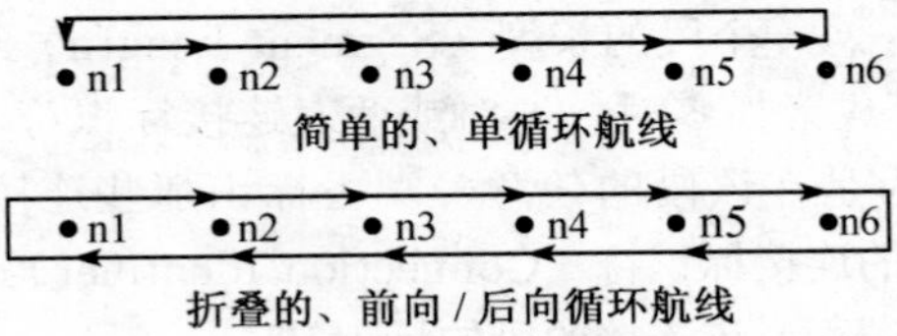

图 13.5　两条航线

3. 定义一个谓词 wf_Folded_Line 来测试一条航线（即一个集装箱船卸货码头访问的集合）是否形成一个带反序列的简单序列：

$$\{(n_2,n_1,n_2),(n_1,n_2,n_3),(n_2,n_3,n_4),(n_3,n_4,n_5),$$
$$(n_4,n_5,n_6),(n_5,n_6,n_5),(n_5,n_4,n_3),(n_4,n_3,n_2)\}$$

图 13.5 的下部显示了这样一条航线。
4. 给定任意的运货单值和任意的所有航运路径值，定义一个谓词 wf_Way_Bill 来检查是否存在一个适当的航线的集合，使得集装箱可以按照运货单（的要求）来进行传送。

练习 13.7 ♣ 金融服务行业领域中的集合。请参见附录 A，第 A.3 节：金融服务行业。

从一个银行人们可以观测该银行所拥有的现金总量。从一个银行人们可以观测该银行的所有客户的名字。从一个银行人们可以观测它所有账号的集合。给定一个客户名，从一个银行人们可以观测那个客户的一个或多个银行账号的集合。给定一个账号，从一个银行人们观测哪些客户（通过他们的客户名）共享了那个账号。给定一个账号，从一个银行人们可以观测该指定账户的余额。

1. 定义以上提及的实体的分类。
2. 定义以上提及的观测器函数的基调。

无论人们是直接从一个银行去观测，还是通过所有客户名的集合去观测，所得到的该银行的银行账号的集合（acct_nos）必须是相同的。无论人们是直接从一个银行去观测，还是通过所有账号的集合去观测，所得到的该银行的客户名的集合（cli_nms）必须是相同的。

3. 请为上面表示的两个约束制定适当的谓词。
4. 你可以想起其他的约束吗？

下面是一些可以在银行执行的简单操作：

5. 开户：一名客户通过提供一个客户名来开一个账户。作为回报该客户得到了一个新的、新做的、至今未用过的账号。余额设置为 0。该账号没有被其他客户所共享。
6. 存款：一名客户提供一个账号以及一笔加入该账户的现金给银行。该银行的现金总数增加了存入的现金数量。
7. 取款：一名客户提出一个请求去从银行提取一定数量的现金，该笔现金是通过从一个提供给银行的账号的账户中扣除相同金额的现金而得来的。该银行的现金总数减少了请求的取款金额。
8. 销户：一名客户通过提供一个（该客户所拥有的）账号来关闭一个账户。作为结果，这个账户被关闭了。如果余额为正，那么这个关闭（动作）也等于一个取款（动作）。如果余额为负，那么这个关闭也等于一个预先存款。

请为以下银行业务声明适当的前置/后置条件：

5 开户业务，
6 存款业务，
7 取款业务和
8 销户业务。

你可以设想一个银行现金和银行账户余额上的不变式吗？

9. 请把它形式化！

14

RSL 中的笛卡尔

- **学习本章的前提：** 你掌握了先前章节（第 3~4 章和第 13 章）中所介绍的有关集合和笛卡尔的数学和 RSL 概念的知识。
- **目标：** 介绍笛卡尔的 RSL 概念，笛卡尔在程序设计语言中也被认为是记录或结构。
- **效果：** 当适当的时候，让读者可以自由选择笛卡尔抽象，当不适当的时候，则不选择笛卡尔。
- **讨论方式：** 半形式和系统的。

特性描述： 笛卡尔　我们将其粗略地理解为许多没有必要彼此相异的实体的固定分组（聚集），这使得以下的讨论有意义：(i) 将若干实体 e_i 复合成一个笛卡尔 $(e_1, e_2, \ldots, e_n)$，(ii) 把一个笛卡尔 c 分解成为它的构件：**let** $(id_1, id_2, \ldots, id_n) = c$ **in** ... **end**，以及(iii) 笛卡尔间的比较（$=$，$\neq$）。 ▪

我思故我在。

René Descartes, 1596–1650

从最初的学生时代我们就知道莱恩·笛卡尔（René Descartes）：把平面分为 X 和 Y（笛卡尔）座标就是他的贡献 [173]。并且我们知道笛卡尔，例如我们会在程序设计语言中把它当作记录或者结构。请参考第 6.6节 对笛卡尔的一个早期的介绍。

14.1 笛卡尔：关键问题

本章的要旨是去说明在领域、需求和软件现象与概念的抽象中对笛卡尔的离散数学概念的使用。当一个构件 k 可以被最恰当地刻画为一个固定的复合（即没有必要是彼此不同的分量 $(a, b, \ldots, c)$ 所组成的的分组），并且在该分组中分量的出现顺序是任意选择的（但是然后是固定的）时候，我们可以选择笛卡尔来进行抽象。本节将只给出一个单独的例子——因为笛卡尔成为对其他“无数”问题进行建模的适当构件。换言之：笛卡尔，由于这样，在抽象中把它作为唯一的面向模型的（即离散数学的）“工具”——即使同集合一起使用——来“施展”，是一种过分节俭的信号！[1]

像第 13~17 章一样，本章由以下部分构成：

- 笛卡尔数据类型 （第 14.2 节）
- 基于笛卡尔的抽象的例子 （第 14.3 节）
- 用笛卡尔进行抽象与建模 （第 14.4 节）
- 笛卡尔的归纳定义 （第 14.5 节）
- 笛卡尔抽象与模型的回顾 （第 14.6 节）

本章有许多例子，这是因为在能够写出好的规约之前，必须先阅读和学习许多规约的例子。你不必现在就学习所有这些例子，其中一些可以稍后再看。本章以一个简短的讨论结束。

14.2 笛卡尔数据类型

我们会单独论述以下几个问题：类型和类型表达式、值表达式、绑定模式和匹配，以及笛卡尔上的操作。

14.2.1 笛卡尔类型和笛卡尔表达式

笛卡尔类型是两个或多个类型的积（分组，聚集，结构），

类型和值

type	例子 /* 所有带下标的 a, b, c：值 */
A, B, ..., C	a1,..,aα,..,b1,..,bβ,..,c1,..,cγ,...
A × B × ... × C	(a1,b1,..,c1),(ai,bj,..,ck),...
K = A × B × C	k: (a1,b1,c1),(ai,bj,ck),...
K′ = (A × B × C)	k′: (a1′,b1′,c1′),(ai′,bj′,ck′),...
K2 = A × B	k2: (ai,bj),..,(ak,bℓ),..
K3 = A × B × C	k3: (ai,bj,ck),..,(aℓ,bm,cn),..

令 A, B, ..., C 代表类型，这些类型的数量可能无限的元素分别包括值：$\{a_1, a_2, \ldots, a_\alpha, \ldots\}$，$\{b_1, b_2, \ldots, b_\beta, \ldots\}$，$\{c_1, c_2, \ldots, c_\gamma, \ldots\}$。值可以被当作 A，然后 B，等等，最后 C 的元素的有限分组的类型，可以用 ×（笛卡尔积）类型操作符来定义。

例 14.1 一个简单的笛卡尔例子 令 fact 代表阶乘函数，那么

(fact(1),fact(2),fact(3),fact(4),fact(5),fact(6))

表示了一个由 6 个元素（最前面 6 个阶乘积）所组成的简单笛卡尔。 ■

[1] 但是当然这仅是一种观点。对于具体程序设计人们可以作出很大的改进，实际上专门这么做，正如被程序设计语言 Lisp 所证明的那样：在 Lisp 中只有两种数据类型值：原子和对，即笛卡尔，任意这两种值中的后者。

类型表达式 A × B × ... × C 中的省略号（...）使之成为元语言表达式，即它在正在被解释的语言（这里指 RSL）之外（“之上”或“左右”）。在我们的表达式中出现的省略号应该告诉读者我们正在介绍一个一般的元语言表达式。

笛卡尔是通过使用 × 类型构造器操作来构成的。因此，笛卡尔的值由数量确定的值的分组所组成——这里确定的数量至少为两个。例子 K, K′, K2, K3 不是元语言。K 定义了，或者类型表达式 A × B × C 表示了各自类型的值的笛卡尔分组所组成的类型。K′ 定义了，或者类型表达式 (A × B × C) 表示了跟 K 一样的类型！换言之，“最外”层上添加的括号“没有增加任何新的东西”。K3 定义的类型与 K（和 K′）完全一样。所以我们不能区分这三个（完全相同的）类型的值。当这种区分是必要的时候，我们需要去使用额外的符号“机械”。

为了观察结果，让我们检查一些类型表达式。

为了在随后的解释文字中的参考起见，我们定义了（即命名了）类型（先前只是被表达了 [即作为表达式]）：

type
  A, B, C
  G0 = A × B × C
  G1 = (A × B × C)
  G2 = (A × B) × C
  G3 = A × (B × C)

用于类型表达式中的括号“(”和“)”作为一种缩写只“打破” × 操作符的优先级，因此避免去定义辅助类型：

type
  G2 = AB × C
  AB = A × B
  G3 = A × BC
  BC = B × C

对于单独定义的类型，对应有许多的例子：

  a, a′, a″, .., b, b′, .., b″, c, c′, .., c″ /* 值 */
  g0: (a,b,c), g0′: (a′,b′,c′), .., g0‴: (a″,b,c′)
  g1: (a,b,c), g1′: (a′,b′,c′), .., g1‴: (a″,b,c′)
  g2: ((a,b),c), g2′: ((a′,b′),c′), .., g2‴: ((a″,b),c′)
  g3: (a,(b,c)), g3′: (a′,(b′,c′)), .., g3‴: (a″,(b,c′))

我们已经给出许多带有单个、两个、三个引号和索引的例子以便避免目前数学地定义一般的范例。我们相信这些例子穷举了可能的范例。

14.2.2 笛卡尔值表达式

任意标识符可以表示一个笛卡尔。产生笛卡尔值的唯一“操作”是分组：$(a, b, \ldots, c)$，其中 $a, b, \ldots,$ 和 c 是表示任意种类的值的任意表达式。这个操作在先前已经被详细地说明过，但是为了进行系统的处理我们在这里进行总结。

笛卡尔值表达式是值为笛卡尔的表达式。在 RSL 中，特定的笛卡尔值的形成是通过使用笛卡尔值构造器“(”、“,”和“)”来实现的。令 e1, e2, ..., en 为任意值表达式[2]，那么下面的 **type** 子句的第二行和 **value** 子句的第一行：

type
  A, B, ..., C
  A × B × ... × C
value
  ... (e1,e2,...,en) ...

（省略号的使用是元语言学的）分别是一个笛卡尔类型表达式，和指示一个显示的笛卡尔枚举的笛卡尔值化表达式 (e1,e2,...,en)。类型表达式表示模型并且从这些模型中具有值。数学上，即不用 RSL 记法来表示，并且只涉及类型（或分类） A, B, ..., C 的值，我们可以定义 A × B × ... × C 的意义如下：

$$\{(a_i, b_j, \ldots, c_k) \mid a_i : A, b_j : B, \ldots, c_k : C\}$$

$A, B, \ldots, C$ 都涉及一个相同的模型，该模型将 A 与 A 联系起来，等等。对于出现上面的类型表达式的规约，可能会有不同的模型。但是一个特定的（虽然是任意的）模型会被选择来为所有的 RSL 结构求值。

14.2.3 笛卡尔操作，I

首先，我们介绍分解操作。从笛卡尔 gi 值，并且使用 RSL 的 **let ... in ... end** 结构，我们分解成已定义的 A, B, C 值，这些值通过单独的 ai, bj, ck 等等标识符来命名。

let (a1,b1,c1) = g0″, (a1′,b1′,c1′) = g1″ **in** .. **end**
let ((a2,b2),c2) = g2″ **in** .. **end**
let (a3,(b3,c3)) = g3″ **in** .. **end**

然后我们介绍复合操作：从单独的 ai, bj, ck 等等值我们复合成已定义的笛卡尔 Gi 值，这些值通过单独的 gi 等等标识符来命名。

let g0″ = (a1,b1,c1), g1″ = (a1′,b1′,c1′) **in** ... **end**
let g2″ = ((a2,b2),c2) **in** ... **end**
let g3″ = (a3,(b3,c3)) **in** ... **end**

14.2.4 笛卡尔绑定模式和匹配

复合成笛卡尔和对笛卡尔分解（匹配和绑定）是涉及笛卡尔的两种主要的操作。在分解中

[2]我们提醒读者我们将要在这几卷书中使用以下命名规则：以 e 开头的标识符（通常使用文字或数字字符来作为其后缀或者索引（下标））代表表达式。以 v 开头的标识符（通常使用文字或者数字字符来作为其后缀或者索引（下标））代表值。一个值是一个特定的事物，就这种意义来说**值**是确定的。**表达式**可以是常量表达式，即在任何上下文（和状态）下，表达式都可以被求值为一个而且是同一个值；或者**表达式**可以是变量表达式，即在不同上下文（和状态）下，表达式可以被求值为不同的值。

对 RSL **let ... in ... end** 结构的使用显示了对绑定模式的使用：

let (a,b,c)　= g1,
　　((a,b),c) = g2,
　　(a,(b,c)) = g3 **in** ... **end**

所有三个范例都介绍了到“=”左边的绑定模式。所有的 a、b 和 c 都是标识符。它们作为分解过程的结果被绑定到值。请参考第 14.4.1节（笛卡尔模式和笛卡尔模式，拟合和绑定）的小节中以及第 14.4.2 节中的更加系统的模式、 匹配 和绑定的论述。 我们先前（第 13.2.3 节）为集合绑定模式介绍了这些概念，并且我们稍后将在另外的语境中探讨这些概念：第 15.2.3 节对于列表，以及第 16.2.3 节对于映射。

14.2.5 笛卡尔操作，II

在第 14.2.3 节中我们介绍了笛卡尔的分解，它可以被认为是笛卡尔上的一个操作。笛卡尔上仅有的其他操作是相等 = 和等价 ≡；在 RSL 中它们被定义成任意给定类型非函数值之间的操作。

type
　A, B, C, ...
　$G = A \times B \times ... \times C$
value
　$=, \equiv$: $G \times G \to$ **Bool**
axiom
　$\forall$ (a,b,...,c),(a′,b′,...,c′):G • ((a,b,...,c) = (a′,b′,...,c′))
　　$\equiv (a = a') \wedge (b = b') \wedge ... \wedge (c = c')$

如果 A, B, . . . , C 中没有一个包含（非映射）函数值的话，上面为真。换言之，它们可能包含有限或无限集合、有限或无限列表、有限或无限映射、以及非函数值上的笛卡尔。

14.3 笛卡尔抽象的例子

本节与第 13.3、15.3、16.3 和 17.2节“相匹配”。它们都给出了集合、笛卡尔、列表、映射和基于函数规约的例子。它们被用来作为“训练”，即课堂授课的例子。

14.3.1 文件系统 II

这是在一系列我们可以称之为文件系统的模型中的第二个。其他的模型在例 13.6（集合）、例 15.6（列表 [和笛卡尔以及集合]）、以及例 16.8（映射 [和记录]）中进行介绍。同时请参考例 16.11。

例 14.2　另外一个文件系统 一个简单的文件系统由一组记录组成。一条记录是一个关键字（k:K）和数据（s:D，等等）的集合（{d,d′,. . . ,d″}）所组成的对。没有两个在其他方面截然不同的记录拥有相同的关键字。

type
  K, D
  R = K × D-**set**
  B′ = R-**set**
  B = {| b:B′ • wf_B(b) |}
value
  wf_B: B′ → **Bool**
  wf_B(b) ≡ ∀ (k,ds),(k′,ds′):R • k=k′ ⇒ ds=ds′

文件系统用户希望执行以下操作：(i) 创建一个空文件系统。(ii) 查询一个文件系统是否为空。(iii) 查询一个给定的关键字是否属于文件系统中的一条记录。(iv) 在文件系统中插入一条新的记录，其中没有文件系统中已有的记录拥有和待插入的记录相同的关键字。(v) 给定一个关键字，选择带有该关键字的记录（如果存在的话）的数据集合。(vi) 给定一个关键字，删除带有该关键字的记录（如果存在的话）。

value
  create: → B, create() ≡ {}
  is_empty: B → **Bool**, is_empty(b) ≡ b={}
  is_inB: K → B → **Bool**
  is_inB(k)(b) ≡ ∃ (k′,ds′):R • (k′,ds′) ∈ b ∧ k=k′
  insert: R → B $\xrightarrow{\sim}$ V
  insert(k,ds)(b) ≡ b ∪ {(k,ds)}
    pre ∼is_inB(k)(b)
  select: K → B $\xrightarrow{\sim}$ D-**set**
  select(k)(b) ≡ **let** (k′,ds):R • k=k′ ∧ (k′,ds) ∈ b **in** ds **end**
    pre is_inB(k)(b)
  remove: K → B $\xrightarrow{\sim}$ B
  remove (k)(b) ≡ **let** (k′,ds):R • k=k′ ∧ (k′,ds) ∈ b **in** b \ {(k′,ds)} **end**
    pre is_inB(k)(b)

■

14.3.2 库拉托夫斯基（Kuratowski）：对和集合

例 14.3 对作为集合 不同简单实体的对 (a_1, a_2) 可以被表示成集合：$\{a_1, \{a_1, a_2\}\}$。同时允许 a_2 为一个对：(a_{2_1}, a_{2_2})，那么它的表示是：$\{a_1, \{a_1, \{a_{2_1}, \{a_{2_1}, a_{2_2}\}\}\}\}$。换言之，我们现在允许对或者为不同简单元素的对，或者为一个第一个简单元素和一个对的对。我们还假设，但不是形式地规约，（简单对的）A 元素是不同的。

type
  A

```
  P′ = A × Q
  P = {| p:P′ • wf_P(p){} |}
  Q = A | P
  S′ = R-set
  R = A | S
  S = {| s:S′ • wf_S(s) |}

value
  wf_P: P′ → A-set → Bool
  wf_P((a,q))(as) ≡
    a ∉ as ∧
    case q of
      (_,_) → wf_P(q)({a}∪as),
      _ → true
    end

  wf_S: S′ → Bool
  wf_S(s) ≡
    card s = 2 ∧
    case s of
[1]   {a,{a,{b,r}}} → wf_S({b,r}),
[2]   {a,{a,b}} → true,
[3]   _ → false
    end
```

请注意在 wf_P 中对绑定模式的连续使用来“探测”一个 wf_P 的参数是否是一个对（即一个 Q 值）。使用通配符是为了告诉读者特殊的值是不相关的。**case** 结构求值的连续性表示 wf_P 的参数首先与一个对相匹配，然后与“任何事物”。同样地请注意在 wf_S 中，对绑定模式的特殊的（可能有点“技巧性的”）连续使用来“探测”一个 s 是否是 [2] 一个简单对，[1] 一个可能为良构的（但是更复合的）对或者 [3] 不是一个对。给定一个对的集合表达式，如上面所定义的那样，我们可以发现它的有序元素对如下：

```
value
  first: S → A
  first(s) ≡ let a:A, s′:S • s = {a,s′} in a end
  secnd: S → R
  secnd(s) ≡ let a:A, s′:S • s = {a,s′} in s′ end
```

给定一个任意的配对，如上面所定义的那样，我们可以构造它的集合表示。并且给定一个对的集合表示，如上面所定义的那样，我们可以再构造它的元素的有序配对。

value

$$
\begin{array}{l}
\text{P2S: P} \rightarrow \text{S} \\
\text{P2S(p)} \equiv \\
\quad \textbf{case } \text{p } \textbf{of} \\
\qquad \text{(a,(a,q))} \rightarrow \{\text{a},\{\text{a,Q2R(q)}\}\}, \text{(a,a}') \rightarrow \{\text{a},\{\text{a,a}'\}\} \\
\quad \textbf{end} \\
\text{Q2R: Q} \rightarrow \text{R} \\
\text{Q2R(q)} \equiv \textbf{case } \text{q } \textbf{of } \text{(a,q}') \rightarrow \text{P2S(a,q}'), \text{a} \rightarrow \text{a } \textbf{end}
\end{array}
$$

注意对辅助函数 Q2R 的需求以处理一个“特殊的”范例。类似地对于 S2P：

$$
\begin{array}{l}
\text{S2P: S} \rightarrow \text{P} \\
\quad \textbf{case } \text{p } \textbf{of} \\
\qquad \{\text{a},\{\text{a,r}\}\} \rightarrow \text{(a,R2Q(r))}, \{\text{a,a}'\} \rightarrow \text{(a,a}') \textbf{ end} \\
\text{R2Q: R} \rightarrow \text{Q} \\
\text{R2Q(r)} \equiv \\
\quad \textbf{case } \text{r } \textbf{of } \{\text{a},\{\text{a,r}'\}\} \rightarrow \text{(a,S2P(r}')), \text{a} \rightarrow \text{a } \textbf{end}
\end{array}
$$

注意我们已经格式化句法（即按行设计公式文本：有时候在一行上，有时候在几行上进行展开）的不同方式。

练习 14.2 一般化了上述问题为：在简单对中允许相同的 A 元素。 ■

14.4 用笛卡尔进行抽象与建模

本节与第 13.4、15.4、16.4 和 17.3 节“相匹配”。它们都分别给出了集合、笛卡尔、列表、映射、以及函数抽象与模型的更大的例子。它们被用来作为自学的例子。

本节的目的是为主要基于笛卡尔的面向模型的规约介绍技术和工具。*笛卡尔建模原则、技术和工具包括*：(1) *确定子类型*： 有时候一个类型定义定义了“太多的东西”：因此可以应用类型约束（良构性、不变式）谓词技术。(2) **前置/后置** 条件： 用前置和后置 条件进行函数抽象。(3) *“输入/输出/查询” 函数*： 根据它们的基调来标识主函数。(4) **辅助函数**： 分解函数定义成“最小的”单位。

在第 13.4、15.4 和 16.4 节中这些*原则和技术* 重新出现来作为集合、列表和映射的建模原则和技术。

14.4.1 句法结构建模

一个结构（例如一个集合、笛卡尔分组、列表或映射）是遵循句法的，如果它的表示（例如上面的那些）有一个意义。该意义可能为另外一个结构，但是它的语义构件与句法构件（相当）不同。我们会给出一个简单的命令式程序设计语言的句法和语义的例子，这个例子在某种程度上是“原始的”并且“不十分抽象的”。我们说“原始的”和“不十分抽象的”因为稍后我们可以说明更加现实的和“更加抽象的”程序设计语言例子。由于必需不得不使用诸如集合和笛卡尔的结构化的值，本节的例子并没有真正举例说明抽象，只例证了建模！

例 14.4　简单计算机语言的句法，第 I 部分

叙述——句法（笛卡尔）范畴

(i) 一个计算机程序 m:M 包含一个过程名 pn，一个过程语句标号 ln，以及一组唯一命名的过程 ps，其中过程名是过程的程序集合 ps 中某一个过程。(ii) 一个过程有一个名字并且包含一组唯一标号的语句，其中该过程的 goto 语句（参见下面的 (xi)）的标号是那个过程的语句标号，并且过程启用语句（参见下面的 (xiv)）的过程名和标号是该程序的那些过程的名字和它们的标号语句的集合。(iii) 一条标号语句包含一个标号和一条语句。(iv) 一个标号是一个未进一步分析的量。(v) 一条语句或者是一条赋值，或者是一条条件，或者是一条 goto，或者是一条过程调用，或者是一条 exit 语句。(vi) 一个赋值包含一个变量和一个表达式。它同时指定了一个连接，即在当前赋值语句的解释之后的要解释的下一条语句的标号。(vii) 一个变量是一个未进一步分析的量。(viii) 一个表达式是一个未进一步分析的量。（但是请参考练习 14.5 来得到一个被分析的语句的全面的分析（连同讨论）。）(ix) 一个条件包含一个表达式，即测试表达式，以及两个（连接）标号，即结果标号和备选标号。(x) 一条 goto 语句包含一个标号。(xi) 一个过程调用包含一个过程名和一个语句标号。它同时指定了一个连接，即在当前调用语句的解释之后的要解释的下一条语句的标号。(xii) 一条 exit 语句是一个未进一步分析的量。(xiii) “未进一步分析的”过程名、变量、语句标号和 exit 量全部是不同的集合（即不能被混淆）。 ■

题外话——并类型操作符：|

为了形式化由不同的（即可选择的 (|) 种类）赋值、条件等等所组成的语句的类型，在这里我们介绍类型构造器 |。令 A, B, . . . , C 代表任意的类型。

type
　A, B, ..., C
　U = A | B | ... | C

U 被定义成其值是单独的类型 A, B, . . . , C 的所有的值的并的类型。

另一段题外话——笛卡尔文本类型

我们通过 {″text_1,text_2,...,text_n″} 理解其元素只是列出的文本字符串的有限类型。

例 14.5　简单计算机语言的句法，第 II 部分

形式化——句法（笛卡尔）范畴

type
　Pn, Ln, V, E
　M′ = (Pn × Ln) × P-set

M = {| m:M • wf_M(m) |}
P = Pn × (Ln × S)-**set**
S = Asgn | Cond | Goto | Call | Exit
Asgn = {"asgn"} × (V × E) × Ln
Cond = {"cond"} × (E × Ln × Ln)
Goto = {"goto"} × Ln
Call = {"call"} × (Pn × Ln) × Ln
Exit = {"exit"}

注释： (xiv) 在上面的叙述中暗示了确定子类型谓词 wf_M。它被进一步地叙述（参见项(xv–xxix)）并形式化地定义。(xv) 单独的语句通过文本标记的显示来被“选中”。

形式化——（笛卡尔的）良构性

value
wf_M: M′→**Bool**
wf_M((pn,ln),ps) ≡
wf_Call((pn,ln),ln)({ln})(ps) ∧ ∀ p:P • p ∈ ps ⇒ wf_P(p)(ps)

wf_Call: (Pn×Ln)×Ln→Ln-**set**→Pn-**set**→**Bool**
wf_Call((pn,ln),ℓ)(ls)(ps) ≡
ℓ ∈ ls ∧ ∃ ! (pn′,lss):P • (pn′,lss) ∈ ps ∧ pn′=pn ⇒ ln ∈ labels(lss)

wf_P: Pn×(Ln×S)-**set**→P-**set**→**Bool**
wf_P(_,lss) ≡
let lns = labels(lss) **in**
∀ (ln,s):(Ln×S) • (ln,s) ∈ lss ⇒ wf_S(s)(lns)(ps) **end**

labels: (Ln×S)-**set**→Ln-**set**
labels(lss) ≡ { ln:Ln | (ln′,s):(Ln×S) • (ln′,s) ∈ lss ∧ ln′=ln }

■

一条迂回之路：RSL“case”结构

应用于结构的函数，当结构是一个类型的值，且该类型是若干类型的并的时候，通常需要“能够只基于它们的类型来区分这些值”。下面的一般的例子说明了这个观点：

type
A, B
U = A | (U × U) | (U × U × U) | ...
value

f: U → B, g: A → B, ⊕: B × B → B

f(u) ≡

case u **of**:

(u′,u″,u‴) → f(u′)⊕(f(u″)⊕ f(u‴))

(u′,u″) → f(u′)⊕f(u″)

_ → g(u) **end**

这里的 RSL **case** 结构按照以下方式被使用：首先区分一个参数值是否是一个三元组，然后它是否是一个对，最后通配符 _ 是否只是一个简单 A 值。忽略 → 右边的表达式。中缀 **case of** 操作数——它的另外一个操作数是**模式**自顶到底的列表——的表达式 u 的值与模式的（文本垂直的、自顶到底的）列表的元素逐次进行比较。当一个拟合可以形成的时候，对应的右边的表达式的值在拟合的环境中成为 **case** 结构的值。

RSL **case** 结构具有一般的句法和非形式的求值模式：

⟨ case_clause ⟩ ::=

case ⟨ value_expr ⟩ **of**

⟨ pattern ⟩ → ⟨ value_expr ⟩,

... ,

⟨ pattern ⟩ → ⟨ value_expr ⟩,

_ → ⟨ value_expr ⟩

end

其中通配符的行 _ → ⟨value_expr⟩ 是可选的。对 **case** 结构进行求值的过程如下：首先，“打开的” **case** ⟨value_expr⟩ **of** 行的 ⟨value_expr⟩ 被求值。令其值为 v，然后用 v 尝试去拟合 ⟨pattern⟩。

笛卡尔模式

我们解释笛卡尔模式（Cartesian pattern）的概念如下：笛卡尔模式是两个或多个常量（即文字）、标识符和模式的分组。（相应地，v 的值是两个或多个值的笛卡尔。）稍后我们将介绍列表、名字和记录模式。

笛卡尔模式、拟合和绑定

我们解释笛卡尔拟合（Cartesian fitting）的概念如下：一个值拟合一个文字如果它等于该指定的文字的值。任意值拟合并且被绑定到一个模式标识符。通过把模式标识符映射到值，可以富化上面提到的语境。

如果模式是 n 个元素的分组（常量、标识符或模式），那么 v 必须是 n 个值的笛卡尔。逐个“从左至右”地，模式的分量和值的分量之间的一个拟合必须成功。如果所有的都可以被拟合，那么实现了一个拟合。模式的分量标识符被绑定到对应的分量值——因此进一步地富化了语境。稍后我们将介绍列表、名字和记录拟合。

• • •

如果 v 可以被拟合，那么在这个富化的语境中对应行的 ⟨ value_expr ⟩ 被求值，并且它的值成为

整个 **case** 结构的值——对该结构的求值因此终止了。如果 v 不能被拟合，那么第二行 ⟨pattern⟩ → ⟨ value_expr ⟩ 被求值。依此类推，直到没有拟合成功，或者遇到可选的“总受器”通配符行 _ → ⟨ value_expr ⟩。在这种情况下，它的 ⟨ value_expr ⟩ 的值成为该 **case** 结构的值。

在单独的拟合尝试期间形成的绑定（即语境）在尝试之中和求值终止的时候丢失。

RSL case 结构迂回之路的结束

例 14.6 简单计算机语言的句法，第 III 部分 我们现在可以表达语句良构性：

```
wf_S: S → Ln-set → P-set → Bool
wf_S(s)(lns)(ps) ≡
  case s of
      ("assign",(v,e),ℓ) → ℓ ∈ lns,
      ("cond",(e,ln,ln′)) → {ln,ln′} ⊆ lns,
      ("goto",ln) → ln ∈ lns,
      ("call",(pn,ln),ℓ) →
            wf_Call((pn,ln),ℓ)(ps),
      "exit" → true
  end
```

注释：通过句法良构性我们指一个更大的句法范畴被约束到一个子类型。稍后的语法函数假定句法良构性，即句法值处于适当约束的子类型之内。(xvi) wf_M：一个程序是良构的当它预期的启用（即调用）是良构的，并且如果它定义的所有过程在该过程的句法集合的语境中是良构的。(xvii) wf_Call：一个调用是良构的当它期望的启用命名了一个由程序定义的过程，并且在这之内，它标号了一条语句。(xviii) wf_P：一个过程是良构的当它包含的所有语句在过程语句标号和过程的程序集合的语境中是良构的。(xix) wf_Asgn：一条赋值语句是良构的当它的连接标号是已定义的，即在（现在的）过程的语句标号的语境中。换言之，我们现在（在这个简单的例子中）在任何语境中不考虑变量和表达式的良构性！(xix) wf_Cond：一条条件语句是良构的当结果和选择标号是已定义的，即在（现在的）过程的语句标号的语境中。(xx) wf_Goto：一条 goto 语句是良构的当它的标号在标号集合语境构件中。(xxi) wf_Stop：一条 stop 语句总是良构的。(xxii) labels：该函数生成一组标号（标号名）。■

14.4.2 笛卡尔“let ... in ... end”绑定

从第 13.2.3 和 14.2.1 节起，我们已经在 RSL **let ... in ... end** 结构中分别使用了集合和笛卡尔模式。并且从第 14.4.1 节起，我们定义了笛卡尔模式。插进这一小段的目的只是确定我们在讨论相同的，为相同的语用目的而引入的语言思想：分解笛卡尔值，即拟合其本身到笛卡尔模式，并且绑定模式标识符到笛卡尔值的分量值。在稍后的章节中我们会进一步为列表、映射以及其他的 RSL 结构介绍类似的的模式结构及分解（即拟合）和绑定概念。

14.4.3 语义结构建模

例 14.7 简单计算机语言的机械语义

叙述——语义类型

变量和存储器。 变量“在计算机存储器中”指定了值。为了对该事实进行建模——并且假定我们至今只“正式地”学习了集合和笛卡尔来作为唯一的结构化的值——我们把存储器建模成一组变量-值关联。一个变量-值关联是一个对，由一个变量和一个值所组成。没有两个在其他方面截然不同的计算机存储器的关联具有相同的变量部分和不同的值部分。

直觉和概念分析。 我们依赖于你对拟人化的术语程序执行（即计算机程序的处理）的通常的理解的直觉。我们将要把诸如程序的处理的概念系统地描述成数据。但是首先我们需要一些直觉和一些由这些直觉所产生的概念的分析。

一个好的建议是：总是通过对直觉及其分析的阐明来开始系统的叙述。

程序点

在执行中的任意一个点，计算机在解释一个特定的过程的一条特定的语句。我们因此可以通过过程名和语句标号的对来对程序点进行建模。

大多数语句解释终止的发生伴随着下一个程序点的建立，该程序点由当前的过程名和指定的语句连接标号所组成。当过程的启用（即“被调用”过程的解释）结束的时候，必须“返回”终止调用语句的解释，这是继续那个调用语句指定的连接语句。

语句解释的效果通常是改变计算机的状态。但是什么确切地是这个状态——我们今后将称之为格局（configuration）？嗯，首先它必须包括一些变量值关联以便我们能够更新变量值来作为赋值语句解释的结果，并且在表达式求值期间查找这些值。然后，我们必须以某种方式记录当前和下一个程序点。由于过程的启用可能会被不确定地“嵌套”，我们可能会要求某个程序点的堆栈和非堆栈分类。

为了表达程序的意义，我们介绍格局的概念。

格局

一个格局是一个对，由一个程序指针堆栈和一个存储器组成。

程序指针堆栈

程序指针堆栈或者为空，在这里被建模成字符串 `"empty"`，或者是一个对，它的第一个元素是一个程序指针，即一个由过程名和语句标号所组成的对，并且它的另外一个元素是一个程序指针堆栈。

形式化——语义类型

type
  VAL

$STG' = (V \times VAL)$-**set**

$\Sigma = \{| \text{stg}:STG' \bullet \text{wf\_STG}(\text{stg}) |\}$

$\Theta = \{''\textbf{empty}''\} \mid ((Pn \times Ln) \times \Theta)$

value

wf_STG: $STG' \to$ **Bool**

wf_STG(stg) $\equiv$

$\forall$ (v,val),(v′,val′):(V×VAL) $\bullet$

$\{(v,val),(v',val')\} \subseteq stg \Rightarrow (v{=}v' \Rightarrow val{=}val')$

VAL 是值的语义类型。

叙述——计算机程序解释

令 ((pn,ln),ps) 为程序。计算机程序解释从一个可能为空的存储器和一个空程序指针堆栈开始。计算机程序解释然后堆放对 (pn,ln) 到程序指针堆栈的顶部。现在解释器进入一个语句解释的不定序列。每一个语句解释先标识要解释的过程和语句。这是在程序指针堆栈的栈顶元素的基础之上实现的。然后它解释该语句。

如果它是一条赋值语句，那么发生一个适当的表达式求值，并且为给定的变量更新存储器。然后，改变顶程序点的标号构件来反映格局。如果它是一条条件语句，首先发生一个适当的测试表达式求值。然后改变顶部的程序指针的标号构件来反映格局：如果生成的测试表达式值为 **true**，那么选中结果标号，否则另一个选项。等等。我们留给读者来解释随后的形式化！

形式化——语义函数

value

int_M: M $\stackrel{\sim}{\to} \Sigma$

int_M((pn,ln),ps) $\equiv$ int_S((pn,ln),″**empty**″)({})(ps)

int_S: $\Theta \to \Sigma \to$ P-**set** $\to \Sigma$

val_E: Expr $\to \Sigma \to$ VAL

解释程序等同于用（唯一的程序指针堆栈元素的）程序点和一个空存储器来解释语句。

int_S 和 val_E 分别命名了操作语句解释和简单表达式求值函数。

int_S(θ')(σ)(ps) $\equiv$

case θ' **of**

″**empty**″ $\to \sigma$,

((pn,ln),θ) $\to$

let s = find_S(ln)(find_P(pn)(ps)) **in**

case s **of**

```
        ("assign",(v,e),ℓ) →
            let val = val_E(e)(σ) in
            let σ′ = update(v,val)(σ) in
            int_S((pn,ℓ),θ)(σ′)(ps) end end,
        ("cond",(e,ln,ln′)) →
            let test = val_E(e)(σ) in
            let ℓ = if test then ln else ln′ end in
            int_S((pn,ℓ),θ)(σ)(ps) end end,
        ("goto",ln′) →
            int_S((pn,ln′),θ)(σ)(ps),
        ("call",(pn′,ln′),ℓ) →
            Int_S((pn′,ln′),((pn,ℓ),σ))(σ)(ps),
        "exit" → Int_S(θ)(σ)(ps)
    end end end
```

注意 exit 是如何规定过程终止的。

```
value
  update: V × VAL → Σ → Σ
  update(v,val)(σ) ≡
     let (v′,val′):(V×VAL) • v=v′∧(v′,val′) ∈ σ in
     σ \ {(v,val′)} ∪ {(v,val)} end

  find_P: Pn → P-set → (Ln × S)-set
  find_P(pn)(ps) ≡
     let (pn′,lss):(Pn×(Ln×S)-set) • (pn′,lss) ∈ ps ∧ pn=pn′ in lss end
     assert: /* 断言真；通过 wf_M 得以保证 */

  find_S: Ln → (Ln×S)-set → S
  find_S(ln)(lss) ≡
     let (ln′,s):(Ln×S)-set • (ln′,s) ∈ lss ∧ ln=ln′ in s end
```

■

我们提醒读者上面的例子不是一个抽象的例子，而只是一个建模的例子。在第 20 章中，我们将用更适当的存储器、堆栈、语境（环境）、以及语义解释函数的抽象来介绍我们所指的是什么。

14.4.4 笛卡尔：初步的讨论

在提炼上述关于笛卡尔抽象与建模原则、技术和工具的例子的要素之前，迄今为止，我们可以在其他方面从笛卡尔抽象与建模的例子的本节中总结出什么？我们可以断定笛卡尔的引入本质上是基于用两个或多个分量对事物进行分组（例如以某种方式合在一起）的语用需求。并且由于我们因此希望去复合某一种类（即某一类型）的值为（比方说）对，去聚合其他种类（即其他类型）的值为（比方说）三元组，等等，并不是很远的！因此我们得出以下需求：(i) 并类型，**case ... of ... end** 结构（也被称之为麦卡锡 条件从句），模式结构及相关的拟合和绑定概念。

14.5 归纳笛卡尔定义

14.5.1 归纳笛卡尔类型定义

假定我们想定义：

type
  C = C × C

这表示了什么？嗯，我不知道！我不能以某种方式开始枚举 C 的笛卡尔元素。问题是那里没有“自展程序（boot strap）”。因此，我们引入一个“自展程序” B 和一个终止递归的方法。

type
  B
  C = BorC × BorC
  BorC == mkB(sb:B) | mkC(sc:C)

选项 boc:BorC 可以为 b:B 或者 mkc:mkC(c1,c2)。B 被假定为不包含 c:BorC。现在我们可以提出下述类型 C 值的集合：

$\mathcal{C}$: {(b,b′)|b,b′:B} ∪ {(c′,c″)|c′,c″:BorC • {c′,c″}⊆$\mathcal{C}$}

我们提醒读者上面的 $\mathcal{C}$ 的定义是一个在数学中的定义，而不是一个在 RSL 中的定义。这看上去不错，我们因此决定：

笛卡尔的递归定义必须创建一个变体，一个“自展程序”。该变体用于开始生成适当的笛卡尔值，并且也用于终止无穷的回归。

14.5.2 笛卡尔值的归纳定义

例 14.8 基于笛卡尔与集合的网络模型 我们重新描述例 13.12 的解决方案。

我们介绍路径（path）的概念。一条路径是一个三元组：一个连接器标识符 c_{i_1}，一个段标识符 s_i，以及一个连接器标识符 c_{i_2}，其中两个截然不同的连接器标识符 $\{c_{i_1} c_{i_2}\}$ 是被 s_i 所标识的段的连接器标识符。

一个路由（route）现在是一组路径，其中在该路由中或者只有一条路径，或者有多于一条的路径并且有一个终端[3]段，即一个段它的一个连接器标识符不是该路径中其他段的一个连接器标识符，该终端段的另外一个连接器标识符是该路径的其他段的一个连接器标识符，并且剩余的路径是良构的。

type

$P' = Ci \times Si \times Ci$

$P = \{| \text{p:P}' \bullet \exists \text{ n:N} \bullet \text{wfP(p)(n)} |\}$

value

wfP: $P' \to N \to$ **Bool**

wfP(ci1,si,ci2)(n) $\equiv \exists$ s:S•s $\in$ obs_Ss(n)$\wedge$\{ci1,ci2\}=obs_Cis(s)$\wedge$si=obs_Si(s)

请注意我们必须在我们可以表示路径的良构性的语境中指明某个网络。从一个网络我们可以生成所有路径的集合：

gen_Ps: N $\to$ **P-set**

gen_Ps(n) $\equiv$ \{ p | p:P$'$ • wfP(p)(n) \}

现在我们可以定义路由：

type

$R' =$ **P-set**

$R = \{| \text{r:R}' \bullet \text{wfR(r)} |\}$

value

Ci_deg: Ci $\times$ R$'$ $\to$ **Nat**

Ci_deg(ci,r) $\equiv$ **card**\{(ci$'$,si,ci$''$)|(ci$'$,si,ci$''$):P•(ci$'$,si,ci$''$) $\in$ r$\wedge$ci $\in$\{ci$'$,ci$''$\}\}

wfR(r) $\equiv$

card r = 1 $\vee$

$\exists$ ci,ci$'$:Ci,si:Si • (ci,si,ci$'$) $\in$ r $\wedge$

Ci_deg(ci,r) = 1 $\wedge$ Ci_deg(ci$'$,r) = 2 $\wedge$ wfR(r\\{(ci,si,ci$'$)\})

■

下一个例子说明了递归值定义。

例 14.9 传递闭包 我们介绍线路（line）的概念。该线路的概念是路径的概念的一个扩展，其中，路径只是把通过一个段的道路中的一条用三元组的形式编码的笛卡尔：段标识符（假定在中间）和分别位于该段两端的进出连接器的身份，线路是类似的对路径上的传递闭包进行编码的笛卡尔。由于我们任意地决定了路径也被它们的段标识符所标识，我们必须为线路构造新的、唯一的段标识符。

一条线路 ℓ 是一个由两个线路连接器标识符（一个开端和一个终端连接器标识符）和一个线段名所组成的三元组：$(\ell_{c_{\text{fst}}}, \ell\text{nm}, \ell_{c_{\text{lst}}})$。一条路径 (c_{i_1}, s_i, c_{i_2}) 是一条线路。在 (c_{i_1}, s_i, c_{i_2}) 中，c_{i_1} 和 c_{i_2} 分别是开端和终端连接器标识符，s_i 是线路标识符（或者名字）。如果 ℓ 和 ℓ' 是线路：$(\ell_{c_{fst}}, \ell_{n_j}, \ell_{c_i})$ 和 $(\ell_{c_i}, \ell_{n_k}, \ell_{c_{lst}})$，其中 ℓ 的终端连接器标识符 ℓ_{c_i} 也是 ℓ' 的开端连接器标

[3]你也可以把这个终端段称为一个开端、开始段！

识符，那么 $(\ell_{c_{fst}}, \text{comp}(\ell_{n_j}, \ell_{n_k}), \ell_{c_{lst}})$ 是一条线路。comp 一个函数，它把不同的段标识符复合成唯一的段标识符。decomp 是 comp 的逆：

value
  comp: Si × Si → Si
  decomp: Si → Si × Si
axiom
  ∀ si,si′:Si • si≠si′ ⇒ decomp(comp(si,si′))=(si,si′)

在一个网络中，如果有一条路径（即一条线路）从被标识为 c_f 的连接器到被标识为 c_i 的连接器，并且另外一条从被标识为 c_i 的连接器到被标识为 c_t 的连接器，那么在该网络的（关于线路的）传递闭包中，我们宣称有一条线路从连接器 c_f 到连接器 c_t。更一般地，如果在一个网络中有一条从线路从被 c_f 标识的连接器到被 c_i 标识的连接器，并且从那一个被 c_i 标识的连接器到被 c_t 标识的连接器，那么，在那个网络的（关于线路的）传递闭包中我们宣称有一条线路从被 c_f 标识的连接器到被 c_t 标识的连接器。因此，线路的概念基本上与路径的概念类似。给定一个网络，我们可以计算它的关于线路的传递闭包。

type
  L = Ci × Si × Ci
value
  closure: N → L-**set**
  closure(n) ≡
    let ps = gen_Ps(n) **in**
    let clo = ps ∪ {(cf,comp(sf,st),ct) |
          (cf,sf,ci),(ci′,st,ct):L•{(cf,sf,ci),(ci′,st,ct)}⊆clo∧ci=ci′} **in**
    clo **end** **end**

我们假设网络是有限的，即它们的段和连接器的数量是有限的。因此集合 clo 是有限的。closure 归纳地表示它的结果 clo。考虑迭代地求解递归等式 clo = ps ∪ { (cf,comp(sf,st),ct) | (cf,sf,ci),(ci′,st,ct):L • {(cf,sf,ci),(ci′,st,ct)}⊆clo ∧ ci=ci′}。最初那里只有 ps 作用于 clo。在第二次迭代中，在集合内涵主体中的 clo 是 ps，因此它现在促成形成跨越两条路径的线路。对于每一次迭代 i，生成跨越 i 条路径的线路。在某次迭代 n，其中 n 至多为该网络中的连接（即图中的节点）的数量，没有更多的线路被作用于 clo。在 clo 中的递归等式被解决了：最小集合 γ 被找到，使得当在等式中用 γ 替代 clo 的时候它满足那个等式。γ 是该等式的一个不动点解。[4]

■

14.6 讨论

14.6.1 概述

我们已经概述了笛卡尔数据类型。并且我们已经尝试去 (i) 阐述何时使用笛卡尔抽象的原

[4] 由于在 RSL 中我们必须考虑不确定性，即我们的规约的许多模型，RSL 的语义被设计为允许所有的递归定义的不动点。

则，(ii) 列出一些根据这样一个选择而得出的技术，并且 (iii) 标识一些现今可用的笛卡尔抽象规约语言工具。笛卡尔组成了面向模型的抽象与建模的“另外一个基本骨干”。我们稍后会看到记录数据类型是如何扩展和富化在本章中提出的笛卡尔的简单概念。

14.6.2 原则、技术和工具

原则： 笛卡尔 如果选择了面向模型的抽象，并且如果下述特征可以被标识为正在被建模的现象或概念的特性，那么选择笛卡尔抽象：(i) 正在被建模的复合构件的抽象结构由没有必要是唯一命名的，但是在其他方面是不同的子构件（构成现象或概念）的有序聚合组成；(ii) 子构件的数量是固定的，即常数；(iii) 其中你可能会因此分别分解为这样的构成子现象和子概念；并且 (iv) 其中把该复合表示为整体抽象的需求自然地发生。 ■

原则： 笛卡尔 在这几卷中的这一早期阶段，我们提及两个何时选择笛卡尔作为抽象建模的基础的特定的原则。(v) *语义格局*是语义概念的复合，通常被称之为格局：在卷 2 第 4 章中被视为语境和状态。格局典型地被建模成笛卡尔。这一点已经在上文中得以阐述，在一般原则之内。同时请参见例 14.7 （特定的“格局”）。(vi) *句法结构*： 句法概念的复合“传统地”被建模成笛卡尔。这一点在例 14.4–14.6 中得以充分地说明。我们会经常举例说明上述特定原则的使用。 ■

技术： 笛卡尔 请参考第 14.4 节的开始段落，来得到一个当使用笛卡尔进行抽象时使用的一些技术的列表。更明确地，只提供了少数面向笛卡尔的技术：(vii) 观测器函数有时候“抽取”分组（即笛卡尔）。(viii) 另外，简单的、显式的、括号化的分组表达式用来表示复合，(ix) 并且简单 **let**-样式分解子句用来表示到构件的分析。 ■

工具： 笛卡尔 如果选择使用笛卡尔数据类型的抽象与建模，那么工具可以是 RSL、VDM-SL、Z 或者，例如，B 规约语言中的任意一个。 ■

14.7 练习

练习 14.1 　简单笛卡尔类型。 本练习有助于开发你熟练地操作笛卡尔的技巧。它不是抽象之一。

1. 列举
   (a) **Bool**×**Bool** 和
   (b) **Bool**×**Bool**×**Bool**
   的元素。
2. 列举 **Nat**×**Bool** 的部分元素。

练习 14.2 　一般笛卡尔对的集合表示。 请参考例 14.3。在那个例子中我们假设所有的 A 元素是不同的——但是没有定义良构性谓词来检查这一点。如果一个简单对 (a,a) 的两个元素是相同的，那么假定的集合表示 $\{a,\{a,a\}\}$ “折叠”为 $\{a,\{a\}\}$。现在，接受这一点，即接受非不同的 A 元素，重新定义函数 P2S 和 S2P，等等。

练习 14.3 类 Lisp 列表。对可以对两个有序元素的简单列表进行建模：$(a,b)=\langle a,b\rangle$。三个元素的列表 $\langle a,b,c\rangle$ 可以被建模成对 $(a,(b,c))$。依此类推：$\langle a,b,c,d\rangle=(a,(b,(c,d)))$，等等。为了完善这些描述，因为我们将称它们为“对列表”，我们允许空列表 () 和只有一个元素的列表 (a)。

1. 形式化“对列表”的类型。
2. 定义操作：
   (a) 创建一个空“对列表”，
   (b) 检查一个“对列表”是否为空，
   (c) 分别连接简单元素到一个“对列表”的前端和后端，
   (d) 分别获取一个“对列表”的第一个和最后一个（简单元素），
   (e) 分别获取除了第一个以及最后一个的“对列表”的所有简单元素所构成的列表。

练习 14.4 二叉、排序和平衡树。本练习有助于最终开发你熟练操作笛卡尔的技巧——同时也向你介绍重要的计算机科学概念：二叉、排序和平衡树。它不是抽象之一。

一棵二叉树由一个根以及左和右子树组成。一棵子树不是一片叶子就是一棵二叉树。根由整数（该根的索引）和文本的对所组成。一片叶子是一个根（因此带有一个叶子索引）。（文本被认为不包含整数！）一棵树是排序的（或有序的），当左子树根的整数小于该树根的整数，并且当右子树根的整数大于该树根的整数。

1. 定义二叉树的类型。
2. 定义排序二叉树的类型。

下一个概念的定义只针对有序（即排序）二叉树。

令 t 为一个正常的，无叶子的树，$(\ell t,(i,\tau),rt)$ 为其表示。如果 ℓt 是一棵真树（proper tree）$(\ell\ell t,j,r\ell t)$，那么 (i,j) 是 t 的一个分支，并且 {(i,j)} 是 t 中长度为 1 的一条路径。如果 ℓ 是一片叶子 (k,τ)，那么 (i,k) 是一个分支，等等。如果 p 是真树 ℓt 的一条路径，那么 $\{(i,j)\}\cup\ p$ 是 t 的一条路径。空路径用空集 $\{\}$ 来建模。它永远是任意树的一条路径：从它的根到它自身！

3. 定义上面简述的树的类型。
4. 论证，即非形式地推理，如果一棵树是排序的，那么一条非空路径包含一组整数，其集的势比该路径中对的数量大 1。
5. 此外论证如果路径集合包含两个或多个分支，那么对于任意分支 (i,j)，我们可以恰好发现一条分支 $(j,\_)$，通配符“_”在这里表示某个整数。
6. 最后论证如果一棵树是排序的，那么一条路径的势表示了它的长度。

二叉树 t 是平衡的，如果所有从 t 的根到其真叶子（proper leaves）的路径长度差的最大值为 1。

7. 定义上面简述的树的类型。

8. 定义一组函数来生成树的所有路径的集合，计算树的长度，树的最大深度：其最长路径的长度，以及树的所有根索引的集合。
9. 定义谓词来分别测试定义的二叉树是否是排序的和平衡的。

二叉树的路径的遍历是对树的节点的访问，用以下六种方式中的任意一种：先根次序、后根次序或中缀次序；并且不是从左至右就是从右至左。在任意树的从左至右遍历中，该树的左子树先于右子树得以访问。在先根次序中，子树的根在第一次遇见的时候得以访问。对于后根次序，它们在最后一次遇见的时候得以访问。对于中缀次序，它们在子树的第一次遍历之后遇见之时得以访问。遇见方法：任意树的遍历“开始”于该树的根。然后它首次遇见该树的根。在访问完之后，比方说左子树，如果有的话，它第二次回复到“那个根”，并且又最后一次回复到它，当它遍历完另一个（这里指右子树）的时候。

10. 定义六个函数：
   (a) pre-ltr，先根次序，从左至右
   (b) in-ltr，中缀次序，从左至右
   (c) pst-ltr，后根次序，从左至右
   (d) pre-rtl，先根次序，从右至左
   (e) in-rtl，中缀次序，从右至左
   (f) pst-rtl，后根次序，从右至左

   每一个在各自遍历中生成根的文本。

练习 14.5　*简单表达式语言。* 本练习不是抽象之一，而只是有关建模。放入它是为了向你演示，为了处理表面上看来复杂的结构，我们需要的是多么的少。

请参考练习 14.4~14.6 和 14.7。那些例子涉及到一个表达式语言和它的求值。本练习是关于那个表达式语言的！

我们叙述：

(a) 首先是该简单表达式语言的句法，
(b) 然后是语义类型，
(c) 最后是表达式是如何能够被求值的。

(a) **句法范畴：** 一个表达式是一个 [i] 常量，一个 [ii] 变量，一个 [iii] 前缀，一个 [iv] 中缀或者一个 [v] 后缀表达式。[i] 一个常量是一个布尔值或者一个实数。[ii] 一个变量是一个未进一步分析的量。[iii] 一个前缀表达式是一个对，由 [vi] 一个前缀操作符和一个表达式组成。[iv] 一个中缀表达式是一个三元组，由两个表达式和一个 [vii] 中缀操作符组成。一个 [v] 后缀表达式是一个对，由一个表达式和一个 [viii] 后缀操作符组成。操作符是简单文本字符串。下列各项是 [vi] 前缀操作符：`"negation"` 和 `"minus"`。下列各项是 [vii] 中缀操作符：`"and"`、`"or"`、`"imply"`、`"add"`、`"subtract"`、`"multiply"` 和 `"division"`。下面的是唯一的 [viii] 后缀操作符：`"factorial"`。

1. 定义上面简述的句法范畴的类型。

(b) **语义类型：** [ix] 一个表达式的值不是一个布尔值就是一个实数。[x] 为了求值一个包含变量的表达式，需要一个状态。状态在这里被认为是一个对的集合，其中对由变量和它们的值所组成。没有两个在其他方面不同的状态对拥有相同的第一个变量构件。

2. 定义上面简述的语义范畴的类型。

(c) **表达式求值：** 为了求值一个表达式，求值程序接受两个参数：一个句法的和一个语义的，即一个表达式和一个状态。[i] 一个常量表达式具有该常量的值。[ii] 一个变量表达式具有在状态中被记录的值。如果它没有被记录，那么产生值 **chaos**。前缀、中缀和后缀表达式首先求值它们的操作数表达式的值。[iii] 如果一个前缀表达式的前缀操作符是 `"negation"`，那么值为操作数表达式的值的否定——操作数表达式的值被假定为一个布尔值，否则产生 **chaos**，等等。[iv] 如果中缀操作符是 `"and"`，中缀表达式的值为操作数表达式的值的合取，等等。操作符 `"and"`、`"or"` 和 `"imply"` 需要布尔值，否则产生 **chaos**，等等。用零作被除数的除法产生 **chaos**。[v] 如果后缀操作符是 `"factorial"`，后缀表达式的值是操作数表达式的值（实数）的阶乘。

上文中的“等等。”表示：请添加“遗漏的”叙述。

3. 定义语义表达式求值函数。

注意求值动态地测试操作数的值。并且注意所有的函数是严格的。

♣♣♣

练习 14.6 ♣ 运输网络领域中笛卡尔。请参见附录 A，第 A.1 节：运输网络。也请参考练习 13.5。

在运输网络领域中定义数量相同的，你认为应该那样建模的现象和概念的笛卡尔类型。

练习 14.7 ♣ 集装箱物流领域中的笛卡尔。请参见附录 A，第 A.2 节：集装箱物流。也请参考练习 13.6.

在集装箱物流领域中定义数量相同的，你认为应该那样建模的现象和概念的笛卡尔类型。

练习 14.8 ♣ 金融服务行业领域中的笛卡尔。请参见附录 A，第 A.3 节：金融服务行业。也请参考练习 13.7。

在金融服务行业领域中定义数量相同的，你认为应该那样建模的现象和概念的笛卡尔类型。

15

RSL 中的列表

- **学习本章的前提：**你掌握了前面章节介绍的集合和笛卡尔数学概念的知识。
- **目标：** 介绍 RSL 列表抽象数据类型：类型、值和表达列表的枚举和内涵形式，并通过举例说明一些能够以列表建模的，简单及不太简单的现象和概念的例子来说明列表的表达力。
- **效果：** 让读者在合适的时候自由地选择列表作为现象和概念实体的模型，在这么做不合适的时候不选择列表。
- **讨论方式：** 半形式的和系统的。

蜜蜂就是这样劳作，
这生灵按照本性之规则，
教授着秩序法则。

William Shakespeare, 1564–1616 [438]
King Henry the IV, Part V, Chorus, ii, 163

我所指的唯一的自由，
是与秩序相关的自由；
它不仅仅是与秩序和美德共存，
而是没了它们就根本无法存在。

E. Burke, 1729–1797 [438]
Speech at his arrival at Bristol, 13 Oct. 1774

特性描述：列表 我们将列表等同于序列或者元组：一个有序的（即一个被索引的或可被索引的）由 0、1 或更多元素组成的分组；分组中的所有实体都有一个共同的类型（即一个可被命名的类型），且实体不必相异。此外，对于一个将被归类为列表的“事物”，谈论列表的这些操作一定是要有意义的：头，**hd**； 尾，**tl**； 不同元素，**elems**； 所有索引的集合，**inds**； 长度，**len**； 选择一个列表的第 i 个元素， $\ell(i)$；连接两个列表，$\hat{}$；以及查明两个列表是否相等（不等），$=(\neq)$。 ■

15.1 与列表相关的一些观点

本节所要阐明的思想是在领域、需求以及软件现象和概念的抽象中使用离散数学列表概念的思想。其他用来代替列表的术语有：序列或者元组。当一个构件 q 能够被最恰当地描述成一个“有序的集合”（一个“大小可变的”，即“有伸缩性的”，可能包含重复成分的排列 $\langle a, b, \ldots, c\rangle$）的时候，列表本身可作为一个抽象。作为“运用”在抽象中的仅有的面向模型的（即离散数学的）“装置”，集合、笛卡尔和列表诸如此类，被看作是一种简约的标志。但是在大多数情况下，我们认为列表比只是集合要好！作为一个程序设计数据类型，列表非常有效！

请参考例 9.24 中为简单列表给出的公理系统。

像第 13~17 章那样，本章由以下部分构成：

- 列表数据类型 （第 15.2 节）
- 基于列表的抽象的例子 （第 15.3 节）
- 用列表进行抽象与建模 （第 15.4 节）
- 列表的归纳定义 （第 15.5 节）
- 列表抽象与模型的回顾 （第 15.6 节）

本章有许多例子，这是因为在能够写出好的规约之前，必须先阅读和学习许多规约的例子。你不必现在就学习所有这些例子，其中一些可以稍后再看。本章以一个简短的讨论结束。

15.2 列表数据类型

通过介绍列表的一个公理系统，我们已经在第 9 章的例 9.24（154~156 页）中介绍了简单列表的数学概念。我们敦促读者先回忆那个定义。

15.2.1 列表类型

令 A 代表一个类型，该类型的可能无限数量的元素包括 $\{a_1, a_2, \ldots, a_n, \ldots\}$。

值可被认为是有限的 A 元素构成的列表的类型可以使用后缀类型操作符 * 来定义；值可被认为是有限或无限的 A 元素构成的列表的类型可以使用后缀类型操作符 $^\omega$ 来定义。

type	**例子**
A	{a,a1,a2,...,am,...}
F = A*	{⟨⟩, ⟨a⟩, ..., ⟨a1,a2,...,am⟩, ...}
L = A^ω	{⟨⟩, ⟨a⟩, ..., ⟨a1,a2,...,am⟩, ..., ⟨a1,a2,...,am,... ⟩, ...}

参见上面例子的右列，从上至下的行分别对应左列的分类、有限列表和无限列表的类型定义。

表达式 A* 和 A^ω 为列表类型表达式。

例 15.1 一个简单列表的例子 令 fact 指定一个阶乘函数，那么

⟨ fact(1),fact(2),fact(3),fact(4),fact(5),fact(6) ⟩

表达一个包含六个元素的简单列表，前六个阶乘！ ■

15.2.2 列表值表达式

列表是有限或者无限的，由相同或不同个体组成的一个有序的集合体。由于列表中元素的个数可能变化[1]，因此列表被认为是大小可变的（或有伸缩性的）。一个列表可能包含 0 个元素（空列表 $\langle\rangle$），另一个列表可能只包含 1 个元素（单元素列表 $\langle a_i\rangle$，$\langle a_j\rangle$，…，$\langle a_k\rangle$），等等。一个给定的（比如，有限的）列表当然有一个特定的长度。但是人们也可以由两个列表构成一个势为这两个列表长度之和的列表。或者人们可以从一个非空列表中去掉一个元素而得到一个长度减 1 的列表。所有这些操作都使列表值仍然属于一个给定的类型。

列表的枚举

令 e, e1, e2, . . . , en[2] 为确定或不确定性地求值为 (v, v1, v2, . . . , vn) 的表达式，这些值都属于某一个类型 A，且不必相异。令 ei, ej 为确定地或不确定地求值为整数值（如 vi, vj）的表达式，那么下面这些就是列表值表达式的例子，更具体地说，分别是列表枚举和值域列表表达式的例子，

⟨⟩, ⟨e⟩, ..., ⟨e1,e2,...,en⟩
⟨ ei .. ej ⟩

第一行从左到右分别表示：不包含任何元素的空列表的单一模型，仅包含一个元素的单元素列表的一组模型（任何值都可作为一个元素构成一个单元素列表），等等，. . . ，包含 n 个元素（元素不必相异）的列表的一组模型。第二行中的列表表达式表示一组位于 vi 和 vj 之间（包括 vi 和 vj）的由连续整数构成的列表。如果 vi > vj，那么这个整数列表为空。

对于每个模型，上面的表达式都有一个特定的值。由于一些与上面描述不直接相关的原因，这个值可能是非确定性的。请参考 12.4.4 节。

从句法上来说，显式的列表表达式的扩展 BNF 语法如下：

```
<exp_list_enum> ::=
        <sim_list_enum>
      | <list_rang>
<sim_list_enum> ::=
        ⟨ <val_expr> , ... , <val_expr> ⟩
<list_rang> ::=
        ⟨ <val_expr> .. <val_expr> ⟩
```

由值表达式列表（以逗号隔开）构成的列表可以为空，或者仅包含一个元素——这种情况下无用于分隔的逗号。

---

[1]请参考第13章脚注 1 和第 13.6 节来澄清我们所指的大小可变的，灵活的和变化。

[2]我们提醒读者我们将要在这几卷书中使用以下命名规则：以 e 开头的标识符（通常使用文字或数字字符来作为其后缀或者索引（下标））代表表达式。以 v 开头的标识符（通常使用文字或者数字字符来作为其后缀或者索引（下标））代表值。一个值是一个特定的事物，就这种意义来说**值**是确定的。**表达式**可以是常量表达式，即在任何上下文（和状态）下，表达式都可以被求值为一个而且是同一个值；或者**表达式**可以是变量表达式，即在不同上下文（和状态）下，表达式可以被求值为不同的值。

请注意以下两者之间区别：作为列表尖括号使用的 $\langle$ 和 $\rangle$，即终结符，以及作为 BNF 语法分隔符使用的 $<$ 和 $>$。

稍后我们将通过列表的内涵（即内涵形式的列表表达式）来介绍一种隐式的列表值的枚举。

列表值操作符/操作数表达式

我们首先半形式地介绍列表操作符/操作数表达式（仅非形式地解释操作符的含义），然后通过一些具体操作来非形式地解释这些含义。

操作符基调及其非形式的含义：

一般来说，许多操作符可以被分别用来检查列表值的性质和“构造”列表值：

value	例子 /∗ a，b，c，d 是值∗/
hd: $A^\omega \stackrel{\sim}{\to} A$	**hd**$\langle$a1,a2,...,am$\rangle$=a1
tl: $A^\omega \stackrel{\sim}{\to} A^\omega$	**tl**$\langle$a1,a2,...,am$\rangle$=$\langle$a2,...,am$\rangle$
len: $A^\omega \stackrel{\sim}{\to}$ **Nat**	**len**$\langle$a1,a2,...,am$\rangle$=m
inds: $A^\omega \to$ **Nat-infset**	**inds**$\langle$a1,a2,...,am$\rangle$={1,2,...,m}
elems: $A^\omega \to$ A-**infset**	**elems**$\langle$a1,a2,...,am$\rangle$={a1,a2,...,am}
.(.): $A^\omega \times$ **Nat** $\stackrel{\sim}{\to} A$	$\langle$a1,a2,...,am$\rangle$(i)=ai
$\widehat{}$: $A^* \times A^\omega \to A^\omega$	$\langle$a,b,c$\rangle$$\widehat{}$$\langle$a,b,d$\rangle$ = $\langle$a,b,c,a,b,d$\rangle$
=: $A^\omega \times A^\omega \to$ **Bool**	$\langle$a,b,c$\rangle$=$\langle$a,b,c$\rangle$
$\neq$: $A^\omega \times A^\omega \to$ **Bool**	$\langle$a,b,c$\rangle$ $\neq$ $\langle$a,b,d$\rangle$

上面右列中，我们仅提及有限列表的例子。这些例子从上至下分别对应左列的操作基调。

列表操作的操作式及非形式定义：

虽然我们已经在例 9.24 中（从 154 页开始）公理化地介绍了列表，我们将在这里介绍另一种“定义”，操作式“定义”。由于我们同样希望处理无限列表，却不能有意义地谈论一个无限列表的长度，因此基本上这么做的话必定会失败。不管怎样我们先试一试——因此我们暂时不考虑形式上正确的系统描述。求无限列表的长度会产生 **chaos**。

基于对 RSL 集合数据类型的较长注解（第 13.2.2 节），我们现在可以给 RSL 列表数据类型一个较短的、非形式的描述。

列表操作符 (i–v) **hd**，**tl**，**len**，**inds** 和 **elems** 表示：(i) 生成非空列表的头元素，(ii) 给定一个参数列表（也是非空列表），生成去除其头元素的其他列表元素构成的列表，(iii) 一个有限列表的长度，(iv) 一个由 1 到列表长度构成的索引集合（列表可以为空，这种情况下索引集合也为空；列表也可以为无限列表，这种情况下结果为 **chaos**），(v) 由列表中所有不同元素构成的可能无限的集合。(vi) 在一个长度大于等于自然数 i（大于 0）的列表中用 i 检索，得到其第 i 个元素。(vii) $\widehat{}$ 连接它的两个操作数列表来构造一个列表。在分别保持这两个操作数列表中元素顺序的情况下，首先是第一个有限长度操作数列表中的元素，然后是第二个可能是无限长度操作数列表中的元素。(viii–ix) = 和 $\neq$ 逐个元素地分别比较两个操作数列表是否相同，以及两个操作数列表是否至少出现一次差异！

我们现在非形式地采用模型理论来定义列表操作符的含义。这里我们不使用 RSL，而使用一些我们假定读者可以理解的“相似的”数学记法。

假定 **hd**（头），**tl**（尾）和 is_finite_list（是有限列表）为基本的操作。

value
　is_finite_list: A^ω → **Bool**

　len q ≡
　　case is_finite_list(q) **of**
　　　true → **if** q = ⟨⟩ **then** 0 **else** 1 + **len tl** q **end**,
　　　false → **chaos end**

　inds q ≡
　　case is_finite_list(q) **of**
　　　true → { i | i:**Nat** • 1 ⩽ i ⩽ **len** q },
　　　false → { i | i:**Nat** • i≠0 } **end**

　elems q ≡ { q(i) | i:**Nat** • i ∈ **inds** q }

　q(i) ≡
　　if i=1
　　　then if q≠⟨⟩ **then let** a:A,q′:Q • q=⟨a⟩⌢q′ **in** a **end else chaos end**
　　　else q(i−1) **end**

　fq ⌢ iq ≡
　　　⟨ **if** 1 ⩽ i ⩽ **len** fq **then** fq(i) **else** iq(i − **len** fq) **end**
　　　　| i:**Nat** • **if len** iq≠**chaos then** i ⩽ **len** fq+**len end** ⟩
　　pre is_finite_list(fq)

　iq′ = iq″ ≡ **inds** iq′ = **inds** iq″ ∧ ∀ i:**Nat** • i ∈ **inds** iq′ ⇒ iq′(i) = iq″(i)
　iq′ ≠ iq″ ≡ ∼(iq′ = iq″)

请注意 (i) 我们使用了一个没有定义的谓词 is_finite_list，该谓词既可以应用到有限列表，也可以应用到无限列表；(ii) **len** 既是递归定义的，也是通过使用 **tl** 来定义的——由于这样不能定义无限列表，因此我们使用一个替代方法 **len** q = **chaos**；(iii) 对于有限列表，**inds** 是通过 **len** 来定义的，对无限列表，就是非零的自然数；(iv) **elems** 是通过 **inds** 来定义的；(v) ⌢ 是通过 **len** 来定义的；(vi) = 是通过 **inds** 来定义的。

列表的内涵

一般来说，列表的内涵通常应用于一个元素为如 A 的某一类型的如 l 的列表，产生一个元素类型为 B 的列表。

所得到的列表中的元素 q(l(i)) 来自于列表 l 中那些满足某个谓词 p(l(i)) 的元素 l(i)。结果元素 q(l(i)) 的顺序遵循给定值域表达式中索引（i）的自然顺序。

例 15.2 一个简单列表的例子 令 fact 指定一个阶乘函数，那么

```
⟨ fact(i) | i in ⟨1..6⟩ ⟩
```

表达一个包含六个元素的简单列表，前六个阶乘！ ■

```
type
  A, B, P = A → Bool, Q = A ~→ B
value
  comprehend: A^ω × P × Q ~→ B^ω
  comprehend(lst,𝒫,𝒬) ≡
    ⟨ 𝒬(lst(i)) | i in ⟨1..len lst⟩ • 𝒫(lst(i)) ⟩
```

𝒫(lst(i)) 不必是一个谓词函数的调用，而可以是任何布尔值表达式。然而，为了能够求值为 **true**，它必须是确定性的。类似地，𝒬(lst(i)) 可以是任何表达式，甚至是一个非确定性的表达式。非确定性使列表的内涵表达式能够表示几个模型。当我们希望隐式的规约（即暗示）由某个 $\mathcal{P}$ 和某个 $\mathcal{Q}$ 刻画的列表（可能为无限列表）的时候，我们使用内涵形式的列表表达式。

与集合和映射的内涵一样，列表的内涵表达了一种“同态的”原则：组合结构上的函数被表达为（第一个）函数上的（另）一个函数，第一个函数被应用到了组合结构的所有直接的构成元素。请参考第 8.4.4 节中对同态概念的首次介绍。

内涵形式的列表表达式的一般句法形式如下：

```
<list_comp> ::=
  ⟨ <value_expr> | <binding> in <list_expr> • <bool_expr> ⟩
```

其中 • <bool_expr> 是可选的。请注意 BNF 分隔符 < 和 > 的使用以及列表尖括号 ⟨ 和 ⟩ 的使用。

15.2.3 列表的绑定模式与匹配

我们早前已经介绍了绑定模式和匹配的概念（从 219 页开始的针对集合以及 250 页和 251 页针对笛卡尔的介绍）。这里我们考虑列表模式的结构，以及列表匹配和绑定的概念。稍后我们将在映射中（从 291 页开始）继续讨论这个话题。

通过列表 **let** 分解绑定模式，我们理解一个结构的基本形式如下（第 [4] 行）：

```
[1] type
[2]   A, B = A*
[3] value
[4]   ... let ⟨a⟩^b = e in ... end ...
[5]   post e = ⟨a⟩^b, i.e., a = hd e ∧ b = tl e
```

$\langle a\rangle\hat{}b$ 是绑定模式。这里我们（以某种方式）知道 e 是一个由类型为 A 的元素构成的非空列表。将 **let** $\langle a\rangle\hat{}b$ = e **in** ... **end** 理解为 e 是一个具有如 v 的非空值的列表表达式，自由标识符 a 被绑定为 v 的头，自由标识符 b 被绑定为可能为空的列表 v 的尾。

我们给出一个使用列表模式的非常简单的例子（把“编码”工作留给读者）：

```
value
  sum: Nat* → Nat
  sum(ns) ≡
    if ns=⟨⟩
      then 0
      else
        let ⟨n⟩^ns′ = ns in
        n + sum(ns′)
    end end
```

15.2.4 列表：确定性和非确定性的回顾

早先在第 13.2.2 节中给出的对集合所做的注释也同样适用于其他事物，如列表：由于列表的枚举和值域表达式一般表示多组列表的模型，并且由于列表操作符/操作数表达式的列表操作数一般适用于在这些模型中求值，我们可以认为列表操作符/操作数表达式和内涵形式列表表达式的指称同样地表示多组列表的模型，或者其他恰当的值（布尔值，自然数），这些值是列表操作符返回结果的类型。

始终记住这一点是很重要的！

15.3 基于列表的抽象的小例子

本节与第 13.3、14.3、16.3 和 17.2 节相似。它们都给出了集合、笛卡尔、列表、映射和基于函数规约的小例子。它们用做训练，即课堂授课的例子。

15.3.1 表示

例 15.3　等价关系的简单列表表示 请参考例 13.5。令 A 为一个类型，ns 为一组类型为 A 的值。一组 A 元素上的等价关系的列表表示现在将是：一个以 A 中元素构成的列表作为其元素的列表，这些作为元素的列表不相交，即无相同元素。这样，面向集合的等价关系 $\{\{a,b\},\{c,d,e\}\}$ 可以有如下面向列表的表示 $<<e,d,c>,<b,a>>$。与例 13.5 一样，我们现在形式化以上的描述。

```
type
  A
  P′ = (A*)*
```

$P = \{| \text{p:P}' \bullet \text{wf\_P(p)} |\}$

value

sas:**A-set**

wf_P: $P' \to$ **Bool**

wf_P(p) $\equiv$

sas = $\cup$ { **elems**(p(i)) | i **in** $\langle$1 .. **len** p$\rangle$ } $\wedge$

$\forall$ i:**Nat** • {i,i+1}$\subseteq$**inds** p $\Rightarrow$ **elems** p(i) $\cap$ **elems** p(i+1)

merge: A $\times$ A $\times$ P $\to$ P

merge(a,a′,p) $\equiv$

$\langle$ p(i) | i **in** $\langle$1..**len** p$\rangle$ • {a,a′} $\cap$ **elems** p(i) = {} $\rangle$

^$\langle$ p(i)^p(j) | i,j **in** $\langle$1..**len** p$\rangle$ • a $\in$ **elems** p(i) and a′ $\in$ **elems** p(j) $\rangle$

pre $\exists$ i,j:**Nat** • i$\neq$j $\wedge$ {i,j}$\subseteq$**inds** p $\wedge$ a $\in$ **elems** p(i) and a′ $\in$ **elems** p(j)

请参考练习 15.3 和例 16.4 来了解等价关系的其他表示。 ■

15.3.2 堆栈和队列

例 15.4 堆栈 通过介绍堆栈的一个代数定义，我们已经在第 8 章的例 8.1、8.3 和 8.5 中介绍了堆栈的计算科学概念。我们敦促读者先回忆例 8.5。

在例 8.3 的基础上，我们介绍：

type

E, S = E*

value

empty: $\to$ S, empty() $\equiv \langle\rangle$

is_empty: S $\to$ **Bool**, is_empty(s) $\equiv$ s=$\langle\rangle$

push: E $\to$ S $\to$ S, push(e)(s) $\equiv \langle$e$\rangle$^s

top: S $\tilde{\to}$ E, top(s) $\equiv$ **hd** s **pre**: ∼is_empty(s)

pop: S $\tilde{\to}$ S, pop(s) $\equiv$ **tl** s **pre**: ∼is_empty(s)

以上我们看到了一个比例 8.3 更“简短”的定义。 ■

例 15.5 队列 通过介绍队列的一个代数定义，我们已经在第 8 章的例 8.2 和例 8.6 中介绍了队列的计算科学概念。请读者回忆那个定义。

在例 8.6 的基础上，我们介绍：

type

E, Q = E*

value

empty: $\to$ Q, empty() $\equiv \langle\rangle$

is_empty: Q → **Bool**
is_empty(q) ≡ q=⟨⟩

enq: E → Q → Q
enq(e)(q) ≡ q^⟨e⟩

deq: Q $\overset{\sim}{\to}$ Q × E
deq(s) ≡ (**tl** q,**hd** q) **pre**: ∼is_empty(q)

以上我们看到了一个比例 8.6 更“简短”的定义。 ■

15.3.3 文件系统 III

可以留意到，这是在一系列我们可以称之为文件系统的模型中的第三个模型。其他模型在例 13.6（集合），例 14.2（笛卡尔[和集合]）和例 16.8（映射[和记录]）中介绍了。此外，请查看练习 16.11。

例 15.6　一个顺序文件系统

一个文件系统是一个唯一命名的文件的序列。每个文件是一个记录的序列。每个记录有三个构件：键值、时间戳和一组数据。我们假设时间戳有一个顺序关系，比如 $\mathcal{O}$，如果 $\mathcal{O}(t,t')$，那么时间 t 严格地在时间 t' 之前。一个文件中不存在具有相同键值，相同的时间戳，且其他部分相异的两个记录。每个记录出现在由位于整个列表中“后面的”比其“老的”记录，及其自身作为“最年轻的”记录出现在最前面所构成的序列。文件名，键值和时间戳是没有进一步分析的量。

type
　Fn, K, T, D
　FS′ = (Fn × F)*, FS = {| fs:FS′ • wf_FS(fs) |}
　F′ = R*, F = {| b:F′ • wf_F(f) |}
　R = K × T × D-**set**
value
　$\mathcal{O}$: T × T → **Bool**

　wf_FS: FS′ → **Bool**
　wf_FS(fs) ≡
　　∀ i,j:**Nat** • {i,j}⊆**inds** fs ∧ i≠j ⇒
　　　let (fn,)=fs(i),(fn′,)=fs(j) **in** fn≠fn′ **end**

　wf_F: F′ → **Bool**
　wf_F(f) ≡

$\forall$ i,j:**Nat** • {i,j}⊆**inds** f ∧ i<j ⇒
  let (k,t,ds) = f(i), (k′,t′,ds′) = f(j) **in**
  t=t′ ∨ $\mathcal{O}$(t,t′) ∧ k=k′ ⇒ $\mathcal{O}$(t,t′) **end**

如以上所定义的，对文件系统的操作包括：(i) 创建一个初始为空的文件系统；(ii) 在文件系统中创建一个初始为空的命名文件；(iii) 在文件系统的一个命名文件中加入一个记录；(iv) 取出一个命名文件中具有给定键值的所有记录；(v) 删除一个命名文件中具有给定键值和一个特定插入时间的记录，等等。请读者自己解释下面的公式。

value
  empty: → FS
  empty() → ⟨⟩

  crea: Fn × FS $\xrightarrow{\sim}$ FS
  crea(fn)(fs) ≡ ⟨(fn,⟨⟩)⟩^fs **pre** fn ∉ file_names(fs)

  re_crea: Fn × F × FS $\xrightarrow{\sim}$ FS
  re_crea(fn)(f)(fs) ≡ ⟨(fn,f)⟩^fs **pre** fn ∉ file_names(fs)

  file_names(fs) ≡ {fn|i:**Nat**•i ∈ index fs∧**let** (fn′,f′)=fs(i) **in** fn′=fn **end**}

  index: Fn → FS $\xrightarrow{\sim}$ **Nat**
  index(fn)(fs) **as** i
    post ∃ j:**Nat** • j ∈ **inds** fs ∧ **let**(fn′,)=fs(j) **in** fn=fn′ ∧ i=j **end**
    pre fn ∉ file_name(fs)
  get_file: Fn → FS → **Nat** × F
  get_file(fn)(fs) ≡
    let i:**Nat** • index(fn)(fs), (fn′,f) = fs(i) **in** (i,f) **end**
    pre fn ∉ file_name(fs)

  add: R × Fn → FS → FS
  add(r,fn)(fs) ≡
    let (i,f) = get_file(fn)(fs) **in**
    ⟨(fn,⟨r⟩^f)⟩ ^ ⟨ fs(k) | k **in** ⟨1..**len** fs⟩ • k≠i ⟩ **end**
    pre: fn ∉ file_name(fs)
    assert: fn=fn’
  get: K × Fn → FS → R-**set**
  get(k,fn)(fs) ≡
    let (i,f) = get_file(fn)(fs) **in**
    { f(j) | j **in** ⟨1..**len** fs⟩ • **let** (k′,,) = f(j) **in** k = k′ **end** } **end**

$\textbf{pre}$: fn $\notin$ file_name(fs)

del: K $\times$ T $\times$ Fn $\to$ FS $\stackrel{\sim}{\to}$ FS
del(k,t,fn)(b) $\equiv$
  let (i,f) = get_file(fn)(fs) **in**
  $\langle$ f(j) | j **in** $\langle$1..**len** fs$\rangle$ • **let** (k′,t′,)=f(j) **in** ∼(k=k′ ∧ t=t′) **end** $\rangle$
  $^\frown\langle$ fs(k) | k **in** $\langle$1..**len** fs$\rangle$ • k≠i $\rangle$ **end**
  pre: fn $\notin$ file_name(fs) ∧ ∃ j:**Nat** • **let** (k′,t′,)=f(j) **in** k=k′ ∧ t=t′ **end**

■

15.3.4 排序算法

如标题所示关于排序算法，本节举例说明使用 RSL（以及任何相似的面向模型的规约语言 [VDM-SL，Z 或其他]）面向模型的特性来作为一个面向列表的程序设计语言。

有很多经典的排序算法：交换排序，冒泡排序，筛法排序，希尔排序，插入排序（直接和二分法），归并排序，分割排序（快速排序），选择排序（直接和堆）。这些将是作业的题目。请参见练习 15.6–15.13（冒泡，堆，插入（直接和二分法），归并，（直接）选择，筛法，希尔和快速排序）。

但是首先，什么时候一个列表是有序的呢?

例 15.7 什么时候一个列表是有序的呢 假定 A 是一个包含没有进一步指定值的抽象类型，这些值中任意两个值之间都满足一个顺序关系 O。对于相同元素可能多次出现的一个列表，如果任意相邻的两个元素都是有顺序的，那么 is_sorted 成立。对于一对这样的列表，如果第一个列表是有顺序的（如以上所定义的那样），而且对于所有两个列表中的具有 A 类型的不同元素，它们在这两个列表中的个数是相同的，那么 is_sorted_wrt 成立。

type
  A, L = A*
value
  O: A × A → **Bool**
  is_sorted: Q → **Bool**
  is_sorted(q) ≡ ∀ i:**Nat** • {i,i+1}⊆**inds** q ⇒ O(q(i),q(i+1))

  is_sorted_wrt: Q×Q → **Bool**
  is_sorted_wrt(q′,q″) ≡
    is_sorted(q′) ∧ ∀ a:A • a ∈ **elems** q′ ∪ **elems** q″ ⇒
      card{i|i:**Nat** • i ∈ **inds** q′∧a=q′(i)} =
      card{i|i:**Nat** • i ∈ **inds** q″∧a=q″(i)}

theorem:
  is_sorted_wrt(q′,q″) ⇒ **len** q′=**len** q″ ∧ **elems** q′=**elems** q″

■

在介绍了映射数据类型之后，我们可以在例 16.3 中给出谓词 is_sorted_wrt 的另一种描述。

例 15.8 前置/后置定义的排序 当应用任意一个排序算法于一个参数 q 的时候，必须得到一个结果 q′，使得 is_sorted_wrt(q,q′) 成立。

type
  A, Q = A*
value
  sort: Q → Q
  sort(q) **as** q′
    post is_sorted_wrt(q,q′)

■

15.4 使用列表进行抽象与建模

本节与第 13.4、14.4、16.4 和 17.3 节相似，它们都对集合、笛卡尔、列表、映射和函数的抽象与模型给出了更大的例子。它们是用于自学的例子。

本节的目的是介绍主要基于列表的面向模型规约的技术和工具。列表建模的原则，技术和工具有：(1) 确定子类型：有时一个类型定义定义了“过多的东西”，因此可以应用类型限制（良构性，不变式）谓词的技术。(2) 前置/后置条件：通过前置和后置 条件来进行函数抽象。(3) “输入/输出/查询”函数：根据其基调标识主函数。(4) 辅助函数：分解函数定义为“最小”单元。在描述集合、笛卡尔和映射的第 13.4、14.4 和 16.4 节中，这些原则和技术重新出现。

15.4.1 使用列表对书进行建模

例 15.9 文本文档

实体叙述

(i) 文本文档由某个前页（标题，作者和日期等）和一个非空的命名的节序列组成。(ii) 我们不对标题，作者和日期等的意思进行定义。(iii) 节由一个显示行标题，一个可能为空的段落序列和一个可能为空的子节序列组成，这两个构件中至少一个不为空。(iv) 子节由一个显示行标题，一个可能为空的段落序列和一个可能为空的子子节序列组成，这两个构件中至少一个不为空。(v) 子子节由一个显示行标题和一个非空的段落序列组成。(vi) 段落由一个非空的句子序列组成。(vii) 句子由单词和没有进一步定义的序列中放入的标点符号组成。(vii) 显示行标题由一个单词的序列组成。

形式化

type
　Tit, Aut, Dat, Sen, Wor, PuM

　Doc = Fro × Sec*
　Fro = Tit × Aut × Dat × ...
　Sec = Dis × Par* × Sub*
　Sub = Dis × Par* × SuS*
　SuS = Dis × Par*
　Par = Sen*
　Dis = Wor*
value
　obs_Wseq: Sen → Wor*

操作叙述

(viii) 杜威十进数字（Dewey Decimal Numeral）是一个 1 或者更大的自然数的序列（由句点分开——我们通过句点自然地抽象）。(ix) 任何节，子节和子子节都可以用杜威十进数字进行标识。(x) 一个文件的第一节的杜威十进数字是 1，第二节的是 2，以此类推。(xi) 一个文件的第 i 节的第 j 子节的杜威十进数字是 i.j，以此类推。(xii) 一个文件的第 i 节的第 j 子节的第 k 子子节的杜威十进数字是 i.j.k，至此我们停止编号。(xiii) 一个文件的目录是一列由杜威十进数字和显示行构成的对。(xiv) gen_TOC 是一个应用于一个文件，生成该文件目录的函数。

形式化

留作练习 15.14。 ■

15.4.2 “上下文中的关键字（KeyWord-In-Context，KWIC）”的建模

本节讨论一个详尽的，并且我们认为是例证性的例子。该例子也说明了一些分析技术。

例 15.10　KWIC　上下文中的关键字。

本例由几个子部分组成。另外，它用一种比前面例子中使用的更为学究式的风格来介绍问题。首先，我们有一个对问题的描述，然后我们非常简要地分析这个问题描述。作为分析的结果，我们从该非形式的描述中（仍有些非形式地）系统地‘得到’[3] 我们的形式模型。最后，

我们讨论我们的精确模型和它的变体。因此，该例子说明的目的是介绍以下一些方面：从一个确定的（事先给定的）问题描述到模型，以及由这样经常为不完全的（或不一致的——本例不属于这种情况）非形式描述所带来的问题。该问题取自于 [6]。

给定的问题：

给定如下非形式的，汉语程序规约：

“设想一个生成 KWIC（上下文中的关键字）索引的程序。
标题（title）是一列重要的（significant）或不重要的（non-significant)单词。
一个列表的旋转（rotation）是列表中单词的循环移位，重要旋转（significant rotation)是一个其第一个单词为 significant 的旋转。
给定一组标题和一组不重要的单词，该程序应该生成一个按字母顺序排序的标题的重要旋转所形成的列表。”

接着给定一个输入和输出的例子：

输入：

标题：

THE THREE LITTLE PIGS.

SNOW WHITE AND THE SEVEN DWARFS.

不重要的单词：

THE, THREE, AND, THE, SEVEN

输出：

DWARFS, SNOW WHITE AND THE SEVEN

LITTLE PIGS. THE THREE

PIGS. THE THREE LITTLE

SNOW WHITE AND THE SEVEN DWARFS.

WHITE AND THE SEVEN DWARFS. SNOW

非形式问题描述的讨论：

我们现在分析问题的描述。分析的重点是析出概念，发现不完全和/或不一致的情形等。

(1) 非形式问题描述已经析出了一些概念，（我们选择让）它们在文中以楷体出现。其他潜在地对我们以后的工作有帮助的概念有：列表（list），单词（word），循环移位（cyclic shift），第一个（first），集合（set）和按字母顺序排序（alphabetically sorted）。
(2) 一些概念是面向问题的：标题，单词，重要的和 不重要的。其他概念是更抽象的，面向解释的：列表，旋转，(等同于）循环移位，第一个，集合和[按字母顺序] 排序。（我们的建模将基本上集中于（或表达）这些概念，但不一定是所有这些概念。
(3) 描述性的段落不处理标点符号（punctuation marks）；句点（“.”）不作为一个概念来析出，但是句点作为一个标记出现在旋转中。此外：单词 不被进一步解释，我们认为它们由字母组成。我们假定存在某个给定的大小写字母间的字母顺序。虽然会有空格（blanks）出现，但是没有关于它们与标题顺序之间关系的说明。

(4) 没有关于输入或输出中的重复出现的说明。因此，输入标题“XXX XXX”可能生成两个输出旋转！

(5) 最后，没有关于明确的输入和输出表现形式的说明：回车，新行；单列或多列打印，以及多列之间的显示和顺序：由行还是由列来决定，等等。

程序假定：为了进入到建模步骤，我们进行如下假定：

(6) 我们忽略标点符号，但是保留标题终结句点作为“回卷标志（wrap-around-marker）”来指明标题在哪里结束。

(7) 我们假定“按字母顺序排序”（参见下面的 o 函数）应用于标题中的所有文本。

(8) 我们省略输出中 [经过旋转的] 标题的多次（重复）出现，亦即：我们只列出（生成）一个副本。

建模决策：我们的建模将基于以下决策：

(9) 我们假定一个用于定义标题（不包含空格）和字符串（包括空格）的未进一步识别的字符所具有的类型；我们假定一个用于定义标题和字符串排序关系的字符排序关系。

(10) 我们在抽象中保留空格，因为需要用到空格（一般来说，和标点符号）来描绘单词。

(11) 像非形式描述中提出的那样，我们对输入和输出的表现形式都进行抽象。（当我们更接近于取得一个实现的时候，这将是一个很重要的问题。并且我们严肃地认为，在真正地进行实现之前，这个问题应该被详尽地说明。）

一些辅助函数：

type
　Char
value
　o: **Char** × **Char** → **Bool**
　o(c1,c2) ≡ **true** /* 如果 c1 在 c2 之前，否则*/ **false**
type
　Word = **Char***
　Title = Word*
　String = (Word |{blank})*
axiom
　blank ∉ **Char**

value
　o: Title × Title → **Bool**
　o(t1,t2) ≡ o(ctts(t1),ctts(t2))

　ctts: Title → String
　ctts(t) ≡ **tl c** ⟨⟨blank⟩^t(i) | i **in** ⟨1..**len** t⟩⟩

c: String* → String
c(sl) ≡ **if** sl=⟨⟩ **then** sl **else** **hd** sl ⌢ c(**tl** sl) **end**

o: String × String → **Bool**
o(s1,s2) ≡
  if s1=⟨⟩ ∧ s2=⟨⟩ **then** **true** **else**
  if s1=⟨⟩ ∨ o(**hd** s1,**hd** s2) **then** **true** **else**
  if s2=⟨⟩ ∨ o(**hd** s2,**hd** s1) **then** **false** **else**
  o(**tl** s1,**tl** s2) **end** **end** **end**

由于我们忽略包括标题结束符在内的标点符号，因此这些符号也不会被抽象。

主要的建模决策是给出一个模型的决策，特别是使用这几卷书提出的风格给出的模型。

模型：

模型的介绍将会遵循其衍生的方式。也就是说：我们决定首次成功的尝试去先对一些前面概述的或以楷体字显示的单独概念进行建模。然后，我们将这些方面合起来，用于输入/输出类型和主程序函数（即程序本身）的规约中。最后，我们对由主程序规约引入的那些辅助函数进行规约。

在这个例子中，辅助概念的建模被证明在后来的[主]模型中有直接的用处。

辅助概念 “列表的旋转是该列表中单词的循环移位”：

value
  Rotations: Title → Title-**set**
  Rotations(t) ≡
    { rot(t,i) | i:**Nat** • i ∈ **inds** t }

  rot: Title × **Nat** → Title
  rot(t,i) ≡
    ⟨t(j)|j **in** ⟨1..**len** t⟩⟩⌢⟨t(k)|k **in** ⟨1..i−1⟩⟩

我们需要选择“第一个单词”：

value
  First: Title → Word
  First(t) ≡ **hd** t **pre** t ≠ ⟨⟩

我们需要明确“重要的”（相对于一组不重要单词）：

value
  Is_significant: Title × Word-**set** ⇒ **Bool**
  Is_significant(t,ws) ≡ First(t) ∉ ws

我们选择对“按字母顺序的排序”，而不是“... 被按字母顺序排序了的”进行建模。对后者的建模留作一个不同的练习：

value
  A_sort: Title-**set** → Title*
  A_sort(ts) **as** ql
    pre true
    post elems ql = ts ∧ **len** ql = **card elems** ql ∧ aO(ql)

后置条件保证了集合中所有（经过旋转的）标题，而且仅有这些标题，出现在标题输出的列表中，并且没有重复。

value
  aO: Title* → **Bool**
  aO(ql) ≡ ∀ i,j:**Nat** • {i,j} ⊆ **inds** ql ∧ i<j ⇒ o(ql(i),ql(j))

类型：“给定一组标题和一组不重要单词”：

type
  Input = Title-**set** × Word-**set**

“程序应该生成由标题组成的一个 ... 列表 ... ”：

type
  Output = Title*

主函数：被表示为：“生成一个按字母顺序排序的由标题的重要旋转组成的列表”：

value
  KWIC: Input → Output

我们再次选择依据一对前置/后置条件来表示 KWIC 的定义：

value
  KWIC(i) **as** o
  pre true
  post Significant_Rots(i,o) ∧ aO(o) ∧ No_Duplicates(o)

辅助函数：我们需要一些辅助函数：

value
  Significant_Rots,All_Rots,Only_Rots:
    Input×Output → **Bool**

  Significant_Rots(i,o) ≡ All_Rots(i,o) ∧ Only_Rots(i,o)

All_Rots((ts,ns),o) ≡
  ∀ t:Title • t ∈ ts ∧ ∀ t′:Title •
    t′ ∈ Rotations(t) ∧ Significant(t′,ns) ⇒ t′ ∈ **elems** o

Only_Rots((ts,ns),o) ≡
  ∀ t′:Title • t′ ∈ **elems** o ∧ ∃!t:Title •
    t′ ∈ ts ∧ t′ ∈ Rotations(t′) ∧ Is_Significant(t′,ns)

No_Duplicates: Title* → **Bool**
No_Duplicates(o) ≡ **card elems tl** = **len tl**

谓词 All-Rots 检查输出包含所有输入的重要旋转。谓词 Only-Rots 检查输出不包含其他这样的旋转：注意尽管我们定义了函数 A-Sort，但是从没有发现需要用到这个函数。从构型上来说，当我们自下至上建模的时候，这样的事情会发生！ ▪

15.5 列表的归纳定义

15.5.1 列表类型的归纳定义

假设我们想定义：

type
  L = L*.

它的意思是什么？下面是一个尝试：

value
  $\mathcal{L}$: {⟨⟩,⟨⟨⟩,⟨⟩,...,⟨⟩⟩, ..., ⟨⟨⟩,⟨⟨⟩⟩,...,⟨⟨⟨⟩⟩⟩⟩, ...}

左手边的一类类型为 L 的值的势必须与右手边的一类类型为 L* 的值的势相等。显然它们不等。因此我们拒绝这种递归的集类型的定义。

根据前面递归类型定义，我们将上面的有问题的类型等式重新描述如下：

type
  B
  L = BoL*
  BoL = mB | mL
  mB == mkB(sb:B)
  mL == mkL(sl:L)

并且相应地得到：

value

$\mathcal{L} = \{\langle \ell_1,\ell_2,...,\ell_n \rangle |$

$\ell_i \in \{\text{mkB(b)}|\text{b:B}\} \cup \{\text{mkL}(\langle \ell_x,.\ell_y,...,.\ell_z \rangle)|\ell_x,\ell_y,...,\ell_z \in \mathcal{L}\}\}$

看起来不错，因此我们得出以下结论：

列表的递归定义必须加入一个变体（“自展程序”）作为其组成部分。这个变体用来启动恰当的列表值的“生成”，以及用来避免看起来无意义的“空”值。

15.5.2 列表值的归纳定义

例 15.11　网络的列表、笛卡尔和基于集合的模型 我们重新描述例 14.8 的解决方案。例 14.8 本身是对例 13.12 的一个重新描述。

我们将路线建模为有限序列的路径。

```
type
  R′ = (Ci × Si × Ci)*
  R = {| r:R′ • wfR(r) |}
value
  wfR: R′ → Bool
  wfR(r) ≡
    len r>0 ∧
    ∀ i:Nat • {i,i+1} ∈ inds r ⇒
       let (ci,si,ci′)=r(i),(ci″,si′,ci‴)=r(i+1) in ci′=ci″ end ∧
    let (c1,_,_)=r(1),(_,_,cin)=r(len r) in c1≠cn end
```

首先一些辅助函数：

```
  Ci_deg: Ci × R′ → Nat
  Ci_deg(ci,r) ≡
    card{i|i:Nat•i ∈ inds r∧let (ci′,_,ci″)=r(i) in ci ∈{ci′,ci″} end}

  xtr_Cis: R′ → Ci-set
  xtr_Cis(r) ≡ {ci|(ci′,_,ci″):P,ci:Ci•(ci′,_,ci″)∈ elems r∧ci ∈{ci′,ci″}}

value
  fst_Ci: R′ → Ci
  fst_Ci(⟨ci,_,_⟩⌢r) ≡ ci

  lst_Ci: R′ → Ci
  lst_Ci(r⌢⟨_,_,ci⟩) ≡ ci

  no_mps_Ci: R → Bool
  no_mps_Ci(r) ≡ ∀ ci:Ci•ci ∈ xtr_Cis(r) ⇒ Ci_deg(ci,r)≤2
```

所有非循环路线的集合被定义为：

gen_Rs: N → **R-set**
gen_Rs(n) ≡
  let ps = gen_Ps(n) **in**
  let ars =
    {⟨p⟩|p:P•p ∈ ps}
    ∪{r^r′|r,r′:R•{r,r′}⊆ars∧lst_Ci(r)=fst_Ci(r′)∧no_mps_Ci(r^r′)} **in**
  ars **end end**.

■

15.6 列表抽象和模型的回顾

原则： *列表* 当选择了面向模型的抽象的时候，如果适当数量的以下特性能够被确定为进行建模的现象或概念的性质的话，我们可以选择使用列表进行抽象：(i) 被建模的组合构件的抽象结构由一些有序的可能相同的子构件（子现象或概念）组成，(ii) 子构件的数量不是固定的，即可以变化，亦即，(iii) 在典型的情况下，新的不同的子构件可以在列表的两端加入进来；(iv) 在典型的情况下，既存的子构件可以在列表的两端被删除；(v) 可以分别由这些相似的现象和概念构成其他这样的现象或概念。

■

原则： *列表* 在这几卷书中的较早部分，我们提及关于什么时候选择列表作为抽象建模基础的两个特别原则。(vi) *命令式语言的语义：* 像例 14.4~14.6 和例 14.7 中介绍的那样，命令式[4]程序的语义被表示为一个序列的状态变迁，这个序列由对语句的迭代解释而得到。(vii) *句法结构：* 通过将命令式语言的核心结构建模为语句的列表，上面提到的对语句的解释序列则变得容易了。[5] 也就是说，前一个“特别原则”是更为概念的。它的建模结果将在构成函数定义的过程中被发现，这些函数定义表示了语义。[6]

稍后我们将有机会介绍上面两个特别原则的运用。

■

技术： *列表* 请参考 15.4 节前几段中给出的一个清单（1~4），该清单列出了部分在使用列表进行抽象时用到的技术。

更具体地，我们提供若干面向列表的技术：(viii) 观测器函数有时“提取”列表；(ix) 不同的列表操作适用于适当的建模实例：(x.1) 拼接适用于：由两个或更多集合的现象（及概念）所拥有的一个现象（概念）的“所有”，“共享的”，以及“一些，除...之外”实例的模型，(x.2~4) 头，尾和建索引适用于：所拥有的一个现象（概念）的“第一个”实例，“其余的”实例，以及“一些特别的”实例的模型，(x.5) 长度适用于：一个现象（概念）“有多

---

[4]命令式程序是一个句法结构，对其构件（即语句）的细化会引起状态的改变。可以说，每对连接的语句都表示：先做这个，然后做那个！ C++ 和 Java 是真正的命令式程序设计语言的例子。

[5]虽然在例 14.4~14.6 和例 14.7 中没有这么做。

[6]在例 14.7（连续迭代）中确实这么做了。

少”实例的模型，(x.6~7) 元素和索引仅为技术上的操作；(xi~xii) 列表的枚举和列表的内涵适用于表达另一个以列表建模的现象（或概念）的一个实例的构造。

这些仅是更“重要的”技术中的一部分。■

工具：　列表　如果已选择了使用列表数据类型来进行抽象与建模，那么可以使用以下工具中的任一种：RSL，VDM-SL，Z 或者比如 B 规约语言。■

请比较本节与第 13.7 节（集合）和第 16.6 节（映射）。

15.7 列表：讨论

我们概述了列表数据类型，又尝试去(i) 阐述什么时候运用列表抽象的原则，(ii) 提及由这个选择而定的一些技术，(iii) 明确一些现今可利用的列表抽象的规约语言工具。列表构成了面向模型抽象与建模的“另一个基本的有用设备”。

15.8 练习

练习 15.1　简单列表类型。　本练习是为了帮助读者提高熟练操作列表的基本技能。它当然不是抽象的一种。

列出 A^* 和 A^ω 中的元素。

分别列出 Nat^* 和 Nat^ω 中的部分元素。

练习 15.2　集合的列表表示。　本练习是为了锻炼读者熟练操作集合和列表的技能，并在读者所具有的全部软件开发技巧中加入求精和抽象的功能。

给定一个类型定义 $L = A\text{-}\mathbf{set}$，其中 A 是某个简单分类。

请给出一个有限集合的有限列表表示；表述一个该“集合”列表上的良构谓词；定义集合操作 $\cup$，$\cap$，$\backslash$，$\subseteq$，$\subset$ 和 **card**为这个“集合”列表表示上的恰当函数；并非形式化地论述你所定义的函数保持了“集合”列表的良构谓词。

练习 15.3　等价关系的列表表示。请参考例 13.5 和例 15.3。令一个等价关系的列表表示为对（pair）的列表表示：一个对列表（pair-list，即马上就要描述的列表）的索引构成的列表，和一个由对构成的列表。每个对包含：具有正被划分类型的一个不同的元素，和任意下一个（或同一个）对的索引。这些索引指定循环的，不相交的列表。因此，等价关系 $\{\{a,b\},\{c,d,e\}\}$ 可以被表示为 $(<1,5>,<(d,4),(a,5),(e,1),(c,3),(b,2)>)$ 的对。请(i) 形式化这个类型，(ii) 形式地表述这个对列表表示的良构性，并 (iii) 定义面向列表的 **归并**操作。我们也请读者注意例 16.4。

练习 15.4　堆栈的列表表示。　本练习是为了锻炼读者熟练操作集合和列表，以及理解队列的技能，并在读者所具有的全部软件开发技巧中加入求精和抽象的功能。

请定义一个具有“通常”操作的‘堆栈’的抽象数据类型，但是仅考虑对一个有最大长度的堆栈进行的操作。

练习 15.5 *队列的列表表示。* 本练习是为了锻炼读者熟练操作集合和列表，以及理解队列的技能，并在读者所具有的全部软件开发技巧中加入求精和抽象的功能。

请定义一个具有“通常”操作的‘队列’的抽象数据类型，但是仅考虑对一个有最大长度的队列进行的操作。

练习 15.6 *冒泡排序。* 在某本教科书中找到使用某种语言（自然语言或程序设计语言）描述的冒泡排序算法，并使用 RSL 重新描述该算法。

练习 15.7 *堆排序。* 在某本教科书中找到使用某种语言（自然语言或程序设计语言）描述的堆排序算法，并使用 RSL 重新描述该算法。

练习 15.8 *插入排序。* 在某本教科书中找到使用某种语言（自然语言或程序设计语言）描述的插入排序算法，并使用 RSL 重新描述该算法。

练习 15.9 *归并排序。* 在某本教科书中找到使用某种语言（自然语言或程序设计语言）描述的归并排序算法，并使用 RSL 重新描述该算法。

练习 15.10 *选择排序。* 在某本教科书中找到使用某种语言（自然语言或程序设计语言）描述的选择排序算法，并使用 RSL 重新描述该算法。

练习 15.11 *筛法排序。* 在某本教科书中找到使用某种语言（自然语言或程序设计语言）描述的筛法排序算法，并使用 RSL 重新描述该算法。

练习 15.12 *希尔排序。* 在某本教科书中找到使用某种语言（自然语言或程序设计语言）描述的希尔排序算法，并使用 RSL 重新描述该算法。

练习 15.13 *快速排序。* 在某本教科书中找到使用某种语言（自然语言或程序设计语言）描述的快速排序算法，并使用 RSL 重新描述该算法。

练习 15.14 *书的形式化。* 参考例 15.9。请形式化：书的概念，目录以及一个生成书的目录的函数。请概述怎样才能提供书页编码？

♣♣♣

练习 15.15 *♣ 列表在运输网络领域。* 请参考附录 A，第 A.1 节，运输网络。

更多参考资料： 下列描述是对练习 13.5 中给出的描述的重述。在阅读下列描述时，读者如果没有找到一些解决问题的必要信息，请参考练习 13.5 和 14.6。

假设使用笛卡尔来对运输网络段进行建模，该笛卡尔“包含”(i) 唯一段标识符，(ii) 由连接的两个或一个连接标识符（或名字）构成的集合，段在连接之间“跨越”，(iii) “路线”名 [公路网中的公路名等]，(iv) 段长度，(v) 可能的更多属性 [虽然所有属性都被放入一个构件中]。类似地，我们同样假设使用笛卡尔来对连接（连接器）进行建模，该笛卡尔“包含”(1) 唯一连接标识符，(2) 唯一段标识符（那些入射或发散于该连接的段）的集合，(3) 可能的更多属性 [虽然所有属性都被放入一个构件中]。

现在将路径的概念建模为一个由零个，一个或更多段组成的序列，使得该序列中（即列表中）邻接的段共享连接标识符。

最后将一个运输网络建模为由段集和连接集构成的对。

1. 定义网、段、连接和路径的类型。
2. 定义一个良构谓词来检验一个网是否是良构的。
3. 定义一个良构谓词来检验一个段是否就一个网而言是良构的。
4. 定义一个良构谓词来检验一个连接是否就一个网而言是良构的。
5. 定义一个良构谓词来检验一个路径是否就一个网而言是良构的。
6. 定义一个谓词来检验一个路径是否是循环路径。
7. 定义这样一个函数：给定一个良构网，生成这个网的所有有限长度非循环的（和良构的）路径。
8. 定义这样一个函数：给定两个不同的连接标识符，找到它们之间所有（良构的）路径的集合。
9. 定义这样一个函数：给定两个不同的连接标识符，找到它们之间（一个或多个）最短的（良构的）路径。

练习 15.16 ♣ *列表在集装箱物流领域。* 请参考附录 A，第 A.2 节，集装箱物流。

更多参考资料： 下列描述是对练习 13.6 中给出的描述的重述。在阅读下列描述时，读者如果没有找到一些解决问题的必要信息，请参考练习 13.6 和 14.7。

假定三类列表：(1) "集装箱路线"，(2) "实际航程路线"，和(3) "集装箱运货单"，以及两类集合：(4) "实际航程计划"的"航线"的集合，和(5) （所有已知）集装箱码头名字的"七大洋"的集合。

(1) "集装箱路线"仅是由集装箱码头名字构成的"循环序列"。（一个"集装箱路线"代表许多"实际航程计划"。）序列中邻接的一对（集装箱码头）名字表示某个集装箱运货船在指定的集装箱码头之间直达航行。一个（集装箱名字的）"循环序列"是这样一个序列：最后一个和第一个集装箱码头名字的对表示某个集装箱运货船在这两个指定名字的集装箱码头之间无停顿航行。

(2) "实际航程计划"是由"一个集装箱运货船的集装箱码头（过去，现在，或将来）访问记录"构成的序列。可以将一个"集装箱码头访问记录"看作是一个笛卡尔。典型地说，该笛卡尔可以包含以下信息：(i) 一个集装箱码头的名字，(ii) [相对的] 到达时间，(iii) [相对的] 出发时间，和(iv) 访问频率 [目前对相关概念"相对的"和"频率"没有给出进一步解释。]。

(3) "集装箱运货单"是由"一个集装箱的集装箱码头（过去，现在，或将来）访问记录"构成的序列：确切地说，仅是那些分别在集装箱存储区进行了该集装箱装载和卸货（包括集装箱运货船之间的转移）的集装箱码头。"集装箱的集装箱码头访问记录"也告知到达和离开码头的时间，以及运送该集装箱的集装箱运货船的名字。

1. 定义"集装箱路线"，"实际航程计划"，"集装箱运货单"，"航线"和"七大洋"的具体类型。
2. 定义一个谓词 wf_CR 来检验一个"集装箱路线"值就一个"七大洋"值而言是良构的。
3. 定义一个谓词 wf_ASP 来检验一个"实际航程计划"值就一个"集装箱路线"值而言是良构的。
4. 定义一个谓词 wf_ASP 来检验一个"实际航程计划"值就一个"航线"值而言是良构的。
5. 定义一个应用于任一良构"航线"值，生成所有路线的集合的函数 gen_Routes。定义"路线"为一个"集装箱码头名字"的序列，使得序列中任意邻接的两个名字都被某个集装箱运货船访问过，即这些名字在“实际航程计划”上——因此在“航线”参数的“实际航程计划”中。

6. 定义一个谓词 wf_WB 来检验一个“运货单”值就一个“航线”值而言是良构的。
7. 定义一个函数 gen_WBs：给定由“集装箱码头名字”和“航线”参数构成的对，生成“运货单”的（可能为空）集合。
8. 将排位认为是行的列表，行是堆码的列表，以及集装箱堆码是集装箱的列表。现在重新定义合适的装载和卸货函数。

练习 15.17 ♣ *列表在金融服务行业领域。* 请参考附录 A，第 A.3 节，金融服务行业。也请参考上面的练习 15.15 和 15.16。

请自己给出金融服务行业领域现象和概念的一些叙述和形式描述，对这些现象和概念，列表可作为一个合适的抽象。也请参考练习 13.7 和 14.8。

16

RSL 中的映射

- 学习本章的**前提**：你掌握了前面章节介绍的集合、笛卡尔和列表数学概念的知识。
- **目标**：介绍 RSL 映射抽象数据类型：映射类型表达式、映射值表达式、表达映射的枚举和内涵形式、映射上的操作，以及通过一些能够以映射建模的，现象和概念的简单及不太简单的例子来说明映射的表达力。
- **效果**：让读者在合适的时候自由地选择映射作为现象和概念实体的模型，在这么做不合适的时候不选择映射。
- **讨论方式**：从系统的到半形式的。

特性描述：映射，我们通过其直观地理解由不同参数结果值构成的对[1]的集合，该集合是以某种方式可枚举的，且谈论以下涉及映射的操作是有意义的，如：应用映射到一个参数上，$m(a)$；合并两个不同的映射，$\cup$；用另一个映射覆盖一个映射，$\dagger$；由另一个映射的定义集限制一个映射，$\backslash$；限制一个映射到另一个映射的定义集，$/$；检查一个映射的定义集，**dom**；检查一个映射的值域，**rng**；复合两个恰当的映射，$\circ$；比较两个映射相等（不相等），$=$ $(\neq)$。 ■

别给我绘制什么地图，先生，我的脑袋就是地图，整个世界的地图。

H. Fielding, 1707–1754, Rape upon Rape

16.1 关键问题

本节所要阐明的思想是使用映射的离散数学概念来对领域、需求及软件现象和概念进行抽象。其他用来代替映射的术语有：关系或者（定义集可枚举的）函数。当一个构件能够被最恰当地描述为一组唯一标识的（其他）构件时，映射本身可作为一个抽象。本节多给出几个例子。

映射是面向模型的抽象的一个主要的“有用设备”。

像第 13~17 章那样，本章由以下部分构成：

[1]通过“以某种方式”这个约束，我们指：可能明确地列出这些对，也可能通过某个合适的谓词来描述对的集合。

- 映射数据类型 （第16.2 节）
- 基于映射的抽象的例子 （第16.3 节）
- 用映射进行抽象与建模 （第16.4 节）
- 映射的归纳定义 （第16.5 节）
- 映射抽象与模型的回顾 （第16.6 节）

本章有许多例子，这是因为在能够写出好的规约之前，必须先阅读和学习许多规约的例子。你不必现在就学习所有这些例子，其中一些可以稍后再看。本章以一个简短的讨论结束。

16.2 映射数据类型

第 6 章介绍了数学函数的主题。映射是特殊类型的函数。一般来说，对于普通函数，人们无法计算它们的定义集（即函数定义于其上的那组值），因此也不能计算它们的像（或值域）集。映射就是具有“定义集和值域集是可计算的”这个属性的函数，这点使其区分于其他函数。在领域描述中，我们不需要计算所有这样的定义集，但是我们需要能够表示一个谓词来描述定义集。既然这样，映射数据类型出现了，并进一步“配备了”许多其他映射上的操作。

映射数据类型有以下刻面：(i) 映射类型（句法上的映射值，语义上的映射类型表达式和映射类型定义）；(ii) 映射值（语义概念）；和 (iii) 映射值表达式（语义上映射值概念的句法上的对应物）。

16.2.1 映射类型：定义和表达式

值为全函数或部分函数，或为映射的类型可以分别使用类型操作符 $\rightarrow$，$\xrightarrow{\sim}$ 和 $\overrightarrow{m}$ 来定义。对于全函数和部分函数，（RSL 中）仅提供几个操作：(i) 函数抽象（λ），(ii) 函数应用（“$\bullet(\bullet)$”），和 (iii) 函数复合操作（$\circ$）。相反，虽然映射也是函数，它们是定义集可枚举的函数，（因此）更多的操作符可以被定义。也就是说：可以枚举定义集。之所以可以定义这些操作就是因为定义集，函数（即映射）所定义的参数，是可计算的。

令 A 和 B 代表任意类型，这两个类型可能无限数量的元素值分别包括 a1, a2, . . . , am, . . . 和 b1, b2, . . . , bn, . . . 。值可被认为是有限或者无限的，从 A 元素到 B 元素的定义集可枚举的映射的类型，可以使用中缀类型构造器 $\overrightarrow{m}$ 来定义：

type A, B
　M = A $\overrightarrow{m}$ B

表达式 A $\overrightarrow{m}$ B 是映射类型表达式。

我们举例说明某个映射类型（[1]）的元素：在下面的表达式（[2]）中，可能被修饰的 a 和 b 表示单个值。

[1]　A $\overrightarrow{m}$ B
[2]　[]，[a$\mapsto$b]，...，[a1$\mapsto$b1,a2$\mapsto$b2,...,a3$\mapsto$b3]，

表达式 [ ] 指代空映射，表达式 [a$\mapsto$b] 代表从 a 映射到 b 的单映射，表达式 [a1$\mapsto$b1, a2$\mapsto$b2, ..., a3$\mapsto$b3] 代表（可能不确定地）映射不同的 ai 到对应的（不必两两相异的）bi 的映射。

例 16.1 一个简单的映射的例子 令 fact 指定一个阶乘函数，那么

$$[1 \mapsto \text{fact}(1), 2 \mapsto \text{fact}(2), 3 \mapsto \text{fact}(3), 4 \mapsto \text{fact}(4), 5 \mapsto \text{fact}(5), 6 \mapsto \text{fact}(6)]$$

表示一个包含六个元素的映射，映射自然数 1 至 6 到它们各自的阶乘。 ■

16.2.2 映射值表达式

集合和列表分别有三类显式的集合形式的和列表形式的表达式：枚举，值域表达式和内涵表达式。映射仅有枚举和内涵映射表达式。

映射的枚举

令 ae, ae1, ae2, ..., aen 为表示不必相异的具有类型 A 的值的表达式，令 be, be1, be2, ..., ben 为表示不必相异的具有类型 B 的值的表达式。那么下面是*显式映射值表达式*，更具体地说，是*枚举映射表达式*的例子：

$$[\,],\ [\text{ae} \mapsto \text{be}],\ ...,\ [\text{ae1} \mapsto \text{be1}, \text{ae2} \mapsto \text{be2}, ..., \text{aen} \mapsto \text{ben}]$$

上面的公式行中从左到右表示：无任何元素的空映射的单个模型，一组有一个元素定义集的单映射的模型，等等，一组全部为 n 个从 vai 到 vbi 的映射对的映射的集合。对于每个模型，上面的表达式都有一个特定的值。由于一些从上面的描述不能马上了解的原因（请参考第 12.4.4 节）， 或者由于下面介绍的原因，这个值可能是非确定性的。

确定的和非确定的映射值

如果两个或更多 aei, aej 表达式求值于相同的具有 A 类型的值，那么说映射是*非确定的*，否则说它是*确定的*。 像确定性函数那样，确定性映射对定义集（即，参数值）产生唯一的结果。像非确定性函数那样，非确定性映射非确定地对一些或全部定义集参数值产生某个结果值。

令 a, a′, ..., a″，b, b′, ..., b″ 分别代表不同的具有类型 A 和类型 B 的值，那么：

$$[a \mapsto b, a' \mapsto b', ..., a'' \mapsto b'']$$

代表一个确定性映射，而

$$[a \mapsto b, a \mapsto b', ..., a \mapsto b'']$$

代表一个非确定性映射。当应用映射到 a 时，非确定地生成 b，或 b′，或 ...， b″。不要混淆非确定性映射的思想和表示一组模型的映射表达式。

映射操作符/操作数表达式

首先我们半形式地介绍映射操作符/操作数表达式：介绍映射操作的形式基调，并且非形式地对每个操作给出一个元语言的 [2]例子。我们假装给出一些你可以非形式地认为其是一类公理的事物。

[2]因为我们不能使用 RSL 给 RSL 赋予语义，并且我们使用了括号 (...)，因此这个例子是元语言的例子。

映射操作基调和例子

有 11 种与映射值相关的操作：•(•)，**dom**，**rng**，†，∪，\，/，=，≠，≡ 和 ∘。

value

$\bullet(\bullet)$: $M \to A \xrightarrow{\sim} B$, m(ai) = bi

dom: $M \to$ **A-infset** [映射的定义域]

dom [a1↦b1,a2↦b2,...,an↦bn] = {a1,a2,...,an}

rng: $M \to$ **B-infset** [映射的值域]

rng [a1↦b1,a2↦b2,...,an↦bn] = {b1,b2,...,bn}

†: $M \times M \to M$ [外延覆盖]

$[a \mapsto b, a' \mapsto b', a'' \mapsto b''] \dagger [a' \mapsto b'', a'' \mapsto b'] = [a \mapsto b, a' \mapsto b'', a'' \mapsto b']$

∪: $M \times M \to M$ [合并∪]

$[a \mapsto b, a' \mapsto b', a'' \mapsto b''] \cup [a''' \mapsto b'''] = [a \mapsto b, a' \mapsto b', a'' \mapsto b'', a''' \mapsto b''']$

\: $M \times$ **A-infset** $\to M$ [限制以]

$[a \mapsto b, a' \mapsto b', a'' \mapsto b''] \backslash \{a\} = [a' \mapsto b', a'' \mapsto b'']$

/: $M \times$ **A-infset** $\to M$ [限制到]

$[a \mapsto b, a' \mapsto b', a'' \mapsto b''] / \{a', a''\} = [a' \mapsto b', a'' \mapsto b'']$

=,≠: $M \times M \to$ **Bool**

∘: $(A \overrightarrow{m} B) \times (B \overrightarrow{m} C) \to (A \overrightarrow{m} C)$ [复合]

$[a \mapsto b, a' \mapsto b'] \circ [b \mapsto c, b' \mapsto c', b'' \mapsto c''] = [a \mapsto c, a' \mapsto c']$

映射操作符的含义

上面的第一行 •(•) 表示函数和映射可以应用到参数上。前缀操作符 **dom** 和 **rng** 分别表示“取出”映射的定义集值（即定义域，映射所定义的 a 值）和映射的值域（映射所定义的相应的 b 值）。当应用于两个操作数时，中缀操作符 †、∪、\ 和 / 表示：如同用第二个操作数映射中的所有或者一些“配对”来覆盖第一个操作数映射而得到的映射；两个这样的映射的合并；将第一个操作数映射（中的元素）限制为那些不在第二个操作数集中的元素而得到的映射；将第一个操作数映射（中的元素）限制为第二个操作数集中的元素而得到的映射。当应用于两个映射时，中缀操作符 = 和 ≠ 分别比较它们相同或不同。

为了解释两个映射的复合，主要以映射内涵的形式，我们引入两个映射定义域 M 和 N，使得操作数映射 m:M 的值域落入操作数映射 n:N 的定义域中。

我们以操作的形式解释部分映射操作。假设 **dom** 和 •(•) 是基本操作。

value

rng m ≡ { m(a) | a:A • a ∈ **dom** m }

m1 † m2 ≡

[a↦b | a:A,b:B •

a ∈ **dom** m1 \ **dom** m2 ∧ b=m1(a) ∨ a ∈ **dom** m2 ∧ b=m2(a)]

$$m1 \cup m2 \equiv [\ a \mapsto b \mid a{:}A, b{:}B \bullet a \in \textbf{dom}\ m1 \wedge b{=}m1(a) \vee a \in \textbf{dom}\ m2 \wedge b{=}m2(a)\ ]$$

$$m \setminus s \equiv [\ a \mapsto m(a) \mid a{:}A \bullet a \in \textbf{dom}\ m \setminus s\ ]$$
$$m \,/\, s \equiv [\ a \mapsto m(a) \mid a{:}A \bullet a \in \textbf{dom}\ m \cap s\ ]$$

$$m1 = m2 \equiv \textbf{dom}\ m1 = \textbf{dom}\ m2 \wedge \forall\ a{:}A \bullet a \in \textbf{dom}\ m1 \Rightarrow m1(a) = m2(a)$$
$$m1 \neq m2 \equiv \sim(m1 = m2)$$

$$m^\circ n \equiv [\ a \mapsto c \mid a{:}A, c{:}C \bullet a \in \textbf{dom}\ m \wedge c = n(m(a))\ ]\quad \textbf{pre rng}\ m \subseteq \textbf{dom}\ n$$

映射的内涵

正如对集合和列表所做的那样，我们可以显式地枚举有限映射，或者我们可以隐式地以内涵的形式表示可能无限的映射。

例 16.2　一个简单映射的例子 令 fact 指定阶乘函数，那么

$$[\ i \mapsto fact(i) \mid i{:}\textbf{Nat} \bullet i \in \{1..6\}\ ]$$

表示一个包含六个元素的映射，映射自然数 1 至 6 到它们各自的阶乘。 ■

令 A, B, C 和 D 表示任意类型，令 $\mathcal{F}$ (a) 和 $\mathcal{G}$ (b) 代表任意表达式，这些表达式分别应用于 A 和 B 值，并且分别求值于 C 和 D 值。也就是说，$\mathcal{F}$ 和 $\mathcal{G}$ 可以被看作是从 A 到 C，以及从 B 到 D 的函数。最后令 $\mathcal{P}(a)$ 代表一个 A 上的谓词表达式。那么：

type
　A, B, C, D
　$M = A \xrightarrow[m]{} B$
　$\mathcal{F}{:}F = A \stackrel{\sim}{\rightarrow} C$
　$\mathcal{G}{:}G = B \stackrel{\sim}{\rightarrow} D$
　$\mathcal{P}{:}P = A \rightarrow \textbf{Bool}$
value
　comprehend: $M \times F \times G \times P \rightarrow (C \xrightarrow[m]{} D)$
　comprehend$(m,\mathcal{F},\mathcal{G},\mathcal{P}) \equiv$
　　$[\ \mathcal{F}(a) \mapsto \mathcal{G}(m(a)) \mid a{:}A \bullet a \in \textbf{dom}\ m \wedge \mathcal{P}(a)\ ]$

是一个示意性的映射内涵表达式的例子。对于那些给定映射 m 的定义域中的满足谓词 $\mathcal{P}$ 的 a，它将 $\mathcal{F}$(a) 映射到 $\mathcal{G}$(m(a))。结果映射可能是非确定性的或者是确定性的，这与参数是确定性的或非确定性的无关，而仅依赖于部分或者所有参数 m，$\mathcal{F}$，$\mathcal{G}$ 和 $\mathcal{P}$。

$\mathcal{P}$(a) 不必是对谓词函数的调用，而可以是任何布尔值表达式。然而，为了求值为 **true**，它必须是确定性的。

当我们希望隐式地规约（即暗指）由一些函数 $\mathcal{F}$ 和 $\mathcal{G}$，以及某个谓词 $\mathcal{P}$ 刻画的可能无限的映射的时候，我们使用内涵形式的映射表达式。

与集合和列表的内涵一样，映射的内涵表达了一种同态的原则：复合结构上的函数被表达为（第一个）函数上的（另）一个函数，第一个函数被应用到了复合结构的所有直接的构成元素。请参考 8.4.4节中对“同态”概念的首次介绍。

内涵形式映射表达式的一般句法形式如下：

```
<map_comp> ::=
    [ <value_expr> ↦ <value_expr> | <typings> • <bool_expr> ]
```

其中 • <bool_expr> 部分是可选的。

16.2.3 映射的绑定模式与匹配

我们早先在集合的第 13.2.3 节，笛卡尔的第 14.41~14.42 节和列表的第 15.2.3 节中涉及过绑定模式，匹配和绑定的概念。我们将在这里考虑映射绑定模式的结构，以及 映射匹配 和绑定的概念。

通过映射 **let** 分解绑定模式， 我们理解一个模式的结构基本如下（第 4 行）：

```
type
  A, B, C = A →m B
value
  ... let [a↦b] ∪ c = e in ... end ...
  post e = [a↦b] ∪ c, i.e.: c = e \ {a} ∧ b = c(a)
```

这里我们以某种方式知道 e 是一个非空映射。**let** [a↦b] ∪ c = e **in** ... **end** 理解为 e 是一个具有非空值（比如 v）的映射表达式，自由标识符 a 被绑定 为 v 的定义集的任意一个成员；自由标识符 b 被绑定为 v(a)；自由标识符 c 因此被绑定为 v的其余部分，也就是一个（可能为空的）不包含 [a↦b] 的映射。

我们给出一个使用映射模式的非常简单的例子（把“编码”工作留给读者）：

```
value
  sum: (Nat →m Nat) → Nat
  sum(m) ≡
    if m=[]
      then 0
      else
        let [a↦b] ∪ m′ = m in
        a + b + sum(m′ )
    end end
```

16.2.4 非确定性

在映射分解结构中：

let [a↦b] ∪ m = map **in** ... **end**

定义集值 a 的选择是非确定性的。非确定性是一个重要的抽象机制。它表示我们从特定的选择做抽象：任何值或者几乎任何值都可以！

16.3 基于映射抽象的例子

本节与第 13.3、14.3、15.3 和 17.2 节相似。它们都给出了基于集合、笛卡尔、列表、映射和函数规约的小例子，它们是用于课堂练习的例子。

16.3.1 排序

例 16.3 什么时候一个列表就另一个列表而言是排序了的 首先我们介绍双射索引映射的概念。双射索引映射是一个从自然数到自然数的映射：这些映射的定义和值域集是相同的，并且定义集是一些自然数的稠密集，这些自然数为从 1 到该稠密集元素（当它们不为空）的个数。其思想是用索引映射元素来“模拟”列表的索引。

```
type
  A, Q = A*
  M′ = Nat ⇸ Nat
  M = {| m:M′ • bijection(m) |}
value
  bijection: M′ → Bool
  bijection(m) ≡
    dom m = rng m = {1..card dom m}

  is_sorted_wrt: Q × Q → Bool
  is_sorted_wrt(q,q′) ≡
    len q = len q′ ∧ is_sorted(q) ∧
    ∃ m:M • dom m = inds q ∧
      ∀ i:Nat • i ∈ dom m ⇒ q(i) = q′(m(i))
```

■

16.3.2 等价关系

例 16.4 等价关系的简单映射表示 请参考例 13.5 和例 15.3。

我们将概括等价关系的映射表示。令 A 为我们可能希望去记录某个等价关系的子集上的类型。令 M 为任意从 A 到 A 的双射映射。令映射 $[d \mapsto c, b \mapsto a, e \mapsto d, a \mapsto b, c \mapsto e]$ 表示集合

$\{a,b,c,d,e\}$ 上的等价关系 $\{\{a,b\},\{c,d,e\}\}$。由此可见任意双射映射记录了一个其定义集（显然该定义集与其值域集相同）上的等价关系。函数 retr_Q 接受一个双射映射，生成等价关系的一个集合表示。

type
  M′ = A $\overrightarrow{m}$ A, M = {| m:M′ • **dom** m = **rng** m |}
value
  retr_Q: M → Q
  retr_Q(m) ≡ {get_eq(a,m) | a:A • a ∈ **dom** m}
    comment:
      取得相同等价类的不同 a 使得这些类在结果中变成一个类。
  get_eq: A × M $\xrightarrow{\sim}$ A-**set**
  get_eq(a,m) ≡
    let ns = {a}∪{b | b:A • ∃ c:A•c ∈ ns ∧ b=m(a)} **in** ns **end**
    pre a ∈ **dom** m

  merge: A × A × M $\xrightarrow{\sim}$ M
  merge(a,b,m) ≡
    [c ↦ m(c) | c:A • c ∈ **dom** m ∧ c ∉ {a,b}] ∪ [a ↦ b , m(b) ↦ m(a)]
    pre a≠b ∧ {a,b}⊆**dom** m ∧ a ∉ get_eq(b,m)

■

16.4 使用映射进行抽象与建模

本节与第 13.4、14.4、15.4 和 17.3 节相似。它们都给出了集合、笛卡尔、列表和函数的抽象与模型的更大的例子。它们是用于自学的例子。

本节的目的是介绍主要基于映射的面向模型规约的技术和工具。映射建模的原则，技术和工具有：（1）子类型给定：有时一个类型定义定义了“过多的东西”，因此可以应用类型约束（良构性，不变式）谓词技术。（2）前置/后置条件：通过前置和后置 条件来进行函数抽象。（3）“输入/输出/查询”函数：根据其基调识别主函数。（4）辅助函数：分解函数定义为“最小”单元。在描述集合、笛卡尔和列表的第 13.4、14.4 和 15.4 节中，这些原则和技术 重新出现。

我们介绍五类例子：图、结构化的表、层次结构、关系数据库和基于指针的数据结构。

16.4.1 图

我们介绍一个示例图（图 16.1）。

例 16.5 图 有向图由节点和弧构成。一个弧总是“连接”两个节点。“连接”是一个从节点到节点的函数，这里是映射。因此，如果在一个具有节点 a,b 和 c 的有向图中，有向弧连接 a 到 b 和 c，b 只到它自身，c 到 a 和它自身，那么：

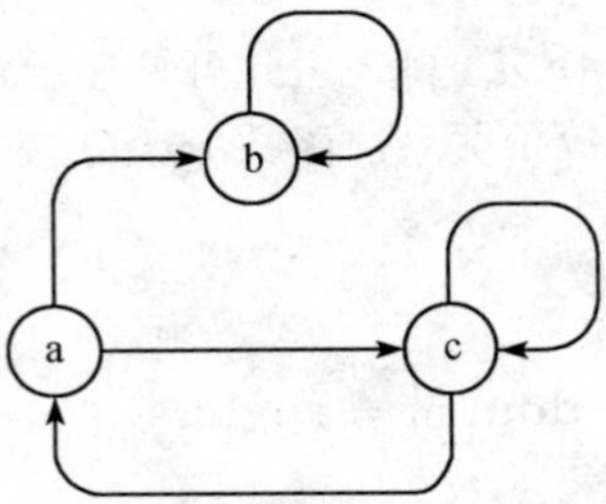

图 16.1　一个有向图的例子

$$[a \mapsto \{b,c\}, b \mapsto \{b\}, c \mapsto \{a,c\}]$$

是图 16.1 的一个模型。

令图的节点具有不同的标号，且标号属于类型 A，那么一个具体的，且有代表性的抽象的图的类型 G 为：

type
　G′ = A $\overrightarrow{m}$ A-**set**

如果图 g 的节点 a 没有从其发出的弧（有向边）会怎么样 —— 这种情况是怎样被 g:G 建模的？我们可以选择令它不在 g 的定义集中出现，但是它可以出现在一个或者多个值域元素中 —— 也就是那些发出的弧入射到 a 的节点。但是如果一个节点 s 孤立于图 g 会怎么样，即没有弧入射到其上（入度为 0），且没有弧发自于它（出度为 0） —— 这种情况将怎么在 g 中建模？答案是：如果我们选择前述的建模原则，这种情况是不能被建模的，也就是说，入度为正数且出数为 0 的节点只出现在 g 的值域元素中。我们因此改进建模。g 中出度为 0 的节点 a 映射到空集。这样 g 的值域元素中的所有节点必须也在 g 的定义集中：

　G = {| g | g:G′ • ⋃ **rng** g ⊆ **dom** g |}

我们现在已经对所有有向图的类型进行了建模。这里假设没有两个或更多有向边从相同的节点发出或入射于相同的节点。

我们现在要以操作的形式抽象出一些图上的函数。为了找到从一个给定图 g 的给定节点 a 出发，经过一步或多步可到达的所有节点，我们定义了函数 Nodes。从 a 出发的一“步”是任意节点 b，b 通过一个从 a 到 b 的有向边连接于 a。从 a 出发的两“步”是任意节点 c，c 通过一个有向边与任意节点 b 相连，且 b 从 a 出发一步可达。

这里我们给出一个归纳函数定义：

　Nodes: A × G → A-**set**
　Nodes(a,g) ≡
　　let nodes = g(a) ∪ { a′ | a′:A • ∃ a″:A • a″ ∈ nodes ∧ a′ ∈ g(a″) }
　　in nodes **end**

为了确定一个图是否是非循环的（即是否任意节点通过一步或者多步可以到达其自身），我们定义一个函数 isAcyclic。该函数是一个谓词 —— 如果不存在这样的节点，返回正确，否则返回错误。在 isAcyclic 的定义中，我们使用 Nodes。这样做的原因是：如果一个图是循环图，那么某个节点 a 会出现在从 a 出发可达的节点集 Nodes(a,g) 中：

isAcyclic: G → **Bool**

isAcyclic(g) ≡ ∀ a:A • a ∈ **dom** g ⇒ a ∉ Nodes(a,g)

函数 Nodes 生成在图g 中从一个节点 a 出发可达的节点集，而不考虑该图是非循环的与否，也就是说，与图中从 a 出发的可能的循环无关。 ■

16.4.2 结构化的表

表就像关系。表由有限个数（0，1 或更多）的条目构成。每个条目由一个或者更多（但有限个数）的字段构成。每个字段包含一个值。令一个表由具有 n 个字段（位置从 1 到 n，其中 n 大于 1）的条目构成。

type

A, C

B = **A-set**

B = ... × A × ...

B = A*

B = A $\overrightarrow{m}$ C

B = C $\overrightarrow{m}$ A

...

如果类型 B 是上面中的一个，或者更一般地（相比于上面所提示的）是某个以其他方式涉及到类型 A 的离散类型[3]，那么我们说 B 与 A 是相称的。令字段（位置），如 i 的条目字段值属于一个类型，该类型与字段（位置）j（i≠ j）的条目字段值所属的类型是相称的。那么我们可以说一个条目字段值引用（或暗指）一个或者更多其他的条目。如果一个条目所包含的值涉及其他条目，那么我们说**表是结构化了的**。

下面是例子。

例 16.6 物料清单

描述 —— 类型

一个简单的物料清单是一个表。表中的每个条目有两个部分：料号[4] p（料号的类型为 Pn），和可能为空的料号的集合。如果该集合是空集，那么料号 p 被称为是基本料号，即非复合料号（仅由其自身构成！）. 如果该集合不是空集，即$\{p_1,p_2,\ldots,p_n\}$（$n \geqslant 1$），那么 p 被称为是复合的 —— 由直接的，或构成料号 $p_1,p_2,\ldots,p_n$ 构成。这些构成料号必须全部被记录在简单物料清单中。p 的构成料号，或者 p 的构成料号的构成料号等等，不能是其自身由料号 p 构成的。也就是说，没有料号可以是递归构成的。我们使用从料号到料号集合的映射来抽象简单物料清单的类型。

[3]离散类型不“包含”函数。

[4]料号不必非是数字，而可以是普通的（空闲的）料标识“数字”。

形式化 —— 类型

type
　BOM_0′ = Pn $\overrightarrow{m}$ Pn-**set**
　BOM_0 = {| bom | bom:BOM_0′ • inv_BOM_0(bom) |}

我们现在已经给出了简单物料清单类型的一个抽象模型。出于举例说明的原因，我们介绍一个“典型的” bom：

$$\begin{aligned}\text{bom} : [\ & p_1 \mapsto \{p_a, p_b, \ldots, p_c\},\\ & p_2 \mapsto \{p_d, p_b, \ldots, p_f\}, \ldots\\ & p_a \mapsto \{\},\\ & p_b \mapsto \{p_x, p_y\}, \ldots\\ & p_x \mapsto \{\},\\ & p_y \mapsto \{\}]\end{aligned}$$

描述 —— 不变式

良构性等同于所有构成料号都被记录了，且没有任何一个是递归定义的。

形式化 —— 不变式

value
　inv_BOM_0(bom) ≡
(1)　∀ pns:Pn-**set** • pns ∈ **rng** bom ⇒ pns ⊆ **dom** bom ∧
(2)　∀ p:P • p ∈ **dom** bom ⇒ p ∉ sub_Pns(p,bom)

　sub_Pns: Pn × BOM_0 $\stackrel{\sim}{\to}$ Pn-**set**
　sub_Pns(p,bom) ≡
(3)　{ sp | sp:Pn • depends_on(p,sp,bom) }
(4)　**pre** p ∈ **dom** bom

　depends_on: Pn × Pn × BOM_0 $\stackrel{\sim}{\to}$ **Bool**
　depends_on(pn,sp,bom) ≡
(5)　sp ∈ **dom** bom(pn) ∨
(6)　∃ p:Pn • (p ∈ **dom** bom(pn) ∧ depends_on(p,sp,bom))
(7)　**pre** pn ∈ **dom** bom

注释: 我们说定义集料号表示定义出现，值域集料号表示使用这些出现。(1) 如果一组料号在表中被使用了，那么它们都被这个表定义了。(2) 如果一个料号在表中被定义了，那么它没有被递归地使用（即定义）。(3) 料号 p 的辅助料号是那些能够在表中依赖于 p 的料号。(4) p 必须在表中。(5) 对于料号 sp 依赖于料号 pn的情况，或者 sp 必须在料号 bom(pn) 的直接被使用集中，(6) 或者必须存在一个料号 p，该料号在料号 bom(pn) 的使用集中，且 p 依赖于 sp。(7) 被“依赖”的料号必须在表中。 ∎

注意上面 sub_Pns 和 depends_on 的定义表示了除使用 Nodes 和 isAcyclic 之外的另一种表达图的非循环性的方式。显然物料清单类型等同于图的一个模型！

其他结构化的表的例子有编译器字典、操作系统字典等等。在这几卷书的其他部分，我们将有机会看到许多形式的结构化的表。

16.4.3 层次结构

> **Hierarchy（层次结构）：**
> 按级别、次序、类别分级的大量事物，
> 一个在另外一个之上
> *The Shorter Oxford English Dictionary [349] (1643)*

在知性不佳的人、政客和（尤其是）管理者中，似乎有一种看起来占有主导地位的成见：带有层次结构地去看这个世界 —— 通常将他们自己看作为层次结构的最上层。似乎自从亚里士多德时代（公元前 384~322）起，我们中的大多数往往是有层次结构地去组织我们的文献世界，以致于现在大多数计算文件编档系统基本上提供按层次结构组织的存取方法，这种方法称为目录。我们下一步将学习"抽象的，普通的"层次结构的一个变种。它们的本质是带有根和分支的类似树的特性。

结构类似于这样的树或者类似于层次结构的具体现象有书 —— 书本身作为根，它的不同的章作为直接的子树，节作为章子树的子树等等。可以继续延伸到一个通常明确的深度，以达到子子节，或者可能的段落，子段落，甚至是最大深度枚举（像这几卷书）中的纯文本。纯文本构成了树叶。我们通常解释树叶为一个可能被注释了的（就文本而言）空树。

另一个例子是企业的组织结构 —— 这里是就员工而言的：管理机构、公司或者医院。在最上层"根位置"的是执行官，随后是生产线管理人员，通常处于不同层次（即按层次结构），然后是"舞台"监督及其受管理者 —— "工人"作为树叶"在最底层"！上面的文字展示了对层次结构抽象概念的部分分析。这个分析开展于（即相对于）具体的、"一目了然的"现象。我们因此将开始一个更系统的，但是现在是抽象的介绍。

例 16.7 *层次结构*

描述 —— 层次结构

层次结构有一个根，其他部分由 0 个、1 个或者更多不同的加注标号的子层次结构构成。**根**是一个未进一步分析的量。**子层次结构**是一个层次结构。**子层次结构标号**是一个未进一步分析的 —— 虽然很可能是不同类型的量。

形式化 —— 层次结构

type
  A, B
  AH == cR(sa:A,sh:mH)[5]

---

[5]这里对"=="变体记录定义的解释（早于它们严格意义上的，形式的介绍），最初曾在第13.4.3 节中做过简要的说明。第18.4 和18.5 节将进一步处理记录和并类型。我们这里给出一个"扼要的重述"。

mH == cH(sm:(B $\overrightarrow{m}$ AH))
value
a,a′,...,a″:A, b,b′,...,b″:B, h,h′,...,h″:mH
examples
h1: cR(a,cH([ ]))
h2: cR(a,cH([b′↦h′,...,b″↦h″]))
h3: cR(a,cH([b′↦cR(a′,cH([ ])),...,b″↦cR(a″,cH([b↦h,...,b‴↦h‴]))]))

注释： (i) A 代表未进一步分析的根类型。(ii) B 代表未进一步分析的分支类型。(iii) AH 代表定义的由 A 和 mH 实体构成的笛卡尔对的类型。(iv) mH 代表定义的从实体 B 到实体 AH 的映射的类型。

观察： 我们没有提及以下可能性：(iv) 一个给定层次结构的两个或者更多（直接的）子层次结构能有相同的根吗？(v) 一条**路径**（即**“相连”分支的序列**）上任意两个分支能有相同的标号吗？(vi) **层次结构的直接子层次结构**确切地说是指什么？(vii) **路径**确切地说是指什么？我们下面就转到这一点。

描述 —— 路径

假设一个给定的层次结构。标号 ℓ_1（从该层次结构的根到一个可能为空的子层次结构的根，被加注标号 ℓ_1）是一个路径。一般来说，路径是一个或者更多标号 ℓ_j 的序列 $\langle \ell_1, \ell_2, \ldots, \ell_i, \ell_{i+1}, \ldots, \ell_n \rangle$，使得对于每个 j，ℓ_j 是一个子层次结构的标号，并且使得如果 $\langle \ell_1, \ell_2, \ldots, \ell_i \rangle$ 是该层次结构的一条路径，而且 ℓ_{i+1} 是一个加注标号为 ℓ_i的子层次结构的根的标号，那么 $\langle \ell_1, \ell_2, \ldots, \ell_i, \ell_{i+1} \rangle$ 也是该给定层次结构的路径。

形式化 —— 路径

type
P = B*
value
gen_Ps: AH → P-**set**
gen_Ps(cR(a,m)) ≡
case m **of**
cH([ ])→{⟨⟩},
cH(m)→∪{⟨b⟩^p|b:B,p:P•b ∈ **dom** m∧(p=⟨⟩∨p ∈ gen_Ps(m(b)))}
end

注释： 路径是标号的序列。如果一个层次结构为空，那么它仅包含有空路径；否则一条路径由前缀和后缀构成，该路径的第一个标号（前缀）是子层次结构的任一标号和该子层次结构的任一路径（包括没有路径，即空路径）。“任一路径”这种可能性允许路径不必非要结束于该给定层次结构的树叶。∪ 表示分布式结合的并。

描述 —— 路径操作

给定一个层次结构和一条路径，我们希望确定是否后者是前者的一条路径。如果是的话，我们希望“访问”由这条路径所指代的那个子层次结构。我们可能希望删除这个被指代的层次结构，或者我们可能希望用另一个子层次结构去替代它。

形式化 —— 路径操作

```
value
  wf_P_in_H: P × AH → Bool
  wf_P_in_H(p,h) ≡ p ∈ gen_Ps(h)

  Access: P × AH ~→ AH
  Access(p,cR(a,cH(m))) ≡
    if p=⟨⟩ then cR(a,cH(m)) else Access(tl p,m(hd p)) end
    pre wf_P_in_H(p,cR/a,cH(m))

value
  Delete: P × AH ~→ AH
  Delete(p,cR(a,cH(m))) ≡
    if p=⟨⟩
      then cR(a,cH([]))
      else
        let cH(m′) = m(hd p) in
        let mh = cH([b′↦m′(b′)|b′:B•b′ ∈ dom m′∧b′≠hd p]
                    ∪[hd p↦Delete(tl p,m′(hd p))]) in
        cR(a,mh) end end
    end
    pre wf_P_in_H(p,cR(a,cH(m)))

value
  Replace: P × AH × AH ~→ AH
  Replace(p,cR(a,cH(m)),sh) ≡
    if p=⟨⟩
      then cR(a,sh)
      else
        let cH(m′) = m(hd p) in
        let mh = cH([b′↦ m′(b′)|b′:B•b′ ∈ dom m′∧b′≠hd p]
                    ∪[hd p↦Replace(tl p,m′(hd p),sh)]) in
```

```
            cR(a,mh) end end
    end
    pre wf_P_in_H(p,cR(a,cH(m)))
```

注释：空路径仅删除层次结构部分，而避免删除它的根的 A 构件。选择了一个恰当的子层次结构。所有没有被该路径的前缀标号选中的恰当的子子层次结构都不被改变。仅改变被该路径的前缀标号选中的子子层次结构。删除操作从该子子层次结构开始，且是就后缀路径而言的。

替换操作遵循删除操作的结构。■

注意怎样由递归定义的数据结构（即类型）产生递归定义的操作。也要注意我们可能可以找到一个普通的函数 Generic 来像 Delete 和 Replace 那样遍历这个层次结构，但是要提供不同的参数以分别实现删除和替换。定义这个函数被留作为参数化的高阶函数式程序设计的一个标准练习。

16.4.4 关系文件系统 (IV) 和数据库

这是在一系列我们可以称之为文件系统的模型中的第四个。其他模型在例 13.6（集合）、例 14.2（笛卡尔和集合）和例 15.6（列表、笛卡尔积和集合）中介绍了。请查看练习 16.11。

接下来的两个例子互相类似。第一个例子 16.8 意味着一个简单的，“经典的”文件系统。第二个例子 16.9 意味着一个简单的，“经典的”关系数据库系统。注意它们非常相似的类型。也注意对值（VAL）的记录类型定义的使用。记录类型定义最初曾在第 13.4.3 节中非形式地介绍了，第18.4 节将形式地介绍它。最后，注意对文件（FILE）的子类型定义的使用。子类型定义曾在第 13.7 节中非形式地介绍了，第18.8 节将形式地介绍它。

例 16.8　文件系统 文件系统由唯一命名的文件构成。每个文件由一组唯一“给定关键字”的记录构成。一个给定文件中的所有记录都具有相同数目的“对应地”给定了类型并唯一命名了的字段值。

type

  Fn, An, Key

  FS = Fn → FILE

  FILE′ = Key $\overrightarrow{m}$ REC

  FILE = {| file:FILE′ • wf_FILE(file) |}

  REC = An $\overrightarrow{m}$ VAL

  VAL = Integer | Boolean | Textstring

  Integer == mk_Integer(i:**Int**)[6]

  Boolean == mk_Boolean(b:**Bool**)

---

[6]我们再一次使用变体类型结构。请参见脚注 5。

Textstring == mk_Textstring(s:**Text**)
Kind == integer | Boolean | string

注意使用变体记录的方式来定义类型。在图 16.2 中我们对比两种定义类型并的方式。左边类型 B, C, ... 和 D 的并（|）是可区分的，也就是说，可以区分出这些类型。右边的是不能区分的。

type	**type**
X, Y	X, Y
A = B | C | ... | D	A = B | C | ... | D
B == mk_β(x:X,y:Y)	B = X × Y
C == mk_γ(f:X,y:Y)	C = X × Y
...	...
D == mk_δ(x:X,g:Y)	D = X × Y

图 16.2 区分和不区分类型的并|

实际上，后者（右边的）使得类型 B, C, ..., D 相同。前者（左边的）凭借不同的构造器名字（mk_β, mk_γ, ..., mk_δ），使得这些类型不同。这些名字允许是（或者包含）相同的类型名，就像出现在左边的相应的类型定义那样。我们现在不对类型构造器做更多的讨论。同一个文件的任意两个记录，对于相同的属性名必须有属于相同类型的值。这个类型约束（即子类型条件）被定义如下：

value
wf_FILE: FILE′ → **Bool**
wf_FILE(file) ≡
∀ r,r′:REC •
dom r=**dom** r′∧∀ a:An•a ∈ **dom** r=type_of(r(a))=type_of(r′(a))

type_of: VAL → Kind
type_of(v) ≡
case v **of**
mk_Integer(ij) → integer,
mk_Boolean(tf) → Boolean,
mk_Textstring(cs) → string
end

我们将形式地规约以上文件系统的若干操作留作练习（练习 16.11）。 ■

例 16.9 *关系数据库系统*

关系数据库系统 sys:SYS 有两个构件：大纲 sch:SCH（以定义全部数据库关系的类型），和数据库 rdb:RDB。

可以如下刻画关系数据库 rdb:RDB：rdb:RDB 由若干唯一标识的（r:R）关系（rel:REL）构成，其中关系 rel:REL 由一组具有相同属性的元组 tpl:TPL 构成。每个元组 tpl:TPL 有相异数量的不同命名的属性 a:A，且每个属性有其值 v:VAL。

值可以是整数、实数或者是字符串。因此值的类型分别是 `integer`，`realno`，`string`。我们可以从一个给定值推导出它的类型。关系大纲 sch:SCH 定义关系属性的类型，且可以被刻画如下：对于每个命名为 r:R的关系，其每个属性都有定义了的类型。

type
  R, A
  SYS′ = SCH × RDB, SYS = {| sys:SYS′ • wf_SYS(sys) |}
  SCH = R $\overrightarrow{m}$ TplTyp
  TplTyp = A $\overrightarrow{m}$ Typ
  Typ == integer | realno | text
  RDB = R $\overrightarrow{m}$ REL
  REL′ = TPL-**set**, REL = {| rel:REL′ • wf_REL(rel) |}
  TPL = A $\overrightarrow{m}$ VAL
  VAL == mk_int(i:**Int**)
     | mk_real(r:**Real**)
     | mk_txt(txt:**Text**)

我们将值建模为不相交的三个类型中的一个，该不相交由使用相异命名的类型记录构造器 mk_int, mk_real 和 mk_txt来提供。关于记录类型的不相交，请参见第 18.4 节（特别是关于记录的段落：构造器和分解器）。

value
  typ: VAL → Typ
  typ(v) ≡
    case v **of**
      mkint(i) → integer,
      mkreal(r) → realno,
      mktxt(txt) → text
    end

  wf_SYS: SYS′ → **Bool**
  wf_SYS(sch,rdb) ≡
    wf_RDB(rdb) ∧ **dom** rdb ⊆ **dom** sch
    ∀ r:R • r ∈ **dom** rdb ⇒ wf_TPLs(sch(r),rdb(r))

  wf_RDB: RDB′ → **Bool**
  wf_RDB(rdb) ≡ ∀ r:R • r ∈ **dom** rdb ⇒ wf_REL(rdb(r))

$$
\begin{array}{l}
\text{wf\_REL: REL} \rightarrow \textbf{Bool} \\
\text{wf\_REL(rel)} \equiv \\
\quad \forall \text{ t,t}':\text{TPL} \bullet \{\text{t,t}'\}\subseteq\text{rel} \Rightarrow \textbf{dom } \text{t} = \textbf{dom } \text{t}' \wedge \\
\qquad \forall \text{ a:A} \bullet \text{s} \in \textbf{dom } \text{t} \Rightarrow \text{typ(t(a))=typ(t}'\text{(a))} \\
\\
\text{wf\_TPLs: TplTyp} \times \text{REL} \rightarrow \textbf{Bool} \\
\text{wf\_TPLs(tt,rel)} \equiv \\
\quad \text{rel=\{\}} \vee \\
\quad \textbf{let } \text{t:TPL} \bullet \text{t} \in \text{rel} \Rightarrow \forall \text{ a:A} \bullet \text{a} \in \textbf{dom } \text{t} \Rightarrow \text{tt(a)=typ(t(a))} \textbf{ end} \\
\quad \textbf{assert:} \\
\qquad \forall \text{ t:TPL} \bullet \text{t} \in \text{rel} \Rightarrow \text{tt(a)=typ(t(a))}
\end{array}
$$

■

16.4.5 复杂指针数据结构

复杂的，通常是面向实现的数据结构，例如我们所熟悉的命令式程序设计语言（如 PL/I、Pascal 和 C++ 等等）中的那些数据结构，以及如链表、图和树的数据结构，是通过使用引用、指针、链接、地址（这些都是同义的名字），或具有相似含义的概念来实现的。它们都通过命令式程序设计语言存储器的概念被证明是有效的，其中存储器被理解为具有容纳值的位置，而 引用、指针、链接、地址等等被认为是第一类的值。下面的一些例子举例说明了以上讨论的要点。

例 16.10 基于指针的数据结构：开发

这是一个元例子！在下面的文字之后我们介绍用以替代本例的例 16.11~16.20。

接下来我们介绍若干相关的例子。除广泛使用映射抽象（及使用集合、笛卡尔和列表的模型）外，它们举例说明了诸如具体化， 取还函数，（或抽象函数）和单射关系这样的开发概念。这些例子也说明了对定义合适的良构谓词的需求。这些将在例 16.22~16.30 中给出说明。■

在一个 10 个例子（例 16.11 ~ 16.20）的长序列中，第一个是非形式的。它举例说明了以一种称为邻接表的方式来对图进行表示。

例 16.11 指针数据结构图 —— 具体化 图 16.3 图示了一种表示图的“经典的”方法。重点在于图的邻接链模型。

将图 16.3 左边部分的“抽象的”图形仿佛转换到右边部分的“具体”数据结构，被称为具体化。 具体化是开发抽象规约到具体设计的一个主要技术。其他术语有：数据结构转换 和 具体化。

三个一组和两个一组的盒子指代记录值的某种形式。箭头指代存储器地址（即指针）。图 16.3 的标记（Sentinel）部分表示一个声明了的，命名的变量。

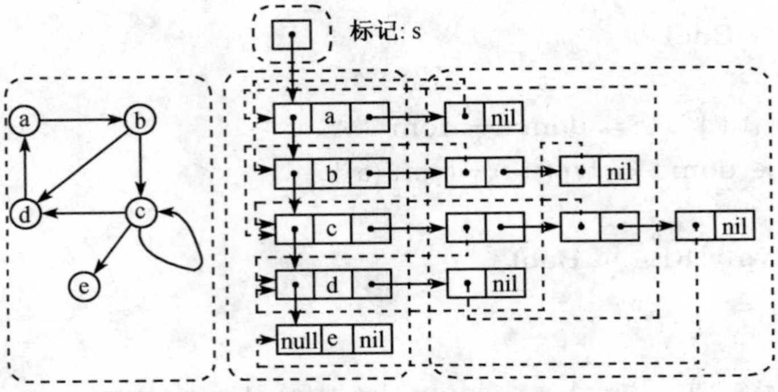

图 16.3 抽象和具体的图

我们认为图 16.3 的节点链（node chain）部分和邻接链部分反映了典型地动态分配的存储器（即非命名的存储器）[7]的“布局”。

下面我们将慢慢介绍一系列图的模型，它们将以一种易于论证其正确性的方式引导出以上模型。 ■

我们现在开始一序列开发步骤，最终将得到对刚才非形式说明的邻接表表示的一个形式化。我们从将每个节点及其邻接表表示为一个对（节点及其直接的，即邻接的后继）开始。

例 16.12 映射/集合图 首先我们回顾图的一个简单模型，这个模型在下面被称为 G0。节点的值域集被成为邻接集。

type
  N
  G0 = N $\overrightarrow{m}$ **N-set**
value
  a,b,c,d,e : N
  g0:G0
axiom
  [所有节点都是不同的]
    card{a,b,c,d,e}=5
  [图是一个常量]
    g0=[a↦{b},b↦{c,d},c↦{c,d,e},d↦{a},e↦{}]

[7]通过动态分配的存储器，我们理解部分位置（即存储器单元）被留出以存储值的存储器。典型地说，这个“留出”是程序语句的结果，这些程序语句显式地指示产生这些单元。典型地说，这样的一个程序语句可能具有以下句法形式：`allocate with type t` —— 这个语句作为一个产生指针值的表达式（术语 `allocate`，`with` 和 `type` 是关键字。标识符 `t`（假定）是一个类型名）。像这里的具有未知数目节点和边的图数据结构是动态分配的存储器表示的典型候选。

势（cardinality）谓词表示节点 a,b,c,d,e 是不同的。谓词 g0=... 表示 g0 被绑定到一个特定的值 g0，而不是像 g0:G0 那样，绑定到任意一个 G0 值。

我们在上面也说明了 g0 对于图 16.3 中左边的图所对应的特别的值。我们省略了良构表达式。 ■

我们现在将直接后继表示为列表，而不将它们建模为集合。

例 16.13 映射/列表图 我们将模型 G0 重写为 G1，在 G1 中，邻接集变成了邻接链。

type
  N
  G0 = N $\overrightarrow{m}$ N-**set**
  G1 = N $\overrightarrow{m}$ N*
value
  a,b,c,d,e : N
  g1 : G1
axiom
  [所有的节点都是不同的]
    card{a,b,c,d,e}=5
  [图是一个常量]
    g1=[a↦⟨b⟩,b↦⟨c,d⟩,c↦⟨c,d,e⟩,d↦⟨a⟩,e ↦⟨⟩]

value
  wf_G1: G1 → **Bool**
  retr_G0: G1 $\xrightarrow{\sim}$ G0
  retr_G0(g1) ≡ [n↦**elems**(g1(n))|n:N•n ∈ **dom** g1]

我们再一次省略了良构表达式。retr_G0 是一个从良构的 G1 值取还良构的 G0 值的函数。 ■

下一步，我们不将节点和邻接表的全部对构成的集合建模为从节点到列表的映射，而是将它建模为一个对的序列。

例 16.14 嵌入列表图 我们将模型 G1 重写为模型 G2，在模型 G2 中节点映射变成了节点链。

type
  N
  G1 = N $\overrightarrow{m}$ N*
  G2 = (N × N*)*
value
  a,b,c,d,e : N
  g2 : G2

axiom
　[所有节点都是不同的]
　　card{a,b,c,d,e}=5
　[图是一个常量]
　　g2 =
　　　⟨ a ↦ ⟨b⟩, b ↦ ⟨c,d⟩, c ↦ ⟨c,d,e⟩, d ↦ ⟨a⟩, e ↦ ⟨⟩ ⟩

value
　wf_G2: G2 → **Bool**
　retr_G0: G2 $\xrightarrow{\sim}$ G1
　retr_G1(g2) ≡
　　⟨ **let** (n,nl)=g1(i) **in**
　　　(n,⟨nl(j) | j:**Nat** • 1⩽j⩽**len** nl ⟩) **end**
　　　| i:**Nat** • 1⩽i⩽**len** g2⟩

retr_G1 是一个从良构的 G0 的值取还良构的 G0 的值的函数。 ■

作为一个举例说明，我们下一步将节点和节点列表的对构成的列表表示为映射，现在是从（源）节点（即它们的名字）的自然数编码映射到一个对：该节点和一个映射，这个映射将（邻接的，即目标）节点的自然数编码映射到它们的节点（名字）上。

例 16.15　笛卡尔/索引映射图 我们现在观察到：一般来说，列表可以被认为是从它们的索引到元素的函数。于是我们将模型 G2 重写为模型 G3，在模型 G3 中，节点和邻接链（被建模为列表）变成了索引映射。

type
　N
　G2 = (N × N*)*
　G3 = **Nat** $\overrightarrow{m}$ (N × (**Nat** $\overrightarrow{m}$ N))
value
　a,b,c,d,e : N
　g3 : G3

axiom
　[所有节点都是不同的]
　　card{a,b,c,d,e}=5
　[图是一个常量]
　　g3 =
　　　[1 ↦ (a,[1↦b]),
　　　 2 ↦ (b,[1↦c,2↦d]),

```
        3 ↦ (c,[1↦c,2↦d,3↦e]),
        4 ↦ (d,[1↦a]),
        5 ↦ (e,[]) ]
value
  wf_G3: G3 → Bool
  inj_G3: G2 → G3
  inj_G3(g2) ≡
    [ i ↦ let (n,nl) = g2(i) in (n,[j ↦ nl(j) | j:Nat • j ∈ inds nl ]) end
          | i:Nat • i ∈ inds g2 ]

  retr_G2: G3 ~→ G2
  retr_G2(g3) as g2
    pre wf_G3(g2)
    post g3 = inj_G3(g2)
  assert:
    ∀ g2:G2 • retr_G2(inj_G3(g2))=g2 ∧
    ∀ g3:G3 • inj_G3(retr_G2(g3))=g3 ∧
    retr_G2°inj_G3 = λx.x = inj_G3°retr_G2
```

inj_G3 是一个将良构的 G2 值单射到良构的 G3 值的函数。retr_G2 是一个从良构的 G3 值取还良构的 G2 值的函数。这两个函数 retr_G2 和 inj_G3 的复合（以任意顺序）产生 恒等式函数。 ■

我们介绍从经典存储器模型中了解到的指针，而不依赖于列表索引和对自然数的排序。

例 16.16 笛卡尔/指针/映射/列表图 我们现在将索引“等同于”存储器的位置，或者我们愿意这么做。但是不经过深思熟虑而直接这么做可能会带来一些问题，比如：(i) 首先，邻接表的不同“存储器部分”的索引（可能）相同，即指定“重叠的”邻接存储器。(ii) 其次，它们也与节点链“存储器部分”重叠。我们通过重叠指一个指定的值（可能）部分或者全部“占有”相同的存储器位置。(iii) 第三，索引总是从 1 开始，并且我们通常必须准备好对任意存储器位置建模。因此我们引入匿名存储器地址（即指针）的概念。

我们首先具体化节点链映射。索引指针自身“附带有”一个顺序。匿名指针被假定为是无顺的。我们因此需要做两件事：指出一个节点链中哪个是第一个节点，以及对于节点链中的每个节点，指出哪个是它的“下一个”节点。作为 G4 的构件，标记 OP 指代一个可能的第一个节点。作为每个节点的构件，下一个节点指针 OP 指代一个可能的下一个节点。

```
type
  N, P
  G4 = OP × (P →m (OP × N × N*))
  OP = null | P
value
```

a,b,c,d,e : N
p_a,p_b,p_c,p_d,p_e : P
g4 : G4

axiom

card$\{p_a,p_b,p_c,p_d,p_e\}$=5,
g4=(p_a,
　　[$p_a \mapsto (p_b,a,\langle b\rangle)$,
　　$p_b \mapsto (p_c,b,\langle c,d\rangle)$,
　　$p_c \mapsto (p_d,c,\langle c,d,e\rangle)$,
　　$p_d \mapsto (p_e,d,\langle a\rangle)$,
　　$p_e \mapsto (null,e,\langle\rangle)$,])

标记和下一个节点指针这两者的联合必须指代一个线性链。我们将良构表达式留在例 16.26 中介绍。注意 null 指针是怎样终止一个节点链的。■

我们扩展这个模型使其包含恰当的记录：对于源节点，这些结构通过一个指针记录下一个节点，源节点名和指向第一个（如果有的话）后继节点的指针。后继节点也被表示为记录。它们记录后继节点名和指向另一个邻接节点的指针。存储器现在包含一个指向可能是第一个的，任意已选节点的标记指针，否则将指针映射到源节点记录。

例 16.17　笛卡尔/指针/嵌入映射图　下一步我们具体化邻接链（前面将其建模为列表）。节点链的每个节点包含（“标记”作为动词）一个可能的连接到第一条边的链接。下一条边类似地连接到下一个节点的指针。每条边链用来保持一个节点链节点元素的恰当部分。

type

N, P, L
G5 = OP × (P $\overrightarrow{m}$ NR)
NR = OP × N × (OL × (L $\overrightarrow{m}$ ER))
ER = N × OL
OP = null | P
OL = nil | L

value

p_a,p_b,p_c,p_d,p_e : P
$\ell_{b_a},\ell_{c_b},\ell_{d_b},\ell_{c_c},\ell_{d_c},\ell_{e_c},\ell_{a_d}$: L
g5 : G5

axiom

[所有指针都是不同的]
　card$\{p_a,p_b,p_c,p_d,p_e\}$=5

[每个邻接链的链接都是不同的]
  card$\{\ell_{c_b},\ell_{d_b}\}$=2, **card**$\{\ell_{c_c},\ell_{d_c},\ell_{e_c}\}$=3
[图是一个常量]
  g5 =
    (p_a,
      [$p_a \mapsto (p_b,a,(\ell_{b_a},[\ell_{b_a}\mapsto(a,nil)]))$,
        $p_b \mapsto (p_c,b,(\ell_{c_b},[\ell_{c_b}\mapsto(c,\ell_{d_b}),\ell_{d_b}\mapsto(d,nil)]))$,
        $p_c \mapsto (p_d,c,(\ell_{c_c},[\ell_{c_c}\mapsto(c,\ell_{e_c}),\ell_{d_c}\mapsto(d,\ell_{e_c}),\ell_{e_c}\mapsto(e,nil)]))$,
        $p_d \mapsto (p_e,d,(\ell_{a_d},[\ell_{a_d}\mapsto(a,nil)]))$,
        $p_e \mapsto (null,e,(nil,[]))$])

■

在下一个例子中继续逐步开发。

例 16.18 笛卡尔/指针/相异映射图 我们现在部分地将邻接链从节点链节点元素分解出来，形成一个独立的邻接链“存储器”（即由所有邻接链所共享）。

type
  N, P, L
  G6 = OP × (P $\overrightarrow{m}$ NR) × (L $\overrightarrow{m}$ ER)
  NR = OP × N × OL
  ER = P × OL
  OP = null | P
  OL = nil | L
value
  p_a,p_b,p_c,p_d,p_e : P
  $\ell_{b_a},\ell_{c_b},\ell_{d_b},\ell_{c_c},\ell_{d_c},\ell_{e_c},\ell_{a_d}$: L
  g6 : G6

axiom
  [所有指针都是不同的]
    card$\{p_a,p_b,p_c,p_d,p_e\}$=5
  [所有链接都是不同的]
    card$\{\ell_{b_a},\ell_{c_b},\ell_{d_b},\ell_{c_c},\ell_{d_c},\ell_{e_c},\ell_{a_d}\}$=7
  [图 g6 是一个常量]

  g6 =
    (p_a,
    [$p_a \mapsto (p_b,a,\ell_{b_a})$,

$p_b \mapsto (p_c, b, \ell_{c_b})$,

$p_c \mapsto (p_d, c, \ell_{c_c})$,

$p_d \mapsto (p_e, d, \ell_{a_d})$,

$p_e \mapsto (null, e, nil)$],

[$\ell_{b_a} \mapsto (a, nil)$,

$\ell_{c_b} \mapsto (c, \ell_{d_b})$,

$\ell_{d_b} \mapsto (d, nil)$,

$\ell_{c_c} \mapsto (c, \ell_{e_c})$,

$\ell_{d_c} \mapsto (d, \ell_{e_c})$,

$\ell_{e_c} \mapsto (e, nil)$,

$\ell_{a_d} \mapsto (a, nil)$])

■

例 16.19 记录/指针/共享映射图 我们接下来“折叠”两个“存储器”为一个：将节点链存储器与公用的邻接链存储器合并起来。这样我们不再区分节点指针和边链接：所有的都是指针。

type

N, P

G7 = OP × (P $\overrightarrow{m}$ (NR|ER))

NR == mkNR(p:OP,n:N,ol:OL)

ER == mkER(p:P,ol:OL)

OP == null | mkP(p:P)

OL == nil | mkL(p:P)

value

$p_a, p_a, p_a, p_a, p_a, p_{b_a}, p_{b_a}, p_{b_a}, p_{b_a}, p_{b_a}, p_{b_a}, p_{b_a}$: P

g7 : G7

axiom

[所有指针都是不同的]

card$\{p_a, p_b, p_c, p_d, p_e, p_{b_a}, p_{c_b}, p_{d_b}, p_{c_c}, p_{d_c}, p_{e_c}, p_{a_d}\}$=12

[图是一个常量]

g7 = (p_a,

[$p_a \mapsto$ mkNR(mkP(p_b),a,mkL(p_{b_a})),

$p_b \mapsto$ mkNR(mkP(p_c),b,mkL(p_{c_b})),

$p_c \mapsto$ mkNR(mkP(p_d),c,mkL(p_{c_c})),

$p_d \mapsto$ mkNR(mkP(p_e),d,mkL(p_{a_d})),

$p_e \mapsto$ mkNR(null,e,nil),

$p_{b_a} \mapsto$ mkER(a,nil),
$p_{c_b} \mapsto$ mkER(c,mkL(p_{d_b})),
$p_{d_b} \mapsto$ mkER(d,nil),
$p_{c_c} \mapsto$ mkER(c,mkL(p_{e_c})),
$p_{d_c} \mapsto$ mkER(d,mkL(p_{e_c})),
$p_{e_c} \mapsto$ mkER(e,nil),
$p_{a_d} \mapsto$ mkER(a,nil)])

■

最终我们满意了！

例 16.20 笛卡尔/指针/共享映射图 最后我们将记录构造器从节点和边元素中，以及下一个节点地址和下一个边地址中去除。

type
N, P
G8 = OP × (P $\underset{m}{\rightarrow}$ (NR|ER))
NR = OP × N × OL
ER = P × OL
OP = null | P
OL = nil | P

value
p_a,p_a,p_a,p_a,p_a,p_{b_a},p_{b_a},p_{b_a},p_{b_a},p_{b_a},p_{b_a},p_{b_a} : P
g8 : G8
axiom
[所有指针都是不同的]
card{p_a,p_b,p_c,p_d,p_e,p_{b_a},p_{c_b},p_{d_b},p_{c_c},p_{d_c},p_{e_c},p_{a_d}}=12

[图是一个常量]
g8 =
(p_a,
[$p_a \mapsto$(p_b,a,p_{b_a}),
$p_b \mapsto$(p_c,b,p_{c_b}),
$p_c \mapsto$(p_d,c,p_{c_c}),
$p_d \mapsto$(p_e,d,p_{a_d}),
$p_e \mapsto$(null,e,nil),
$p_{b_a} \mapsto$(a,nil),
$p_{c_b} \mapsto$(c,p_{d_b}),

$p_{d_b} \mapsto (d,nil)$,
$p_{c_c} \mapsto (c,p_{e_c})$,
$p_{d_c} \mapsto (d,p_{e_c})$,
$p_{e_c} \mapsto (e,nil)$,
$p_{a_d} \mapsto (a,nil)$])

■

讨论

例 16.11~16.20 举例说明了从（G0）一般映射和集合，通过多步具体化，转换（G1）到一般映射和列表；（G2）到列表的列表；（G3）“返回”到索引映射，索引指针和列表；（G4）到匿名指针映射，笛卡尔和列表；（G5,G6,G7）到具有不同程度“一般性”的匿名指针映射和笛卡尔，并且在 G7 中，举例说明记录（“加标记的存储器值”）；（G8）最终举例说明了一个基本上“未加标记的”存储器模型。取还函数（或者也被称为抽象函数）以及单射函数为这个例子的具体化提供支持。通常这些不是函数，而是单射关系：对于一个抽象的值，通常有相对应的几个“同等有效的”具体的(即具体化了的)值。 请参考下一个例子结尾处的讨论。

16.4.6 数据结构的良构性

例 16.21 基于指针的数据结构：良构性 这是一个元例子。在下面的文字之后我们介绍例 16.22~16.30。

我们将用一系列例子来介绍开发中所有步骤的良构性。在早期步骤中表达良构性标准是相对简单和容易的。对于基于指针和基于链接的实现，良构性的表达不是那么直接。原因是直接的：指针（等）指代贯穿具体数据结构的路径，这些路径可能合并或“循环”，而对于这种情况，节点链下一指针和邻接链下一指针必须构成列表。合乎逻辑地和精确地，非形式地和形式地来表达这种良构性，而不求助于“图顶点标识”，不是那么容易。 ■

例 16.22 良构的 G0 图 参见例 16.12 来看一个例子值。所有值域节点名必须在映射的定义集中。

type
  N
  $G0 = N \xrightarrow{m} N\text{-}\mathbf{set}$
value
  $wf\_G0: G0 \to \mathbf{Bool}$
  $wf\_G0(g0) \equiv \cup\ \mathbf{rng}\ g0 \subseteq \mathbf{dom}\ g0$

■

例 16.23 良构的 G1 图 参见例 16.13 来看一个例子值。值域列表（即邻接链）的所有元素必须在该映射的定义集（即节点链）中。

type
　N
　G1 = N $\overrightarrow{m}$ N*
value
　wf_G1: G1 → **Bool**
　wf_G1(g1) ≡ ∪{**elems**(g1(n))|n:N•n ∈ **dom** g1}⊆**dom** g1

■

例 16.24 良构的 G2 图 参见例 16.14 来看一个例子值。所有邻接链（列表）元素必须在由所有对（即节点链）的第一个元素构成的元素集中。

type
　N
　G2 = (N × N*)*
value
　wf_G2: G2 → **Bool**
　wf_G2(g2) ≡
　　∪{**elems**(nl)|(,,nl):(N×N*)•(n,nl)∈ g3}
　　⊆ ∪{n|(n,nl):(N×N*)•(n,nl)∈ g3}

■

例 16.25 良构的 G3 图 参见例 16.15 来看一个例子值。所有节点链索引映射和所有邻接链索引映射（如果非空的话）必须有从1 开始的稠密集。邻接链映射的所有值域元素必须在由节点链映射的所有值域元素的第一个元素构成的集合中。

type
　N
　G3 = **Nat** $\overrightarrow{m}$ (N × (**Nat** $\overrightarrow{m}$ N))
value
　wf_G3: G3 → **Bool**
　wf_G3(g3) ≡
　　dom g3 = {1..**card dom** g3}∧
　　∀ (n,m):(N × (**Nat** $\overrightarrow{m}$ N))•(n,m)∈ **rng** g3
　　　⇒ **dom** m = {1..**card dom** m}

■

例 16.26　良构的 G4 图 参见例 16.16 来看一个例子值。由标识和下一节点指针所指代的节点链必须是线性的并正好包含所有的值域元素。每个节点链元素的第三个构件的邻接链所包含的所有节点名必须在由第二个节点链元素构成的节点名集合中。

type
　N, P
　G4 = OP × (P $\overrightarrow{m}$ (OP × N × N*))
　OP = null | P
value
　wf_G4: G4 → **Bool**
　wf_G4(s,m) ≡ ... 见练习 16.1 ...

■

例 16.27　良构的 G5 图 参见例 16.17 来看一个例子值。由标识和下一节点指针所指代的节点链必须是线性的并正好包含所有值域元素。每个节点链元素的第三个构件的邻接链映射边元素所包含的所有节点名必须在由第二个节点链元素所构成的节点名中。

type
　N, P, L
　G5 = OP × (P $\overrightarrow{m}$ NR)
　NR = OP × N × (OL × (L $\overrightarrow{m}$ ER))
　ER = N × OL
　OP = null | P
　OL = nil | L

value
　wf_G5: G5 → **Bool**
　wf_G5(s,m) ≡ ... 见练习 16.1 ...

■

例 16.28　良构的 G6 图 参见例 16.18 来看一个例子值。

type
　N, P, L
　G6 = OP × (P $\overrightarrow{m}$ NR) × (L $\overrightarrow{m}$ ER)
　NR = OP × N × OL
　ER = P × OL
　OP = null | P
　OL = nil | P

value

wf_G6: G6 → **Bool**

wf_G6(s,nm,am) ≡ ... 见练习 16.1 ...

■

例 16.29 良构的 G7 图 参见例 16.19 来看一个例子值。

type

N, P

G7 = OP × (P $\overrightarrow{m}$ (NR|ER))

NR == mkNR(p:OP,n:N,ol:OL)

ER == mkER(p:P,ol:OL)

OP == null | mkP(p:P)

OL == nil | mkL(p:P)

value

wf_G7: G7 → **Bool**

wf_G7(s,m) ≡ ... 见练习 16.1 ...

■

例 16.30 良构的 G8 图 参见例 16.20 来看一个例子值。

type

N, P

G8 = OP × (P $\overrightarrow{m}$ (NR|ER))

NR = OP × N × OL

ER = P × OL

OP = null | P

OL = nil | P

value

wf_G8: G8 → **Bool**

wf_G8(s,m) ≡ ... 见练习 16.1 ...

■

讨论

“前提”例子（例 16.11~例 16.20）和当前例子（例 16.22~例 16.30）举例说明了开发的许多刻面：对表达数据结构上的**限制**（即**不变式，良构性**）的需求以及表达技术； *逐步开发*； *探索的* （这里与实验的几乎相同） *开发*。最后一个概念探索的开发可能使几个注解有了正当的理由。有时找到开发的最合适的下一步骤或阶段不是那么容易，即相对快速的和显然的。探索和实验开发及其表达的不同方法，并且形式化地这么做，通常是一个好的“发现”的途径。因此我们探索不同的具体化，同时实验对它们的表达。

有一个最后的，重要的观察。我们没有介绍任何以其他方式使用或者改变节点和节点链数据结构的操作。特别地，后者是重要的 —— 在这个长例子（以及它的前继例子）中被用来真正论证我们的大量投资是合理的：增加节点到一个图中指增加节点记录并准备邻接列表，增加边到一个图中指增加边记录，同时在 节点和边的“增加物”之间保持数据结构的不变式；对于删除节点和边节点也类似。这样我们发现良构性标准也是限制，或者更适合地说，是各自数据结构的不变式。

16.4.7 讨论

我们现在提取以上例子中关于映射抽象和建模的原则、技术和工具的部分精髓。在第 16.6 节中将会介绍更多。映射构成了一个主要的面向模型的，进行抽象与建模的工具。“经典的”离散数学结构和“经典的”算法数据结构，通常能够最直接地抽象为映射。典型地，我们将动态分配的存储器的“片段”建模为明确的从地址（指针、链接）到值的映射。通常惯用的命令式程序设计语言“隐藏”存储器结构：地址不是一直被承认为值的，即它们不一直是“第一类值”[8]。这里我们介绍和描绘 —— 并且明确 —— 对特定数据结构所需要考虑的存储器的特定的，相关的部分（参见例 16.12～例 16.30）。在随后的实现步骤中，我们则可以将这个片段和其他这样的片段合并，并且将所有这些与存储器合并以清楚地声明和命名变量。改变数据结构的操作 —— 在以上例子中我们还没见到许多操作 —— 必须保留已定义的良构性标准，即其上的不变式。

16.5 映射的归纳定义

16.5.1 映射类型的归纳定义

令

type
$\quad \mathrm{M} = \mathrm{M} \ \underset{m}{\rightarrow} \ \mathrm{M}.$

M 的一个自然的模型 $\mathcal{M}$ 也许是

$\mathcal{M}$: {[ ],[[ ]↦[ ]],[[ ]↦[[ ]↦[ ]]],[[[ ]↦[ ]]↦[ ]],...}

从实用观点出发，定义 M = M $\underset{m}{\rightarrow}$ M 是非常无意义的。为了使以上这类等式有数学意义，左边的类型 M 的值的势一定与右边的类型 M 的值的势相同。显然情况不是这样。因此我们拒绝这类归纳的类型定义。

一些可能的所希望的不变式为：

---

[8]通过“第一类值”我们指在考虑普通命令式程序设计语言的情况下，被允许在任意语境下起值的作用的值：像可以被赋值与变量的值，常量，进程调用的参数等等。

type
  A, B
  $Ma = A \overrightarrow{m} Ma$
  $Mab = A \overrightarrow{m} (B|Mab)$

上面仅是假定的结构。

为了避免问题我们将这些公式化为：

type
  A, B
  $M = A \overrightarrow{m} Ma$
  Ma == mkM(sm:M)

以及：

type
  A, B
  $M = A \overrightarrow{m} Mab$
  Mab == mkB(sb:B) | mkM(sm:M)

现在 RSL 保证了这些具体类型定义的切合实际的模型。

16.5.2 映射值的归纳定义

例 16.31 网络的基于映射、列表、笛卡尔、和集合的模型 我们重述例 15.11 的解决方案。该例本身是例 14.8 的重述，后者又是例 13.12 的重述。

我们现在介绍网络的一个相当具体的模型：

type
  Si, Ci, Sn, Cn, S_Misc, C_Misc
  Len = **Real**
  S = Sn × Len × S_Misc
  C = Cn × C_Misc
  N′ = Ss × Cs × G
  N = {| n:N′ • wfN(n) |}
  $Ss = Si \overrightarrow{m} S$
  $Cs = Ci \overrightarrow{m} C$
  $G' = Ci \overrightarrow{m} (Si \overrightarrow{m} Ci)$
  G = {| g:G′ • wfG(g) |}

该模型将网络分离为三个部分：一个部分定义段。想象这部分是关系数据库中的一个关系 Segments。每个元组有一个唯一的关键字 si:Si，并在其他部分包含段名、段长和一些附加的段属性。另一部分定义连接器。想象这部分是关系数据库中的一个关系 Connectors。每个元组有一个唯一的关键字 ci:Ci，并在其他部分包含连接器名和一些附加的连接器属性。第三部分是定义连接器（由它们的唯一连接器标识符所标识）是怎样通过段（由它们的唯一连接器和段标识符所标识）与其他连接器相连的图部分。这些图的良构性被留作为练习。请参考例 16.5。

给定一个图，我们可以像在例 14.9 中介绍的那样，表达它的相对于线的闭包。

type
　$G' = Ci \xrightarrow[m]{} (Si \xrightarrow[m]{} Ci)$
　$G = \{| g{:}G' \bullet wfG(g) |\}$
value
　closure: G → G
　closure(g) ≡
　　let clo =
　　　[ci ↦ [si ↦ ci′
　　　　| si:Si,ci′:Ci •
　　　　∧ (si ∈ **dom** g(ci)∧ci′=(g(ci))(si))∨
　　　　　(∃ si′,si″:Si,ci″:Ci •
　　　　　　si′ ∈ **dom** clo(ci)∧ci″=(clo(ci))(si′)∧si″ ∈ **dom**(clo(ci″))∧
　　　　　　ci′=(clo(ci″))(si″)∧si=comp(si′,si″))]
　　　| ci:Ci • ci ∈ **dom** g] **in**
　　clo **end**

网络的良构性定义为：

value
　wfN: N → **Bool**
　wfN(ss,cs,g) ≡
　　dom cs = **dom** g ∧
　　dom ss = ∪{**dom**(g(ci))|ci:Ci•ci ∈ **dom** g} ∧
　　dom g = ∪{**rng**(g(ci))|ci:Ci•ci ∈ **dom** g} ∧
　　wfG(g)

逐行解释：图中所标识的所有连接器都被定义为连接器；图中所标识的所有段都被定义为段；且没有孤立的连接器。

对于每个从标识为 ci 的连接器出发到标识为 ci′ 的连接器的边，存在一个反方向（从 g(ci))(si) 到 ci）的具有相同段标识符的边。并且只有这样的边。

　wfG: G → **Bool**
　wfG(g) ≡
　　∀ ci:Ci • ci ∈ **dom** g ⇒
　　　∀ si:Si • si ∈ **dom** g(ci) ⇒
　　　　let ci′ = (g(ci))(si) **in**

si ∈ **dom**((g(ci))(si)) ∧ ci=(g(ci′))(si) **end**

最后 wfG 这行表示图中的边沿着两条路径前进：如果从 c_i 可以到达 s_j（也就是 $s_j \in$ **dom** $g(c_i)$），且从 s_j 可以到达 c_k（也就是 $(g(c_i))(s_j) = c_k$），那么反之亦然，可以在图 g 中从 c_k 到达相同的 s_j，且从其到达 c_i。

我们可以将以上的图转化为例 16.4.1 中的图。

type
  Gs′ = Ci $\overrightarrow{m}$ Ci-**set**
  Gs = {| gs:Gs′ • **dom** gs = ∪ **rng** gs |}

value
  conv: G → Gs
  conv(g) ≡
    [ci↦{ci′|ci′:Ci,si:Si•si ∈ **dom** g(ci)∧ci′=(g(ci))(si)}|ci:Ci•ci ∈ **dom** g]

现在例 16.4.1 的函数 Nodes —— 被稍作改变地重新描述为：

  Nodes: Ci × G → Ci-**set**
  Nodes(ci,g) ≡
    let gs=conv(g) **in**
    let nodes=gs(ci) ∪{ci′|ci′:Ci•∃ ci″:Ci•ci″ ∈ nodes∧ci′ ∈ gs(ci″)} **in**
    nodes **end end**,

可以被重新表示为：

value
  Nodes: Ci × G → Ci-**set**
  Nodes(ci,g) ≡ **let** gs = conv(closure(g)) **in** gs(ci) **end**.

■

16.6 映射抽象和建模的回顾

我们已经在上面的不同位置讨论了许多抽象与建模的原则、技术和工具，特别是在例 16.12～16.30 的讨论部分，以及紧随例 16.30 之后的单独的讨论节。

原则：当选择了面向模型的抽象，并且适当数量的以下特性能够被确定为进行建模的现象或概念的属性的话，那么我们可以选择映射进行抽象：(i) 正在被建模的复合构件的抽象结构是一个可枚举的函数，即由唯一命名的，但不必两两相异的子构件（即作为构成部分的现象或概念）的无序集合构成，(ii) 其数量不是固定的，即可变的，(iii) 新的，不同标识的子构件可以加入进来，(iv) 已有的子构件可以从中删除 —— 再一次基于给定的标识，(v) 你可以从相似的这样的现象组成其他这样的现象。 ■

原则：可以明确许多在抽象和建模中对映射类型的“标准”使用：(vi) 配置的概念，即上下文和状态，比如从一些领域的实际现象所形成的概念，通常单独地建模为映射。[9] (vii) 对于如在第 16.4 节中详细介绍的图、表、层次结构、文件系统和数据库等数据结构概念，映射是它们基本的模型。 ■

原则： 类型不变式 在介绍映射的本章中，我们已经见到了对类型上的良构谓词的系统使用。请参考例 16.7 (wf_P_in_H)，16.8 (wf_FILE)， 和例 16.9 (wf_FILE，wf_RDB，wf_TPLs和wf_REL)。在大多数情况下，我们都在以下两者间做出选择：类型表达式的简单性（包含理解的简易性），和良构谓词的简单性（包含理解的简易性）。我们在这几卷书中将有机会反复地使用这个原则。 ■

原则： 类型与值 在几个例子中，我们已经看到了对记录值的类型的需求，以及因此对定义类型观测器函数的需求。这引导出对一条原则的阐述：对于数据收集、文件和数据库，以及我们稍后将看到的其他这样的集合的系统，引入一个类型定义（模式）的工具是明智的，正如例 16.9 所说明的那样。遵循这条原则也暗示着定义相关的类型观测和类型提取函数；以及像上面所提到的，也暗示着描述包含这些函数的良构谓词。 ■

原则： 基于指针的数据结构 在例 16.16~例 16.20 中，我们已经看到了使用映射来对存储器的特定属性进行建模：也就是指针（链接，地址）的概念。这里与映射值域中的值相联合的是代表这样的指针（链接，地址）的标识符。而这些现象相关的上下文和状态映射的标识符通常“模拟”现象，即“用户”名，在领域中，指针是纯概念，纯抽象。 ■

技术：请参考第 16.4 节前几段给出的一个清单 (1~4)，该清单列出了部分在使用映射进行抽象时所用到技术。更明确地说，我们提供了若干面向映射的技术。不同的映射操作适用于适当的建模实例：(viii~xii) 映射的并、覆盖、复合以及两个映射限制操作分别适用于现象的“所有的”、“新的”、“新的”，以及“一些、除...之外”（两次）实例的模型，该现象由两个或更多集合的现象所拥有，(xiii) 应用适用于对选择进行建模，(xiv~xv) 定义集（即**dom**）和值域（**rng**）集是更技术性的操作；(xvi~xvii) 映射的枚举和映射的内涵适用于表达一个在其他情况下用列表建模的现象的实例的结构。

[9] 上下文和状态这两个概念，分别联带有变化数量的对于或多或少静态常数的标识符，以及（临时地，即动态地）变化的值。在非常靠后的章（第二卷第4章）中，我们将详细地介绍配置、上下文和状态的概念。现在说某个论域，即某个领域，通常表现出状态的概念就足够了：某些事物可能由或者固定或者变化数量的构件构成，这些构件中的每一个都具有一个或多个其值可变的属性。这样的领域通常也表现出上下文的概念：某些事物可能由或者固定或者变化数量的构件构成，这些构件中的每一个都具有一个或者多个属性，且属性的值对于所有的意图和目的都不可变。当然：在实际系统现象中，上下文到状态间有一系列的不同。但是我们这里的重点是：我们使用映射来对标识符到值的联合进行建模。

这些仅是更重要的技术中的一部分。■

工具：如果已选择了使用映射数据类型来进行抽象与建模，那么可以使用以下工具中的任一种：RSL，VDM-SL，Z，或者比如 B 规约语言。■

请比较本节与第 13.7节（集合）和第 15.6 节（列表）。

16.7 映射：讨论

我们概述了映射数据类型，阐明了什么时候运用映射抽象的原则，提及了由这个选择而定的一些技术，明确了一些现今可利用的映射抽象的规约语言工具。映射构成了面向模型抽象与建模的主要有用工具。

16.8 练习

练习 16.1 图模型的良构性。请参考例 16.26~例 16.30，完成 wf_Gi（其中 i=4,5,6,7,8）的定义。

• • •

在下面的例子中，我们提及标号。标号是未进一步规约的可比较的量。通过可比较我们指它们可以被测试“是相同的”，即相等。在练习 16.2~ 16.9 中，我们不让你形式化你的定义，而是简单地用汉语以简明的（即简略的和明确的）方式来表示它们。

练习 16.2 有限根标号树。请用汉语定义所有的根都加注了标号的有限树的概念 —— 使得没有两个“直接的”，但是在其他部分“不同的”树的子树具有“加注了相同标号的”根，而分支没加注标号。请自己想出我们通过“直接的”，“不同的”和“相同的标号”指什么。

练习 16.10 的第 1 项处理本练习省略的部分：即形式化问题的解决方案。

• • •

图 16.4 举例说明练习 16.2~16.4 中涉及的这类加注标号的树。

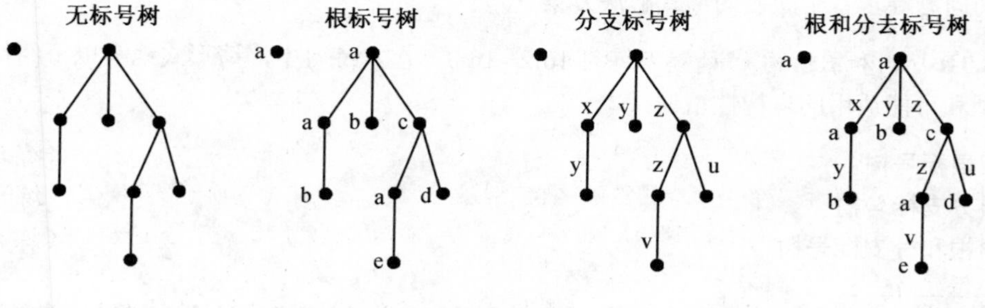

图 16.4　未加注以及加注标号的树

练习 16.3　*有限分支标号树。* 请用汉语定义所有分支（连接树的根及其直接子树的事物）都加注了标号的有限树的概念 —— 使得没有与树的直接子树相关联的两个分支被加注了相同的标号。练习 16.10 的第 2 项处理本练习省略的部分：即形式化问题的解决方案。

练习 16.4　*有限根和有限分支标号树。* 请用汉语定义所有根和所有分支，也就是连接树的根和它的直接子树的根的事物，都加注了标号的有限树的概念 —— 使得任意树的所有子树的根具有不同的标号，并且没有从一个根发出的两个分支（到子树的根）被加注了相同的标号。[10] 需要保持根和分支标号树的子树的根标号是不同的吗？解释你的回答。

练习 16.10 的第 3 项处理本练习省略的部分：即形式化问题的解决方案。

练习 16.5　*区分标号树。* 本问题的阐述与练习 16.4类似，只是现在要求没有两个根标号是相同的，没有两个分支标号是相同的，以及根和分支的标号也是不同的。

练习 16.10 的第 4 项处理本练习省略的部分：即形式化问题的解决方案。

练习 16.6　*树的森林。* 在练习 16.2~16.5 的基础上，用汉语定义森林的概念。森林由有限数量的树构成，树是未加注标号的或加注标号的两种方式中的一种，但是任意两个以某种方式加注标号的树的两个标号都是不同的。图 16.4 “描绘”了这样一个森林吗？解释你的回答。

练习 16.10 的第 5 项处理本练习省略的部分：即形式化问题的解决方案。

练习 16.7　*有限节点标号图。* 请用汉语定义所有节点都被加注不同标号的有向图的概念。

练习 16.10 的第 6 项处理本练习省略的部分：即形式化问题的解决方案。

练习 16.8　*有限边标号图。* 请用汉语定义任意给定（在本练习中，未加注标号的）节点对之间的所有的边都加注不同标号的有向图的概念。

练习 16.10 的第 7 项处理本练习省略的部分：即形式化问题的解决方案。

练习 16.9　*有限节点和边标号图。* 请用汉语定义所有节点都被加注不同标号的有向图的概念，其中任意给定（本练习中，现在是加注标号的）节点对之间的所有边都被加注了不同标号。

练习 16.10 的第 8 项处理本练习省略的部分：即形式化问题的解决方案。

• • •

我们现在着手将以上练习中的问题 16.2~16.9 重新阐述为练习问题 16.10 的第 1~8。我们现在为同样的问题寻求基于映射的形式解决方案！

练习 16.10　*树和图结构。* 请参考练习 16.2~16.9。在本练习中，请形式地为以下结构定义具体的类型和可能适用的良构性谓词：

1. **有限根标号树**　（练习 16.2）
2. **有限分支标号树**　（练习 16.3）
3. **有限根和分支标号树**　（练习 16.4）

---

[10] 请注意本句话的最后部分，也就是“没有从一个根发出的两个分支（到子树的根）被加注了相同的标号”，是打算表达与“没有与树的直接子树相关联的两个分支被加注了相同的标号”完全相同的意思。后者在前面练习（即练习 16.3）的阐述中使用了。

4. **区分标号树** （练习 16.5）
5. **树的森林** （练习 16.6）
6. **有限节点标号图** （练习 16.7）
7. **有限边标号图** （练习 16.8）
8. **有限节点和边标号图** （练习 16.9）

练习 16.11 文件系统操作。请参考例 16.8。仔细阅读它。

- 对于例 16.8 中定义的文件系统，首先请定义初始记录值的概念。
  - ⋆ 0 是类型 `integer` 的初始字段值。
  - ⋆ **false** 是类型 `Boolean` 的初始字段值。
  - ⋆ `""` 是类型 `string` 的初始字段值。
  - ⋆ 初始键值是任意键值。

  初始记录是任一将 An 中的若干字段名仅映射到初始字段值的记录。
- 形式地规约初始记录。
- 然后形式地规约以下操作：
  1. 生成空文件系统：生成一个初始为空的文件系统，即没有文件的文件系统。
  2. 生成初始文件：对任意文件系统，生成一个具有给定的未使用的文件名的文件，该文件名与含有刚好一个给定的初始记录的文件相关联。
  3. 写一个记录到文件系统的一个文件中：给定一个文件系统，给定该系统的一个文件的文件名，以及给定一个记录，且如果将其连结到这个命名文件中将保持该文件是良构的。写入该记录到命名文件将使其与这个文件相连结，并分配其一个未使用的关键字。除了更新的文件系统，这个关键字（因此也）是产生的。
  4. 读文件系统的一个文件的一个记录：给定一个文件系统，给定该系统的一个文件的文件名，以及给定该文件的一个关键字，得到一个未改变的文件系统以及命名文件的具有给定关键字的记录。
  5. 删除文件系统的一个文件的一个记录：给定一个文件系统，给定该系统的一个文件的文件名，以及给定该文件的一个关键字，得到一个改变了的文件系统，该系统中仅是指定的记录被删除了。不可以删除一个初始记录。（注意可能有很多初始记录，其中的一个将必定有初始关键字。）
  6. 删除文件系统的一个文件：显而易见的，不是吗？

♣♣♣

练习 16.12 ♣ 映射在运输网络领域。请参见附录 A，第 A.1 节：运输网络。也请参考练习 13.5，14.6 和 15.15。

请自己给出**运输网络**领域现象和概念的一些叙述和形式描述，其中可以引入映射作为一个合适的抽象。

练习 16.13 ♣ 映射在集装箱物流领域。请参见附录 A，第 A.2 节：集装箱物流。也请参考练习 13.6，14.7 和 15.16。

请自己给出**集装箱物流**领域现象和概念的一些叙述和形式描述，其中可以引入映射作为一个合适的抽象。

练习 16.14 ♣ 映射在金融服务行业领域。请参见附录 A，第 A.3 节：金融服务行业。也请参考练习 13.7，14.8 和 15.17。

请自己给出**金融服务行业**领域现象和概念的一些叙述和形式描述，其中可以引入映射作为一个合适的抽象。

17

RSL 中的高阶函数

- 学习本章的**前提**：此时你对如前面那些章中所介绍的函数的定义和使用已经比较熟练了。
- **目标**：介绍高阶函数在函数定义中的使用，或者另外表达为，介绍函数数据抽象的概念，即将现象和概念建模为高阶函数。
- **效果**：确保读者在函数抽象领域具有坚实的基础。
- **讨论方式**：半形式的和系统的。

我的职责（function）是
确保功能（function）
在起作用（function）

Mr. NN, Manager of Hotel Functions [1]

请参考第 6 章对函数数学概念首次、适度完全的介绍，以及第 11 章中如为 RSL 所提供的函数的概念。本章将关注在这几卷所主要使用的规约语言 RSL 中定义和使用函数类型和函数的方法。

17.1 函数：关键问题

本节所要阐明的思想是使用函数的离散数学概念来对领域、需求和软件现象和概念进行抽象。如果不使用函数，我们几乎不能表示任何事物。我们经常将一个概念抽象为函数，并用其他（分别定义的）函数来定义这个函数。前者，将概念抽象为函数，到目前为止已经被反复地介绍了，并且后面还要介绍更多。后者，用其他函数来定义被抽象的函数，将在本章以及卷 2 的关于指称语义的第 3 章的第 3.3.3 节介绍。

本章像第 13~16 章那样构成，并依赖于以下材料：

- 函数数据类型 （第11.1 节）
- 函数定义的意思 （第11.2~11.6 节）

在其他方面补充第 11 章以新材料：

- 基于函数抽象的例子 （第17.2 节）

[1]术语“function”的三个不同意义的游戏用于表示：职责、功能，和“起作用”。

- 用函数进行抽象与建模　（第17.2 节）
- 函数的归纳定义　（第17.4 节）
- 函数抽象与建模的回顾　（第17.5 节）

本章有很多例子，这时因为在能够写出好的规约之前，必须先阅读和学习许多规约的例子。你不必现在就学习所有这些例子，其中一些可以稍后再看。

本章以一个简短的讨论结束。

17.2 使用基于函数的抽象的例子

本节与第 13.3，14.3，15.3 和 16.3 节类似。它们都给出基于集合、笛卡尔、列表、映射和函数的规约的小例子。用意在于课堂授课的例子。

基于函数的抽象是使用函数作为实体的规约。在术语中，函数被看作数据。在“现实”中，这里一个普遍的技术是将函数 f 作为一个参数传递给另一个函数 g。后者，函数 g 的体，则可以应用参数函数 f 到一些其他值上。对函数 g 的不同调用则可以被给与不同的参数：$ff'f''\ldots$，通常得到不同的结果。

17.2.1 泛函

这里将一阶泛函（FOF）定义为：接受函数作为参数，并返回非函数值作为结果的函数。这里将高阶泛函（HOF）定义为：接受函数作为参数，并返回函数值作为结果的函数。两个概念上的例子依次是：

例 17.1　一阶泛函

```
type
  FOF = Int → Nat
value
  square: FOF, square(i) ≡ i∗i
  cube: FOF, cube(i) ≡ square(i)∗i
  quad: FOF, quad(i) ≡ first_order_f(i)(square°square)
  first_order_f: Int → FOF → Nat
  first_order_f(i)(f) ≡ f(i)
assert:
  first_order_f(3)(square) = 9
  first_order_f(3)(cube) = 27
  first_order_f(3)(quad) = 81
```
■

注意函数复合操作 ° 的使用。

例 17.2 高阶泛函

type

HOF = FOF → FOF

value

double: HOF, double(f) ≡ f°f

triple: HOF, triple(f) ≡ f°f°f

penta: FOF, penta(i) ≡ double°triple

assert:

penta(f)(i) = first_order_f(i)(f°f°f°f°f)

■

17.2.2 讨论

例 17.1 和例 17.2 仅是“学术上的”、概念上的例子，由于它们举例说明了“编码”技术。稍后我们将有机会去举例说明函数的使用。

17.3 用函数进行抽象与建模

本节与第 13.4，14.4，15.4 和 16.4 节类似，它们都给出集合、笛卡尔、列表和映射抽象和建模的更大的例子。它们是用于自学的例子。

17.3.1 函数作为概念

在第 17.1 节中我们说：我们经常将一个概念抽象为函数，并用其他（分别定义的）函数来定义这个函数。我们现在举例说明这点。

例 17.3 一个简单的程序设计语言

将要说明的程序设计语言是一个命令式语言。命令式程序设计的概念是绑定和存储器的概念；也就是说，是这样的概念：可定义的（被命名的常量）和可分配的变量（名字代表地址，存储器将地址映射到值），即赋值。语言学上地— 在本段的剩余部分我们谈论句法— ，并且为了谈论绑定和变量，我们假定一个小的程序设计语言。它的程序是简单的块。一个程序是一个块。块由变量声明和一个有限序列的简单语句构成。语句或者是块，或者是简单的赋值语句。声明通过名字引入变量。一个赋值语句包含有两部分：“左手边”的变量和“右手边”的表达式。表达式或者就是变量，或者是 ...，即我们不进一步详述其他类型表达式的句法。我们举例说明将以下内容句法上地建模为数学函数：程序设计语言的绑定和分配的概念，以及程序、块、赋值、变量和表达式。

句法类型

type

V

P == mk_P(b:B)
B == mk_Blk(vs:V-**set**,sl:S*)
S = A | B
A == mk_Asg(lhs:V,rhs:E)
E == mk_Var(v:V) | ...

我们提醒读者注意并类型和变体记录— 分别在以上 S 和 P，B，A 以及 E 中使用了— 这两者在第 13.4.3 节中首次简短地介绍了。

为了以后能够写出接受类型为 P|B 的参数的语义函数，程序中出现了变体记录。第18.4 和 18.5 节介绍记录和并类型。

块构成了绑定变量到位置的作用域。

语义类型：

语义类型是：

type
L, VAL
ENV = V $\overrightarrow{m}$ L
STG = L $\overrightarrow{m}$ VAL

程序、块、（赋值）语句、变量和表达式的意思，即语义是：变量指代位置。表达式指代值。给定一个存储器，位置指代变量。赋值语句指代左手边的变量的位置被联合到右手边的表达式的值。一列赋值语句指代由依次服从该列中的独立赋值语句的指代而产生的存储器变化。块指代由其语句列表所指代的存储器变化，只是正被改变的存储器和已被改变的存储器有相同的位置。因此，块中变量声明所指代的新的，未使用的位置仅“在该块的作用域中”有效。从更加可操作性说，即操作地解释语义而不是通过指称，我们论及程序点轨迹：每个语句指代一个程序点。解释器（即机器）依据程序命令而对程序的执行，从进入一个块开始，并通过首先确立变量声明，然后确立语句列表而继续下去。在块项目上，第一个程序点是变量声明。变量声明被确立了，该确立使每个变量被分配一个未使用的、新的、不同的位置。环境，即上下文，比如表，被建立起来。它将每个块变量（v）联合到它的位置（l）。存储器，即状态（nσ），也类似地被建立起来：对每个分配的未使用的位置，将其与某个初始的，默认的值（?）联合起来。外层分程序（块）的存储器（σ）被“加入进来”，与本地块的存储器（alloc(ls)[]）联合起来（以构成 nσ），并且本地块的环境（bind(vs,ls)[]）继承外层程序的环境（ρ），但是在本地块中重新定义了的外层程序中的变量名将被覆盖（以构成 nρ）。最初的、“最外层的”块在预先定义的环境（ρ_o）和预先定义的存储器（σ_o）中被确立。现在我们可以介绍语义确立函数了。

语义确立函数

主要语义函数的基调：

value

  M: (P|S) → ENV → STG → STG

  I: S* → ENV → STG → STG

  Val: E → ENV → STG → VAL

主要语义函数的定义：

  M(mk_P(mk_B(vs,sl)))$\rho_o\sigma_o$ ≡ I(mk_B(vs,sl))$\rho_o\sigma_o$

  M(mk_A(v,e))$\rho\sigma$ ≡ σ † [ρ(v)↦Val(e)$\rho\sigma$]

  M(mk_B(vs,sl))$\rho\sigma$ ≡

    let ls = obtain(**card** vs)(σ) **in**

    let nσ = σ ∪ alloc(ls)[ ], nρ = ρ † bind(vs,ls)[ ] **in**

    (I(sl)(nρ)(nσ) \ ls) **end end**

  I(sl)$\rho\sigma$ ≡ **if** sl = ⟨⟩ **then** σ **else** I(**tl** sl)(ρ)(M(**hd** sl)$\rho\sigma$) **end**

  Val(mk_Var(v))$\rho\sigma$ ≡ σ(ρ(v))

辅助语义函数：

value

  obtain: **Nat** → Σ → L-**set**

  obtain(n)(σ) ≡

    let ls:L-**set** • ls ∩ **dom** σ = {} ∧**card** ls=n **in** ls **end**

  alloc: L-**set**→ STG → STG

  alloc(ls)σ ≡

    if ls = {} **then** σ **else**

    let l:L • l ∈ ls **in** alloc(ls \ {l})(σ ∪ [l ↦ ?]) **end end**

  bind: V-**set** × L-**set** → ENV → ENV

  bind(vs,ls)ρ ≡

    if vs = {} **then** ρ **else**

    let v:V,l:L • v ∈ vs ∧ l ∈ ls **in**

    bind(vs \ {v},ls \ {l})(ρ ∪ [v ↦ l]) **end end**

高阶函数作为指称

现在我们可以得出结论：

- 语义函数 M，I 和 Val 是高阶的。也就是说，它们是这样的函数：从句法类型的值，到定义在语义类型的值之上的函数。

  type
  M: (P|S) → ENV → STG → STG
  I: S* → ENV → STG → STG
  Val: E → ENV → STG → VAL

- 程序是从 [初始的] 环境— 它们本身也是一类函数— 状态（即存储器）到状态变化的函数。
- 语句和语句列表也是这样。因此句法的程序和句法的语句表示高阶函数，且这些函数由其他函数来定义。
- 表达式表示从环境到（从存储器— 以免我们忘了说，它们本身也是一类函数（即映射）— 到值的）函数的函数。因此句法表达式表示这样的函数。
- 一个简单的变量名表示从环境到（从存储器到值的）函数的函数。

这些被表示的函数可以在编译的时候确定。那么它们就可以在运行时被应用到恰当的环境和存储器，以得到所指代的值和存储器。

■

17.3.2 操作符提升

操作符提升的概念应该最终使读者认清以高阶函数对概念进行建模的思想。

操作符，我们通过其理解函数，典型地是从 B 到 C：

type
B, C
O: B → C

提升操作符，我们通过其指将操作符的功能性抽象到，比如：

type
A
L: A → B → C

在例 17.3 中，我们看到了怎样在不同的抽象层次来观察程序设计结构的含义：给定一个环境（A），语句表示了存储器（B）到存储器（C）的改变函数（B → C），该函数则可以被提升到：A → B → C。

操作符提升的例子

我们给出两个例子：提升经典的布尔连接符，和提升已定义的映射的复合。第一个是简短的例子，来说明思想。另一个是长例子，来说明一个重要的规约程序设计的技术。

例 17.4 提升时间的布尔函数 RSL 的连接符 ∧, ∨ 和操作符 +, * 等可以被重载。也就是说：它们在布尔和整数（实数，自然数）上有一个已经定义了的含义，但是可以给定关于其他类型的含义。

令变量 u,v,w 表示从时间到布尔的函数：

type
  B = T → **Bool**
value
  u,v,w:B

现在我们如下扩展布尔连接符的含义使其涉及类型为 B 的参数：

value
  ∼: B → B, (∼(u)) ≡ ∼λ t:T.(u(t))
  ∧: B × B → B, u ∧ v ≡ λ t:T.(u(t)∧v(t))
  ∨: B × B → B, u ∨ v ≡ λ t:T.(u(t)∨v(t))
  ⇒: B × B → B, u ⇒ v ≡ λ t:T.(u(t)⇒v(t))
  =: B × B → B, u = v ≡ λ t:T.(u(t)=v(t))

这里连接符和操作符的最左边的（≡ 的左边）两个使用指代被提升的函数，而最右边的（≡ 的右边）使用指代“旧的”操作。 ■

例 17.5 提升表的物料迸发函数 请参考例 16.6。

描述与分析：类型

我们希望在任意物料清单 bom 中，同样记录任意复合物料的构成物料的出现次数，而不是像例 16.6 中做的那样，仅记录复合物料的构成物料的物料标识符个数。非形式地，你可能想到一个 bom 具体是一个有两列的表，每个条目是一行。条目的第一个部分包含料号。如果被描述的物料是基本物料（像 p_4, p_5, p_6），那么条目的第二个部分什么都没有，否则该部分由一个具有 n 个条目（即行，如果该物料有 n 个不同的构成物料）的两列子表构成。该子表的每一行有两个元素，来记录构成物料的料号，和在复合物料中该物料的出现次数（图 17.1）。

我们将图 17.1 中所示的这类表抽象为从料号到物料信息（第二列）的映射，其中物料信息或者是从（构成物料）料号到（相应的复合物料中构成物料的出现的自然数）个数的映射，或者是空映射（如果第一列是基本物料）。因此：

$$
\begin{aligned}
&[p_1 \mapsto [p_{1_1} \mapsto n_{1_1}, p_{1_2} \mapsto n_{1_2}, \ldots, p_{1_n} \mapsto n_{1_n}],\\
&\ p_2 \mapsto [p_{2_1} \mapsto n_{2_1}, p_{2_2} \mapsto n_{2_2}, \ldots, p_{2_m} \mapsto n_{2_m}],\\
&\ p_3 \mapsto [p_a \mapsto n_a, p_b \mapsto n_b],\\
&\ p_4 \mapsto [\,], p_5 \mapsto [\,], p_6 \mapsto [\,], \qquad \ldots]
\end{aligned}
$$

料号	物料信息	
p_1	p_{1_2}	n_{1_1}
	p_{1_2}	n_{1_2}
	$\cdots$	$\cdots$
	p_{1_n}	n_{1_n}
p_2	p_{2_1}	n_{2_1}
	p_{2_2}	n_{2_2}
	$\cdots$	$\cdots$
	p_{2_m}	n_{2_m}
p_3	p_a	n_a
	p_b	n_b
p_4		
p_5		
p_6		
$\cdots$		

图 17.1　料号表

是上表的数学指代。我们通过回想每个物料仅（或正好）被描述一次，并且对于构成物料也是这样，来证明这个抽象的选择是正当的。

形式化：类型

type
　BOM = Pn $\overrightarrow{m}$ TBL
　TBL = Pn $\overrightarrow{m}$ **Nat**

上面的公式命名并定义了这类有更丰富信息的物料清单的具体类型。我们再次需要一个良构性标准。实际上，我们看到：

　inv_BOM: BOM → **Bool**
　inv_BOM(bom) ≡ inv_BOM_0(abs_BOM_0(bom))

　abs_BOM_0: BOM → BOM_0
　abs_BOM_0(bom) ≡
　　[p ↦ **dom** bom(p) | p:Pn • pn ∈ **dom** bom]

BOM_0 和 inv_BOM_0 在例 16.6 中定义过了。

inv_BOM 的参数是一个从 BOM 对象（取还，抽象）到 BOM_0 对象的“改型函数”！也就是说，BOM 对象的良构性与“出现次数”这个信息无关！取还函数 abs_BOM_0 将类型 BOM 当作类型 BOM_0 的具体化。

描述：操作

我们下面开始说明这类新的物料清单上的一个相当复杂的函数。这个函数，我们称之为 Parts_Explosion，的思想是，给定一个料号 p 和一个记录了该料号的 bom，得到一个列出该料号所包含的所有基本料号，以及它们的总出现次数的函数。我们首先说明这个问题。令下面的（树的）森林记录与一些料号“进发”（比如从 p）相关的料号（图 17.2）。

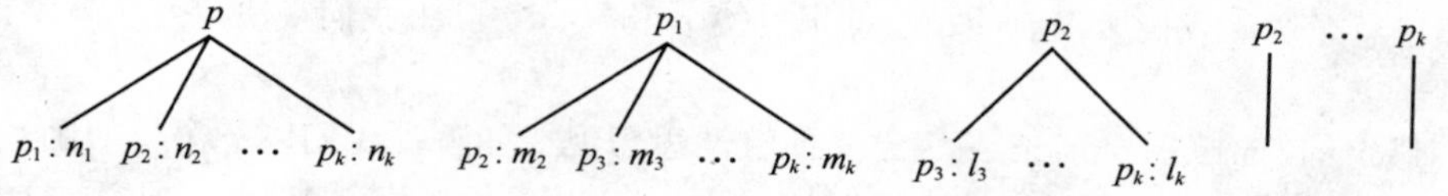

图 17.2 料号表的一个例子

物料 p 由 n_1 个物料 p_1，n_2 个物料 p_2，...，n_k 个物料 p_k 构成。构成料号 p_1 依次由 m_2 个物料 p_2，m_3 个物料 p_3，...，m_k 个物料 p_k 等构成。因此对于一个物料 p，我们通过（这里我们认为是显而易见的）树替换，发现一个展开的物料及物料出现次数的树。（图 17.3）。

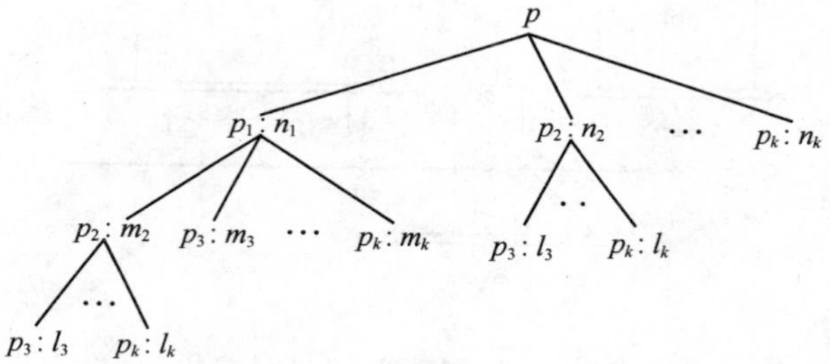

图 17.3 展开的料号树

在本例中，我们假设所有其他料号，比如 p_3, p_k 都是基本料号。从树中我们看到 p 由 $n_1 \times m_2 \times l_3 + n_1 \times m_3 + n_2 \times l_3$ 个料号 p_3，和 $n_1 \times m_2 \times l_k + n_1 \times m_k + n_2 \times l_k + n_k$ 个料号 p_k 构成。（由于物料不是递归定义的，执行提出的这个树替换总是可能的）。那么我们的结果表将会例证性地如图 17.4 所示的那样。

p	
p_3	np_3
p_k	np_k
$\vdots$	$\vdots$

计算条目如下：

$$np_3 = n_1 \times m_2 \times l_3 + n_1 \times m_3 + n_2 \times l_3$$
$$np_k = n_1 \times m_2 \times l_k + n_1 \times m_k + n_2 \times l_k + n_k$$
$$\ldots = \ldots$$

图 17.4 结果表

我们以表（tbl:TBL）的形式对这些结果表进行抽象。现在的问题是定义函数 Parts_Explosion：

value

  Parts_Explosion: Pn × BOM → TBL

我们从上面的“树”图观察到两件事：第一，应用于（整个）树的根（p），对于 $n=1$的物料迸发，与应用于各个子树的根（p_i），对于 $n=n_i$的物料迸发是相同（类型）的。第二，为了构造树和任意子树，我们所需要的是它的根标签 p 和 p_i。实际上我们（决定）从来不构造这个树（或者子树）。

我们假定的 Parts_Explosion 函数定义的算法思想现在如下：我们以一个**辅助函数**（Exp，代表**迸发**）来定义 Parts_Explosion。一般情况下，在计算表的某个物料时，该函数从左到右地“彻底搜寻”子树，积累一个部分结果表 tbl。将要被搜寻的子树被彻底地记录在一个子表中。对于物料 p，这个子表是 bom(p)。一般来说，我们称之为 **树**。现在请看图 17.5。搜寻现在由任意地选择子表**树**构成。在搜寻，或迸发，的某个阶段，一些这样的子树全都被检查了，并且它们对最终结果的贡献 tbl，被计算了。

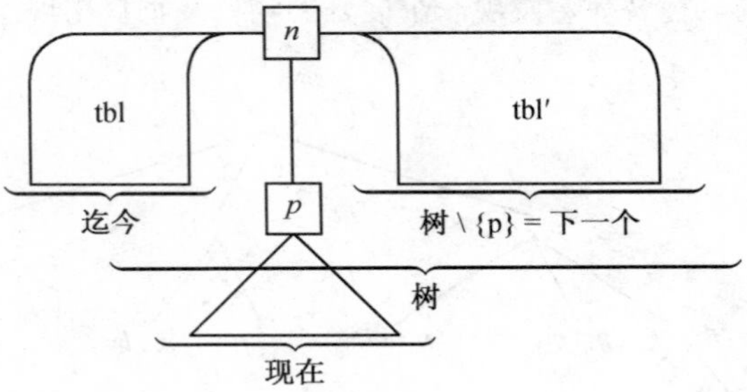

图 17.5　一个物料“迸发”计算状态

在这个阶段，我们选择根是 p 的子树，即我们选择物料 p 来做迸发。p 的迸发与迄今积累的部分结果 tbl 相联合所得到的结果，我们称其为 tbl′。这个新结果 tbl′ 则被用作为对剩余子树所进行的其他迸发的输入。这些是去除了子树 p 的**树**，即 **树** $\backslash\{p\}$。只要不再有子树以进行迸发，积累的和发送的部分结果就变成了最终结果。

我们注意到迄今积累的部分结果 tbl 与对 p 进行迸发得到的结果合并了，这个合并在对 p 进行迸发时发生。取而代之，我们可以在对 p 进行彻底的迸发以后再合并。

函数 Explosion 因此需要以下四个参数：(i) **树**，即（以前）从 bom 得到的，将要对其（现在及下一步）进行“迸发”的子树的描述；(ii) 乘法器 n，表示正在被迸发的物料的计数；(iii) 部分结果 tbl；以及 (iv) 作为一个全局变量（常量）的全部物料清单：bom。由于后者仅被用作参考且是不变的，我们为 Explosion 选择以下类型从句：

value

  Exp: (Pn $\overrightarrow{m}$ **Nat**) × **Nat** × TBL → (BOM → TBL)

  Parts_Explosion(p,bom) ≡ Exp(bom(p),1,[ ])(bom) **pre**: p ∈ **dom** bom

```
    Exp(trs,n,tbl)(bom) ≡
1.   if trs = [ ]
2.    then tbl
3.    else
4.     let p:Pn ∈ dom trs in
5.     let tbl′ =
6.      if bom(p)=[ ]
7.       then
8.        if p ∈ dom tbl
9.         then tbl † [ p ↦ tbl(p) + n∗trs(p) ]
10.        else tbl ∪ [ p ↦ n∗trs(p) ] end
11.      else
12.        Exp(bom(p),n∗trs(p),tbl)(bom) end in
13.    Exp(trs \ {p},n,tbl′)(bom) end end end
```

注释：

如果将要对其进行迸发的物料是空物料，即已经全“被迸发”了，那么就得到了迄今为止积累的结果表（2.）。

否则（3.），选择一个子物料 p（4.）来对其进行迸发。如果该物料是基本物料（6.），那么计算它对迄今为止积累的（部分）结果的贡献，并将其与那个结果合并（9-10.）。否则（11.），对子物料 p 进行迸发所得到贡献，与迄今为止积累的结果合并。当对剩余子物料进行迸发时，这个迄今为止，包括现在，积累的（部分）结果（tbl′）将被使用（13.）。

讨论

我们可以通过一对前置/后置条件来定义 Parts_Explosion吗？我们相信描述性的定义不好！让我们分析一下为什么给出这个回答，但是首先弄清这个回答说了什么。

首先，我们否定的回答表达了有时候，我们相信本例是这种情况，明确地（从而指示性地）定义函数比描述性地（公理性地，或者通过前置/后置对）定义更有效。当（的确）是这种情况的时候，我们看到指示性和描述性定义之间的分界线以某种方式的模棱两可。我们可以相信指示性定义，由于是更算法的，也不太显而易见，即比描述性定义更难于阅读和理解。作为推论，我们也可以相信你总是可以描述性地定义函数，就像指示性地定义同样的函数那样简单。

现在为什么这些主张可能是正确的？会不会是我们的问题本身就是操作式地具体的，而不是抽象的呢？在描述性定义中，我们陈述性质，而不是明确的，计算的结果。

函数 Parts_Explosion 的情况看起来是这样：问题是操作式的。我们实际上被要求计算函数的结果而不是去维持或陈述一个性质。

描述：提升的函数

下面我们通过定义所谓的“提升的”函数，来简化上面的 Parts_Explosion 和 Expr 的函数定义。关于我们以上的述说：当前 Parts_Explosion 和 Expr 的函数定义可能看起来不那么抽象，下面的 parts, parts_of_Pn 和 parts_of_TBL 的函数定义可以被称为是更抽象的！

形式化：提升的函数

```
value
  +: TBL × TBL → TBL
  t + t′ ≡ [p ↦ c(p,t)+c(p,t′)|p:Pn•p ∈ dom t ∪ dom t′]

  ∗: Nat × TBL → TBL
  n ∗ t′ ≡ [p↦n∗t(p)|p:Pn•p ∈ dom t]

  c: Pn × TBL → Nat
  c(p,t) ≡ if p ∈ dom t then t(p) else 0 end

  parts: Pn × BOM →~ TBL
  part(p,bom) ≡ parts_of_Pn(p,bom) \ {p}
  pre p ∈ dom bom

value
  parts_of_Pn: Pn × BOM → TBL
  parts_of_Pn(p,bom) ≡
    let t = bom(p) in
    if t = [] then [ p ↦ 1 ] else parts_of_TBL(bom(p),bom) end end
  pre p ∈ dom bom

  parts_of_TBL: TBL × BOM → TBL
  parts_of_TBL(t,bom) ≡
    if t = [] then []
    else
      let p:Pn • p ∈ dom t in
      t(p) ∗ parts_of_Pn(p,bom) + parts_of_TBL(t \ {p},bom)
    end end
  pre dom t ⊆ dom bom
```

■

17.4 函数的归纳定义

17.4.1 函数类型的归纳定义

在 λ 演算中，所有事物都是函数。因此将类型为：

type
  D = D → D

的 D 看作是对 λ-函数的建模，是自然的。在 RSL 中这是不可能的。RAISE 规约语言的设计决策被确认为应付宽松性、非确定性、并发性以及其他几个期待的语言性质。因此，如果像 D = D → D 这样的定义是可能的，那么许多 RSL 的语言结构会被生成，并且有些难于使用它们。这样做防止了 RSL 使用者去定义某些类型的普遍程序设计语言结构—— 比如将进程当作参数的进程，互相递归的进程定义集等。语言设计者认为那个限制是可以接受的。RAISE 过去并且将来会更多地使用在面向应用的领域，而不是复杂程序设计或者规约语言结构。递归类型定义 D = D → D 的解决方案，是由 Dana Scott 首次提出来的 [248,455–459,461,463–465]。

17.4.2 函数值的归纳定义

第 12~16 章中有大量的递归函数定义；第 11 章概括了函数定义的不同风格，包括递归定义；第 7 章论及了递归函数定义的含义。

17.5 函数抽象与建模的回顾

原则： 函数作为指称 最重要的原则是“总是认为函数由某个句法结构来表示”。 ■

以上原则在例 17.3 中进行了说明。

原则： 当选择了面向模型的抽象，并且如果适当数量的以下特性能够被确定为进行建模的现象的性质的话，那么我们可以选择函数进行抽象：

(i) 复合构件的抽象结构被建模为一个可以普通地定义的函数，即值域元素可以函数式地基于定义集元素；

(ii) 其个数不是以其他方式能容易地枚举的；

(iii) 以及确定函数式关系是一个普通操作。

从第 11 章中概括的许多函数定义的风格中做出选择的基本原则是简单的：

(iv) 在“早期”开发中选择面向性质（公理的，代数的和可能隐式的前置/后置）的风格，也就是说，在领域描述和需求定义时期。在后期的需求定义和软件设计时期，选择面型模型的，显示的函数定义风格。

(v) 此外，对于仔细开发的提升函数的明智的使用，可以显著地帮助表示恰当的抽象。 ■

技术： 函数 我们在第 11 章中已经介绍了许多函数定义的风格。它们反映了一系列从公理的和代数的，通过前置/后置隐式的，到显示的，像算法的函数的定义。伴随着面向性质风格的技术是面向性质抽象的技术，伴随着面向模型风格的技术显然是那些面向模型抽象的技术。然而，一定仅在后面的软件设计阶段和步骤中，处理这样的反映复杂性（即算法效率）的类似算法的定义。在定义复杂的，典型地递归数据结构上的函数时，认真考虑使用函数的提升 ■

工具： 函数 如果已选择了使用函数数据类型来进行抽象与建模，那么可以使用以下工具中的任一种：RSL，VDM-SL，Z，或者比如 B 规约语言。 ■

17.6 讨论

函数显然是对一目了然的（领域）和概念上的（领域、需求和软件）概念中的任意动态、任意操作等进行定义的主要方法。这对普通的，习惯于定义进程、例程、子例程、方法等的程序员来说不意外。这里额外的是函数作为值和参数（自变量），以及函数提升的概念。

只有教会读者将领域现象和概念，以及需求和软件的概念思考为函数，这几卷书才会成功。在这几卷书的其余部分，我们将有很多机会来介绍指称式思考的原则，也就是说，句法结构表示数学函数的原则。

17.7 练习

练习 17.1　*子程序库* 子程序库是唯一命名的函数的简单集合。除了名字，每个函数有一对类型列表：一个指代子程序参数的目和类型，另一个指代子程序结果的目和类型。最后，每个这样的函数基调都与一个典型地从状态和参数值到状态和结果值的函数相关联。为了简单，假设所有参数和所有结果的值都是简单的刻度类型，比如实数、自然数、布尔和文本字符串。当应用时，函数应用于当前状态；当细化时，函数可能改变当前状态。

1. 定义子程序库的类型，也要考虑可能的良构性（即子类型）。

假设存在有函数子程序的值。现在定义以下子程序库上的操作：

2. 插入一个新的子程序（请考虑良构性）。
3. 调查关于一个命名的子程序的基调。
4. 应用一列参数值到一个命名的子程序— 首先检查参数值的类型与函数的基调中给出的类型相匹配。
5. 删除一个子程序。

上面（可能）假设没有可以通过多于一个的基调来定义的函数名。现在允许函数名“重载”，也就是说：同样的函数名可以有两个或者更多基调，但是它们的参数的目和/或参数类型必须不同。

6. 如果需要，重述你对上面第 1 部分的回答。
7. 如果需要，精化你对上面第 2~5 部分的回答。

IV

规约类型

前述章现在已经介绍了足够的关于类型的材料以供我们进行总结（第 18 章）。尽管类型理论可能是到 2005 年为止计算机科学对数学最重大的贡献，我们将不去介绍类型理论中理论上更使人激动的方面。相反我们参考几本书：[1, 279, 421, 440, 532]。Dana Scott 提供了将经典 λ 演算放置于适当的数学（即类型理论）背景中的基础研究，并由此提供了数学地理解类型的基础：[248, 455–459, 461, 463–465].

18

RSL 中的类型

- **学习本章的前提**：你已经阅读了前面的许多章，并且期待对 RSL 类型系统的一个简短的，综合的论述。
- **目标**：总结和完成类型结构（即 RSL 的表达式和定义）的内容，来介绍以下类型概念：记录构造器和析构器、联合类型、变体类型、短记录类型定义和子类型，并举例说明 RSL 类型系统在“现实的计算世界”例子上的多功能性。
- **效果**：帮助确保读者稳固地处于成为专家的路上——可能是规约工程中最重要的领域（即定义和使用类型）上的专家。
- **讨论方式**：从系统的到半形式的。

共和政体的形式是最高级的政体形式；
但是由此它要求人类本性的最高级类型
—— 一个如今并不存在的类型。

Herbert Spencer 1820–1903 Essays (1891) VOL. III, P.478, ***The Americans***

> 对于几乎任意论域，对类型的“粗略”勾画可以被看作像房屋建筑师对歌剧院建筑、私人别墅或者社区活动中心的相似的勾画。做法的简易性，以及这么做使得结果是合意的，有效用，并与目的一致，是一个伟大的软件工程师或伟大的建筑师的标志。

请参考第 5 章对类型概念的首次介绍。

18.1 关键问题

上面引用的文字表达了一个我们不得不涉及的关于类型的问题：存在！(i) 我们经常指代明显的事物。(ii) 但是我们通过表示类型来表示这些事物的集合。(iii) 我们的类型表达式不是这些事物，仅是它们的抽象！

我们简要地讨论以上论述(i–iii)的重要性。(i) 当我们对所指代的领域建模时，我们针对事物真实的，实际的存在：(a) 戈德史密斯先生，(b) 戈德史密斯夫人的生锈的罗利自行车，和 (c) 戈德史密斯先生及其夫人的两匹矮种马“活力”和“飞驰”。(ii) 但是我们将他们抽象为具有以下类型的值：(A) 人, (B) **自行车** 和 (C) **动物** （或马）。(iii) 我们通过这些值来说到实际的戈德史密斯先生和明显的事物。这些值仅是真实事物的抽象。(iv) 并且甚至还存在这样的问题：一些定义没有任何，无论怎样抽象的，数学模型。这是指：一些类型表达式和一些类型定义无意义，也就是说：诗歌，日常谈话中涉及的**所有带翅膀的马的集合**；以及作为一个类型的**所有从函数到函数的函数的集合**。

除了纯具体的或者抽象的存在之外的问题有：(v) *抽象的和具体的类型之间的选择*：分类与面向模型的类型（即抽象的与具体的类型）。(vi) *面向模型的代表性抽象的选择*：集合、笛卡尔、列表、映射和函数类型；以及有限或无限集合、列表和映射。(vii) *"最接近的，最靠近的"类型的简单性与定义"完全拟合的"子类型的复杂性之间的选择*。

我们再次简要地解释条目(v~vii)。(v) 我们一般在开发的早期选择抽象类型，从而保持抽象且为额外的以公理刻画的观测器和生成器函数留有空间。我们经常发现开发的后期阶段——首先是需求，然后是软件设计—— 产生对引入比开头所需的更多的类型属性的需求。(vi) 一旦进入使用面向模型的规约这条路，开发者将从使用映射和函数类型中得到更多的好处。它们通常抓住本质的属性，且容易掌握，因此是合理地抽象的。集合类型很少见，但是使用集合来处理映射的定义集和值域，以及处理索引集和列表的元素，是抽象地表示属性的一个有效方法—— 以一种有表达力的，比较好理解的风格。(vii) *"最接近的，最靠近的"类型的简单性与定义"完全拟合的"子类型的复杂性之间的选择*：当选择面向模型，即具体的类型时，我们可以，仅由于讨论的原因，选择用层次结构映射来表示二叉树类型，每个映射恰恰有两个定义集元素(即例 16.7 中处理的层次结构)，而不将二叉树类型表示为递归定义的笛卡尔类型(像例 14.4 中提出的那样)。这些以及与它们相关的问题将在本章和这几卷书的其余部分进一步讨论。

18.2 类型范畴

（语义上说）有不同种类的类型。对于其中的每一种，（句法上说）有表达式和定义的（不同的）形式。有抽象地和具体地定义的类型。

18.2.1 抽象类型：分类

开发者可以选择从任意的抽象基础类型（即分类）开始！先前章节及它们的例子自由地使用了分类。分类通常是类型抽象而不是复杂的值。这些值（即构件）类型是什么则通过开发者引入的观测器（和析构器）函数来揭示。最初，即当开始开发的时期[1]，阶段[2]和步骤[3]时，换句话说，当最初选择了分类时，规约者摆脱了不得不找到一个"最合适的"面向模型的类型。

18.2.2 具体类型

在部分领域描述中，在需求规定中，以及无疑在软件设计的阶段和开发的步骤中，你必定最终并逐渐地求助于基于面向模型的模型，即具体类型。

[1]时期：领域、需求和软件设计。

[2]阶段：主要的"重新规约"，来富化（详述）一个规约。阶段将大假象逐次地"转变"为小假象，最终转变为事实！也就是说，大假象是对正在规约的事物的粗糙的简化，小假象为了接近现实而增加一些需要的实际属性。

[3]步骤：在阶段中对规约的较小的精化或转换。

具体类型的元素可以是 (i) 布尔 (**Bool**)，(ii) 整数 (**Int**)，(iii) 自然数 (**Nat**)，(iv) 实数 (**Real**)，(v) 字符 (**Char**)，(vi) 文本 (**Text**)，(vii) 集合 (A-**[inf]set**)，(viii) 笛卡尔 (A×B×...×C)，(ix) 列表 (A^*, A^ω)，(x) 映射 ($A \underset{m}{\rightarrow} B$) (xi) 或者全和/或部分函数 (A→B, $A \overset{\sim}{\rightarrow} B$)。

(xii) 最后我们有了这样的类型，其元素的类型可以是以下两种或者更多：布尔，或整数，或自然数，或集合，或笛卡尔，或函数：

type

U = D | E | ... | F

也就是说，是联合类型。在本节中，我们将更系统地解释联合类型和许多另外的类型概念。

18.2.3 讨论

关于类型出现了很多问题：是否有到目前为止还没介绍的其他类型？(xiv) 我们怎样表示和定义类型，包括联合类型？(xv) 给定一个值，我们有什么方法来确定它的类型？(xvi) 对任意具体的类型表达式 或任意具体的类型定义，我们能期待它总是表示切合实际的事物，我们能够想到的事物吗？这些以及其他问题是下一节的主题。

实际上除了联合类型，还有一些类型我们愿意或者重新介绍，或者扩展我们原来内容，以及/或者更恰当地介绍：枚举标记类型（第 10 章）记录类型（第 13.4.3 节和练习 16.8）。它们是更一般的概念变体记录定义的范例。下面我们解释这三类类型表达式和定义：变体类型定义、联合类型表达式和短记录类型定义。后两个与变体类型相关。

18.3 枚举标记类型的回顾

通过枚举标记类型，也被称作构造常量名类型，我们理解一个如下定义的类型：

type

A == a1 | a2 | ... | an.

其中不同的标识符 a1, a2, . . . , an在目前规约中的其他部分没有定义。使用特定的变体类型构造器 ==，和 联合类型构造器 | 的 A 的定义，是以下分类和值定义，以及公理的缩写：

type

A

value

a1:A, a2:A, ..., an:A

axiom

[不相交性：A 的值]

[非形式：∀ i,j:**Nat** • 0 < i,j ⩽ n]

i ≠ j ⇒ ai ≠ aj

例 18.1 枚举类型 操作符，扑克牌和罗盘仪 （常量值）枚举类型可以因此被用来定义这样的事物为已知的一组程序设计语言的操作符，请比较在例 14.4 到例 14.7 中我们对文本字符串的较早使用：

type
MOp == minus | factorial | abs | not | ...
DOp == add | sub | mpy | div | mod | and | or | imply | ...

已知的扑克牌花色和面值的集合：

type
Suit == club | diamond | heart | spade
Face == ace | two | ... | ten | knight | queen | king

或者世界的“罗盘仪”的角：

type
Corner == east | west | north | south

■

需要两类公理来确保常量构造器的一致含义：枚举值的不相交性（见上面的公理）和一个归纳公理：

type
A == a1 | a2 | ... | an
axiom
[归纳]
∀ p:(A→**Bool**) •
(p(a1) ∧ p(a2) ∧ ... ∧ p(an)) ⇒ ∀ a:A • p(a)

归纳公理的目的是表示 A 仅包含显式地枚举的值。

18.4 记录：构造器和析构器

记录与笛卡尔相似，仅有少许区别！

18.4.1 概要

例 14.4 到例 14.7 举例说明了使用笛卡尔和联合类型来定义一种语言结构。

一般来说，我们可以使用变体类型定义来定义复合，或者像这里将它们称为**记录类型**。

type
A, B, ..., C
K == k1(sa:A) | k2(sa:A,sb:B) | kn(sa:A,sb:B,sc:C) | ...

（其中我们考虑 A, B, . . . , C 为分类）。标识符 k1, k2, . . . , kn 代表不同的记录构造器函数（记录构造器或者就是构造器）。标识符 sa, sb, . . . , sc（不同的选择都一样，这些选择可以是其中一部分相同，其余部分显然不同的事物的混合），表示并且是不同的（可能重载的）记录析构器函数。我们也称这些为记录域选择器，记录析构器或者就是析构器。

构造器和析构器可以分别被用来复合和分解记录值。为了说明构造器（复合）和析构器（分解）的思想，我们介绍完整的定义（上面的定义是该定义的缩写）：

type
  A, B, ..., C, K
value
  k1: A→K, k2: A×B→K, kn: A×B×C→K, ...
  sa: K→A, sb: K→B, sc: K→C, ...
axiom
  [K 值的不相交性]
  ∀ av:A, bv:B, ..., cv:C •
    k1(av) ≠ k2(av,bv) ∧ k1(av) ≠ k3(av,bv,cv) ∧
    ... ∧ av = sa(k1(av)) = sa(k2(av,bv)) = sa(k3(av,bv,cv)) ∧
    ... ∧ bv = sb(k2(av,bv)) = sb(k3(av,bv,cv)) ∧
    ... ∧ cv = sc(k3(av,bv,cv)) ...

18.4.2 变体记录值的归纳公理

非递归记录类型的定义

我们已经举例说明了对通过变体定义来定义的值的不相交性进行限制的公理。但是需要一个归纳公理来从定义的类型中去除“垃圾”，即不希望有的，非计划中的值。对于（简单的）记录类型定义（如下），我们需要：

axiom
type
  A, B, ..., C
  K == k1(sa:A)|k2(sa:A,sb:B)|kn(sa:A,sb:B,sc:C)
value
  k1: A→K, k2: A×B→K, kn: A×B×C→K
axiom
  [归纳]
    ∀ p:K→**Bool**, av:A,
      (p(k1(av)) ∧ p(k2(av,bv)) ∧ p(k3(av,bv,cv)) ⇒ ∀ k:K • p(k))
        ⇒ (∀ k:K • p(k))

递归记录类型的定义

对于递归定义的记录类型，不相交性和归纳公理变成，比如：

type
  A

R == empty | rec(sa:A,sr:R)

axiom

[不相交性：R 的值]

$\forall$ av:A, rv:R • empty $\neq$ rec(av,rv) $\wedge$

sa(rec(av,rv))=av $\wedge$ sr(rec(av,rv))=rv

[归纳，无垃圾]

$\forall$ p:R$\rightarrow$**Bool** • p(empty) $\wedge$ ($\forall$ av:A, rv:R • p(rv) $\Rightarrow$ p(rec(av,rv)))

$\Rightarrow$ $\forall$ rv:R • p(rv)

18.4.3 一个例子

对联合和变体记录类型定义的功能性的一种标准使用是定义句法结构，比如程序设计语言中的句法结构。另一种标准使用是定义不同种类的数据结构值。我们举例说明前者。

例 18.2 笛卡尔与记录变体类型 我们给出一个使用记录类型的例子。这个例子实际上只是重述例 14.4 到例 14.7 的部分内容。为了比较，我们列出句法的笛卡尔和记录类型的模型（请比较例 14.5）：

```
type
  Pn, Ln, V, E
  M′ = (Pn × Ln) × P-set
  M = {| m:M • wf_M(m) |}
  P = Pn × (Ln × S)-set
  S = Asgn | Cond | Goto | Call | Stop
  Asgn = {"asgn"} × (V × E) × Ln
  Cond = {"cond"} × (E × Ln × Ln)
  Goto = {"goto"} × Ln
  Call = {"call"} × (Pn × Ln) × Ln
  Stop = {"stop"}
```

```
type
  Pn, Ln, V, E
  M′ = (Pn × Ln) × P-set
  M = {| m:M • wf_M(m) |}
  P = Pn × (Ln × S)-set
  S == Asgn(ve:V,e:E,l:Ln)
     | Cond (e:E,cl:Ln,al:Ln)
     | Goto(l:Ln)
     | Call(pn:Pn,cl:Ln,rl:Ln)
     | stop
```

我们比较两个良构性函数的控制结构（请比较例 14.6）：

```
wf_S(s)(lns)(ps) ≡
  cases s of
    ("assign",(v,e),ℓ) → ...,
    ("cond",(e,ln,ln′)) → ...,
    ("goto",ln) → ...,
    ("call",(pn,ln),ℓ) →
          ...,
    "stop" → ...,
  end
```

```
wf_S(s)(lns)(ps) ≡
  cases s of
    Asgn((v,e),ℓ) → ℓ∈ lns,
    Cond(e,ln,ln′) → {ln,ln′} ⊆ lns,
    Goto(ln) → ln ∈ lns,
    Call(pn,ln,ℓ) →
          wf_Call((pn,ln),ℓ)(ps),
    stop → true
  end
```

■

18.5 联合类型的定义

我们在第 13.4.3 节，描述例 13.10 的子节（题外话：类型联合和变体记录）中介绍了联合类型的概念，并且在那个例子中 Cmd 的定义，关于动作类型的形式化的子节中进行了举例说明。另一个对联合类型的解释在第 14.4.1 节关于题外话：联合类型操作符，| 的子节中给出了。其他联合类型的定义在例 14.3 的 Q，R 和 S的定义中，例 14.7 的 Θ（关于形式化— 语义类型的子节）的定义中，例 16.8 的 VAL 的定义中，例 16.17 和例 16.18 的 OP 和 OL 的定义中，以及例 17.3 的 S[4]的定义中给出了。

一般来说，“简写”：

type
  A = B | ... | C

其中 B 和 C 是标识符，在理论上是想表示：

type
  A == A_from_B(A_to_B:B) | ... | A_from_C(A_to_C:C)

这个简写隐式地定义了一组构造器（从 A_from_B 到 A_from_C）和析构器（从 A_to_B 到 A_to_C）。如果你觉得它们的名字太麻烦，那么你可以自由地使用记录变体定义所提供的全部定义工具。构造器有时被称为单射函数。相应地，析构器被称为投影函数。

因此，如果你定义：

type
  A = B | C | ...
  B == mk_beta(sel_b:B)
  C == mk_gamma(sel_c:C)
  ...

那么你避免了：

type
  A == A_from_B(A_to_B:B) | A_from_C(A_to_C:C) | ...

mk_beta 和 sel_b 分别“替换” A_from_B 和 A_to_B，等等。

18.6 短记录类型的定义

定义：

type
  B, ..., C
  A == mk_alpha(sel_beta:B,...,sel_gamma:C)

---

[4]我们介绍所有这些参考资料以便你回过头去总结对于记录类型定义的使用。我们相信，读者这么做，“回过头去”，会更容易地掌握思想。

可以由短记录类型定义来缩写：

type
　B, ..., C
　A :: sel_beta:B ... sel_gamma:C

18.7 类型表达式，回顾

对于所有类型表达式的句法范畴的示意性句法现在可以总结如下：

type
　[1] **Bool**,
　[2] **Int**,
　[3] **Nat**,
　[4] **Real**,
　[5] **Char**,
　[6] **Text**,
　[7] A-**set**,
　[8] A-**infset**,
　[9] A × B × ... × C,
　[10] A*,
　[11] A^ω,
　[12] A $\overrightarrow{m}$ B,
　[13] A → B,
　[14] A $\stackrel{\sim}{\rightarrow}$ B,
　[15] (A),
　[16] A | B | ... | C,
　[17] mk_id(sel_a:A,...,sel_b:B),
　[18] sel_a:A ... sel_b:B.

其中 A, B, . . . , C 可以是表达式 [1~16] 中的任一个。
这些类型表达式的含义已经在前面解释过了。

18.8 子类型

这样除了第 18.7 节中总结的那些（[1~18]）之外，还有一个类型表达式，子类型表达式。类型表达式：

{| b:B • $\mathcal{P}$(b) |}

通常连同类型定义出现：

type
　A = {| b:B • $\mathcal{P}$(b) |}

是一个子类型表达式。它定义 A 为通常是“更大的”[5] 类型 B 中的那些 b 的类型，但是对那些 b，谓词 $\mathcal{P}$ (b) 成立。

子类型表达式的一般形式是：

{| <binding> : <type_expression> • <Boolean_valued_expression> |}

binding 的结构必须与类型 type_expression 的值的结构相“匹配”。

[5]如果类型 Y 的所有值都是类型 X 的值，且类型 X 中有不属于类型 Y 的值的话，类型 X 被称为是比类型 Y “更大的”类型。换句话说，Y 是类型 X 的子类型。

18.9 类型定义，回顾

自始至终我们举例说明了类型的定义。是时候进行总结了。我们现在介绍一组 [1~5] 类型定义的例子形式。那么，接下来的不是你从 RSL 类型子句中可以发现的一组 RSL 的类型定义，而是“具体的”这样的类型等式。Type_name 是类型等式的左手边。=, == 或者 :: 是类型“等式”符号。其余右边的，或者在等式符号后的，是这类类型表达式的具体例子。这些类型表达式是专门针对“联合类型”、“记录类型”和“子类型”类型的。

```
[1] Type_name =
        Type_expr /* 没有 | 或者子类型 */
[2] Type_name =
        Type_expr_1 | Type_expr_2 | ... | Type_expr_n
[3] Type_name ==
        mk_id_1(s_a1:Type_name_a1,...,s_ai:Type_name_ai) |
        ... |
        mk_id_n(s_z1:Type_name_z1,...,s_zk:Type_name_zk)
[4] Type_name :: sel_a:Type_name_a  ...  sel_z:Type_name_z
[5] Type_name = {| v:Type_name′ • 𝒫(v) |}
```

其中 [2–3] 中的形式由以下结合来提供：

```
Type_name = A | B | ... | Z
A == mk_id_1(s_a1:A_1,...,s_ai:A_i)
B == mk_id_2(s_b1:B_1,...,s_bj:B_j)
...
Z == mk_id_n(s_z1:Z_1,...,s_zk:Z_k)
```

类型定义的含义已经在所有前述章中介绍新类型的地方解释了。

18.10 关于递归类型定义

请参考第 13.5.1，14.5.1，15.5.1，16.5.1 和 17.4.1 节中关于递归定义类型的关键问题的讨论。Dana Scott 提供了现在作为我们理解类型的理论背景的基础研究：[248,455–459,461,463–465]。

18.11 讨论

18.11.1 概要

我们回顾并扩展了类型的概念。第 13~16 章形式地介绍了集合、笛卡尔、列表和映射类型，并非形式地使用了联合、枚举和记录类型。这些后者现在已经被形式地介绍了。

18.11.2 原则、技术和工具

一幅画值得千言万语。
而一个类型系统值得万千图画。
匿名

原则： 类型的四个基本思想是 (i) 抽象的分类，(ii) 区分句法和语义类型，(iii) 简述类型结构作为第一个开发行为，和 (iv) 抽象的数据结构设计。

通过强制类型的差别，通过引入子类型，以及通过能够描述类型上的良构性约束，你可以建立一个类型系统，即一组类型。通过明智的使用抽象，也就是说，通过使用抽象的和具体的类型这两者，经过适当培训的开发者可以非常快速地简述一个类型系统。

方法论上的主要原则是 (1) 首先为所有感兴趣的语义实体设计类型，以及(2) 最初选择分类。 ▪

讨论： 非常多的软件工程师画图来表示一个给定的（通常是复合的）类型的值的实例。定义一个类型系统要画数不清的图。画图来表示值的实例的缺点是通常需要画多组图。这样讨论是否选择一种类型而不是另一种类型就变得困难起来。我们发现定义类型系统使我们能够对类型的选择进行非常明智的和简要的讨论。构造类型的技术和工具允许开发者快速地描述一个类型系统。如果与同事的讨论产生对另一个类型结构的期望，那么即使是全面的修改也可以快速地完成。 ▪

技术： 有两种不同的方法来设计类型系统。它们是面向性质的和面向模型的方法。在第一种方法中，你假定分类，然后给出在这些分类上通常是基本的或简单的操作的函数基调，最后是使分类的值和操作联系起来的公理。在面向模型的方法中，你设计具体的，尽管是抽象的面向模型的类型。充分地定义函数，它们的定义帮助开发者测试一个类型抽象的有效性。 ▪

工具： RSL 类型定义结构，包括分类的定义和具体类型、子类型和良构性约束，即类型上的谓词，构成基本的工具。 ▪

18.12 文献评注

就在本章之前的间隔部分，第IV 部分，我们提到了这些书：[1, 279, 421, 440, 532]。它们以不同的方法介绍程序设计语言中的类型，既介绍在程序设计时你所使用的实用的类型，也介绍这些类型的数学含义，即通常你不必去考虑的理论的类型。我自己认为 [1, 421, 440] 特别有用。如上所述（18.10 节），Dana Scott 提供了现在作为我们理解类型的理论背景的基础研究：[248, 455–459, 461, 463–465]。

18.13 练习

练习 18.1 ♣ 运输网络类型系统的总结。请参见附录 A，第 A.1 节：运输网络。也请参考练习 13.5，14.6，15.15 和 16.12。

通过为运输网络给出一个合适的基于分类、映射、列表、笛卡尔和集合的类型系统，总结你迄今为止对于运输网络的抽象和具体类型所做的工作。

指出恰当的子类型、变体类型和良构性谓词。如果以前已经定义过了，那么请参看后面的这些谓词。

练习 18.2 ♣ 集装箱物流类型系统的总结。请参见附录 A，第 A.2 节：集装箱物流。也请参考练习 13.6，14.7，15.16 和 16.13。

通过为集装箱物流给出一个合适的基于分类、映射、列表、笛卡尔和集合的类型系统，总结你迄今为止对于集装箱物流的抽象和具体类型所做的工作。

指出恰当的子类型、变体类型和良构性谓词。如果以前已经定义过了，那么请参看后面的这些谓词。

练习 18.3 ♣ 金融服务行业类型系统的总结。请参见附录 A，第 A.3 节：金融服务行业。也请参考练习 13.6，14.7，15.16 和 16.13。

通过为金融服务行业给出一个合适的基于分类、映射、列表、笛卡尔和集合的类型系统，总结你迄今为止对于金融服务行业的抽象和具体类型所做的工作。

指出恰当的子类型、变体类型和良构性谓词。如果以前已经定义过了，那么请参看后面的这些谓词。

V

规约程序设计

关于规约程序设计

特性描述： 规约程序设计，我们将其理解为一种近似于程序设计的规约，或近似于规约的程序设计风格。

■

规约程序设计既不非常抽象，也不等同于算法。

在这一部分（第19~21章），我们将说明一系列的规约程序设计包括应用式（第19章）即函数式，命令式（第20章）即带有可赋值的变量和语句，以及并行式（第21章）即带有进程，进程同步和进程间通信的规约程序设计。

在第19章我们将回顾许多已经介绍了的RSL语言结构（同时加入了一些新的部分）。在第20章我们将介绍RSL命令式语言结构：可赋值变量声明、赋值语句、迭代和循环语句等等。最后，在第21章我们将介绍RSL并行式语言结构：进程、进程输入表达式和输出语句、通道、以及并行和非确定性内部（选择）和非确定性外部（选择）的进程组合。关于这一点，目前已经介绍给读者的RSL增加了用于表达通信顺序进程CSP（Communicating Sequential Processes） [288,445,453] 霍尔（Hoare）演算的基本结构。

关于问题与练习

在接下来的三章里，第五部分绝大多数问题的形式化所要求的解决方案都包括了面向性质的解决方案与面向模型的解决方案。

练习 19.1、20.1 和 21.9 构成了一套相关的练习。练习 19.2、20.2 和 21.10 构成了一套相关的练习。练习 19.3、20.3 和 21.11 构成了一套相关的练习。它们更多地说明了程序设计而非抽象建模。这些练习意在培养读者大规模规约程序设计技巧。比较而言，练习 21.2、21.3、21.4、21.5、21.6、21.7 和 21.8，要求对生产者/消费者缓冲，客户端/服务器和 UNIX 管道做适度抽象的 RSL/CSP 建模。后面的这些练习意在培养读者对后面这几种计算系统的概念建模时的小规模规约程序设计技巧。

19

应用式规约程序设计

- 学习本章的前提：即使你没有完全理解前面章节介绍的内容，那么你应当理解绝大部分的内容。
- 目标：总结已经介绍的 RSL 的应用式特点，介绍 RSL 其他的应用式特点，给出一个绑定、绑定类型、模式和匹配（第 19.6 节）的详细模型，举例说明 RSL 应用式子集更加综合的使用，从而说明一些新的建模思路。
- 效果：使得读者能够更加熟练地使用应用式规约程序设计。
- 讨论方式：系统的。

在这一章我们将总结规约记法（RSL）的应用式结构。术语“应用式”（作为“程序设计”的前缀）来自于“函数应用”。应用式程序设计主要的特性就在于其能够定义、应用和组合函数。所以术语“函数式”经常用于代替“应用式”，因而有函数式程序设计 [47, 173, 222, 258, 275, 378, 387, 430, 498, 502, 520]。无论是算术表达式、布尔表达式、集合表达式、笛卡尔表达式、列表表达式还是映射表达式，它们之间相互区别的主要性质在于它们的操作符/ 操作数结构，因此它们都涉及到了函数应用。

特性描述： *应用式程序设计*，我们通过其理解带有函数的程序设计，也即在程序设计中函数是第一类对象，函数应用是其核心概念。这里不存在存储的概念（即可赋值变量），同时也没有并发的概念。

■

讨论： 我们借助于描述什么不是*应用式程序设计*：它不是带有赋值的程序设计，所以没有语句的概念；它也不是带有进程的程序设计，所以没有并发的概念。

■

特性描述： *函数式程序设计*，我们将其等同于应用式程序设计。

■

特性描述： *应用式规约程序设计*，我们通过其理解一个抽象的、面向性质的应用式程序设计，并在其中使用抽象类型等等。

■

19.1 作用域与绑定

为了给现象建模（即表达概念、概念的性质以及涉及概念的计算），通常比较聪明的办法是引入标识符来表示这些现象和概念。这些标识符与值相关联（通过它们来表达值、性质和计算）。这些标识符应当在特定的文本上使用，即在该文本它们是有效的。我们将其称为标识符的作用域。一些这样的标识符分配给了常量。它们表达值，且这些值不会改变。这些是我们在应用式（程序设计）中考虑的标识符。其他这样的标识符分配给了可能会变化的值，即标识符命名声明的（可存储的）变量，这些变量可能会被重新赋值（重新表达）。我们将在第 20 章中讨论此类的变量。常量（尽管它们也被称为"变量"）标识符只赋值一次。我们说它们被绑定。本节将介绍标识符、标识符的作用域和绑定。关于绑定的许多技术细节请读者参见关于绑定、类型、模式和匹配的第 19.6 节。

我们发现基本上有五种标识符定义的情况，正是因为这五种情况作用域和绑定的概念得到关联。它们是：

1. **let** 定义
2. 函数定义
3. **case** 结构
4. 内涵表达式
5. 量化表达式

在第 19.1.2~19.1.6 节中，我们在方括号中提及上面的数字。

现在我们讨论绑定和作用域在以上形式中出现的问题。我们的讨论方式将是"只有内行能够理解的"。也就是说，它假定你已经熟悉了前面我们对这些形式的介绍，所以我们只给出总结。

19.1.1 绑定模式—— 非形式说明

特性描述： 绑定模式，我们用其指结构，该结构由通常为自由并且总是截然不同的标识符或者通配符（_）组成。它们被绑定到也即等同于具有类似结构的值，这样人们可以在标识符和值的组成部分之间建立一一对应的关系。 ■

在前面关于集合、笛卡尔、列表和映射的章节里面，我们给出了如下的绑定模式：

let {a} ∪ s = set **in** ... **end**
let (a,b,...,c) = cart **in** ... **end**
let ⟨a⟩^ℓ = list **in** ... **end** and **let** ℓ^⟨a⟩ = list **in** ... **end**
let [a↦b] ∪ m = map **in** ... **end**

这里的模式是：

{a} ∪ s, (a,b,...,c), ⟨a⟩^ℓ, ℓ^⟨a⟩, [a↦b] ∪ m

我们假定 set、cart、list 和 map 具有正确的大小。也就是说，set、list 和 map 是非空的，并且 cart 具有正确数量的直接分量，同笛卡尔绑定模式（a,b,...,c）相称。

现在我们使用通配符 _ 来扩展上述的形式：

let {a,_} ∪ s = set **in** ... **end**
let (a,_,...,c) = cart **in** ... **end**
let ⟨a,_,b⟩^ℓ = list **in** ... **end**
let [a↦b,_] ∪ m = map **in** ... **end**

这些形式只有满足以下条件下才有意义：set 至少含有两个元素，list 至少含有三个元素，map 至少含有两个配对。如果满足了上述条件，这些形式表示s 是由集合 set 去掉任意两个元素得到的任意集合；ℓ 是由列表 list 去掉头三个元素得到的列表；m 是由映射 map 去掉任意两个配对得到的任意映射。

下面我们假定通配符就类似于一个自由标识符！也就是说，我们的说明不会特别考虑通配符，只是假定它们会被用到（即它们会出现于所给出的对绑定的一般性介绍中）。

总结和概括：模式通常是由自由标识符构成的结构。现在我们增加了通配符、绑定标识符和常量在模式中出现的可能性。绑定标识符自然是指绑定于某物（即值或称常量）。[1] 本章所讨论的绑定现在是模式和值的配对。值通过许多方式来呈现：(i) 通过对与模式配对的表达式的求值（配对操作符为相等符号，=）—— 像在 **let** 结构中；(ii) 通过函数调用提供的参数值，然后与函数定义的形参列表配对；(iii) 通过内涵和谓词表达式中的类型的量化；(iv) 或者通过 **case** e **of** 结构。该结构提供了可选择和连续的 **case** 选择子句。这些子句左侧的模式与 **case** e **of** 头中表达式 e 的值配对。所有的这些都将被详细地探讨。

19.1.2 "let"结构的作用域和绑定[1]

第 19.2 节也讨论了 **let** 结构。所以我们仅给出一个非常简单但模式化的例子：

let pattern = $\mathcal{E}$(...) **in** $\mathcal{B}$(id_1,id_2,...,id_n) **end**

令 Δ 为元语言的观测器函数，它提取出模式中所有的标识符。因此对于上面的 pattern，我们有：

Δ(pattern) = {id_1,id_2,...,id_n}

pattern的自由标识符 {id_1,id_2,...,id_n} 是由（=的）左侧结构，pattern 引入的。它们被绑定到满足定义等式 pattern = $\mathcal{D}$(id_1,id_2,...,id_n) 的值上。它们的作用域 是体表达式，上面子句中的 $\mathcal{B}$(id_1,id_2,...,id_n) 定义等式可以产生有限（包括零）或者无限数量的模型，并且在这些模型中自由标识符被绑定到符合该等式的值上。

例 19.1 简单"let"绑定 我们给出一个简单——专门构造出来的—— 例子用于读者学习：

type
  A = **Bool** × (**Int** × **Real** × (**Text** × **Char**))
value
  f: A → (**Int** | **Text**)
  f(a) ≡ **let** (b,(i,r,(t,c))) = a **in if** b **then** i + **int** r **else** t⌒⟨c⟩ **end end**

（这里 $\Delta(b,(i,r,(t,c))) = \{b,i,r,t,c\}$。） ■

let 定义其他绑定的例子，请参阅第 7.7.2、13.2.3、14.2.3–14.2.4、15.2.3 和 16.2.3 节。

[1]这个后绑定是由模式出现的文本的上下文提供的—— 该上下文通常是由求值格局的上下文提供，即环境构件。

19.1.3 函数定义作用域与绑定[2]

请读者参阅第 11 章关于本节内容较早的介绍。在函数定义的形式上讨论标识符的引入、绑定和作用域才有意义，下面给出函数定义的形式：

value
  f: A $\tilde{\rightarrow}$ B
  f(pattern) ≡ $\mathcal{E}$(a_1,...,a_m)
  pre: $\mathcal{P}$(a_1,...,a_m)

  f(argument_pattern) **as** result_pattern
  pre: $\mathcal{P}$(a_1,...,a_m)
  post: $\mathcal{P}$(a_1,...,a_m,r_1,...,r_n)

  where:
    {a_1,...,a_m} = Δ(argument_pattern)
    {r_1,...,r_n} = Δ(result_pattern)

我们通过 argument_pattern 指带有一个或多个自由标识符的模式。我们将会提及这些标识符。result_pattern 是仅带有自由标识符的模式。函数定义头 f(argument_pattern) 中的 argument_pattern 形式引入了标识符。基调 f: A → B 通常绑定自由标识符到类型。每当函数 f 被调用的时候 f(argument)，argument_pattern 中的自由标识符的绑定就发生了。f 和自由标识符的作用域是函数定义的其余部分，即函数体和前置条件：$\mathcal{E}$(id_1,id_2,...,id_n) **pre**: $\mathcal{P}$(id_1,id_2,...,id_n)。

例 19.2 简单函数定义绑定 这个例子同样是构造出来的，用于读者学习：

type
  A = **Bool** × **Real**
  B = **Int** × **Nat**
  C = **Real** × **Real**
value
  f: A → (B | C)
  f(b,r) ≡ **if** b **then** (**int** r,**abs**(r−**int** r)) **else** (−**abs** r,**abs** r) **end**

  f(b,r) **as** (ir,nr)
    post ir = **if** b **then** **int** r **else** −**abs** r **end** ∧
      nr = **if** b **then** **abs**(r−**int** r) **else** **abs** r **end**

■

其他函数定义绑定的例子请参见第 11 章。

19.1.4 "case"结构的作用域和绑定[3]

现在我们仅讨论 **case** 结构的作用域和绑定。关于 **case** 结构的其他方面请参见第 19.5 节。**case** 结构示意性表示如下：

```
case expr of
    choice_pattern_1 → expr_1,
    choice_pattern_2 → expr_2,
    ...
    choice_pattern_n_or_wild_card → expr_n
end
```

这里 choice_pattern_i 和 choice_pattern_n_or_wild_card 通常是带有一个或者多个自由标识符的模式。自由标识符（上面没有显式而是隐含地给出）由 → 左面的 choice_pattern_i 引入。**case** expr **of** 表达式的值部分和模式之间提供了匹配，根据该匹配自由标识符绑定到值上，并且它们的作用域是紧邻相应 → 右方的 expr_i。

例 19.3 Case 绑定 下面我们给出构造的例子，用于读者的学习：

```
type
  A == mkB(s_i:Int) | mkC(s_i:Int,s_j:Int) | mkD(s_i:Int,s_j:Int,s_k:Int)
value
  f: A → (Int | Nat | Real)
  f(a) ≡
    case a of
      mkB(iv) → iv,
      mkC(iv,jv) → if iv≥0 then −iv else jv end
      mkD(iv,jv,kv) → if kv≠0 then iv/kv else iv/(kv+0.000001) end
    end
```

■

其他选择性结构绑定的例子请参阅第 14.4.1 节。

19.1.5 内涵：作用域和绑定[4]

有三种内涵表达式：

{ E(a) | a:A • P(a) },
⟨ E(i) | i **in** index_list • P(i) ⟩,
[D(a) ↦ R(a) | a:A • P(a)].

在每个子句中，标识符 a、i 和 a （分别在上面的第 1、第 2 和第 3 行）被命名和确定类型（即通常是被绑定）：a:A、i **in** index_list 和 a:A。它们分别通过可选部分 P(a) 被绑定到特定的值。它们的作用域分别是 E(a)、E(i) 和 D(a) ↦ R(a)。我们留给读者去“重述这个故事”，同时基于恰当的模式和它们的自由标识符。关于内涵绑定一些特定的例子请参阅第 13.2.2、15.2.2 和 16.2.2 节。

19.1.6 量化：作用域和绑定[5]

有三种形式的量化表达式：

$\forall$ a:A • P(a),　$\exists$ a:A • P(a),　$\exists$! a:A • P(a)

参阅第 9 章, 第 9.5.4 节。

标识符 a 在量化表达式的 a:A 部分引入并且被确定类型。被定义的标识符 a 的作用域是其余的文本：P(a)。我们留给读者去“重述这个故事”，同时基于恰当的模式和它们的自由标识符。

关于量化表达式特定的例子请参阅第 9.5.4~9.5.7 节。

19.2 直观理解

首先注意到我们已经给出了大量 **let ... in ... end** 子句使用的例子，这一点很重要。其次，在这一节我们将不会给出其他应用式规约的例子，这一点也很重要。

我们已经了解操作符/操作数表达式能够表达非常复杂的值。并且也将了解到，通过不动点表达式其实能够表达所有我们想要表达的值。最后给出的这三句话是为了说明，从一个全新的角度来看，我们关注表达式（即函数），并将其作为成熟的规约和编程语言的观点是正确的。

19.2.1 简单“let a = $\mathcal{E}_d$ in $\mathcal{E}_b$(a) end”

我们继续说明正确性的原因。为了分解值的表达式，我们引入子句：

let a = $\mathcal{E}_d$ **in** $\mathcal{E}_b$(a) **end**

它是如下形式的展开式：

$(\lambda a.\mathcal{E}_b(a))(\mathcal{E}_d)$

即定义一个函数 $\lambda a.\mathcal{E}_b(a)$，应用该函数到参数 $\mathcal{E}_d$。a 的作用域是 $\mathcal{E}_b(a)$。

表达式 **let** a = $\mathcal{E}_d$ **in** $\mathcal{E}_b$(a) **end** 的一个直观理解是它定义了变量 a，但这个变量不是获得了变化值这个意义上的变量，而是定义了作用域为 $\mathcal{E}_b$(a) 并且获得常量值的 a。这个直观理解使得 **let** a = $\mathcal{E}_d$ **in** 子句成为所谓的单一赋值。这个两步骤的方法首先绑定常量值到 a，然后在上下文中使用该值即 a —— 在该上下文中会出现其他这样的绑定和使用—— 顾及了表达值的“分治法”原则。

19.2.2 递归“let f(a) = $\mathcal{E}_d$(f) in $\mathcal{E}_b$(f,a) end”

我们在第 7.8 节中看到递归函数，如下面的 f：

let f(a) = E(f) **in** B(f,a) **end**
/∗ 等同于 ∗/
let f = λa:A • E(f) **in** B(f,a) **end**

等于：

let f = **YF** **in** B(f,a) **end**
F ≡ λg•λa•(E(g))
不动点恒等律： **YF** = F(**YF**)

这解释并允许了递归函数的使用。

19.2.3 直谓“let a:A • $\mathcal{P}$(a) in $\mathcal{E}$(a) end”

确定类型结构：

let a:A • $\mathcal{P}$(a) **in** $\mathcal{B}$(a) **end**

通俗的来讲，上面的表达式表示从类型 A 中选取满足谓词 $\mathcal{P}$(a) 的 a 值来对 $\mathcal{B}$(a) 求值。

19.2.4 多个“let $a_i = \mathcal{E}_{d_i}$ in $\mathcal{E}_b(a_i)$ end”

通常我们考虑多个、混合和组合的绑定模式定义：

let a:A • P_1(a), b:B • P_2(a,b), ..., c:C • P_n(a,b,...,c),
  p_a = E_1(a,b,...,c),
  p_b = E_2(a,b,...,c,p_a),
  ...,
  p_c = E_n(a,b,...,c,p_a,p_b,...) **in**
B(a,b,...,c,p_a,p_b,...,p_c) **end**

这里 p_a, p_b, ... p_c 是自由标识符（可能是通配符）的绑定模式，并且上面定义子句的顺序是非常重要的。

以上是如下表达式的缩写形式：

let a:A • P_1(a) **in** **let** b:B • P_2(a,b) **in** ..., **let** c:C • P_n(a,b,...,c) **in**
  let p_a = E_1(a,b,...,c) **in**
    let p_b = E_2(a,b,...,c,p_a) **in**
    ...,
      let p_c = E_n(a,b,...,c,p_a,p_b,...) **in**
      B(a,b,...,c,p_a,p_b,...,p_c)
end end ... **end end end** ... **end**

上面的重写解释了被定义名字的作用域。

现在所有的这些表示什么？目前为止我们尚未在定义表达式的形式上施加任何限制。（即那些出现在等式右边和确定类型谓词的表达式）。答案很简单，无需重复细节：一个由多个混合的 **let** 绑定（即不包括 B(a,b,...,c,p_a,p_b,...,p_c)）所构成的组合集合的意义是模型的集合。每个模型含有从所有的自由标识符 a,b,...,c 和在绑定模式 p_a,p_b,...,p_c 中出现的所有的自由标识符到使等式和谓词成立的值上的绑定。

请不要担心这些等式(及其他)是如何“解决的”。只需关注它们定义的性质。我们是在规约，而不是算法上的程序设计！请注意我们不能通过使用上面的多个 **let** 子句来定义两个或者两个以上的互递归函数。也就是说，

value
  f: A → B
  f(a) ≡
    let f1 = λ x:X • $\mathcal{E}$(f2,a,x),
      f2 = λ y:Y • $\mathcal{E}$(f1,a,y) **in**
    let x = ..., y = ... **in**
    ... f1(x) ... f2(y) ... **end end**

不是一个可接受的定义。

但是我们可以定义任意互递归的函数集合为 **class** 定义中适当的 **value** 定义。这样的函数定义——暂时不考虑任何可能的名字冲突（即不同**class**定义中有两个或者两个以上的相同的名字）—— 可以看作定义在一个完整的规约中的定义、声明等等的“最外”层。

19.2.5 文字和标识符

文字

最简单的表达式是文字，即常量的名字：数字、布尔值、字符等等。

0, 1, 2, ..., −1, −2, ...
0.0, 1.41, 2.71, 3.15, ...
true, **false**
″a″, ″b″, ..., ″z″, ..., ″abc″, ...

标识符

几乎同样简单的表达式是标识符。它们可以通过出现在诸如函数参数/值绑定、**let** 子句绑定以及 **case** 选择绑定中而被绑定到值：

a, b, ..., id, name, ...

一些标识符可以表示枚举类型值。

19.3 操作符/操作数表达式

RSL 的操作符或者联结词/操作数表达式是前缀、中缀和后缀表达式：

⟨Expr⟩ ::=
  ⟨Prefix_Op⟩ ⟨Expr⟩
  | ⟨Expr⟩ ⟨Infix_Op⟩ ⟨Expr⟩

| ⟨Expr⟩ ⟨Suffix_Op⟩
| ...
⟨Prefix_Op⟩ ::=
− | ∼ | ∪ | ∩ | **card** | **len** | **inds** | **elems** | **hd** | **tl** | **dom** | **rng**
⟨Infix_Op⟩ ::=
= | ≠ | ≡ | + | − | ∗ | ↑ | / | < | ⩽ | ⩾ | > | ∧ | ∨ | ⇒
| ∈ | ∉ | ∪ | ∩ | \ | ⊂ | ⊆ | ⊇ | ⊃ | ⌢ | † | °
⟨Suffix_Op⟩ ::= !

表达式所应具有的类型与操作符一致。

前缀一元操作符或者联结词是：算术（否定）、布尔（否定）、集合（分布并和分布交、势）、列表（长度、索引、元素、头、尾）、映射（定义集合、映射值域集合）。中缀二元操作符或者联结词是：普通等于、不等于和等价；算术（加、减、乘、除、幂）、布尔（合取、析取、蕴涵）、集合（元素隶属关系或者非隶属关系、并、交、补、真子集、子集、超集、真超集)、列表（拼接）、映射（并、覆盖、限制）和函数（复合）。（唯一）的后缀一元操作符是：算术（阶乘）。中缀表达式从左到右求值。

19.4 枚举和内涵表达式

我们继续以类似于 RSL "参考手册"的方式来综述 RSL 的应用式语言特点。枚举和内涵形式可以用于显式地表达集合、笛卡尔、列表和映射。

{a_1,a_2,...,a_n}, {E(a)|a:A•P(a)}
(a_1,a_2,...,a_n), ⟨E(ids)|b_p **in** lst_ex•P(ids)⟩ **where:** ids = Δ(b_p)
[a_1↦b_1, ..., a_n↦b_n], [D(a)↦R(a)|a:A: P(a)]

出现在 E(ids) 中的标识符 ids 是绑定模式 b_p 的自由标识符，并且 lst_ex 是一个列表表达式。

19.5 条件表达式

条件表达式：

```
if b_expr then c_expr else a_expr end

if b_expr then c_expr end ≡ /* 等同于: */
   if b_expr then c_expr else skip end

case expr of
   choice_pattern_1 → expr_1,
   choice_pattern_2 → expr_2,
   ...
```

choice_pattern_n_or_wild_card → expr_n
end

这里 choice_patter_n_or_wild_card 表示choice_pattern 或者 wild_card （_）。

在 choice_pattern 不包含或者至少没有大量包含自由标识符的情况下，我们可以说下面的结构：

case expr **of**
　choice_pattern_1 → expr_1,
　choice_pattern_2 → expr_2,
　...
　choice_pattern_n_or_wild_card → expr_n
end

不是条件表达式，而是选择表达式。这样基本上有两种不同的使用 **case** 结构的情况：为了选择的目的，或者为了“多路”（即多于两种）的条件决定。

例 19.4　条件与选择“case”　我们将其留给读者来学习，即“解密”下面的例子—— 它没有实际的意义，只是用于说明 **case** 条件性的使用：

type
　A = **Int** | (**Int** × **Int**) | (**Int** × **Int** × **Int**)
value
　f: A → **Bool**
　f(a) ≡
　　case a **of**
　　　7 → **true**, (7,_) → **true**, (7,_,_) → **true**, _ → **false**
　　end

类似地，下面的例子将说明选择的概念：

　A = **Int** | (**Int** × **Int**) | (**Int** × **Int** × **Int**)
value
　f: A → **Real**
　f(a) ≡
　　case a **of**
　　　(7,j) → j/3, (7,j,k) → j*k/5, _ → a/7
　　end

■

重复的 **if** ... **then** ... **else** ... **end** 可以写作：

if b

```
    then c
    else
        if b′
            then c′
            else
                if b″
                    then c″
end end end
```

但也可以被缩写为：

if b **then** c
elsif b′ **then** c′
elsif b″ **then** c″
end

这里使用了 **elsif** 结构。

19.6 绑定、确定类型、模式和匹配

Pattern（模式）: ...; 模型或模子；用于制造铸模的木模或金属模；...

(1598) The Shorter Oxford English Dictionary
On Historial Principles [349]

本节可以被略过，但其写作目的是为了使其本身具有可读性。所以本节重复了本章较早节中的一些内容，不过采用了更一般的形式。

19.6.1 问题

前面我们讨论了绑定、确定类型、模式和匹配的概念（参见第 13.2.3 （集合）、14.4.1~14.4.2 （笛卡尔）、15.2.3 （列表）和16.2.3 （映射）节）。这里我们将总结它们，另外考虑记录模式结构。

两个主要的问题是：首先，我们需要表达对具有某种类型的被命名值的选择，为此我们使用绑定和确定类型的概念；其次，我们需要表达将复合值分解成为命名的子构件，为此我们使用模式和匹配的概念。

句法便利问题

绑定、确定类型、模式和匹配不是抽象概念，它们仅仅是语言表达便利上的一些术语概念。

另外，我们不会严格遵循 RSL 的形式句法，而是泛化表达绑定和模式的句法，从而使得两者大约一致！不过首先我们讨论绑定模式，然后讨论使得绑定能够起到预期作用所必须的匹配，最后讨论确定类型。

19.6.2 绑定和模式的本质

绑定、确定类型和模式这三个概念彼此之间密切相关。

绑定

在一个典型的绑定里面，比如

let (a,(b,c)) = v **in** $\mathcal{E}$(a,b,c,v) **end**

子句 **let** (a,(b,c)) = v 是绑定。它定义了模式中的自由变量 a、b 和 c 为 v 的值分量。v 应当匹配左面的模式 (a,(b,c))。

模式

在一个典型的模式使用里：

case v **of**
  (a,(b,**true**)) → $\mathcal{E}_i$(a,b),
  (a,(b,c)) → $\mathcal{E}_j$(a,b,c),
  (a,b) → $\mathcal{E}_k$(a,b),
  ...
  _ → $\mathcal{E}_v$(v)
end

每一个子句(a,(b,**true**))、(a,(b,c))、(a,b) 和 _ 都是选择模式。现在我们要描述一个完整形式的绑定，比如 (a,(b,**true**)) → $\mathcal{E}_i$(a,b)。

如果值表达式 v 表示一个对，该对的第二个元素是一个对并且后者的第二个元素是真值 **true**，那么在对 $\mathcal{E}_i$(a,b) 求值的时候, a 和 b 被定义为分别绑定到两个对的第一个元素。

如果值表达式 v 表示一个对，该对的第二个元素是一个对并且后者的第二个元素是除真值 **true** 以外的任意值，那么在对 $\mathcal{E}_j$(a,b,c) 求值的时候，a, b 分别被绑定到两个对的第一个元素，c 被绑定到第二对的第二个元素。

如果值表达式 v 表示一个对并且该对的第二个元素不是一个对，那么在对 $\mathcal{E}_k$(a,b) 求值的过程中，a 和 b 被定义为分别绑定到第一个和第二个元素。

否则对 $\mathcal{E}_v$(v) 求值。

前面的四个段落解释了模式和值之间匹配所涉及到方面。注意 **case** 子句的顺序求值："从上到下，从左到右"，它允许对模式和绑定进行适当的选择。

绑定和模式：明显的不同

就像用 **let** 子句所解释的那样，绑定模式含有模式的一个限制形式：我们不允许值的文字（即常数的名字），但是我们允许"通配符"： _。所有自由的绑定模式标识符是不同的。

就像用 **case** 子句解释的那样，选择模式允许模式含有值的文字，包括自由和绑定的标识符以及通配符 _。绑定和选择模式不同的用法是：除了用于 **let** 子句，绑定模式还用于量化确定类型中，参阅下文。除了用于 **case** 子句中，选择模式还用于函数参数子句中，参阅下文。函数参数子句使用模式例子在例 11.2 中给出。

绑定和确定类型

在第 9.3 节中我们首先介绍了绑定和确定类型的概念：∀ b,b′:**Bool**，这里 b 和 b′ 绑定到了 **Bool** 中的某个值，∀ b,b′:**Bool** 表示确定类型。其他的例子在第 9.5.2 节中给出：[3] ∀ x:X•E(x)，[4] ∃ x:X•E(x)，[5] ∃ ! x:X•E(x)。它们表示三种模式的确定类型。在第 9.5.2 节中我们简要和非形式地介绍了确定类型和绑定的概念。

• • •

下面我们更加系统地讨论绑定、确定类型、模式和匹配等主题。

19.6.3 绑定模式

我们将绑定理解为标识符和值的关联。因此绑定是一个语义概念。句法上的概念比如模式、**let** 和 **case ... of** 子句等把绑定表示出来。

较早内容回顾

第 13.2.3（集合）、14.2.4（笛卡尔）、15.2.3（列表）、16.2.3（映射）节已经介绍如下模式的绑定：

[1] **let** {a_1,a_2,...,a_n} ∪ s = $\mathcal{V}$set **in** ... **end**
pre: **card** $\mathcal{V}$set ⩾ n
assert: card $\mathcal{V}$set = n ⇒ s={}

[2] **let** (a_1,a_2,...,a_n) = product **in** ... **end**
pre: product – 一个有 n 个分量的笛卡尔

[3] **let** ⟨a_1,a_2,...,a_m⟩^ℓ = $\mathcal{V}$list **in** ... **end**
pre: len list ⩾ m
assert: len $\mathcal{V}$list = m ⇒ ℓ=⟨⟩

[4] **let** [a_1↦b_1,a_2↦b_2,...,a_n↦b_n] ∪ m = $\mathcal{V}$map **in** ... **end**
pre: **card dom** $\mathcal{V}$map ⩾ n
assert: card dom $\mathcal{V}$map = n ⇒ m=[]

在上述绑定之中，左侧的标识符实际上表示自由、不同的标识符而不是任意的表达式。在很大程度上非形式地来讲，这里“神秘的” $\mathcal{V}$ e 表示表达式 e 的值。

这四个子句规定了这些标识符通过定义绑定到值上。在集合分解 [1]中，n 个任意分量的非确定性命名和余下的集合被定义。在笛卡尔分解 [2] 中，n 个特定分量的非确定性命名被定义。

在列表分解 [3]，列表的前 n 个元素和其余的列表的确定性命名被定义。在映射分解[4]中，n 个任意的定义集合元素和与这些元素相关联的值域元素以及其余映射的非确定性命名被定义。

只有笛卡尔和列表绑定是“官方”RSL 句法的一部分。其余的尽管很有用并且表达能力强，但是不能被 RAISE 工具集接受。

上面模式化的例子可以被伪形式化。首先我们重复上述模式化的绑定：

[1] **let** {a_1,a_2,...,a_n} ∪ s = set **in** ... **end**
[2] **let** (a_1,a_2,...,a_n) = pro **in** ... **end**
[3] **let** ⟨a_1,a_2,...,a_m⟩$\widehat{\ }$nℓ= list **in** ... **end**
[4] **let** [a_1↦b_1,a_2↦b_2,...,a_n↦b_n] ∪ m = map **in** ... **end**

如果 set，product，list 和 map (表达式) 值如下所示：

[1] set ≡ {v_1,v_2,...,v_n} ∪ sv
[2] pro ≡ (v_1,v_2,...,v_n)
[3] list ≡ ⟨v_1,v_2,...,v_m⟩$\widehat{\ }$vℓ
[4] map ≡ [v_1↦w_1,v_2↦w_2,...,v_n↦w_n] ∪ mv

那么绑定，即左面自由标识符到元素值的关联，将如下所示：

[1] $set\rho \equiv [a\_1{\mapsto}v\_1,a\_2{\mapsto}v\_2,...,a\_n{\mapsto}v\_n,s{\mapsto}sv]$
[2] $pro\rho \equiv [a\_1{\mapsto}v\_1,a\_2{\mapsto}v\_2,...,a\_n{\mapsto}v\_n]$
[3] $list\rho \equiv [a\_1{\mapsto}v\_1,a\_2{\mapsto}v\_2,...,a\_m{\mapsto}v\_m,n\ell{\mapsto}v\ell]$
[4] $map\rho \equiv [a\_1{\mapsto}v\_1,a\_2{\mapsto}v\_2...,b\_n{\mapsto}w\_n]$
　　$\cup\ [b\_1{\mapsto}w\_1,b\_2{\mapsto}w\_2,...,b\_n{\mapsto}w\_n,m{\mapsto}mv]$

也因为上述导致了“绑定”术语的使用：以 ρ 为后缀命名的映射表示从标识符到值的绑定。

为了讲述的方便，在上述中我们使用了三种类型的字体：罗马字体的公式表示普通的但模式化的（...）RSL 文本。sans serif **字体的公式** 表示模式化的值定义。这里使用 RSL 来解释 RSL。*italic* 公式表示一般的 RSL 文本所蕴涵的语义值。同样，这里再一次使用 RSL 来解释 RSL 。

记录绑定模式

有一种绑定模式还有待于介绍，即记录绑定模式的使用：

[5] **let** mk_A(b,c,...,d) = v **in** $\mathcal{E}$(b,c,...,d) **end**

这里我们假定表达式 v 表示的值具有 mk_A 表示的类型。比如我们假定：

type
　A == mk_A(β:B,γ:C,...,δ:D)

只有 v:A，绑定 **let** mk_A(b,c,...,d) = v 才会被认为是句法正确的。绑定的效果是关联：

[5] recρ = [b↦β(v),c↦γ(v),...,d↦δ(v)]

绑定模式的一般形式

在上述所有的 RSL 例子中，我们仅例证了一些非常简单的模式，即通常为复合的句法结构，其邻接元素为自由标识符。

在下面一系列的例子里，现在我们将经过许多小的步骤。这些步骤合到一起说明一个规约语言的类型、值、绑定和模式系统—— 它非常类似，但是不完全等同于这几卷中所主要使用的规约语言的系统。每一个小的步骤都“解决”了开发及其文档中的一项内容。

例 19.5 绑定模式的非形式描述 我们现在泛化模式，它或为绑定模式或为选择模式，其邻接元素本身也为某种模式。

我们叙述性地（即非形式地）但简明地描述绑定模式如下：标识符是绑定模式。一个或者多个不同的绑定模式构成的有限集合的集合枚举，并且其前置或者通常后置有一个可选的简单标识符是绑定模式。由一个有限非空的不同绑定模式构成的列表的笛卡尔分组是绑定模式。由一个有限非空的不同绑定模式构成的列表，并且其前置或者通常后置有一个可选的简单标识符是绑定模式。一个或者多个不同的绑定模式对构成的有限集合的映射枚举并且其前置或者通常后置有一个简单标识符，是绑定模式。由已定义的构造器名和一个或者多个绑定模式的列表构成的记录表达式是绑定模式。通配符（_）是绑定模式。一个绑定模式所有的自由标识符必须不同。 ■

例 19.6 绑定模式的形式描述 上面的叙述可以被形式化。其间我们给出了一些模式化的例子。

type
  Id
  B′ = Bid | Bse | BCa | Bli | Bma | Bre | Wil
  B = {| b:B′ • wf_B(b) |}
  Bid == mk_nm(id:Id)
      例：a
  Bse == mk_se(se:B-**set**,on:Onm)
      例：{b_1,b_2,b_3}
      例：{b_i,b_j,b_k} ∪ s
  Onm = nil | Bid

  BCa == mk_Ca(ca:B*)
      例：(b_1,(b_21,b_22),(b_31,b_32,b_33,b_34))
  Bli == mk_li(tu:B*,on:Onm)
      例：⟨b_1,b_2⟩⌢ℓ
  Bma == mk_ma(ma:(B $\overrightarrow{m}$ B),on:Onm)
      例：[b_11↦b_12,b_21↦b22,b_31↦b_32]
      例：[b_i1↦b_i2,b_j1↦bj2,b_k1↦b_k2] ∪ m

Bre == mk_re(sn:Sn,ca:B*)
　　例：mk_X(b_1,b_2,b_3)
　　例：mk_Y(b_1)
Wil == wildcard

■

例 19.7　*良构性约束的形式化*　看一下绑定模式，唯一需要被形式化的约束是标识符的不同性。由于模式可以递归嵌套并且标识符不同性的标准适用于所有递归嵌套的层次，经过考虑（即分析）后，我们需要定义一个函数。该函数在检查嵌套模式的标识符不同性并报告结果为真或者假的同时也产生嵌套标识符的集合。

下面给出的规约有三点注释：（1）它例证了选择模式两种形式的使用：作为函数的参数（参见 wfB 函数的许多定义）以及 **case** 子句（参见 wfBS 函数的定义）。（2）这个定义不起作用！嗯，当然它起作用，但是我们不能用一个语言本身去定义它自己的语义，而这似乎就是我们想要去做的！所以，如果你认为它起作用，它就起作用。并且，如果你认为它不起作用，那么它就不起作用！它就是那么简单！[2]（3）仅仅去定义所有可能和任意嵌入的标识符的不同性就需要37行的规约。下面这句话表达起来很简单：*绑定模式中所有标识符的出现都必须不同*，但是却需要 30 多行去定义它。几乎无法让人信服——直到你考虑用 `Java` 去编程！许多表面上看起来无错的需求结果都变得非常难以形式化，有的时候实际上，通常——但不是总是这样——难以编程。另一方面，一旦被形式规约，就像这里，用 `Standard ML`、`Java`、`C++`、`C#` 等编程语言去编程就是非常直接了。

value
　wf_B: B′ → **Bool**
　wf_B(b) ≡ **let** (ids,tf) = wfB(b) **in** tf **end**

　wfB: B′ → **Id-set** × **Bool**
　wfB(mk_nm(id)) ≡ ({id},**true**)
　wfB(mk_se(se,mk_nm(id))) ≡
　　let (ids,tf) = wfS(se) **in** (ids ∪ {id},tf ∧ id∉ ids) **end**
　wfB(mk_se(se,nil)) ≡ **let** (ids,tf) = wfS(se) **in** (ids,tf) **end**

　wfS: B-**set** → **Id-set** × **Bool**
　wfS(se) ≡ wfL(⟨b | b:B′ • b ∈ se⟩)

[2] 看看下面的定义：*x 是 y，并且：y 是 x*。如果你认为 1 是 y 的一个选择，那么它也是 x 的选择（解答）。但是任何实体（数学的或者其他）都将是这样！用同样的语言来定义这个语言会导致上面这种形式的循环。

```
wfL: B'* → Id-set × Bool
wfL(bl) ≡
    let ts = ⟨wfB(bl(i))|i in inds bl⟩,
        tr = ∀ i:Nat • {i,i+1} ∈ inds ts
            ⇒ let (idsi,tf)=ts(i), (idsj,_)=ts(i+1) in
                idsi ∩ idsj={} ∧ tf end,
        ns = ∪{let (ids,_)=ts(i) in ids end|i:Nat•i ∈ inds ts} in
    (ns,tr) end

wfB(mk_Ca(bl)) ≡ wfL(bl)
wfB(mk_li(bl)) ≡ wfL(bl)
wfB(mk_ma(bm,ni)) ≡
    let wfm = (card dom bm = card rng bm),
        (ids,tr) = wfL(⟨bm(d)|d:B'•d ∈ dom bm⟩),
        (ids',tr') = wfL(⟨bm(d)|d:B'•d ∈ dom bm⟩),
        (ids'',tr'') =
            case ni of
                mk_nm(id) → ({id},id∉ ids ∪ ids')
                nil → ({},true) end in
    (ids ∪ ids' ∪ ids'',
     wf ∧ tr ∧ tr' ∧ ids ∩ ids' = {} ∧ tr'') end
wfB(mk_re(,bl)) ≡ wfL(bl)
```

■

注释

由于不能用一种语言本身去定义它的语义，也就是说写下你认为起作用的一些公式，所以我们必须首先理解非形式的解释，或者一种已经定义好的规约语言（通常是离散数学）给出的解释。一旦我们理解那些描述，我们就可以利用该理解来例证——就像上面的函数定义——绑定的使用以及绑定和选择模式。

进一步的介绍

我们必须定义绑定子句的句法正确性：左侧的绑定模式和右侧的表达式。我们也必须定义前面模式化的例子所例证的绑定的创建。在第 19.6.5节中，我们将讨论它们。

19.6.4 给定类型

这里非常简单介绍一下给定类型的“形式”理论。有两种基本的给定类型形式：**let** 子句和量化（谓词）表达式中。特别的：

let (a,(b,c)):(A×(B×C)) • $\mathcal{P}$(a,b,c) **in** $\mathcal{E}$(a,b,c) **end**
∀ (a,(b,c)):(A×(B×C)) • $\mathcal{P}_1$(a,b,c) ⇒ $\mathcal{P}_2$(a,b,c)

一般的：

let Car_bin_pat : Car_typ_exp • Pre_exp **in** ... **end**
∀ Car_bin_pat : Car_typ_exp • Pre_exp ⇒ Pre_exp

因此我们只允许最多涉及到笛卡尔类型的简单绑定模式，或者如下所示，仅是简单类型：

let a:A • $\mathcal{P}_1$(a) ⇒ $\mathcal{P}_2$(a) **in** $\mathcal{E}$(a) **end**
∀ a:A • $\mathcal{P}_1$(a) ⇒ $\mathcal{P}_2$(a)

在所有的给定类型中，蕴含可以被省略：

let a:A • $\mathcal{P}$(a) **in** $\mathcal{E}$(a) **end**
∀ a:A • $\mathcal{P}$(a)

19.6.5 选择模式和绑定

在这一节我们将给出 RSL 的类型 / 值匹配概念的一个简化版本：我们将不考虑任何子类型的概念。

例 19.8　选择模式和绑定：绑定和值的句法为了得到选择模式，我们泛化绑定模式如下：凡是标识符出现的地方（如在绑定模式中）我们允许值出现。一个绑定就是一个对：绑定模式或者选择模式，和值。选择模式和绑定的形式句法给定如下：

type
　Id, Wild
　Bind′ = C × VAL
　Bind = {| (c,v):Bind′ • wf_Bind(c,v) |}

　C′ = Cid | Cse | CCa | Cli | Cma | Cre | VAL | Wil
　C = {| c:C′ • wf_C(c) |}
　Cid == mk_ccn(id:Id)
　Cse == mk_ccs(se:C-**set**,oc:OC)
　OC = nil | Cid
　CCa == mk_ccc(ca:C*)
　Cli == mk_ccl(li:C*,oc:OC)
　Cma == mk_ccm(ma:(C $\overrightarrow{m}$ C),oc:OC)
　Cre == mk_ccr(sn:Sn,ca:C*)
　Wil == wildcard

VAL = AtV | SeV | CaV | LiV | MaV | ReV
AtoV = Intg | Boolean | Character | String
Intg :: **Int**, Boolean :: **Bool**
Character :: **Char**, String :: **Text**
SeV :: VAL-**set**
CaV :: VAL*
LiV :: VAL*
MaV :: VAL $\overrightarrow{m}$ VAL
ReV :: sn:Sn cl:VAL*

注释

选择模式的良构性同绑定模式一样：所有标识符的不同性，还有值的良构性。绑定的良构性等同于模式的良构性、值的良构性以及左面的模式与右面的值之间结构兼容性。■

例 19.9 选择模式和绑定：类型句法为了定义值的良构性，我们首先定义值类型。基于此，我们再定义值的良构性。首先，原子值是良构的。集合值中所有的值必须具有相同值类型。列表值中所有的值必须具有相同值类型。映射值集合中的定义集合的所有的值必须具有相同值类型。映射值集合中的值域集合的所有的值必须具有相同值类型。记录值中的所有的值分量必须是良构的。

type
Typ = Aty | Sty | Cty | Lty | Mty | Rty
Aty == integer | boolean | character | string
Sty :: Typ
Cty :: Typ*
Lty :: Typ
Mty :: d:Typ r:Typ
Rty :: s:Sn lt:Typ*

■

例 19.10 选择模式和绑定：值类型提取 xty提取非空值类型：

value
xty: VAL $\xrightarrow{\sim}$ Typ
xty(v) ≡
case v **of**
mk_Intg(_) → integer,
mk_Boolean(_) → boolean,

```
    mk_Character(_) → character,
    mk_String(_) → string
    mk_SeV(vs) →
      case vs of {}→chaos,v ∪ vs′→mk_Sty(xty(v)) end
    mk_CaV(vl) → mk_Cty(⟨xty(vl(i))|i in inds vl⟩)
    mk_LiV(vl) →
      case vl of ⟨⟩→chaos,v ⌢ vl′→mk_Lty(xty(v)) end
    mk_MaV(vm) →
      case vm of
        [ ]→chaos,[d↦r] ∪ vm′→mk_Mty(xty(d),xty(r))
      end
  end
```

■

例 19.11　选择模式和绑定：良构性的形式化

```
value
  wf_Bind: Bind′ → Bool
  wf_Bind(c,v) ≡ wf_C(c) ∧ wf_VAL(v) ∧ wfBind(c,v)
  wf_C: C → Bool /* 类似于wf_B */

  wf_VAL: VAL → Bool
  wf_VAL(v) ≡
    case v of
      mk_SeV(vs) → ∀ v′,v″:VAL • {v′,v″} ⊆ vs
          ⇒ wf_VAL(v′) ∧ wf_VAL(v″) ∧ xty(v′) = xty(v″)
      mk_Ca(vl) → ∀ i:Nat • i ∈ indx vl ⇒ wf_VAL(vl(i))
      mk_LiV(vl) → ∀ i,i′:Nat • {i,i′}⊆inds vl
          ⇒ wf_VAL(vl(i)) ∧ xty(vl(i)) = xty(vl(i′))
      mk_MaV(vm) → ∀ v,v′:VAL• {v,v′} ⊆ vs
          ⇒ wf_VAL(v′) ∧ wf_VAL(vm(v′))
            ∧ xty(d)=xty(d′) ∧ xty(vm(d))=xty(vm(d′))
      _ → true
    end
  wfBind: Bind′ → Bool

  wfBind(mk_ccn(id),v) ≡ true,
  wfBind(wildcard,v) ≡ true
```

```
  wfBind(mk_ccs(cs,_),mk_SeV(vs)) ≡
     card cs ≤ card vs ∧
     let cl = mklist(cs), vl =  mklist(vs) in
     ∃ im:IM •dom im = inds cl ∧ rng im ⊆ inds vl
        ⇒ ∀ i:Nat • i ∈ inds cl ⇒ wfBind(cl(i),vl(im(i))) end

  mklist: (VAL|C)-set → (VAL|C)*
  mklist(vs) ≡
     if vs={} then ⟨⟩ else let {v} ∪ vs′ in vs in ⟨v⟩^mklist(vs′) end end
```

因为对于（非确定性地）选择不同的集合值的元素我们可以有不同的绑定模式，我们引入一个技巧：将集合转化为列表并且假定一个双射的索引映射。这个思路是：如果绑定是良构的，那么存在有这样的选择模式、集合元素值的列表、选择和良构的值之间的双射。

```
type
  IM′ = Nat −m− Nat
  IM = {|im:IM′ • wf_IM(im) |}
value
  wf_IM: IM′ → Bool
  wf_IM(im) ≡
     dom im={1..card dom im} ∧
     card rng im = card dom im

  wfBind(mk_ccc(cl),mk_CaV(vl)) ≡
     len cl = len vl ∧
     ∀ i:Nat • i ∈ inds cl
        ⇒ wfBind(cl(i),vl(i))

  wfBind(mk_ccl(cl,_),mk_LiV(vl)) ≡
     len cl = len vl ∧
     ∀ i:Nat • i ∈ inds cl
        ⇒ wfBind(cl(i),vl(i))

  wfBind(mk_ccm(cm,_),mk_MaV(vm)) ≡
     card dom cm ≤ card dom vm ∧
     ∃ vm′,vm″:MaV •
        vm = vm′ ∪ vm″ ∧
        card dom cm = card dom vm′ ⇒
           wf_recursive_descent(cm,vm′)

  wf_recursive_descent: (C →m C) × MaV → Bool
```

```
wf_recursive_descent(cm,vm)
   ∃ c:C,v:VAL • c ∈ dom cm ∧ v ∈ dom vm
      ⇒ wfBind(c,v) ∧ wfBind(cm(c),vm(v)) ∧
            wf_recursive_descent(cm \ {c},vm \ {v})
   pre card dom cm = card dom vm

wfBind(mk_ccr(sn,cl),mk_ReV(sn′,vl)) ≡
   sn = sn′ ∧ len cl = len vl ∧
   ∀ i:Nat • i ∈ indx cl ⇒
      wfBind(cl(i),vl(i))
```

■

例 19.12 选择模式和绑定：绑定的形式化 任何值都可以被绑定到一个选择模式的标识符。通配符没有被绑定值。所有的绑定都依赖于假定的良构性。这一点尤其与集合和映射的绑定相关。下面所给出的它们的绑定定义反映了非确定性的本质，这类似于它们良构性的定义。一个绑定，句法上是一个由句法模式和语义值构成的对，而语义上它是一个语义表示，显而易见这里建模为从句法标识符到值的映射。注意函数 Bind 是如何逐渐“爬到”嵌入的标识符，然后发现它们的关联值，生成绑定的结果，同时总合（合并）所有的“贡献”（在更外的层次上）。

```
type
   BIN = Id ⇸ VAL
value
   Bind: C × VAL → BIN
   Bind(mk_ccn(id),v) ≡ [id↦v]
   Bind(wildcard,v) ≡ []

   Bind(mk_ccs(cs,on),mk_SeV(vs)) ≡
      let cl = mklist(cs), vl = mklist(vs),
            im:IM • dom im=inds cl ∧ rng im⊆inds vl
               ⇒ ∀ i:Nat • i ∈ inds cl
                  ⇒ wfBind(cl(i),vl(im(i))) in
      ∪ { Bind(cl(i),vl(i)) | i in inds cl }
      ∪ case on of
         nil → [],
         mk_nm(id)→[id↦{vl(i)|i:Nat•i ∈ inds vl\rng im}] end end

   Bind(mk_ccc(cl),mk_CaV(vl)) ≡ ∪ { Bind(cl(i),vl(i)) | i in inds cl }
```

```
Bind(mk_ccl(cl,on),mk_LiV(vl)) ≡
    ∪ { Bind(cl(i),vl(i)) | i:Nat • i ∈ inds cl }
    ∪ case on of
        nil → [ ], mk_nm(id) → [ id↦⟨vl(i)|len cl<i≤len vl⟩ ] end

Bind(mk_ccm(cm,on),mk_MaV(vm)) ≡
    let (ρ,vm′) = recursive_bind(cm,vm) in
    case on of nil → [ ], mk_nm(id) → [ id↦vm′ ] end
    ∪ ρ end

recursive_bind: (C →m C) × MaV → BIN × MaV
recursive_bind(cm,vm) ≡
    if cm = [ ] then ([ ],vm) else
    let c:C,v:VAL • c ∈ dom cm ∧ v ∈ dom vm
                    ⇒ wfBind(c,v) ∧ wfBind(cm(c),vm(v)) in
    let cvρ = Bind(c,v),
        (restρ,vm′) = recursive_bind(cm \ {c},vm \ {v}) in
    (cvρ ∪ restρ,vm′)
    end end end

Bind(mk_ccr(_,cl),mk_ReV(_,vl)) ≡ ∪ { Bind(cl(i),vl(i)) | i in inds cl }
```

■

一些观察

在上面的例子中，你可能已经观察到了我们利用等式的集合来定义 Bind。

```
Bind(mk_ccn(id),v) ≡ [ id↦v ]
Bind(wildcard,v) ≡ [ ]
Bind(mk_ccs(cs,on),mk_SeV(vs)) ≡ ...
Bind(mk_ccc(cl),mk_CaV(vl)) ≡ ...
Bind(mk_ccl(cl,on),mk_LiV(vl)) ≡ ...
Bind(mk_ccm(cm,on),mk_MaV(vm)) ≡ ...
Bind(mk_ccr(_,cl),mk_ReV(_,vl)) ≡ ...
```

然后你可能观察到，在 Bind 定义中我们没有指定传给函数的参数对如果不“适合”实际被处理的模式应当发生什么事情？其余的这些参数怎么办？首先，调用 Bind(c,v) 的前提条件是 wfBind(c,v) 成立。wfBind(c,v) 负责所有其他的参数。其次，我们可以通过 **case** 结构来定义 Bind —— 很显然也要使用选择模式：

```
Bind(c,v) ≡
```

```
case (c,v) of
    (mk_ccn(id),v) → [ id↦v ],
    (wildcard,v) → [],
    (mk_ccs(cs,on),mk_SeV(vs)) → ...,
    (mk_ccc(cl),mk_CaV(vl)) → ...,
    (mk_ccl(cl,on),mk_LiV(vl)) → ...,
    (mk_ccm(cm,on),mk_MaV(vm)) → ...,
    (mk_ccr(_,cl),mk_ReV(_,vl)) → ...,
    _ → chaos end
```

明确表示出来将会发生什么！这个定义也表明这两种风格是可以互换的。

19.6.6 总结

本节，尤其模式、值和绑定的良构性、值的形式概念、值的类型及类型抽取（观测）函数以及绑定函数的最终定义等的形式化是本书中篇幅较长的一节。

一方面，我们介绍了 RSL 模式和绑定的概念，这样使得我们能够自由充分地利用它们进行抽象。而另一方面，我们描述了这些规约语言概念的结构（句法）和意义（语义）。这使得本节有些长，但也使得我们有机会能够说明我们如何描述和形式化一个经典的语言问题。

我们提醒读者，本节中我们关于类型的“故事”是 RSL 类型概念的一个简化版本：在我们的模型中，我们没有包括子类型的概念。

19.7 回顾和讨论

19.7.1 概述

我们已经简要回顾了当我们考虑 RSL 的表达式子语言时会遇到的各个方面。我们用术语“表达式子语言”来表示在 RSL 中我们通常所认为的纯值返回表达式与纯状态变化（只有副作用引起）语句之间没有本质的区别。实际上，我们有一个子句说明了这一点，比如 **skip**，它表示没有副作用的空（**Unit**）值。

19.7.2 原则和技术

本节将给出源于第 19.6 节的一些原则。

例 16.8 说明了类型、值及其关系的建模并且在第 19.6.5 节中进行了讨论。我们逐步给出了值的具体的句法，这些值应当具有已经定义的类型；给出了从值提取其类型的函数；给出了判定值是否为良构的（其本身）的函数；给出了对于给定类型来说，判定值是否为良构的函数。

我们提到的由上下文和状态构成的格局概念是与映射相关的一个建模原则。本节中再次出现的上下文是“构造”出来用于保持绑定的一个概念：从标识符到值的关联。我们阐述两条原则：

原则： 确定类型的值　当为值建模时，考虑它们的类型。如果值被确定类型（我们说强类型的)，那么应当确保在值和类型之间存在有一个同态，可以定义一个函数来确定任何值的类型，并且可以表达出检查值是否具有给定类型的良构性谓词。 ■

原则： 绑定上下文 当一个现象被分析为具有—— 在一定上下文中来讲—— 名字和值构成的常量实体，实际上，当若干这样的现象被如此分析的时候，那么—— 对于由这样的现象构成的每个适合的种类来说—— 通过建立上下文来对这些事实进行建模，并且该上下文被建模为从现象和属性的名字到值的映射。

当在某个——时间上“漫长的”——观察期中，或者说在空间上“漫长的”描述（或者规定）中—— 一个现象保持着一样的、固定的名字与值的关系，那么在一定上下文中该现象被称为常量。 ■

19.8 文献评注

应用式规约程序设计是函数式程序设计的一种形式。现在的函数式程序设计语言通过限制来使得它们的程序能够被机器解释、编译和执行。RSL 应用式程序设计子集没有那样的限制。

最主要的函数式程序设计语言是 Standard ML [387] 和 Haskell [498]。关于函数式程序设计让人“兴奋”的教材是 [46, 47, 258, 471]。

19.9 练习

本节练习中的函数定义全部采用函数式，即应用式风格表达。

练习 20.1、20.2、20.3 和练习 21.5、21.6、21.7 分别为练习 19.1、19.2、19.3 的后续练习。

练习 19.4、19.5、19.6 延续了附录 A 中给出的练习。

• • •

练习 19.1 杂货店，I。

通过提供实体和函数的形式模型完成下面所要求的练习。因此，必须形式化杂货店的概念。

提示： 最初的模型应当忠实于下面的叙述：

1. 一个杂货店由店铺、货仓、商品价目表以及收款台构成。
2. 店铺由一个或多个唯一命名的一组搁板架（即一组搁板）构成。
3. 每个搁板架（即每组搁板）由一个或多个唯一命名的一组段（即搁板或搁板段）构成。
4. 一个搁板包含零个、一个或多个同类型的商品。
5. 从段标识符可以看到陈列在被标识段上商品的类型。
6. 从商品上可以看到其销售价格。
7. 货仓由一个或多个通过商品类型唯一标识的储物箱构成。
8. 每个储物箱由一个或多个具有储物箱商品类型的商品构成。
9. 商品价目表为每种商品类型记录如下信息：出售价格、购买价格、总量（订购商品的数量）、触发补充商品所推荐的搁板之上最少商品数量、可以订购该类型商品的一组批发商名字以及陈列该类型商品的搁板架和段。

10. 收款台(收银机）可以只建模为其含有的现金（即货币）。
11. 顾客可以建模为购物车（可以为空）、（钱）包和购物包（可以为空）。
12. 购物车和购物包可以建模为它们所包含各种类型商品的数目。
13. 批发商可以建模为存货清单中批发商所存储的每种类型商品的数目和收银机。

然后将顾客到杂货店（visit）建模为一个或多个选择组成的序列以及随后的付款。请定义 visit 的句法类型，即为每种类型的商品列出将被选择数量的便笺。（便笺可能是事先准备的，将其写到一小片纸上或记在脑中，也可能当看到放在搁板上的货物时便笺中的“条目”才出现）。定义一个确定的 visit 便笺的语义。对于顾客来说，只有搁板段上至少有一件商品的时候，从搁板段上挑选商品才是有意义的。缺货的商品可以看作“跳过”便笺中的条目。

提示： 我们建议可以按照如下所示来组织 visit 函数：带着购物便笺的顾客在整个杂货店里面四处看看，即到杂货店（visits）：首先(i) 根据便笺从搁板段上选择一个或多个商品 (ii) 付款。结果是一个改变的杂货店（搁板上的货物变少，收银机中的钱变多）和顾客（空的购物车，满的购物袋和变少的钱！）关于顾客选择（即搁板段上的商品转移到了购物车上）列在便笺上指定数量的商品，该顾客必须首先识别出放置该类型商品的搁板架和段。这个选择是非确定性的，因为放置某特定类型商品的搁板段可能有多个。选择是顺次进行的：顾客从便笺中选择下一个类型的商品并在店中找到，然后选择便笺中指定的数量或者如果商品不足量那么将少于该数量，接着从便笺中列出的段数量中减去被选择的数量。如果该商品选择完毕，那么该条目从便笺中划去。如果没有商品能够被选择，该条目也一样被划去。

接下来对从货仓中补充（replenishment）商店搁板段进行建模，以及对从批发商到货仓搁板段的补充进行建模。推测这些补充是如何发生的，然后对其建模！不过可以参见下面的提示。

杂货店可以建模为一次或者多次顾客到来的序列，后面将其称为**购物**（shopping）与**补充**（replenishment）行为交替进行。可以将购物建模为严格序列，这里假定只有一个收款台，因此按顺序为顾客服务。顾客可以并行地从搁板选择这一可能性被抽象了，并且多个顾客同时试图或者可能同时成功地从同一个搁板段选择商品的可能性被排除在外。规约顾客购物的句法类型并且定义这样一个顾客到来序列的语义。确保杂货店的工作人员保证搁板段的补充。

如果你认为上面的叙述不完整，请说明之，并将其补充完整。

提示： 为了给不确定性建模，即或者做了点某事或者又做了同样的某事，试比较补充，我们建议如下的模式：

```
value
  transition: X → X
  transition(x) ≡
    if stop_condition_met(x)
      then x
      else let x′ = one_step_transform(x) in x′ ⌈⌉ transition(x′) end
    end
```

表达式 a⌈⌉b 的值或者是 a，或者 b —— 该选择是内部非确定性的（即未确定）。

练习 20.1 要求本练习命令式风格的解答，练习 21.9 要求本练习并发式风格的解答。

练习 19.2 *无管理工厂，I。* 请仔细阅读上述提及到的练习其问题的系统描述文本。

你将为无管理工厂建模。下面一个值得给出的建议是定义一个由四个构件组成的状态：(i) 一组唯一标识的生产单元，(ii) 一组唯一标识的叉式卡车，(iii) 部件存货，(iv) 产品货仓。

此外，定义计划书即卡车物流（每辆卡车）和生产单元计划（每个单元）。所有的计划书收入生产计划中。

最初的模型应当忠实于下面的叙述：

工厂格局建模提示：

1. 工厂由存货、一组唯一标识的卡车、一组唯一标识的生产单元和货仓组成。
2. 存货由部件组成。
3. 生产单元由收件盘、“能够执行某个操作的施动者”以及发件盘构成。
4. 收件盘和出件盘包含部件。出件盘只含有同一类型的部件，即所有的部件具有同样的部件号码。
5. “能够执行某个操作的施动者”表现出两点：操作基调和操作本身。
6. 操作基调为每个收入部件号码列出了执行该操作时所需要的具有该号码的部件个数，并列出了生产出的部件号码。
7. 操作的基调是一个从部件组到一个部件的函数。
8. 我们将部件组理解为如下的模型：它为一个实际部件列出其数量，即在部件组中它出现的个数。
9. 我们可以将卡车建模为运送到一个命名单元或者货仓的部件组，也就是说：它映射（一些）单元标识符到部件组，或者类似地映射货仓枚举标识到部件组。
10. 单元的收件盘只能包含与其操作基调一致的部件组。
11. 类似地，发件盘也是如此。

生产计划建模提示

1. 生产计划由单元生产计划和卡车计划组成。
2. 单元计划列出了为一些单元生产的部件的数量。
3. 卡车计划包括两点：哪些部件要被运送到哪些生产单元，以及哪些部件要在哪些生产单元之间运送或者在哪些生产单元与货仓之间运送。

工厂行为建模提示

1. 工厂从一个状态变迁到下一个可能变化了的状态，可以如下所示：
2. 工厂或者完成了它的计划或者没有完成。
3. 如果没有完成，那么
   (a) 或者 (i) 根据计划有一些卡车和单元还有工作要做，或者 (ii) 只有一些卡车，或者 (iii) 只有一些单元，根据计划还有工作要做；
   (b) 或者 (iv) 有一些卡车，或者 (v) 只有一些单元，根据计划还有工作要做，或者 (vi) 没有待用的卡车或者单元。
4. 由于“程序设计”记法的限制，可以将如上所述的工厂行为形式化为：或者 (i)，或者 (ii)，或者 ... 或者 (vi)。

5. 在这三种情况下（i，ii=iv，iii=v），若有待用的卡车或者单元，我们可以分别定义变迁函数。
6. 每个可能的交替进行的变迁都进入了工厂的另一个行为。
7. 通过这种方式工厂向死锁或者完成计划的方向逐步推进！

卡车行为建模

1. 卡车从存货或单元装载货物，
2. 或者向单元和货仓卸载货物。
3. 卡车行为通过内部非确定的方式表达该选择。

我们提醒您：有许多辅助函数需要定义。至少定义其中的主要函数和一个“次要”的函数。

单元行为建模

1. 生产单元的每一个有效的操作，使得它的生产计划减一。它的收件盘减少了进行该操作所需要的部件而它的出件盘增加了一个生产出的部件。
2. 一个操作是有效的，如果它的生产计划没有结束并且有足够的该操作所必需的输入部件。生产单元的有效操作称为“活性的（live）”。
3. 在任何一步也即工厂的变迁，零个、一个或者多个活性的生产单元可以被选中进行（有效的）操作。

练习 20.2 要求本练习命令式风格的解答，练习 21.10 要求本练习并发式风格的解答。

练习 19.3 *文档系统，I。*

本练习通过数次迭代来实现形式化。论域的叙述和问题的陈述交替进行。

1. **迭代 I：**
   (a) 文档处理系统由以下构成：
      i. 一个或者多个唯一标识的地点的有限集合（学院、公共管理机构、企业、商业等等），
      ii. 唯一标识的公民的有限集合。
   (b) 从地点可以观测到以下三种实体：
      i. 激活或者未激活的目录，
      ii. 一个或者多个唯一标识的工作人员的集合
      iii. 唯一标识的位置的集合
   (c) 有两个概念：
      i. 文档和
      ii. 档案；
      iii. 后者是（即包含）有零个、一个或者多个文档的集合。
   (d) 目录可以看作层次，它映射目录名到文档、和/或档案及子目录。
   (e) 文档和档案是唯一标识的。
   (f) 给定位置，可以观测到它是否含有文档和/或档案。
   (g) 从文档可以观测到它的唯一标识。
   (h) 从档案可以观测到它的唯一标识。

2. **请形式化系统、地点、目录等等的概念**
   (a) 文档是一个主控文档，或者是文档的拷贝，或者是拷贝的版本。
   (b) 从文档可以观测到它最近的状态是主控文档、拷贝或者版本。
   (c) 从拷贝或者版本可以分别观测到被拷贝的文档和基于那个文档的编辑。
   (d) 我们通过文档事件指其创建、拷贝、编辑的位置和时间。
   (e) 从文档可以观测到（历史上，最近的）创建、拷贝或者编辑其中最近一次事件的位置标识。
   (f) 从文档可以观测到（历史上，最近的）的人的标识，该人所做的最近一次事件是创建、拷贝或者编辑中的任意一个。
   (g) 从文档可以观测到（历史上）创建、拷贝、编辑其中最近一次的事件。
3. **请将文档形式化为带观测器的的分类**
   (a) 这样可以跟踪文档的（历史的）序列以及文档事件的位置和时间，从现在的文档遍历所有以前的文档直到先辈的主控文档。
4. **请形式化文档的历史函数。**
5. **迭代II：**

   截至到目前的描述，我们注意到有些目标还比较模糊。因此我们继续。

   上述再加上：
   (a) 文档或者档案，也就是说档案内的任何文档
      i. 存在于一个目录并且至多一个目录
      ii. 或者是（可能通过其他的人）"借贷"给某人或被某人所持有
      iii. 或者存在于某人所放置的位置。

   上面的描述同样适用于目前尚未与目录相关联的文档和档案。
   (b) 从文档或者档案，也即档案中的任何文档，可以观测到其属于某个目录，并且如果属于该目录，可以通过地点标识和目录路径观测到该目录。
   (c) 可以指出目录中缺少的文档，既可以说它的位置未知，也可以说它为某人所持有或在某地的某个位置，或为某个公民所持有。
6. **请形式化修改后的目录、人、位置以及文档和档案的观测器。**
7. **迭代 III：**

   我们需要定义一些概念：
   - **子孙：**
     ⋆ 文档 d 的版本 d' 是d 的子孙。
     ⋆ 文档 d 的拷贝 d' 是 d 的子孙。
     ⋆ 如果文档 d' 是文档 d 的子孙，并且文档 d'' 是 d' 的子孙，那么 d'' 是 d 的子孙。
   - **先辈：**
     ⋆ 文档 d 的版本 d' 有先辈 d。
     ⋆ 文档 d 的拷贝 d' 有先辈 d。
     ⋆ 如果文档 d 是文档 d' 的先辈，并且文档 d' 是 d'' 的先辈，那么 d 是 d'' 的先辈。
   - **属于：** 如果从文档可以观测到位置标识 p_i，目录路径 π_{p_i}，那么该文档被称为属于在 p_i 的目录并且在由目录路径 π_{p_i} 所表示的位置。

现在添加一些新的叙述：

(a) 文档及其所有的子孙，如果其中任何一个属于某个目录位置（通过地点标识符和路径名）的目录，那么所有这样的文档都“属于”同一个目录位置—— 无论实际存在还是不存在。

(b) 现在简述（a）在论域中是如何处理的：

  i. 在被拷贝之前，如果主控文档（包括其所有版本）生成时“属于”一个目录位置，那么所有的拷贝（和版本）将继承关于目录位置的知识。

  ii. 在被拷贝之前，如果拷贝（包括其所有版本）生成时“属于”一个目录位置，那么所有的拷贝（和版本）将继承关于目录位置的知识。

  iii. 因此，拷贝“属于”一个目录位置，但其先辈完全有可能不“属于”该目录位置。

  iv. 假定某共同的，也即“共享的”的先辈文档不“属于”一个目录位置，那么其两个不同的拷贝完全有可能“属于”不同的目录位置。

(c) 可以构想其他的规则来处理文档和档案之间的关系以及目录之间的关系。

  i. 没有任何规则：文档和档案可以无限制的“属于”任何地点，或者

  ii. 拷贝的先辈可以属于某一地点的某一目录中的位置，而该拷贝的子孙的拷贝可以属于同一目录的另一个位置，或者其他地点的某个目录。

8. **请形式化良构约束。**

9. **文档、档案和目录操作：**

(a) 工作人员和客户创建文档，然后持有该文档。

(b) 工作人员创建初始为空的档案，然后持有该档案。

(c) 工作人员可以拷贝和编辑他们持有的文档（并且他们继续持有）。

(d) 客户可以将自己拥有和创建的，也即持有的文档作为主控文档递交给地点工作人员。客户将不再持有递交的文档，而转为地点工作人员持有。

(e) 客户是否已经拷贝了该文档或者其他的文档与本文档系统无关。

(f) 工作人员可以将文档添加入档案。他们必须持有该文档和档案。

(g) 工作人员可以将文档和档案加入目录。他们必须一开始就持有该文档或者档案。在加入后，他们不再持有该文档和档案。

(h) 工作人员可以从目录“借”（即“删除”，可以看作“暂时性的”）文档或者档案。在借出后，工作人员持有借出的文档或者档案。

(i) 工作人员可以放置（他们持有的）文档或者档案于某位置，之后他们不再持有该文档或者档案。

(j) 同一个工作人员或者其他的工作人员可以从位置得到并持有文档和档案。

(k) 工作人员从其所在地点可以发送（持有的）文档和档案给其他地点的工作人员。持有权从该工作人员变更为其他的工作人员。

(l) 工作人员可以发送这样的（所持有的）文档和档案（即从其他地点“借贷”的）给其他地点的工作人员。

(m) 工作人员可以返还从其他地方（持有）的文档和档案给原始地点的工作人员或者返还给发送的工作人员（也即“最近一次收发”）。

(n) 文档和档案可以被切碎。

(o) 工作人员可以发送（持有的）文档（不是档案）给客户。此时这些文档将不再存在于这些地点的文档系统中。（并且客户永远不会返还这些文档！）

10. **请形式化命令的语法和命令的解释函数。**

♣♣♣

练习 19.4 运输网络的应用式领域模型。请参阅附录 A，第 A.1 节：运输网络。

我们总结运输网络的描述：运输网络由一组唯一标识的段，一组唯一标识的连接（或者连接器）构成。每一个段（由其唯一标识符表示）有一个或者两个（方向）三联体，除段标识符以外，它们描述被标识段所连接的两个连接的标识符：如果是单向段则为一个三联体，如果是双向段则为两个三联体。（我们可以将这部分称为运输网络的结构部分。）段具有两种属性：静态和动态。静态属性包括段名、段长度及其他。动态属性包括该段在一个或另一个方向，或者两个方向上是开放还是封闭。连接有两种属性：静态和动态。静态属性包括连接名。动态属性包括所谓的信号量状态：连接上每一个段事件的标识符都关联一个可能为空的、源于该连接的段标识符集合。

1. 形式化具体的类型系统并且给出上面所描述的运输网络的良构约束。

在运输网络的存在期间，网络被逐渐建立起来：从“空网”（没有段，没有连接，也就没有结构），段和连接被添加进来，删除出去，段和连接的状态变化着。我们把这些变化看作是对网络施加某些操作的结果。每个操作都有一个命令表示。命令的解释引发了这些变化。

2. 定义初始化运输网络命令的句法和语义。
3. 定义添加一个段进入运输网络命令的句法和语义。给出成功解释该命令所必须满足的合适条件。

   添加一个段会遇到三种可能：所添加段的连接器标识符都是网络的连接器标识符，所以必须给出段和两个连接器标识符；或者所添加段其中的一个连接器标识符是网络的连接器标识符，所以必须给出段、连接器标识符和连接器；或者所添加段的连接器标识符都不是网络的连接器标识符，所以必须给出段和两个连接器。
4. 定义从运输网络移除段命令的句法和语义。给出成功解释该命令所必须满足的合适的条件。
5. 网络的存在期可以由上述的命令序列来表示。形式化该序列并且给出该序列合适的良构条件。

练习 19.5 集装箱物流的应用式领域模型。请参阅附录 A，第 A.2 节：集装箱物流。

我们总结集装箱物流的描述：有五类现象：一组唯一命名的集装箱码头，一组唯一命名的集装箱船，一组唯一标识的集装箱，一组唯一命名的海运路线，以及一组唯一命名的载运车。集装箱码头由一个可以停泊零个、一个或者多个集装箱船的码头，一个可以暂时存储零个、一个或者多个集装箱的集装箱货场（存储区）构成。集装箱船和集装箱码头货场由一个或者多个唯一命名的排位构成。每个排位由一个或者多个唯一命名的行构成。每行由一个或者多个唯一命名的（集装箱）堆码构成。一个集装箱堆码由零个、一个或者多个集装箱构成。我们通过堆码单元（或者只说单元）将集装箱和堆码关联起来。一个单元就是堆码中集装箱的一个可能存在位置。一个集装箱由一个带有或者不带有货物的集装箱构成，如果带有货物，集装箱也会带有运货单。运货单由唯一的集装箱标识符，其自身唯一的运货单标识符，航程的列表构成。每个航程是一个三元组：集装箱运货船的名字，该命名运货船所服务的码头名字对和由运货单标识的将要运输的集装箱。航程的列表必须是良构的：如果有两个或者两个以上的航程，列表中“非终点”栏里标明的目标码头必须同列表中下一条的出发码头相同。一条海运路线是一个对：一个集装箱船的名字和一条路线。路线是两个或者两个以上的行驶。一个行驶就是一个集装箱码头的名字。一条路线应当是良构的：如果 ti 是集装箱码头的名字，那么⟨t1,t2,...,tn−1,tn,tn−1,...,t2,t1⟩ 是一个良构的路线，行程中停泊了 n 个码头，返程中停泊了n−1个码头。载运车最多运送一个集装箱：从外部到集装箱货场或集装箱船，或者从集装箱运载船或集装箱货场到外部。

1. 为上述集装箱物流系统的构件定义具体的类型系统。
2. 给出合适的良构谓词。

在某个阶段，即在集装箱物流系统的某个状态，许多集装箱船依海运路线定期往返于集装箱码头之间，许多“余下的”的集装箱船也依海运路线停泊在集装箱码头。同时在集装箱码头上，运货单所表示的集装箱在集装箱船和集装箱码头货场之间运送：卸载或者装载。

定义下面六个运送命令的句法和语义：

3. 从集装箱船运送一个集装箱到货场。集装箱船和货场上的位置由排位/行/堆码/单元标识符所标识。
4. 从集装箱货场运送一个集装箱到集装箱船。集装箱船和货场上的位置由排位/行/堆码/单元标识符所标识。
5. 从载运车运送一个集装箱到集装箱船。集装箱船上的位置由排位/行/堆码/单元标识符所标识。
6. 从载运车运送一个集装箱到集装箱货场。货场的位置由排位/行/堆码/单元标识符所标识。
7. 从集装箱船运送一个集装箱到运载车。集装箱船上的位置由排位/行/堆码/单元标识符所标识。
8. 从集装箱码头货场运送集装箱到运载车。集装箱货场的位置由排位/行/堆码/单元标识符所标识。

定义下面三个集装箱船运送命令的句法和语义：

9. 海里的集装箱船请求进入和停泊集装箱码头的许可。请求获准的情况下集装箱船将被告知其码头位置，或者告知集装箱船无法获准。
10. 获得批准进入和停泊集装箱码头的集装箱船进入和停泊在通知的位置。
11. 集装箱船离开码头地点和集装箱码头。

码头地点是相邻码头位置的序列。（码头由码头位置的非零数字构成）。每个集装箱船停泊的时候占据一个码头位置的固定数字。

练习 19.6 金融服务行业应用式领域模型。 请参见附录 A，第 A.3 节，金融服务行业。

我们假定一个银行由下面三个应用式表达的构件来表示：(i) *客户目录*，对于每个银行的客户它列出两项：(i.1) 一些用户的管理信息（姓名，地址等等）(i.2) 客户在该银行具有的一个或者多个账户号码 (ii) *账户目录*，对于每个银行账户列出两项：(ii.1) 一些账户的计算信息 (ii.1.a) 该账户为活期存款账户或抵押账户，或者其他某种形式的账户。(ii.1.b) 现在该账户的利率[3]和收益率[4]是多少，等等 (ii.2) 哪些客户，一个或者多个，共用该账户 (iii) 每一个账户号码关联一个账户余额，也即一个数字，如果为正则表明客户在该账户中拥有的金额，如果为负则表明客户对银行的欠款。

1. 为下面的十个业务定义命令句法。
   (a) 开户
   (b) 销户
   (c) 存款
   (d) 取款
   (e) 增加收益
   (f) 为活期账户支付利息，部分或者全部
   (g) 返还 （包括支付利息和费用）
   (h) 增加 抵押（也即贷款）账户
   (i) 在两个账户间进行资金转账
   (j) 在上次获得业务对账单之后，获取业务对账单
2. 定义部分上述命令的语义，比如命令 a、c、g、i、j。

[3]利率指当账户余额为负的时候所征收的利息，通常对于抵押或者贷款账户来说。
[4]收益率是指当账户的余额为正时，支付给客户的收益。

20

命令式规约程序设计

- **学习本章的前提**：即使你没有完全理解前面章节介绍的内容，你也应当理解绝大部分的内容，并且你有兴趣从前面介绍的应用式规约模型过渡到现在的程序设计语言，比如 Java 或者 C#。
- **目标**：介绍 RSL 的命令式结构：可赋值的变量、赋值、语句（与表达式相对）如 while 循环等等；从应用式模型、应用式/命令式混合模型、命令式模型几个方面来说明命令式程序设计语言语义的定义；另外展示如何将应用式模型转化为命令式模型。
- **效果**： 使得读者能够熟练地使用命令式模型。
- **讨论方式**：适度形式的。

机器语言 和早期所谓的*高级程序设计语言* 传统上都是命令式程序设计语言。请参见那些汇编程序和自动编码器编程所使用的语言以及像 FORTRAN [537]、 COBOL [535]、 Algol 60 [19,21]、Pascal [312,523,524] 或者 C [320] 这样的程序设计语言。在这一节我们将简要回顾 RSL 规约语言的命令式结构，并且举例说明如何定义其语义。

特性描述： *命令式程序设计*，我们通过其理解以可赋值变量为核心概念的程序设计。存储和存储位置的概念与这些变量相关联。这些位置的内容，也即变量的值，通常随着命令式程序的解释而变化。 ■

特性描述： *命令式规约程序设计*，我们通过其理解抽象的、命令式程序设计中偏向于面向性质的形式，并且在其中我们使用抽象类型等等。 ■

20.1 直观理解

通俗地来讲，命令式表示君主的命令：“做这件事情，然后做那件事情”！为了“首先做某事，然后做其他的事情”，一些关于“我们过去在哪里，我们现在在哪里”的信息需要记录下来。该“记录装置”称为状态。计算的状态是所有过去计算的总结。我们使用可赋值变量来“保持”或者“包含”状态。变量是状态的分量，也称为位置，其内容也即值，被记忆下来。

20.2 命令式组合子：一个 λ 演算

如同一般的命令式程序设计语言，RAISE 规约语言允许：0，给出类型并且可能被初始化的变量声明“语句”（RSL 中所有的语句都是表达式）；1，赋值；2，**skip**；3，序列；4–7，条件；5，6，8，迭代；9，包含状态变量引用的表达式。

0. **variable** v:Type := expression
1. v := expr
2. **skip**
3. stm_1;stm_2;...;stm_n
4. **if** expr **then** stm_c **else** stm_a **end**
5. **while** expr **do** stm **end**
6. **do** stmt **until** expr **end**
7. **case** e **of**: p_1→S_1(p_1),...,p_n→S_n(p_n) **end**
8. **for** b **in** list_expr • P(b) **do** S(b) **end**
9. v

这里 p_i 是选择模式，其典型形式为 id 或者 (b1,...,bn)，id 是标识符，bj 是选择模式。下面的小节中我们将介绍这些标有数字的表达式。

下面给出的 λ 公式不能看作 RSL 规约，而应看作使用第 7 章的数学记法和第 16 章给出的映射数学记法的一个小子集的解释性文字。RSL 的语义比这些简单的 λ 公式要复杂的多。所以这里给出它们的目的是让读者熟悉通过使用 λ 演算这个工具来勾勒 RSL 的意义，而不是给出一个完全令人满意的 RSL 语义。

20.2.1 [0] “变量”声明

在这些新的表达式里我们有变量：9. v。它们看上去很像应用式变量，但是不同，后者表示的是值。命令式变量表示位置，而位置表示的是值。

命令式 RSL 规约所表示的状态是由规约中声明的变量构建起来的。每一个声明：

- 0. **variable** v:Type := expression;

都会被分配，也就说被解释为一个状态分量。这里状态构件具有类型 Type 并被初始化为 expression 的值。

为了简单起见，我们使用伪 RSL 和 λ 记法表达式的序列来解释上面所示的声明和初始化：

首先我们有变量声明和初始化：

ppt

    variable v := e;

ppt′

出现某文本当中。该文本由解释器来解释。[1] 解释器从程序（文本）点（program (text) point）ppt 执行到程序点 ppt′。[2] 在每个程序点解释器都维持一个状态（$\sigma : \Sigma$）。[3] 它映射位置到值。

[1]对于语句，解释器函数被命名为 $\mathcal{I}$；对于表达式，它被命名为 $\mathcal{V}$。

[2]当用一个解释器的思维去讲述这个故事的时候，我们的解释是操作性的。解释器的行为就像函数，它带给我们程序的语义。

[3]这里我们使用术语“状态”。在这个例子里，我们也可以使用术语“存储”。

type Σ = LOC $\overrightarrow{m}$ VAL

因此在一个程序点 ppt，解释器在一个状态中解释变量声明和初始化：

let σ:Σ • P(σ) **in**
...
end

解释器通过下面三个方式“遵循”声明和初始化子句的规定：(1) 找到一个“新鲜的”、到目前为止尚未使用的位置 (2) 获取 e 的值 val (3) 相应地更新状态：

(1) **let** loc:LOC • loc $\notin$ **dom** σ,
(2) 　　val = $\mathcal{V}$(e)(σ) **in**
(3) **let** σ' = $\sigma \cup$ [loc $\mapsto$ val] **in**
　　...
　　end end

这里 val 是对初始化表达式 e 在输入状态 σ 下求值（e$\mathcal{V}$aluated）[4]得到的结果；$\sigma' : \Sigma$ 是程序点 ppt′ 的状态。通过解释得到语义，所以声明和初始化可以看作函数：

$\lambda\sigma$:Σ • $\sigma \cup$ [loc $\mapsto \mathcal{V}$(e)(σ)]

v 到底发生了什么事情? 答案是：它变成了环境的一部分，也即由解释器维护的一个语义分量。

type
　LOC, VAL
　ρ:ENV = V $\overrightarrow{m}$ LOC
　σ:STG = LOC $\overrightarrow{m}$ VAL
value
　$\mathcal{I}$: RSL_Text $\stackrel{\sim}{\to}$ ENV $\stackrel{\sim}{\to}$ STATE $\stackrel{\sim}{\to}$ STATE

　$\mathcal{I}$[**variable** v := e; txt](ρ)(σ) $\equiv$
　　let loc:LOC • loc $\notin$ **dom** σ,
　　　val = $\mathcal{V}$(e)(ρ)(σ) **in**
　　let σ' = $\sigma \cup$ [loc $\mapsto$ val] **in**
　　$\mathcal{I}$[txt](ρ † [v $\mapsto$ loc])(σ')
　　end end

因此我们可以得出结论：变量声明（和初始化）表示从状态到状态的函数，实际上来讲就是从环境和存储的配置再到这样的配置的函数，因为这里环境也被更新了。不过在下面我们采取简单一些的观点，即 RSL 命令式语句表示状态到状态的转换函数。

[4]我们有点随意地使用了字体：$\mathcal{V}$ 用来指后面[9]将要给出的语义赋值函数的名字 $\mathcal{V}$。类似地，我们在下面和[3]中使用了 $\mathcal{I}$ 。

具有了上面所详细说明的背景，我们可以概述 RSL 命令式特点的 λ 记法的语义了。在这里我们省去对环境的引用。

20.2.2 [1] 赋值："var := expression"

只有通过赋值动作才能改变 RSL 的状态（值）：

- 1. v := expr

表达式 expr 的值赋给了变量 v。

$\lambda\sigma{:}\Sigma \bullet \sigma \dagger [\ \text{loc} \mapsto \text{val}\ ]$
where:
$\text{loc} \in \textbf{dom}\ \sigma \wedge \text{loc} \equiv \text{location of v} \wedge \text{val} \equiv \mathcal{V}(\text{e})(\sigma)$

20.2.3 [9] 状态表达式

一个新类型的子句，不纯的变量表达式：

- 9. v

在赋值语句的左侧，它表示存储位置。作为一个表达式且作为表达式的某一部分，它表示存储位置的内容。[5]

$\mathcal{V}\text{: RSL\_Text} \xrightarrow{\sim} \text{ENV} \xrightarrow{\sim} \text{STATE} \xrightarrow{\sim} \text{VAL}$
$\mathcal{V}(\text{v})(\sigma) \equiv \sigma(\text{l})$ **where:** $\text{l} \equiv \mathcal{L}\text{ocation(v)}$

20.2.4 [2] "skip"：无动作

无状态变化 动作：

- 2. **skip**.

它表示从状态到状态变化的恒等函数：

$\mathcal{I}(\textbf{skip}) \equiv \lambda\sigma{:}\Sigma \bullet \sigma$

20.2.5 [3] 语句序列(;)

如果 stm_i （这里 i=1,. . . ,n）是语句，那么：

- 3. stm_1;stm_2;...;stm_n

表示一个常用的语句序列。

$\mathcal{I}(\text{s\_1;s\_2}) \equiv \lambda\sigma{:}\Sigma \bullet \mathcal{I}(\text{s\_2})(\mathcal{I}(\text{s\_1})(\sigma))$

20.2.6 [4] "if ... then ... else ... end"

标准的：

[5] 在书中其他的地方，我们有时给命令式变量名字表达式加上前缀即内容获取操作符：**c**。因此命令式变量始终表示位置，而**c** v表示那些位置存储的值——这样可以让我们前面的解释易于理解一些！

- 4. **if** expr **then** stm_c **else** stm_a **end**

正如你所预期的那样求值。自反地：

$\mathcal{I}$(**if** e **then** c_s **else** a_s **end**) ≡
  $\lambda\sigma{:}\Sigma$ •
    let b = $\mathcal{V}$(e)(σ) **in**
    if b **then** $\mathcal{I}$(c_s)σ' **else** $\mathcal{I}$(a_s)σ'
    end end

20.2.7 [5–6] "while ... do ... end"和"do ... until ... end"

有两个条件语句，也称作迭代语句：

- 5. **while** expr **do** stm **end**

和

- 6. **do** stmt **until** expr **end**.

上述的两个语句可以解释为下面函数的不动点：

while e **do** s **end** ≡
  if e **then** (s;**while** e **do** s **end**) **else skip end**

do s **until** e **end** ≡
  (s;**while** e **do** s **end**)

20.2.8 [7] "case ... of ... end"

令 e 为求值为 v 的表达式，令 p_i 为引入标识符结构的选择模式。语句 S_i(p_i) 包含有（一些，但不必全部）p_i 的（自由）标识符。求值：

- 7. **case** e **of**: p_1→s_1(p_1),...,p_n→s_n(p_n) **end**

按照如下方式进行：用值 v 的结构逐个匹配绑定列表 ⟨p_1,...,p_n⟩ 的元素，直到发现第一个匹配 v 结构的元素。如果该元素 i 按照从 1 到 n 的顺序被发现，那么在 p_i 和 v 匹配所构造的新的绑定上下文下，解释 s_i(p_i)。如果没有找到任何元素，并且 p_n 不是通配符 (_) 那么 **chaos** 产生，否则解释 s_n(p_n)。

20.2.9 [8] "for... in ... do... end"

令 b 为引入标识符结构的模式，令 list_expr 为求值结果是列表的一个列表值表达式，假定为 ⟨e1,...,en⟩。语句 s(b) 包含有（一些，但是不必全部）b 的（自由标识符）。求值：

- 8. **for** b **in** list_expr • p(b) **do** s(b) **end**

按照如下方式进行：按照从 e1 到 en 的顺序逐个处理列表 ⟨e1,...,en⟩ 的元素。如果谓词 p(b) 在 ei 和绑定 b 匹配所构造的定义的上下文下，确定性地产生结果 **true**，那么在同样的上下文下对 s(b) 求值，否则跳过。

20.3 变量引用：指针

在第 20.2 节中我们介绍了 RSL 规约语言的命令式语言结构，接下来我们将使用它们。这些 RSL 结构很常见，它们是所有命令式程序设计语言的核心。不同点是，在 RSL 中我们允许存储任意可定义的抽象或具体类型的任意值——除了对变量位置的引用。在本节我们将讨论和举例说明其他的命令式语言结构—— 你会在其他的程序设计语言中发现这些语言结构。请注意现在我们要介绍的结构不是 RSL 的一部分。

20.3.1 简单引用的介绍

我们将使用一个存储来对可赋值变量进行建模，上面用希腊字母（σ）表示。存储把位置映射到值。许多程序设计语言将位置看作“可存储的”的值，但是RSL规约语言不是这样。所以位置可以看作第一类值对象，同时这也说明有一些实体可以不是可存储的值。同样，在上述提及的程序设计语言中，过程可能不是可存储的值。我们将介绍这样的程序设计语言的模型。

令某程序设计语言允许能够存储“类型为 A 的变量的引用”类型的值的变量：

dcl v : **ref** A

现在，为了使其有意义，我们或者必须动态、即时并行地分配位置（其内容具有类型 A）：

dcl v : **ref** A := **alloc** e

这里表达式 e 具有类型 A。或者我们必须允许将具有类型 A 的声明的变量的位置赋予这样的引用变量：

dcl a : A;

dcl v : **ref** A := **ref** a;

或者两种情况都有。通常这两种情况都成立，使得它们结合在一起。[6]

我们可以使用语法形式 **ref** a 来表示变量 a 的位置，而非其内容。但是我们也可以换个方向来看：令 a 表示位置，<u>**c**</u> a 表示内容。

20.3.2 动态分配和引用

现在我们为给定类型的引用给出一个模型：整数、布尔和记录的位置分别表示整数、布尔和记录值。记录值由两个或者更多唯一标识的值构成。位置就是值。

例 20.1 动态记录的简单模型

我们为一个“玩具”命令式编程语言建模。该语言可以声明类型为整型、布尔型、记录类型或者引用类型的变量，也可以动态分配（且可能也允许释放，即解除分配）记录类型的未命名的变量。存储就是具有唯一位置的值的集合。任何两个不同位置的值，也就说任何两个存储单元是“不相交的”，它们不重叠—— 你可以想到的任何意义上的“重叠”！[7]整型、布尔型和记录类型的变量当被适当的初始化的时候，包含有各自类型的值：整数值（即整数）、布尔值和记录值。

---

[6]如果我们能够给出一种动态分配的位置的赋值，那么为什么不给出静态也即文本形式所表示出来的分配的变量声明呢？对称性好像是一个非常好的语言设计原则，因为它使得表达式一致并且忠于下面的这个原则： *每个可表示的值都是可存储的*。

[7]我们所考虑的重叠涉及到有可能将存储看作连续索引的存储单元的列表，这里布尔值存储单元可以占用 1 位，整数值存储单元占用 32 位，位置值存储单元占用 16 位，记录值占用若干这样的存储单元。重叠在这里就是指一个索引中独立声明的，如整数值变量，与另外一个，如位置值变量“共享”位。由于绝大多数的计算机地址存储单元从字节（即 8 位）开始，所以这样的重叠是可能的。

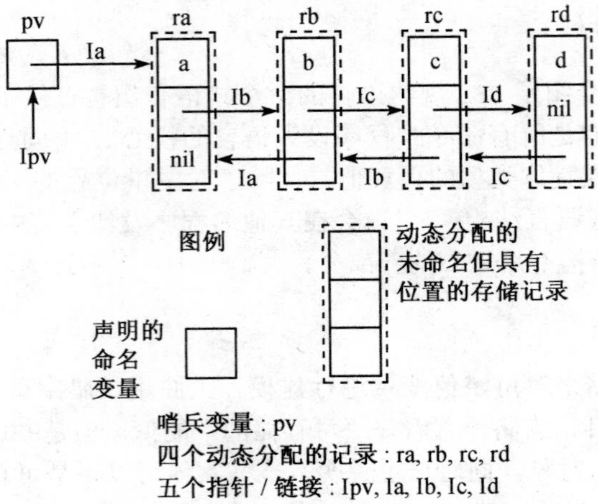

图 20.1 动态分配数据结构的例子

直观理解

图 20.1 给出了一个存储片段。这里声明了命名为 pv 的引用变量，并且（动态）分配了四个记录 ra，rb，rc 和 rd。每个记录有三个字段，也即所有的记录可能具有同样的类型，另外每个记录都包含了两个引用类型字段，它们指向给出的记录类型的记录。

程序文本中并没有声明 ra，rb，rc 和 rd。它们只是为了说明这个问题而引入的名字。程序文本中不存在动态分配变量的名字。只有通过引用链它们才“可达”，这里的（由一个或者多个间接引用构成的）链根植于程序文本中声明和标识的引用变量。

位置只能表示（即涉及、指向或链接）“完整”变量，无论是显式声明或者动态分配。出于抽象的考虑，我们标记位置为整数位置、布尔位置、引用位置或者记录位置。显然地值也是类似的，这里引用值为一个完整地址或者记录地址是原子的，不再进一步标识其可能引用的记录值的结构。这是一个粗略的简化，它使得我们的例子短些，但却没有丢失掉相关性。

type

Nm, Tn, 1LOC

$\text{STG}' = \text{LOC} \underset{m}{\rightarrow} \text{VAL}$

LOC = SLOC | RLOC

SLOC == mkintl(i:1LOC) | mkbooll(b:1LOC)

RLOC == mkrecl(1loc:1LOC)

VAL = SVAL | RVAL

SVAL == mkintv(i:**Int**) | mkboolv(b:**Bool**) | LOCV

LVAL == nil | RLOC

RVAL == mkrecv(rval:(Nm $\underset{m}{\rightarrow}$ SVAL))

位置和值的类型

我们可以将类型与位置和值关联起来。并且我们将系统地实现该关联，同时定义观测位置和值的类型的函数。

```
type
  1Typ = STyp | record
  STyp == integer | boolean

  Typ = 1Typ | RTyp
  RTyp == mkrect(rt:(Rn →m 1Typ))

value
  1typ: (VAL|LOC) → 1Typ
  1typ(mkintv(_)) ≡ integer
  1typ(mkintl(_)) ≡ integer
  1typ(mkboolv(_)) ≡ boolean
  1typ(mkbooll(_)) ≡ boolean
  1typ(nil) ≡ record
  1typ(mkrecv(_)) ≡ record
  1typ(mkrecl(_)) ≡ record

value
  typ: VAL → Typ
  typ(v) ≡
    case v of
      mkrecv(rv)
          → mkrect([r↦1typ(rv(r))|r:Rn•r ∈ dom rv]),
      _ → 1typ(v) end
```

存储不变式

现在我们要定义存储上的不变式：位置和值的类型必须匹配，所有包含或者本身是引用的值应当是对分配了的记录的引用。

```
type
  STG = {| stg:STG′ • wfSTG(stg) |}
value
  wfSTG: STG′ → STG
  wfSTG(stg) ≡
    ∀ loc:LOC • loc ∈ dom stg ⇒ 1typ(loc) = 1typ(stg(loc)) ∧
```

```
∀ val:VAL • val ∈ rng stg ⇒
    case val of
        mkrecv(rval) →
            ∀ v:VAL • v ∈ rng rval ⇒
                case v of mkrecl(_) → v ∈ dom stg, _ → true end,
        mkrecl(_) → val ∈ dom stg, _ → true
    end
```

语义操作

现在我们可以定义下面的原语，即存储上的基本操作：分配某种类型的存储位置，存储的扩展，存储值的读取，存储的覆写。

```
value
  get_LOC: Typ → STG → LOC
  get_LOC(t)(σ) ≡
    let ℓ:LOC • ℓ∉ dom σ ∧ 1typ(ℓ)=t in ℓ  end

  extend_STG: LOC × VAL → STG → STG
  extend_STG(ℓ,v)(σ) ≡ σ ∪ [ℓ↦v]

  get_VAL: LOC → STG → VAL
  get_VAL(ℓ)(σ) ≡ σ(ℓ)

  override_STG: LOC × VAL → STG → STG
  override_STG(ℓ,v)(σ) ≡ σ † [ℓ↦v]
```

句法形式

现在建立起来了存储模型的一部分，为了使用语义系统，有必要引入七种句法形式：(i) 具有任意类型的命名的标量和记录变量的声明 (ii) 简单类型的未命名的记录存储单元的分配 (iii) 从存储中读取完整的值，包括记录值 (iv) 获取引用值 (v) 选取记录值中的字段值 (vi) 给声明的简单变量赋值，包括给记录变量的字段赋值。

```
Dcl :: v:Vn  val:VAL
Alo :: v:Vn  rv:RVAL
Rea :: Vn
Sel :: v:Vn  rn:Rn
Asg :: v:Vn  f:Fld  ex:Exp
Fld == null | mkRn(rn:Rn)
```

```
  Exp == Rea | Sel | Loc
  Loc :: v:Vn
```

语义

剩下的语义比较简单。环境 ENV 维护声明和命名的变量位置。

```
type
  ENV = Vn ⇸ LOC
value
  elab_Dcl: Dcl → STG → STG × ENV × LOC
  elab_Dcl(mkDcl(v,val))(ρ)(σ) ≡
     let loc = get_LOC(1typ(val)) in
     (extend_STG(loc,val)(σ),[v↦loc],loc) end

  int_Alo: Alo → STG → STG
  int_Alo(mkAlo(v,mkRVAL(rval)))(ρ)(σ) ≡
     let loc = get_LOC(record) in
     override_STG(ρ(v),loc)(extend_STG(loc,val)(σ)) end
     pre v ∈ dom ρ ∧ 1typ(σ(ρ(v)))=record

  eval_Rea: Rea → ENV → STG → VAL
  eval_Rea(mkRea(v))(ρ)(σ) ≡ get_VAL(ρ(v))(σ)
     pre: v ∈ dom ρ(v) ∧ ρ(v) ∈ dom σ

  eval_Sel: Sel → ENV → STG → VAL
  eval_Sel(mkSel(v,r))(ρ)(σ) ≡ (get_VAL(ρ(v))(σ))(r)
     pre: r ∈ dom σ(ρ(v))
  int_Asg: Asg → ENV → STG → STG
  int_Asg(v,f,e)(ρ)(σ) ≡
     let loc=ρ(v),
           old=σ(ρ(v)),
           new = eval_Exp(e)(ρ)(σ) in
     case f of
        mkRn(rn) → extend_STG(loc,old†[rn↦new])(σ),
        null → extend_STG(loc,new)(σ) end
     end
     pre: v ∈ dom ρ(v) ∧ ρ(v) ∈ dom σ ∧ f≠null ⇒ rn ∈ dom old
```

eval_Exp: Exp → ENV → STG → VAL
eval_Exp(e)(ρ)(σ) ≡
  case e **of**:
    mkRea(v) → eval_Rea(mkRea(v))(ρ)(σ),
    mkSel(v,r) → eval_Sel(mkSel(v,r))(ρ)(σ),
    mkLoc(v) → ρ(v), ...
  end
  pre v ∈ **dom** ρ ...

讨论 I — 例子
我们举例说明了一个非常简单的语言。它说明了动态分配存储、对这样存储的引用、记录字段的赋值和指针“追逐”等基本概念：指针赋给了声明了的变量，将指针作为表达式值选择出来，将指针赋给声明或动态分配记录的字段。

我们假设了一个非常粗略的类型规则，粗略的程度由我们的偏好决定。但这里我们粗略的原因只是为了避免过多的非形式或形式的文本：静态/动态类型检查。后面我们会有机会来说明这些方面。

■

20.3.3 讨论：先语义，后句法

例 20.1 非常有意义地说明了下面这个重要的开发原则：

原则： *先语义后句法* 当研究领域中的现象时，当规定需求时，或者当设计软件工具时，首先分析和构造语义代数（实体和操作），然后设计“伴随着”语义的句法。 ■

20.3.4 讨论：类型同态

例 20.1 非常有意义地说明了另一个开发原则：

原则： *类型、值、位置同态* 当给类型、值、（某个存储中）位置建模的时候，保证这三个实体的集合（类型、值、位置）之间存在一个或更多的适当的同态是明智的。 ■

上面的原理可能有一些难懂。尤其因为我们并没有足够精确的给出类型、值、位置代数到底指什么。请参考例 20.1 中 LOC、VAL、Type 类型的定义。它们定义了各自代数的实体。请参考 1typ 函数。它表示了 LOC 和 VAL 的实体与 Typ 之间的同态。

同态原理中类型和值的部分已经在例 19.10 和例 19.11 说明。

20.3.5 状态的概念

我们将可赋值变量的存储模型看作状态模型。状态这个术语的使用是语用学的使用。它的使用向读者传递了下面的信息：“状态”分量的值“非常频繁地，迅速地”改变着。也就是

说，“状态”是一个时间上的概念。使得其改变值，也即状态发生变化，理所当然是由于语句所规定的赋值。所以存储作为与命令式程序设计语言程序的规定相关联的概念，是一个状态的概念。

20.4 函数定义和表达式

我们继续介绍第 20.2 节中尚未介绍的 RSL 命令式结构。有许多问题还尚待解决：RSL 语句和 RSL 表达式之间真的有区别吗？答案是：没有根本的区别（但请参见下文）。那么语句的“值”是什么？答案是：它表示()，并具有类型 **Unit**（也请参见下文）。但是在 RSL 语句和 RSL 表达式之间有一个细微的区别。我们可以区分纯表达式和不纯表达式，包括只读表达式。最后，访问变量的函数的基调（也即类型）是什么？答案是：它涉及到指定哪些变量我们需要（拥有）读访问，哪些变量我们需要（拥有）写访问。下面我们来讨论这些问题，只是顺序稍有不同。

20.4.1 Unit 类型表达式，I

在例 20.1（第 20.3.2 节）中，对于那些应用到或者产生存储类型（STG）的函数，我们显式地给出了类型 STG。当状态通过使用 RSL 变量，在某种意义上变为“隐藏的”状态的时候，我们应当如何处理呢？我们用 **Unit** 来表示这样的状态。文字 **Unit** 是一个类型文字。它表示存在有一个类型为 **Unit** 的值。我们（任意地）用 () 来表示这个值。类型文字 **Unit** 用于函数基调中。那么，让我们来看看如何表示和为什么这样表示。

20.4.2 命令式函数

我们定义三个函数，它们全部访问一个全局声明的变量：

```
variable k:Nat := 0;
value
  step: Unit → write k Unit
  step() ≡ k := 7

  incr: Unit → read k write k Nat
  incr() ≡ step();k

  get: Unit → read k Nat
  get() ≡ k
```

step 的基调定义了 step 应用到一个具有类型 **Unit** 的值（**Unit** 的第一次出现），并且它写入变量 k。该基调也定义了 step 只是规定了状态上的副作用（**Unit** 的第二次出现）。默认情况下，**write** 访问描述符允许读（但是并不暴露给“外部”）变量的值。incr 的基调定义了 incr 应用到具有类型 **Unit** 的值，并且写入变量 k、读取变量 k、产生依赖于变量 k 值的值。get 的基调定义了 get 应用到具有类型 **Unit** 的值，并且它读取变量 k，产生依赖于变量 k 的值。

20.4.3 读/写访问描述

子句：

write u_1, u_2, ..., u_m
read v_1, v_2, ..., v_n

被称为访问描述。它们是潜在的副作用一部分，规定了全函数和部分函数基调。

value
  tf: typ_ex_a → acc_des_1,...,acc_des_n typ_ex_r
  pf: typ_ex_a $\tilde{\to}$ acc_des_1,...,acc_des_n typ_ex_r

20.4.4 局部变量

变量可以声明为全局变量或者局部于一个表达式的变量：

local variable_declaration **in** expression **end**

比如，

value
  fact: **Nat** → **Nat**
  fact(n) ≡
    local variable k:**Nat** := n, **variable** r:**Nat** := 1 **in**
    while k≠0 **do** r := r ∗ k ; k := k − 1 **end**
    r **end**

注意 fact 函数的基调没有提及局部状态。

20.4.5 Unit 类型表达式，II

当我们非形式地说规约语言 RSL 的一个子句是语句的时候，我们指它具有 **Unit** 类型。也就是说，它“产生了”具有 **Unit** 类型的值 ()。我们回顾一下可以具有 **Unit** 类型的 RSL 子句：[8]

0. **variable** v:Type := expr
1. v := expr
2. **skip**
3. stm_1;stm_2;...;stm_n
4. **if** expr **then** stm_c **else** stm_a **end**

[8]它们只有在满足下述条件时才具有 **Unit** 类型：在子可 0–8 中，我们假定子句 stm_1,. . . ，stm_n, stm_c, stm_a, stm_w, stmt_u, s_1(p_1), . . . , s_n(p_n), 和 s(b) 都是语句（也即具有 **Unit** 类型），并且子句 expr 是一个产生本征（也即非 **Unit**）值的表达式。

5. **while** expr **do** stm_w **end**
6. **do** stmt_u **until** expr **end**
7. **case** e **of**: p_1→s_1(p_1),...,p_n→s_n(p_n) **end**
8. **for** b **in** list_expr • P(b) **do** s(b) **end**

子句 0~2 具有 **Unit** 类型。为使得 5、6、8 是良构子句，子句 stm_w、stm_u、 s(b) 必须具有 **Unit** 类型。这样 5、6、8 子句具有 **Unit** 类型。对于所有 1..n−1 中的 i，为使得子句 3 是良构子句，其中的 stm_i 必须具有 **Unit** 类型。如果子句 3 中的 stm_n 具有类型 A，那么子句 4 具有类型 A。（这里包括类型 **Unit**）。如果（子句 4 中的）stm_c 和 stm_a 的类型不同于 **Unit**，那么它们必须具有相同的类型 B。[9] 如果（上述的）子句 stm_n、stm_c、stm_a、s_i(p_i) 具有 **Unit** 类型，那么子句 3 和 4 具有 **Unit** 类型。如果（子句 4 中的）子句 s_i(p_i) 的类型不同于 **Unit** 类型，那么它们必须具有相同的最大[10] 类型，假设为 A，这样它就是子句 7 的类型。

20.4.6 纯表达式

没有规定访问可赋值变量的表达式[11] 称为纯表达式。为了能够使得用 RSL 表达的规约聚合在一起，许多 RSL 表达式形式只允许纯表达式。它们是下面给出的 let 子句形式中的 P(a) 和变量初始化中的 expr。进一步来讲，下面给出的 argument_pattern 和 result_pattern 中的所有标识符必须在这些形式当中自由出现：

let a:A • P(a) **in** ... **end**
variable v:A := expr
binding_pattern /* 任意这样的绑定模式*/
f(argument_pattern) **as** result_pattern

我们给上述补充一些尚未遇到的形式：实际的数组参数，包含访问，以及那些必须只含有纯表达式的形式。

20.4.7 只读表达式

规定了对可赋值变量的访问[12] 但是不包含有副作用的表达式[13]称为只读表达式。为了使得用 RSL 表达的规约能够“聚合在一起”，许多 RSL 表达式形式只允许纯的或者只读表达式。上面（只）提及了纯表达式的情况。所以我们（下面）给出使用纯表达式和只读表达式，但是没有副作用规定的表达式的情况。它们是在下面出现的 P(a)、e_1, e_2, ..., e_n、lst、d_i、r_i、d(a)、r(a)：

[9]在本书的这一部分我们忽略下述的可能性：stm_c 和 stm_a 的类型不同，假定两者为 B 类型的不同子类型，或者一个为 B 类型而另一个为 B 的子类型。在这些情况下，子句 4 的类型为 B，它是 stm_c 和 stm_a 的类型的最大类型。

[10]最大类型的概念在脚注 9 中提及。

[11]—— 并且没有规定从通道中读取（或者写入），我们将在第 21 章看到。

[12]—— 或者在第 21 章中允许其规定读取通道。

[13]不允许该表达式规定写入通道。

choice_pattern
$\forall$ a:A • P(a), $\exists$ a:A • P(a), $\exists!$ a:A • P(a),
{e_1..e_n}, {e_1,e_2,...,e_n}, {e(a)|a:A • P(a)}
⟨e(i)| i **in** ⟨ 1 .. **len** lst⟩⟩
[d_1↦r_1,d_2↦r_2,...,d_n↦r_n],[d(a)↦r(a)|a:A•P(a)]
□ P(a)

choice_pattern 中的标识符可以绑定到可赋值变量。另外，出现在 **axiom**、**pre-**和 **post-** 条件中的表达式应当是纯表达式或者只读表达式。注意在列表元素形成 e(a) 中，副作用是允许的，这是因为它们的构造是有序的。（允许副作用是因为我们并没有显式的提及它们！）对于集合和映射来讲，这样的有序是无法表达的。类似地，笛卡尔表达式也并不限定于只读表达式，而是可以包含规定副作用的表达式，尽管对于抽象规约来说，我们并不推荐这样做。

状态量化(□)

到目前为止，我们只是用相关的应用式规约的方式给出了公理的例证，即纯表达式。那么当我们在公理中访问可赋值变量时会如何呢？答案是：我们必须表达出当公理为真时，它对于所有的状态都是真。这可以通过使用量词 □ 来量化所有的状态来实现。状态量化表达式 □ P(a) 允许 P(a) 为只读表达式。整个表达式 □ P(a) 是表达式，因为它量化了所有可能的状态。如果 P(a) 对于所有声明了的变量的所有可能的值成立，那么□ P(a) 的真假值为 **true**，否则为 **false**。前面对公理的使用：

axiom P(a)

现在等于：

axiom □ P(a).

20.4.8 等价(≡) 和相等(=)

需要清晰地理解这两个看上去类似的操作符：≡ 等价和 = 相等

等价（≡）

等价表达式由两个只读表达式构成：

expr_1 ≡ expr_2

在所有的状态中求值。如果在所有的状态中它都成立，那么 expr_1≡expr_2 的值是 **true**，否则是 **false.**

如果表达式 expr_1 和 expr_2 规定了副作用，那么为了使之成立，它们必须具有相同的对变量的副作用，并且返回相同的值。如果其中一个表达式产生 **chaos**，那么为了使等价成立，它们必须都产生**chaos**。等价表达式本身作为一个整体，永远不产生 **chaos**。

我们稍后会看到，如果一个表达式规定了非确定性，那么为了使等价成立，它们必须规定同样的非确定性。

条件等价

我们可以限制公理：

axiom expr_1 ≡ expr_2 **pre** P(a)

比如下面的例子中：

variable ctr:**Nat** := 0
value
  decr: **Unit** $\stackrel{\sim}{\to}$ **write** ctr **Nat**
  decr() ≡ ctr := ctr − 1 ; ctr **pre** ctr > 0

expr_1≡expr_2 **pre** P(a) 等于

(P(a) ≡ **true**) ⇒ (expr_1 ≡ expr_2)

相等（=）

如果两个表达式expr_1，expr_2 不访问可赋值变量（也即没有副作用），对其求值不产生 **chaos** 并且都是确定性的，那么 = 和 ≡ 的表示相同。否则，= 和 ≡ 表示不同。

相等表达式 expr_1 = expr_2 具有布尔类型。如果其中一个或者两个表达式的求值为 **chaos**，那么产生 **chaos**。否则对上述的求值，自左向右地比较，产生 **true** 或者 **false**。副作用可以发生并成为结果（即引起副作用发生），但是它们不是比较的一部分。

20.5 转化：应用式到命令式

本节我们讨论三个简单的问题：(i) 将一些简单应用式函数定义形式转化为类似的带有变量的简单声明的简单命令式函数定义；(ii) 将一些简单应用式递归函数定义形式转化为类似的带有一个变量的简单声明的简单命令式函数定义；(iii) 特化前两种转化模式——将不是非常简单的应用式递归函数定义形式转化为带有适当的变量声明、比前者稍复杂些的命令式函数定义。

20.5.1 应用式到命令式的转化

考虑下面这一类的函数定义（即函数模式）：

type
  A, B, Σ
value
  f_α: A → Σ → Σ × B
  f_α(a)(σ) ≡ **let** b = g_α(a)(σ), σ' = h_α(a)(σ) **in** (σ',b) **end**

  g_α: A → Σ → B, ...

  h_α: A → Σ → Σ
  h_α(a)(σ) ≡ ... σ'

让我们规定 Σ 表示“我们的”状态空间（即一个状态的类型）接着我们说 f 是产生一个结果的状态变化函数，而 h 只是一个状态变化函数。

让我们来考虑另一个：

type
　A, B
variable
　s:Σ := ...
value
　f_ι: A → **read, write** s　B
　f_ι(a) ≡ **let** b = g_ι(a) **in** s := h_ι(a); b **end**

　g_ι: A → **read** s　B

　h_ι: A → **write** s　**Unit**
　h_ι(a) ≡ ... s := σ'

我们请读者接受下面的断言：对于由函数状态参数 σ 和全局变量 s 的初始化构成的相应的对来说，函数 f_α 和 f_ι 计算出具有 B 类型的相同的结果。[14]

那么我们从这个例子可以学到什么？我们认为结论是给定适当的函数定义形式 f_α，可以找到一个命令式函数 f_ι，它对于由状态参数和变量初始化构成的相应的对来说，能够计算出“相同的结果”。

20.5.2 递归到迭代的转化

让我们考虑下面这个应用式、递归函数定义的简单例子：

type
　A, B
value
　f_α: A $\stackrel{\sim}{\to}$ B
　f_α(a) ≡ **if** p_α(a) **then** g_α(a) **else** f_α(h_α(a)) **end**

　p_α: A → **Bool**
　g_α: A → B
　h_α: A → A

因为谓词 p_α 对所有相关的 a 可以产生 **false**，所以 f_α 为部分函数。

可以想到首先用值 initial_a 来调用 f_α。函数 f_α 可以被“命令式化”为类似的部分函数 f_ι：

variable
　v:A := initial_a ;

[14] 我们用“相同的结果”来粗略地表示：给定相应的参数、初始化，从这两个函数的任意调用所观测到的值总是相等的。这里没有做比较的并且某种意义上不能做比较的是“副作用”。命令式函数调用在全局状态产生副作用，与之相对的是应用式函数调用却没有这样的副作用。

value

f_ι: **Unit** $\stackrel{\sim}{\to}$ **read, write** v B

$f_\iota() \equiv$ **if** $p_\iota(v)$ **then** $g_\iota(v)$ **else** (v := $h_\iota(v)$; $f_\iota()$) **end**

p_ι: A → **read** v **Bool**

g_ι: A → **read** v B

h_ι: A → **read** v A

或者甚至：

value

f_ι: **Unit** $\stackrel{\sim}{\to}$ **read, write** v B

$f_\iota() \equiv$ **while** ~$p_\iota(v)$ **do** v := $h_\iota(v)$ **end**; $g_\iota(v)$

我们仍旧请读者接受下面的断言：这两个函数 f_α 和 f_ι，对于由 f_α 的参数和全局变量 v 的初始化构成的相应的对，它们的计算结果相同。

从这个例子当中我们可以学到什么？

结论是给定了递归函数定义 f_α 的适当形式，可以找到一个命令式函数 f_ι，对于由参数和变量初始化构成的相应的对来说，能够计算出相同的结果。

20.5.3 应用式到命令式的模式

本节基于 Burstall 和 Darlington [172] 的工作。 [30] 给出了稍晚一些的工作。本节的主要内容是许多递归、应用式（即函数式）的程序（和规约）可以被转化为非递归、命令式（和迭代的）程序（和规约）。 我们严格地遵循 [172]。每个应用式、递归模式都有一个、两个或者三个非递归、命令式模式连同一些条件。每个命令式模式都有一个条件。应用式、递归模式的抽象的、函数式操作符要能够转化为所给定的命令式模式必须满足这些条件。

正如 [172] 那样，我们用一个例子来开始。

例

```
type
  A
value
  reverse: A* → A*
  reverse(al) ≡
     if al=⟨⟩
        then ⟨⟩
        else reverse(tl al)⌢⟨hd al⟩
     end

variable
  alv:A* := al;
  result:A*

value
  reverse: A* → Unit
  reverse(alv) ≡
     if alv = ⟨⟩
        then
           result:=⟨⟩
        else
           result:=⟨hd alv⟩⌢⟨⟩;
           alv:=tl alv ;
           while alv ≠ ⟨⟩ do
              result:=⟨hd alv⟩⌢result;
              alv:=tl alv
           end
           result:=⟨⟩⌢result
     end
```

reverse （列表）的应用式形式很容易理解，但是命令式形式就很难理解。所以我们很难看出它们本质上做着相同的工作。

模式

现在我们给出一组模式，由下列三元组构成：(i) 抽象的、模式的应用式递归程序，(ii) 抽象的、模式的命令式（非递归）程序，(iii) 一个或者多个等式构成的集合。为了将一个具体的应用式递归程序转化为具体的命令式（非递归，但通常迭代的）程序，(i) 中抽象的函数式操作符必须满足这些等式。

模式1

- **递归模式：**

  f(x) ≡ **if** a **then** b **else** h(d,f(e)) **end**

转化 1.I

- **迭代模式 1.I:**

```
if a
   then
      result := b
   else
      result := d ; x := e ;
      while ~a do
         result := h(result,d) ; x := e
      end
      result := h(result,b)
end
```

- **等式和条件：**

  $h(h(\alpha,\beta),\gamma) \equiv h(\alpha,h(\beta,\gamma))$

  x 不在 h 中自由出现

例: Factorial 函数

factorial 函数是模式 1.I 的实例：

fact(n) ≡ **if** n=0 **then** 1 **else** n ∗ fact(n−1) **end**

令

a ≡ (n=0), b=1, d =n, e=n−1, h=∗

我们得到：

```
fact(n) ≡
  if n=0
    then
      result := 1
    else
      result := n ; n := n−1 ;
      while n≠0 do
        result := result * n ;
        n := n−1
      end ;
      result := result * 1
  end
```

转化1.II

- **迭代模式：**

```
result := b ;
while ~a do
  result := h(d,result) ; x := e
end
```

- **等式和条件：**

  $h(\alpha,h(\beta,\gamma)) \equiv h(\beta,h(\alpha,\gamma))$
  x不在h和b中自由出现

例：Factorial 函数

factorial 函数是模式 1.II 的实例：

fact(n) ≡ **if** n=0 **then** 1 **else** n * fact(n−1) **end**

我们得到：

```
result := 1
while n≠0 do
  result := n * result ; n := n − 1
end
```

转化 1.III

- **迭代模式：**

```
result := b ; xsave := x ;
x := "unique x such that a" ;
while ~x do
    x := "inverse of e"(x) ; result := h(d,result)
end
```

- **条件：**

存在有唯一的 x 使得 a 为真成立并且使得 e 的逆存在。x 不在 b 或 h 中自由出现。

模式 2

- **递归模式：**

```
f(x1,x2) ≡ if a then b else h(d,f(e1,e2)) end
```

转化

- **迭代模式：**

```
result := b ;
while ~a do
    result := h(d,result) ; xsave := e1 ; x2 := e2 ; x1 := xsave
end
```

- **等式和条件：**

$h(\alpha,h(\beta,\gamma)) \equiv h(\beta,h(\alpha,\gamma))$
x1 不在 h 或 b 中自由出现
x2 不在 h 或 b 中自由出现

例：集合并

具体的集合并的函数是模式 2 的实例：

```
type
    E
value
    set_union: E-set × E-set → E-set
    set_union(s1,s2) ≡
```

```
if s1={}
  then s2
  else
    result := choose(s1) ∪. set_union(s1 \. choose(s1),s2)
  end
```

choose: E-set → E

给定两个相同的集合 s 和 s'，在 s 和 s' 中选取相同的元素

e:E：choose(s) ≡ choose(s')

∪. : E × E-set → E-set

\. : E-set × E → E-set

我们得到：

```
result := s2 ;
while s1≠{} do
  result := choose(s1) ∪. result ;
  s1 := s1 \. choose(s1)
end
```

模式 3

- **递归模式：**

  f(x) ≡ **if** a **then** b **else** h(f(d1),f(d2)) **end**

转化 3.1

- **迭代模式：**

```
result := b ; xsave := x ; x := "unique x such that a" ;
while ~a do
  x := "inverse of d1"(x) ; result := h(result,result)
end
```

- **等式和条件：**

  d1 = d2

  x 不在 h 或 b 中自由出现。存在唯一的 x 使得 a 存在并且使得 d1 的逆存在。

转化 3.II

- 迭代模式：

```
y1 := b ; y2 := b ; result := b ;
while ~a do
   result := h(y1,y2) ; y1 := y2 ; y2 := result ; x := d
end
```

- 等式：

$h(\alpha,h(\beta,\gamma)) \equiv h(\beta,h(\alpha,\gamma))$

d1 ≡ d2 **with** every occurrence **of** x replaced by d2

例：Fibonacci 函数

Fibonacci 函数是模式 3.II 的实例。

fib(n) ≡ **if** n=0∨n=1 **then** 1 **else** fib(n−1) + fib(n−2) **end**

我们得到：

```
y1 := 1 ; y2 := 1 ; result := 1 ;
while ~(n=0∨n=1) do
   result := y1 + y2 ; y1 := y2 ; y2 := result ; x := n − 1
end
```

转化 3.III

- 迭代模式：

```
result := b ;
while ~a do
   result := h(result,result) ; x := d1
end
```

- 等式和条件：

d1 ≡ d2

x 不在 h 或 b 中自由出现

模式 4

- **递归模式：**

  f(x) ≡ **if** a **then** b **else** h(f(d)) **end**

转化 4.I

- **迭代模式：**

  while ~a **do** x := d **end** ; result b

- **等式：**

  h ≡ λ x•x

转化 4.II

- **迭代模式：**

```
result := b ; xsave := x ; x := "unique x such that a" ;
while x ≠ xsave do
   x := "inverse of d"(x) ; result := h(result)
end
```

- Conditions:

  x 不在 h 或 b 中自由出现。存在唯一的 x 使得 a 存在并且使得 d 的逆存在。

模式 5

- **递归模式：**

  f(x,y) ≡ **if** a **then** b **else** h(f(d1,d2)) **end**

转化

- **迭代模式：**

```
while ~a do
   xsave := d1 ; y := d2 ; x := xsave
end
result := b
```

- **等式：**

  h ≡ λ x•x

我们没有给出所有模式使用的例证，请参阅 Cooper [158]，Strong [488]，Burstall 和 Darlington [140, 171, 172]。

20.5.4 正确性、原则、技术、工具

特性描述： 转化的正确性，我们通过其指命令式函数的**结果**值与应用式函数的应用值相同。■

这里并没有给出上述中每个模式的证明。请参阅 [140, 158, 171, 172, 488] 所给出的此类证明的例子。

原则： 从应用式函数定义到命令式函数定义的转化 通常我们从以下开始：分类，观测器和选择器函数基调，以及定义其上公理。也就是说，我们的开始方式是纯公理的。然后我们转到应用式函数定义，其中比较典型的是递归函数定义。然后我们转到含有迭代的命令式定义。■

20.6 配置建模的风格

在面向模型的抽象风格中有许多规约上下文和状态的风格。其中有四种不同的方式来使用顺序风格，这里我们举例说明三种：

- 均为应用式的上下文和状态， 例 20.2，
- 应用式上下文和命令式状态的组合， 例 20.3，
- 均为命令式的上下文和状态，例 20.4。

现在我们来分析这些建模风格。我们的分析将与一个基本上为命令式程序设计语言的片段相关。它在很大程度上采用了 RSL 中的命令式风格。

20.6.1 应用式上下文和状态

我们现在形式化上面引入的类似于 RSL 语言的上下文和状态的概念。我们从一个采用应用式（即函数式）风格表达的模型入手。

例 20.2 应用式上下文和状态风格的模型

句法和语义类型

照例，我们从定义句法和语义类型开始。在这个例子中，我们从句法类型开始——因为读者和设计者通常都非常熟悉传统的程序设计语言，所以我们稍后再介绍语义类型。我们通常的建议是首先设计语义类型。

句法类型

type

0\. VarDef = V × Expr
1\. Stmt == Asg(v:V,e:Expr)
2\. | donothing
3\. | Lst(sl:Stmt*)
4\. | Cnd(e:Expr,ts:Stmt,fs:Stmt)
5\. | Whi(e:Expr,s:Stmt)
6\. | Rep(s:Stmt,e:Expr)
7\. | Cas(e:Expr,cl:(Bind × Stmt)*)
8\. | For(b:Bind,le:Expr,pe:Expr,s:Stmt)

语义类型：

ρ:ENV = (Id $\overrightarrow{m}$ VAL) ∪ (V $\overrightarrow{m}$ LOC)
σ:Σ = LOC $\overrightarrow{m}$ Val
Val = VAL | Val*
VAL = **Int** | **Bool** | ... | Ω

（环境中提及的）标识符 Id 是指出现在函数的形式参数、let 表达式、case 表达式和语句绑定中的标识符。（环境中提及的）变量 V 是指声明的变量的名字。ENV 是上下文；Σ 是状态。

我们分离出来下面的这些函数做为辅助函数定义：gL： 获取一个空闲位置（即尚未被使用的存储位置）；AEnv： 扩展（盖写）环境——看作一种“分配”形式；AStg： 分配存储（空间和初始化）；gV： 从存储位置获取值。当我们从应用式风格规约转到命令式风格规约的时候，这些辅助函数将被重新定义。并且稍后我们会添加一个新的辅助函数。通过比较这些辅助函数定义可以发现不同规约风格的本质。

辅助函数

value

gL: Σ → LOC
gL(σ) ≡ **let** l:LOC • l ∉ **dom** σ **in** l **end**

AEnv: ENV → ENV → ENV
AEnv(env)ρ ≡ ρ † env

AStg: Σ → Σ $\xrightarrow{\sim}$ Σ
AStg(stg)σ ≡ σ ∪ stg

gV: V → ENV $\xrightarrow{\sim}$ Σ $\xrightarrow{\sim}$ VAL
gV(v)$\rho\sigma$ ≡ σ(ρ(v))

简单解释函数

V: VarDef → ENV $\stackrel{\sim}{\to}$ Σ $\stackrel{\sim}{\to}$ Σ × ENV
E: Expr → ENV $\stackrel{\sim}{\to}$ Σ $\stackrel{\sim}{\to}$ Val
I: Stmt → ENV $\stackrel{\sim}{\to}$ Σ $\stackrel{\sim}{\to}$ Σ

V(v,e)$\rho\sigma$ ≡
　let l = gL(σ), val = E(e)$\rho\sigma$ **in**
　(AStg([l↦val])σ,AEnv([v↦l])ρ) **end**

E: 与上述定义非常类似，但是不带有动态测试!
E(v)$\rho\sigma$ ≡ gV(v)$\rho\sigma$, ..., 等等

I(Asg(v,e))$\rho\sigma$ ≡ σ † [ρ(v) ↦ E(e)$\rho\sigma$]

I(donothing)$\rho\sigma$ ≡ σ

复合解释函数

I(Lst(sl))$\rho\sigma$ ≡ **if** sl=⟨⟩ **then** σ **else** (I(**tl** sl)ρ)(I(**hd** sl)σ) **end**

I(Cnd(e,c,a))$\rho\sigma$ ≡ **if** E(e)$\rho\sigma$ **then** I(s)$\rho\sigma$ **else** I(a)$\rho\sigma$ **end**

I(Whi(e,s))$\rho\sigma$ ≡ **if** E(e)$\rho\sigma$ **then** (I(Whi(e,s))ρ)(I(c)$\rho\sigma$) **else skip end**

I(Rep(s,e))$\rho\sigma$ ≡ (I(Whi(e,s))ρ)(I(s)$\rho\sigma$)

上下文创建解释函数

I(Cas(e,cl))$\rho\sigma$ ≡ **let** v = E(e)$\rho\sigma$ **in** M(v,cl)$\rho\sigma$ **end**

M: Val × Case* $\stackrel{\sim}{\to}$ ENV $\stackrel{\sim}{\to}$ Σ $\stackrel{\sim}{\to}$ Σ
M(v,cl)$\rho\sigma$ ≡
　if cl=⟨⟩ **then chaos else**
　let (b,s) = **hd** cl **in let** (t,env) = B(b,v) **in**
　if t **then** I(s)(AEnv(env)ρ)σ **else** M(v,**tl** cl)$\rho\sigma$ **end**
　end end end

I(For(b,le,pe,s))$\rho\sigma$ ≡ **let** vl = E(le)$\rho\sigma$ **in** S(b,vl,pe,s)$\rho\sigma$ **end**

S: Bind × VAL* × Expr × Stmt $\xrightarrow{\sim}$ ENV $\xrightarrow{\sim}$ Σ $\xrightarrow{\sim}$ Σ
S(b,vl,pe,s)$\rho\sigma$ ≡
  if vl=⟨⟩ **then** σ **else**
  let (_,env) = B(b,**hd** vl) **in**
  if E(pe)(AEnv(env)ρ)σ
    then S(b,**tl** vl,pe,s)(ρ)(I(s)(AEnv(env)ρ)σ)
    else S(b,**tl** vl,pe,s)$\rho\sigma$ **end**
  end end

我们给出对应用式上下文和状态模型的注解。ρ : ENV 对上下文建模。$\sigma : \Sigma$ 对状态建模。变量的计算间隔是“不定的”：从变量被分配的点开始到“最后结束”，或者当（如果有）自由变量的行为发生，到底哪个会先发生也是不定的。在任何文本位置，都有一个对 (ρ, σ) “在工作”：它就是该文本位置的配置。从依据解释函数定义来执行解释的机器的角度来看，存在有许多解释函数 E, I, M 和 S 的调用这一事实与解释机器的元状态的概念相关，而与被建模事物（这里是某个语言的片段）的上下文和状态无关。 ■

总结、应用式上下文和状态

我们说明了上下文和状态的概念能够被适当分开并且分别作为规约的一部分，但是它们之间是相关联的。也就是说，当获取了一个变量的位置，并且该位置被状态分配，那么在上下文（也即环境）中它到变量名字的绑定也就“同时”表达出来！我们也说明了通过“两次应用”表达出来了获取一个变量的值，也即先应用上下文到名字，然后应用状态到前者应用的结果。

我们进一步说明了上下文的概念是句法的：对于某种（形式）语言规约中的任意位置，并且对于任何系统来说，存在一个静态可知的在其中被定义的名字（标识符）的数目。进一步来说，状态概念是时态的：对于某种（形式）语言规约的任意位置，并且对于任何系统来说，状态值只有在运行时才可知，也即运行该（规约规定的）系统的时候才可知。

特性描述： *应用式上下文*，我们通过其理解采用函数式建模的上下文概念。 ■

特性描述： *应用式状态*，我们通过其理解采用函数式建模的状态概念。 ■

技术： *应用式上下文* 如果上下文分量的数目已预先固定并且已知，通常我们将应用式上下文建模为一个具有固定数目上下文分量的简单笛卡尔乘积（也即分组）；当上下文分量的数目确定且可知，但上下文和分量可能会变化，也因此会带来上下文“大小”的变化的时候，通常将其建模为一个由上下文分量构成的简单集合或列表，或者建模为由上下文分量的名字到（上下文，也可能为状态）分量的关联构成的映射。 ■

笛卡尔上下文分量本身可以为列表、集合或映射。

技术： *应用式状态* 如果状态分量的数目已预先固定且已知，通常我们将应用式状态建模为具有固定数目状态分量的简单笛卡尔乘积（也即分组）；或者当状态分量的数目是不确定的并且依赖于指定的（也即规定的）（规约解释的或者系统的）行为，这时我们将其建模为由状态分量构成的简单集合或列表，或者由状态分量名字到（状态）分量关联构成的映射。 ▪

笛卡尔状态分量本身可以为列表、集合或映射。

技术： *应用式上下文与状态函数参数* 当定义应用于上下文、状态以及其他参数的函数时，首先将其他参数列为该函数的形参，然后是上下文，最后是状态。 ▪

20.6.2 应用式上下文和命令式状态

我们接着讨论类 RSL 语言的应用式和命令式组合的状态概念模型。

例 20.3 *应用式上下文和命令式状态风格的模型*

我们接着前面定义的句法类型（参见例 20.2）。尽管变量名字的绑定和绑定标识符在对符合句法的规约文本的解释中保持“稳定”，但是文本中每条语句的解释（通常）都会引起存储的变化。因此我们引入具有类型 Σ 的存储变量 stg，作为我们的第一个元状态分量，并且相应地改变 gL, AStg, gV, V, E, I, M 和 S 的函数定义。注意元状态是规约声明的变量及其值的聚集。这样元状态反映了（通俗的说:“等同于”）被建模语言片段的状态。

元状态和辅助函数

variable
  stg:Σ := [];
value
  gL: **Unit** → **read** stg LOC
  gL() ≡ **let** l:LOC • l ∉ **dom** stg **in** l **end**

  AEnv: ENV → ENV → ENV
  AEnv(env)ρ ≡ ρ † env /* 没有变化！ */

  AStg: Σ → **read** stg **write** stg **Unit**
  AStg(σ) ≡ stg := stg ∪ σ

  gV: V → ENV $\stackrel{\sim}{\to}$ **read** stg VAL
  gV(v)ρ ≡ stg(ρ(v))

简单解释函数

  V: VarDef → ENV $\stackrel{\sim}{\to}$ **read** stg **write** stg ENV
  E: Expr → ENV $\stackrel{\sim}{\to}$ **read** stg **write** stg Val
  I: Stmt → ENV $\stackrel{\sim}{\to}$ **read** stg **write** stg **Unit**

```
V(v,e)ρ ≡
    let l = gL(), val = E(e)ρ in
    AStg([l↦val]); AEnv([v↦l])ρ end

E(v)ρ() ≡ gV(v)ρ

I(Asg(v,e))ρ ≡ stg := stg † [ρ(v) ↦ E(e)ρ]
I(donothing)ρ ≡ skip
```

复合解释函数

```
I(Lst(sl))ρ ≡ if sl=⟨⟩ then skip else I(hd sl)ρ;I(tl sl)ρ end

I(Cnd(e,c,a))ρ ≡ if E(e)ρ then I(c)ρ else I(a)ρ end

I(Whi(e,s))ρ ≡ while E(e)ρ do I(s)ρ end

I(Rep(s,e))ρ ≡ I(s)ρ;I(Whi(e,s))ρ
```

上下文创建解释函数

```
I(Cas(e,cl))ρ ≡ let v = E(e)ρ in M(v,cl)ρ end

M: Val × Case* ⥲ ENV ⥲ read stg write stg  Unit
M(v,cl)ρ ≡
    if cl=⟨⟩ then chaos else
    let (b,s) = hd cl in let (t,env) = B(b,v) in
    if t then I(s)(AEnv(env)ρ) else M(v,tl cl)ρ end
    end end end

I(For(b,le,pe,s))ρ ≡ let vl = E(le)ρ in S(b,vl,pe,s)ρ end

S: Bind × VAL* × Expr × Stmt ⥲ ENV ⥲ read stg write stg  Unit
S(b,vl,pe,s)ρ ≡
    if vl=⟨⟩ then skip else
    let (,env) = B(b,hd vl) in
    if E(pe)(AEnv(env)ρ)
        then (I(s)(AEnv(env)ρ);S(b,tl vl,pe,s)ρ)
        else S(b,tl vl,pe,s)ρ end
    end end
```

我们给出对应用式上下文和命令式状态模型的注解。与前面相同，ρ : ENV 对上下文建模。现在 stg : Σ 对状态建模，其本身是该模型的状态分量，也即元状态。与前面相同，(ρ:ENV,stg:Σ) 对配置建模。

通过逐行和成对比较解释函数 (V, E, I, M, S)，请注意参数“消失”（通过引用全局元状态来代替）的方式以及解释函数（特别是复合解释函数）与复合句法参数相关的组织结构。上述注解同样适用于下面的命令式上下文和状态风格的模型。 ∎

总结、应用式上下文和命令式状态

我们接着说明了应用式上下文, 但是将状态建模为命令式风格。模型的状态分量现在通过规约的元状态分量来表示。应用式状态模型中显示的状态参数现在消失了，取而代之的是对全局元状态分量的引用。规约状态中对改变进行了规定，而在命令式状态的模型中对改变的规定则不是那么明显，但是解释和辅助函数参数的数量通常会小些，并且经常是大量的减少！在规约上下文中，改变被规定和改变没有被规定仍然是明显的。

特性描述： 命令式状态，我们通过其指采用命令式风格建模的状态概念。 ∎

技术： 命令式状态 在抽象规约中，其实它就是何时将状态建模为命令式风格的问题：你必须衡量参数的数目（应用式多些，命令式少些），解释和辅助函数定义的数目和风格。不过通常当我们具体化（开发）规约至更具体，更加可执行的设计时，状态建模选择会由应用式过渡到命令式。 ∎

20.6.3 命令式上下文和状态

我们用类 RSL 语言的命令式模型来结束这三组上下文/状态模型风格。

例 20.4 命令式上下文和状态风格模型

我们接着前面定义的句法类型（参见例 20.2）。环境遵循堆栈的性质：每当处理一个绑定的时候，就创建了一个“新”的环境。环境的计算间隔是（解释器）将环境所应用到的那段文本。文本在“旧”的环境中得到“围绕的”解释。所以我们决定引入具有类型 ENV* 的变量 env_stk，相应地改变 gV, AEnv, V, E, I, M 和 S 函数，并且引入一个新的辅助函数：FEnv：自由环境。现在 AEnv “堆入”（压入环境堆栈）一个新的环境，FEnv “移出”（弹出）该环境。

现在元状态是对语言片段的配置概念进行建模，该语言片段的语义通过（操作式）规约的方式给出。

元状态

variable

env_stk:ENV* := ⟨[ ]⟩;

stg:Σ := [ ];

辅助函数

value

gL: **Unit** → **read** stg LOC

gL() ≡ **let** l:LOC • l ∉ **dom** stg **in** l **end** /* 没有变化*/

AEnv: ENV → **read** env_stk **write** env_stk **Unit**

AEnv(env) ≡ env_stk := ⟨**hd** env_stk † env⟩^env_stk

FEnv: **Unit** → **read** env_stk **write** env_stk **Unit**

FEnv() ≡ env_stk := **tl** env_stk /* New! */

AStg: Σ → **read** stg **write** stg **Unit**

AStg(σ) ≡ stg := stg ∪ σ /* 没有变化*/

gV: V $\xrightarrow{\sim}$ **read** stg,env_stk VAL

gV(v) ≡ stg((**hd** env_stk)(v))

简单解释函数

V: VarDef → **read**,**write** env_stk,stg **Unit**

E: Expr → **read**,**write** env_stk,stg Val

I: Stmt → **read**,**write** env_stk,stg **Unit**

V(v,e) ≡ **let** l = gL(), val = E(e) **in** AStg([l↦val]); AEnv([v↦l]) **end**

E(v) ≡ gV(v)

I(Asg(v,e)) ≡ stg := stg † [(**hd** env_stk)(v) ↦ E(e)]

I(donothing) ≡ **skip**

复合解释函数

I(Lst(sl)) ≡ **if** sl=⟨⟩ **then skip else** I(**hd** sl);I(**tl** sl) **end**

I(Cnd(e,c,a)) ≡ **if** E(e) **then** I(c) **else** I(a) **end**

I(Whi(e,s)) ≡ **while** E(e) **do** I(s) **end**

```
I(Rep(s,e)) ≡ I(s);I(Whi(e,s))
```

上下文创建解释函数

```
I(Cas(e,cl)) ≡ let v = E(e) in M(v,cl) end

M: Val × Case* ~→ read,write env_stk,stg  Unit
M(v,cl) ≡
    if cl=⟨⟩ then chaos else
    let (b,s) = hd cl in let (t,env) = B(b,v) in
    if t
        then (AEnv(env);I(s);FEnv())
        else M(v,tl cl) end
    end end end

I(For(b,le,pe,s)) ≡ let vl = E(le) in S(b,vl,pe,s) end

S: Bind × VAL* × Expr × Stmt ~→ read,write env_stk,stg  Unit
S(b,vl,pe,s) ≡
    if vl=⟨⟩ then skip else
    let (,env) = B(b,hd vl) in
    AEnv(env);
    if E(pe)
        then (I(s);FEnv();S(b,tl vl,pe,s))
        else (FEnv();S(b,tl vl,pe,s))
    end end end
```

我们给出对命令式上下文和状态模型的注释。现在环境堆栈栈顶 **hd** env_stk:ENV 对上下文建模，stg：Σ 仍然对状态建模，因此仍然是模型的状态分量。与前面相同，(**hd** env_stk:ENV,stg:Σ) 对配置建模。元状态是 env_stk:ENV*,stg:Σ。注意显式地环境堆入和移出。“最为临近的”分配和释放环境操作（AEnv 和 FEnv）之间的规约文本对绑定的作用域进行建模，也即上下文。 ■

总结、命令式上下文和状态

我们了解了文本名字到其表示（包括指称）的规约的块状结构概念如何建模为命令式风格的堆栈。它反映了块状结构的性质，也即这些概念可以被嵌套、嵌入、作用域限制的重定义的性质。我们也了解了上下文（也即被定义的名字的作用域）的开始和结束如何引起上下文的堆入和移出这一匹配的成对操作。现在规约中上下文的定义、使用和“结束”更加不明显——除非仔细地找到那些成对的表示堆入和移出的“表达”方式。

特性描述：命令式上下文，我们通过其理解采用命令式风格建模的上下文概念。 ■

技术：命令式上下文（I） 当我们开发抽象规约（这里上下文通常采用应用式风格建模）至更加具体的规约时，也就是说，我们距离实际的软件设计更近，或者开发实际的软件设计时，通常采用命令式风格建模上下文。 ■

技术：命令式块结构上下文（II） 上下文可以被递归定义，同样地规约（程序设计）语言中名字绑定到了它们的表示上。在这些情况下，命令式上下文通常建模为上下文模型的堆栈。 ■

技术：命令式块结构上下文（III） 为了帮助读者能够更加容易地注意到命令式定义中的块结构上下文的概念“在发挥作用”，我们建议定义和运用适当的辅助堆入（分配）和移出（释放）函数。 ■

20.6.4 顺序模型的总结

目前给出的三个模型所具有的共性是“顺序性”：**let** a = b **in** c **end** 说明了应用式风格的“顺序性”，广义的来讲，“值调用”、“从里到外”、“从左到右”的表达式求值都说明了应用式风格的“顺序性”。“从左到右”的 RSL 的解释说明了命令式风格的“顺序性”：语句列表、结构语句、赋值语句。

20.7 回顾和讨论

20.7.1 回顾

我们介绍了 RSL 的命令式语言结构。我们采用 λ 记法的某种形式，用状态到状态的变化函数概述了它们的数学意义。接着我们讨论了位置值的概念：它是对保存其他值的存储单元的引用的值；用一个详尽的例子说明了如何给一个含有引用值的“玩具”程序设计语言建模。然后我们说明了如何将应用式函数定义的某些简单形式关联到类似的简单命令式函数定义。最后，我们用三种不同的风格，即应用式、命令式以及两者的混合，对另一个展示了标识符作用域的简单“玩具”程序设计语言进行建模。最后三个模型，在顺序上稍有不同，也说明了上下文（环境）和状态（存储）的概念，强化了我们对它们的理解。

20.7.2 讨论

哪个是“更好的”程序设计风格：函数式，就像 Standard ML (SML)；或者命令式，就像 Fortran? 我们认为指定其中任何一个为“更好的”的风格来回答这个问题是没有意义的。初步的学习可能使函数式程序设计看起来更加“干净”、优雅、表达能力强，就像命令式程序设计一样灵活。但是命令式程序设计原理与函数式程序设计原理一样漂亮，参见：[284, 446]。

对于实际的语言来讲，区分这两种程序设计风格的不是一个是函数式另外一个是命令式，而是其中一个提供了适合于某种问题的数据类型，另一个提供了更适合其他类型问题的数据类型。举例来说 `Standard ML (SML)` 提供的语言结构带有特别的数据类型，这些数据类型业已被证明非常适用于规约结构化值上的计算：树、记录等等。另一方面，一些人仍然认为 `Fortran` 非常适合于涉及浮点数据的数组（向量、矩阵等等）的科学运算。准则：我们需要不同种类的程序设计和规约语言。

20.8 文献评注

这里给出四组参考文献。

20.8.1 计算理论

首先是 John McCarthy 著作的参考文献，[364–367]：

- Recursive Functions of Symbolic Expressions and Their Computation by Machines. *Communications of the ACM* 3(4):184–195, 1960 [364].
- Towards a Mathematical Science of Computation. In C.M. Popplewell, editor, *IFIP World Congress Proceedings*, pp. 21–28, 1962 [365].
- A Basis for a Mathematical Theory of Computation. In *Computer Programming and Formal Systems.* North-Holland, Amsterdam, 1963 [366].
- A Formal Description of a Subset of ALGOL. in *Formal Language Description Languages,* IFIP TC-2 Work. Conf., Baden. Ed. T.B. Steel. North-Holland, Amsterdam, 1966 [367].

20.8.2 λ 演算的类型理论

接下来是 Christopher Strachey 和 Dana Scott 的参考文献 [460, 466]。我们只提及两个：

- D.S. Scott and C. Strachey. Towards a Mathematical Semantics for Computer Languages. In *Computers and Automata*, Vol. 21 of *Microwave Research Inst. Symposia*, pp. 19–46, 1971.
- D.S. Scott. Outline of a Mathematical Theory of Computation. In *Proc. 4th Ann. Princeton Conf. on Inf. Sci. and Sys.*, p. 169, 1970.

20.8.3 源程序转换著作

这里提及的基本上有两种学派，一个是我们所遵循的 Burstall–Darlington 学派 [140, 171, 172]：

- J. Darlington and R. M. Burstall. A System Which Automatically Improves Programs. *Acta Informatica*, 6:41–60, 1976 [172].

- R. M. Burstall and J. Darlington. A Transformation System for Developing Recursive Programs. *Journal of ACM*, 24(1):44–67, 1977 [140].
- J. Darlington. A Synthesis of Several Sorting Algorithms. *Acta Informatica*, 11:1–30, 1978 [171].

以及 [31] 介绍的 Munich CIP 项目：

- F.L. Bauer: Program Development by Stepwise Transformations — The Project CIP. Appendix: Programming Languages Under Educational and Under Professional Aspects, pp. 237–272.
- F.L. Bauer, M. Broy, H. Partsch, P. Pepper, H. Wössner: Systematics of Transformation Rules, pp. 273–289.
- H. Wössner, P. Pepper, H. Partsch, F.L. Bauer: Special Transformation Techniques, pp. 290–321.
- P. Pepper: A Study on Transformational Semantics, pp. 322–405.
- F.L. Bauer: Detailization and Lazy Evaluation, Infinite Objects and Pointer Representation, pp. 406–420.
- H. Partsch, M. Broy: Examples for Change of Types and Object Structures, pp. 421–463.

20.8.4 命令式程序设计原理

最后是 Hoare 等人关于命令式程序设计原理的著作 [284]：

- C.A.R. Hoare, I.J. Hayes, J.F. He, C.C. Morgan, A.W. Roscoe, J.W. Sanders, I.H. Sørensen, J.M. Spivey, and B. Sufrin. Laws of Programming. *Communications of the ACM* 30(8):672–686, 770, 1987.

我们发现这些参考文献构成了本章所介绍许多方面的重要基础和总结。

20.9 练习

我们只给出几个练习，但是它们涵盖了非常多内容。我们相信使用这些材料的教师能够构造出需要命令式解答的简单的练习。本章练习的函数定义基本上都采用命令式风格表达。

练习19.1、19.2 和 19.3 分别先于练习 20.1、20.2 和 20.3。练习 21.5、21.6 和 21.7 中分别接着前述练习给出。

• • •

练习 20.1 杂货店，II。 基本上要求重复练习 19.1，但现在是基于命令式状态。我们建议任何配置分量（变化的状态分量，或经常被引用的上下文分量）都实现为一个变量分量。因此，建议维护下面的变量：(i) 货仓 (ii) 店铺 (iii) 一个唯一标识的客户的集合——基本上用他们的钱包（即货币）来表示 (iv) 他们的购物车 (v) 他们的购物包 (vi) 收款台，必须包括的有收银机、批发商存货清单以及批发商的收银机。现在，采用命令式风格重新定义练习 19.1 解答中的函数。

在应用式定义风格中，所有的状态分量的值是许多定义的函数的参数或结果。在现在命令式风格定义中，这些状态分量的值需要一个初始值用以赋给每个变量。

如果你认为上面的描述不完整，请说明为什么，并将其补充完整。

练习 21.9 将要求本练习以并发式风格解答。

练习 20.2 无管理工厂，II。 请参考练习 19.2，并请仔细阅读那些练习的问题系统描述文本。

现在在工厂模型的这个形式化版本中，你将把配置（上下文和状态）分量转化为状态变量。我们的建议是采用变量来维护下面的状态分量：(i) 存货 (ii) 一组唯一标识的**卡车** (iii) 一组唯一表示的生产**单元** (iv) 产品**仓库**。其余的与练习 19.2 相同，形式化非确定性的单状态转换函数和对一个（完整的）生产计划进行迭代的函数等等。

练习 21.10 将要求本练习以并发式风格解答。

练习 20.3 文档系统，II。 请仔细阅读练习 19.3 的问题系统描述文本。

1. 本练习实现下列系统分量：
   (a) 所有地点的目录的集合使用一个全局变量
   (b) 所有地点的人的集合使用一个全局变量
   (c) 所有公民的集合使用一个全局变量
   (d) 所有使用中的文档标识符的集合使用一个全局变量
   (e) 所有使用中的档案标识符的集合使用一个全局变量
2. 清晰的定义所有的变量类型。
3. 现在重新定义命令的句法，通过标识符来替换显式提及的人、文档、档案和位置。
4. 采用命令式风格重新定义所有的语义解释函数。

练习 21.11 将要求本练习以并发式风格解答。

♣♣♣

练习 20.4 ♣运输网络的命令式领域模型。 请参阅附录 A，第 A.1 节，运输网络。

请参考练习 19.4。请仔细阅读该练习问题的系统描述。

现在你需要在命令式状态的基础上重复练习 19.4。我们建议任何配置分量（变化的状态分量，或经常被引用的上下文分量）都实现为一个变量分量。因此，建议维护下面的变量：(i) 静态段(ii) 动态段(iii) 静态连接器(iv) 动态连接器(v) 网络图（即网络的结构）。基于这五种变量，重新定义练习 19.4 中 3–5 所提及的操作。

练习 20.5 ♣集装箱物流的命令式领域模型 请参阅附录 A，第 A.2 节，集装箱物流。

请参阅练习 19.5。请仔细阅读该练习问题的系统描述。

现在你需要在命令式状态的基础上重复练习 19.5。我们建议任何配置分量（变化的状态分量，或经常被引用的上下文分量）都实现为一个变量分量。因此，建议维护下面的全局状态变量：集装箱船，特定集装箱码头的集装箱存储区以及该集装箱码头的集装箱船停泊码头。基于这三个变量，重新定义练习 19.5 中 3~11 所提及的操作。

练习 20.6 ♣ 金融服务行业命令式领域模型。请参见附录 A，第 A.3 节，金融服务行业。

请参见练习 19.6。请仔细阅读该练习的系统描述。

现在你需要在命令式状态的基础上重复练习 19.6。我们建议任何配置分量（变化的状态分量，或经常被引用的上下文分量）都实现为一个变量分量。因此，建议维护下面的变量：客户目录，账户目录和账户。给予这三个全局状态变量重新定义练习 19.6 中 1~2 所提及的操作。

21

并发式规约程序设计

- 学习本章的**前提**：即使你没有完全理解前面章节介绍的内容，你也应当理解绝大部分的内容并且你有兴趣对并发行为建模。
- **目标**：给出介绍动机并介绍简单 CSP 和 CSP 的 RAISE 版本 RSL/CSP，给出使用 RSL 对并发行为进行建模的许多原则和技巧。
- **效果**：为读者在对并发式系统建模（如分布式系统、客户端/服务器系统等等）的道路上建立坚实的基础。
- **讨论方式**：半形式的。

在这一章，我们介绍表达并行性的记法（也称作并发性）：首先我们给出一个纯记法，形式语言 CSP：*通信顺序进程* [288, 289, 445, 453]。接着我们介绍该记法在 RSL 中的嵌入。

特性描述：*并发式程序设计*，我们通过其理解以进程为核心概念的程序设计：这里进程（并行地）组合起来构成并发的进程，可以对进程之间同步或者异步的交互进行规约，等等。 ▪

特性描述：*并行程序设计*，我们将其等同于*并发式程序设计*。 ▪

特性描述：*并发式规约程序设计*，我们通过其理解*并发式程序设计*的一种抽象、面向性质的形式。在其中没有规约进程的（相对或绝对）进展，可以不规约对进程动作的选择（即非确定性地），并且在其中我们使用抽象类型，等等。 ▪

在卷 2 第 12～14 章中，我们将介绍三组主要采用图形表示的记法：*佩特里网* [311, 418, 432–434]，*消息序列图* [300–302] *活序列图* [169, 267, 324]，*状态图* [262, 263, 265, 266, 268]。

在这一章我们将给出许多为并发式行为和行为之间的交互进行建模的原则和技巧。我们通过许多步骤来实现：首先，在第 21.1 节我们非形式地探讨行为的一些基本概念。然后在第 21.2 节中，在依据直觉的基础上，我们给出一些行为的场景和使用 RSL 的 CSP 子语言对它们进行的可能的形式化。但是我们并没有形式地引入该子语言。接着在第 21.3 节中，我们给出 CSP 的“骨架”。在所有这些引言之后, 我们在第 21.4 和 21.5 节中更系统地介绍了 RSL/CSP 子语言。我们给出了一个演算系统，用于分别转化应用式和命令式 RSL 规约到 RSL/CSP 规约。在卷 2 第

15 章我们介绍 RSL/CSP 子语言的扩展。它使得我们能够处理“实时”和时间段。我们将给出许多贯穿于文中的例子。

21.1 行为和进程抽象

特性描述： 行为，麦林韦氏大学词典给出的定义 [479]：（i）人行动的方式，（ii）生物所做的任何涉及动作和对刺激反应的事情，（iii）个人、群体、或物种对其环境的反应，（iv）某人行为的方式，该行为的实例，（v）某物的作用方式或工作方式。 ■

借助于出现在“大自然母亲”中的现象，我们通过行为理解生物是人、解释器、机器、计算机中的任何一个。

特性描述： 麦林韦氏大学词典 [479] 定义进程为（i）由导致特定结果的渐变所标识的自然现象，（ii）自然的持续活动或作用，（iii）一系列促成结束的动作或操作，或者更特别地，（iv）一个持续的操作或处理，尤其在生产中。 ■

我们粗略地将术语“行为”和“进程”看作同义词。只有实用上的区别: 当我们使用术语“行为”的时候，是指一个尚未被分析的，因此也尚未被形式化的某个现实世界现象的理解，但是它得到了精确的描述。当我们提及术语“进程”的时候，是指一个被分析的、精确叙述和形式化的行为规约，典型情况是我们期望其由计算机在一定程度上实现。

21.1.1 引言

实体是我们可以指向的“东西”：银行账户、火车、时刻表、人、铁路网等等。实体受行为的控制: 关于状态的查询（即观测），即谓词和函数（即账户余额、火车速度、旅行时间等等）；可能改变它们状态的操作，即产生函数（即存储、加速、重新调度等等）。

任何特定的实体都可以从应用于其上的行为序列的角度观察到（即：开户，一次或者多次交替进行的向账户存款或从账户取款，最后清账）。在这样的一个行为序列中，特定的行为涉及到了两个或更多的实体，而在这些实体上也定义了其他的行为序列（即：转账、根据时刻表运行列车等等）。所以我们可以看到行为序列可以交互。本节我们将探讨描述交互序列的方法，或者正如它们被称作的——行为或进程。也就是说，记着上面给出的提醒，我们通常将术语行为等同于进程。

本章有很多例子。你也许希望浏览本节来获得对所讨论内容的一个迅速、非形式的理解。例子之间文本的不同形式—— 节、段和其他的头、定义、评论、原则、技巧—— 应当会在一定程度上使你直接地了解！

21.1.2 关于进程和其他的抽象

在抽象和建模中，有许多任由我们选择的抽象风格。它们或者是面向性质的（参见第 12.2 节）或者是面向模型的（参见第 12.4 节）。前者中我们通常提及代数式或者公理式（分别参见第 8.5 和 9.6 节）抽象。公理和代数所表达的模型之间的实质性区别要比指称和计算所表达的模型之间的区别要小的多。在后者中，我们可以区别指称抽象（参见卷2，第 3.2 节）和计算抽象（参见卷2，第 3.3 节）。

本节我们介绍另一种形式的抽象和建模：*操作式*（计算模型就是操作式的）。不要混淆操作抽象和操作式抽象。在*操作抽象*中我们对抽象实体上的 个体（通常是基本的，即原语的）操作（即函数和谓词）进行抽象。在*操作式抽象*中 我们集中考虑系统特定的操作序列，但不必详细地给出。

为了给计算机程序的意义建模，特别是命令式语言的计算机程序，*指称抽象*（卷 2 第 3 章 3.3.3 节）在 1970 年被首次引入。一个计算机程序的指称也就被看作某个数学函数。不过*指称抽象*也可以应用于除计算概念以外的其他概念。我们将在这三卷中的其他地方来说明银行、铁路一些方面的指称抽象等等。

同样地，为了给计算机程序的抽象执行建模，*计算抽象*（卷 2，第 3 章 3.3.3 节）大约在 1964 年被首次引入。术语*计算抽象*强调了计算的概念。在现实的世界中，我们可能不会把一些现象看作计算，而是作为行为的序列。在这种情况下，当我们对这些行为序列从序列的角度进行建模的时候，我们更偏向于使用术语*操作式抽象*。

当看上去独立的、并发式运行的现象（即进程）不时交互的时候，并且我们希望对并发和交互进行建模的时候，那么我们应用*进程抽象*。所以*进程抽象*是*操作式抽象*的更一般形式。有几个工具和技巧可以用于为进程建模：

- 面向 CSP 的技术和工具。这里进程系统使用抽象的、文本的程序来定义（第21.2~21.4 节）。有重大影响的 CSP 文献是 [288, 289, 445, 453]。
- 面向佩里特网的技术和工具。这里进程系统使用位置、转化、符号的图形组成的网络来定义（卷 2 第 12 章和 [311, 418, 432–434]）。
- 面向状态图的技术和工具。这里进程系统使用迭代嵌入的状态机的盒分组来定义，并且在状态和盒之间存在变迁（卷 2 第 14 章和 [262, 263, 265, 266, 268]）。
- 面向活序列图的技术和工具。通过它们，状态图被“黏合”在一起并且外部的协议被强制地应用于“自由”出现的（“外部”）事件上（卷 2 第 13 章和 [169, 267, 324]）。

本章我们使用 CSP 方法——不过使用 RSL/CSP 子集来表达——集中说明进程的一些概念。

21.2 直观介绍

我们将讨论本章的行为（即进程）概念。

21.2.1 说明性的会合场景

本节我们试图给出说明的动机并且举例说明进程概念为部分独立但交互的现象。在说明中我们将引入非形式的、图形的和形式的、文本的记法。我们不会形式地介绍形式记法（这里为

CSP 的某种变体）——只是通过注释的例子。有许多例子将会给出。我们首先描述一些场景。

例 21.1 **四个会合的场景** 我们给出许多场景。其目的是让我们介绍许多进程的概念和用于描述概念的非形式记法。

（1）**一个发送者，一个接收者。** 两个人，P 和 Q，沿着一条街面向对方，向相反的方向走。其中的一个人，比如 P，带有给另一个人 Q 的一封信。一些事前的约定（即一个协议）已经建立起来，即两个人将要交换一封信。[1] 他们很可能以不同的速度，并且任何情况下不可预知的速度行进。速度可以变化，并且可以为零。在任意位置，送信人和收信人分别想要交出和接收，也即“传递”该信。当他们行进的时候，这两个人没有进行其他任何活动，除了行进和想要“传递”。并且当他们遇到的时候——即他们会合的时候——送信人“交出”该信，与此同时收信人收到该信。在他们传递该信后，他们沿着各自的方向继续行进。

如果 P 或者 Q 拒绝行进，那么组合进程失败，也即死锁。

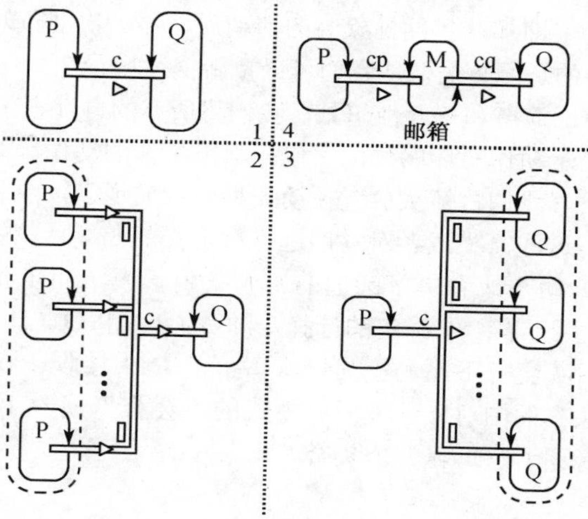

图 21.1 四种模式的“会合”种类

上面场景的变体可以是：

(2) **任意发送者，一个接收者。** 送信人可以是许多想要送信的人中的任意一个，$P_1, P_2, \ldots, P_m$，但是最多只有一封信件可以被一个特定的人 Q 接收，假设他静止地站在街上。我们将 $P_1, P_2, \ldots, P_m$ 和 Q 看作进程。就像前一个场景中的 P 一样，不同的 P_i 以各自的速度行进，只是现在向着任意的方向，沿街顺行或逆行，并且因此在将来的某个时刻若遇到 Q——第一个遇见的人将会送交该信。

如果 Q 拒绝，或者所有的 P_i 拒绝行进，那么组合进程失败，即死锁。

(3) **一个发送者，任意接收者。** 送信人 P 被看作一个固定的人，假设静止地站在街上，但是该信可以被许多愿意接收信件的人 $Q_1, Q_2, \ldots, Q_n$ 中的“第一个人”接收。我们将 P, Q_1, $Q_2, \ldots$ 看作进程，也即我们抽象它们为进程。不同的 Q_i 以它们各自的速度行进，就像前一个

[1] 图 21.1 中的四种“会合”类型的图和四种相应的形式规约，两者的组合部分都“包含”了这个“约定”。

场景中的 P_i 一样，只是现在是向着任意的方向，沿街顺行或逆行，并且因此在将来的某个时刻若遇到 P —— 第一个遇到的人将会接收该信。

如果 P 拒绝，或者所有的 Q_i 拒绝行进，那么组合进程失败，也即死锁。

(4) **通过邮箱发/收。** 一个或者多个发送者将信件邮寄到一个最多容纳一封信件的邮箱 M，一个或者多个接收者从该邮箱接收信件。我们将 $P_1, P_2, \ldots, P_m$，$Q_1, Q_2, \ldots, Q_n$ 和 M 看作进程。

如果没有 P_i 把信件放置到邮箱，那么任何试图取信的 Q_j 就会死锁。

• • •

最初的场景及其后续的三个变体的循环版本在图 21.1 中分别给出：1~4。我们用循环版本来指一个场景，在其中我们给重复的行为建模：场景（1~4）无限地重复。所以场景（1）可以重新描述为：同一个人 P 在将信递交给 Q 后重新开始，可能会在一些其他的我们没有详细描述（即那些我们抽象）的活动之后，持有一封给 Q 的新信件，沿着同一条街行进。Q 可能在一些其他的我们没有详细描述（即那些我们抽象）的活动后，再一次准备好接收信件并且再次沿着该街行进表明其接收信件的意愿！类似地我们可以重新描述场景 2–4。

我们将会解释图 21.1。简单和一般性起见，我们将所有的进程表示为带有箭头的圆盒形。

圆盒形的粗线用于表示动作循环序列，它包括引发事件的动作。箭头用于表示执行（黑）或者通信（白）的方向。（我们将箭头放置在动作列表或通道上，或者放置在它们的旁边，并且我们为所有的实例给出这些箭头或者对它们进行有意义的归纳，第三个图例说明了后者。）“接触”（“重叠于”）两个或者更多圆盒的水平条用于表示同步和通信会合。**2** 和 **3** 中会合部分的小长方形（▯）用于表示非确定的选择，即 **2**（**3**）中 **Q**（**P**）会从哪个 **P**（**Q**）来接收。在 **4** 中，**邮箱**进程 **M** 交替下面的行为：准备好从 **P** 中接收一封信和把信递交给 **Q**。图 21.1 中的四个“盒和箭头”的图对应于下面的**模式的“会合”规约 1–2–3** 和**模式的“会合”规约 4** 所定义的四个抽象进程（即函数）集合。

模式的“会合”规约1–2–3

```
type Info
channel c,cp,cq:Info
value
  P: Unit → out c Unit
  P() ≡ let i = write_letter() in c ! i end ; P()

  Q: Unit → in c Unit
  Q() ≡ let i = c ? in read_letter(i) end ; Q()

  write_letter: Unit → Info, read_letter: Info → Unit

  S1: Unit → Unit, S1() ≡ P() ∥ Q()
  S2: Nat Unit → Unit, S2(m) ≡ ∥ { P() | x:{1..m} } ∥ Q()
  S3: Nat Unit → Unit, S3(n) ≡ P()  ∥ (∥ { Q() | x:{1..n} })
```

进程 S1 是 P 和 Q 的并行复合。进程 S2 是进程 Q 与进程组 P 对于每个索引集合 1..m 并行、分布式复合的复合。进程 S3 是进程 P 与进程组 Q 对于每个索引集合 1..n 并行、分布式复合的复合。

Info 是信中包含信息的类型。c 是在 1~3 中我们所知道的 P 和 Q 的通道，通道允许一对进程共享事件：cp 和 cq 分别是 P 和 M 之间，M 和 Q 之间的通道。P 写信，通过通道 c 递交给 Q——输出 [!] / 输入 [?] 对 (c ! i,c ?) 规定了它。

1~3 中都是这样。在 1 中就是这样：两个进程（P 和 Q）共享通道 c，也因此共享事件。在 2 中，许多（m 个）进程 P 与一个进程 Q 共享通道 c。Q 不会知道 m P 中的哪个进程发送信件给 Q。在 3 中，许多（n 个）进程 Q 与进程 P 共享通道 c。P 不会知道 n Q 中的哪个进程会接收信件。所有的 P 和 Q 进程是循环的：P 产生信件，Q 消费信件。它们分别循环地生产和消费。

模式的“会合”规约 4

S4: **Unit** → **Unit**, S4() ≡ P′() ‖ M() ‖ Q′()

P′: **Unit** → **out** cp **Unit**
P′() ≡ **let** i = write_letter() **in** cp ! i **end** ; P′()

M: **Unit** → **in** cp **out** cq **Unit**
M() ≡ **let** i = cp ? **in** cq ! i **end** ; M()

Q′: **Unit** → **in** cq **Unit**
Q′() ≡ **let** i = cq ? **in** read_letter(i) **end** ; Q′()

进程 P′ 现在发送（即放置）信件到邮箱 M。P′ 和 M之间的关系就如同 1 中的 P 和 Q。进程 q 现在从邮箱 M 接收（即取回）信件。M 和 Q′ 之间的关系就如同 1 中的 P 和 Q。进程 M 是单项缓冲器，它交替进行接收和发送。它循环地进行每个接收–发送对。 ■

21.2.2 图和记法总结

例 21.1 不仅仅是作为一个例子：它也用了严格但却非形式的方式介绍了 CSP 和 RSL/CSP 的核心概念。基于此，我们强烈地建议读者仔细研读这个例子。

这样我们已经介绍了进程的概念和它们“会合”的输出（!）和输入（?）的同步和通信。我们略述了描绘进程结构的非形式方式（参见图 21.1）；并且我们非形式地给出了形式记法（参见模式的“会合”规约 1–2–3 和 4）。在我们继续给出对 [T]CSP [288, 445, 453]（所谓“纯”）记法和 RSL 中进程概念 [233, 235]（参见 21.3 和 21.4）中相应的类 CSP 记法更加系统的、形式的介绍之前，我们将进一步回顾、举例说明 CSP 进程概念，并给出学习其动机。

21.2.3 关于迹语义

本节我们给出了类 CSP 语言的一个可能语义的非常粗略的描述。关于权威和无疑更加准确的对该语义的描述，请参见 [288, 445, 453]。

动作改变数据状态和控制状态[2]，并且被认为是瞬间发生的，也即不可察觉其持续时间。进程，从某个角度来讲，可以说是动作的序列。事件 同样是瞬间发生的现象，但是其本身并不改变数据状态，而是（通常）引起动作发生，也即"触发"动作，进而改变控制状态。进程，从某个角度来讲，可以说是事件的序列——如果引起动作——那么也可能是动作序列。一个进程可以通过我们称之为的同步事件（图 21.2）与另一个进程交换信息。系统 可以由许多进程构成，这些进程在事件上同步并且在该同步"会合"中交换信息（通信）。举例来说，系统的行为可以是外部可观测到的事件序列（迹）的集合，或者更一般地来讲，可以是外部和内部可观测到的事件迹的集合。

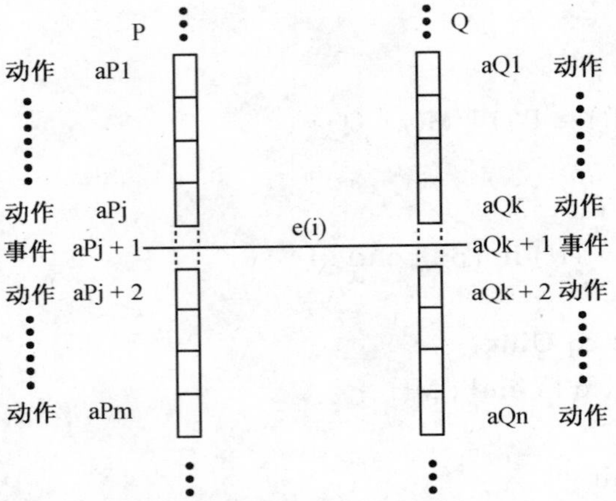

图 21.2　风格化的"会合"情况

在图 21.2 给出概念性例子中，系统由进程 P 和 Q 的并行组合 P‖ Q 构成。外部行为是：{⟨e(i)⟩}。如上所述，用一些元语言记法表达的内部行为是：

$$
\{\{\langle\ aP1, \ldots, aPj\ \rangle \bowtie \langle\ aQ1, \ldots, aQk\ \rangle\}
$$
$$
\frown\langle\{\ aPj{+}1, e(i), aQk{+}1\ \}\rangle\frown
$$
$$
\{\langle\ aPj{+}2, \ldots, aPm\ \rangle \bowtie \langle\ aQk{+}2, \ldots, aQn\ \rangle\}\}.
$$

这个表达式表示：从 1 到 j 的 P 和从 1 到 k 的 Q 动作构成的任何交替进行或者并发进行的串（⋈），然后是复合的动作/事件 {aPj+1,e(i),aQk+1}，接着是从 j+2 到 m 的 P 和从 k+2 到 n 的 Q 动作构成的任何交替进行或者并发进行的串（⋈）。外部行为是内部行为"减去"所有的动作（被投影"滤掉"了）。

---

[2]通过数据状态，我们理解"某事物"，它记录和记忆了各种各样通常被命名的数据条目的值，就像存储一样。通过控制状态，我们理解解释器对由其解释的程序和规约文本中的位置的知晓。

例 21.2 一些迹语义 给定下面被组合成为一个总体进程的三个进程：

type
  M
channel
  pq: M, qr: M
value
  S: **Unit** → **Unit**
  P: **Unit** → **out** pq **Unit**
  Q: **Unit** → **in** pq, **out** qr **Unit**
  R: **Unit** → **in** qr **Unit**

  S() ≡ P() ‖ Q() ‖ R()

  P() ≡ a1 ; pq!m ; a2 ; P()
  Q() ≡ b1 ; **let** m = pq? **in** qr!m **end** ; b2; Q()
  R() ≡ c1 ; qr ? ; c2 ; R()

从 P，Q，R 观测到的迹是：

  $\mathcal{P}$: ⟨a1;pq!m;a2;a1;pq!m;a2;a1;pq!m;a2;a1;...⟩
  $\mathcal{Q}$: ⟨b1;pq?;qr!m;b2;b1;pq?;qr!m;b2;b1;pq?;qr!m;b2;b1;...⟩
  $\mathcal{R}$: ⟨c1;qr?;c2;c1;qr?;c2;c1;qr?;c2;c1;...⟩

从 S 可能观测到的迹是：

  $\mathcal{S}$: {⟨a1;b1;c1;{pq!m‖pq?};a2;{qr!m‖qr?};b2;{pq!m‖pq?};c2;...⟩,
    ⟨a1;b1;c1;{pq!m‖pq?};{qr!m‖qr?};a2;b2;{pq!m‖pq?};c2;...⟩,
    ⟨a1;b1;{pq!m‖pq?};c1;{qr!m‖qr?};a2;c2;b2;{pq!m‖pq?};...⟩,
    ... }

■

21.2.4 一些描述：进程，等等

一种表达进程表达式（即包含有如输出 c!e 和输入 c? 通信原语的表达式）意义的方式是将其表达为可观测（输出/输入）事件迹的集合。

特性描述： 进程，我们用其表示（语义上的）迹。 ■

特性描述： 进程定义，我们用其在句法上表示函数定义，在语义上表示迹的集合。 ■

特性描述： 并发进程，我们用其表示包括两个或者更多进程的集合。 ■

讨论一个并发进程几乎没有意义。但是我们可以讨论一个进程，也即一些动作的顺序出现。

特性描述： 全局进程环境，我们用其表示与进程交互（也即共享事件）的周围环境，但是不包括其他被定义的和由通道连接的进程。 ■

特性描述： 进程环境，我们用其表示其他进程的集合和全局环境，该进程可以从它们接收输入和（或者）向它们发送输出，也就是说该进程可以与它们交互（即共享事件）。 ■

特性描述： 事件，我们用其表示一个进程事件，即出现有（从包括有另一个进程的环境的）输入或者出现有（向包括有另一个进程的环境的）输出的发生，或者两者都出现。后者指代一个内部事件。 ■

后面我们将区别内部（或者局部）和外部（全局）事件，也因此区别可观测和不可观测的事件。

特性描述： 外部可观测的进程迹，或者就是外部迹，我们用其表示进程事件的序列。 ■

除了事件外，就像我们前面提到的，可以把特定的非输入/非输出动作的出现作为迹的一部分。我们将避免这样做。

21.2.5 进程建模原则

所以在什么时候我们应当决定把进程引入到我们的模型当中呢？答案不是那样的直接。实际上我们可以在不引入目前非形式说明的显式进程（通道，输出，输入）记法的情况下给进程建模，比如非确定性地定义格局上的变迁函数。该格局包含有面向集合和面向映射的值，这些值的元素对每个进程的控制状态建模。

原则： 进程建模 我们决定使用进程和事件给现实世界中（即在“某应用领域”中，或者在计算中）的现象建模，当我们想要强调并发交互的构件时，也就是说，它们如何同步和通信。 ■

构件≡进程

构件的概念[3] 可能是一个我们会想当然的概念。不过：

特性描述： 构件，我们通过其粗略的理解一个结构化集合，它包括[变量或者常量](i) [为某些名词建模的]值，(ii)[为某些动词建模的]值上的谓词，[观测器]函数和[生成器]操作，(iii) 以及表示出“通信”意愿的事件，也即从其他构件接收值和/或者给出值到其他的构件，包括“外面的”[外部]世界构件。 ■

从这个意义上来讲，构件与我们现在称为进程的事物是同义词。如面向对象程序设计中“对象”的概念，[1] 和 [374–376]，有时候用在那些我们这里会使用术语构件的地方——或者“我们的构件”概念就是此类对象（对象模块）的集合。我们将在卷 2 第 10 章中更加详细地阐述

[3]我们在后面，卷 3 第 26～27 章中给出一个构件更一般的概念。

面向对象规约、以及我们的构件概念（即进程或者进程定义）和通常更加普遍接受的对象与面向对象所使用的概念之间的关系。同时，让我们考虑一些构件的例子。

21.2.6 非形式的例子

例 21.3 原子构件——银行账户 当我们非形式地谈起与银行账户相关且能被观测到的现象，我们可能会首先提到这些事物：(i) 余额（或者现金，名词），信贷限额（名词），利率（名词），收益（名词）(ii) 开户（动词），存款（动词），取款（动词），销户（动词）。然后我们可以识别出(iii) 触发开户、存款、取款、销户这些动作的事件。这样我们可以将一个银行账户看作构件，也即进程。它有下列结构：(i) 值，(ii) 动作（谓词，函数，操作）和(iii) 响应外部事件的能力（开户，存款，等等）。 ■

构件是原子的或者复合的。在后者的情况下，我们通常可以在一定程度上将一个构件分解为两个或者更多的子构件。

例 21.4 复合构件——银行 类似地，接着上面的例子，我们可以将银行看作由任意数量的银行账户构成，即看作一个复合构件，由适当的银行账户构件组成。其他适当的组成构件是：（拥有账户的）客户，根据用户的说明服务账户的银行出纳员（人或者机器），等等。 ■

上面我们强调了原子构件的“内部”。当我们考虑复合构件的时候，我们可能希望强调构件之间的交互。

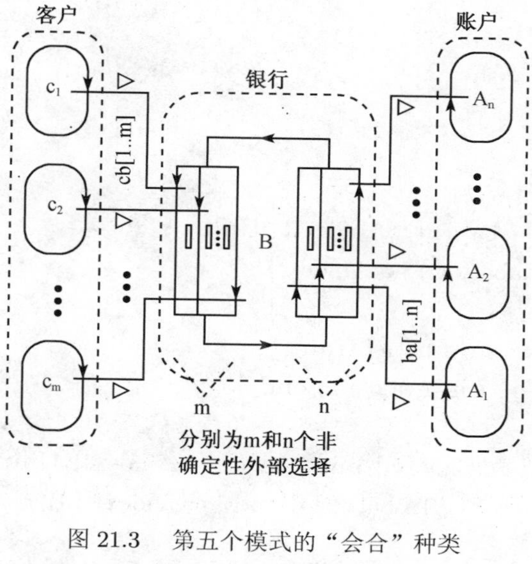

图 21.3 第五个模式的“会合”种类

例 21.5 单向复合构件交互 我们说明一个简单的单向客户到账户的存款。一个客户可以指示一个银行出纳员将其递交给出纳员的钱存入适当的账户。并且我们了解到三个“原子”构件之间的交互：客户，银行出纳员，账户。

这个场景非常类似于图 21.1中的 4，请同样参考图 21.3。图 21.3 给出了一个由彼此相异的客户进程构成的集合。一个客户可以有一个或者多个账户并且客户之间可以共享账户。对于每个不同的账户，都有一个账户进程。银行（即银行出纳员）是一个进程。他在任何时候都愿意接受一个来自于任意客户 c 的现金入账的请求（a,d）。通向银行进程的通道数量与彼此相异的客户数量相同。从银行进程发出的通道数量与彼此相异的账户数量相同。

使用形式记法，我们可以展开非形式图 21.3。

type
  Cash, Cindex, Aindex
channel
  { cb[c]:(Aindex×Cash) | c:Cindex }
  { ba[a]:Cash | a:Aindex }
value
  S5: **Unit** → **Unit**
  S5() ≡ Clients() ‖ B() ‖ Accounts()

  Clients: **Unit** → **out** { cb[c] | c:Cindex } **Unit**
  Clients() ≡ ‖ { C(c) | c:Cindex }

  C: c:Cindex → **out** cp[c] **Unit**
  C(c) ≡ **let** (a,d):(Aindex×Cash) = ... **in** cb[c] ! (a,d) **end** ; C(c)

type
  A_Bals = Aindex $\overrightarrow{m}$ Cash
value
  abals: A_Bals

  Accounts: **Unit** → **in** { ba[a] | a:AIndex } **Unit**
  Accounts() ≡ ‖ { A(a,abals(a)) | a:AIndex }

  A: a:Aindex × Balance → **in** ba[a] **Unit**
  A(a,d) ≡ **let** d′ = ba[a] ? **in** A(a,d+d′) **end**

  B: **Unit** → **in** { cb[c] | c:Cindex } **out** { ba[a] | a:Aindex } **Unit**
  B() ≡ ⌷ {**let** (a,d) = cb[c] ? **in** ba[a] ! d **end** | c:Cindex} ; B()

我们给出对该存款示例的评论。关于上面的记法使用，有 Cindex 个客户到银行的通道和 Aindex 个银行到账户的通道。银行业务系统（S5）由许多并发的进程组成：Cindex 个客户，Aindex 个账户和一个银行。从每个客户进程有一个输出通道，并且都有一个输入通道到每个账户进程。每个客户和每个账户进程分别循环地存储和兑现。银行进程非确定性地愿意（⌷）参与到与任何客户进程会合，并把任何这样的输入传递到合适的账户上。

总的来说，我们举例说明了有许多客户和账户的银行业务系统。我们只是对通过银行出纳员从客户到账户的存储行为建模。我们没有对任何反向行为建模，举例来说，通知客户账户上的新余额。所以这两组通道都是单向通道。稍后我们将给出带有双向通道的例子。■

例 21.6 *多个、不同构件的交互* 我们举例说明复合构件的交互。就像一些与几种不同种类的账户相关联的服务脚本规定的那样，账户之间经常会发生货币转账。举例来说，通常的贷款偿还涉及到下面这些构件、操作和交互：一个适当的偿还金额 p，由客户 k 传递给银行的脚本服务构件 se（3）。[4]基于债务贷款及其利息率（d，ir）（4）和偿还金额（p），计算出年金（a）、费用（f）和利息（i）的三者分布。[5]客户（5）的活期存款账户 dd_a 的余额 b 减去贷款偿还总额 p。贷款服务费用 f 被加入到银行（7）的（借贷服务）费用账户 f_a 上。自上次偿还后贷款余额的利息加到了银行（8）的利息账户 i_a 上，并且客户（6）的抵押账户 m_a 的本金，减去（有效偿还）a。a 是偿还金额 p 减去费用与利息的和所得的差。

上面的进程建模中，我们强调了通信。我们将会看到，上述可以被形式地建模为如下所示。

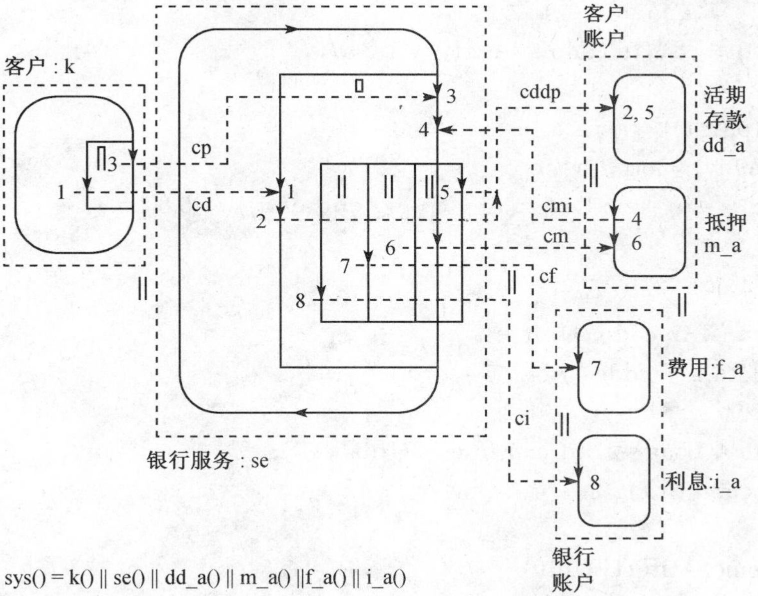

图 21.4 一个贷款偿还的场景

type

Monies,Deposit,Loan,

Interest_Income,Fee_Income = **Int**,

---

[4]关于引用（3~8），请参考图 21.4。

[5]请参见下面的 se 进程定义体的第四行。

```
  Interest = Rat
channel
  cp,cd,cddp,cm,cf,ci:Monies, cmi:Interest
value
  sys: Unit → Unit,
  sys() ≡ se() ‖ k() ‖ dd_a(b) ‖ m_a(p) ‖ f_a(f) ‖ i_a(i)


  k: Unit → out cp,cd  Unit
  k() ≡
       (let p:Nat • /* p 是某支付金额，1 */ in cp ! p end
    ⌈⌉
       let d:Nat • /* d 是某存款，2 */ in cd ! d  end)
    ; k()

  se: Unit → in cd,cp,cmi out cddp,cm,cf,ci  Unit
  se() ≡
       ((let d = cd ? in cddp ! d end) /* 1,2 */
    ⌈⌉
       (let (p,(ir,ℓ)) = (cp ?,cmi ?) in /* 3,4 */
       let (a,f,iv) = o(p,ℓ,ir) in
       (cddp ! (−p) ‖ cm ! a ‖ cf ! f ‖ ci ! iv) end end)) /* 5,6,7,8 */
    ; se()

  dd_a: Deposit → in cddp  Unit
  dd_a(b) ≡ dd_a(b + cddp ?) /* 2,5 */

  m_a: Interest × Loan → out cmi in cm  Unit
  m_a(ir,ℓ) ≡ cmi ! (ir,ℓ) ; m_a(ir,ℓ− cm ?) /* 4;6 */

  f_a: Fee_Income → in cf  Unit
  f_a(f) ≡ f_a(f + cf ?) /* 7 */

  i_a: Interest Income → in ci  Unit
  i_a(i) ≡ i_a(i + ci ?) /* 8 */
```

上面的公式表达：

- 复合构件银行由下述构成：
  - ⋆ 通过通道 cd 和 cp 连接到银行（服务） se 的客户 k
  - ⋆ 通过通道 cdb，cddp 连接到银行（服务）的该客户活期存款账户 dd_a

  - ⋆ 通过通道 cm 连接到银行（服务）的该客户抵押账户 m_a
  - ⋆ 通过通道 cf 连接到银行（服务）的银行费用收入账户 f_a
  - ⋆ 通过通道 ci 连接到银行（服务）的银行利息收入账户 i_a
- 在任何时候客户的活期存款账户都愿意非确定性地参与到与服务的通信中：接受（?）一个存款或贷款偿还（2 或 5），或者发送（!）关于贷款余额和利息率的信息（4）。
- 我们将这个“外部引发的”行为建模为（所谓的）外部非确定性选择（⊓[6]）操作。
- 在一个非确定性外部选择⊓中，服务构件接收一个客户的存款（cd?）或者抵押支付（cp?）。
- 存款被传递（cddp!d）到了活期存款账户构件。
- 费用、利息和年金支付分别被并行地（‖）传递给下列账户：银行费用收入（cf!f）、银行利息收入（ci!i）和客户抵押（cm!a）账户构件。
- 客户是不可预知的，他与银行或者做存款交互，或者做支付交互。
- 我们将这个“自身引发的”的行为建模为（所谓的）内部非确定性选择（⊓[7]）操作。

■

特性描述： 非确定性外部选择，我们用其表示由其他进程的动作引发的非确定性决定，而不是由 ⊓ 所出现的文本规定的动作引发。也就是说，操作式的来讲，遵循 ⊓ 操作的进程“听从”环境而做出该非确定性的决定。 ■

特性描述： 非确定性内部选择，我们用其表示由 ⊓ 操作符出现的文本所蕴含的非确定性决定。操作式的来讲，进程自身局部地做出决定，而不是其环境中的事件引发的结果。 ■

21.2.7 一些建模评论——题外话

例 21.5 和例 21.6 说明了通过银行从客户到账户的单向通信。例 21.5 说明了（m个）客户和（n个）账户之间银行的“多路复用”。例 21.6 说明了只有一个客户和一个由客户活期存款账户和抵押账户构成对的银行。不用说，一个更加现实的银行业务系统将会把上述结合起来。此外，这里我们决定将每个账户建模为一个进程。将每个客户建模为一个单独的进程是合理的，因为所有客户的集合可以看作独立和并发操作的构件组成的一个集合。将所有账户组成的大型集合建模为表面看上去独立和并发的进程组成的一个具有类似大小的集合可以看作一个“窍门”：我们认为，它使得银行业务系统操作更加透明。在本节介绍性的内容中，接下来（也是最后一个）的例子里，我们给第一个例子添加上了通过银行从账户发送到客户的账户余额响应。

21.2.8 例（续）

例 21.7 双向构件交互 现在的这个例子“包含”例 21.5 中的单向构件交互。如图 21.5 和紧接着的公式（参见图 21.3 和例 21.5 中的公式）所示，每个客户、银行和账户的进程定义都将会增加。

---

[6] 参见本例后面的非确定性外部选择意义的定义。
[7] 参见本例后面的非确定性内部选择意义的定义。

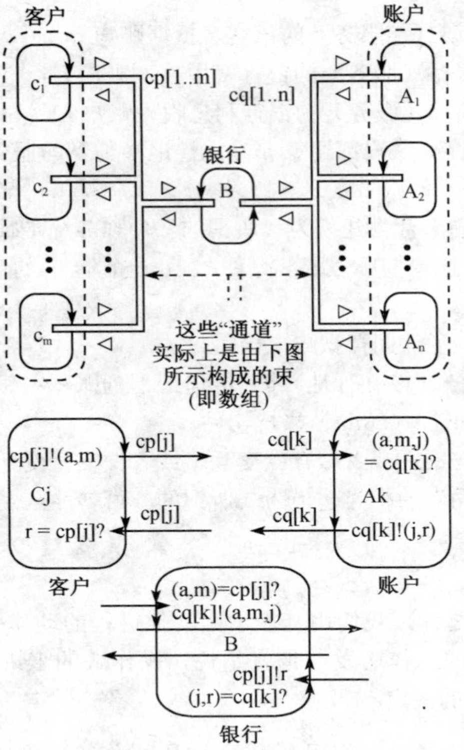

图 21.5　双向构件交互

type
　Cash, Balance, CIndex, AIndex
　CtoB = AIndex × Cash,
　BtoC = Balance,
　BtoA = Cindex × Cash,
　AtoB = Cindex × Balance
channel
　cb[1..m] CtoB|BtoC, ba[1..n] BtoA|AtoB
value
　S6: **Unit** → **Unit**
　S6() ≡
　　‖ { C(c) | c:CIndex } ‖ B() ‖
　　‖ { A(a,b,r) | a:AIndex, b:Balance, r:Response • ... }

　C: c:CIndex → **out** cp[c] **Unit**
　C(c) ≡
　　let (a,d):(AIndex×Cash) = ... **in**

cb[c] ! (d,a) **end** **let** r = cb[c] ? **in** C(c) **end**

B: **Unit** → **in,out** {cb[c]|c:CIndex} **in,out** {ba[a]|a:AIndex} **Unit**
B() ≡ ⌷ {**let** (d,a) = cb[c] ? **in** ba[a] ! (c,d) **end** | c:Cindex} ⌷
⌷ {**let** (c,b) = ba[a] ? **in** bc[c] ! b **end** | a:Aindex} ; B()

A: a:Aindex × Balance → **in,out** ba[a] **Unit**
A(a,b) ≡ **let** (c,m) = ba[a] ? **in** ba[a] ! (m+b) ; A(a,m+b) **end**

我们解释上述的公式。C 和 A 的定义都规约了通信对：分别是后面紧跟有响应输入的存储输出和后面紧跟有余额响应输出的存储输入。因为当账户存储注册发生的时候，可能会有许多用户存储，所以客户标识被传递给了账户，它“返回”该标识给银行——这样银行就不需要维护客户到账户的关联。在任何时候银行都愿意参与到从客户来的存储通信和从账户来的响应通信。这一点通过使用非确定外部选择组合子 ⌷ 表达出来。 ■

21.2.9 一些系统的通道格局

到目前为止，我们已经了解了通道和进程的许多格局。图 21.6 试图给出一些进程和通道的一般性格局。在进程 P、Q、P_j、Q_i 与其他的（非 P 等等和非 Q 等等）进程之间可能会有通道，但是这里没有给出。我们对每个格局给出评论：

[A] P 和某个 Q_i 之间的事件（同步和通信）在 $P-Q_i$ 事件持续时间段中阻止其他这样的事件。在事件 $P-Q_i$ 中，任何其他的 Q_j 进程（$j \neq i$）可以参与到与其他进程的事件中，或者其自身的动作中。

[B] P 和 Q_i 之间的事件（同步和通信）在 $P-Q_i$ 事件持续时间段中阻止任何其他的 Q_j 参与到与 P 的事件中。在事件 $P-Q_i$ 中，任何其他的 Q_j 进程（$j \neq i$）可以参与到与非 P 进程的其他事件中，或者其自身的动作中。

[C] 某个 P_j 和某个 Q_i 之间的事件（同步和通信）在 P_j-Q_i 事件持续时间段中阻止任何其他这样的 P_k-Q_ℓ 事件。在 P_j-Q_i 事件中，任何其他的 P_k 和 Q_ℓ 进程（$k \neq j$和$j \neq i$）可以参与到与其他非 P 和非 Q 进程的事件中，或者其自身的动作中。

[D] 某个 P_j 和某个 Q_i 之间的事件（同步和通信）在 P_j-Q_i 事件持续时间段中阻止任何其他的 P_j-Q_k 事件，但是不阻止 $P_\ell-Q_k$ 事件，这里 $\ell \neq i$ 并且 $k \neq j$。其他等等。请你分析其他可能的进程交互。

[E] 其他等等。请你分析该图。

我们把为上述五种（[A~E]）情况给出模式留作练习（见练习 21.1)。

21.2.10 并发概念——总结

特性描述： 事件 是原子的和瞬时的：它们“发生”。事件是进程基本的（原始的）元素。从一定的抽象层次来说，进程是由事件组成的。事件被用于标记一个系统（即进程）的（时间或者部分有序的）历史中的重要时刻。典型地，多个事件可以表示到达某个控制（和数据）状态

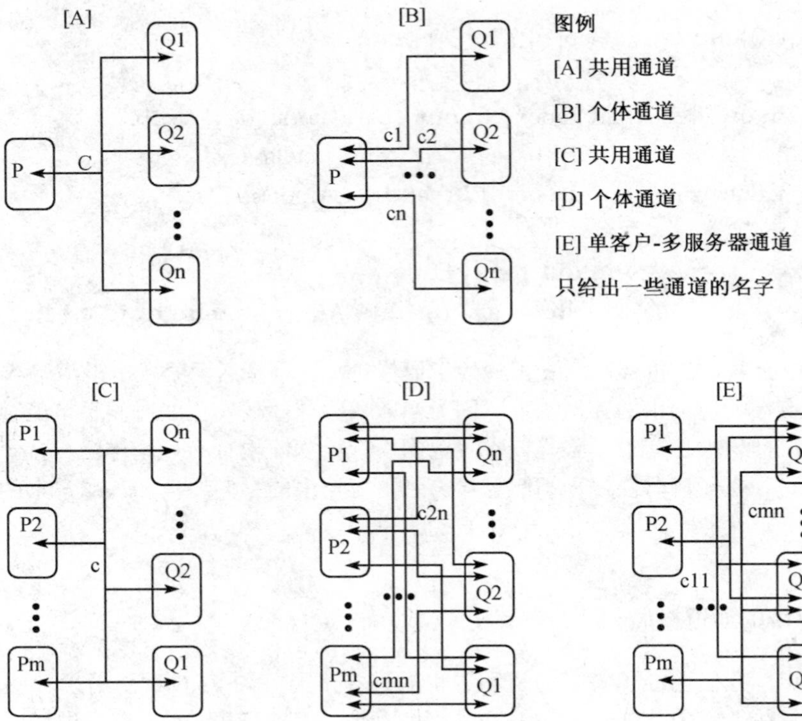

图 21.6　一些系统的通道格局

（过去动作的汇总）的进程，或者表示某个未定义的（或不可定义的）、自发地想要交互（即与某个进程同步和通信）的环境。 ■

特性描述： 顺序进程　是一个在数据状态上操作的有序（即顺序）集合。（许多进程将是循环的）。一些动作可能只是改变数据状态。其他的动作可能会引起两个进程之间的同步和通信，也即从一个进程传递值到另一个进程。在任何情况下，控制状态都会改变。 ■

特性描述： 阻塞进程　当进程不能进行，也即不能开始下一个动作时，它被称之为阻塞的。进程描述规定了事件可以发生的条件，也就规定了它们可以被阻塞的条件。 ■

特性描述： 并行进程 是由在其自己或者共享的数据状态上的顺序进程操作（即动作）构成，通常为无序的（即不可预测的）集合。 ■

特性描述： 动作　事件通常“触发”动作（即在进程数据状态上的操作）。后面我们将会了解到，事件可以表示从一个进程的输出和另一个进程相应的输入，也即表示进程间的同步和信息的交换。 ■

特性描述：通道 （比如两个）进程间的同步和进程间的通信都在通道上“发生”。通道允许连接到通道上的进程共享事件。 ▪

特性描述：行为 可观测到的事件序列和（或）一个进程或进程集合的动作构成的集合。通常观测的是（进程间的）通道上“发生了什么”。这些集合可以是有限的或者无限的。 ▪

特性描述： 迹 是由一个假定或实际进程的事件和（或）动作构成的单独序列。迹具有有限或者无限的长度。行为是迹的集合。一个进程通常表示一个行为。 ▪

特性描述：环境 通道的一端可以连接到一个进程，但是另一端可能“悬而未定”。这样的通道可以帮助我们定义一个环境的外观：“外部于”所主要关注的进程集合的某事物。因此定义的进程可以与环境共享事件：它们可以响应从环境来的事件或者“传递”事件给环境。 ▪

21.3 通信顺序进程，CSP

在前面的章节中，我们已经给出了使用 RSL/CSP 表达的并发规约的直观例子。在（该记法的）那些例子里，会碰到许多句法的细节，这可能使得表述有些混乱。所以本节中我们将给出 CSP 记法，通信顺序进程“最纯粹”的形式，以便于我们展示出潜在概念的极度优雅及其相应的记法。

通过给出对 CSP 本质“最干净”、最简单的理解，本节回到了 CSP 起源的地方。这里给出的 CSP 语言与进程的关系就是 λ 演算与函数的关系。[8] 我们这里只探讨了它的语言结构并且非形式地解释了语言结构的意义。我们将不会深入钻研这里介绍的 CSP 变体的语义涉及到的数学模型问题。请参阅 [288, 445, 453]。

首先我们给出关于进程和事件的导言。然后，在 11 个“简单的片段”中，我们探讨了主要的进程组合子（$\rightarrow$，$\sqcap$，$\lceil\rceil$，？ [输入]，！ [输出]和 $\|$）以及一些基本和复合的进程表达式和若干定律。

21.3.1 导言：进程和事件

我们用 $\mathcal{P}, \mathcal{P}', \ldots, \mathcal{P}'', \mathcal{Q}, \ldots$ 指进程。它们不是进程描述，而是进程“本身”。我们用 Pn, Pn′, …, Pn″, Qn, … 指进程名（进程名是进程表达式）。我们通常用 Pe, Pe′, …, Pe″, Qe, … 指进程表达式。

因此：

$$\mathsf{Pn} \equiv \mathsf{Pe}$$

把名字 Pn 给进程表达式（或描述） Pe。Pn 可以（递归地）出现在 Pe 中。不过，当例子简单的时候，我们会故意地“混淆”进程与它们的名字或者规定表达式。我们用 a, a′, …, a″, b, … 指事件。

现在事件被认为是原子的。稍后我们将会把事件构造在值（和通道）的集合（的集合）之上。

[8] 对进程概念进行尝试的一个更加“朴素”和基础性的语言是 ccs [386, 450] 的语言。

21.3.2 进程组合子等等

stop：基本进程

- **stop:**

进程 **stop** 不能执行（发出，产生，参与）任何事件。

前缀

- $a \to P$

该进程准备好参与到事件 a。如果事件 a 发生，进程的行为将如同 P。[9]

定义

- $Pn \equiv Pe$

Pn 是一个标识符（名字），表达式 Pe 定义了一个具有该名字的进程，其行为如同 Pe 所规定的进程表达式。该表达式可以包含名字 Pn（以及许多其他）。

- 例：

  $\mathrm{Q} \equiv \mathrm{e} \to \mathrm{Q}$

  Q 进程的行为是由同一事件 e 构成的无限的迹所组成的单元素集合。

$\square$：外部非确定性选择

- $P \ \square\ Q$

你可以在操作上把 $P \ \square\ Q$ 的任何迹看作 P 或 Q。$P \ \square\ Q$ 的环境会非确定性的决定“选择”哪一个。进程 $P \ \square\ Q$ 随时准备参与到 P 或 Q 的事件中。

- 例：

  $\mathrm{P} \equiv \mathrm{requestA} \to \mathrm{performX} \ \square\ \mathrm{requestB} \to \mathrm{performY}$

  P 进程准备参与到事件 *requestA* 或者 *requestB*。如果事件 *requestA* 被选择，那么 P 的行为就像 *performX* 一样。

环境提供了事件 *requestA* 和 *requestB*。

$\sqcap$：内部非确定性选择

我们写：

- $\mathrm{P} \sqcap \mathrm{Q}$

来表示进程 P 和 Q 之间的内部非确定性选择。环境对选择两个其中的哪一个并没有影响；而是“随机地”选择一个。

- 例：

  $\mathrm{P} \equiv \mathrm{reqA} \to (\mathrm{actA1} \sqcap \mathrm{actA2}) \ \square\ \mathrm{reqB} \to (\mathrm{actB1} \sqcap \mathrm{actB2})$

  进程 P 根据对 *reqA* 和 *reqB* 的外部非确定性（$\square$）选择来参与到行为 $actA1 \sqcap actA2$ 或

[9] 在 RSL 中使用分号“;”的地方，CSP 使用了→。

actB1 ⌈⌉ *actB2* 中。进程 *actA1* ⌈⌉ *actA2* 的行为如同 *actA1* 或 *actA2* ——由内部选择非确定性的选择。进程 *actB1* ⌈⌉ *actB2* 的情形与此类似。

CSP 定律（I）

$a \rightarrow (P \sqcap Q) \equiv (a \rightarrow P) \sqcap (a \rightarrow Q)$

复合事件

相关事件的集合可以复合起来。在 CSP 中我们可以写：

$\square$ e:{a.1,a.2,a.3} • e → P ≡ a.1 → P $\square$ a.2 → P $\square$ a.3 → P
$\square$ i:{1,2,3} • a.i → P ≡ (a.1 → P) $\square$ (a.2 → P) $\square$ (a.3 → P)

在 RSL [233] 中我们把确定类型（$e : \{a.1, a.2, a.3\}$）移出表达式，并将其放到 **channel** 声明语句：

type
  C == a.1 | a.2 | a.3
channel
  c:C
value
  ... c!e ; P ... /* 或者 */ **let** v = c? **in** P(v) **end**

输入和输出

c ? k:K → P(k) ≡ $\square$ k:K • c.k → P(k)
d ! k:K → Q(k) ≡ $\square$ k:K • d.k → Q(k)

序列的顺序是无关紧要的。上面的例子中，我们选择了非确定性外部选择 $\square$ 作为连接词。它表示：无论其他的哪个进程或者哪些进程，它（们）愿意在通道 c, c1, c2, . . . , cn 上通信，那么它（们）将非确定性地确定哪个选项会被选择。如果在某个时刻，没有进程愿意通信，那么上述的进程会（暂时性地）阻塞。如果只有一个愿意，比如在通道 ci 上的进程 Q，那么相应的选择就被（确定性地）选择了。如果在通道 c, cj,. . . , ck 上有两个或者更多的进程愿意通信，那么其中之一被非确定性地选择，与相应的选项进行交互。

反之，如果我们选择非确定性的内部选择 $\sqcap$，那么其中的一个选项将会被（随机地）选择，并且只有当一个外部进程愿意，或者变得愿意去同步和通信的时候，通信才会发生。

在 RSL 中，输入和输出可以被“混合起来”：

channel
  c:C, c′:C′, c1:C1, c2:C2, ..., cn:Cn
value
  /* 非确定性输入 */

```
    let u = c1? in P(u) end [] let v = c2? in Q(v) end [] ...
  /* 或者非确定输出 */
    c1!e1 ; P′ [] c2!e2 ; P″ [] ...
  /* 或者两者（混合）*/
    c1!e1 ; P′ [] let u = c? in P(u) end [] c2!e2 ; P″ [] ...
```

‖：并行组合

- P ‖ Q

表示进程 P 和 Q 的并行组合。通俗地讲，也即"操作式地"来说，进程 $P \parallel Q$ 描述了一个由两个"并行运行"并且在共享事件上协作的进程组成的进程。

共享事件

进程表达式 P 和 Q 会经常包含有列出同样（也即共享）事件的表达式。共享事件是具有同样符号名字的事件：

- αP：P的字母表，等等。

如果：

α P ∩ α Q = {a,b,c}

那么进程 P 和 Q 共享事件 a, b, c 并且愿意同时参与到这些事件中。

x → P ‖ x → Q ≡ x → (P‖Q)

如果 αP 不包括事件 z 并且 αQ不包括事件 y，那么：

y → P ‖ z → Q ≡ (y → (P‖(z→Q))) [] (z → ((y→P)‖Q))

CSP 定律（II）

```
if
  P ≡ [] e:A • e → P(e)
  Q ≡ [] e:B • e → Q(e)
then
  P ‖ Q ≡
     [] e:A \ α Q • e → (P(e)‖Q)
     []
     [] e:B \ α P • e → (P‖Q(e))
     []
     [] e:A ∩ B • e → (P(e)‖Q(e))
end
```

• • •

在图 21.7 中我们给出本节的总结。

简单事件	事件会发生，没有时间上的连续，会引发动作，会改变控制状态	e
输入/输出	分别包括输入和输出动作的事件，后者改变数据状态	c ! expr, c ? var
进程	P, Q是进程表达式，它们表示由一个或者多个动作和事件组成的序列	P, Q, ...
stop	无作用动作	**stop**
前缀	e→P 是进程表达式：进程 P 紧跟在事件 e 后，这里 e 可以是 c ! expr 或者 c ? var。P 是一个进程表达式	e→P
外部选择	P⌷Q 是进程表达式：P, Q 是进程表达式	P⌷Q
内部选择	P⌈⌉Q 是进程表达式：P, Q 是进程表达式	P⌈⌉Q
并行组合	P, Q 是进程表达式。指定的进程并行地进行	P‖Q
进程定义	Pn 是进程标识符，P 是进程表达式；(a) 是参数，(a 在 P 中可以是自由的)，并且在这里 P 中的进程标识符是进程表达式	Pn(a)≡P
共享事件	一旦发生事件 e，其上的进程变迁到 P‖Q。P 和 Q 共享 e。	(e→P) ‖(e→Q)

图 21.7　CSP 概念和记法的总结

21.3.3 讨论

我们鼓励将并发作为一个完整的课程来学习，比如采用整个学期课程的形式。本章只部分地探讨了该主题。关于从 CSP 的角度来了解并发，请参看三本杰出的著作：[288, 445, 453]。

21.4 RSL/CSP 进程组合子

在第 21.3 节我们形式地介绍了类 CSP 进程。在第 21.2 节我们直观地说明了使用源自 CSP 并被 RSL 所采用的记法的动机，并且非形式地使用了该记法。本节我们将简要地、但是系统地回顾该记法，类似于 RSL 的 RSL/CSP "子语言"。也就是说，该语言并不是真正的 RSL 的子集。我们比较随意地对待有关通道数组和函数（也即进程）类型子句中对通道的命名方式。在其他地方我们将展示我们的偏差可以使用 RSL 来解释。下面我们将探讨类 RSL 记法，一个接一个的句法结构。

21.4.1 类 RSL 通道

通道是同步进程和传递值（即消息）的方式。通道从一个外部"环绕的四周"（环境）通向定义的进程，或从定义的进程通向这样的环境，或者通道被放在进程中间，也即"中置"于进程，或者是上述的组合。我们将谈及单一通道或者通道的索引集合。每当我们的进程系统涉及到由类似进程组成的相似于索引集合的地方，我们会使用通道的索引集合。在 RSL 中通道必须声明：

type
  C /∗ C 可以表示任何类型 ∗/
  Cindex /∗ Cindex 表示一个有限集合 ∗/

channel
  c1,c2,...,cn:C /* n≥1 */
  { c[i]:C | I:CIndex }

通道 ci 可以传递具有类型 C 的值。c 类似于一个通道数组。除了 i 的取值范围是 Cindex 枚举的有限集合之外，c[i] 在其他方面都类似于任意通道 ci。

21.4.2 RSL 通信子句

系统由进程的固定集合构成，或者由索引进程的一个或多个固定集合和一个或多个集合组合构成。相应地，我们会分别谈到固定的、常数命名的输出/输入通信和变化的、索引的输出/输入通信。现在我们讨论前一种通信。

简单输入/输入出子句

我们假定 c 表示一个声明了的通道。基本上有两个通信子句。首先是输入表达式：

  c ?
  let v = c ? **in** E(v) **end**

上面的第一个子句表示值表达式，并且表达出从 c 通道输入值的意愿。上面的第二个子句也表示值表达式，这里内嵌的值表达式 c? 的值被绑定到变量 v。

输出子句：

  c ! expr

表示一个输出语句，即一个表达式，表达出在通道 c 上的通信中提供表达式 expr 的值。作为表达式，它具有类型 **Unit** 类型的值 ()。

有时候输入（c?）是来自于（全局）环境的一个未定义进程，有时候输出（c!expr）是发送到（全局）环境的一个未定义进程。有时候——存在有（两个或多个）进程的分组，它定义了“匹配的”输出/输入——一个或多个 c!e 和一个或者多个 c?。

请参见图 21.5 和 21.7 中已经给出的例子。

21.4.3 RSL 进程

简单进程定义

我们假定 $\mathcal{S}(a)$ 和 $\mathcal{S}(...)$ 都是语句子句，即具有类型 **Unit**。类似地我们假定所有的通道 c_{i_j} 和 c_{o_k}（都在其他地方）被适当声明。

value
  P: A → **in** c_i1,c_i2,...,c_im /* m ⩾ 0 */
        out c_o1,c_o2,...,c_on /* n ⩾ 0 */
        Unit

P(a) ≡ $\mathcal{S}(a)$

Q: **Unit** → **in** c_i1,c_i2,...,c_im /* m ⩾ 0 */
out c_o1,c_o2,...,c_on /* n ⩾ 0 */
Unit

Q() ≡ $\mathcal{S}(...)$

进程 P 接收 A中 [可选]的输入参数，愿意（也即可以）从通道 c_i1, . . . , c_im 输入，愿意（也即可以）从通道 c_o1, . . . , c_om 发送。进程 P 的基调以 **Unit** 结束，它表示没有显式的值被返回，也即进程 P 无穷递归（也即循环）或者以对具有类型 **Unit** 的子句所进行的解释结束。进程 Q 不接收输入也不发送输出，但在其他方面与 P 相同。

我们可以不写输入通道 **in** c_i1, c_i2,. . . ,c_im 和输出通道 **out** c_o1, c_o2,. . . ,c_om，而在任意一个地方或者两个地方都写 **any**。这表达出了进程 P 愿意在任意通道上进行通信。

函数，也即进程定义

value
R: **Unit** → **any** B
R() ≡ ... ? ... ! ... b

表示一个可以在任何通道上输入/输出并且产生具有类型 B 的值。

进程及其定义

请注意在进程定义或进程表达式与进程之间的区别。前者是文本、句法“事物”的一部分。后者是一个语义现象，肉眼不可见！进程通信，而不是进程表达式或者进程定义通信。它们规定了通信。

进程调用

每当进程调用发生的时候，进程就开始了。如下规定了进程调用：

P(a), Q()

参数 a 可以看作一个状态。如同该被命名的进程定义所描述的那样，每当进程调用表达式被细化的时候，进程就开始了。递归调用 P(a′) 表示一个状态已经被更新了。

例 21.8 缓冲进程定义

type
V
channel
in_ch,out_ch:V
value

```
Buffer: V* → in in_ch out out_ch Unit
Buffer(q) ≡
    let v = in_ch? in Buffer(q^⟨v⟩) end
    ⌈⌉
    out_ch!hd q; Buffer(tl q)
```

缓冲（Buffer）进程愿意在任何时候接收输入值——然后在使用其之前将其附加在队列后，缓冲进程就具有了这个新的队列状态——或者在使用其之前输出队列头，也即队列最老的成员，缓冲进程具有一个新的、“短些的”队列。 ■

数组通道进程定义

我们的意图是用 CI_index 和 CJ_index 表示有限的、可枚举的标记集合。

```
type
  A_idx, B_idx
channel
  { c_in[c] | c:A_idx }, { c_out[c] | c:B_idx }
value
  P: a:A_idx × b:B_idx →
        in c_in[a] out c_out[b] Unit
  P(i,j) ≡
    ... let v = c_in[i] ? in
          ... c_out[j] ! e ... end ...
```

上述的进程基调是非标准的 RSL。注意从 → 左侧到右侧的通道数组索引绑定。

在卷 2 第 10 章中我们将说明上述是一个更加细化的 RSL 模式（和类）和对象的定义和声明集合的缩写。

```
value
  Q: Unit → in {c_in[c]|c:CA_index} out {c_out[c]|c:CB_index} Unit
  Q() ≡
    ⌈⌉ { let v = c_in[c′] ? in
          ⌈⌉ { c_out[c″] ! v | c″:CB_index } end | c′:CA_index }
```

Q 规定了从许多通道中的任意一个 c_in[c′] 中外部非确定性地接收值 v，紧跟其后的是从许多通道中的一个 c_out[c″] 内部非确定性地输出该值。

21.4.4 并行进程组合子

典型地，并发式操作构件的系统可以表达为构件进程的并行组合。

令 P_i 表示表达式。

P_1 ‖ P_2 ‖ ... ‖ P_n

上述表达了 n 个进程的并行组合。对 P_1‖P_2‖...‖P_n 中每个进程 P_i 的求值会并行地进行。图 21.1，21.3，21.4，21.5 说明了进程系统（ S1，S2，S3，S4， S5， sys 和 S6）。

21.4.5 非确定性外部选择

令 P_i 表示表达式。那么：

P_1 ⌷ P_2 ⌷ ... ⌷ P_n

表达 n 个进程之间并行非确定性的外部选择。举例来讲（省略类型子句），令：

P1() ≡ **let** v = c ? **in** E1(v) **end**
P2() ≡ **let** v = c ? **in** E2(v) **end**
Q() ≡ (c ! e)
R() ≡ (P1() ⌷ P2()) ‖ Q()

表达式 e 的值传递到 ⌷ 的第一个或者第二个参数进程，因此它会在 E1 或者 E2 下求值。尽管并没有显式地给出选择哪一个（左边的 P1 或者右边的 P2），但是其中之一会被选择。对于 (P1() ⌷ P2())，我们说 Q() 是环境进程，反之亦然。(P1() ⌷ P2()) 愿意与其环境通信，Q() 也是如此。

21.4.6 非确定性内部选择

令 P_i 表示具有相同类型的表达式。那么

P_1 ⌈⌉ P_2 ⌈⌉ ... ⌈⌉ P_n

表达 n 个进程之间的并行非确定性内部选择。P_1 或 P_2 或，...，或 P_n 被选择——只有选择是内部非确定性的，也即不依赖于任何可能的环境进程。

例 21.9 *“掷骰子”进程定义* 为了表达出在由列举出的可能性组成的有限集合中的任意选择，我们使用非确定性内部选择。

type
  Dice = one | two | three | four | five | six
value
  P: **Unit** → Dice
  P() ≡ one ⌈⌉ two ⌈⌉ three ⌈⌉ four ⌈⌉ five ⌈⌉ six

P() 的调用“随机地”产生骰子的一面。 ■

21.4.7 互锁组合子

有些时候有必要强制指定两个并发进程的相互通信要优先于其他进程。为此 RSL 提供了互锁组合子:

pe_1 ╫ pe_2.

对上述的互锁组合的求值如下：并发地对两个表达式求值。如果其中之一在另一个之前结束，则继续对另一个求值。但是，在并发求值的时候，禁止任何到 pe_1╫pe_2 的外部通信。因此 pe_1╫pe_2 表达这两个进程被强制在彼此之间通信，直到其中一个结束。

21.4.8 总结

我们给出 RSL/CSP 子句的总结列表：

- 通道: **channel** c:C
- 输入: c? and **let** v = c? **in** Pe **end**
- 输出: c!r
- 进程表达式: Pe_1 ; Pe_2 ; ... ; Pe_n
- 并行: Pe_1 ∥ Pe_2 ∥ ... ∥ Pe_n
- 外部非确定性: Pe_1 [] Pe_2 [] ... [] Pe_n
- 内部非确定性: Pe_1 ⊓ Pe_2 ⊓ ... ⊓ Pe_n
- 互锁: Pe_1 ╫ Pe_2
- 进程定义: Pn: A → **in** c_i **out** c_j **Unit**
  Pn(a) ≡ Pe

21.4.9 提示

我们提醒读者，当本书中的函数基调用于那些使用通道（等）来定义进程的函数时，与“标准”（即工具支持）的 RSL 不同，它们允许一种“依赖”类型：

```
type
  X_Idx, Y_Idx, M, A, ...
channel
  { c[x,y]:M | x:X_Idx,y:Y_Idx }
value
  f: x:X_Idx × A → in { c[x,y] | y:Y_Idx } ...
```

在函数 f 的基调中，x 在 → 的左边被绑定，在 → 右边使用其限定从哪个通道输入。

21.5 翻译模式

在第 20.5 节中，我们对从应用式（即函数式）到命令式规约的转化进行了简要的讨论。本节中，我们类似地讨论从应用式，和/或借助于命令式规约，翻译到并行式面向进程的规约。

通过若干“阶段”，我们把一些公式“按摩”成为其他的公式。然后我们检查该“按摩”的有效性。

21.5.1 阶段 I：应用式模式

让我们考虑下面的模式：

type
  A, B
value
  f: A → **Unit**
  g: A → A
  h: A → **Unit**

  f(a) ≡ (**let** a′ = g(a) **in** f(a′) **end** ⌈⌉ h(a) ; f(a))

注释： 我们尽量解释上面的抽象程序规约模式：f 可以看作"主"函数。f 被初始调用，参数为 a。f 的内部选择非确定性地选择表达 ⌈⌉ 左子句或者右子句。在前一种情况中，f 被（"尾"递归地）调用，参数是命名为 a′ 的 a "更新"版本。或者 f 选择"简单些的"右边子句，首先表达具有值 **Unit** 的子句 h(a)，然后继续尾递归地调用 f，参数是"原始"参数 a。以此类推。

21.5.2 阶段 II：简单重构

上面的模式将 f 的行为定义为两个进程间的非确定性内部选择行为：**let** a′ = g(a) **in** f(a′) **end** 和 h(a) ; f(a)。让我们称其为 g′ 和 h′：

type
  A, B
value
  f: A → **Unit**
  g: A → A
  g′,h,h′: A → **Unit**

  f(a) ≡ g′(a) ⌈⌉ h′(a)
  g′(a) ≡ **let** a′ = g(a) **in** f(a′) **end**
  h′(a) ≡ h(a) ; f(a)

我们来分析上述代码：f 看起来是主进程。a 看起来像一个状态变量，它被（g′）使用并更新，或者被 h′ 只是使用并"传递"。换句话来说，这两个进程 G 和 H 都要求访问共享状态，但是这两个进程的 g 和 h "行为"不能并行进行。注意 f 不是递归的，而 g′ 和 h′ 则是。

21.5.3 阶段 III：引入并行

考虑下面的想法："劈开"，即分解 f 为三个并行进程 F，G 和 H。这样 F "维护"全局状态 a，G 和 H 分别重读和重写该全局状态：

type
  A, B
channel
  fg:A, fh:A
value
  S: A → **Unit**
  F: A → **out** fg,fh **Unit**
  G: **Unit** → **in** fg **Unit**
  H: **Unit** → **in** fh **Unit**
  g: A → A
  h: A → **Unit**

  S(a) ≡ F(a) ‖ G() ‖ H()
  F(a) ≡ fg!a ⌈⌉ fh!a
  G() ≡ **let** a = fg ? **in let** a′ = g(a) **in** F(a′) **end end**
  H() ≡ **let** a = fh ? **in** h(a) ; F(a) **end**

注释： 我们来解释上面的抽象程序规约模式：系统进程 S 被引入进来。S 表达三个进程的并行复合：F, G 和 H。F 会与 G 和 H 两者都进行通信。也即，两者都与 F 进行通信。它们通过单独的通道进行通信：fg 和 fh。F （内部选择）非确定性地表达 G() 或者 H()。G “模拟”了阶段 I 中 f 定义体的左子句，也即阶段 II 中的 g′。H “模拟”阶段I 中 f 定义体的右子句，也即阶段 II 中的 h′。注意 F 是非递归的，而 G 和 H 则是。

21.5.4 阶段IV：简单重构

我们不使用 G 和 H 对 F 的“尾”递归调用来“传递”给 F 进程适当的参数，而是通过一个（新的）通道，我们传递一个可能被更新的参数（a′）的值。由于 H 不需要传递任何新的 A 值，出于“对称”的考虑，我们让其传递一个“信号（tick）”，来表示任何意义上的完成。这样 F，G 和 H 的变体可以是：

type
  Tick == tick
channel
  fg:A, fh:A, gf:A, hf:Tick
value
  F: A → **out** fg,fh **in** gf,hf **Unit**
  G: **Unit** → **in** fg **out** gf **Unit**
  H: **Unit** → **in** fh **out** hf **Unit**

  F(a) ≡
    (fg!a ; **let** a′ = gf ? **in** F(a′) **end**)

$\sqcap$

(fh!a ; **let** t = hf ? **in** F(a) **end**)

G() ≡ **let** a = fg ? **in let** a′ = g(a) **in** gf!a′ **end end** ; G()
H() ≡ **let** a = fh ? **in** gh!tick ; h(a) **end** ; H()

注释： 首先，并不真的需要在 F 和 G 之间，G 和 F 之间等等有单独的、直接的通道。一个通道就已经足够了。接着我们尽量解释上面的抽象程序规约模式。在这个阶段，我们所做的一切就是给定义增加了两个新的通道，并且让 F 控制其自身的连续——采用其显式“尾”递归的形式。与此同时我们让 G 和 H 运行，这样它们能够继续其“尾”递归。现在我们了解到了阶段 III 和阶段 IV 两个模型之间的一些风格差异：在阶段 III 中，F，G 和 H 都是不是递归的。但是，就像 F 调用了 G 或者 H，反过来它们调用了 F。在阶段 IV 中所有的进程都是递归的。

21.5.5 阶段关系

现在我们必须停下来考虑一下！上面从**阶段** I 通过**阶段** II 和**阶段** III 到**阶段** IV，是正确的吗？而且我们到底用正确性表示什么意思？

显然四个阶段中的公式并没有展示出同样的函数，尽管这里它们确实“共享”一些函数名字，另外函数基调也不相同。所以，从这个角度来看，这四个阶段并没有“计算相同的东西”。但是它们是可以比较的。我们断言这四个模型的状态更新序列是相同的——要求读者接受这一点!

要“证明”该断言将使得我们偏离软件工程规约和设计的“路线”，而且深入到了程序设计方法学的细节问题。但是我们可以提示一个可以对这些阶段确实相关提供一些保证的方法。即重写后面的阶段为类似前面阶段的形式。不过，我们将其留在另外的时间和地方去处理。因此我们要求读者仔细检查上面四个阶段中及其之间所发生的事情。RSL，正如其现在所示，的确具有一个强大的证明系统，但是还没有强大到可以处理此类开发阶段的地步。

总之，既然我们在这里要“越过”应用式到命令式 RSL，和越过它们中的任意一个到并发式，也即并行 RSL，我们实际上在试图整合各种各样的形式记法。从 2005 年夏季开始，整合这些形式记法的课题得到了许多分析和研究。许多整合方法被提了出来。我们已经给出了那些从 80 年代末最初的 RSL 到现在对应用式 RSL，也即 RSL 核心的整合。

在卷 2 中，我们会进一步说明最近的整合。它们包括以下整合：(i) 第 10 章中，RSL 与 ER[10] (和 UML 类) 图；(ii) 第 12 章中 [311, 418, 432–434]，RSL 与佩特里网；(iii) 第 13 章中 [169, 267, 324]，RSL 与活序列图；(iv) 第 14 章中 [262, 263, 265, 266, 268]，RSL 与状态图；(v) 第 15 章中 [540, 541]，RSL 与时段演算。然后我们再回到确保“相同”的问题。

21.5.6 阶段 V：命令式重构

在第 20.5.2 节，我们了解了应用式函数可以被“命令式化”。所以我们现在处理 F：

variable

[10]ER：实体关系 [146, 147]。

```
  σ:A
value
  F: Unit → read,write σ  out fg,fh in gf,hf  Unit
  F() ≡
     (fg!σ ; σ := gf ? ; F())
     ⌈⌉
     (fh!σ ; let t = hf ? in F() end)
```

甚至我们可以把尾递归转化为一个命令式循环：

```
variable
  σ:A
value
  F: Unit → read,write σ  out fg,fh in gf,hf  Unit
  F() ≡
     while true do
        (fg!σ ; σ := gf ? )
        ⌈⌉
        (fh!σ ; let t = hf ? in skip end)
     end
```

21.5.7 一些评论

我们的“可比较”和“可信任为正确”的开发阶段的非形式但系统的序列到此结束。本节的想法是给你一些关于如何将应用式和递归函数定义转化为命令式进程定义的提示。

21.6 并行和并发：讨论

21.6.1 CSP 和 RSL/CSP

本章有关于并行式规约程序设计，集中讨论了 CSP，并且我们有充分的理由这样做。CSP 提供了一种优雅的方式来表达并发。此外，CSP 与 RSL 很好地融合起来。

学习 RSL/CSP 使得读者能够快速地适应（也即学习和使用）“纯” CSP。“纯” CSP 对模型检验 [444]有工具支持，它是证明某 CSP 满足预期属性的一个方法。CSP 作为研究（特定）并发系统方案特定规约的一个独立工具来说，非常有用。

21.6.2 建模技巧

在第 21.2 和 21.5 节，我们给出了许多建模技巧的例子。在接下来的几卷，即卷 2 和 3，我们会有足够多的机会给出更多的例子—— 现在和以后的例子将足够你汲取知识来面对并发系统建模的问题。

21.7 文献评注

我们已经反复给出了下面这些文献：[288, 445] 和 [453]。CSP 的发明人是 C.A.R. Hoare。他的第一篇关于 CSP 的论文是 [287]。他的书 [288] 经过了 Jim Davies [177] 仔细编辑，现在可以获取其电子版本 [289] 并且它是关于 CSP 的权威文献。Bill Roscoe 的书 [445] 涵盖了相同的内容，甚至更多一些：它有两倍于前者的页数，并且给出了更多的面向工业的例子。它也向读者介绍了对 CSP 的技术支持。Steve Schneider 的书 [453] 可能更多地类似于一本教材，而 Hoare 的书更类似于一本专著，Roscoe 的书则在一定程度上位于两者之间。Schneider 的书还把 CSP 扩展为实时 CSP（TCSP）。最后一个文献是 [226]。它指向形式系统（欧洲）（Formal Systems (Europe)）的因特网（主）页面，它的工具集 FDR2 提供了模型检验器和其他的 CSP 工具。其子页面提供了 CSP 句法的文档。该句法是能够被 FDR2 工具接受的“程序”（和规约）的 CSP 句法。

21.8 练习

本章练习的函数定义将基本上使用并行式程序设计方式表达。

练习 21.9、21.10 和 21.11 分别是练习 19.1、19.2、19.3 和练习 20.1、20.2、20.3 的后续练习。

• • •

练习 21.1 *系统通道格局。* 请回顾第 21.2.9节，并给出对 P、P_i、Q 和 Q_j 函数定义模式和通道结构的形式规约，以满足这五种（[A–E]）系统通道格局。

提示： 你可以假定函数 P、P_i、Q 和 Q_j 与其他进程没有交互，也即没有和其他进程一起参与事件。

练习 21.2 *一个生产者/有限消费者的储存库。* 给定了三种行为：一个生产者，一个储存库，一个消费者。生产者（不时地）生产实体，并把它们递交给储存库。储存库接受生产者生产的实体，并且根据用户的请求，将实体递交给消费者。消费者通过（不时地）从储存库请求实体来消费它们。储存库按照其收到实体的顺序来递交实体。储存库最多可以保存 b 个实体。

定义实体和（从消费者来的）实体请求的类型，定义两个（或三个）通道和四种行为：生产者、储存库、消费者及它们聚合成为系统的行为。

练习 21.3 *多个生产者/有限消费者的储存库。* 请参考练习 21.2。本练习所需的是阅读该练习的系统描述。

给定了 $m+n+1$ 种行为：m 个消费者，表示为 p_i，一个**储存库**，n 个**消费者**，表示为 c_j。任何生产者可以储存一个实体到储存库，任何消费者可以从储存库请求一个实体。储存库会使用接收到的实体的生产者的唯一标识来标记每个实体。递交给消费者的实体用该标识标记。另外储存库用接收到标记实体的顺序来递交它们。

定义实体和（从消费者来的）实体请求的类型，定义生产者和储存库之间的 m 个通道，n 或 $2n$ 个储存库和消费者之间的通道，以及四种行为：生产者、储存库、消费者及它们的组合系统。

练习 21.4 *共享存储*。许多**计算**进程共享一个共用的**存储**。我们用共用存储为不同的位置记录值。我们用计算进程在共享存储上执行下面的操作：(i) 请求分配新的存储位置，(ii) 在其上存储（初始）值，(iii) 在标识出（也即给定）的位置上，更新为（也即改变已有值为）新的给定值，(iv) 请求在给定（也即被标识出）的位置上的值，(v) 请求对一个被标识位置解除分配，也即释放和消除。(vi) 最后我们允许进程传递位置给另一个进程——根据某个未进一步指定的协议。

定义存储的类型，即位置、值以及它们组合而成的存储的类型。定义计算进程之间、计算进程和存储进程之间通道的类型——后者因而被看作“保持”，也即维护存储仅有的进程。最后，定义这两种行为：不时地执行动作（i–vi）的计算进程，以及存储行为。

练习 21.5 *同步多客户/单服务器系统*。客户是一个行为，它根据其自身意愿，向服务器生成请求，（在服务器状态上）执行在有限数量的被标识动作中的一些动作。客户除了提供将要执行动作的名字（即标识符），也可以依据被标识动作（的目）提供或者不提供输入参数（也即[零个、一个或者多个]值的[有限]序列）给被标识动作。也就是说，动作可能是状态变化和确定性返回值的函数。在成功或者失败的动作后，服务器会返回（动作执行完毕或失败的）结果给客户。当客户提供未知的动作名，或者错误的参数值数目的时候，失败就会发生。客户会接受“好”或“坏”的结果。客户在发出请求后，就（耐心地）等待结果。

另一方面，服务器是一个行为，它由客户唤起，在服务器状态上执行带有可能的参数的被标识动作。因此服务器会维护一个函数目录。该目录记录着函数的唯一名字，有限的参数数目（0 或更多），及“函数本身”（也即函数标识符的表示）。典型地此函数表示具有的类型是：从参数和状态到可能变化了的状态和结果的全函数。我们没有进一步规约参数和结果值。

定义服务器函数目录和状态的类型，客户到服务器和服务器到客户消息的类型。另外定义（一般性的）客户行为、定义服务器行为以及它们组合系统的行为：m个客户和一个服务器。

练习 21.6 *异步多客户/单服务器系统*。请参见练习 21.5，你不必已经解决该练习，但是在你继续阅读下面的内容之前你应当已经阅读了它的问题的系统描述。

本练习和参见练习之间问题的唯一区别是客户不会“耐心地”等待服务器动作的完成，而是继续其他的行为。不过，可以预期在将来的某个时刻客户会请求前一个请求动作的结果。为了实现这一点，以及实现其他的请求客户之间的交错进行，甚至实现任何客户可以在不同的时间请求那些返回结果已经被挂起的动作，我们假定客户给他们的动作请求提供了唯一的标识。这些唯一动作请求标识在客户最终请求结果的时候给出。

定义服务器函数目录和状态的类型，定义客户到服务器和服务器到客户消息的类型。另外定义系统行为、定义（一般性的）客户行为和定义服务器行为。

练习 21.7 *同步多客户/多服务器系统*：请参见练习 21.5。你不必已经解决该练习，但是在你继续阅读下面的内容之前，你应当已经阅读了它的问题的系统描述。

本练习和参见练习之间问题的唯一区别是现在有多个服务器，也即多于一个。任何服务器都准备接受任意动作请求，并且所有的服务器都服务相同的动作集合。

定义服务器函数目录和状态的类型，客户到服务器和服务器到客户消息的类型。另外定义系统、客户和服务器行为。

练习 21.8 *UNIX 管道*。UNIX 管道是一个由进程 π_i 组成的序列。UNIX 命令序列中的每个命令 cmd_i 都对应一个进程。

cmd_1(argl_1) | cmd_2(argl_2) | ... | cmd_n(argl_n)

每个命令 cmd_i （是个名字，它）表示一个函数 f_i，并且每个参数列表 argl_i 是一个值 vl_i 的列表。每个参数 argl_i[j] 是一个字符序列，j 在 {1..**len** argl_i} 中。（这里 **len** argl_i 可以为 0。）对于所有 i，每个函数 f_i 进程 π_i，逐渐产生结果为字符序列的 r_i。不过当 $i \geqslant 2$ 时，函数 f_i 都会接受一个额外的输入参数，也即由 $f_{i-1}(\langle r_{i-1}\rangle \widehat{\ } v_{l_i})$ 产生的参数。相应地（管道中的）每个"下一个"函数 f_{i+1} 进程 π_{i+1}，这里 $i <$ n，如果它准备使用该输出，那么它就会这样做。这样，每当函数进程 π_i 已经产生了某个这样的部分结果时，它将其"输出"到一个管道-缓冲器（也即一个进程） $\wp_i^{i+1}$ 中，$1 \leqslant i <$ n （图 21.8）。从该缓冲器中，函数进程 π_{i+1} 可以或将（最终）请求它。

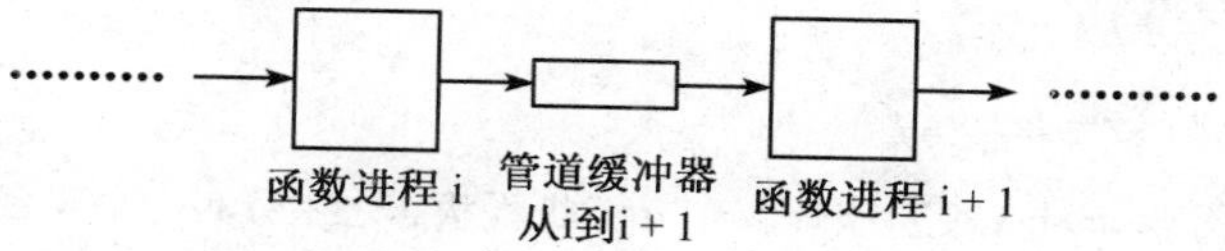

图 21.8　系统片段：一些管道进程

定义三种进程：**系统**（system）、**函数进程**（function_process）、**管道缓冲**（pipe_buffer）。定义它们的通道，定义命令、参数、状态、函数目录的类型（比较练习 21.5）。系统进程接受一个管道规约，并且对于每个命令参数列表项，系统进程启动一个函数进程，为每个相邻的一对进程启动一个管道缓冲进程。令一个外部输入通道接收管道输送的命令列表，一个输出通道逐步地传送"最终"函数进程的结果。

图 21.9 说明了哪个进程接收哪个输入。

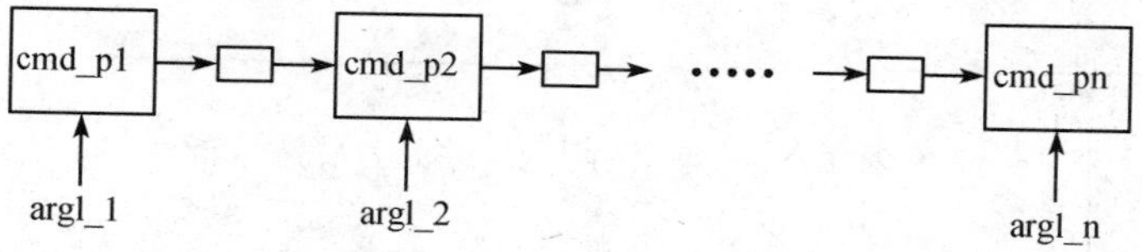

图 21.9　一些管道进程及其参数

练习 21.9　杂货店，III。我们继续练习 19.1 和 20.1。不过这些练习给出的是杂货店的串行（实际上为"单进程"的）行为，现在我们给出一个行为，在其中若干客户可以同时选择商品。但是我们建议没有两个或者多个客户可以同时使用同一个搁板段；最多只能有一个客户使用一个搁板段。类似地，对于收款台：只有一个员工和收银机。当你对该问题有并行进程解决方案的时候，你可以轻易地解除这些（和其他）限制。

这样在练习 20.1 中给出的九个状态分量现在被看作 $3 \times k + m + n + 1 + 1 + 2 \times w$ 个进程的集合：(1) k 个客户，(2) k 个购物车，(3) k 个购物包，(4) m 个店铺搁板段，(5) n 个存货搁板段（每种类型的商品都有一个，$m \geqslant n$），(6) 一个收银机，(7) 一个商品价目表，(8) w 个批发商存货清单 (9) w 个批发商收银机进程。

这九个全局状态分量的初始化规定现在分布在每个进程上（图 21.10）。

为了使你理解“全局状态分量分布在每个进程上”是什么意思，考虑如下：n 个“动作者”系统的一个复合状态分量，把 n 个唯一的动作者标识符的有限集合映射到动作者状态上：

```
value
   n:Nat
type
   Uid axiom |Uid|=n /* Uid的势是 n */
   AΣ
   Actors = Uid  →m  AΣ
value
   actors:Actors
variable
   agents:Actors := actors
```

并不是真的需要 agents 变量来理解在 n 个进程状态之上分布一个复合状态这个概念。这里引入它仅是为了给出从应用式通过命令式到并行式规约程序设计的变迁。我们现在为每个“动作者”建立一个进程并且“分布”动作者状态在这 n 个进程上：

```
value
   system() ≡ ∥ { actor(uid)(actors(uid)) | uid:Uid }
```

actor 函数（也即进程）定义的参数 actors(uid) 表示状态的一个分量 uid。actor 函数通常会“局部更新”该状态：

```
value
   actor: Uid → AΣ → Unit
   actor(uid)(aσ) ≡ ... let aσ′ = ... in actor(uid)(aσ′) end
```

图 21.10　从单全局状态到多进程状态分布

最后，我们将 (10) 员工看作一个单独进程，并且作为一种新类型的进程：这是一个舒适的乡村小店。在命令式模型中，员工进程并没有以状态分量的形式存在。而是由动作者执行付款、补充操作。该付款/补充动作者没有“状态”，即没有“记忆”。

现在的购物脚本是对客户行为的规定——因此其状态分量基本上就是脚本和钱包的状态分量。

练习 19.1 到 20.1 解答中所期待的有些精细的非确定性现在可以通过并行进程组合子 ∥、⫿ 和 ⊓，以及输出/输入组合子！和？表达出来。

请定义所有相关类型，所有相关通道（及它们的类型），所有相关行为，也即除了上述提及的以外，也要定义“整体”系统进程。假定一个对店铺和存储搁板适当的初始化。

如果你认为上述描述不完整，请说明之，并将其补充完整。

练习 21.10　无管理工厂，III。 我们接着练习 19.2 和 20.2。请仔细阅读上述引用练习对问题的系统描述文本。

练习 20.2 给出的六个状态分量现在可以看作四种进程组成的集合：m 个叉式卡车，每个都有其自己的进度表，n 个生产单元，每个都有其自己的进度表，一个部件存货，以及一个产品仓库。也就说，进度表被封入到叉式卡车和生产单元的状态中。如图 21.10 所给出的关于对每个进程进行适当的初始化的评论，同样适用于这个练习。

请定义所有相关的类型，定义所有相关的通道（及其类型）和所有相关的行为，也即除了上述提及的以外，也要定义“整体”系统进程。假定一个对存储清单的适当的初始化。

如果你认为上述的描述不完整，请说明为什么，并补充完整。

练习 21.11 *文档系统*，III。我们继续练习 19.3 和 20.3。请仔细阅读那些练习对问题的系统描述文本。

1. 本练习中我们令系统构件：
   (a) d 个地点目录构成的集合为 d 个并行进程；
   (b) m 个人构成的集合为 m 个并行进程，m 是所有地点中所有人的总和；
   (c) c 个公民构成的集合为 c 个并行进程；
   (d) 所有使用中的文档标识符构成的集合为一个进程；
   (e) 所有使用中的档案构成的集合为一个进程；
   (f) 时间为一个进程。
2. 定义所有的适当的通道。
3. 明确定义所有进程的类型。
4. 现在重新定义命令的句法，使用进程标识符替代明确提及的人、文档、档案和位置。
5. 重新定义所有语义解释函数为一般性的人进程中的辅助函数。

♣♣♣

练习 21.12 ♣ *并发式运输网络领域模型*。请参见附录 A，第 A.1 节，*运输网络*。

请参见练习 19.4 和 20.4。请仔细阅读那些练习对问题的系统描述。

在练习 20.4 中我们给出了五个状态变量：(i) 静态段，(ii) 动态段，(iii) 静态连接器，(iv) 动态连接器，(v) 网络图（也即网络的结构）。在本练习中，我们建议将其中的每一个都表示为进程。并且我们要求你重新系统描述练习 19.4 问题 4 的解答。

练习 21.13 ♣ *集装箱物流的并发式领域模型*。请参见附录 A，第 A.2 节，*集装箱物流*。

请参见练习 19.5 和 20.5。请仔细阅读那些练习对问题的系统描述。

在练习 20.5 我们给出三个全局状态变量的声明：(i) 集装箱船，(ii) 特定集装箱码头的集装箱存储区，(iii) 该集装箱码头的集装箱船停泊码头。在本练习中，我们建议将其中的每一个表示为一个进程。基于这三个进程，重新定义练习 19.5 中 3~11 提及的操作。

练习 21.14 ♣ *金融服务行业并发式领域模型*。请参见附录 A，第 A.3 节，*金融服务行业*。

请参见练习 19.6 和 20.6。请仔细阅读那些练习对问题的系统描述。

在练习 20.6中，我们给出了三个全局状态变量的声明：客户目录，账户目录和账户。在本练习中我们建议将其中的每一个表示为进程。基于这三个进程，重新定义练习 19.6 中 1~2 提及的操作。

VI

其他

22

其他

22.1 我们讨论了什么

我们断言在本卷中我们探讨了软件工程核心的如下方面：

- 第 2~9 章：必要且最少的**离散数学**方面的背景：数、集合、笛卡尔、类型、函数、λ演算、代数和逻辑。
- 第 10~18 章：RSL 可以表达的**抽象和建模**的基本原则和技术：原子类型和值、函数定义、面向性质和面向模型的抽象、集合、笛卡尔、列表、映射、高阶函数和类型。
- 第 19~21 章**规约程序设计**：应用式规约程序设计、命令式规约程序设计、并发式规约程序设计。

卷 1 的效果是为读者进行抽象和建模建立坚实的基础。

22.2 下一个讨论什么

在这三卷书中的下一卷，我们会进一步讨论软件工程的一些本质问题：

- **规约刻面**：卷 2 第 2~5 章—— 分层与组合、指称与计算、格局：上下文和状态，以及时间、空间和时间/空间。
- **符号学**：卷 2 第 6~9 章—— 语用、语义、句法和符号。
- **高级规约技术**：卷 2 第 10~15 章—— 模块化、自动机和机器、佩里特网、消息序列图和活序列图、状态图、时间的数量模型（时段演算）。Christian Krog Madsen 对第 12~14 章做出了主要贡献。
- **语言定义**：卷 2 第 16~19 章—— 一个简单的应用式语言 SAL、一个简单的命令式语言 SIL、一个简单的模块命令式语言 SMIL、一个简单的并行语言 SPIL。

卷 2 的主要效果是使得读者在有关经典软件工具，以及具有时态和并发属性工具的形式规约领域成为一名专业人员。

22.3 下一个的下一个讨论什么

在这三卷书的第三卷，我们会通过讨论基本开发阶段的变迁来结束对软件工程的规约和程序设计方法学这些方面的讨论。

- 从领域工程，
- 通过需求工程，
- 到软件设计。

更确切地讲，我们探讨下面的这些阶段所构成的时期：

- **领域工程**：卷 3 第 8~16 章—— 领域工程概述、领域参与者、领域属性、领域刻面、领域获取、领域分析和概念形成、领域验证与确认、面向领域理论，以及领域工程过程模型。
- **需求工程**：卷 3 第 17~24 章—— 需求工程概述、需求参与者、需求刻面、需求获取、需求分析和概念形成、需求验证和确认、需求可满足性和可行性，以及需求工程过程模型。
- **软件设计**：卷 3 第 25~30 章—— 硬件/软件协同设计、软件体系结构设计、构件设计用例学习、领域特定体系结构、编码（等等），以及三部曲计算系统设计过程模型。

为了适当地设定一个平台来学习上述软件开发的主要阶段，我们首先给出一些初步的材料：

- **书面工作**：卷 3 第 2 章——文档。
- **概念框架**：卷 3 第 3~4 章—— 方法和方法学、模型和建模。
- **描述：理论和实践**：卷 3 第 5~7 章—— 现象和概念、关于下定义和定义、Jackson 的描述原则。

通过对下面的介绍，我们最后用一个章节来结束软件工程中有关规约和程序设计方法的方方面面：

- 三部曲开发过程模型 ——卷 3 第 31 章。

卷 3 的主要效果是使得读者成为完整的软件开发过程中的专业人员：从领域开始，通过需求，直到软件。

22.4 提示

正如我们所指出的那样，读者不应忘记这几卷对于所有在“实际”开发中所需要的东西来说，虽然只提供了一个，但是很主要的刻面：

- **问题框架细目**：这头三卷书的确涵盖了通常由以下术语分类的软件应用的许多刻面：(i) 管理数据处理；(ii) 企业资源规划（ERP）；(iii) 编译器和解释器；(iv) 分布式（客户端/服务器等）系统，(v) 生产计划，监控系统；(vi) 数据库管理系统；(vii) 高可信嵌入式实时系统，以及类似系统。但是要在这些领域中的任意一个成为真正的专业人员，所需要的要比这几卷书所给予的要多的多。所以我们强烈建议你学习有关它们的专门教科书，比如：(a) 形式语义和编译器技术，(b) 数据通信、密码学和分布式系统，(c) 数据库系统，(d) 实时嵌入式系统，等等。
- **管理**：这几卷没有涵盖的内容是：工程管理，配置管理（版本监控）、人员管理（能力成熟度模型、风险管理、质量管理）、项目计划（监控、规划图、资源分配和调度等等）、开发成本管理、合同和合同管理、市场分析、产品成本评估、咨询和例示成本、市场和营销、维护和服务、商业计划、财务事务 ，ISO 9000、ISO 9001 和 ISO 9000-3、IEEE 和

ACM 标准、软件工具标准，等等。我们怀有一些希望，希望能够再出版一卷，其目标将是展示形式技术非常适合于现今的许多管理概念，同时在一些情况下它还保证会有新面貌出现！

22.5 "轻量级"形式方法

在卷 3 第 32 章 32.2 节中我们给出了对形式方法"神话和戒律"的问题所进行的分析。

对于本卷来讲，这样说就足够了：我们并不信仰形式方法，但是每当一项软件开发工作需要多于一人完成时，或者该软件最终将被除了开发该软件以外的人员使用，我们将使用形式方法，也即"永远"使用。不过让我们也这样说：我们"轻量级"地使用形式方法：我们自己在所有的阶段中，在所有适度"关联"的时期和阶段中，都会强调形式规约。但是我们很少证明任何性质：我们断言我们所记录下来的开发的确满足正确性的标准；但是我们"把细节留给"其他人。我们这样做是基于一个业已有很多经验的背景：在被仔细监测和控制的阶段、时期和步骤中，形式规约——记录着适当的抽象（取还）函数，所有适当的不变式等等——似乎捕捉到了"被确认为"隐错（bug）中众所周知的"99.99%"。对于那些需要更加形式确保的客户，我们知道什么样的开发我们能够可证明地关联它们，什么样的属性我们可以形式的验证——但是在这几卷中我们只探讨了这众所周知的"99.99%"。

22.6 文献评注

这几卷也是我个人多年的工作成果。它们记录在下列文档中：[33, 51–106, 110–113, 115–120, 122–129, 225, 254, 351, 428, 490]

VII

附录

A

共同练习题目

本附录中我们将给出一些问题领域初步的系统描述，有许多关于它们且标记有 ♣ 的练习将会在本卷中的章节之后提出。下面给出参考。

A.1 运输网络

通过运输网络，我们理解（不同种类的）公路网（公用道路、收费道路[即收费站或电子道路定价]、高速公路等等）、铁路网、空中交通走廊网，以及海洋航路的复合。我们断言所有这些网络的共同之处在于它们都是段（街或路的段、火车站之间的铁路线、空中走廊等等）、连接（街的交叉点，火车站、机场和港口）的复合。

因此网络、段和连接（或交叉点）是重要的概念。它们抽象上述所提及的现象（公路、铁路线和航线与街角、火车站、机场和港口）。

段可以分解为区，即段是区的序列。区（也因此段）以及连接可以包含零个、一个或多个传送机（汽车、火车[通常最多一个]、航空器和船舶）。传送机可以移动—— 这样交通可以抽象为从时间到传送机位置（在区和连接内）的函数。

接下来可以着手考虑交通分配、调度和控制的问题。

与此题目相关的练习有：2.6、 3.3、 4.4、 5.1、 5.2、 5.3、 8.1、 9.1、 10.2、 11.1、 12.4、 13.5、 14.6、 15.15、 16.12、 18.1、 19.4、 20.4 和 21.12。

例 9.8 和 9.12 也与此练习题目相关。

A.2 集装箱物流

集装箱码头是特殊类别的港口—— 位于海洋和陆地的界线上。粗略的来讲，集装箱码头由港池构成，它一面被突堤遮盖着海洋，另一面与一个或者多个（位于陆地上的）码头邻接。最后，也是在陆地上，每个集装箱码头都有一个集装箱存储区域。

集装箱码头的组织方式用于分别向集装箱船装载集装箱和从集装箱船卸载集装箱。在装载之前和卸载之后，这些集装箱通常保存在岸上（即陆地上）的集装箱存储区。集装箱船上集装箱存储区中的集装箱保存在堆位中—— 我们可以讨论组织成为如下方式的集装箱船和集装箱存储区：集装箱构成堆，堆构成了行，行构成了排。

码头是集装箱船装载和卸载时所在的地点。置于位置上的船/岸起重机（每个船位有多至几个这样的起重机），从/向码头载运车或集装箱载运车进行装载或卸载。前者在集装箱船和集装箱存储区之间运输集装箱，并通过集装箱存储区起重机分别放置集装箱到集装箱存储区堆或从该处运回集装箱。换句话来说：码头由码头位置的序列构成，任何由位置构成的子序列都指代一个码头地点。

集装箱船可以含有多于要运送到它们正在访问的该集装箱码头的集装箱。而且集装箱存储区堆可以含有将要进一步被集装箱船运输到通常为多个的“下一站的”集装箱码头去的集装箱。

集装箱船和集装箱分别具有海运路线和运货单，前者和后者都分别示及了将要访问的集装箱码头序列和将要转递集装箱（从一个集装箱船卸载，然后通过转递集装箱码头的集装箱存储区的暂时存储，装载到另一个集装箱船上）的码头序列。

与这个题目相关的练习有：2.7、3.4、4.5、5.1、5.2、5.3、8.2、9.2、10.3、11.2、12.5、13.6、14.7、15.16、16.13、18.2、19.5、20.5 和 21.13。

例 9.9 和 9.13 也与该练习题目相关。

A.3 金融服务行业

（国家、地区、世界的）金融服务行业由银行、保险公司、证券经纪商和（股票）交易所以及证券管理和其他的金融市场经营商构成。

在银行里，客户能够开户和销户，存钱和取钱，创建和结束贷款，借取和偿还贷款等等。客户可以有几个存款和/或贷款（和/或其他的）账户。几个客户可以共享账户。资金可以在同一个银行或不同银行之间转账。

客户通过经纪商可以请求（订购）对证券的买卖（交易在证券（如股票）交易所进行）。“买”[“卖”] 请求指定证券的名字，说明请求有效的时间段（即在其中，如果可能，该请求将被执行），说明价格区间（“lo，hi”），在该区间中，如果可能该交易应当被执行（在“买”[“卖”]请求中，“hi”[“lo”]指代绝对界限，“lo”[“hi”] 是指“Ok，你可以执行交易了”的界限）。对买和卖定购的其他要求导致了（客户和经纪商将会得到）唯一定购码的使用。在证券（如股票）交易所，多个买和卖定购可以有关联（重叠）的时间和价格区间，这样交易就可以（由交易人）进行了。如果定购不能进行，就会被取消。客户可以指示从银行账户和到银行账户的资金（以下的定购中给出这样的说明）。对相同证券进行买和卖订购的一个集合会构成交易的基础。卖数量的总和必须“近似”或等于买数量的总和；交易的时间必须在所有这些定购中说明的时间段内；交易的价格必须在所有这些订购中说明的价格区间内。最终将会决定哪些交易不是一个可以计算的决定。它是（“极度”）非确定性的—— 甚至是有些混乱的。

在关于该题目的这组练习中，我们不考虑除了银行、经纪商和交易所（包括交易人）以外的事物。

与这个题目相关的练习有：2.8、3.5、4.6、5.1、5.2、5.3、8.3、9.3、10.4、11.3、12.6、13.7、14.8、15.17、16.14、18.3、19.6、20.6 和 21.14。

例 9.10 和例 9.14 也与该练习题目相关。

A.4 练习参考总结

题目	运输网络	集装箱物流	金融行业
数	2.6	2.7	2.8
集合 (I)	3.3	3.4	3.5
笛卡尔(I)	4.4	4.5	4.6
类型 (I)	5.1, 5.2 和 5.3 ，对于全部的三个题目		
代数	8.1	8.2	8.3
逻辑	9.1	9.2	9.3
原子性	10.2	10.3	10.4
函数	11.1	11.2	11.3
抽象	12.4	12.5	12.6
集合 (II)	13.5	13.6	13.7
笛卡尔 (II)	14.6	14.7	14.8
列表	15.15	15.16	15.17
映射	16.12	16.13	16.14
类型	18.1	18.2	18.3
应用式	19.4	19.5	19.6
命令式	20.4	20.5	20.6
并发式	21.12	21.13	21.14

B

术语表

- 学习本章的前提：无。
- **目标：** 把术语表置于辞典、本体论、分类学、术语学、类属辞典等类似概念的上下文中，并且解释重要的计算机科学、计算科学和软件工程术语。
- **效果：** 使得读者能够专业地使用术语。
- **讨论方式：** 系统的。

788个条目中的17个，我们引自 [479]。在本附录中，有19处使用了 [349]和4处使用了 [224]。

> 在任何软件开发项目中，以下都是重要的：
>
> - 在第一次使用术语前定义它们，
> - 维护这样的术语定义表，包括调整、更新、扩充，
> - 遵守定义。

我们给出了信息科学、计算机和计算科学相互重叠的领域所特有的术语表，以及软件工程所特有的术语表。对每个术语都给予了描述：细述，特性描述，有些情况是定义，以及有时用例子说明。该列表只是采用了字母序来排序。并没有试图去构造类属词典、分类词典或本体论词典。

这些术语，特别是它们的描述，可能与本领域的标准术语表或教科书给出的描述不一致，或者不包含它们，或者不被它们所包含。因此该术语表代表了个人的，但是足够完善有效的最新的术语表。

> 本附录是非常个人的，但是我们认为在科学和技术上都是“正确的”。注解、条目的挑选（包括哪些术语，不包括哪些术语），它们的特性描述，有些情况是它们的定义，这都是我们的选择。因此这些注释反映了我们对软件工程领域的观点。我们认为，可以合理地声称从这些注释中产生了软件工程本体论的轮廓。

B.1 参考列表的种类

关于术语表、词典、百科全书、本体论、分类学、术语学和类属词典

术语表、词典等等的重要作用就是确保显得深奥秘密的术语不再如此。

深奥秘密的（esoteric）：为特定的创建者独自设计的或由其所理解的，
限定在小团体的知识的或与该知识相关的，
限制在小圈子的

Merriam–Webster's Collegiate Dictionary [479]

B.1.1 术语

根据 [349]，注释（gloss）是“插入在行间或页边空白处，作为文本中词的解释性翻译；术语表或词典中类似的翻译；也指注释、解释。” 另外根据 [349]，术语表（glossary）是“术语的集合，对**深奥**、**陈旧**、**方言**、技术的术语进行解释的列表；部分的词典。” [136] 提供了 Z 记法的术语表。

B.1.2 词典

根据 [349]，词典（dictionary）是“探讨语言词汇的书，目的是阐述它们的拼写、发音、词义、使用、同义词、派生词、历史，或者至少这些中的一部分；词汇按照所说明的顺序排列，现在通常是按照字母顺序；词书，词汇表，词汇手册。延伸来讲：关于信息或参考，关于知识的任意主题或分支的书，书的条目按照字母顺序排列。” 标准的词典是 [349, 479, 480]。

B.1.3 百科全书

根据 [349]，全盘性教育、百科全书（encyclopædia）是“学习的循环过程，教育的一般性过程。涵盖关于知识所有分支的信息的著作，通常按照字母顺序排列（1644）。系统编排的含有关于某一门艺术，或知识的某个分支的详尽信息的著作。”

[478] 可能是最“著名”的百科全书。

B.1.4 本体论

通过本体论（ontology）来表示 [349]：“存在的科学和研究；与存在，或事物的本质，或抽象中的存在相关的形而上学理论的学科。” 通过一个本体（an ontology）我们表示一个使用逻辑方法系统解释许多抽象概念的文档。

B.1.5 分类学

通过分类学（taxonomy）来表示 [349]：“分类，尤指与其一般规律或原理相关；由分类构成或与其相关的科学或者一门特定的科学或主题的学科。”

B.1.6 术语学

这里通过术语（term）来表示 [349]：“在某个特定的主题中，如科学和艺术，在确定或精确意义上所使用的词或短语；技术表达式。” 更宽泛地来讲：“表达意念或概念，或者表示思考对象的任何词或词组。” 通过术语学、术语（terminology）来表示 [349]：“术语的学说或科学研究；属于一门科学或主题的术语系统；全体的技术术语。” [340] 提供了可信计算和容错：概念和术语的术语表。

B.1.7 类属词典

通常通过类属词典（thesaurus）来表示 [349]：“词典、百科全书或类似形式的知识‘宝库’或‘仓库’。(1736)” 类属词典 [442] 为术语“类属辞典（thesaurus）”设定了独特的标准及其现在的意义。

B.2 印刷格式和拼写

依次给出的一些评论：

- 术语定义由两个或三个部分构成。
  - ⋆ 第一部分由自然（索引）数，正在被定义的术语和冒号（:）构成：该术语子部分是被定义者 。
  - ⋆ 第二部分是术语定义体，定义者 。
  - ⋆ 括号中可选的第三部分详细阐述定义，或与其他的术语比较，或其他。
- 被定义者是一个、两个或三个词构成的用**粗体表示的术语**。
- 定义者由可能含有使用（其他或同一个）被定义术语的任意文本构成。
- 写作 *楷体*的术语代表被定义的术语。
- 以 [479]（或 [349]）结束的定义者（第二部分）表示引文。
- 由于相互参照的原因，我们将术语 α、β 和 λ 拼写为 Alpha（alpha）、Beta （beta）和 Lambda（lambda）。
- 我们将技术术语 α-重命名、β-归约和 λ-演算、转化和表达式（等等）重写为 Alpha-重命名，Beta-归约和 Lambda-表达式等等，同时保留了连字符。

B.3 术语表

$\mathcal{A}$

1. **抽象（Abstract）：**关注于本质性质的某事物。抽象是一个关系：对于其他（具有——被认为是——非本质性质的）某事物来说，某事物是抽象。
2. **抽象代数（Abstract algebra）：** 抽象代数是用规定函数的一般性质而非函数值的公设（公理、定律）来定义载体元素和函数的代数。（抽象代数也称为公设代数或公理代数。研究代数的公理方法构成通常被称作现代代数 [348] 的基石。）

3. **抽象数据类型（Abstract data type）：** 抽象数据类型是值的集合以及在这些数据值上抽象定义的函数的集合，并且没有定义这些值的外部世界或计算机（即数据）表示。
4. **抽象（Abstraction）：**“抽象的艺术。思考中的分离行为；纯粹的观念；想象的某事物。”
5. **抽象函数（Abstraction function）：** 抽象函数是应用于 具体类型（concrete type）的值（value）上并产生—— 被称为相应的—— 抽象类型（abstract type）的值的函数。（与检索函数（retrieve function）一样。）
6. **抽象句法（Abstract syntax）：** 抽象句法是一个规则的集合，通常是 公理系统（axiom system）的形式，或者是一个 分类定义（sort definition）的集合形式，它定义了一个结构的集合且没有规定精确的外部世界或这些结构的计算机（即数据）表示。
7. **抽象类型（Abstract type）：**除了没有规定数据值上的函数以外， 抽象类型（abstract type）等同于 抽象数据类型。
8. **可存取性（Accessibility）：**我们说 资源（resource）是可被其他资源存取的，如果其他资源能够使用前一资源。（可存取性是一个 可信性需求（dependability requirement）。通常可存取性被看作 机器（machine）性质。由此，可存取性（将）被表达在 机器需求（machine requirements）文档中。）
9. **接受器（Acceptor）：**接受器是类似于 下推自动机（pushdown automaton）的 有限状态自动机（finite state automaton） 设备，当给定（即呈现其以）声称属于一个语言的字符串（或者一般的有限结构）时，它能够识别（即能够判定）这些字符串是否属于该语言。
10. **需方（Acquirer）：**法人实体，订购将要进行的某开发的个人、机构或公司。（同义术语是 客户（client、customer）。）
11. **获取（Acquisition）：**该常用术语指购买。这里我们指（关于一个 领域（domain），关于一些 需求（requirement），或者关于某 软件（software）的） 知识（knowledge） 的收集。该收集出现在 开发者（developer）和 客户（client）（ 用户（user）等）代表的交互中。（同义术语是 引出（elicitation）。）
12. **动作（Action）：**通过动作，我们理解可能会改变 状态（state）的某事物。
13. **活动栈（Activation stack）：**参见 函数活动（function activation）条目的注释部分。
14. **活动的（Active）：**通过活动来理解 现象（phenomenon），它随着 时间而改变 值（value），并且它 自治（autonomous）地这样做，或者也是因为它得到“指示”（即被“命令”（参见 顺从的（biddable））或被“程序设计”（参见 可程序设计的（programmable））来这样做。（对比 惰性的（inert）和 反应的（reactive）。）
15. **动作者（Actor）：**通过动作者，我们理解执行 动作（action）的某人。（动作者的同义术语是 主体（agent）。）
16. **实参（Actual argument）：**当函数被调用时，它通常被应用到一列值，也即实际 参数上。（参见 形参（formal parameter）。）
17. **执行器（Actuator）：**通过执行器，我们理解电子、机械或电子机械设备，它执行影响某物理 值（value）的 动作（action）。（通常执行器与 敏感器（sensor）一起置于 反应（reactive）系统中，并且与 控制器（controller）相连。比较 敏感器（sensor）。）
18. **无圈的（Acyclic）：**无圈性一般看作图的性质。（由此参见下一条目： 无圈图（acyclic graph）。）

19. **无圈图（Acyclic graph）：** 无圈图通常被看作 有向图（directed graph），其中没有非空路径（path）沿 箭头（arrow）方向，从任意 节点（node）回到该节点本身。（通常无圈图被称为有向无圈图（ DAG）。无向无圈图是 树（tree）。）
20. **[自]适应的（Adaptive）：** 通过[自]适应我们指能够使其自身适应于或调整自身面对变化的 环境（context、environment）。
21. **适应性维护（Adaptive maintenance）：** 通过适应性维护，我们这里表示软件的更新以适合于（适应于）变化的环境。（当有新的输入/输出介质添加到现有软件的时候，或者当要使用新的、底层的数据库管理系统（而非旧的系统）等等，适应性维护是必需的。请参见 纠错性维护（corrective maintenance）、 改善性维护（perfective maintenance）、 预防性维护（preventive maintenance）。）
22. **地址（Address）：** 地址等同于 链接（link）、 指针（pointer） 或 引用（reference）：引用也即指代某事物（典型情况下是某其他事物）。（通过地址我们这里狭义地理解 位置（location），地点，或者某 存储（storage）中 存储（store）或保持 数据（data）的位置。）
23. **特殊多态（Ad hoc polymorphism）：** 参见 多态（polymorphic）的**注释**部分。
24. **主体（Agent）：** 通过主体我们将其等同于 动作者（actor） —— 人或机器（即机器人）。（术语 动作者（actor）和 主体这里看作同义。）
25. **AI:** 人工智能（artificial intelligence）的缩写。（我们避免给出（包括冒险给出）术语 AI 的定义。请参见 John McCarthy 的主页 [368]。）
26. **代数（Algebra）：** 这里代数用于指： 值（value）的集合 A，是代数的载体，和这些值上 函数（function）的集合 Φ，使得结果值在值的集合内：$\Phi = A^* \to A$。（我们区别 泛代数（universal algebra）、 抽象代数（abstract algebra）和 具体代数（concrete algebra）。参见 异性代数（heterogeneous algebra）、 部分代数（partial algebra）和 全代数（total algebra）。）
27. **代数语义（Algebraic semantics）：** 通过代数语义，我们理解一个 语义，它表示一个代数，或者由零个、一个或多个代数构成的（有限或无限的）集合。（通常代数语义使用以下来表达：(i) 分类（sort）定义，(ii) 函数基调（function signature）(iii) 公理（axiom）。）
28. **代数系统（Algebraic systems）：** 一个代数系统是一个 代数。（我们使用术语 系统（system）作为具有两个明确可分离部分的实体：代数的 载体（carrier）和代数的 函数（function）。我们区别 具体代数（concrete algebra）、 抽象代数（abstract algebra）和泛代数（universal algebra） —— 这里根据 抽象递增的顺序列出。）
29. **代数类型（Algebraic type）：** 代数类型这里等同于 分类（sort）。（也就是说，代数类型被规约为 代数系统（algebraic systems）。）
30. **Algol:** Algol 代表算法语言（Algorithmic Language）。（`Algol 60` 设计于 1958~1960 [21]。它成为后来语言设计的参考标准（Algol W [531]，Algol 68 [510]，Pascal [286, 312, 522] 及其他。））
31. **算法（Algorithm）：** 算法的概念是如此重要，我们将给出许多不一定是互为补充的定义，然后再对其进行讨论。

- 通过算法我们理解为了 计算（compute）结果，对执行在 数据（data）集合上的有序、有限的 操作（operation）集合所做的精确规定。（这是经典定义的版本。它与可计算性在 图灵机（Turing machine）和 Lambda-演算（Lambda-calculus） 的意义上来讲是兼容的。算法的其他术语有：有效过程（effective procedure）和抽象程序（abstract program）。）
- 假设给定可能为无限的 状态（state）集合 S，假设给定可能为无限的初始状态集合 I，这里 $I \subseteq S$，并假设给定了下一状态函数 $f : S \rightarrow S$。（C 是初始化的，确定的（deterministic） 变迁（transition）系统，这里 $C = (Q, I, f)$。）序列 $s_0, s_1, \ldots, s_{i-1}, s_i, \ldots, s_m$，使得 $f(s_{i-1}) = s_i$ 是一个 计算（computation）。算法 A 是带有终结状态 O 的 C，即：$A = (Q, I, f, O)$，这里 $O \subseteq S$，使得每个计算都以 O 中的状态 s_m 结束。（这基本上是 Don Knuth 定义 [325]。在其定义中，状态是被标识数据（即信息的形式化表示）的集合，也即可计算数据的集合。因此 Knuth 的定义仍然是与图灵和 Lambda-演算“兼容的”。）
- 存在有与上述定义相同定义，但一般化状态为变量到现象的任意关联，无论后者是否可以表示在计算机“内部”。（这基本上是 Yuri Gurevitch 的算法定义 [250,435,436]。由此该定义超出了图灵机和 Lambda-演算的“兼容性”范围。也就说，它涵盖了更多！）

32. **算法的（Algorithmic）**：算法（algorithm）的形容词形式。
33. **分配（Allocate）**：为了特定的目的或者给特别的人或事物的分配，给人和自动化构件分派任务。（这里我们使用该术语一般来表示 资源（resource）的分配（参见 资源分配（resource allocation）），尤其是 可赋值变量（assignable variable）的 存储（storage）分配。在一般意义上来讲，分配正如其名所示，具有一些空间上的性质：给空间位置分配。在特殊意义上来讲，我们实际上可以讨论存储空间。）
34. **字母表（Alphabet）**：被称为字母表字母的书写符号的有限集合。
35. **Alpha-重命名:** 通过 alpha-重命名（α-重命名），我们指在某个 Lambda-表达式（Lambda-expression）（语句或子句）中，将 绑定（binding） 标识符（identifier）替换为“新的”标识符，使得该表达式（语句或子句）中该绑定标识符的所有自由出现均被替换为新的标识符，并且使得该新标识符尚未绑定在该表达式（语句或子句）中。（Alpha-重命名是 Lambda-演算（Lambda-calculus）的概念。
36. **多义的（Ambiguous）**：句子（sentence）是多义的，如果有多于一个的 解释（interpretation），也即有多于一个的 模型（model）且这些模型不是 同构的（isomorphic）。
37. **类似的（Analogic）**：关系的相等或相似。作为推理基础的关系或属性相似。另外：基于如下假设的推测性推理：如果事物具有一些相似的属性，则它们其他的属性也会相似 [349]。
38. **类似物（Analogue）**：在另一类或组中有代表性的事物 [349]。（这几卷中使用上述意义，而非电子工程或控制论中的意义。）
39. **分析（Analysis）**：将任何复杂的事物分解为简单的元素。适当组成部分的确定。对事物的追本溯源；具体现象背后一般原理的发现 [349]。（在传统数学里，分析与连续现象相关，比如微分和积分。我们的分析更多地与离散和连续现象的混合系统，或通常只是与离散现象相关。）

40. **分析的（Analytic）：** 分析（analysis）的，或与分析相关的，或与分析一致的。

41. **分析语法（Analytic grammar）：** 语法，即 句法（syntax），其指代的句子（通常为结构）可以被 分析（analysis），也即其中的句法复合可以通过 分析予以揭示。

42. **异常（Anomaly）：** 从正常的偏离。

43. **拟人的（Anthropomorphic）：** 赋予非人或无理性事物以人格 [349]。（参见 拟人论（anthropomorphism）。赋予程序以人类的属性似乎是程序设计人员的“毛病”：“程序如此如此做；然后继续如此如此做，”等等。回想一下，程序就像任何描述一样，只是句法的，即静态文本。因此它们当然“不能做任何事情”。但是它们可以规定机器引发特定的动作—— 当机器解释（“执行”）该程序文本的时候！）

44. **拟人论（Anthropomorphism）：** 赋予神以人形和人的属性，或者赋予任何非人或无理性事物以人的属性或性格 [349]。（参见 拟人的（anthropomorphic）。）

45. **应用（Application）：** 通过应用我们理解两种完全不同的事物中的任意一个：(i) 函数到 参数（argument）的应用，和 (ii) 出于某个特定目的软件的使用（即应用）。（参见下一条目，关于 (ii) 的变体。）

46. **应用领域（Application domain）：** 某 软件（software）（将要）支持的行为范围，或者部分或完全自动化行为的范围。（我们通常省略前缀“应用”，只使用术语 领域。）

47. **应用式（Applicative）：** 术语应用式与应用式程序设计相关。因此它被理解为这样的程序设计：其中把函数应用到 参数（argument）是表达式的主要形式，也因此将函数应用选定为操作的主要形式。（因而这里同义地使用术语应用式和 函数式（functional）。）

48. **应用式程序设计（Applicative programming）：** 参见上面的术语 应用式（applicative）。（因而这里同义地使用术语应用式程序设计和 函数式程序设计（functional programming）。）

49. **应用式程序设计语言（Applicative programming language）：** 等同于 函数式程序设计语言（functional programming language）。

50. **弧（Arc）：** 等同于 边（edge）。（其使用通常与 图（graph）相关。）

51. **体系结构（Architecture）：** 软件（software） 用户（user）所察觉到的且在 应用领域（application domain）环境中的软件结构和内容。（当与土木工程中的更一般的使用相比时，这里非常狭义地使用术语体系结构。）

52. **参数（Argument）：** 当调用函数时所提供的 值（value）（可能作为参数列表的一部分）。

53. **目（Arity）：** 通过 函数（function）（即 操作（operation））的目，我们理解该函数应用到 参数（argument）的个数（0、1 或更多）。（通常参数应用到参数列表，因此目就是该列表的长度。）

54. **箭头（Arrow）：** 有向 边（edge）。（分支是箭头。）

55. **人工制品（Artefact）：** 人工制造的物品 [349]。（由人或机器所设计或构造的任何事物，它是由人制造的。）

56. **人工制品（Artifact）：** 等同于 artefact。

57. **人工智能（Artificial intelligence）：** 参见 AI。

58. **断言（Assertion）：** 通过断言我们指肯定性陈述的行为，通常预期有否定和反对。（在 规约（specification）和 程序（program）的语境中，断言通常的形式是“附着”于规约文本和程序文本的一对 谓词（predicate），表达对文本进行任何解释之前/之后认为成立的性质；也就是说，一个“之前”和“之后”，或者就像我们也会将其称为：前置 **pre-** 和后置 **post-** 条件。）

59. **可赋值变量（Assignable variable）**：通过可赋值变量，我们理解程序文本实体，它 表示（denote） 存储（storage） 位置（location），与该位置关联的 值（value）可以通过赋值（assignment）来改变。（可赋值变量通常被声明在规约和程序的上下文中。）
60. **赋值（Assignment）**：通过赋值，我们指对 存储（storage） 位置（location）的更新和改变。（通常在规约和程序的上下文中，赋值语句规定赋值。）
61. **结合的（Associative）**：二元操作符 o 的性质：如果对于所有的值 a, b 和 c，$(a\ o\ b)\ o\ c = a\ o\ (b\ o\ c)$，那么说 o 是结合操作符。（自然数的加（+）和乘（*）是结合操作符。）
62. **异步的（Asynchronous）**：不是 同步的（synchronous）。（在计算的上下文中，我们说两个或多个 进程（process）—— 其中一些可以表示外部于计算设备的世界 —— 是异步的，如果这些进程的 事件（event）的出现不是（事先）协调一致的。）
63. **原子的（Atomic）**：在软件工程的上下文中，“原子的”指：除了自身以外，没有适当的子部分，即没有适当的子现象、子概念、子实体或子值构成的 现象（phenomenon）（概念（concept）、 实体（entity）、 值（value））。（当我们考虑现象、概念、实体、值为原子的时候，它通常是选择上的问题，该选择反映了抽象的程度。）
64. **属性（Attribute）**：我们对术语属性的使用只与复合类型的值关联。这里属性是指复合值具有某个性质，或者对某个构件组成部分来说其具有的值是多少。（数据库（如 SQL）关系（即表列数据结构）的例子：表（即关系）的列通常标有指代该列值的属性（类型）的名字。另外一个是笛卡尔的例子：A = B×C×D。可以说 A 具有属性 B, C 和 D。另外其他的例子是 M = A $\overrightarrow{m}$ B，S = A-set 和 L = A* 。我们说 M 具有属性 A B。 我们说 S 具有属性 A。我们说 L 具有属性 A。一般地来讲，我们区别由子实体构成的实体（可以分解为适当的部分，比较 子实体（subentity）)和具有属性的实体。一个人，比如我，具有身高的属性，但是我的身高不能“脱离我而构成”！）
65. **属性语法（Attribute grammar）**：语法，通常表达为 BNF 语法，其中对于每个 规则（rule）和每个规则左边和右边的非终结符，都关联有一个或者多个（属性） 可赋值变量（assignable variable）和 一个给这些变量中的一些变量进行赋值的单赋值集合—— 使得赋值表达式变量是该规则的那些属性变量。
66. **自动机（Automaton）**：自动机是具有 状态（state）， 输入（input），被指定为终结状态的一些状态，以及为每个状态和输入指定下一个状态的次状态 变迁（transition） 函数的设备。（可以有有限或无限个状态。次状态变迁函数可以是 确定的（deterministic）或 非确定的（nondeterministic）。）
67. **自同构（Automorphism）**：把代数映射为其自身的 同构（isomorphism）是自同构。（请参见第 8.4.4 节。参见 自同态（endomorphism）、 满太射（epimorphism）、 同态（homomorphism）、 单态射（monomorphism）。）
68. **自治的（Autonomous）**： 现象（phenomenon）（ 概念（concept）、 实体（entity））被称为自治的，如果它自行决定或者不受 环境（environment）的影响来改变 值（value）。（对上述进行重述，我们得到：(i) 现象被称为具有自治的活动动态属性，如果它只是自行决定其变化—— 也就是说，它不能由于外界的刺激而改变值；(ii) 或者当它的动作不会通过任何形式被控制：也就是说，它们是“其自身和环境的法律”。 我

们说这样的现象是 动态的（dynamic）。其他动态 活动的（active） 现象可以是 活动的或反应的（reactive）。）

69. 可用性（**Availability**）：我们说 资源（resource）是可被其他资源所用的，如果在适度的时间段内这些其他资源能够使用前者。（可用性是 可信性需求（dependability requirement）。通常可信性看作是 机器（machine） 性质。因此可用性（将）被表达在 机器需求（machine requirements）文档内。）
70. 公理（**Axiom**）：既定的规则或原则或不证自明的真理。
71. 公理式规约（**Axiomatic specification**）：使用 公理（axiom）集合给出的 规约（specification）。（通常公理式规约也包括 分类（sort） 和 函数基调（function signature）的定义。）
72. 公理系统（**Axiom system**）：等同于 公理式规约（axiomatic specification）。

$\mathcal{B}$

73. **B:** B 代表 Bourbaki， 是主要为法国数学家的小组的笔名，他们从 20 世纪 30 年代开始，致力于为整个数学写出完全统一的集合论描述。他们对从那以后的数学研究方式产生了巨大的影响。（André Weil 的自传，名字类似于"学徒的自传"（原著 Souvenirs D'apprentissage），其中描述了 Bourbaki 小组的建立。一本关于 Bourbaki 的好用的书籍由 J. Fang 所著。Liliane Beaulieu 有一本即将发行的书，你可以试读 Mathematical Intelligencer 15 no. 1 (1993) 27–35 中的"A Parisian Cafe and Ten Proto-Bourbaki Meetings 1934–1935"。来源于 `http://www.faqs.org/-faqs/sci-math-faq/bourbaki/`（2004）。创立者是：Henri Cartan、Claude Chevalley、Jean Coulomb、Jean Delsarte、Jean Dieudonné、Charles Ehresmann、René de Possel、Szolem Mandelbrojt、André Weil。来源于 `http://www.bourbaki.ens.fr/`（2004）。B 也代表面向模型的规约语言 [3]。）
74. 行为（**Behaviour**）：通过行为我们理解某事物发挥作用和运作的方式。（在 领域工程（domain engineering）的上下文中，行为是与现象关联的概念，特别是明显的 实体。另外行为是关于 实体（entity）的 值（value）和实体与 环境（environment）的 交互（interaction）的可被观测到的事物。）
75. **Beta-归约**（**Beta-reduction**）：通过 Beta-归约，我们理解代入，通过其被指定的 变量（variable）在 Lambda-表达式（Lambda-expression）中所有的 自由（free）出现都被替换为 Lambda-表达式（其中可能首先必须要做 Alpha-重命名（Alpha-renaming））。
76. 顺从的（**Biddable**）： 现象（phenomenon）是顺从的，如果在不同的 状态（state）下可以（通过"合同安排"）建议其什么 动作（action） 是对其的预期。（顺从的现象不必执行这些动作，但是这样与其 交互（interact）（即共享现象）的其他现象（其他[子]领域）将无需再遵守该"合同安排"。）
77. 双射（**Bijection**）：参见 双射函数（bijective function）。
78. 双射函数（**Bijective function**）：映射假定的 定义集（definition set）的全体值到假定的值域集（range set）的全体相异值的全 满射函数（surjective function）被称为双射。（参见 单射函数（injective function）和 满射函数（surjective function）。）

79. **绑定（Binding）：**通过绑定我们指 标识符（identifier）或 名（name）与某个 资源（resource）的配对。（在软件工程的上下文中，我们发现如下的绑定：(i) 把 可赋值变量（assignable variable） 绑定到 存储（storage） 位置（location），(ii) 把 过程（procedure） 名（name） 绑定到过程 指称（denotation）等等。）
80. **块（Block）：**通过块我们这里理解适当描述的文本实体。（在软件工程的上下文中，块通常是某部分 规约（specification），它局部地引入一些（应用式，即表达式）常量定义（即 **let .. in .. end**），或者一些（ 命令式（imperative），即语句）局部变量声明（即 **begin dcl .. ; .. end**）。）
81. **块结构程序设计语言（Block-structured programming language）：** 程序设计语言（programming language）被称为块结构的，如果它允许这样程序结构（包括 过程（procedure））：它们的 语义（semantics）相当于局部标识符 作用域（scope）的创建，并且这些可以嵌套，零个、一个或多个嵌套在另一个当中。
82. **BNF:** 巴克斯诺尔范式（Backus–Naur Form）（语法）。（参见 BNF 语法（BNF grammar）。）
83. **BNF 语法（BNF grammar）：**通过 BNF 语法，我们指 语法（即 句法（syntax））具体的线性文本表示，它 指代（designate）字符串的集合。（BNF 语法通常表示为 规则（rule）的集合形式。每条规则都有一个 非终结符（nonterminal）左边 符号（symbol）和由 终结符（terminal）与非终结符构成的零个、一个或多个可选的右边字符串的有限集合。）
84. **布尔（Boolean）：**通过布尔，我们指逻辑值（**true** 和 **false**）的数据类型和一组联结词：∼、∧、∨ 和 ⇒。（Boolean 源自于数学家 George Boole 的名字。）
85. **布尔联结词（Boolean connective）：**通过 布尔（Boolean） 联结词（connective）我们指任一布尔操作符：∧、∨、⇒ （或 ⊃）、∼ （或 ¬）。
86. **约束的（Bound）：**约束的概念与以下关联 (i) 标识符（identifier）（即 名（name））和 表达式（expression），(ii) 名（name）（即 标识符（identifier））和 资源（resource）。基于是否满足特定的规则，标识符被称为在表达式中是 自由的（free）或约束的。如果标识符在表达式中是约束的，那么该标识符的约束出现被绑定到同样的资源上。如果名被绑定到某个资源，那么该名的所有约束出现都 表示（denote） 那个资源。（比较 自由的（free）。）
87. **BPR:** 参见 企业过程再工程（business process reengineering）。
88. **分支（Branch）：**除了分支是有向的，即（类似于） 箭头（arrow），几乎与 边（edge）完全相同。（通常与 树（tree）关联使用。）
89. **摘要（Brief）：**通过摘要我们理解 文档（document），或者文档的一部分，它提供了有关 开发（development） 阶段（phase），或者 时期（stage），或者 步骤（step）的信息。（因此摘要包含 信息（information）。）
90. **企业过程（Business process）：**通过企业过程，我们理解企业、机构、工厂的 行为（behaviour）。（因此企业过程反映了企业处理其事务的方式，它是 领域（domain）的 刻面（facet）。企业的其他刻面是其 内在（intrinsics）、 管理和组织（management and organisation）（当然是与企业过程紧密相关的刻面）、 支持技术（support technology）、规则和规定（rules and regulations）和 人的行为（human behaviour）。）

91. 企业过程工程（**Business process engineering**）**:** 通过 企业过程工程，我们理解 企业过程 的 设计（design）、决定。（在进行企业过程工程中，基本上就是在设计（即规定）全新的企业过程。）
92. 企业过程再工程（**Business process reengineering**）**:** 通过 企业过程再工程，我们理解 企业过程的重新 设计（design）、变动。（在进行企业过程再工程中，基本上就是在执行 变动管理（change management）。）

C

93. 计算（**Calculate**）**:** 给定表达式和 演算（calculus） 规则（rule），将前一个表达式变化为结果表达式。（等同于 计算（compute）。）
94. 计算（**Calculation**）**:** 一系列的步骤，它从初始表达式开始，遵循 演算（calculus）规则， 计算（calculate）另一个可能为相同的表达式。（等同于 计算（computation）。）
95. 演算（**Calculus**）**:** 使用特殊记法的 计算（computation，calculation） 方法。（从数学中，我们了解了微积分、拉普拉斯演算。从元数学中，我们了解了 λ-演算。从逻辑中我们了解了布尔（命题）演算。）
96. 捕获（**Capture**）**:** 术语捕获的使用与 领域知识（domain knowledge） （即 领域捕获（domain capture））、 需求获取（requirements acquisition）关联。它指示了获取、得到、写下领域知识和需求的行为。
97. 载体（**Carrier**）**:** 通过载体，我们理解 代数（algebra） 实体的集合，或其所有实体的集合—— 在 异性代数（heterogeneous algebra）中为前者。
98. 笛卡尔（**Cartesian**）**:** 通过笛卡尔，我们理解 实体的有序积、固定分组、固定复合。（Cartesian 源自于法国数学家 René Descartes 的名字。）
99. 国际电话电报咨询委员会（**C.C.I.T.T**）**:** Comité Consultative Internationale de Telegraphie et Telephonie 的缩写。（CCITT 是一个参考的可选形式。）
100. 变动管理（**Change management**）**:** 等同于 企业过程再工程（business process reengineering）。
101. 通道（**Channel**）**:** 通过通道我们理解 交互（interaction）的方式，也即 通信（communicatior 和可能的 行为（behaviour）间 同步（synchronisation）交互方式。（在计算的上下文中，我们可以把通道看作输入、或输出、或同时为输入输出通道。）
102. 混沌（**Chaos**）**:** 通过混沌我们理解完全未定义的 行为（behaviour）： 任何事都可以发生！（在计算的上下文中，举例来讲， **chaos** 可以是永远不结束，永远不终止的 进程（process）的 指代（designation）。）
103. **CHI:** 计算机和人的接口（Computer Human Interface）的缩写。（等同于 HCI。）
104. **CHILL** 语言（**CHILL**）**:** CCITT 高级语言的缩写（CCITT's High Level Language）。（参见 [143,251]。）
105. 类（**Class**）**:** 通过类我们指以下两者的任意一个：如 RSL 中的 **class** 子句（clause）或典型情况下是 谓词（predicate）的某个 规约（specification）定义的 实体集合。
106. 子句（**Clause**）**:** 通过子句我们指指代 值（value）的 表达式（expression），或者 状态（state）变化的 语句（statement），或者指代值和状态变化的句子形式。（当我们使用术语子句的时候，多数情况下我们使用后者的意义，即同时指代值和副作用。）

107. **客户（Client）**：通过客户我们指三种事物中的任意一个：(i) 定购某软件开发的法人（人或公司），或者 (ii) 为了使服务器代表客户执行一些 动作（action）而与其他 进程（process）或 行为（behaviour）（即 服务器（server）） 交互（interact）的进程或行为，或者 (iii) 某软件（即计算系统）的用户。（我们通常在第一和第二个意义上 (i, ii) 使用术语客户（customer）。）

108. **闭包（Closure）**：通过闭包，我们通常指关系 $\Re$ 的传递闭包：如果 $a\Re b$ 和 $b\Re c$，则 $a\Re c$，以此类推。我们增加另一个意义于此，其使用与（比如）过程的实现关联：指称上，当过程在某调用环境中被调用时，将在该定义环境中得到解释。因此过程闭包是一个对：过程文本和定义环境。

109. **代码（Code）**：通过代码我们指使用计算机机器语言表达式的 程序（program）。

110. **编码（Coding）**：通过编码，我们这里仅指使用机器（即接近于计算机的）语言的程序设计行为。（因此除了那些明确提及的地方以外，我们不会指从一个字符串到另一个字符串的编码，比如在一个可能出错的通信 通道（channel） 上的 通信（communication）（通常伴随着从编码串到原始的或类似串的解码）。）

111. **内聚性（Cohesion）**：内聚性表达一个实体集合的“紧密”、“依存”、“粘着”的程度。（在软件工程的上下文中，如其在这里所示，术语内聚性用于表示 规约（specification）或 程序（program）中 模块（module）之间的依存关系。两个模块间（对类型和值，特别是函数）的交叉引用数量越多，它们越具有较高的内聚性。）

112. **冲突（Collision）**：这里所使用的冲突指同样标识符的两次（或多次）出现，其中至少有一次出现是自由的且在某时刻它们出现在不同部分的文本中，假设通过函数应用（即宏扩展）它们被聚集在一起，从而成为约束出现。（冲突是在 Lambda-演算中引入的概念，参见卷 1 第 7 章 7.7.4.3 节。冲突是不良作用。参见 混淆（confusion）。）

113. **通信（Communication）**：一个 进程（process），通过其使用共同的 符号（symbol）、记号（sign）、 协议（protocol）系统在个体（ 行为（behaviour）、 进程）之间交换 信息（information）。

114. **可交换的（Commutative）**：二元操作符 o 的性质：如果对于所有的值 a 和 b，$a\,o\,b = b\,o\,a$，则 o 被称为可交换操作符。（自然数的加（+）和乘（*）是可交换的操作符。）

115. **编译（Compilation）**：通过编译我们指从一个形式文本到另一个形式文本的转换、 翻译（translation），通常是从高级的程序文本到低级的机器代码文本。

116. **编译器、编译程序（Compiler）**：通过编译器（编译程序）我们理解一个设备（通常是软件包），当给定某语言的 句子（sentence）（即 源程序（source program）），它生成另一个语言的句子（即 目标程序（target program））。（通常源程序和目标程序关联如下：源语言是通常所谓的“高阶”语言，如 Java，而目标语言是通常所谓的“低级（抽象）”语言，如 Java 字节码（或者计算机机器语言），对其来说有解释器可以使用。）

117. **编译器词典（Compiler Dictionary）**：通过编译器词典我们理解一个（具有变化数目的条目的）组合数据结构和固定数目的操作。数据结构值反映被编译程序文本的性质。这些性质可以是：某程序文本变量的类型、某程序文本类型名的类型结构、某（goto）标号定义的程序点等等。编译器词典可能的层次（即递归嵌套）结构进一步反映了被编译程序文本类似地层次机构。操作包括插入、更新、搜索编译器词典中的条目。

118. **编译时（Compile time）**：通过编译时，我们理解一个时间段，其间 源程序（source program） 被编译，可以做出有关（被编译）源程序的某些分析，进而决策，以及采取动作—— 比如 类型检查（type check），名字 作用域检查（scope check）等等。（比较 运行时（run time）。）

119. **编译算法（Compiling algorithm）：**通过编译算法，我们理解一个规约，对于（ 源程序（source program））语言句法的每个规则它规定了产生 目标程序（target program）语言的哪个数据结构。（请参见卷 2 第 16 章（16.8~16.10 节），关于编译算法的“我们的故事”。）

120. **完全的、完备的（Complete）：**我们说 证明系统（proof system）是完全的，如果所有真的句子都是可证的。

121. **完全性（Completeness）：**形容词 完全的（complete）的名词形式。

122. **构件（Component）：**通过构件我们这里理解一个类型定义和构件局部变量声明（即一个构件局部状态）组成的集合，它带有一个（通常为完全的）模块集合，使得这些模块实现了一个被认为相互关联的概念和工具（即函数）的集合。

123. **构件设计（Component Design）：**通过构件设计我们理解（一个或多个） 构件（component） 的 设计（design）。（请参见卷 3 第 28~29 章，我们所讲的关于构件设计的“故事”。）

124. **复合（Composite）：**我们说 现象（phenomenon）、 概念（concept）是复合的，当考虑将该现象或概念分析为两个或多个子现象或子概念是可能和有意义的时候。

125. **复合（Composition）：**通过复合我们指 现象（phenomenon）、 概念（concept）被“放在一起”构成 复合（composite） 现象（phenomenon）和复合 概念（concept）。

126. **复合的（Compositional）：**我们说两个或更多个现象（phenomena） 或概念（concepts）是复合的，如果复合（compose） 这些现象和/或概念是有意义的。（典型地， 指称语义（denotational semantics）是复合表达的：通过复合句子部分的语义得到句子部分复合的语义。）

127. **复合文档编制（Compositional Documentation）：**通过复合文档，我们这里指某 描述（description）（ 规定（prescription）或 规约（specification））的开发或（该开发的）表达，其中“最小”（即原子）现象和概念的某种概念首先被开发（和表达），然后是它们的复合等等，直到达到某种概念上完全彻底的开发（等）。（参见 复合（composition）、 复合的（compositional）和 层次文档编制（hierarchical documentation）。）

128. **内涵（Comprehension）：**通过内涵，我们这里指 集合（set）、 列表（list）或 映射（map） 内涵，也即分别通过属于集合、列表或映射的集合元素、列表元素或映射配对上的谓词所表示的集合、列表或映射表达式。

129. **计算（Computation）：**参见 计算（calculation）。

130. **计算语言学（Computational linguistics）：**基于 计算机科学（computer science） 和 计算科学（computing science）概念的 语言（language）的 句法（syntax）和 语义（semantics）的研究和知识。（因此计算语言学强调语言的以下方面：其分析（识别（recognition））或合成（生成（generation））可以被机械化。）

131. **计算数据和控制需求（Computational Data+Control Requirements）：**通过计算数据和控制需求，我们指一个需求，它表达计算和数据的动态如何（可以）确保机器与其环境交互，因此它是一个 接口需求（interface requirements） 刻面（facet）。（参见 共享数据初始化需求（shared data initialisation requirements）、 共享数据刷新需求（shared data

refreshment requirements）、 人机对话需求（man-machine dialogue requirements）、 人机生理需求（man-machine physiological requirements）、 机机对话需求（machine-machine dialogue requirements）。）

132. **计算语义（Computational Semantics）：**通过计算语义，我们指语言语义的规约，它强调当遵循程序规定时所引发的运行时计算（即状态到其下一状态的变迁）。（和计算语义在意义上类似的术语是 操作语义（operational semantics）和 结构操作语义（structural operational semantics）。）

133. **计算（Compute）：**给定一个表达式和 演算（calculus）的一个可应用 规则（rule），将该表达式改变为结果表达式。（等同于 计算（calculate）。）

134. **计算机科学（Computer Science）:**对可以存在于计算机内部的现象的研究和知识。

135. **计算科学（Computing Science）：**对如何构建可以存在于计算机内部的现象的研究和知识。

136. **计算系统（Computing System）：** 硬件（hardware）和 软件（software），它们一起使得有意义的 计算（computation）成为可能。

137. **概念（Concept）：**从现象或概念概括出的抽象或一般观念。（一个暂定的概念定义包括两个部分： 外延（extension）和 内涵（intension）。 注意：每当我们描述被称为“实例”的某物（即物理 现象（phenomenon））时，甚至描述都成为了概念，但却不是“该实例”！）

138. **概念形成（Concept Formation）：** 概念（concept）的形成、阐明、 分析（analysis）和定义（这里基于对 论域（universe of discourse）（无论是 领域（domain）或一些 需求（requirement））的 分析（analysis））。（第 3 卷第 13 章（领域分析和概念形成）和第 21 章（需求分析和概念形成）对领域和需求概念形成进行了探讨。）

139. **具体的（Concrete）：**通过“具体的”我们理解一个 现象（phenomenon）或 概念（concept），其说明尽可能地虑及关于现象或概念的所有能够被观测到的事物。（但是我们将更粗略地使用术语“具体的”：描述被规约的某事物比其他已经被规约的事物“更加具体”（具有更多的性质），因此后者被认为“更加抽象”（具有更少的[被认为更为相关的]性质）。）

140. **具体代数（Concrete algebra）：** 具体（concrete） 代数（algebra）是载体为数学元素构成的某已知集合且函数也为已知（即明确定义）的代数。也就是说，载体和所有函数的 模型（model）是预先定义的。（具体代数是数学及其应用的经验（实际）世界的层次，这里处理元素（整数、布尔、实数等等）的特定集合和这些集合上通过规则，或算法，或组合定义的操作。通常，人们“知晓”一个具体代数，当他知晓载体 A 的元素是什么，并且如何对 A 上的函数 $\phi_i : \Phi$ 求值（evaluate） [348]。）

141. **具体句法（Concrete syntax）：** 具体（concrete） 句法（syntax）是规定实际的、计算机可以表示的 数据结构（data structure） 的句法。（典型地， BNF 语法是具体句法。）

142. **具体类型（Concrete type）：** 具体（concrete） 类型（type）是 规定实际的、计算机可表示的 数据结构（data structure）的类型。（典型地，程序设计语言的类型定义指代具体类型。）

143. **并发（Concurrency）：**通过并发我们指两个或更多 行为（behaviour）（即两个或更多 进程（process））的同时存在。（也就是说， 现象（phenomenon）被称为呈现并发，当可以将该现象分解为两个或多个 并发（concurrent） 现象。）

144. **并发的（Concurrent）：**我们可以说两个（或更多个） 事件（event）并发地发生（即是并发的），当不能有意义地描述其中任何一个事件（“总是”）“发生”在另一个其他事件之前时。（因此并发系统是两个或更多个进程（行为）的系统，其中“事物”（即事件）的同时发生被认为是有益的，或有用的，或至少将会出现！）

145. **格局（Configuration）：**通过格局我们这里理解两个或多个语义 值（value）的 复合（composition）。（通常我们将格局分解为若干部分，使得每个部分与其他部分具有 时态（temporal）关系：“更加 动态（dynamic）”，“更加 静态（static）”等等。更确切地说，我们典型地使用在由 环境（environment）和 存储（storage）所构成的格局之上的 语义函数（semantic function）对 命令式（imperative）程序设计语言的语义建模。）

146. **一致性（Conformance）：**一致性是两个 文档（document）（A 和 B）之间的关系。我们说 B 与 A 一致，如果 A 规约的所有事物都被 B 所满足。（因此这里一致性等同于 正确（correct）性（即 同余性（congruence）。通常一致性（conformance）用于标准化文档中：任何声称遵循该标准的系统必须呈现与该标准的一致性。）

147. **混淆（Confusion）：**这里使用混淆指绑定到可能不同的值的相同标识符的两次（或多次）出现可能在如下意义上混淆：从它们所出现文本的更小上下文中，很难去辨别、确定这些不同出现绑定到了哪个意义、哪个值上。（混淆是在 Lambda-演算中引入的概念，见卷 1 第 7 章 7.4.3 节。尽管令人厌烦，但混淆是还算可以的结果！参见 冲突（collision）。）

148. **同余性（Congruence）：**我们说 代数（algebra）A 与另一个代数 B 是同余的，如果在 B 中对于每个操作 o_B 以及该操作的参数 $b_1, b_2, \ldots, b_n$ 的适当集合，则在 A 中有相应的操作 o_A 和参数 $a_1, a_2, \ldots, a_n$ 的适当集合，使得 $o_A(a_1, a_2, \ldots, a_n) = o_B(b_1, b_2, \ldots, b_n)$。（比较该定义与 一致性（conformance）的定义。该区别是同余性（congruence）精确的、数学意义和一致性（conformance）非形式意义上的区别。）

149. **合取（Conjunction）：**组合、连接、构成。（我们通常将合取看作逻辑联结词“与”（的意义）：$\wedge$。）

150. **连接（Connection）：**连接是拓扑概念，同样也是和“部分与整体”相关的本体论的概念，其中部分之间可以有或者没有连接（即“十分靠近”使得没有其他部分能够“插入其间”）。

151. **连接器（Connector）：**这里我们通过连接器指硬件或某软件设备，它“连接”两个相似的设备，硬件+硬件或软件+软件。（典型地，在软件工程中当“连接”两个独立开发的构件（component）时，使用连接器来连接它们。）

152. **联结词（Connective）：**这里通过联结词来指一个布尔“操作符”：“与”$\wedge$、“或”$\vee$、“蕴涵”$\Rightarrow$、“否定”$\sim$。

153. **一致的（Consistent）：** 公理（axiom）集合被称为是一致的，如果通过其和一些 演绎规则（deduction rule）不能证明一个性质及它的否定。

154. **一致性（Consistency）：**（贯穿于）...是 一致的（consistent）。

155. **约束（Constraint）：**通过约束我们这里在某狭义的程度上地理解给定类型的特定值所必须满足的性质。（即：该类型可以定义多于满足该约束的值。我们也使用术语 数据不变式（data invariant）或 良构性（well-formedness）。术语约束的意义与本书中所使用的意义相比具有更宽泛的意义。请参见约束程序设计、约束满足问题等等。请参见原创性的教材 [15]。在约束程序设计中，约束表达在问题模型中，因此在约束程序中，约束是该程序（一序列的）变量的值的序列上的关系。

正如你所了解的那样，“约束”这两种意义上的区别其实是非常微小的。）

156. **构造器（Constructor）**：通过构造器我们指两个互相关联的事物中的任一个，类型构造器或值构造器。通过类型构造器我们指类型上的操作符，当将其应用到类型如 A 时，构造出另一个类型如 B。通过值构造器我们指有时散缀的操作符，当将其应用到一个或多个值上时，构造出不同类型的值。（类型构造器的例子有 **-set**, $\times$, *, $^\omega$, $\overrightarrow{m}$, $\rightarrow$, $\tilde{\rightarrow}$（集合、笛卡尔、有限列表、有限和无限列表、映射、全函数、部分函数），以及 mk_B。值构造器的例子有：$\{\bullet,\bullet,\ldots,\bullet\}$, $(\bullet,\bullet,\ldots,\bullet)$, $\langle\bullet,\bullet,\ldots,\bullet\rangle$, $[\bullet\mapsto\bullet,\bullet\mapsto\bullet,\ldots,\bullet\mapsto\bullet]$ 和 mk_B(•,•,...,•), 等等（集合、笛卡尔、列表、映射、变体记录）。）

157. **上下文、语境（Context）**：有两个关联的意义：(i) 论述中环绕某文本的部分 (ii) 互相关联的环境，其中某事物得以理解。（前一个意义强调句法性质（即谈论句法上下文）；我们认为后者是语义性质（即语义上下文）。通过句法上下文，我们经常谈起 标识符（identifier）的 作用域（scope）：标识符被定义（即 约束（bound））于其上的文本（部分）。通过语义上下文，我们则谈起 环境（environment），其中 标识符被 绑定到其语义意义上。由此，在 格局（configuration）中语义上下文总是与 状态（state）一起出现。）

158. **上下文无关（Context-Free）**：通过上下文无关，我们指某事物定义没有虑及该“事物”出现的 上下文（context）。（我们将大量地使用上下文概念： 上下文无关语法（context-free grammar）和 上下文无关句法（context-free syntax）等等。RSL 类型定义（type definition） 规则（rule） 具有上下文无关的解释。）

159. **上下文无关语言（Context-Free language）**：通过上下文无关语言，我们指可以由 上下文无关句法（context-free syntax）生成的 语言。（参见 生成器（generator）。）

160. **上下文无关语法（Context-Free Grammar）**：参见 上下文无关句法（context-free syntax）。

161. **上下文无关句法（Context-Free Syntax）**：通过上下文无关句法我们理解由类型定义构成的类型系统，在类型定义中定义的 类型名（type name）的右侧出现可以自由地替换其众多定义中的任意一个。（典型地， BNF 语法（BNF grammar） 规约了上下文无关句法。）

162. **上下文有关语法（Context-Sensitive Grammar）**：见 上下文有关句法（Context-Sensitive Syntax）。

163. **上下文有关句法（Context-Sensitive Syntax）**：通过上下文有关句法我们可以理解由一般的类型定义构成的类型系统，在类型定义中定义的 类型名（type name）的右侧出现不能自由地替换其许多定义中的任意一个，只有在这些右侧的类型名（即 非终结符（nonterminal）出现在（其他类型名或 文字（literal）的）特定的上下文中的时候才可以被替换。（通常上下文有关句法可以由一组规则规约，其中左侧和右侧都是复合类型表达式。左侧复合表达式规约右侧可以被替换的上下文。）

164. **连续（Continuation）**：通过连续我们非常技术性地理解状态到状态的转换函数，特别是指 程序点（program point）的指称（也即从该程序点（即 标号（label））向前直到程序终止（termination）任意计算的指称）的函数。

165. **连续的（Continuous）**：数学曲线（即函数）的:“具有如下性质的：给定点的值和该给定点邻域内任意点的值之间的数值差分的绝对值可以通过选择足够小的邻域来接近于零” [479]。

166. **合同（Contract）**：两个或两个以上当事人的具有法律约束性的协议—— 描述该合同的条件的文档。（对我们来说，在软件开发中合同规约了将要开发什么（领域描述（domain description）、需求规定（requirements prescription）或者 软件设计（software design）），它可以或必须如何开发，接受已经被开发的事物的条件，被开发项目的交货日期，合同的“当事人”是：客户（client）和 开发者（developer）等等。）

167. **控制（Control）**：控制有两个意义：通过证据或实验检查、测试或者验证；对... 施加限制或给予影响、管制。（我们主要指第二种形式。我们将经常把术语“控制”和术语“监测（monitor）”一起使用。）

168. **控制器（Controller）**：通过控制器我们这里指 计算系统（computing system），它与某物理环境，一个 反应系统（reactive system）（即工厂）交互，并且通过时间上对该工厂监测（即采样）特征值，以及类似地有规律地激活工厂中的 执行器（actuator），能够使得该工厂根据期望的规定运转。（我们强调被控制的工厂的反应系统的本质。参见 敏感器（sensor）。）

169. **转换（Conversion）**：通过转换我们这里在非常狭窄的意义上，基于 Lambda-演算（Lambda-calculus）理解某 Lambda-表达式（Lambda-expression）的 Alpha-重命名（Alpha-renaming）或 Beta-归约（Beta-reduction）（参见第 7 章。）

170. **正确的（Correct）**：参见下一个条目： 正确性（correctness）。

171. **正确性（Correctness）**：正确性是两个规约 A 和 B 之间的一个关系：B 对于 A 来说是正确的，如果 A 中规约的每一性质都是 B 的性质。（比较 一致性（conformance）和 同余性（congruence）。）

172. **改正性维护（Corrective maintenance）**：通过改正性维护我们理解对规约 B' 所做的由规约 A 声明的改变，产生规约 B''，使得 B'' 比 B' 满足更多的 A 性质。（也就是说：因为规约 B' 对于 A 来说是不 正确的（correct）的，规约 B' 是错误的。但是 B'' 是对 B' 做出的改进。因而期望 B'' 对于 A 来说是正确的。参见 适应性维护（adaptive maintenance）、改善性维护（perfective maintenance）和 预防性维护（preventive maintenance）。）

173. **CSP:** 通信顺序进程（Communicating Sequential Processes）的缩写。（参见 [288, 445] 和第 21 章。除了本书中的所用意义，该术语亦指约束满足问题（或程序设计）（constraint satisfaction problem (或 programming)）。）

174. **Curry:** 美国数学家的名字：Haskell B. Curry。同样也是动词：Curry 化—— 见 Curry 化（Currying）。

175. **Curry 化的（Curried）**：通常写作 $f(a_1, a_2, ..., a_n)$ 的 函数调用（function invocation）被称为 Curry 化的，当它被写作：$f(a_1)(a_2)...(a_n)$。（重写函数调用为 Curry 化形式的行为被称为 Curry 化（Currying）。）

176. **Curry 化（Currying）**：通常写作 f: A×B×...×C→D 的 函数基调（function signature），可以被 Curry 化并写作 f: A→B→...→C→D。这样的行为被称为 Curry 化。

177. **客户（Customer）**：通过客户我们指任一以下三种事物：(i) 订购某软件开发的 客户（client）、人、或公司，或者 (ii) 与其他进程或行为（即 服务器（server）） 交互

（interact）的 客户（client） 进程（process）或 行为（behaviour），其目的是令该服务器代表客户执行一些 动作（action），或者(iii) 某软件（即计算系统）的用户。（我们将通常使用第三个意义上 (iii) 的客户这一术语。）

𝒟

178. **DAG:** 有向非循环图（directed acyclic graph）的缩写。
179. **悬挂引用（Dangling reference）：** 引用通常是对某资源的“指针”、“链接”。悬挂引用是资源已经失去（即被删除）了的引用。（通常该引用是一个位置，且该位置已经被“释放”（即被解除分配）了。）
180. **数据（Data）：** 数据是信息的形式化表示。（在我们的上下文中，信息是我们可以非形式地知晓的，甚至可以通过语言，或非形式文本，或图等等来表达的。数据是这样的信息的相应的计算机内部的表示，包括数据库的表示。）
181. **数据库（Database）：** 通过数据库我们一般理解一个含有大量数据的集合。更确切地说，我们通过数据库来指数据是根据特定的数据组织、数据 查询（query）和 更新（update）的原则组织起来的。（传统上可以确认三种形式的（数据结构化的）数据库： 层次的（hierarchical）、 网络（network）、 关系（relation）数据库形式。参见 [174,175] 关于这些数据库形式的原创性讨论，以及 [58,61,123,124] 关于其的形式化。）
182. **数据库模式（Database schema）：** 通过数据库模式，我们理解保存在数据库中数据的结构的 类型定义（type definition）。
183. **数据抽象（Data abstraction）：** 我们从数据的特定的形式表示进行抽象时，发生了数据抽象。
184. **数据不变式（Data invariant）：** 通过 数据（data）不变式我们理解所期望的对于数据所有的实例都成立的某性质。（我们通俗地使用术语“数据”，并且实际上应当说类型不变式，或变量内容不变式。这样“实例”可以等同于值。参见 约束（constraint）。）
185. **数据精化（Data Refinement）：** 数据精化是一个关系。它成立于一对数据之间，如果可以说一个是另一个的“更具体的”实现。（在开发的较早 时期（phase）、 阶段（stage）和 步骤（step）， 数据抽象（data abstraction）的要义就在于我们可以在后期具体化，即数据精化。）
186. **数据具体化（Data reification）：** 等同于 数据精化（data refinement）。（具体化是使抽象的某物成为物质的或具体的事物。）
187. **数据结构（Data structure）：** 通过数据结构我们通常理解 数据值（data value）的复合，比如通过人们所“认为”的链 表（list）、 树（tree）、 图（graph）或其他类似形式。（与 信息结构（information structure）相比，（通过我们所使用的术语 数据（data））数据结构绑定到某计算机表示。）
188. **数据变换（Data transformation）：** 等同于 数据精化（data refinement）和 数据具体化（data reification）。
189. **数据类型（Data type）：** 通过 数据（data） 类型（type）我们理解一个 值（value）的集合和一个这些值上的 函数（function）的集合—— 无论是 抽象的（abstract）还是 具体的（concrete）。
190. **DC:** DC 代表时段演算。（时段演算是连续时间段上特定的时态逻辑 [540,541]。）

191. **可判定的（Decidable）**：一个形式逻辑系统是可判定的，如果存在一个算法，它规定了能够确定系统中任一给定的句子是否是定理的 计算（computation）。

192. **声明（Declaration）**：声明规定了被声明种类的资源的分配：(i) 一个变量，即某存储中的一个位置；(ii) 活动进程间的一个通道；(iii) 一个对象，即具有本地状态的进程；等等。

193. **分解（Decomposition）**：通过分解，我们指 复合（composite）“事物”组成部分的呈现。

194. **演绎（Deduce）**：进行 演绎（deduction），参见下一条目。（比较 推理（infer）。）

195. **演绎（Deduction）**：推理的一种形式，其中一个关于特殊性的结论是根据一般性的前提得出。（因此演绎从一般（情况）到特殊（情况）。比较 归纳（induction）：从特殊情况推断到一般情况。）

196. **演绎规则（Deduction rule）**：进行 演绎的 规则。

197. **被定义者（Definiendum）**： 定义（definition）的左侧，它是要被定义的。

198. **定义者（Definiens）**： 定义（definition）的右侧，它是定义“某事物”的。

199. **确定的（Definite）**：具有特定界限的某事物。（注意以下四个术语： 有限的（finite）、无限的（infinite）、 确定的（definite） 和 不定的（indefinite）。）

200. **定义（Definition）**：一个定义定义了某事物，使之概念上“显然”。定义由两部分构成：通常看作定义左侧部分的 被定义者（definiendum），以及通常看作定义右侧部分（定义体）的 定义者（definiens）。

201. **定义集（Definition set）**：给定一个 函数（function），通过定义集我们指该函数定义于其上的 值（value）的集合，也即对于该函数来说，当将其 应用到定义集的成员时，产生一个适当的值。（比较 值域集（range set）。）

202. **定界符（Delimiter）**：定界符规定某事物的界限：标出该事物的开始和/或结束。（因此定界符是句法概念。）

203. **指称（Denotation）**：直接特定的意义，不同于暗指的或关联的概念 [479]。（通过指称，在我们的上下文中我们关联数学函数的概念：也就是说，代表函数的 指称语义（denotational semantics）的概念。）

204. **指称的（Denotational）**： 指称（denotation）的。

205. **指称语义（Denotational semantics）**：通过指称语义我们指一个语义，它给 原子的（atomic）句法概念关联简单的数学结构（通常是 函数（function）、 迹（trace）的 集合（set）、 代数（algebra）），为 复合的（composite）句法概念规定一个语义且该语义是复合（composition）部分的指称语义的 函数式（functional） 复合（composition）。

206. **表示（Denote）**：根据 指称语义（denotational semantics）的原则指代一个数学意义。（有时我们使用更为宽泛的术语指代（designate）。）

207. **可信性（Dependability）**：可信性定义为 机器（machine）性质，使得它所提供的**服务能够得到合理地信任** [429]。（参见相关术语的定义： 错误（error）、 失效（failure）、故障（fault） 和 机器服务（machine service）。）

208. **可信性需求（Dependability requirements）**：通过有关可信性的 需求（requirements），我们指涉及以下需求的任一需求： 可存取性（accessibility）需求、 可用性（availability）需求、 完整性（integrity） 需求、 可靠性（reliability）需求、 稳健性（robustness） 需求、 安全性（safety） 需求或 安全性（security） 需求。

209. **描述（Describe）**：描述某物是在读者的思维中创建该事物的 模型（model）。该可描述的事物必须是物理上显然的 现象（phenomenon），或者源于这样的现象的一个概念。进一步来讲，若是可描述的，创建和系统表达该事物的数学（即形式）描述必定是可能的。（这里对描述的叙述是狭义上的。举例来说，对于哲学、文学、历史学、心理学论述来说这太狭义了。但是对 软件工程（software engineering）、 计算科学（computing science）论述来说可能太宽泛了。参见 描述（description）。）
210. **描述（Description）**：通过描述，在我们的上下文中我们指指代某事物的某文本，也即对该事物来说，最终可以建立一个数学 模型（model）。（我们准备接受我们对术语“描述”的特性描述是狭义的这一事实。也就是说，我们将以下作为指导原则、信条：一个非形式文本、 粗略描述（rough sketch）、 叙述（narrative）不是描述，除非能够最终给出一个数学模型，它某种程度上与该非形式文本相关，即对该非形式文本建模。进一步阐述我们对“可描述性”的考虑，现在我们说明描述是进一步指定论域的 实体（entities）、 函数（function）、 事件（event）、 行为（behaviour）的描述：也就是说， 领域（domain）描述、 需求（requirements） 规定（prescription）、 软件设计（software design） 规约（specification）。）
211. **设计（Design）**：通过设计我们指 具体的（concrete） 人工制品（artefact）的 规约（specification），该制品是物理上显然的事物，如椅子；或是概念上展示的事物，如软件程序。
212. **指代（Designate）**：指代是指给出引用，指出某物。（参见 表示（denote）和 指代（designation）。）
213. **指代（Designation）**： 句法的（syntactic） 标记和所表示的语义事物之间的关系。（参见 表示（denote） 和 指代（designate）。）
214. **析构器（Destructor）**：通过析构器我们这里理解应用到 复合（composite） 值（value）且生成进一步指定的该值的一部分（即子部分）的 函数（function）。（RSL 中的析构器的例子是列表索引函数、变体记录选择器函数。但是它们并没有破坏任何事物。）
215. **确定的（Deterministic）**：在狭义上我们说一个行为，一个进程，一组动作是确定的，如果该行为等的结果是可以预知的：给定相同的“起始条件”（即相同的初始 格局（configuration））（由此行为等进行下去），结果始终相同吗？（参见 非确定性（nondeterministic）。）
216. **开发者（Developer）**：人或公司，其构造了一件 人工制品（artefact），这里是 领域描述（domain description）、 需求规定（requirements prescription）、 软件设计（software design）。
217. **开发（Development）**：为了构造一件 人工制品（artefact）所执行的一组动作。
218. **图（Diagram）**：通常是两维的图画、图形。（有时图注释有非形式和 形式（formal） 文本。）
219. **对话（Dialogue）**：两个 主体（agent）（人或机器）之间的“谈话”。（因此我们说人机对话通过 CHI（ HCI）进行。）
220. **教学法（Didactics）**：被教授的事物所依赖的，基于把基础清晰地概念化的系统指导。（人们可以谈起一个领域的知识的教学法，比如软件工程。我们认为这三卷书表示这样的一个清晰地概念化的教学法，即在根本上一致和完全的基础。）

221. **有向图（Directed graph）：** 有向图是所有的 边（edge）均为有向（即 箭头（arrow））的 图（graph）。

222. **目录（Directory）：** 一个指示的集合。（我们这里以更狭窄的角度将目录看作 资源（resource）名字（即引用）的列表。）

223. **履行（Discharge）：** 我们在非常狭窄的意义上使用术语履行，也即履行一个证明义务（即进行一个证明）。

224. **离散的（Discrete）：** 与 连续的（continuous）相反：由相异的或不连接的元素构成[479]。

225. **析取（Disjunction）：** 分开，无连接，分解。（我们将通常把析取看作逻辑联结词“或”（的意义）：∨。）

226. **文档（Document）：** 通过文档我们指任一文本，无论是非形式的还是 形式的（formal），无论是提供信息的（informative），还是描述的（descriptive）（或规定的（prescriptive））或 分析的（analytic）。（描述文档可以是 粗略描述（rough sketch）、术语（terminology）、 叙述（narrative）、 形式的。提供信息的文档不是描述的（descriptive）。分析文档“描述”文档、 验证（verification）和 确认（validation）之间的关系，或者描述一个文档的性质。）

227. **文档编制需求（Documentation requirements）：** 通过文档编制需求我们指说明哪些种类的文档构成交付文档的内容，这些文档包括什么内容，以及如何表达所包括内容等等的需求。

228. **领域（Domain）：** 等同于 应用领域（application domain）；见该术语的特性描述。（术语领域是优先选用的术语。）

229. **领域获取（Domain acquisition）：** 获取、收集 领域知识（domain knowledge）的行为，以及分析和记录该知识的行为。

230. **领域分析（Domain analysis）：** 分析被记录的 领域知识（domain knowledge）的行为，它搜索现象的（共同）性质或建立被看作独立现象的联系。

231. **领域捕捉（Domain capture）：** 收集 领域知识（domain knowledge）的行为—— 通常是从领域 参与者（stakeholder）收集。

232. **领域描述（Domain description）：** 描述领域的文本的、非形式或形式文档。（通常领域描述是一个文档的集合，其中有很多记录领域许多刻面的部分： 内在（intrinsics）、 企业过程（business process）、支持技术（support technology）、 管理和组织（management and organisation）、规则和规定（rules and regulations）、 人的行为（human behaviour）。）

233. **领域描述单元（Domain description unit）：** 通过领域描述单元，我们理解一个短小的、一两句话的、可能为 粗略描述（rough-sketch）地对 领域现象（domain phenomenon）的某一性质（即 实体（entity）的某一性质、 函数（function）的某一性质、 事件（event）的某一性质、 行为（behaviour）的某一性质的 描述（description）。（通常领域描述单元是从领域 参与者（stakeholder）得出的最小的文本句子片段。）

234. **领域确定（Domain determination）：** 领域确定是一个 领域需求刻面（domain requirements facet）。它是在 领域描述（domain description）和 需求规定（requirements prescription）之上执行的操作。对于某一所需的软件设计来说，若由任一规约所表达的 非确定性（nondeterminism）不是所期望的，则必须（通过 需求工程师（requirements

engineer）执行的这一操作）使之成为确定性的。（其他的领域需求刻面是： 领域投影（domain projection）、 领域例示（domain instantiation）、 领域扩展（domain extension）、 领域拟合（domain fitting）。）

235. **领域开发（Domain development）**：通过领域开发我们理解 领域描述（domain description）的 开发（development）。（开发包括了所有的方面： 领域获取（domain acquisition）、领域 分析（analysis）、 领域 建模（model）、领域 确认（validation）和领域 验证（verification）。）

236. **领域工程师（Domain engineer）**：领域工程师是执行 领域工程（domain engineering） 的 软件工程师（software engineer）。（其他形式的 软件工程师有： 需求工程师（requirements engineer）和 软件设计（software design）者（和 程序设计者（programmer））。）

237. **领域工程（Domain engineering）**： 领域描述（domain description）的开发工程，从领域 参与者（stakeholder）经过 领域获取（domain acquisition）、 领域分析（domain analysis）和 领域描述（domain description）到 领域确认（domain validation）和 领域验证（domain verification）。

238. **领域扩展（Domain extension）**：领域扩展是一个 领域需求刻面（domain requirements facet）。它是在 领域描述（domain description）和 需求规定（requirements prescription）之上执行的操作。实际上它通过概念上可能、但对于人来说在领域中不必可行的实体、函数、时间和/或行为来扩展 领域描述（domain description）。 （其他的领域需求刻面是： 领域投影（domain projection）、领域确定（domain determination）、 领域例示（domain instantiation）、领域拟合（domain fitting）。）

239. **领域刻面（Domain facet）**：通过领域刻面我们理解分析领域的一般方法的一个有限集合中 的一个方法：领域观点，使得不同的刻面涵盖概念上不同的观点，而且这些观点共同涵盖了该领域。（这里我们考虑下列领域刻面： 企业过程（business process）、内在（intrinsics）、 支持技术（support technology）、 管理和组织（management and organisation）、规则和规定（rules and regulations）、 人类行为（human behaviour）。）

240. **领域拟合（Domain fitting）**：领域拟合是一个 领域需求刻面（domain requirements facet）。它是在 领域需求（domain description）和 需求规定（requirements prescription）之上执行的操作。实际上它（分别）组合了一个 领域描述（domain description）（和 领域需求（domain requirements））与另一个 领域描述（和 领域需求）。（其他的领域需求刻面是： 领域投影（domain projection）、 领域确定（domain determination）、领域例示（domain instantiation）、 领域扩展（domain extension）。）

241. **领域初始化（Domain initialisation）**：领域初始化是一个 接口需求刻面（interface requirements facet）。它是在 需求规定（requirements prescription）之上执行的操作。参见 共享数据初始化（shared data initialisation）（它的“同等物”）。（其他的 接口需求刻面是： 共享数据刷新（shared data refreshment）、 计算数据和控制（computational data+control）、 人机对话（man-machine dialogue）、人机生理和 机机对话（machine-machine dialogue） 需求。）

242. **领域例示（Domain instantiation）**：领域例示是一个 领域需求刻面（domain requirements facet）。它是 领域描述（domain description）（和 需求规定（requirements prescription））之上执行的操作。其中，在领域描述中特定的 实体（entity） 和 函数（function）

尚未定义，领域例示指这些实体或者函数现在被实例化为常量 值（value）。（其他的需求刻面是：领域投影（domain projection）、领域确定（domain determination）、领域扩展（domain extension）、领域拟合（domain fitting）。）

243. **领域知识（Domain knowledge）**：通过领域知识我们指基本上都从事“同类活动”的一组特定的人对该活动领域的了解，以及他们所认为的其他人对同一领域的了解和看法。（在我们的上下文中，我们将严格地限定我们自身于“知识”且缺乏“信念”，并且类似地我们严格地限定我们自身于只有一个“实际的”世界的假设，没有多个“可能的”世界。更确切地说，我们将严格地限定我们对领域知识的处理，以避开（尽管很令人兴奋的）对人（和主体）的知识和信念进行推理的这一领域 [220,282]。）

244. **领域投影（Domain projection）**：领域投影是一个 领域需求刻面（domain requirements facet）。它是 领域描述（domain description）和 需求规定（requirements prescription）之上执行的操作。基本上该操作从一个描述中“删除”在 需求中不再考虑的那些 实体（entities）（包括它们的 类型定义（type definition））、函数（function）， 事件（events）以及 行为（behaviour）的定义。（删除的现象和概念被投影掉了。其他的领域需求刻面是：领域确定（domain determination）、领域例示（domain instantiation）、领域扩展（domain extension）、 领域拟合（domain fitting）。）

245. **领域确认（Domain validation）**：通过领域确认，更准确地说我们指“一个领域描述的 确认”，并且通过其我们指非形式的保证，即通过一种相当有代表性的方式，一个意在涵盖进一步指定领域的实体(entity)、 函数（function）、事件（event）和 行为（behaviour）的描述确实涵盖了该领域。（领域确认必然地是一个非形式活动：它基本上包括指导该领域的 参与者（stakeholder）对领域描述进行阅读（并予以确认），并且以这些领域 参与者（stakeholder）读者所撰写的评估报告结束。）

246. **领域验证（Domain verification）**：通过领域验证我们指对一个领域描述所声称的性质的 验证（verification），并且通过其我们指形式的保证，即描述确实具有这些声称的性质。（通常的验证原则、技术和工具适用于这里。）

247. **领域需求（Domain requirements）**：通过领域 需求，我们理解这样的需求—— 除了 企业过程再工程（business process reengineering）的需求—— 它可以完全使用 领域的专业术语而得以表达。（领域需求构成一个需求 刻面（facet）。其他的需求刻面是： 企业过程再工程（business process reengineering）、接口需求（interface requirements）、 机器需求（machine requirements）。）

248. **领域需求刻面（Domain requirements facet）**：通过 领域需求刻面我们理解基本上源于 领域描述（domain description）（和 需求规定（requirements prescription））之上的下列操作中的任一操作：领域投影（domain projection）、领域确定（domain determination）、领域扩展（domain extension）、领域例示（domain instantiation）、领域拟合（domain fitting）。

249. **动态的（Dynamic）**： 实体（entity）被称为动态的， 如果它的值随着时间变化，即它以某种方式受动作的影响。（我们区别三种动态实体：惰性的（inert）、活动的（active）、 反应的（reactive）。与 静态的（static）相对。）

250. **动态给定类型（Dynamic Typing）**： 运行时（run time）的 类型检查（type checking）。（一个语言被称为是动态给定类型的如果它不是 静态给定类型（statically typed）的。）

$\mathcal{E}$

251. **边（Edge）：** 图（graph）或 树（tree）两个 节点（node）之间的线段、连接。（表示这一概念的其他术语是： 弧（arc） 和 分支（branch）。）
252. **细化（Elaborate）：** 见下一条目： 细化（elaboration）。
253. **细化（Elaboration）：** 细化、 求值（evaluation）和 解释（interpretation）这三个术语本质上涵盖同一概念：在某 格局（configuration）中获取句法项的意义，或者作为从格局到 值（value）的函数。假定格局通常由 静态（static） 环境（environment）和 动态（dynamic） 状态（state）（或者 存储（storage））构成，我们在更狭窄的意义上使用术语细化来指代或生成从句法项到函数的函数，前一个函数是从格局到由状态和值构成的对的函数。
254. **引出（Elicitation）：** 引导出，抽出。（参见： 获取（acquisition）。我们将引出看作获取的一部分。获取比引出要更多些。对我们来说，引出主要是抽取信息（即知识）的行为。获取是引出加上更多：即对引出什么和如何引出的准备，以及对已经被引出的事物后加工—— 为适当地分析做准备。引出适用于领域和需求引出。）
255. **嵌入的（Embedded）：** 是其他某事物必要组成部分的。（当某事物被嵌入到其他事物中时，则称该其他事物围绕该被嵌入事物。）
256. **嵌入式系统（Embedded system）：** 构成一个更大系统的必要的组成部分的 系统。（我们将主要使用术语嵌入式系统于 反应的（reactive）和/或 硬实时（hard real time）的，更大的“环绕”系统的上下文中。）
257. **自同态（Endomorphism）：** 把代数映射到其自身的 同态（homomorphism）。（请参见第 8.4.4 节。参见 自同构（automorphism）、 满态射（epimorphism）、 同构（isomorphism）、 单态射（monomorphism）。）
258. **工程师（Engineer）：** 工程师是“穿越”科学和技术之间的“桥梁”的人：(i) 基于科学的洞察力来构造（即设计） 技术（technology） (ii) 为技术可能的科学内容而分析技术。
259. **工程（Engineering）：** 工程是基于科学的洞察力对 技术（technology） 的设计，是为了技术可能的科学内容而对技术的分析。（在本术语表的上下文中，我们选出三种形式的工程： 领域工程（domain engineering）、 需求工程（requirements engineering）和 软件设计（software design）； 合在一起，我们将其称为 软件工程（software engineering）。 领域工程师（domain engineer）构造的技术是 领域描述（domain description）。 需求工程师（requirements engineer）构造的技术是 需求描述（requirements prescription）。 软件设计者（software design）构造的技术是 软件（software）。）
260. **富化（Enrichment）：** 某已存在事物的性质的添加。（我们将术语富化（enrich）的使用与 RSL 的定义、声明和公理的集合（即 RSL **scheme** 或者 RSL **class**）相关联，该集合被进一步扩展了（“**extend with**”）这样的定义、声明和公理。）
261. **实体（Entity）：** 通过实体，我们粗略地理解固定的、不能移动的、静态的某事物——即使该事物可以移动，但是在移动后，本质上还是相同的事物，一个实体。（相对于 函数（function）、 事件（event）、 行为（behaviour），我们将采取更狭窄的角度来理解实体，实体“粗略地相应于”我们看作 值（value）（即 信息（information）或 数据（data））的事物。另外我们允许实体可以是 原子的（atomic）或 复合的（composite）

（即在后者中具有可分解的子实体（比较 子实体（subentity））。最后实体可以具有不可分解的 属性（attribute）。）

262. **可枚举的（Enumerable）：** 通过可枚举的我们指一个元素的集合满足一个 命题（proposition）（即能够被逻辑地描述特性的）。

263. **枚举（Enumeration）：** 一个接一个地列举。（我们将术语枚举的使用与一个“较少”（即确定）数量元素的（枚举） 集合（set）、 列表（list）或 映射（map）的句法表达式相关联。）

264. **环境（Environment）：** 上下文，也就是说，在我们这里（即使用中）是格局中（“更加静态”）的部分，其中某句法实体被细化（elaborate）、求值（evaluate）或解释（interpret）。（在我们的“元上下文”（即软件工程的上下文）中，当环境被应用到对（典型地是）规约或程序的细化时，它记录（即列出、关联）规约和程序文本标识符及其意义。）

265. **满态射（Epimorphism）：** 如果 同态（homomorphism）ϕ 是一个 满射函数（surjective function），则 ϕ 是满态射。（请参见第 8.4.4 节。参见 自同构（automorphism）、 自同态（endomorphism）、 同构（isomorphism）、 单态射（monomorphism）。）

266. **认识学（Epistemology）：** 知识的研究。（请比较 本体论（ontology）。）

267. **错误（Error）：** 错误是指产生不正确结果的动作。错误是 机器状态（machine state）中“易于引起随后的失败”的那一部分。影响 机器服务（machine service）的错误是 失败（failure）发生或已经发生的指示 [429]。（错误由 故障（fault）引起。）

268. **求值（Evaluate）：** 见下一条目： 求值（evaluation）。

269. **求值（Evaluation）：** 细化（elaboration）、 求值和 解释（interpretation）这三个术语本质上涵盖同一概念：在某一 格局（configuration）中获取句法项的意义，或者作为从格局到 值（value）的函数。假定格局通常由 静态（static） 环境（environment）和 动态（dynamic） 状态（state）（或者 存储（storage））构成，我们在更狭窄的意义上使用术语求值来指代或生成从句法项到函数的函数，前一函数是从格局到值的函数。

270. **事件（Event）：** 瞬时发生的某事物。（在我们的上下文中，我们认为事件通过某些 状态（state）变化，通过 行为（behaviour） 和 进程（process）间的某些 交互（interaction）显示出来。事件的出现可以“触发”动作。如何引起触发（即 函数（function） 调用（invocation））通常是暗指的或未规约的。）

271. **表达式（Expression）：** 在我们的上下文（即软件工程的上下文）中，表达式是句法实体，它通过 求值（evaluation）指代 值（value）。

272. **扩展、外延（Extension）：** 我们这里将扩展等同于 富化（enrichment）。（ 概念（concept）的外延是属于该概念的所有个体 [403]。）

273. **外延的（Extensional）：** 与客观现实有关的 [479]。（请注意这里的一个变化：我们没有将术语外延的理解为与上一个词条扩展“有关”或它所刻画的意义，而是相对于 内涵的（intensional）来理解该术语。）

$\mathcal{F}$

274. **刻面（Facet）：** 通过刻面我们理解分析并给出 领域（domain）、 需求（requirements）或 软件设计（software design）的一般方法的一个有限集合中的一个方法：论域视图，使得不同的刻面概念上涵盖不同的视图，而且这些视图共同涵盖该论域。（领域刻面的例子是：内在（intrinsics），企业过程（business process），支持技术（support technology），管理和组织（management and organisation），规则和规定（rules and regulations），以及人的行为（human behaviour）。需求刻面的例子是：企业过程再工程（business process reengineering），领域需求（domain requirements），接口需求（interface requirements），以及机器需求（machine requirements）。软件设计刻面的例子是：软件体系结构（software architecture），构件设计（component design），模块设计（module design）等等。）

275. **失效、失败（Failure）：** 故障（fault）可以引起失效。当递交的机器服务（machine service）偏离于实现机器功能的时候，机器失效（machine failure）发生，而机器功能则是机器的目标 [429]。（因此失效是相对于规约（specification）的某事物，而且是由于故障（fault）产生的。失效与下列事物相关：可存取性（accessibility）、可用性（availability）、可靠性（reliability）、安全性（safety）、安全性（security）。）

276. **故障（Fault）：** 判定（即“如此判断”）或假定的导致错误（error）的原因 [429]。（错误（error）由故障引起，即故障引起错误。软件故障是该软件的开发中人类错误（error）的结果。）

277. **有限（的）（Finite）：** 少于无限的固定数目的，或不像任一信息结构（information structure）那样只是持续存在，且没有“流入”永恒的固定结构的。（注意这四个术语：有限的（finite）、无限的（infinite）、确定的（definite）、不定的（indefinite）。）

278. **有限状态自动机（Finite state automaton）：** 通过有限状态自动机我们理解状态集合为有限的自动机。（我们通常只考虑所谓的 Moore 自动机：即具有一些终结状态的自动机。）

279. **有限状态机（Finite state machine）：** 通过有限状态机我们理解扩展的有限状态自动机（finite state automaton）。扩展即如下列所示：（一个状态中，由输入引起的，至另一状态的）每一变迁同样也产生输出。（因此我们只考虑所谓的 Mealy 机。输出用于指代将被机器环境所考虑的某动作或某信号。）

280. **有限状态转换机（Finite state transducer）：** 通过有限状态转换机，我们将其等同于有限状态机。（我们说这里所述的机器转换、“翻译”输入的任一序列为某相应的输出序列。）

281. **一阶（First-order）：** 当不允许量化变量遍及函数时，我们说谓词逻辑（predicate logic）是一阶的。（如果它们遍及函数，我们称该逻辑为高阶（higher-order）逻辑 [404,416]。可以分别为一般的一阶函数和高阶函数给出类似的论述。）

282. **不动点（Fix point）：** 函数 F 的不动点是使得 $Ff = f$ 的任一值 f。函数可以具有从零个（如 $Fx = x + 1$）到无限多个（如 $Fx = x$）的任意数量的不动点。不动点组合子，写作“**fix**”或“**Y**”，将返回一个函数的不动点。（不动点恒等式是 $\mathbf{Y}F = F(\mathbf{Y}F)$。）

283. **流程图（Flowchart）：** 图（表图），比如圈（输入、输出）、注释的（方）框、注释的菱形和中缀箭头的图，它一步一步地给出了算法的流程。

284. **形式（的）（Formal）：** 通过“形式的”在我们的上下文（即软件工程的上下文）中，我们指一个语言、系统、论证（推理方式）、程序或规约，其句法和语义基于数学（包括数理逻辑）（的规则）。

285. **形式定义（Formal Definition）**：等同于 形式描述（formal description）、 形式规定（formal prescription）、形式规约（formal specification）。

286. **形式开发（Formal Development）**：等同于 形式（的） 和 开发 的复合的标准意思。（我们通常谈及一些开发模式： 系统开发（systematic development）、 严格开发（rigorous development）和形式开发。对我们而言，形式软件开发位于这三种开发模式的“形式主义的”极端：总是为开发的所有（阶段和）时期创建完整的 形式规约（formal specification）； 表达所有的 证明义务（proof obligation）；并且履行所有的证明义务（即证明其成立）。）

287. **形式描述（Formal Description）**：某事物的 形式描述。 通常我们对术语形式描述的使用只与 领域（domain）的 形式化（formalisation）有关。

288. **形式化（Formalisation）**：为在其他地方非形式地规约的某事物或者从那里产生的文档制定形式规约的动作。

289. **形式方法（Formal Method）**：通过形式方法我们指其技术和工具[1]是基于 形式的 方法。（我们通常听到某记法被宣称为是一种形式方法——然后发觉该记法的构件块很少（若有的话）具有任何形式基础。这尤其在许多图解记法中成立。 UML 是一个相关的例子——目前许多工作正在形式化 UML 的子集 [406]。）

290. **形参（Formal Parameter）**：通过形参我们指在 函数定义（function definition） 的 函数基调（function signature）中的该函数的参数标识（如命名和给定类型）， 实参（atual argument）的占位符。

291. **形式规定（Formal Prescription）**：等同于 形式定义（formal definition）或 形式规约（formal specification）。通常我们对术语形式规定的使用只与 需求（requirements）的 形式化（formalisation）有关。

292. **形式规约（Formal Specification）**：某事物的 形式化。（等同于 形式定义（formal definition）、 形式描述（formal description）或者 形式规定（formal prescription）。通常我们对术语形式规约 的使用只与 软件设计（software design） 的 形式化（formalisation）有关。）

293. **自由的（Free）**：自由的概念与以下关联: (i) 标识符（identifier）（即 名字（name））和 表达式（expression），以及 (ii) 名字（name）（即 标识符（identifier））和 资源（resource）。基于是否满足于特定的规则，标识符在表达式中被称作是 约束的（bound）或者自由的。如果标识符在表达式中是自由的，则不会谈及该标识符的自由出现被绑定到了某事物。（比较 约束的。）

294. **释放（Freeing）**： 存储位置（storage location） 或者 栈活动（stack activations）的删除。

295. **边界（Frontier）**：边界的概念在这里与 树相关联。 设想树被表示为无交叉（即相交）分支（branch）的平面图。 树的边界是用两种可能的方向中的一种，比方说从左至右或者从右至左，来对该树的叶子们（比较 叶子（leaf））的解读。 （参见 树的遍历（tree traversal）。）

296. **函参（FUNARG）**：如果 函数调用（function invocation） 的 值（value）可以是该被调用函数所局部定义的 函数（function），那么规约或者程序设计语言被称作是享有（即拥

---

[1]工具包括规约和程序设计语言本身，以及所有的与这些语言相关的软件工具（编辑器、句法检验器、定理证明器、证明助手、模型检验器、规约与程序（流）分析器）、解释器、编译器等等。

有）函参性质。（LISP 具有 FUNARG 性质。SAL 也是如此，一个定义在 卷 2 第 15 章 中的简单应用式语言。）

297. **满代数（Full Algebra）：**满 代数是 全代数（total algebra）。

298. **函数（Function）：**通过函数我们理解某事物：当它被应用到 值（value）（又名参数（argument））的时候，产生被称之为结果的值。（函数可以被建模成（参数、结果）对的集合——其中应用函数到一个参数等于“查找”一个合适的对。如果若干这样的对具有相同的参数（值），该函数被称之为是 非确定的（nondeterministic）。如果一个函数被应用到一个参数而且没有合适的对，那么该函数被称之为是部分的；否则它是全函数。）

299. **函数活动（Function Activation）：**在操作的、即计算的（“机械的”）的意义上而言，当函数被应用的时候，某些资源必须被留出来实施、处理该应用。我们把这称之为函数活动。（对于传统的 块结构（block-structured） 语言（像 C#、Java、Standard ML [258, 274, 467]）， 函数活动典型地依靠类似栈的数据结构得以实现：函数调用于是意味着在那个栈之上的栈活动的堆栈（进栈），即 活动栈（activation stack）（循环引用！）。函数定义体的细化意味着中间值从顶端活动元素被进栈和退栈等等，并且函数应用的完成意味着顶端栈活动被退栈。）

300. **泛函（Functional）：**允许参数自身成为函数的函数被称之为泛函。（不动点（fix point）（查找）函数是泛函。）

301. **函数式程序设计（Functional Programming）：**通过函数式程序设计我们指与 应用式程序设计（applicative programming）相同的程序设计：函数式程序设计在其最简单的表现中包含仅仅三个事物：函数定义、作为普通 值（value）的函数与 函数应用（function application）（即 函数调用（function invocation））。（大多数通用的函数式程序设计语言（Haskell、Miranda、Standard ML）成功地提供了除这三种函数式程序设计的基本构件块之外的许多其他的构件块。[387, 498, 502]。）

302. **函数式程序设计语言（Funcgtional Programming Language）：**通过函数式程序设计语言我们指其主要值是函数，并且在这些值之上的其主要操作是它们的创建（即定义）、它们的应用（即调用）和它们的复合的 程序设计语言（programming language）。（现今（2005年）所关注的函数式程序设计语言有（按字母顺序排列）：CAML [144, 145, 160, 345, 518]、Haskell [498]、Miranda [502]、Scheme [2, 204, 244] 和 SML (Standard ML) [258, 387]。LISP 1.5 是首个函数式程序设计语言 [369]。）

303. **函数应用（Function Application）：**应用函数到参数的动作被称之为函数应用。（参见上面的 函数活动（function activation） 的“注释”部分。）

304. **函数定义（Function Definition）：** 函数定义（function definition）同任何定义一样由 定义者（definiens）和 被定义者（definiendum）所组成。该定义者是一个 函数基调（function signature），并且该被定义者是一条子句，典型地为一个表达式。（比较 λ-函数（Lambda-function）。）

305. **函数调用（Function Invocation）：**等同于 函数应用（function application）。（参见条目299 （ 函数活动（function activation））的括号中的注解。）

306. **函数基调（Function Signature）：**通过函数基调我们指 表示函数名字、参数值类型和结果值类型的文本。

$\mathcal{G}$

307. **无用信息（Garbage）**：通过无用信息我们在这里理解为那些不再被引用的（计算） 资源（resource）。（我们通常将我们所关心的“无用信息”限定为由于没有对其的引用而不能够再被访问的 存储位置（storage location）。）
308. **无用信息收集器（Garbage Collector）**：谈及无用信息收集我们必需首先介绍可分配的 存储（storage）的概念，即（会被认为是自由的，即未分配的）存储 位置（location）（包括那些可以被认为是 无用信息（garbage）的存储位置）。通过无用信息收集程序我们在这里理解“返回”一组随后可用于 分配（allocation）的自由位置的设备、软件程序或者硬件机制。
309. **生成（Generate）**：通过生成我们理解同时与 语法（grammar）和 自动机（automaton）（即 语言（language），也就是一组字符串）相关的一个概念：或者作为到 有限状态自动机（finite state automaton）的输入而被接受，或者通过 语法（grammar）被表示。（通过自动机的接受指该自动机从一个初始状态开始并且 在一个终止状态中完成输入的读取。通过语法的生成指用其右边是被代入的 非终止符（nonterminals）的 规则（rule） 的左边替换语法规则左边的非终止符的 递归（即重复） 代入（substitution）。）
310. **生成器（Generator）**：生成器是一个概念：它可以被认为是一个设备，即软件程序或机器机制，它典型地输出结构（典型地为符号）的序列。（BNF 语法（BNF Grammar）因此可以被称作是生成（通常无限的）字符串（即该指定语言的句子）的集合。 有限状态机（finite state machine）可以同样被称作生成器：给定任意输入字符串它生成一个输出字符串（一种转换。）
311. **生成器函数（Generator Function）**：谈及生成器函数我们需要首先介绍“所关心的”分类（sort）的概念。生成器函数是一个函数，当它被应用于某种类（即类型）的参数的时候，产生“所关心的”分类的类型的值。（典型地，该“所关心的”分类可以被认为是状态（栈、队列等等）。）
312. **泛型程序设计（Generic Programming）**：参见条目 514（ 多态的（polymorphic））。
313. **术语表（Glossary）**：参见第 B.1.1 节。
314. **语法（Grammar）**：一般而言，参见 句法（syntax），或具体而言参见 正则句法（regular syntax）、 上下文无关句法（context-free syntax）、 上下文有关句法（context-sensitive syntax）与 BNF。
315. **总状态（Grand State）**：“总状态”是个通俗的术语。它被用于指与 格局（configuration）相同的意义。（该俗语被用于诸如称赞软件工程师为“真正了解如何为某正在被规约的论域设计总状态的人”的上下文中。）
316. **图（Graph）**：通过图我们在这里指通常在离散数学的图论学科中使用的术语： 作为一组（通常、但不是必须为有限的） 节点（node）（顶点（vertexes）），其中某些可以通过（一条或多条） 弧（arc）（ 边（edge）、线）被连接起来。（一条图的边定义了一条有长度的 路径（path）。如果从一个节点到另一个节点有一条路径，并且从该另一个节点到第三个节点也有一条路径，那么该图，通过传递性，定义了一条从第一个到第三个节点的路径，等等。图可以为 无圈图（acyclic graph）（没有路径“循环回来”）或者为循环图（cyclic graph）， 有向图（directed graph）（边为单向箭头），或者无向图（undirected graph）[37,38,269,407]。）

317. **基项（Ground Term）**：基项是 *标识符*（identifier）或者 *值*（value） *文字*（literal）。（标识符被假定绑定到值。值文字典型地为指定诸如整数、实数、真假值、字符等等的字母数字串。）

318. **分组（Grouping）**：通过分组我们指构成 *笛卡尔*（Cartesian）的数学结构（即 *值*（value））的有序、有限聚集。

$\mathcal{H}$

319. **硬实时（Hard Real Time）**：通过硬实时我们指本质为准确（即绝对）计时或时间间隔的 *实时*（real time）性质。（因此，如果系统被称作是享有，或必须具有特定实时性质，例如，（i）系统必须在 2005 年 11 月 11 日 17 点 20 分 30 秒[2]发射一个特定信号，或者（ii）应答信号必须准确地在 1234 天5 小时6 分 7 秒加/减 8 微秒（从初始信号被接收开始）之后发出，那么它是硬实时。比较 *软实时*（soft real time））

320. **硬件（Hardware）**：通过硬件指计算机的物质体现：它的电子器件、它的主板、机架、线缆、按钮、灯等等。

321. **HCI:** 人机接口（human computer interface）的缩写。（等同于 CHI，并且等同于 *人－机*（man-machine）接口。）

322. **堆（Heap）**：通过堆在这里指 *存储位置*（storage location） 的无序、有限聚集，即集合，其中（为了某个目的）每个位置可以被称作是**已分配的**，并且这些位置的释放，即解除分配，通常不遵循与它们的分配相反的顺序。（因此堆的操作和 *活动栈*（activation stack）成对比——可以说是互补！ *无用信息收集器*（garbage collector）典型地被用于确保堆上的位置可用于分配。）

323. **异性代数（Heterogeneous Algebra）**： 异性 *代数*（algebra）是一个代数，其载体 A 为一个载体的索引集合：$A_1, A_2, \ldots, A_m$，并且其函数 $\phi_{i_n} : \Phi$，或者 *目*（arity） n 具有 *类型*（type）：$A_{i_1} \times A_{i_2} \times \cdots \times A_{i_n} \to A_j$，其中对于所有的 $k \in \{1, \ldots, n\}$，i_k 在集合 $\{1, 2, \ldots, m\}$ 中.

324. **隐藏（Hiding）**：隐藏是一个与 *模块*（module）相关的概念。实际上，它是句法提供模块机制的主要目的。你必须在某种程度上机械地想象一群模块（的开发者）。比方说，一个模块提及（即使用）定义在其他模块之中的函数。但是那些其他的模块为了定义那些“输出的”函数还定义了“揭示”不需要暴露的实现细节的辅助函数（类型，等等）。（稍后在“那个模块的寿命中”开发者可能会希望改变那些实现决策。）因此，通过句法方式，例如导出、导入和隐藏子句，开发者要求模块编译系统静态地（或别的方式）保证其他模块无法“检查”那些辅助函数、类型等等。（请参见 [410–414]。其中，必须归功于 Parnas 因为其熟练地传播隐藏的概念。）

325. **层次（Hierarchy）**：通过层次我们理解把资源在概念上分解到可以被“描绘”成类 *树*（tree）结构的概念分解（并且重点是在该结构的根上）。

326. **层次的（Hierarchical）**：通过某个层次的事物我们指该事物形成了一个 *层次*（hierarchy）。（请参见 *复合的*（compositional）。）

327. **层次文档编制（Hierarchical Documentation）**：通过层次文档编制（hierarchical documentation）我们在这里指某 *描述*（description）（ *规定*（prescription）或 *规约*

[2]那个时间是当前作者希望庆祝他与 Kari Skallerud 结婚 40 周年的确切时刻！

（specification））的开发或（该开发的）表示。其中，首先开发（表示）“最大的”、总体的现象和概念的概念，然后把它们分解成构件现象和概念，等等，一直到某个原子的概念，即已经达到了“最小的”开发（等等）。请参见 层次（hierarchy）（就在上面）和 复合文档编制（compositional documentation）。

328. **高阶（Higher-order）：** 定义集（definition set）或 值域集（range set）值为 函数（function）的 泛函（functional）或 值（value）。（对比参见 一阶（first-order）。）

329. **同胚（Homeomorphism）：** 一个是集合间一一映射的函数，其中该函数与它的逆都是连续的。（不要与 同态（homomorphism）相混淆。）

330. **同态（Homomorphism）：** 函数（function）$\phi : A \to A'$，如果对于任意的 $\omega : \Omega$ 和对于任意的 $a_i : A$，有对应的 $\omega' : \Omega'$ 使得：$\phi(\omega(a_1, a_2, ..., a_n)) = \omega'(\phi(a_1), \phi(a_2), ..., \phi(a_n))$，从 代数（algebra）$(A, \Omega)$ 的载体 A 的值到 另一个代数 (A', Ω') 的载体 A' 的值，则函数 ϕ 被称作 从 (A, Ω) 到 (A', Ω') 的同态（等同于态射）。（请参见第 8.4.4 节。请参见 自同构（automorphism）、自同态（endomorphism）、满态射（epimorphism）、同构（isomorphism）与 单态射（monomorphism）。）

331. **同态原则（Homomorphic Principle）：** 同态原则建议软件工程师系统地陈述 函数定义（function definition）使得它们 表示 同态（homomorphism）。（表示为 同态（homomorphism）是 指称语义（denotational semantics）定义（definition）的一个基本原则。）

332. **人的行为（Human Behaviour）：** 通过人的行为我们这里理解人遵循企业的 规则和规定（rules and regulations）并且与 机器（machine）相互作用的方式：尽职地遵守规约的（机器 对话（dialogue））协议（protocol），或者漫不经心地这样做，或者粗心地不完全这样做，或者甚至犯罪地不这样做！（人的行为是（企业）领域（domain）的一个 刻面（facet）。我们因此就其未能适当反应而对人的行为进行建模，即人作为 非确定的（nondeterministic）主体（agent）！企业的其他刻面有它的 内在（intrinsics）、企业（business）过程（process）、支持（support）技术（technology）、管理和组织（management and organisation）、以及 规则和规定（rules and regulations）。）

333. **混合（Hybrid）：** 不同种类的某些事物，某（作为计算设备的）事物，它具有两种不同类型的构件（软件（software）、硬件，除了数字计算机之外后者也包括 控制器（controller）（敏感器（sensor）、执行器（actuator））），通过协同操作计算“相同的”函数来执行该本质上相同的函数。（当 监视（monitor）和 控制（control）反应系统（reactive system）的时候，我们典型地谈及配置混合性——但是，对于我们而言混合性另外指一种组合，其中 控制器（controller）处理连续性的模拟事务，并且 软件（software）和计算机处理离散事务。最后，对于传统的模拟 控制器（controller）而言，通常只有一个“决策模型”。随着软件控制的计算系统的出现，现在多离散 + 连续 控制器（controller）“体制”变得可能。）

334. **假设（Hypothesis）：** 为了论证而作的假定。

$\mathcal{I}$

335. **图符（Icon）：** 其形式（形状等等）暗示其意义的图形表示、图像、符号。（计算机显示屏幕上的图形符号暗示 指定（designate）那个 实体（entity）的可用的 函数（function）或 值（value）的目的。）

336. **图符的（Iconic）：** 图符（icon）的形容词形式。
337. **标识（Identification）：** 标识符（identifier）与那个“事物”，即其 指定（designate）的（即代表或标识的） 现象（phenomenon）之间的关系、关联的指示。
338. **标识符（Identifier）：** 名字。（通常用字母数字字符串表示，有时候带有作为中缀适当插入的“-”或“_”。）
339. **命令式（Imperative）：** 命令的表达 [479]。（我们把命令式更具体地作为做这个，然后做那个的反映。换言之，是作为基于 状态（state）的程序设计方法的使用的反映，即命令式程序设计语言（imperative programming language）的使用的反映。请参见 指示的（indicative）、 祈使的（optative）与 假定的（putative）。）
340. **命令式程序设计（Imperative Programming）：** “带有”到 存储（storage） 位置（location）的引用的 命令式（imperative）的程序设计。（命令式程序设计似乎是经典的、首个对数字计算机进行程序设计的方法。）
341. **命令式程序设计语言（Imperative Programming Language）：** 将变量的创建与操作，即 存储（storage）与它们的 位置（location），作为重要的语言结构而提供的程序设计语言，（“过去的”典型的命令式程序设计语言有 `Fortran`、`Cobol`、`Algol 60`、`PL/I`、`Pascal` 与 `C` 等等 [21,21,320,535–537]。今天的程序设计语言比如 C++、Java 与 C# 等等 [274,467,489] 另外提供了 模块（module）加 对象（object）“特征”。）
342. **实现（Implementation）：** 通过实现我们理解适合用 机器（machine）进行 编译（compilation）或 解释（interpretation）的计算机程序。（参见下一条目： 实现关系（implementation relation）。）
343. **实现关系（Implementation Relation）：** 通过 实现（implementation）关系我们理解软件（software）设计（design）规约（specification）与 实现（implementation）（即适合用 机器（machine） 进行 编译（compilation）或 解释（interpretation) 的计算机程序）之间的逻辑关系。
344. **具体化（Incarnation）：** 值（通常为状态）的特定实例（我们在这里使用 术语具体化来指定 活动栈（activation stack）上的任意一个活动——像这样的具体化，即活动，表示一个程序 块（block）或 函数（function）（或过程，或 子程序（subroutine）） 调用（invocation）。）
345. **不完全的（Incomplete）：** 如果不是所有的真句子都是可证明的，我们说 证明系统（proof system）是不完全的。
346. **不完全性（Incompleteness）：** 形容词 不完全的（incomplete）的名词形式。
347. **不一致的（Inconsistent）：** 一组 公理（axiom）被称作是不一致的，如果：通过使用这些公理以及一些 演绎规则（deduction rule） 可以证明一个性质及其否定。
348. **不定的（Indefinite）：** 固定的数字或特定的性质是非确定的，但是在说该术语“不定的”的时刻，不知道那个数字或性质是什么。（注意四个术语： 有限的（finite）、 无限的（infinite）、 确定的（definite）与 不定的（indefinite）。）
349. **陈述的（Indicative）：** 声明客观事实。（请参见 命令式（imperative）、 祈使式（optative）与 假定的（putative）。）
350. **归纳（Induce）：** 归纳（induction）的使用。（从特殊的例子中总结出一般性质。）
351. **归纳（Induction）：** 从特殊的实例中对一般性质的推理。（比方说，在若干“类似的”例子的基础之上可以推理出一般原则或性质。与 演绎（deduction）相对比：从一般（例如从法律）到特定实例。）

352. **归纳的（Inductive）：** 归纳（induction）的使用。

353. **以外延的方式（In extension）：**一个逻辑概念。以外延的方式是指示术语或概念的引用的相关词。（当我们以外延的方式谈及函数的时候，我们指给出那个函数的“所有细节”和“内在工作方式”。对比 以内涵的方式（in intension）。）

354. **惰性的（Inert）：**如果一个 动态的（dynamic） 现象（phenomenon）不能根据它自己的意愿（即通过它本身）来改变值，而只能通过该 现象（phenomenon）与发起改变的 环境（environment）间的 相互作用（interaction）来改变值，那么它被称作是惰性的。惰性现象只改变作为外部刺激的结果的值。这些刺激精确地指示它们该改变哪些新值。（对比 活动的（active）与 反应的（reactive）。）

355. **推理（Infer）：** 演绎（deduce）或 归纳（induce）的一般术语。

356. **推理规则（Inference Rule）：**等同于 演绎规则（deduction rule）。

357. **无限的（Infinite）：**正如你会想到：非有限的！（注意四个术语： 有限的（finite）、无限的（infinite）、 确定的（definite）与 不定的（indefinite）。）

358. **非形式的（Informal）：**不是形式的！（我们通常用非形式规约指一个可能是精确的（即无歧义的，甚至简洁的）规约，但是它是用诸如自然的，尽管是（领域特定的）专业的语言（即不具有精确语义更不用说形式 证明系统（proof system）的语言）来表达的。UML 记法是非形式语言的一个例子 [406]。）

359. **信息学（Informatics）：**以下的汇合：(i) 应用、(ii) 计算机科学（computer science）、(iii) 计算科学（computing science）（即程序设计的艺术 [325–327]（1968–1973），技艺 [438]（1981）、规范 [192]（1976）、逻辑 [272]（1984）、实践 [273]（1993–2004）与科学 [242]（1981））、(iv) 软件工程（software engineering）与 (v) 数学。

360. **信息（Information）：**知识的通信或接收。（通过信息我们指与 数据（data）相对比并告知我们某些东西的事物。没有假定计算机表示，更不用说假定任何有效性准则。数据本身（即位组合模式）确实没有“告知”我们任何东西。）

361. **信息结构（Information Structure）：**通过信息结构我们通常理解更“形式地”表示的（即结构化的），例如，在 表（table）、 树（tree）、 图（graph）等等的“可信的”形式之中的 信息（information）的 复合。（与 数据结构（data structure）相对比，信息结构没有必要具有计算机表示，更不用说“有效的”像这样的表示。）

362. **信息文档编制（Informative Documentation）：**通过信息文档编制我们理解文本，该文本告知但没有（在本质上地）描述哪一个 开发（development）将要被开发。（信息文档编制通过 描述的（descriptive）与 分析的（analytic） 文档编制（documentation）得以补充并组成 开发（development）的全部文档编制。）

363. **基础设施（Infrastructure）：**根据世界银行的定义： “基础设施”是一个被某些发展经济学家称作“社会间接资本”的许多活动的总括术语，并且包括共享技术和经济特征（例如规模经济和从用户到非用户的溢出）的活动。 我们将使用该术语如下： 基础设施与其他系统或活动的支持有关。 基础设施的计算系统因此可能是分布式的并且参与支持特定的信息、控制、人与工具之间的通信。（诸如）开放性、及时性、安全性、缺少讹误以及适应力常常是重要的问题。（引用 Winston Churchill 1946 年在下议院的一场辩论中的讲话：...我们刚刚听到那个年轻的英国劳工党党员（支持者）发言人明显地希望给他的选民留下如下印象：他已经去过伊顿（Eton）和牛津，因为他现在使用像“基础设施”这样时髦的术语。）

364. **继承（Inheritance）：**继承“性质”的行为。（在软件工程中，术语继承的使用与规约与/或程序文本的两个部分（即 模块（module）） A 和 B 之间的关系有关。B 可以被称作 **继承** 来自 A 的某个 类型（type）、 变量（variable），或 值（value） 定义。）

365. **以内涵的方式（In intension）：**一个逻辑概念：以内涵的方式是一个相关词，用来指示组成其自身形式定义的术语或概念的内在概念。（当我们以内涵的方式谈及函数的时候，我们指只给出该函数的“输入/输出”关系。对比 以外延的方式（in extension）。）

366. **单射（Injection）：**其 定义集（definition set） A 到 值域集（range set） B 为一对一的映射的数学函数 f。（换言之，如果对于某个 A 中的 a，$f(a)$ 生成一个 b，那么对于所有的 $a : A$，生成了所有的 $b : A$，并且对于每一个 b 有一个唯一的 a 与之相对应，或者同样的，有一个 反函数（inverse function） f^{-1} 使得对于所有的 $a : A$，$f^{-1}(f(a)) = a$。请参见 双射（bijection）与 满射（surjection）。）

367. **单射函数（Injective Function）：**把假定的 定义集（definition set）的 值（value） 映射到某些、而不是全部的假定的 值域集（range set）的值的 函数（function）被称之为单射的。（请参见 双射函数（bijective function）与 满射函数（surjective function）。）

368. **中序（In-order）：**一种特别的 树的遍历（tree traversal）的次序，其中对树的结点和子树的访问如下：首先访问树的根结点并且“标记”为已经中序访问过的。然后对于每个子树以从左至右（或从右至左）的次序做一遍子树中缀次序遍历。当中序遍历子树数目为零的树的时候，只访问那个树的根结点（该树于是已经被中序遍历过），并且“标记”（叶子）为已经访问过的。在每个子树访问之后，再一次访问（其子树是子树的树的）根结点，即再一次“标记”为已经作过中序访问过的。（比较图 B.4：对那个树的从左至右的中序遍历生成以下“标记”序列：AQCQALXLFLAKUKJKZMZKA。此外比较图 B.1）。

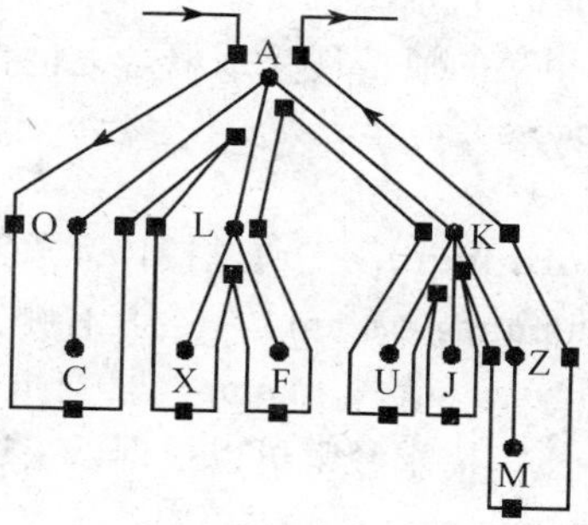

图 B.1　从左至右中序树的遍历

369. **输入（Input）：**通过输入我们指从外界 环境（environment） 到我们的论域“之内”的 现象（phenomenon）的 信息（information）（ 数据（data）） 通信（communication）。（更通俗并更一般地说：输入可以被认为是由 通道（channel） 到 进程（process）或者进程之间的 值（value） 的传输。在狭义上，我们谈论有关到 自动机（automaton）（即 有限状态自动机（finite state automaton）或 下推自动机（pushdown automaton））与 机器（machine）（这里指在诸如 有限状态机（finite state machine）（或 下推机（pushdown machine））的意义上的机器）的输入。）

370. **输入字母表（Input Alphabet）：** 输入（input）到（在诸如 有限状态机（finite state machine）或 下推机（pushdown machine）的意义上的） 自动机（automaton）或 机器（machine）的 符号（symbol）的集合。
371. **实例（Instance）：** 个体、事物、或 实体（entity）。（我们通常会把“实例”看作 值（value）。）
372. **例示（Instantiation）：** “通过具体 实例（instance）表示（抽象）” [479]。（我们有时使用术语“例示”代替 活动栈（activation stack） 上的 函数调用（function invocation）。）
373. **安装手册（Installation Manual）：** 描述如何安装 计算系统（computing system）的手册。（一个特殊的“安装”的例子是下载 软件（software） 到 计算系统（computing system）。请参见 培训手册（training manual）与 用户手册（user manual）。）
374. **无形的（Intangible）：** 非 有形的（tangible）。
375. **完整性（Integrity）：** 通过 机器（machine）具有完整性我们指那个机器保持未受损害，即没有故障、错误与失效，并且即使在该机器所处的环境具有故障、错误与失效的情况下仍然保持这样。（完整性是一个 可信性需求（dependability requirement）。）
376. **内涵（Intension）：** 内涵指示术语的内在内容。（请参阅 以内涵的方式（in intension）。概念（concept）的内涵是被归入该概念的所有可想象的个体所共同具有的性质的聚集 [403]。内涵决定了 外延（extension） [403]。）
377. **内涵的（Intensional）：** 内涵（intension）的形容词形式。
378. **相互作用（Interact）：** 术语相互作用这里指一个 行为（behaviour）一致、同时、 并发（concurrent）地与另一个行为进行动作的现象，包括一个行为影响另一个行为。（请参阅 交互（interaction）。）
379. **交互（Interaction）：** 双向的相互动作。
380. **接口（Interface）：** 两组不相交的通信现象或概念之间的边界。（我们把系统看作 行为（behaviour）或 进程（process），把边界看作 通道（channel），并且把通信看作 输入（input）和 输出（output）。）
381. **接口需求（Interface Requirements）：** 通过接口需求我们理解关于以下期望的表达：在某个设想的 计算系统（computing system）中会具有哪些软件－软件、或软件－硬件 接口（interface） 位置（即 通道）， 输入（input）与 输出（output）（包括这些输入/输出的 符号学（semiotics））。（接口需求经常可以根据以下进行分类：共享数据初始化需求（shared data initialisation requirements）、 共享数据刷新需求（shared data refreshment requirements）、 计算数据和控制需求（computational data+control requirements）、 人机对话需求（man-machine dialogue requirements）、 人机生理需求（man-machine physiological requirements）与 机机对话需求（machine-machine dialogue requirements）。 接口需求组成一个需求 刻面（facet）。其他的需求刻面是： 企业过程再工程（business process reengineering）、 领域需求（domain requirements）与 机器需求（machine requirements）。）
382. **接口需求刻面（Interface Requirements Facet）：** 参阅 接口需求（interface requirements）来得到一份刻面列表： 共享数据初始化（shared data initialisation）、 共享数据刷新（shared data refreshment）、 计算数据和控制（computational data+control）， 人机对话（man-machine dialogue）、 人机生理（man-machine physiological）与 机机对话（machine-machine dialogue） 需求（requirements）。

383. **解释（Interpret）**：参见下一条目：解释（interpretation）。

384. **解释（Interpretation）**：三个术语细化、求值（evaluation）与解释（interpretation）本质上涉及一个相同的概念：获取在某格局（configuration）中的句法项的意义，或作为一个从格局到值（value）的函数。给定那个典型地由静态环境（static environment）和动态状态（dynamic state）（或存储（storage））所组成的格局，我们用术语解释在一个更狭义的意义上指定或生成从句法项到从格局到状态的函数。

385. **解释器（Interpreter）**：解释器是执行解释（interpretation）的主体（agent）、机器（machine）。

386. **内在（Intrinsics）**：通过领域（domain）的本质我们理解那些对其他任意的刻面来说是基本的领域现象和概念，像这样的领域内在最初至少涉及一个特定的、由是指定的参与者（stakeholder）观点。（内在因此是若干领域刻面（domain facet）之一。其他的包括：企业过程（business process）、支持技术（support technology）、管理与组织（management and organisation）、规则与规定（rules and regulations）与人的行为（human behaviour）。）

387. **不变式（Invariant）**：通过不变式我们指一个现象（phenomenon）或一个概念（concept）的性质，该性质在涉及该现象或概念的任意动作之前和之后都成立。（一个恰当的例子通常为一个信息（information）或一个数据结构（data structure）：假定一个动作，比方说一个重复的动作（例如 while 循环）。我们说该动作（即该 while 循环）保持一个不变式，即通常为一个命题（proposition），如果该命题在对该 while 循环的任意解释（interpretation）之前与之后的状态（state）中都保持为真。不变式在这里看上去区别于信息（information）或数据结构（data structure）的良构性（well-formedness）。请参阅良构性（well-formedness）的说明！）

388. **反函数（Inverse Function）**：参阅单射（injection）。

389. **调用（Invocation）**：参阅函数调用（function invocation）。

390. **同构的（Isomorphic）**：一一映射的。（参阅同构（isomorphism）。）

391. **同构（Isomorphism）**：如果同态（homomorphism）ϕ 是一个双射函数（bijective function），那么 ϕ 是一个同构。（请参阅自同构（automorphism）、自同态（endomorphism）、满态射（epimorphism）与单态射（monomorphism）。）

$\mathcal{J}$

392. **J:** Peter Landin（在1965年之前）引入 **J** 操作符（**J** 代表 **Jump**）来作为用于解释程序闭包（closure）的创建和使用的泛函（functional），并且这些再一次被用于对标号（label）的指称（denotation）进行建模。（请参见 [170, 333–335, 339]。比较 `www.dcs.-qmw.ac.uk/~peterl/danvy/`。）

$\mathcal{K}$

393. **关键词（Keyword）**：标题或文档的重要词。（参见 KWIC。）

394. **知识（Knowledge）**：已知或可知的事物。人类所获取的真理、信息与原则的主体 [479]。（参见认识学（epistemology）和本体论（ontology）。先验知识：独立于所有特定经验的知识。后验知识：只从经验中获得的知识。）

395. **知识工程（Knowledge Engineering）**：知识的表示与建模。（对本体论与认识学的知识的构建及其处理。包括像 模态逻辑（modal logic）（约定与承诺、知识与信念）、言语行为理论、 主体（agent）理论等等的分支学科。知识工程通常与一个主体对另一个主体可能拥有的知识有关。）
396. **KWIC:** 上下文内关键字（keyword-in-context）的缩写。（一个经典的软件应用。比较例15.10。）

$\mathcal{L}$

397. **标号（Label）**：等同于命名的 程序点（program point）。
398. **λ 应用（Lambda-application）**：在 λ 演算（Lambda-calculus）的范围之内， λ 应用（Lambda-application）等同于 函数应用（function application）。（但是（假定只）使用 α 重命名（Alpha-renaming）与 β 归约（Beta-reduction） 的简单的 项重写）
399. **λ 演算（Lambda-calculus）**：表示并“处理”函数的一种 演算（calculus）。λ 演算是对“什么是可计算的”的一个事实“标准”。参见 λ 表达式（Lambda-expression）。作为一种 演算（calculus）它规定了一个语言， λ 表达式（Lambda-expression）的语言，一组 转换（conversion）规则—— 它们被应用于 λ 表达式（Lambda-expression）并产生 λ 表达式（Lambda-expression）。它们“模仿” 函数定义（function definition）与 函数应用（function application）。有关 λ 演算的基本文献请参见 [23,24,26,151]。
400. **λ 组合（Lambda-combination）**：参见 λ 应用（Lambda-application）。
401. **λ 表达式（Lambda-expression）**：“纯”（即简单但充分有效的）λ 演算（Lambda-calculus） 语言包括三种类型的 λ 表达式： λ 变量（Lambda-variable）、 λ 函数（Lambda-function）与 λ 应用（Lambda-application）。
402. **λ 函数（Lambda-function）**：通过 λ 函数我们理解形如 $\lambda x \bullet e$ 的 λ 表达式（Lambda-expression），其中 x 是一个绑定变量，e 是一个 λ 表达式。（e 通常包含 x 的 自由（free）出现—— 这些通过 $\lambda x \bullet e$ 中的绑定变量被绑定。）
403. **λ 变量（Lambda-variable）**：在 λ 函数（Lambda-function）表达式 $\lambda x \bullet e$ 中的 x：既包括在 $\lambda x \bullet e$ 中你所看到的第一个形参，也包括在 块（block）（即体）表达式 e 中 x 的所有 自由（free）出现。
404. **语言（Language）**：通过语言我们理解遵循某个 句法（syntax），表达某个 语义（semantics），并且由于某个 语用（pragmatics） 而用言语表达或写下的 句子（sentence）集合，该集合可能是无限的。
405. **法律（Law）**：法律是由控制机构约束或强制执行的规定的行为规则。（我们将在自然定律（比较安培定律、波义耳定律、（质能、电荷、线动量与角动量）守恒定律、牛顿定律、欧姆定律等等）与数学定律（比较“排中律”（如在逻辑中：命题必须不是为真就是为假，不能两者都是，也不能一个也不是））的特定意义上使用术语法律。）
406. **叶子（Leaf）**：叶子是 树（tree）中不含子 树（tree）的 结点（node）。（因此叶子是 树（tree）的一个概念。比较第577页的图B.4。）
407. **引理（Lemma）**：在证明另一个命题中使用的辅助 命题（proposition）。（我们可以使用术语 定理（theorem）来代替命题。）
408. **词法分析（Lexical analysis）**：把 句子（sentence）分析到其构成 词（word）的分析。

（句子也常常被符号所修饰，例如标点符号（，。：；）、定界符（（）[ ] 等等））以及其他符号（？！等等）。词汇分析因此是用来识别哪些字符序列是词而哪些不是（即哪些是分界符等等）的过程。）

409. **字典编辑（Lexicographic）**：创建、维护和使用字典的原则和实践。（在软件工程中，我们对术语“字典编辑”的使用主要与编译器，并且更加特别地与数据库模式相关——尽管正如该定义所意指的那样，在任意涉及计算系统构建、维护和使用字典的上下文中它都是相关的。）

410. **字典顺序（Lexicographical order）**：字典条目出现的顺序（即次序）。（更具体而言，对于 块结构的（block-structured）程序设计语言（programming language）， 编译器字典（compiler dictionary）中条目的字典顺序是由 块（block）的嵌套结构所决定的，字典本身一般“效仿”了语言的嵌套结构。）

411. **链接（Link）**：链接等同于 指针（pointer）、 地址（address）或 引用（reference）：引用，即指代（其他）事物的事物。

412. **提升函数（Lifted Function）**：通过“提升”具有类型$B \to C$的函数来创建比如具有类型$A \to B \to C$的提升函数，即通过在变量（比如具有类型A的a）中对其进行抽象。（假定$\lambda b : B \cdot \mathcal{E}(b)$为类型$B \to C$的函数。现在$\lambda a : A \cdot \lambda b : B \cdot \mathcal{E}(b)$是$\lambda b : B \cdot \mathcal{E}(b)$的提升版本。例如布尔合取**and**: $\lambda b_1, b_2$: **Bool** $\cdot\, b_1 \wedge b_2$。我们提升**and**为在时间上的函数$\wedge_T$：$\lambda t : T \cdot b_1(t) \wedge b_2(t)$，其中变量$b_1, b_2$典型地可以是其值在时间上变化的（例如可指派的）变量。）

413. **语言学（Linguistics）**： 语言（language）的 句法（syntax）、 语义（semantics）与语用（pragmatics）的学习与知识。

414. **列表（List）**：列表是由零个、一个或多个不必相异的实体所组成的有序序列。

415. **文字（Literal）**：一个术语，其在软件工程，即程序设计中的使用指：表示常量或为关键字的标识符。（通常该标识符是被强调的。RSL 文字的例子有： **Bool**、**true**、**false**、**chaos**、**if**、**then**、**else**、**end**、 **let**、**in** 与数字 0, 1, 2., ..., 1234.5678 等等）

416. **活序列图（Live Sequence Chart）**：活序列图语言是表示进程间通信与时间协调的记法。（参见 [169, 267, 324].）

417. **位置（Location）**：通过位置指 存储（storage）区域。

418. **逻辑（Logic）**：演绎与推理的有效性的原则与准则，即推理的形式原则的数学。（请参见第 1 卷第 9 章中关于数理逻辑的综述。）

419. **逻辑程序设计（Logic Programming）**：逻辑程序设计是基于执行演绎或（和）归纳的解释器的程序设计。（在逻辑程序设计中主要的值是布尔值，并且主要的表达式形式是命题和谓词。）

420. **逻辑程序设计语言（Logic Programming Language）**：通过 逻辑程序设计语言指 允许表达、指定 逻辑程序设计 的语言。（经典的逻辑程序设计语言是 Prolog [292, 350]。）

421. **宽松规约（Loose Specification）**：通过宽松规约理解 次规约 问题或 非确定性地 规约该问题的规约。

$\mathcal{M}$

422. **机器（Machine）**：通过机器我们理解实现某 需求（requirements）的 硬件（hardware）和 软件（software），即一个 计算系统（computing system）。（本定义遵循 M.A. Jackson [306]。）

423. **机机对话需求（Machine-Machine Dialogue Requirements）**：通过机机对话需求，我们理解在 机器间的自动界面的任一方向传送的通信（即消息）（包括支持技术）的 句法（syntax）（包括顺序结构）和 语义（semantics）（即意义）。（参见 计算数据控制需求（computational data+control requirements）、 共享数据初始化需求（shared data initialisation requirements）、 共享数据刷新需求（shared data refreshment requirements）、 人机对话需求（man-machine dialogue requirements）、 人机生理需求（man-machine physiological requirements）。）

424. **机器需求（Machine Requirements）**：通过 机器 需求，我们理解特别地对 机器 的 需求，也即对其的期望。（我们通常分析机器需求为 性能需求（performance requirements）、 可信性需求（dependability requirements）、 维护性需求（maintenance requirements）、 平台需求（platform requirements） 和 文档编制需求（documentation requirements）。）

425. **机器服务（Machine Service）**：由机器递交的服务是由其用户**察觉到的**其 行为（behaviour），其中用户是一个人、另一个机器或（另）一个与其 交互（interact）的系统 [429]。

426. **宏（Macro）**：宏具有和过程相同的句法，也就是说，一对 基调（signature）（即其后跟有由相异标识符构成的形式参数（即 形参（formal parameter））列表的宏名）和宏体（一个文本）。句法上，我们可以区别宏定义和宏 调用（invocation）。语义上，在某文本中宏名和 实参（actual argument）列表的调用被看作用宏（定义）体对该文本部分的展开且使得形式参数被实际参数替换（ 宏代入（macro substitution））。语义上，宏不同于 过程（procedure），因为宏展开发生在一个 上下文（context）中，即一个 环境（environment）中，其中该宏体的 自由（free）标识符被宏调用出现的地方定义的值替换。而对于过程来说，过程体的自由标识符在过程被定义的地方被绑定到它们的值。（因此宏和过程的不同之处是在调用中与在定义环境中的 求值（evaluation）的不同。）

427. **宏代入（Macro Substitution）**：参见 宏（macro）。

428. **维护（Maintenance）**：通过维护，我们这里对于软件来说是指出于下列需要而应对 软件（software）的变化，也即其不同的 文档（document）的变化：(i) 使软件适应新的 平台（platform），(ii) 由于观测到软件的错误而修正该软件，(iii) 改善 机器（machine）特定的性能属性，且软件是该机器的以部分，(iv) 避免该机器潜在的问题。（请参见维护的分类：适应性维护（adaptive maintenance）、 修正性维护（corrective maintenance）、 改善性维护（perfective maintenance)、 预防性维护（preventive maintenance）。）

429. **维护需求（Maintenance Requirements）**：通过 维护 需求，我们理解表达关于期望所需 机器（machine）如何被维护的需求。（请参见 适应性维护（adaptive maintenance）、 改正性维护（corrective maintenance）、 改善性维护（perfective maintenance）、 预防性维护（preventive maintenance）。）

430. **管理和组织（Management and Organisation）**：通过管理和组织，我们指一个 领域（domain）的那些 刻面（facet），它们是一个企业不同管理层次之间以及在这些管理层次和非管理人员（即“蓝领”工人）之间的关系的代表。（由此，管理和组织为企业系统化战略、战术和操作目标，交换意见且“转换”这些目标为一般来讲由管理人员执行的动作，以及当“事情无法完成”时给予支持，即处理从“上面”和“下面”来的抱怨。企

业的其他刻面是其 内在（intrinsics）、 企业过程（business process）、 支持技术（support technology）、 规则和规定（rules and regulations） 和 人的行为（human behaviour）。）

431. **人机对话（Man-machine Dialogue）：**通过人机对话，我们理解actual instantiations of 用户（user）与 机器交互和机器与用户交互的实际的实例化：用户提供了什么输入，机器发起了什么输出，这些输入/输出的相互依存关系，它们时间和空间约束，包括响应时间，输入输出媒体（位置）等等。）

432. **人机对话需求（Man-machine Dialogue Requirements）：**通过人机对话需求，我们理解那些 接口需求（interface requirements），它们表达对 协议（protocol）的期望，即对其的要求，根据协议 用户（user）与 机器交互，机器与用户交互。（参见 人机对话（man-machine dialogue）。对于其他的 接口需求（interface requirements），参见 计算数据控制需求（computational data+control requirements）、 共享数据初始化需求（shared data initialisation requirements）、 共享数据刷新需求（shared data refreshment requirements）、 人机生理需求（man-machine physiological requirements） 和 机机对话需求（machine-machine dialogue requirements）。）

433. **人机生理需求（Man-machine Physiological Requirements）：**通过人机生理需求，我们理解那些 接口需求（interface requirements），它们表达对 人机对话（man-machine dialogue）利用那些如视觉显示屏、键盘、鼠标（及其他触觉设备）、音频麦克风和扬声器、电视摄像机等生理设备方式的形式和外观的期望，即对其的要求。（参见 计算数据控制需求（computational data+control requirements）、 共享数据初始化需求（shared data initialisation requirements）、 共享数据刷新需求（shared data refreshment requirements）、 人机对话需求（man-machine dialogue requirements）和 机机对话需求（machine-machine dialogue requirements）。）

434. **映射（Map）：**映射类似于 函数（function），但是这里看作一个由参数/结果值对构成的可枚举的集合。（因此一个映射的 定义集（definition set）通常是可判定的，即一个实体是否是一个映射定义集的成员通常是可判定的。）

435. **机械语义（Mechanical Semantics）：**通过机械语义我们等同于 操作语义（operational semantics）（它又基本等同于 计算语义（computational semantics）），即使用具体结构（如栈、程序指针等）规约一个语言的语义，而在其他方面如 操作语义（operational semantics）和 计算语义（computational semantics）的定义。

436. **部分关系学（Mereology）：**部分关系的理论：部分与整体的关系以及在一个整体中部分与部分的关系。（部分关系学经常被看作 本体论（ontology）的分支。部分关系学的主要研究者是 Franz Brentano、Edmund Husserl、Stanislaw Lesniewski [354, 381, 470, 476, 477, 493] 以及 Leonard 和 Goodman [344]。）

437. **Meta-IV:** `Meta-IV` 代表（为 20 世纪 60 年代和 70 年代在 IBM 维也纳实验室所设计的程序设计语言定义的）第四个元语言。（`Meta-IV` 被读作 meta-four。）

438. **元语言（Metalanguage）：**通过元语言，我们理解一个 语言（language），它被用于解释另一个语言，解释其 句法（syntax）、 语义（semantics）、 语用（pragmatics），或其中的两者，或全部！（不能用一个语言本身来解释该语言。这样使得对被解释内容的任何解释都成为有效解，换句话来说：谬论。因此 RSL 不能被用于解释 RSL。典型地形式规约语言是元语言：比如被用于解释一般程序设计语言的语义。）

439. **元语言的（Metalinguistic）**：我们说一个语言的使用采用了元语言方式，当它被用于解释某其他的语言的时候。（我们也说当我们研究一个语言，比如就像我们可以研究 RSL，而且当我们使用 RSL 的子集来做该分析，则 RSL 的子集可以作为元语言来使用（就全体 RSL 而言）。）

440. **形而上学（Metaphysics）**：我们引自：http://mally.stanford.edu/："物理试图发现支配基本的具体物体的规律，而形而上学试图发现系统化物理科学所预设的基本的抽象物体的规律，如自然数、实数、函数、集合和属性、物理上可能的物体和事件，仅列出几个。因此形而上学的目标是开发一个形式本体论，即这些抽象物体的形式上精确的系统化。这样一个理论将于自然科学的世界观相容，如果该理论假设的抽象物体被看作是自然界的模式。"（对于其他的科学家和哲学家，形而上学可能意味更多内容或其他的内容，但是对于软件工程来说，这里给出的特性描述已经足够了。）

441. **方法（Method）**：通过方法，我们这里理解为了构造某 人工制品（artefact），选择和使用许多 技术（technique）和 工具（tool）的一组 原则（principle）。（这是我们主要的定义—— 它起始了我们对方法学的追寻：确定、列举和解释原则、技术以及在某些情况中的工具—— 众所周知后者是规约和程序设计语言。（是的，语言是工具。））

442. **方法学（Methodology）**：通过方法学我们理解一个、但通常为两个或多个 方法（method）的研究和知识。（在英语的某些方言中，方法学与方法是混淆的。）

443. **混合计算（Mixed Computation）**：通过混合计算，我们将其等同于 部分求值（partial evaluation）。（众所周知，术语混合计算被 Andrei Petrovich Ershov 所使用 [211–218]，我所认为的俄国计算科学"之父"。）

444. **模态逻辑（Modal Logic）**：一个模态是一个表达式（就像"必要地"或者"可能地"），它被用于限定一个判断的真值。严格地说，模态逻辑是对"...是必要的"和"...是可能的"表达式的演绎行为的研究。（术语"模态逻辑"可以被更加宽泛地用于一族相关系统。这些包括相信逻辑、时态和其他时态表达式逻辑、如"...是必须的"和"...是被允许的"的道义（模态）表达式和许多其他表达式的逻辑。模态逻辑的理解在哲学论证的形式分析中具有特别的价值，其中来自于模态家族的表达式既普遍又引起混淆。模态逻辑同样在计算机科学中具有重要的应用 [539]。）

445. **模型（Model）**：模型是（领域）描述、（需求）规定或（软件）规约的意义，即是某论域的规约的意义。（该意义可以理解为一个 指称语义（denotational semantics）意义的一个数学函数，或者一个 代数语义（algebraic semantics）或 指称语义（denotational semantics）的 代数（algebra），等等。本质是：模型是某数学结构。）

446. **面向模型的（Model-oriented）**：一个规约（描述、规定）被称作是面向模型的，如果规约（等） 表示（denote）一个 模型（model）。（比较 面向性质的（property-oriented）。）

447. **面向模型的类型（Model-oriented Type）**：一个类型被称作面向模型的，如果其规约 指代（designate）一个 模型（model）。（比较 面向性质的类型（property-oriented type）。）

448. **模块化（Modularisation）**：使用 模块（module）结构化文本的动作。

449. **模块（Module）**：通过模块，我们理解一个清晰描述的文本，它表示一个单一复杂体，通常是一个 对象（object），或者一个可能为空的、可能为无限的对象 模型（model）的集合。（RSL 的模块概念在对一个或者多个 RSL 的 类（class）（**class ... end**）、对象（object）(**object** 标识符**class ... end** 等)、模式（scheme）（**scheme** 标识符**class ... end**）等等的结构的使用中显现出来。请参见 [50, 167, 168] 和 [410, 411]，关于起先最早的模块。）

450. **模块设计（Module Design）：** 通过模块设计我们理解（一个或者多个）模块（module）的 设计（design）。

451. **监视器（Monitor）：** 句法上监视器是"一个程序设计语言结构，它封装一个抽象数据类型中的变量、访问过程和初始化代码。该监视器的变量只可以通过其访问过程来访问且在一个时间只有一个进程可以活动地访问该监视器。访问过程是关键部分"。语义上"一个监视器可以具有一个进程队列，它们等待去访问它。" [224]。

452. **单态射（Monomorphism）：** 如果一个 同态（homomorphism）ϕ 是 单射的函数（injective function），则 ϕ 是单态射。（参见 自同构（automorphism）、自同态（endomorphism）、满态射（epimorphism）和 同构（isomorphism）。）

453. **单调的（Monotonic）：** 一个函数 $f: A \to B$ 是单调的，如果对于 f 的定义集 A 中所有的 a、a'，以及 A 和 B 上的某序关系 $\sqsubseteq$，我们有如果 $a \sqsubseteq a'$，则 $f(a) \sqsubseteq f(a')$。

454. **语气（Mood）：** 这里是指一个规约的思维意识状态。（我们能够表达 陈述式（indicative）语气、希求式（optative）语气、假定（putative）语气或者 命令式（imperative）语气。我们对这些不同语气形式的使用源于 Michael Jackson [306]。）

455. **态射（Morphism）：** 等同于 同态（homomorphism）。

456. **词法（Morphology）：** (i) 语言中单词构成（如词尾变化、派生和合成）的研究和描述；(ii) 语言中单词构成的元素和过程的系统；(iii) 结构或形式的研究 [479]。

457. **多维（的）（Multi-dimensional）：** 复合的（即非 原子的（atomic））实体（entity）是多维的 实体，如果在适当包含的（即组成的）子实体（比较 子实体（subentity））之间的一些关系只能通过向前或向后引用，和/或递归引用来描述。（它相对于 一维（的）（one-dimensional）实体。）

458. **多媒体（Multimedia）：** 在人机界面中不同形式的输入/输出媒体的使用：文本、二维图形、话音（音频）、视频、触觉工具（如"鼠标"）。

$\mathcal{N}$

459. **名（字）（Name）：** 名字在句法上（一般来说是表达式，但通常它是）一个简单的字母数字标识符。语义上名字表示（即指代）"某物"。语用上名字用来唯一地表示该"某物"。（莎士比亚：罗密欧："名字的内涵是什么？" 朱丽叶对罗密欧："我们称之为玫瑰的花朵，换了另外的名字它依然芬芳。"）

460. **命名（Naming）：** 为值分配唯一名字的动作。

461. **叙述（Narrative）：** 通过叙述我们理解文档文本，它用精确的、无歧义的语言介绍和描述（规定、规约）一个现象和概念集合的实体、函数、事件和行为的所有相关属性，其方式使得两个或多个读者对于被描述（规定、规约）的事物基本上获得了相同的概念。（更一般地：被叙述的某物，一个故事。）

462. **自然语言（Natural language）：** 通过自然语言，我们理解如阿拉伯语、汉语、英语、法语、俄语、西班牙语等语言—— 现今 2005 年被人们使用的一个语言，它有许多的文学作品等等。（相对于自然语言而言，我们有 (i) 专业语言，如医生、律师、熟练的手工艺人（如木工）等等的语言；我们有 (ii) 形式语言，如软件规约语言、程序设计语言以及一阶谓词逻辑语言等等。）

463. **网络（Network）：** 通过网络我们将其等同地理解为有向，但不必 无循环的图（acyclic graph）。（这里我们对其唯一的使用与网络 数据库（database）相关。）

464. **节点、结点（Node）：** 某 图（graph）或 树（tree）中的点。

465. **非确定的（Nondeterminate）：** 等同于 非确定的（nondeterministic）。

466. **非确定的（Nondeterministic）：** 规约的性质：可以特意地（即故意地）具有多于一个的意义。（具有歧义的规约也具有多于一个的意义，但是首要考虑的是它的歧义：它不是"非确定的"（且当然不是"确定的"！）。）

467. **非确定性（Nondeterminism）：** 非确定的（nondeterministic）规约对非确定性建模。

468. **非严格（的）（Nonstrict）：** 非严格性是与函数关联的性质。函数在特定的或全部的参数中是非严格的，如果对于这些参数中的未定义值它仍产生定义值。（参见 严格函数（strict function）。）

469. **非终结符（Nonterminal）：** 非终结符的概念（与 终结符（terminal）的概念一起）是和 语法规则（rule of grammar）关联的概念。（参见术语：语法规则（rule of grammar）对其的完全解释。）

470. **记法（Notation）：** 通过记法我们通常理解适度精确描述的语言。（一些记法是文本的，如程序设计记法或规约语言；一些是图形的，比如 佩特里网（Petri net）、状态图（statechart）、活序列图（live sequence chart）等等。）

471. **名词（Noun）：** 某物，一个名字，它指一个 实体（entity）、性质（quality）、状态（state）、动作（action）、概念（concept）。可以作为 动词（verb）主语的某物。（但请注意：在英语中，许多名词可以"动词化"，且许多动词可以"名词化"！）

$\mathcal{O}$

472. **对象（Object）：** 由对象的 类（class）定义的 数据结构（data structure）和 行为（behaviour）的实例。每一对象对其类的实例 变量（variable）有其自己的 值（value）且能够对它的类定义的 函数（function）做出响应。（不同的 规约语言（specification language），`object Z` [142,197,198]、`RSL` 等，有其自己的、进一步精化的术语"对象"的意义， 面向对象（object-oriented） 程序设计语言（programming language）（如 `C++` [489]、`Java` [10,17,240,347,467,511]、`C#` [274,379,380,419] 等等）亦是如此。）

473. **面向对象的、对象式（Object-oriented）：** 我们说程序是 面向对象的（object-oriented），如果其主要结构由 模块化（modularisation）的 类（class）确定，也就是说，一组 类型（type）、 变量（variable）和 过程（procedure），每一个这样的集合都作为一个单独的 抽象数据类型（abstract data type）。类似地我们说 程序设计语言（programming language）是面向对象的，如果它特别提供了语言结构以表达适当的 模块化（modularisation）。（面向对象成为 90 年代的曼特罗[3]：所有事物必须是面向对象的。并且许多程序设计问题通过某种面向对象概念为核心的结构化确实被很好地解决

[3]译者注：（印度教中）祈祷或念咒的神秘表述。（译自 Merriam-Webster 在线词典 http://www.merriam-webster.com/，2007。）

了。第一个 面向对象程序设计语言 是 Simula 67 [50]。）

474. **观测器（Observer）**：通过观测器,我们将其基本上等同于 观测器函数（observer function）。

475. **观测器函数（Observer function）**：观测器函数是当其被“应用于” 实体（entity）（现象（phenomenon）或 概念（concept））时，生成该实体的子实体或属性（且没有“破坏”该实体）的函数。（因此我们没有区别观测子实体（比较 子实体（subentity））的函数和观测 属性（attribute）的函数。你可能希望区别这两种观测器函数。你可以通过一些简单的 命名（naming）规则来这样做：当你想要观测子实体时，为名字分配前缀 obs_；当你想要观测属性时，为名字分配前缀 attr_。第 3 卷第 5 章介绍这些概念。）

476. **一维（的）（One-dimensional）**：复合 实体（entity）是一维的 实体（entity），如果在适当包含的（即组成的）子实体之间的所有关系可以通过不引用其他子实体来描述，或者只通过向后引用或只通过向前引用来描述。（它相对于 多维（multi-dimensional）实体而言。因此任意顺序的数组（向量、矩阵、张量）通常是一维的。）

477. **本体论（Ontology）**：哲学中：对存在的系统说明。对我们来说：如何表示假定存在于所关心的某一领域（某一论域）中的现象、概念和其他实体，以及它们之间所保持关系的显式形式规约。（进一步澄清：本体论是 概念（concept）及其之间关系的完整目录清单——包括作为与其他概念的关系的性质。参见第 B.1.4 节。）

478. **操作（Operation）**：通过操作我们指 函数（function）或 动作（action）（即函数 调用（invocation）的效果）。（上下文确定到底指这两个紧密关联的意义中的哪一个。）

479. **操作式的（Operational）**：我们说，比如 函数（function），其 规约（specification）（描述（description）、规定（prescription））是操作式的，如果它所解释的内容是通过该事物、该现象或概念**如何**操作运转（而不是通过其实现的**什么**）来解释的。（通常操作式定义是 面向模型的（model oriented）（相对于 面向性质的（property oriented））而言。）

480. **操作式抽象（Operational Abstraction）**：尽管定义（ 规约（specification）、 描述（description）、或 规定（prescription））可以说是，或称为 操作式的（operational），它仍然可以提供 抽象（abstraction）：定义的 面向模型的（model-oriented）概念其本身不是可以通过人或计算机来直接表示和执行的。（相对于 指称（denotational） 抽象或 代数（algebra）（或 公理（axiom）） 抽象而言。）

481. **操作语义（Operational Semantics）**： 操作式（operational） 语言（language） 语义（semantics） 的 定义（definition）。（参见 结构操作语义（structural operational semantics）。）

482. **操作具体化（Operation Reification）**：谈到 操作具体化，必须首先提及抽象的、通常是 面向性质的（property-oriented）操作规约。然后，通过操作 具体化，我们指指示该操作如何可以被（可能高效地）实现的 规约（specification） 。（比较 数据具体化（data reification）和 操作变换（operation transformation）。）

483. **操作变换（Operation Transformation）**：谈到 操作具体化（operation reification），必须首先提及抽象的、通常是 面向性质的（property-oriented）操作规约。然后，通过操作变换，我们指从该抽象规约通过某种形式 计算（calculate）得到的 规约（specification）。（关于这样的演算系统的三本好书是： [18,46,388]。）

484. **希求式的（Optative）**：表达希望或期望的。（参见 命令式的（imperative）、陈述式的（indicative）、假定的（putative）。）

485. **组织（Organisation）**：通过组织我们这里在狭义上仅指企业的、公共或私人管理机构的，或如消费者/零售商/批发商/生产者/经销商市场或金融服务行业等一组服务的管理和功能结构。

486. **组织和管理（Organisation and Management）**：复合术语组织和管理的使用与如上所示的 组织相关。该术语强调组织及其管理之间的关系。（关于更多内容，参见 管理和组织（management and organisation）。）

487. **输出（Output）**：通过输出我们指从“内部于”我们的论域的 现象（phenomenon）到外部、环境（environment）的信息（information）（数据（data））的通信（communication）（更通俗、更一般地说：输出可以看作来自于 进程（process）或进程间的 通道（channel）上传送的 值（value）。比较 输入（input）。在狭义上我们谈论来自于 机器（machine）（比如 有限状态机（finite state machine）或 下推机（pushdown machine））的输出。）

488. **输出字母表（Output Alphabet）**：从如 有限状态机（finite state machine）或 下推机（pushdown machine）意义上的 机器（machine） 输出的 符号（symbol）集。

489. **重载的（Overloaded）**：“重载的”这一概念是与 函数（function） 符号（symbol）（函数（function） 名（name））相关的概念。函数名被称为重载的，如果存在两个或者多个相异的该函数名的 基调（signature）。（典型地，重载函数符号“+”，在某记法中可能应用于整数的加法、实数的加法等等；“=”，在某记法中可能应用于有同样 类型（type）的任一对 值（value）的比较。）

$\mathcal{P}$

490. **范式（Paradigm）**：科学学派或学科的哲学和理论框架，其中理论、规律和归纳以及支持它们的实验得到系统地论述；任一类别的哲学或理论框架。（软件工程充满了范式：面向对象是其中之一。）

491. **悖论（Paradox）**：看上去矛盾或悖于常识，但可能正确的陈述。引起矛盾的貌似正确的论证。（一些著名的例子是罗素的悖论[4] 和说谎者悖论。[5] 绝大多数的悖论源自于某种自身引用。）

492. **并行式程序设计语言（Parallel Programming Language）**：一种 程序设计语言（programming language），其主要的几类概念是：进程（process）、进程 复合（composition）[令进程并行和 非确定的（nondeterministic）{内部或外部} 进程 细化（elaboration）选择]、进程间同步和通信。（实际的并行式程序设计语言的主要例子是 occam [298]，规约“程序设计”语言的主要例子是 CSP [288, 445, 453]。最近的 命令式程序设计语言（imperative programming language）（Java、C# 等等）提供了以某种方式模拟并行式程序设计的程序设计结构（如线程）。）

493. **参数（Parameter）**：等同于 形参（formal parameter）。

---

[4] 如果 R 是所有不包含自身集合的集合，R 包括其自身吗？如果它包含则它不包含，反之亦然。

[5] “这句话是错误的”或者“我在说谎”。

494. **参数多态性（Parametric Polymorphism）**：参见 多态性（polymorphic）条目的括号部分。

495. **参数化的（Parameterised）**：我们说 类（class）（或者 函数（function））的定义是参数化的，如果该类的 对象（object） 的 例示（instantiation） （和函数 调用（invocation））允许 实际参数（actual argument）代入（比较 代入（substitution））类定义（函数体）的[形式] 参数（parameter）的所有出现。

496. **语法分析程序（Parser）**：语法分析程序是体现为 软件（software） 程序（program）的算法（algorithm），它接受文本串，如果该文本串由适当的 语法（grammar）生成，则它将产生该串的 语法分析树（parse tree）。（参见 生成器（generator）。）

497. **语法分析树（Parse Tree）**：谈到语法分析树，我们假定由 终结符（terminal）和 非终结符（nonterminal）构成的串以及 文法（grammar）的存在。语法分析树是一个 树（tree），使得（ 根（root）及其直接子孙，无论是 终结符（terminal）或 非终结符（nonterminal））每一子树相应于该语法的一条 规则（rule），也因此使得该树的 边界（frontier）即为给定串。

498. **语法分析（Parsing）**：从 语法（grammar）和文本串试图构造 语法分析树（parse tree）的行为。

499. **部分（Part）**：谈到部分,我们必须要能够谈到“部分和整体”。也就是说：我们假定某 部分关系学（mereology）（即部分关系的理论）：部分和整体的关系，以及整体中部分和部分的关系。

500. **部分代数（Partial algebra）**：部分 代数是函数对于载体上参数的所有组合不是都有定义的代数。

501. **部分求值（Partial evaluation）**：谈到部分求值，我们必须首先谈到 求值（evaluation）。通常求值是一个 过程（process）和该过程的结果，通过它某语言中的 表达式（expression）在绑定该表达式中的每一个 自由标识符（free identifier）到 值（value）的某 上下文（context）中得以求值。部分求值是上下文没有绑定所有的自由标识符到（定义）值的求值。部分求值的结果因此是符号求值，其中结果值使用实际值和未定义的自由标识符表达。（请参见 [114,319]。）

502. **路径（Path）**：路径的概念通常与 图（graph）和 树（tree）（即网络）关联。路径是一个或多个图的边或树的分支构成的序列，使得两个连续边（分支）共享图的节点（和树的节点（或根））。（我们也将与路径同义地使用术语 路线（route）。）

503. **模式（Pattern）**：我们将用模式 p （如在 RSL中）来表示如下所示的带有标识符 a 和常量 k 的表达式。基本子句：任一标识符 a 是模式，任一常量 k 是模式。归纳子句：如果 $p_1, p_2, \ldots, p_m$ 是模式，则 $(p_1, p_2, \ldots, p_m)$, $< p_1, p_2, \ldots, p_m >$, $\{p_1, p_2, \ldots, p_m\}$, $[p_{d_1} \mapsto p_{r_1}, p_{d_2} \mapsto p_{r_2}, \ldots, p_{d_m} \mapsto p_{r_m}]$, 和 $\langle p \rangle \hat{~} a$, $a \hat{~} \langle p \rangle$, $\{p\} \cup a$ 和 $[p_{d_1} \mapsto p_{r_1}] \cup a$ 也是模式。（想法是令模式 p 与“具有同样种类的”值 v “相对”，然后我们试图令模式 p 匹配值 v，并且如果可以匹配，则 p 的自由标识符被绑定到 v 各自的分量值上。）

504. **改善性维护（Perfective Maintenance）**：通过改善性维护，我们这里指为了实现对资源更好的使用而对软件的更新：时间、存储空间、设备。（请参见 适应性维护（adaptive maintenance）、 改正性维护（corrective maintenance）、 预防性维护（preventive maintenance）。）

505. **性能（Performance）**：通过性能我们这里在计算的上下文中指对计算资源使用的量值：时间、存储空间、设备。

506. **性能需求（Performance Requirements）**：通过性能需求我们指表达 性能（performance）性质（必需之物）的 需求（requirements）。

507. **佩特里网（Petri Net）**：佩特里网语言是表达进程动作的并发和进程事件的同时性的特殊的图形记法。（参见 [311,418,432–434]。）

508. **时期（Phase）**：通过时期我们这里在软件开发的上下文中理解 领域（domain） 开发（development）时期、 需求（requirements） 开发 时期、 软件设计（software design）时期。

509. **现象（Phenomenon）**：通过现象我们指物理上显然的“事物”。（能够被人类感觉（看、听、触、闻或尝）或物理工具测量的事物：电（电压、电流等）、力（长度、时间和速度、加速度等等）、化学等等。）

510. **现象学（Phenomenology）**：现象学是对从第一人称角度所体验的意识结构的研究 [539]。

511. **平台（Platform）**：通过平台我们在计算的上下文中理解一个 机器（machine）：某计算机（即硬件）设备和一些软件系统。（典型的平台的例子是：运行在 IBM ThinkPad Series T 型号上的 Microsoft 的 Windows，或者运行在 Sun Fire E25K Server 上的带有 Oracle Database 10*g* 的 Trusted Solaris 操作系统。）

512. **平台需求（Platform Requirements）**：通过平台需求我们指表达 平台（platform）性质（必需之物）的 需求（requirements）。（可以有若干平台需求：软件将于其上开发的平台的一个需求集合。软件将于其上使用的平台的另一个需求集合。软件将于其上展示的平台的第三个需求集合。软件将于其上维护的平台的第四个需求集合。这些平台不必总是同一的。）

513. **指针（Pointer）**：指针等同于 地址（address）、 链接（link）、 引用（reference）：引用（即指代）（典型情况下为其他事物的）某事物的某事物。

514. **多态的（Polymorphic）**：多态性是和函数和函数所应用到的值的类型相关的概念。关于列表长度函数 **len**，如果该函数应用到任意类型元素的列表上，则我们说该 **len** 函数是多态的。因此一般来说它指以许多形式出现的能力；能够采取不同形式的特性或状态。来自 Wikipedia，自由的百科全书 [519]:

> 在计算机科学中，多态性是指允许同样的代码能够和不同的类型使用，产生更一般和抽象的实现。多态性这一概念应用于函数和类型：可以求值为和应用于具有不同类型的值的函数被称为多态函数。包含未指定类型的元素的数据类型被称为多态数据类型。有两种基本上不同种类的多态性：如果可被使用的实际类型的范围是有限的，且必须在使用之前个别指定组合，则它被称为 特定多态性（ad hoc polymorphism）。如果所写的全部代码没有提及任一特定类型且因此可以透明地与任意数量的新类型使用，则它被称为参数多态性（parametric polymorphism）。使用后者进行的程序设计被称为泛型程序设计（generic programming），尤其在面向对象界。但是，在许多静态类型给定的函数式程序设计语言中，参数多态性的概念是如此根深蒂固以至于 程序设计者（programmer） 们就将其视为当然了。

515. **可移植性（Portability）**：可移植性是与 软件（software）关联的概念，尤其和 程序（program）（或 数据（data））相关联。软件（或文件，包括 数据库（database）记录）被称为可移植的，如果它（们）能够轻易地“移植”到（即使之“运行”在）一个新的 平台（platform）和/或能够用不同的编译器（和不同的数据库管理系统）编译。

516. **后置条件（Post-condition）**：后置条件的概念与函数应用相关。函数 f 的后置条件是表达函数 f 定义的参数值 a 和结果值 r 之间的关系谓词 p_{o_f}。如果 a 表示参数值，r 为结果值，f 函数，则 $f(a)=r$ 可以通过后置谓词 p_{o_f} 来表示，也即对于所有可应用的 a 和 r，谓词 p_{o_f} 表达 $p_{o_f}(a,r)$ 为真。（参见 前置条件（pre-condition）。）

517. **后缀（Postfix）**：后缀这一概念基本上是句法概念，且和操作符/操作数表达式相关。对于其操作数（表达式）来说，它和一元操作数的给出位置有关。表达式被称为使用后缀形式，如果一元操作符在其所应用的表达式之后给出。（典型地，阶乘操作符！在其操作数表达式之后给出，如 7!。）

518. **后序（Post-order）**： 树遍历（tree traversal）的特定顺序，其中以下列方式访问树和子树的节点：首先，对每一子树，按照从左到右（或从右到左）的顺序进行子树后序遍历。当对具有零棵子树的树进行后序遍历，则只访问该树的根节点（且该树已经被后序遍历过了），且（树叶）“标记”为已被后序访问。在每一子树访问之后，树（这里的子树是该树的子树）的根被重新访问且现在“标记”为已被访问。（比较图 B.4：该树从左向右的后序遍历产生下列的“标记”序列：CQXFLUJMZKA；比较图 B.2）。

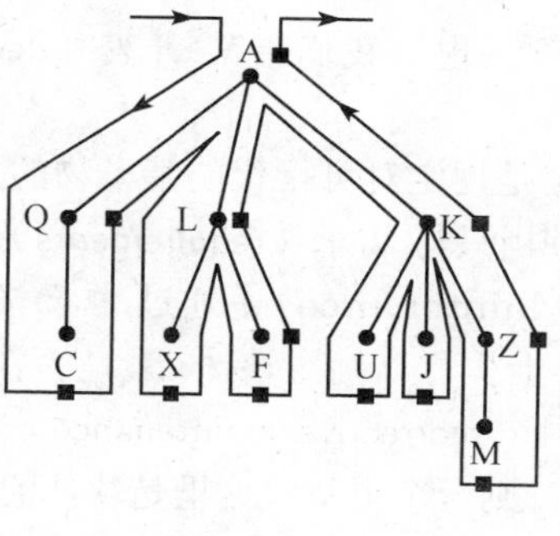

图 B.2 从左向右的后序树遍历

519. **语用学（Pragmatics）**：语用学是对在社会交互中支配我们的语言选择的因素和我们的选择对其他人影响的 (i) 研究和 (ii) 实践。（我们对术语语用的使用与语言的使用相关，并且通过语言的 语义（semantics）和 句法（syntax）对其进行补充。）

520. **前置条件（Pre-condition）**：前置条件的概念与函数应用相关，其中被应用的函数是部分函数。也就是说：对于其定义集中的一些参数，该函数产生 **chaos**，即不终止。因此函数的前置条件是表达函数应用将会停止（即产生结果值）的那些参数值的谓词。（参见 最弱前置条件（weakest pre-condition）。）

521. **谓词（Predicate）**：谓词是真值表达式，它含有具有任意值的项、把项关联起来且具有 布尔（Boolean） 联结词（connective）和 量词（quantifier）的良构公式。

522. **谓词逻辑（Predicate Logic）：** 谓词逻辑是（由某 形式（formal） 句法（syntax）给出的）谓词的语言和 证明系统（proof system）。

523. **前序（Pre-order）：** 树遍历（tree traversal）的特定顺序，其中以下列方式访问树和子树的节点：首先访问树的根，且现在将其“标记”为已被前序访问。接着对每一子树，按照从左到右（或从右到左）进行子树前序遍历，当对具有零棵子树的树进行前序遍历时，则只访问该树的根（且该树已被前序遍历）且树叶“标记”为已被前序访问。（比较图 B.3：该树从右到左前序遍历产生下列“标记”序列：AKZMJULFXQC。比较图 B.3）。

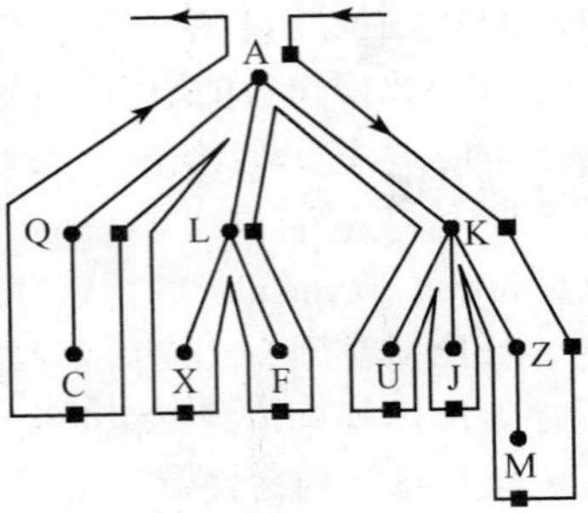

图 B.3　从右到左的前序树遍历

524. **呈现（Presentation）：** 通过呈现，我们指某 开发（development）结果的句法的 文档（document）编制。

525. **规定（Prescription）：** 规定是规定对可指代的某事物的规约，即陈述将要实现什么的规约。（通常术语“规定”的使用只与 需求（requirements）规定相关联。）

526. **预防性维护（Preventive Maintenance）：** 通过 机器（machine）的预防性维护，我们指一组特殊的测试在该 机器上执行以确定该 机器 是否需要 适应性维护（adaptive maintenance）、和/或 改正性维护（corrective maintenance）、和/或 改善性维护（perfective maintenance）。（如果需要，则一个更新，这里是软件的更新，需要被给出以实现适当的机器 完整性（integrity）或 稳健性（robustness）。）

527. **原则（Principle）：** 接受或公开承认的动作或行为的规则，...，基本的信条，行为的正确规则，... [484]。（我们提出的原则这一概念与 方法（method）这一概念非常相关。原则的概念是“流动的”。通常来说，一些人通过方法理解有序性。我们的定义将有序性作为全体原则的一部分。同样，人们期望分析和构造是高效的且产生高效的人工制品。同样我们将其归入由一些原则、技术和工具所蕴含的内容。）

528. **过程（Procedure）：** 通过过程，我们将其等同于 函数（function）。（等同于 例程（routine）或 子例程（subroutine）。）

529. **进程（Process）：** 通过进程我们理解动作和事件的序列。事件指代与进程的某环境所进行的交互。

530. **程序（Program）：** 在某 程序设计语言（programming language）中，程序是由计算机 解释（interpretation）的形式文本。（有时我们使用术语 代码（code）而非程序，即当程序被计算机的机器语言所表示的时候。）

531. **可程序设计的（Programmable）：** 活动的（active） 动态的（dynamic） 现象（phenomenon）具有可程序设计的（活动的动态的）属性，如果其在一个未来时间段的 动作（action）（因此的 状态（state）变化）可以被精确地规定。（比较 自治的（autonomous）和 顺从的（biddable）。）

532. **程序设计者（Programmer）：** 进行 软件设计（software design）的人。

533. **程序点（Program point）：** 通过程序点我们这里理解在（无论是 应用式程序设计语言（applicative programming language）（即 函数式程序设计语言（functional programming language））、 命令式程序设计（imperative programming language），还是 逻辑程序设计语言（logic programming language）的）程序文本中任一在任意两个文本上相邻的 标记（token）之间的一点。（程序点的思想如下：假定指定种类的程序的 解释器（interpreter）。该解释器在其 解释（interpretation） 进程（process）的任意一步，可以看作在解释一个特殊的标记或者相邻标记的序列，在这两种情况下：都是“在两个程序点之间”。）

534. **程序组织（Program Organisation）：** 通过程序组织，我们粗略地指 程序（program）（即其文本）如何组织化为如 模块（module）（如 类（class））、 过程（procedure）等等。

535. **程序设计（Programming）：** 构造 程序（program）的行为。来自 [224]:

    1: 为空白纸除错的艺术（或者，在如今在线编辑的时代，为空文件除错的艺术）。2: 类似于把某人的头往墙上撞的娱乐，但是很少有机会得到回报。3: 穿着衣服时你所拥有的最大的乐趣（尽管衣服不是强制的）。

536. **程序设计语言（Programming Language）：** 表达程序的语言，即具有精确的 句法（syntax）、 语义（semantics）和一些教材的语言，它提供了对该程序设计语言本来所预期的 语用（pragmatics）的痕迹。（参见下一条目： 程序设计语言类型（programming language type）。）

537. **程序设计语言类型（Programming language type）：** 通过 程序设计语言可以关联一个 类型（type）。典型地，该类型的名字用于揭示一个主要范式的类型，或该语言的一个主要数据类型。（例子： 函数式程序设计语言（functional programming language）（主要数据类型是函数，主要操作是函数定义、函数应用和函数复合）， 逻辑程序设计语言（logic programming language）（主要表达式的种类是布尔代数、命题和谓词的基项）， 命令式程序设计语言（imperative programming language）（主要语言结构的种类是可赋值变量声明、变量赋值，多少不可或缺的数据种类就是引用[位置、地址、指针]），以及 并行式程序设计语言（parallel programming language）。）

538. **投影（Projection）：** 通过投影我们这里在某种狭义上指应用到 领域描述（domain description）并且产生 需求规定（requirements prescription）的技术。基本上投影通过从领域描述中“删除”（或者不常见到地 隐藏（hiding）） 实体（entities）、 函数（function）、 事件（event）、 行为（behaviour）来“减少”领域描述。（如果领域描述是非形式的，如使用英语，它可以表达出特定的实体、函数、事件和行为可能在领域（的某个例示）中。如果没有被“投影掉”，类似的（即非形式的）需求规定将会表达出这些实体、函数、事件和行为将在领域中且因此将在由需求所规定的 机器（machine）的环境中。）

539. **证明（Proof）**：某 形式（formal） 命题（proposition）语言或 谓词（predicate）语言 $\mathcal{L}$ 的句子集合 Γ 的定理证明 ϕ 是句子的有限序列 $\phi_1, \phi_2, \ldots, \phi_n$，这里 $\phi = \phi_1$，$\phi_n = \mathbf{true}$，其中每一 ϕ_i 是 $\mathcal{L}$ 的 公理（axiom），或者是 Γ 的成员，或者通过 $\mathcal{L}$ 的 推理规则（inference rule）根据较早的的 ϕ_j 得到。

540. **证明义务（Proof Obligation）**：若子句部分的值在某范围内（如没有除零），程序的该子句才是（动态上）良定义的。我们说这样的子句引起证明义务，即证明性质的义务。（传统上某些表达式的值是否在某些 子类型（subtype）中是不可以静态（即编译时）检查的。履行证明可以有助于确保这样的约束。）

541. **证明规则（Proof Rule）**：等同于 推理规则（inference rule）或 公理（axiom）。

542. **证明系统（Proof System）**： 一致的（consistent）和相对 完全的（complete） 证明规则（proof rule）的集合。

543. **性质（Property）**：个体或事物具有且特有的特性；一个类别中的所有成员的共同 属性（attribute）。（因此："不是由某人所拥有的性质，而是由某事物所具有的性质"。）

544. **面向性质的（Property-oriented）**：规约（描述、规定）被称为面向性质的，如果规约（等）表达 属性（attribute）。（相对于 面向模型的（model oriented）。）

545. **命题（Proposition）**：语言中具有真假值的表达式。

546. **协议（Protocol）**：一组描述在人类用户和 机器（machine）之间或者更加传统地通过网络如何交换消息的形式规则。（低层协议定义被遵守的电子和物理标准，位和字节排序，位流的传输和错误检测和校正。高层协议处理数据格式化，包括消息的句法、终端到计算机对话、字符集、消息排序等等。）

547. **纯函数式程序设计语言（Pure Functional Programming Language）**： 函数式程序设计语言（functional programming language）被称为是纯的，如果其结构都不指代 副作用（side-effect）。

548. **下推栈（Pushdown Stack）**：下推栈是简单 堆栈（stack）。（通常简单堆栈只有下列操作：压入 一个元素到堆栈，从堆栈弹出栈顶元素，并且观测栈顶 元素。）

549. **下推自动机（Pushdown Automaton）**：下推自动机是增加有 下推栈（pushdown stack）的 自动机（automaton），使得 (i) 下推自动机的 输入（input）由外部于下推自动机的环境和下推栈栈顶提供，(ii) 下推自动机的 输出（output）通过压入该栈栈顶提供给下推栈，(iii) 使得下推自动机可以指示一个元素从下推栈弹出。（下推自动机仍然有自动机终结状态的概念。）

550. **下推机（Pushdown Machine）**：下推（栈）机类似于一个 下推自动机（pushdown automaton），此外现在该下推机也把 输出（output）提供给下推机的环境。

551. **假定的（Putative）**：一般所接受的或假设的，也就是说，假定为存在或已经存在的。（参见 命令式的（imperative）、陈述式的（indicative） 和 希求式的（optative）。）

$\mathcal{Q}$

552. **特性（Quality）**：特殊和本质的特点。（特性是 属性（attribute）、性质（property）、特点（事物具有特点）。）

553. **量化（Quantification）**：量化的操作。（参见 量词（quantifier）。x（y） 是量化表达式 $\forall x{:}X \cdot P(x)$ （$\exists y{:}Y \cdot Q(y)$）。）

554. **量词（Quantifier）：**量化标记。它是一个前缀操作符，它通过指定变量 值（value）的可能范围绑定逻辑表达式中的变量。（通俗地来说，我们谈及全称存在量词，∀ 和 ∃。典型地量化表达式具有下列任一形式：$\forall x{:}X\cdot P(x)$ 和 $\exists y{:}Y\cdot Q(y)$。它们读作：对于所有具有类型 X 的量 x，谓词 $P(x)$ 成立；存在具有类型 Y 的量 y 使得谓词 $Q(y)$ 成立。）

555. **量（Quantity）：**一个不定 值（value）。（参见 量词（quantifier）条目：$P(x)$（$Q(y)$）具有类型 X（Y）。因为 y 是 Y 的一个没有说明的量，所以是不定的。）

556. **查询（Query）：**对信息的请求，一般是作为对 数据库（database）的形式请求。

557. **查询语言（Query Language）：**表达查询（比较 查询（query））的 形式（formal） 语言。（如今 2005 年最著名的查询语言是 SQL [176]。）

558. **队列（Queue）：**队列是具有队列数据结构和典型的下列操作的 抽象数据类型（abstract data type）：入队（插入队列的一端）、出队（从队列的另一端删除）。公理确定特定的队列属性。（参见例 8.6。）

$\mathcal{R}$

559. **基（Radix）：**在数的位置表示法中，为了给下一高数位的权，一个数位的权所必须相乘的整数。（传统上的十进制数以十为基，二进制数以二为基。）

560. **RAISE:** RAISE 代表严格的工业软件工程方法（Rigorous Approach to Industrial Software Engineering）。（RAISE 指一个方法，The RAISE Method [235]，一个规约语言 RSL [233]，以及带有一组工具。请参考本卷的第 III 部分关于 RSL 的更多内容。）

561. **值域（Range）：**这里值域概念的使用与函数关联。等同于 值域集（range set）。参见下一条目。

562. **值域集（Range Set）：**给定一个 函数（function），当该函数被 应用（apply）到其定义集的每一成员时产生其值域集。

563. **反应的（Reactive）：** 现象（phenomenon）被称为是反应的，如果该现象执行 动作（action）以响应外部刺激。因此具有反应动态属性的系统必须满足三个属性：(i) 接口必须能够使用后两者来定义，即 (ii) 输入刺激的提供和 (iii) （状态）反应的观测。（比较 惰性的（inert）和 活动的（active）。）

564. **反应系统（Reactive System）：**一个 系统，其主要现象大部分是 反应的。（参见上一条目 反应的。）

565. **实时（Real Time）：**我们说 现象（phenomenon）是实时的，如果其行为以某种方式一定确保了在给定时间内对外部事件的反应。（比较 硬实时（hard real time）和 软实时（soft real time）。）

566. **推理（Reasoning）：**推理是 推理（infer）（即做 演绎（deduction）或 归纳（induction））的能力。（自动推理（Automated reasoning）与自动化该过程的计算系统的构建和使用相关。总的目标是机械化推理的不同形式。）

567. **识别器（Recogniser）：**识别器是判定一个串是否可由给定的 语言（language）的 语法（grammar）来 生成（generate）的 算法（algorithm）。（典型地识别器可以抽象地公式化为 正则语言（regular language）的 有限状态自动机（finite state automaton），以及作为 上下文无关语言（context-free language）的 下推自动机（pushdown automaton）。）

568. **识别规则（Recognition Rule）**：识别规则是描述某 现象（phenomenon）（即可能为单元素的这样的现象的类别（即它们所包含的 概念（concept）（即 类型（type）））的文本，使得它可由人来唯一地判定一个现象是否符合该规则，即是否是该类的成员。（这里使用的识别规则概念应归于 Michael A. Jackson [306]。）

569. **递归（Recursion）**：递归是与 函数定义（function definition）和 数据（data） 类型定义（type definition）关联的概念。函数定义[数据类型]被称为具有递归，如果它使用其自身来定义。（比较与其稍有不同的概念 递归的（recursive）。）

570. **递归的（Recursive）**："递归的"是与 函数（function）关联的概念。函数被称为递归的，如果在对函数调用的求值过程中，该函数被重复调用。（比较与其稍有不同的概念 递归（recursion）。）

571. **再工程（Reengineering）**：通过再工程，我们在狭义上仅考虑企业过程的再工程。因此对我们来说，再工程等同于 企业过程再工程（business process reengineering）。（在广义上再工程也被用于表示某已存在的工程 人工制品（artefact）的重大改变。）

572. **引用（Reference）**：引用等同于 地址（address）、 链接（link）、 指针（pointer）：某事物，它引用（即指代）（典型地为其他事物的）某事物。

573. **引用透明性（Referential Transparency）**：与某些种类的 程序设计（programming）或者 规约语言（specification language）结构相关的概念，即那些对其 解释（interpretation）不会引起 副作用（side effect）的结构。（ 纯函数式程序设计语言（ pure functional programming language）被称为是引用透明的。）

574. **精化（Refinement）**：精化是两个 规约（specification）之间的 关系（relation）：一个规约 D 被称为是另一个规约 S 的精化，如果从 S 观测到的属性都可以从 D 中观测到。通常这被表达为 $D \sqsubseteq S$。（集合论上它表达为另一种方式：在 $D \supseteq S$ 中，D 允许 S 所不能解释的行为。）

575. **可驳断言（Refutable assertion）**：可驳断言是可以被反驳（即可信地给出……是错误的）的断言。（爱因斯坦的相对论就某种意义来说驳斥了牛顿的力学定律。两个理论都是断言。）

576. **证伪（Refutation）**：证伪是（可信地）反驳一个断言的语句。（Lakatos [329] 给出了证伪（对理论不利的证据）和排斥（rejection）（决定原先的理论必须由另一理论来替代）的区别。只要在特定的范围内，我们仍然可以使用牛顿的理论，且在该范围内该理论比爱因斯坦的理论更加容易使用。）

577. **正则表达式（Regular Expression）**：为了介绍正则表达式，我们假定 字母表（alphabet）A，假定其是有限的。基本子句：对于字母表中的任一 a，a 是正则表达式。归纳子句：如果 r 和 r' 是正则表达式，则 rr'、(r)、$r \mid r'$ 和 $r^\star$ 是正则表达式。（正则表达式 r 的指称 $\mathcal{L}(r)$ 定义如下：(i) 对于字母表 A 中的 a，如果 r 具有形式 a，则 $\mathcal{L}(a) = \{a\}$；(ii) 若 r 具有形式 $r'r''$，则 $\mathcal{L}(r'r'') = \{s' \in \mathcal{L}(r'), s'' \in \mathcal{L}(r''), s = s'^\frown s''\}$；(iii) 或者若 r 具有形式 (r')，则 $\mathcal{L}((r')) = \{s \in s : \mathcal{L}(r')\}$；(iv) 或者若 r 具有形式 $r' \mid r''$，则 $\mathcal{L}(r' \mid r'') = \{s \mid s \in \mathcal{L}(r') \vee s \in \mathcal{L}(r'')\}$；(v) 或者若 r 具有形式 $r^\star$，则 $\mathcal{L}(r^\star) = \{s \mid s = <> \vee s \in \mathcal{L}(r) \vee s \in \mathcal{L}(rr) \vee s \in \mathcal{L}(rrr) \vee \ldots\}$，这里 <> 是空串，在拼接下幂等。）

578. **正则语法（Regular Grammar）**：参见 正则句法（regular syntax）。

579. **正则语言（Regular Language）**：通过正则语言我们理解一个 语言（language），它是正则表达式（regular expression）的指称。（一些 语法（grammar）的简单形式，也即 正则句法（regular syntax），也生成正则语言。）

580. **正则句法（Regular Syntax）**：正则句法是表示（即 生成（generate）） 正则语言（regular language）的 句法（syntax）。

581. **具体化（Reification）**： 具体化（reify）动作的结果。（参见 数据具体化（data reification）、 操作具体化（operation reification）和 精化（refinement）。）

582. **具体化（Reify）**：把（ 抽象（abstract）的某事物）看作物质的或 具体的（concrete）事物。（我们对该术语的使用是更加 操作式的（operational）：获取 抽象的（abstract）事物并将其转化为较少抽象的、更加 具体的（concrete）事物。）

583. **关系（Relation）**：通过关系我们通常理解由一个（关系）元组（类似于 表（table）的行）的集合构成的数学 实体（entity）或 信息结构（information structure）。数学实体，一个关系，也可以看作可能无限的 n 个分组（即相同 目（arity）的 笛卡尔（Cartesian））的集合，使得若 $(a, b, \cdots, c, d, \cdots, e, f)$ 是这样的 n 元组，则我们可以说 $(a, b, \cdots, c)$ （一个关系参数）与 $(d, \cdots, e, f)$（一个关系结果）关联。因此 函数（function）是特殊种类的关系，即每个参数仅与一个结果关联。（关系，如信息结构，在 关系数据库（relational database）中为人所知。）

584. **关系数据库（Relational Database）**：如下 数据（data） 类型（type） 的 数据库（database）：(i) 原子（atomic） 值（value），(ii) 原子值的 元组（tuple）和被看作元组（tuple）集合的 关系（relation）。（关系数据库模型应归于 E.F. Codd [154]。）

585. **可靠性（Reliability）**：在可信机器的上下文中，系统是可靠的（reliable）指连续正确服务的某度量，也即：到 失败（failure）出现的时间度量。（比较 可信性（dependability）[可信的]。）（可靠性是一个 可信性需求（dependability requirement）。通常可靠性被认为 机器（machine） 性质。由此，可靠性（将会）被表达在 机器需求（machine requirements）文档中。）

586. **重命名（Renaming）**：通过重命名我们指 Alpha-重命名（Alpha-renaming）。（在这个意义上重命名是 Lambda-演算（Lambda-calculus）的概念。）

587. **会合（Rendezvous）**：会合是与并行进程相关的概念。它代表同步许多（通常是两个）进程的方式。（在 CSP 中，指定同一通道的输出（!）/ 输入（?）子句提供了会合的语言结构。）

588. **表示抽象（Representation Abstraction）**：通过[给定类型的]值的表示抽象，我们指没有暗示特定数据（结构）模型的规约，也即不是偏向于实现的规约。（通常（数据的）表示抽象是 面向性质的（property oriented）或者是 面向模型的（model oriented）。在后一种情况中，典型地它通过数学实体，如集合、笛卡尔、列表、映射和函数来表达。）

589. **需求（Requirements）**：用户解决问题或实现目标所需的条件或能力 [296]。

590. **需求获取（Requirements Acquisition）**： 需求（requirements）的收集和说明。（需求获取包括准备活动、需求 引出（elicitation）（即 需求捕捉（requirements capture））和初期需求评估（即需求检查）。）

591. **需求分析（Requirements Analysis）**：通过需求分析，我们理解需求获取（粗略）规定单元的阅读，(i) 目标是从这些需求规定单元中形成概念，(ii) 在这些需求规定单元中发现不一致性、冲突和不完全性，(iii) 以及评估能否客观地显示需求成立，而且如果成立应当设计什么样的测试（等等）。

592. 需求捕捉（**Requirements Capture**）：通过需求捕捉，我们指从 参与者（stakeholder）引出、获得、抽取需求的动作。（从实用角度来看，需求捕捉与 需求引出（requirements elicitation）同义。）

593. 需求定义（**Requirements Definition**）： 需求规定（requirements prescription）的适当的 定义（definition）部分。

594. 需求开发（**Requirements Development**）：通过需求开发，我们理解 需求规定（requirements prescription）的 开发。（开发包括所有的方面： 需求获取（requirements acquisition）、需求 分析（analysis）、需求建 模（model）、需求 确认（validation）和需求 验证（verification）。）

595. 需求引出（**Requirements Elicitation**）：通过需求引出我们指从 参与者（stakeholder）对 需求（requirements）的实际抽取。

596. 需求工程师（**Requirements Engineer**）：需求工程师是进行 需求工程（requirements engineering）的 软件工程师（software engineer）。（软件工程师（software engineer）的其他形式有 领域工程师（domain engineer）和 软件设计（software design）者（和 程序设计员（programmer））。）

597. 需求工程（**Requirements Engineering**）： 需求规定（requirements prescription）开发的工程，从 需求 参与者（stakeholder）标识，通过 需求获取（requirements acquisition）、 需求分析（requirements analysis） 和 需求规定（requirements prescription）到需求 确认（validation）和需求 验证（verification）。

598. 需求刻面（**Requirements Facet**）：需求刻面是对需求的观点—— “从 领域描述（domain description）来看”—— 诸如 领域投影（domain projection）、 领域确定（domain determination）、 领域例示（domain instantiation）、 领域扩展（domain extension）、 领域拟合（domain fitting）、 领域初始化（domain initialisation）。

599. 需求规定（**Requirements Prescription**）：通过 需求 规定 我们仅指：某需求的规定。（有时通过需求规定我们指全部需求相对完全和一致的规约，有时仅指 需求规定单元（requirements prescription unit）。）

600. 需求规定单元（**Requirements Prescription Unit**）：通过 需求（requirements） 规定（prescription）单元，我们理解 领域需求（domain requirements）、 接口需求（interface requirements）或 机器需求（machine requirements）的某性质的一个简短的、一两句话的、可能 粗略描述（rough sketch）的 规定（prescription）。（通常需求规定单元是从 参与者（stakeholder）引出的最小文本、句子片段。）

601. 需求规约（**Requirements Specification**）：等同于 需求规定（requirements prescription）—— 后者为优先使用的术语。

602. 需求确认（**Requirements Validation**）：通过需求确认我们实际上指 需求规定（requirements prescription）的 确认（validation）。

603. 资源（**Resource**）：源自古法语 ressourse relief，resource，从 resourdre 到 relieve，字面意思是 rise again, 源自拉丁语 resurgere ... 遇到和处理情况的能力 [479]（有资源的）。（在计算中，我们处理诸如 存储器（storage）、 时间（time）和其他计算设备的计算资

源。许多计算应用处理诸如企业人员、生产设备、建筑或土地空间、生产时间等等的企业资源。）

604. **资源分配（Resource Allocation）**：对 资源（resource）的 分配（allocation）。

605. **资源调度（Resource Scheduling）**：对 资源（resource）的 调度（scheduling）。

606. **检索、取还（Retrieval）**：这里在两个意义上对其使用： 一般（典型地面向 数据库（database）的）意义的"从数据储存库的（获得信息的）数据检索[取回]"。以及特别意义的"从具体到抽象的取还"，也即从现象（或另一个更加操作式概念）抽象概念。（关于后一个意义请参见下一条目。）

607. **取还函数（Retrieve Function）**：通过 取还 函数 我们理解应用到某一"更加具体、操作式的" 类型（type）的 值（value）而产生某一声明为更加 抽象的（abstract） 类型的 值 的函数。（等同于 抽象函数（abstraction function）。）

608. **重写（Rewrite）**：由某一其他文本或结构对某一文本或结构的替换。（参见 重写规则（rewrite rule）。）

609. **重写规则（Rewrite Rule）**：重写规则是有向等式：$lhs = rhs$。左手边和右手边是 模式（pattern）。如果某文本 可以被分解成为三部分，即 $text_0 = text_1\hat{\ }text_2\hat{\ }text_3$，这里 $text_1$ 和/或 $text_3$ 可以是空文本， 且 $text_2 = lhs$，则将重写规则 $lhs = rhs$ 应用到 $text_0$ 生成 $text_1\hat{\ }rhs\hat{\ }text_3$。（等式 $lhs = rhs$ 被称为是有向的，因为该规则没有规定等于 rhs 的子文本将被重写为 lhs。）

610. **重写系统（Rewrite System）**：重写系统是用于计算的 重写规则（rewrite rule） 的集合，该计算通过反复的使用相等项来替换给定公式的子项，直到获得最简单的可能形式 [182]。（重写系统构成了理论上和实际上都很有趣的主题。 它们大量地存在于为 定理证明（theorem proving）提供工具， 著名的 代数语义（algebraic semantics） 规约语言（specification language）（比较 CafeOBJ [189,191] 和 Maude [138,152,372]）的 解释（interpretation）当中。）

611. **严格的（Rigorous）**：偏于严格的，即精确的。

612. **严格开发（Rigorous Development）**：等同于 严格的（rigorous）和 开发（development）这两个术语的组合。（我们通常谈到一系列的开发模式： 系统开发（systematic development）、严格开发和 形式开发（formal development）。严格软件开发对于我们来说"落"在其他两个开发模式之间的某个地方：对于开发的所有时期和阶段，（总是）构造完全的 形式规约（formal specification）； 表达一些，但通常不是全部的 证明义务（proof obligation）； 通常只履行一小部分证明义务，即证明其成立。）

613. **稳健性、鲁棒性（Robustness）**：在 可信的 （dependable） 机器（machine）的上下文中， 系统（system）是稳健的，如果它在 失败（failure）和 维护（maintenance）之后保持所有的 可信性（dependability） 属性（即性质）。 （（因此）稳健性是一个 可信性需求（dependability requirement）。）

614. **根 （Root）**：根是 树 （tree） 的 节点 （node）， 且该树不是一个更大的 嵌入的（embedded）树的子树。

615. **粗略描述（Rough Sketch）**：在 描述性 软件开发（software development） 文档编制的上下文中，通过粗略描述我们理解一个 文档（document） 文本，它描述尚未一致和完全的，和/或仍旧非常具体的，和/或重叠的，和/或在其描述中重复的，和/或描述者尚未完全满意的某事物。

616. **路线（Route）**：等同于 路径（path）。

617. **例程（Routine）**：等同于 过程（procedure）。

618. **RSL:** RSL 代表 RAISE [235] 规约（Specification）语言（Language）[233]。（对 RSL 更多的介绍，请参见第 III 部分。）

619. **规则（rule）**：一个管理原则。（我们在几个不同的上下文中使用规则的概念：重写（rewrite）规则（rule）、语法（grammar）规则（rule）和 规则和规定（rule and regulations）。）

620. **语法规则（Rule of Grammar）**：语法由一条或多条规则构成。一条规则具有（左边的）被定义者（definiendum）和（右边的）定义者（definiens）。被定义者通常是单独的 标识符（identifier）。定义者通常是可能为空的 标识符 串。这些标识符是 终结符（terminal）或者 非终结符（nonterminal）。被定义标识符是非终结符。在语法中，所有的非终结符都有一个定义规则。那些没有作为被定义者出现在规则中的标识符由此被认为是终结符。

621. **规则和规定（Rules and Regulations）**：通过规则和规定，我们指准则，其使用目的是令企业员工和企业客户（即用户、顾客）进行他们的"业务"（即在企业中他们的动作，以及与企业发生的动作）时，遵守该准则。（企业的其他刻面有 内在（intrinsics）、企业（business）过程（process）、支持（support）技术（technology）、管理和组织（management and organisation）和 人类（human）行为（behaviour）。）

622. **运行时（Run Time）**：时间（或时间段），在其间软件 程序（program）由计算机进行 解释（interpretation）。（通常使用术语运行时的目的是区别概念 编译时（compile time）。）

$\mathcal{S}$

623. **安全（性）（Safety）**：安全 —— 在可信的（dependable）机器（machine）的上下文中—— 我们指连续提供服务的某度量，该服务是正确的服务，或者在良性 失效（failure）（也即到达灾难性失败的时间度量）之后提供的不正确的服务。（安全是一个 可信性（dependability）需求（requirement）。通常安全被看作 机器性质。由此安全（将会被）表达在 机器需求 文档（document）之中。）

624. **安全关键的（Safety Critical）**：系统（system）被称为安全关键的，如果该系统的失败会引起人的伤害或死亡，或者严重的财产损失，或者严重的服务或产品中断或破坏。

625. **可满足的（Satisfiable）**：谓词被称为可满足的（satisfiable），如果它对至少一个 解释（interpretation）为真。（在这里的上下文中，解释被看作该谓词表达式中所有 自由（free）变量（variable）到 值（value）的 绑定（binding）。比较 永真的（valid）。）

626. **调度表（Schedule）**：调度表是一个 句法的（syntactic）复合的（composite）概念（concept）。调度表是对（通常在哪里和）什么时候会存在一些 资源（resource）的 规定（prescription），也即关于空间上和时间上可用的 信息（information）。（由此调度表通常也就包括了一些 分配信息（allocation information）。）

627. **调度（Scheduling）**：提供或者构造一个 调度表的行为。

628. **模式（Schema）：**结构化框架或计划。（我们对术语“模式”的使用与 重写规则（rewrite rule）和一些 公理（axiom） 关联（即作为重写规则和公理），它们应用到如应用式程序文本之上并重写为命令式程序文本，参照第 20.5.3 节。）
629. **模式（Scheme）：**见 模式（schema）。
630. **作用域（辖域）、范围（Scope）：**我们将使用术语作用域（辖域）、范围在两个完全不同的意义上：(1) 在 程序设计（programming）中，一个 标识符（identifier）的作用域是程序（program）文本中的区域，在其中该标识符表示特定的某物。它的作用域通常是从标识符被声明的地方开始到最小包围 块（block）（begin/end 和过程/函数体）的尾部结束。 一个内部块可以包含相同标识符的重复声明，在这种情况下，外部声明的作用域不包括内部作用域（即被内部作用域遮蔽、阻塞、 阻挡或阻隔）。(2) 我们也使用术语范围在计划 范围 和计划 区间（span）具有不同程度的这一上下文中：范围更“大”、更“宽泛”地描述了计划“是什么”，而 区间则更“狭窄”、更精确一些。
631. **作用域检查（Scope check）：**通常是 编译器（compiler）所执行的一个函数，有关于 程序（program）文本的标识符定义（声明）和使用位置。（因此这里 作用域的使用是词条 630 的第一个意项。）
632. **脚本（Script）：**通过领域脚本，我们理解结构化的、若非完全但也几乎为形式表示的规则或规定（比较 规则和规定[rules and regulations]）的表达。它具有法律约束力，也就是说，可以在法庭上对其辩驳。
633. **安全的（Secure）：**为了适当地定义“安全的”概念，我们首先假定授权用户的概念。现在， 系统（system）被称为安全的，如果一个假定使用该系统的未授权用户，(i) 不能发现系统所做的事情，(ii) 不能发现系统如何做了它确实在做的“任何事情”，并且 (iii) 在这样的一些“使用”之后，仍然不知道他/她是否知道！（上述描述表示了一个不可能完成的命题。作为描述，它是可以接受的。但是它并没有提示实现安全系统的方法和方式。如果这样一个系统被认为的确实现了，那么该描述却可以作为准则来设计测试。这些测试可以说明该系统在多大程度上确实是安全的。安全系统通常使用一些授权形式和加密机制来监视对系统功能的访问。）
634. **安全（性） （Security）：**当我们说 系统（system）展示出安全性时，我们是指它是 安全的（secure）。（安全性是一个 可信性（dependability）需求（requirement）。 通常安全性被认为是 机器（machine）性质。这样安全性（将会）被表达在 机器需求 文档（document）之中。）
635. **选择器（Selector）：**通过选择器（选择器函数），我们理解一个函数，它可以被应用到具有某个被定义的、组合 类型（type）的 值（value）上，并且产生该值的一个适当分量。函数本身通过 类型定义（type definition）来定义。
636. **语义（Semantics）：**语义是语言中意义的研究和知识[包括规约] [163]。（我们区别语言的 语用（pragmatics）、语义、 句法（syntax）。关于程序设计语言语义的主要教材是 [181, 249, 440, 451, 497, 521]。）
637. **语义函数（Semantic Function）：**语义函数是一个函数，当它被应用到 句法的（syntactic） 值（value）上时，产生它们的 语义 值。
638. **语义类型（Semantic Type）：**通过语义类型我们指定义了 语义 值的 类型。

639. **符号学（Semiotics）**：我们所使用的符号学是指对语言的 语用（pragmatics）、语义（semantics）和 句法的研究和知识。
640. **敏感器（Sensor）**：敏感器可以看作一个 技术（technology）（一个电子、机械或者电子机械设备），它检测，即测量物理 值（value）。（敏感器相对于 执行器（actuator）而言。）
641. **句子（Sentence）**：(i) 词、子句、或短语、或一组子句或一组短语构成的句法单位。它表达一个断言、疑问、命令、希望、感叹或一个动作的执行；在书写中通常以大写字母开始，以适当的标点符号结束；在口语中通过重音、音调和停顿的特征模式来予以区别；(ii) 使用词或符号的数学或逻辑语句（如等式或命题）[479]。
642. **顺序的（Sequential）**：排成一列的，遵循线性次序，一个接着一个。
643. **顺序进程（Sequential Process）**：进程是顺序的，如果它所有可观测的动作可以是或者就是有序的。
644. **服务器（Server）**：通过服务器我们指一个 进程（process）或一个 行为（behaviour）。为了代表 客户（client）执行一些 动作（action），它与另外一个进程或行为（即 客户）交互（interact）。
645. **集合（Set）**：我们将集合理解为一个数学实体，不是数学上定义的某事物，而是一个想当然的概念。（因此我们将集合等同于一个由不同实体构成的聚集。一个集合的隶属关系也类似地是想当然的一个数学概念，即未定义。）
646. **集合理论的（Set Theoretic）**：我们说某事物是集合理论上理解的或者解释的，如果对其的理解和解释是基于 集合（set）的。
647. **共享数据（Shared Data）**：见 共享现象（shared phenomenon）。
648. **共享数据的初始化（Shared Data Initialisation）**：通过共享数据的初始化，我们理解一个 操作（operation）。它（在开始时）创建一个 数据结构（data structure），该 数据结构反映了 机器（machine）中的一些 共享现象（shared phenomenon），也即对这些 共享现象建模。（参见 共享数据的刷新（shared data refreshment）。）
649. **共享数据的初始化需求（Shared Data Initialisation Requirements）**：对 共享数据的初始化 需求。（参见 计算的数据+控制需求（computational data+control requirements）、共享数据的刷新需求（shared data refreshment requirements）、人机对话需求（man-machine dialogue requirements）、人机生理需求（man-machine physiological requirements）和 机机对话需求（machine-machine dialogue requirements）。）
650. **共享数据的刷新（Shared Data Refreshment）**：通过共享数据刷新，我们理解一个 机器（machine） 操作（operation），它在规定的时间间隔内或者在对规定事件的响应中更新一个（原先被初始化的） 共享数据结构（shared data structure）。（参见 共享数据的初始化（shared data initialisation）。）
651. **共享数据的刷新需求（Shared Data Refreshment Requirements）**：对 共享数据的更新的 需求。（参见 计算数据与控制需求（computational data+control requirements）、共享数据的初始化的需求（shared data initialisation requirements）、人机对话需求（man-machine dialogue requirements）、人机生理需求（man-machine physiological requirements）和 机机对话需求（machine-machine dialogue requirements）。）
652. **共享信息（Shared Information）**：见 共享现象（shared phenomenon）。

653. **共享现象（Shared Phenomenon）**：共享现象是一种现象，它出现在某个 领域（domain）中（如以事实、 知识（knowledge）或 信息（information）的形式），并且它也被表示在 机器（machine）中（如以 数据（data）的形式）。（参见 共享数据（shared data） 和 共享信息（shared information）。）

654. **副作用（Side Effect）**：指代对系统状态修改的语言结构被称作产生副作用的结构。（典型的副作用结构是赋值、输入和输出。"没有副作用的" 的 程序设计语言（programming language） 被称作 纯函数式程序设计语言（pure functional programming language）。）

655. **符号（Sign）**：和 符号（symbol）相同。

656. **基调（Signature）**：参见 函数基调（function signature）。

657. **仿真（Simulation）**：用一个系统或进程的机能对另一个的机能的模仿。（通过创建某系统的一个近似的（数学）模型来预计该系统行为的方方面面。这可以通过物理建模来实现，通过一个专门的计算机程序来实现，或者通过使用一个更一般的仿真软件包来实现，其最终目的可能还是一个特定类型的仿真 [224]。）

658. **软实时（Soft Real Time）**：通过软实时我们指一个 实时（real time）性质，其中精确的（也即绝对的）定时或者时间间隔只是粗略、近似意义上的。（参照 硬实时（hard real time）。）

659. **软件（Software）**：通过软件，我们不仅理解递交给计算机使得预期计算发生的代码，也理解其开发过程中所有的文档（即它的 领域描述（domain description）、 需求规约（requirements specification）、完整的 软件设计（software design） （ 精化（refinement） 和 转换（transformation）所有的阶段和步骤）、 安装手册（installation manual）、 培训手册（training manual）、 用户手册（user manual））。

660. **软件构件（Software Component）**：等同于 构件（component）。

661. **软件体系结构（Software architecture）**：通过软件体系结构，我们指在需求之后首先进行的一类软件规约。它指出软件**如何**使用 软件构件 及其互连来处理给定的需求——尽管还没有细化（即设计）这些软件构件。

662. **软件设计（Software Design）**：通过软件设计，我们理解对于用什么样的 构件（component）、什么样的 模块（module）以及什么样的 算法（algorithm）来实现 需求（requirements）的决定—— 以及通常构成具有良好文档编制的 软件（software）的所有 文档（document）。（软件设计需要 程序设计（programming），但是程序设计之所以是比软件设计"更为狭窄"的领域，在于程序设计通常没有考虑许多文档编制的相关方面。）

663. **软件设计规约（Software Design Specification）**： 软件设计的 规约。

664. **软件开发（Software Development）**：对我们来说，软件开发包括 软件开发的全部的三个阶段： 领域开发（domain development）、 需求开发（requirements development）和 软件设计（software design）。

665. **软件开发项目（Software Development Project）**： 软件 开发 项目 是一个规划、研究和开发 项目，其目标是构造 软件。

666. **软件工程师（Software Engineer）**：软件工程师是执行 软件工程的一个或多个职能的 工程师。（这些职能包括 领域工程（domain engineering）、 需求工程（requirements engineering）和 软件设计（software design） （包括 程序设计（programming））。）

667. **软件工程（Software Engineering）：** 领域工程（domain engineering）、需求工程（requirements engineering）和 软件设计（software design）的科学、逻辑、规范、技巧和艺术的汇集。

668. **分类（Sort）：** 分类是目前未进一步规约实体的聚集和结构。（也就是说，等同于 代数类型（algebraic type）。当我们说“目前未进一步规约”时，我们是指分类（的值）可以遵循约束公理。当我们说“结构”时，我们是指“该集合”不必是数学简单意义上的 集合（set），而是一个聚集，它的成员满足特定的相互关系，比如某个偏序集合（partially ordered set）、某个邻域集合（neighbourhood set）或其他。）

669. **分类定义（Sort Definition）：** 分类的 定义。（通常一个分类定义包括类型名（的引入），一些（典型地 观测器函数（observer function）和 生成器函数（generator function））基调（signature），和一些将分类 值（value）和 函数（function）关联起来的 公理（axiom）。）

670. **源程序（Source Program）：** 通过源程序我们指使用某 程序设计语言（programming language）的 程序（文本）。（**源**这一术语被用于对比**目标**：为某目标 机器（machine）编译源文本的结果。）

671. **区间（Span）：** 这里使用区间来对比 范围（scope），特别是在计划 范围 和 区间所涵盖的程度的上下文中：范围更“大”、更“宽泛”地描述了计划“是什么”，而 区间更“狭窄”、更精确一些。

672. **规约（Specification）：** 我们使用术语“规约”来涵盖 领域描述（domain description）、需求规定（requirements prescription）和 软件设计（software design）的概念。特别地，规约通常是由许多 定义（definition）构成的一个定义。

673. **规约语言（Specification Language）：** 我们通过规约语言理解能够表达 形式（formal）规约的 形式 语言。（参见这些形式规约语言：`ASM` [436]、`B & eventB` [3, 4, 141]、`CASL` [45, 393, 397]、`CafeOBJ` [189, 191]、`RSL` [233, 234]、`VDM-SL` [119, 223] 和 `Z` [278, 473, 474, 533]。）

674. **栈（Stack）：** 栈是具有栈数据结构和如下操作的 抽象数据类型（abstract data type）：进栈（到栈顶上），退栈（从栈顶删除）。公理确定了特定的栈属性。（参见例 8.5。）

675. **栈活动（Stack Activation）：** 一般来说：栈顶元素。特别的：当栈用来记录块状结构程序设计语言的块或过程体（它们也是块）的块局部状态时，那么每个栈元素（即栈活动）记录了这样的一个局部状态并且—— 所谓的静态和动态—— 指针把这样的活动链接起来，分别相应于程序的词法作用域和块调用。（参见卷 2，第 16 章，第 16.6.1 节，对栈活动全面的讨论。）

676. **阶段（Stage）：** (i) 通过开发阶段，我们理解一组开发行为，它或者从零开始产生一个完整的时期文档，或者从一个阶段种类的完整的时期文档开始，产生另一个阶段种类的完整的时期文档。(ii) 通过开发阶段，我们理解一组开发行为，这里一些（一个或者多个）行为创建了新的、外部可想象到的（即可被观测到的）正在被描述的属性，同时一些（零个，一个或多个）其他的行为精化了以前的属性。（典型的开发阶段是：领域（domain）内在（intrinsics）、领域 支持技术（support technologies）、领域 管理和组织（management and organisation）、领域 规则和规定（rules and regulations）等等，以及 领域需求（requirements）、接口（interface）需求和 机器（machine）需求等。）

677. **参与者（Stakeholder）**：通过 领域（domain）（ 需求（requirements）、 软件设计（software design））[6] 参与者，我们理解一个人，或对领域（需求、软件设计）具有共同兴趣和依赖而通过某种方式“联合”起来的一组人；或者一个机构、企业，或（也是）由对领域（需求、软件设计）具有共同兴趣和依赖所刻画（亦是粗略地）的一组机构或企业。（这三个参与者组通常是重叠的。）

678. **参与者观点（Stakeholder Perspective）**：通过 参与者 观点，我们理解由特定标识的参与者群体对共享 论域（universe of discourse）的理解—— 同一个论域的不同的参与者群体，其观点可以不同。

679. **状态（State）**：通过状态，我们在计算机 程序（program） 的上下文中理解过去的计算（computation）的汇总，并且在 领域（domain）的上下文中，理解一个从 动态（dynamic） 实体（entity）中适当选取的集合。

680. **状态图（Statechart）**：状态图语言是用于表达进程间的通信以及进程协调和同步的特殊图形记法。（参见 [262, 263, 265, 266, 268]。）

681. **语句（Statement）**：我们采取非常狭窄的观点，认为语句是 表示（denote） 状态（state）到状态函数的 程序设计（programming）语言（language）结构。（纯表达式是表示状态到值函数的程序设计语言结构（也即没有 副作用（side effect）），而“不纯的”表达式，也称作子句，表示状态到状态和值的函数。）

682. **静态（Static）**： 实体（entity）是静态的，如果它不会受到改变其 值（value）的 动作（action）的影响。（对比 动态（dynamic）。）

683. **静态语义（Static Semantics）**：静态语义的概念应用于 句法的（syntactic） 实体（entity）， 典型情况下是 程序设计（programming）语言（language）的 程序（program）或者 规约（specification）语言的 规约。静态语义是一个 谓词（predicate），它应用于 程序（ 规约），并且如果 程序 （ 规约）根据静态语义标准是语法良构的则产生真。典型地，静态语义标准是 程序 （ 规约）文本中散布的各个部分满足特定的关系。

684. **静态给定类型（Static Typing）**： 编译时（compile time） 类型检查（type checking）的执行。（ 程序设计（programming）语言（language）（或者 规约（specification）语言（language））被称为静态给定类型的，如果其程序（program） （ 规约（specification）） 能够被静态地 类型检查（type checked）。）

685. **步骤（Step）**：通过开发步骤，我们理解领域描述（或需求规定、或软件设计规约）模块从较抽象到较具体的描述（或规定、或规约）的精化。

686. **逐步开发（Stepwise Development）**：通过逐步开发，我们理解一个 开发，它经过开发的 时期（phase）、 阶段（stage） 或 步骤（step），也即可以由下面的对来刻画：两个邻接的 时期 步骤（step），最后一个 时期步骤和下一个时期（的第一个）步骤，或者 阶段中两个邻接的 步骤（step）。

687. **逐步精化（Stepwise Refinement）**：通过逐步 精化，我们理解一对邻接的 开发（development） 步骤（step），这里从一个 步骤到下一个 步骤的变迁通过 精化来刻画。（精化始终是逐步精化的。）

[6] 所虑及的这三个领域构成三个 论域（universes of discourse）。

688. **存储（Store）：**等同于 存储器（storage）；见下一条目。
689. **存储器（Storage）：**通过存储器，我们理解一个从 位置（location）到 值（value）的函数。（因此我们强调的是存储器的数学性质而非任何技术性质（比如磁盘存储等）。）
690. **严格函数（Strict Function）：**严格函数是指一个函数，如果任一函数参数未定义（即 **chaos**），则它产生 **chaos**（即该函数未定义）。（在 RSL 中，逻辑连接词是非严格的。其他所有的函数，内建或定义的，都是严格的。）
691. **最强后置条件（Strongest post-condition）：**见 最弱前置条件（weakest pre-condition）。
692. **结构（Structure）：**非常粗略地理解术语“结构”。通常来说，我们将结构理解为一个数学结构，如 代数（algebra）、 谓词（predicate）逻辑（logic）、 Lambda 演算（Lambda-calculus）、某个定义的抽象（ 模式（scheme）或类（ class））。（集合论是一个（数学）结构。RSL 的笛卡尔积、列表和映射数据类型亦是如此。）
693. **结构操作语义（Structural operational semantics）：**通过结构操作语义，我们理解使用许多 变迁（transition）规则（rule）所表达的 操作语义。（参见 [425]。）
694. **子实体（Subentity）：**子实体是非 原子（atomic） 实体（entity）的适当部分。（不要混淆实体的子实体和该实体（或该子实体）的 属性（attribute）。）
695. **代入（Substitution）：**通过代入我们指用通常是文本的结构对标记（如标识符）的替换。（最一般的代入形式是（ Lambda-演算中的） Beta-归约。代入是重写“更简单”的形式。）
696. **子例程（Subroutine）：**等同于 例程（routine）。
697. **子类型（Subtype）：**谈到子类型，我们必须首先应当谈到 类型（type），也即通俗的来说，一个 值（value）的（适当结构化的）集合。因而类型的子类型就是该类型的值的一个（适当结构化的）真子集。（通常在 RSL 中，我们想到一个谓词 p，它应用于类型 T 的所有成员，选出其元素符合该谓词的真子集：$\{a \mid a : T \cdot p(a)\}$。）
698. **支持技术（Support technology）：**通过支持技术，我们理解 领域的一个 刻面（facet），它反映了为了执行其 业务过程（business process）而对机械、电子机械、电子以及其他技术（即工具）的（当前的）依赖。（企业其他的刻面是它的 内在（intrinsics）、 企业过程（business process）、 管理和组织（management and organisation）、 规则和规定（rules and regulations）、 人的行为（human behaviour）。）
699. **满射（Surjection）：** 满射的（surjective）函数表示满射。（见 双射（bijection）和 单射（injection）。）
700. **满射函数（Surjective Function）：** 函数映射其假定的 定义集（definition set）到其假定的 值域集（range set）的全部值，则该函数称为满射的。（见 双射函数（bijective function）和 单射函数（injective function）。）
701. **符号（Symbol）：**代表或暗示其他事物的事物，也即书写中所使用的任意或惯用的记号。
702. **同步（Synchronisation）：**通过同步，我们理解确保两个或多个 进程（processe）中指定 事件（event）的出现之间 同步性（synchronism）的行为。（通常在两个或多个进程中指定事件出现的同步需要 信息（information）（即 数据（data））交换，即 通信（communication）。）
703. **同步性（Synchronism）：** 事件（event）按时间顺序排列。
704. **同步的（Synchronous）：**在正好完全相同的 时间（time）发生、存在或出现表明了 同步性（synchronism）。

705. **纲要（Synopsis）：** 通过纲要，我们理解某个计划的 信息文档（informative documentation）和 粗略描述（rough-sketch）的 描述（description）。

706. **句法（Syntax）：** 通过句法我们指 (i) 在句子中和句子之间用以表达意义（比较 语义（semantics））的词的排列方式，(ii) 构成 句法正确的（syntactically correct）句子的规则。（参见 正则句法（regular syntax）、上下文无关句法（context-free syntax）、上下文敏感句法(context-sensitive syntax)、BNF（巴科斯诺尔范式）等特定的句法。）

707. **合成（Synthesis）：** 人工制品（artefact）的构造。

708. **合成物（Synthetic）：** 合成（synthesis）的结果：不是 分析的（analytic）。

709. **系统（System）：** 构成一个整体的现象或概念所组成的一个有规则地进行交互或相互依赖的群组，也就是说，构成网络的一组设备、人工制品或组织，特别是为了生产某物或服务于一个共同的目的。（本书具有其自己的对系统概念的描述（不过与上面的描述是相称的）；比较卷 2 第 9.5 节对系统的讨论。）

710. **系统开发（Systematic Development）：** 软件系统的开发是“轻量级的”形式开发！（我们通常提及一系列的开发模式：系统 开发、严格开发（rigorous development）和 形式开发（formal development）。系统软件开发对我们来说是这三种开发模式中最“非形式”的：形式规约（formal specification）被构造了，但是可能不是为开发的所有时期；通常它没有表达证明的义务，就更不用讲证明了。因此本系列的软件工程教材三卷主要阐述了系统方法。）

711. **系统工程（Systems Engineering）：** 通过系统工程，这里我们理解计算系统工程：为 需求（requirement）开发 硬件（hardware）和 软件（software）解决方案的汇集。

$\mathcal{T}$

712. **表（Table）：** 通过表，我们理解 信息结构（information structure），它可以被看作行的有序 列表（list），每行由条目组成的一个有序 列表构成，每个条目由一些 信息（information）构成。（当被看作 数据结构（data structure）时，表格通常被看作矩阵或者 关系（relation）。）

713. **可触知性（Tangibility）：** 可触知的（tangible）名词形式。

714. **可触知的（Tangible）：** 物理上显然的。也就是说，可以被人所感知的：听到，看见，闻到，尝到，或者接触到，或者用物理工具物理地测量到：长度（米，m），质量（千克，kg），时间（秒，s），电流（安培，A），热力学温度（开，K），物质量（摩尔，mol），发光强度（坎，cd）。

715. **目标程序（Target Program）：** 目标程序的概念源自下面的事实：一般 程序设计语言（programming language）的 程序（program）需要在其所表示的计算（也即解释）发生之前翻译成为某种中间语言或者最终机器（即计算机硬件）语言。通过目标程序，我们理解这样的中间或者最终程序。（除了由计算机硬件指令和计算机（位、字节、半字、字、双字和可变字段）数据格式的字汇构成的最终目标语言以外，还设计有专门的中间语言：`P-code` [196]（`Pascal` 程序翻译至其）[11,286,299,312,522–524]、`A-code` [195]（`Ada` 程序翻译至其）[127,516] 等等。）

716. **分类（Taxonomy）：** 见第 B.1.5 节。

717. **技术（Technique）：** 完成某事的过程、方法。

718. **技术（Technology）：**在这几卷中，我们将使用技术这一术语来代表运用科学和工程洞察力的结果。我们认为这与术语 IT（信息技术）目前的使用更为一致。

719. **时态的（Temporal）：**时间的或与时间相关的，包括时间的序列，或与时间间隔（即持续时间）相关的。

720. **时态逻辑（Temporal Logic）：** 时态现象（temporal phenomenon）上的一个（或任一）逻辑。（参见第 2 卷第 15 章，关于一些时态逻辑的综述性讨论。）

721. **项（Term）：**来自 [349]：在某个特别的主题中，如科学和艺术，在确定或精确意义上所使用的一个词或词组；技术表达式。更宽泛地：任何词或任何词的群组，它们表达一个观念或概念，或者表示一个想法的对象。（因此，在 RSL 中，项是一个 子句（clause）、一个 表达式（expression）、一个 语句（statement）， 它具有一个 值（value）（语句具有 **Unit** 值）。）

722. **终结符（Terminal）：**通过终结符，我们指终结的 符号（symbol），它（相对于 非终结的（nonterminal）符号）指代特定的某物。

723. **终止（Termination）：**终止的概念与一个 算法（algorithm）关联。我们说一个算法当被解释（interpret）（通俗地讲："执行"）的时候， 它可以终止或不终止。也就是说，可以停止，或可以"永远进行下去，循环下去"。（一个算法是否终止是 不可判定的（undecidable）。）

724. **术语（学）（Terminology）：**通过术语（学）我们指（ [349]）：术语的学说或科学研究；属于科学或者某个主题的术语系统；技术术语总和；专门用语。

725. **项重写（Term Rewriting）：**等同于 重写。

726. **测试（Test）：**测试是进行 测试（testing）的一种方式。（典型情况下，该测试是提供给程序（或规约），作为其 自由变量（free variable）的值的一组数据值。然后 测试（testing）（分别）对程序求值（和[符号化]地对规约解释）， 以获取结果（值），然后将其与（被认为）正确的结果进行比较。参见第 3 卷第 14.3.2、22.3.2 和 29.5.3 节，关于测试（test）概念的讨论。）

727. **测试（testing）：**测试是指系统地去驳斥一个断言：一个（比如具体的）规约（比如程序）对于另外一个（抽象的）规约来说是正确的。（见第 3 卷，第 14.3.2，22.3.2 和 29.5.3节，对于测试（testing）概念的讨论。）

728. **定理（Theorem）：**定理是无需假设 可被证明（provable）的 句子（sentence），它"完全"来自于 公理（axiom） 和 推理规则（inference rule）。

729. **定理证明器（Theorem Prover）：** 定理证明的机械（即计算机化）方法。（著名的定理证明器有： PVS [408,409] 和 HOL/Isabelle [404]。）

730. **定理证明（Theorem Proving）：** 证明 定理的行为。

731. **理论（Theory）：**形式理论是一个 形式语言（formal language），和该语言中 句子（sentence）的 公理（axiom）和 推理规则（inference rule）的集合，以及使用公理和推理规则证明的该语言句子的 定理（theorem）集合。数学理论略去了严格的形式（即 证明系统（proof system）要求，并依赖于数学证明，这些证明经受了数学家们仔细检查的社会性检验。

732. **类属词典（Thesaurus）：**参见第 B.1.7 节。

733. **三值逻辑（Three-valued Logic）**：标准逻辑是两值的：**true** 和 **false**。三值逻辑是一个这样的逻辑：布尔联结词接受第三个值，通常称作未定义（undefined）或混沌的（chaotic）（对操作数 表达式（expression） 求值（evaluation）的不 终止（termination））。（可以有，也确实有许多三值逻辑。RSL 具有对带有 **chaos** 操作数的布尔基项求值的结果的一组定义。部分函数的逻辑 LPF 作为 VDM [28, 148] 的逻辑提了出来。John McCarthy [366] 首先提出了在计算中三值逻辑的议题。）

734. **时间（Time）**：通常时间是一个理所当然的概念。但是可以很好地或者更好一些地，试图把时间理解为满足特定公理的一些点的集合。（通过[其他]物理上显然的"事物"）时间和空间也经常是相关的。此外，需要令它们的相互关系精确。（在比较并发语义中，通常区分线性时间和分支时间语义等价 [504]。请参考第 2 卷第 5 章我们对时间和空间的讨论，参考 Johan van Benthem 的书 The Logic of Time [503]，以及 Wayne D. Blizard 的论文 A Formal Theory of Objects, Space and Time [133]。）

735. **标记（Token）**：作为标识给定或显示的某物。（当我们在 RSL 中定义不带有"约束"公理的 分类（sort） 时，我们基本上是定义标记的一个集合；比较第 10.5 节。）

736. **工具（Tool）**：执行一项操作中所使用的工具或设备。（软件工程中与我们最相关的是 规约（specification） 和 程序设计语言（programming language），以及辅助我们开发（其他）软件的 软件（software）包。）

737. **拓扑（学）（Topology）**：(i) 关于在 同态（homeomorphism）弹性形变（如拉伸形变和扭转形变）下不会改变的几何构型（如点集）性质的数学分支：(ii) **拓扑空间**（topological space）（即在同态下不会改变或者所涉及性质不会改变[连续和连接是拓扑性质]）的所有开子集构成的集合 [479]。

738. **全代数（Total Algebra）**：全 代数是其全部函数在其载体上均为全函数的代数。

739. **迹（Trace）**：迹的概念与 行为（behaviour）的概念关联。迹被定义为 动作（action） 和 事件（event）的序列。

740. **培训手册（Training Manual）**：有关如何使用 计算系统（computing system）的（可能自学的）课程中作为基础的 文档（document）。（参见 安装手册（installation manual） 和 用户手册（user manual）。）

741. **事务（元）（Transaction）**：一般来说：涉及到两个相互影响的 主体（agent）的通信动作或行为。（特定来说：计算中术语事务的使用，特别地与数据库管理系统的使用相关（DBMS 或者类似的多用户系统）： 事务元是与 DBMS（等）的交互单元。进一步来讲，要想成为一个事务，DBMS（等）必须使用独立于其他事务的一致和可靠的方式来处理该事务。）

742. **转换（Transduce）**：（将物理信号或消息）转化成另一种形式。

743. **转换器（Transducer）**：由一个系统的能量驱动并且通常将该能量以另一种形式提供给第二个系统的设备。（有限状态机（Finite state machines） 和 下推栈机（pushdown stack machines） 被认为是转换器。）

744. **变换（Transformation）**：依照一条明确的规则改变一个格局或表达式到另一个的操作。（我们把 代入（substitution）、 翻译（translation）和 重写（rewriting）的结果看作对 代入、 翻译和 重写所应用的事物进行的变换。）

745. **变迁（Transition）**：从一个状态、阶段、主题或地点到另一个的转变；从一个形式、阶段或者风格到另一个的运动、发展或者演变 [479]。

746. **变迁规则（Transition Rule）**：具有如下形式的一条 规则：它可以规定，明确定义了的一类 机器（machine） 状态（state）中的任意一个如何 变迁（transition）到另一个状态，可能是 非确定性（nondeterminism）地变迁到许多明确定义了的其他状态中的任意一个。（1981 年由 Gordon D. Plotkin 给出的原创性报告 *A Structural Approach to Operational Semantics* [424]，奠定了系统描述变迁规则的事实标准（探究了它们的理论性质和使用）。）

747. **翻译（Translate）**：参见 翻译（translation）。

748. **翻译（Translation）**：翻译（即将一种语言翻译成为另外一种）的行为、过程或实例。

749. **翻译器（Translator）**：等同于 编译器（compiler）。

750. **树（Tree）**： 非循环（acyclic） 无向图（undirected graph）。树 (i) 有根（root），它是一个 节点（node），(ii) （ 分支（branch） 或 边（edge））可能 标号（label）的零个、一个或多个子树。没有更深一层子树的树或子树，它们的根等同于叶。节点可以有标号。（该特性描述包括了没有标号的树、只是节点有标号的树、只是分支有标号的树、节点和分支都有标号的树或者只是一些节点和一些分支有标号的树。对该描述的解释通常只允许有限树，但是可以去除上述 (i–ii) 条款中“有限适用的情况”以允许无限树。分支概念，类似于 边（edge）概念，但是等同于有限边，即 箭头（arrow）。关于特定的树参见 分析树（parse tree）。参见在 树的遍历（tree traversal）之后下面的树的“重定义”，包括图 B.4。）

751. **树的遍历（Tree traversal）**：访问 树（所有的） 节点（node） 的方式。重新定义上面给出的 树的概念：现在树是一个根节点和有零个、一个或者多个子树的一个有序集合（即类似于一个列表）；每个子树是树。根有标号。因此子树都有标号。子树集合为空的树称为叶。它们的根是叶。树的遍历现在就是根据由子树的顺序所表示的某种顺序，对（所有的）节点的访问方式：树的根、分支节点和叶。（参见图 B.4 中的树。 中序（in-order）、 后序（post-order） 和 前序（pre-order）的条目中将会引用它。）

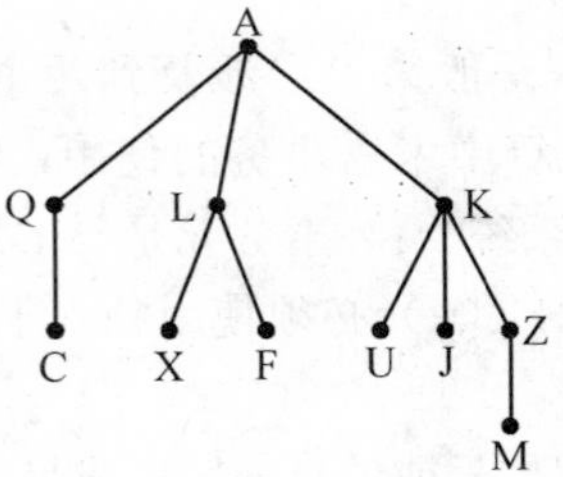

图 B.4　有标号的有序树

752. **三部曲（Triptych[7]）**：古罗马三张由铰链联结的蜡页书写板；并排的三张图画（作为祭坛后面的绘画饰品）或雕刻品 [479]。（ 软件开发（software development） 时期（phase）的

[7] 译者注：此处给出的是 triptych 的本义，为了符合中文习惯，我们将其译作 triptych 的另一个意项“三部曲”，参见 [479]。

三部曲， 领域工程（domain engineering）、 需求工程（requirements engineering） 和 软件设计（software design），正是这几卷所倡导的三部曲！）

753. 元组（**Tuple**）**:** 值的分组。（如两元组（2-tuplets）、五元组（quintuplets）等等。至少在早期的关系数据库领域中它们被大量地使用—— 这里元组就像是关系（即表）中的一行。）

754. 图灵机（**Turing Machine**）**:** 1935~1936 年由 Alan Turing 定义且用于可计算性理论证明的假想机器。它可以理解为由一个 有限状态机（finite state machine）和一条无限长的“磁带”构成，“磁带”上每隔一定的间隔都写有（从某个有限集合中选出的）符号。一个指针标记当前位置，并且机器处于某个状态。在每一步，机器读取磁带当前位置上的符号。对于每个当前状态和读取符号的组合，有限状态机规定了新的状态，并且或者规定了写到磁带上的符号，或者规定了移动指针的方向（左或右），或者停机 [224]。（在计算能力上来讲，图灵机等价于 Lambda-演算。）

755. 类型（**Type**）**:** 通常是由 值（value）构成的某种集合。（参见 代数类型（algebraic type）、 面向模型的类型（model-oriented type）、 程序设计语言类型（programming language type）和 分类（sort）。）

756. 类型检查（**Type Check**）**:** 类型检查的概念来自于 函数基调（function signature）和函数参数（argument）的概念。如果参数具有不合适的类型，类型检查将会产生 错误（error）结果。（通过 程序设计语言（programming language）或 规约语言（specification language） 变量（variable） 声明（declaration）的适当的 静态给定类型（static typing），可以进行静态类型检查（即在 编译时（compile time））。）

757. 类型构造器（**Type Constructor**）**:** 类型构造器是应用于 类型（type）并且产生一个 类型的操作。（RSL 的类型构造器包括幂集构造器：**-set** 和 **-infset**，笛卡尔积构造器：×，列表构造器：* 和 $^\omega$，映射构造器：$\overrightarrow{m}$，全函数和部分函数空间构造器：→ 和 $\xrightarrow{\sim}$，并类型构造器：| 等等。）

758. 类型定义（**Type Definition**）**:** 类型定义在语义上把 类型名（type name） 与 类型（type）关联起来。句法上，举例来说就像在 RSL 中，类型定义是 分类（sort）定义或者是一个右侧为 类型表达式（type expression）的 定义（definition）。

759. 类型表达式（**Type Expression**）**:** 类型表达式语义上表示一个 类型。句法上，举例来说就像在 RSL 中，类型表达式是涉及 类型名（type name） 和 类型构造器（type constructor）以及较少出现的 终结符（terminal）的表达式。

760. 类型名（**Type Name**）**:** 类型名通常就是一个简单 标识符（identifier）。

761. 给定类型（**Typing**）**:** 通过给定类型我们指 类型（type）与 变量（variable）的关联。（通常在变量 声明（declaration）中通过将 变量（variable） 标识符（identifier）和 类型名（type name）配对来提供这样的关联。参见 动态给定类型（dynamic typing）和 静态给定类型（static typing）。）

$\mathcal{U}$

762. **UML:** 统一建模语言（Universal Modelling Language）。表达计算系统需求和设计的记法的大杂烩。（第 2 卷第 10 章和 第 12~14 章概述了我们“UML”化形式技术的尝试。）

763. **泛代数（Universal algebra）：**泛代数是一个 抽象代数（abstract algebra），其中我们没有指明公设（公理、定律）。（抽象的泛化程度，泛代数的观点，为我们展示了 [348] 代数系统（algebraic systems）对抽象处理的高水准。）

764. **不充分规约（Underspecify）：**我们用不充分规约的表达式，典型地是一个标识符，指在规约文本中其反复的出现总是生成同样的值，但是该特定值是什么则是不可知的。（比较 非确定性的（nondeterministic）或者 宽松规约（loose specification）。）

765. **不可判定的（Undecidable）：**一个形式逻辑系统是不可判定的，如果不存在规定如下 计算（computation）的 算法（algorithm）：确定系统中任一给定的句子是否是一个定理。

766. **论域（Universe of Discourse）：**正在被谈论的事物；正在被讨论的事物；成为我们关注主题的事物。（本书和这几卷中最普遍的论域是：软件开发方法（software development methodology）、领域（domain）、需求（requirement）和 软件设计（software design）。）

767. **更新（Update）：**通过更新，我们理解一个变量值的改变，也包括一个 数据库（database）部分或者全部值的改变。

768. **更新问题（Update Problem）：**通过更新问题，我们理解存储在 数据库（database）中的数据通常反映了一个领域的某个状态，但是该领域外部状态的变化不能够总是适当地，包括适时地，反映在数据库中。

769. **用户（User）：**通过用户我们理解一个人，他使用一个 计算系统（computing system），或者使用作为 界面（interface）与前者相连的 机器（machine）（即另一个计算系统）。（不要与 客户（client）或者 参与者（stakeholder）混淆。）

770. **用户界面友好的（User-friendly）：**一个“高级的”的术语，通常用在下面的上下文中：：“计算系统、机器、软件包必须是界面友好的。”——提出该要求的人却没有进一步给出该术语的意义。我们对术语用户界面友好定义如下：机器（machine）（软件+ 硬件）被称作用户友好的 (i) 如果应用 领域（domain）（和 机器（machine））的每个 共享现象（shared phenomeon）的实现都使用了透明的、一对一的方式，其中没有 IT 术语，普通的应用 领域术语（domain terminology）被用于它们的 (i.1) 访问，(i.2) 调用（invocation）（通过人类 用户），(i.3) 显示（通过机器）；也即 (ii) 如果 界面需求（interface requirement）已经被仔细地表达出来（在更加细微的. . . 方面与用户的心灵一致）且被正确地实现；(iii) 如果该机器在其他方面满足了许多 性能（performance）和 可信性（dependability） 需求（requirement），这些需求在更加细微的. . . 方面与用户的心灵一致。

771. **用户手册（User Manual）：**一个 计算系统（computing system）的普通用户当对该系统的一些特性的使用有问题的时候可以参考的 文档（document）。（参见 安装手册（installation manual）和 培训手册（training manual）。）

$\mathcal{V}$

772. **永真的、有效的（Valid）：** 谓词（predicate）被称作永真的或有效的，如果它对于所有的 解释（interpretation）都是真的。（在该上下文中，把解释看作一个从谓词表达式中所有的 自由变量（free variable）到 值（value）的 绑定（binding）；比较 可满足的（satisfiable）。）

773. **确认（Validation）：**（在下文令 论域（universe of discourse） 一致地表示 领域（domain）、 需求（requirements）或者 软件设计（software design）。）通过论域确认，我们理解与论域 参与者（stakeholder）一起对如下的确保：作为论域获取、论域分析、 和 概念形成（concept formation）、 以及论域领域 建模（modelling）的结果所产生的规约，和参与者如何看待论域是一致的。（第 3 卷的第 14 和 22 章讨论了 领域（domain）和 需求确认（requirements validation）。）

774. **赋值（Valuation）：**等同于 求值（evaluation）。

775. **值（Value）：**源自（假定的）平民拉丁语 *valuta*， 源自 valutus 的阴性，拉丁语 valere 的过去分词表示有价值的，强壮的 [479]。（与该定义一致，对于我们来讲，在（软件工程的）程序设计当中，值是由 类型（type） 和 公理系统（axiom system）表示的，任何数学上构建起来的 抽象（abstraction）。（数、真假值、 标记（token）、集合、 笛卡尔积、列表、映射、函数等这些值或其上的值即是如此。））

776. **变量（Variable）：**(i) 源自拉丁语 *variabilis*，从 *variare* 到 vary； (ii) 能够或易于变化； (iii) 服从变化或改变的 [479]。（与该定义一致，对于我们来说，在（软件工程）程序设计的上下文中，变量是一个占位符，比如一个 存储位置（storage location），其内容（content） 可变。另外变量对于我们来说有一个名字，该变量的标识符，通过它可以引用该变量。）

777. **VDM:** VDM 代表维也纳开发方法（Vienna Development Method [119,120]）。（VDM-SL（SL 代表规约语言[Specification Language]）第一个具有国际标准的形式规约语言： VDM-SL，ISO/IEC 13817-1: 1996。 本书的作者于 1974 年设计了 VDM 这个名字，当时他与 Hans Bekič、Cliff B. Jones、Wolfgang Henhapl 和 Peter Lucas 一起工作，关于 PL/I 的 VDM 描述。奥地利的 IBM 维也纳实验室在 20 世纪 60 年代研究和开发了那个时代的程序设计语言 PL/I 的语义描述 [34–36, 353]。 人们认为"JAN"(John A.N.) Lee [341] 为那些用于语义定义的记法（维也纳定义语言，Vienna Definition Language）设计了名字 VDL [342, 352] 。按照字母顺序，M 接在 L 的后面，因此我们有 VDM。）

778. **VDM–SL:** VDM-SL 代表 VDM 规约语言（Specification Language）。（见上文条目 VDM。从 1974 年到 80 年代末期， VDM-SL 被引用为首字母缩略词 Meta-IV：60 年代和 70 年代 IBM 维也纳实验室设计的（用于语言定义的）第四个元语言。）

779. **动词（Verb）：**一个 词（word），特别地它是一个句子的语法核心，且陈述了一个行为、出现或者存在方式；在不同的语言中，出于与主语一致、时态（tense）、语态（voice）、语气（mood）或者体（aspect）等原因而发生词尾变化；典型情况下，它具有非常完全的描述性意义和特征描述的性质，但是有时又几乎完全没有，尤其当它被用作助动词或连系动词时 [479]。（在建模中，我们会经常发现动词被建模为 函数（function） （包括 谓词（predicate））。）

780. **验证（Verification）：**通过验证我们指确定一个规约（一个描述、一个规定）是否实现了一个被声明性质的过程。（该被声明的性质可以 (i) 是规约本身的性质 (ii) 或者是规约所描述的性质，某种方式上就是说，对于另外的某个规约来说是正确的。）

781. **验证（Verify）：**实际上等同于 验证（verification）。

782. **顶点（Vertex）：**等同于 节点（Node）。

𝒲

783. **瀑布图（Waterfall Diagram）：**通过瀑布图，我们理解一个二维图，许多盒形框被放置在，比如说，对角线上，从图的左上角到右下角，这样每个框被充分地分隔开来，也即没有重叠，且箭头（也即“水”）沿着观察到的对角线中缀于相邻框。（这个想法是：发出箭头的前一个盒子表示一个软件开发活动，该活动必须在该中缀箭头入射框所表示的软件开发活动开始之前以某种方式结束。）
784. **最弱前置条件（Weakest Pre-condition）：**如下条件被称为“相应于后置条件的最弱前置条件”：它描述了所有初始状态构成的集合的特征，这样活动必定会产生一个适当结束的事件，使得系统处于一个满足给定后置条件的最终状态。（我们称其为“最弱”，是因为条件越弱，就有更多的状态满足它，并且我们这里致力于描述必定会导致预期的最终状态的所有可能初始状态的性质。）
785. **良构（性）（Well-formedness）：**通过良构我们指与给出 信息（information） 或者 数据结构（data structure）定义的方式相关的概念。通常这些定义通过使用 类型定义（type definition）来给出。但有时这是不可能的，这是因为类型定义的 上下文无关（context-free） 性质。（这里良构被认为是不同于 信息 或者 数据结构上的 不变式（invariant）的。参见 不变式的解释！）
786. **通配符（Wildcard）：**代表一个或者多个字符的特殊符号。（许多操作系统和应用支持用通配符来标识文件和目录。这使得你能够通过一个规约来选取多个文件。典型的通配标志符是 * （星号）和 _ （下划线）。）
787. **词（Word）：**说话声音，或者一系列的说话声音，或者一个字符，或者一系列并排放置的字符，它们用符号表示和传达意思，且没有被分成可以独立使用的更小单元 [479]。

𝒵

788. **Z:** Z 代表 Zermelo （Frankel），集合理论家。（Z 也代表一个面向模型的规约语言 [278, 473, 475, 533]。）

参考文献

1. M. Abadi, L. Cardelli: *A Theory of Objects* (Springer–Verlag, New York, NY, USA August 1996)
2. H. Abelson, G.J. Sussman, J. Sussman: *Structure and Interpretation of Computer Programs* (The MIT Press, Cambridge, Mass., USA 1996)
3. J.-R. Abrial: *The B Book: Assigning Programs to Meanings* (Cambridge University Press, Cambridge, England 1996)
4. J.-R. Abrial, L. Mussat. *Event B Reference Manual (Editor: Thierry Lecomte)*, June 2001. Report of EU IST Project Matisse IST-1999-11435.
5. J.-R. Abrial, S.A. Schuman, B. Meyer: Specification Language. In: *On the Construction of Programs: An Advanced Course*, ed by R.M. McKeag, A.M. Macnaghten (Cambridge University Press, 1980) pp 343–410
6. J.-R. Abrial, I.H. Sørensen: KWIC-index generation. In: *Program Specification: Proceedings of a Workshop*, vol 134 of *Lecture Notes in Computer Science*, ed by J. Staunstrup (Springer-Verlag, 1981) pp 88–95
7. A. Aho, J. Hopcroft, J. Ullman: *The Design of Computer Algorithms* (Addison-Wesley, Reading, Mass. 1974)
8. A.V. Aho, R. Sethi, J.D. Ullman: *Compilers: Principles, Techniques, and Tools* (Addison-Wesley, Reading, Mass., USA 1977, Januar 1986)
9. R. Alur, D.L. Dill: *A Theory of Timed Automata.* Theoretical Computer Science **126**, 2 (1994) pp 183–235
10. Edited by J. Alves-Foss: *Formal Syntax and Semantics of Java* (Springer–Verlag, 1998)
11. D. Andrews, W. Henhapl: Pascal. In: *[120]* (Prentice-Hall, 1982) pp 175–252
12. K. Apt: *Ten Years of Hoare's Logic: A Survey — Part I.* ACM Trans. on Prog. Lang. and Systems **3** (1981) pp 431–483
13. K. Apt: *Ten Years of Hoare's Logic: A Survey — Part II: Nondeterminism.* Theoretical Computer Science **28** (1984) pp 83–110
14. K.R. Apt: *From Logic Programming to Prolog* (Prentice Hall, International Series in Computer Science, 1997)
15. K.R. Apt: *Principles of Constraint Programming* (Cambridge University Press, August 2003)
16. K.R. Apt, E.-R. Olderog: *Verification of Sequential and Concurrent Programs* (Springer-Verlag, Graduate Texts in Computer Science, 1997)
17. K. Arnold, J. Gosling, D. Holmes: *The Java Programming Language* (Addison Wesley, US 1996)

18. R.-J. Back, J. von Wright: *Refinement Calculus: A Systematic Introduction* (Springer-Verlag, Heidelberg, Germany 1998)
19. J.W. Backus: The Syntax and Semantics of the proposed International Algebraic Language of the Zürich ACM-GAMM Conference. In: *ICIP Proceedings, Paris 1959* (Butterworth's, London, 1960) pp 125–132
20. J.W. Backus: *Can Programming be Liberated from the von Neumann Style? A Functional Style and its Algebra of Programs.* Communications of the ACM **21**, 8 (1978) pp 613–641
21. J.W. Backus, P. Naur: *Revised Report on the Algorithmic Language ALGOL 60.* Communications of the ACM **6**, 1 (1963) pp 1–1
22. H.P. Barendregt: The Type Free Lambda Calculus. In: *[29]* (North-Holland Publ.Co., Amsterdam, 1977) pp 1091–1132
23. H.P. Barendregt: *The Lambda Caculus — Its Syntax and Semantics* (North-Holland Publ.Co., Amsterdam, 1981)
24. H.P. Barendregt: *Introduction to Lambda Calculus.* Niew Archief Voor Wiskunde **4** (1984) pp 337–372
25. H.P. Barendregt: Functional Programming and Lambda Calculus. In: *[343] — vol.B.*, ed by J. Leeuwen (North-Holland Publ.Co., Amsterdam, 1990) pp 321–363
26. H.P. Barendregt: *The Lambda Calculus*, no 103 of *Studies in Logic and the Foundations of Mathematics*, revised edn (North-Holland, Amsterdam 1991)
27. W. Barnstone: *Border of a Dream: Selected Poems of Antonio Machado* (Copper Canyon Press, Post Office Box 271, Port Townsend, Washington 98368, USA 2003)
28. H. Barringer, J. Cheng, C.B. Jones: *A logic covering undefinedness in program proofs.* Acta Informatica **21** (1984) pp 251–269
29. Edited by J. Barwise: *Handbook of Mathematical Logic* (North-Holland Publ. Co., Amsterdam, The Netherlands, 1977)
30. F. Bauer, H. Wössner: *Algorithmic Language and Program Development* (Springer-Verlag, 1982)
31. F.L. Bauer, M. Broy, editors. *Program Construction, International Summer School, July 26 - August 6, 1978, Marktoberdorf, Germany*, volume 69 of *Lecture Notes in Computer Science.* Springer, 1979.
32. H. Bekič: Programming Languages and Their Definition. In: *Lecture Notes in Computer Science, Vol. 177*, ed by C.B. Jones (Springer-Verlag, 1984)
33. H. Bekič, D. Bjørner, W. Henhapl, C.B. Jones, P. Lucas: A Formal Definition of a PL/I Subset. Technical Report 25.139, Vienna, Austria (1974)
34. H. Bekič, P. Lucas, K. Walk, M. Others: Formal Definition of PL/I, ULD Version I. Technical Report, IBM Laboratory, Vienna (1966)
35. H. Bekič, P. Lucas, K. Walk, M. Others: Formal Definition of PL/I, ULD Version II. Technical Report, IBM Laboratory, Vienna (1968)
36. H. Bekič, P. Lucas, K. Walk, M. Others. Formal Definition of PL/I, ULD Version III. IBM Laboratory, Vienna, 1969.
37. C. Berge: *Théorie des Graphes et ses Applications* (Dunod, Paris, 1958)
38. C. Berge: *Graphs*, vol 6 of *Mathematical Library*, second revised edition of part 1 of the 1973 english version edn (North-Holland Publ. Co., 1985)
39. J. Bergstra, J. Heering, P. Klint: *Algebraic Specification* (Addison-Wesley, ACM Press, 1989)
40. E. Berlekamp, J. Conway, R. Guy: *Winning Ways for your Mathematical Plays, vol.1* (Academic Press, 1982)

41. E. Berlekamp, J. Conway, R. Guy: *Winning Ways for your Mathematical Plays, vol.2* (Academic Press, 1982)
42. P. Bernays: *Axiomatic Set Theory* (Dover Publications, New York, NY, USA 8 July 1991)
43. G. Berry. *Proof, Language and Interaction: Essays in Honour of Robin Milner*, chapter The Foundations of Esterel. MIT Press, 1998.
44. G. Berry, G. Gonthier: *The Esterel Synchronous Programming Language: Design, Semantics, Implementation.* Science Of Computer Programming **19**, 2 (1992) pp 87–152
45. M. Bidoit, P.D. Mosses: CASL *User Manual* (Springer, 2004)
46. R. Bird, O. de Moor: *Algebra of Programming* (Prentice Hall, September 1996)
47. R.S. Bird, P. Wadler: *Introduction to Functional Programming* (Prentice-Hall, 1988)
48. G. Birkhoff: *Lattice Theory*, 3 edn (American Mathematical Society, Providence, R.I. 1967)
49. G. Birkhoff, S. MacLane: *A Survey of Modern Algebra* (The Macmillan Company, 1956)
50. G. Birtwistle, O.-J.Dahl, B. Myhrhaug, K. Nygaard: *SIMULA* `begin` (Studentlitteratur, Lund, Sweden, 1974)
51. D. Bjørner: Programming Languages: Formal Development of Interpreters and Compilers. In: *International Computing Symposium 77* (North-Holland Publ.Co., Amsterdam, 1977) pp 1–21
52. D. Bjørner: Programming Languages: Linguistics and Semantics. In: *International Computing Symposium 77* (North-Holland Publ.Co., Amsterdam, 1977) pp 511–536
53. D. Bjørner: Programming in the Meta-Language: A Tutorial. In: *The Vienna Development Method: The Meta-Language, [119]*, ed by D. Bjørner, C.B. Jones (Springer–Verlag, 1978) pp 24–217
54. D. Bjørner: Software Abstraction Principles: Tutorial Examples of an Operating System Command Language Specification and a PL/I-like On-Condition Language Definition. In: *The Vienna Development Method: The Meta-Language, [119]*, ed by D. Bjørner, C.B. Jones (Springer–Verlag, 1978) pp 337–374
55. D. Bjørner: The Systematic Development of a Compiling Algorithm. In: *Le Point sur la Compilation*, ed by Amirchahy, Neel (INRIA Publ. Paris, 1979) pp 45–88
56. D. Bjørner: The Vienna Development Method: Software Abstraction and Program Synthesis. In: *Mathematical Studies of Information Processing*, vol 75 of *LNCS* (Springer–Verlag, 1979)
57. Edited by D. Bjørner: *Abstract Software Specifications*, vol 86 of *LNCS* (Springer–Verlag, 1980)
58. D. Bjørner: Application of Formal Models. In: *Data Bases* (INFOTECH Proceedings, 1980)
59. D. Bjørner: Experiments in Block-Structured GOTO-Modelling: Exits vs. Continuations. In: *Abstract Software Specification, [57]*, vol 86 of *LNCS*, ed by D. Bjørner (Springer–Verlag, 1980) pp 216–247
60. D. Bjørner: Formal Description of Programming Concepts: a Software Engineering Viewpoint. In: *MFCS'80, Lecture Notes Vol. 88* (Springer–Verlag, 1980) pp 1–21
61. D. Bjørner: Formalization of Data Base Models. In: *Abstract Software Specification, [57]*, vol 86 of *LNCS*, ed by D. Bjørner (Springer–Verlag, 1980) pp 144–215
62. D. Bjørner: The VDM Principles of Software Specification and Program Design. In: *TC2 Work.Conf. on Formalisation of Programming Concepts, Peniscola, Spain* (Springer–Verlag, LNCS Vol. 107 1981) pp 44–74
63. D. Bjørner: Realization of Database Management Systems. In: *See [120]* (Prentice-Hall, 1982) pp 443–456
64. D. Bjørner: Rigorous Development of Interpreters and Compilers. In: *See [120]* (Prentice-Hall, 1982) pp 271–320

65. D. Bjørner: Stepwise Transformation of Software Architectures. In: *See [120]* (Prentice-Hall, 1982) pp 353–378
66. D. Bjørner: Software Architectures and Programming Systems Design. Vols. I-VI. Techn. Univ. of Denmark (1983-1987)
67. D. Bjørner: Project Graphs and Meta-Programs: Towards a Theory of Software Development. In: *Proc. Capri '86 Conf. on Innovative Software Factories and Ada, Lecture Notes on Computer Science*, ed by N. Habermann, U. Montanari (Springer–Verlag, 1986)
68. D. Bjørner: Software Development Graphs — A Unifying Concept for Software Development? In: *Vol. 241 of Lecture Notes in Computer Science: Foundations of Software Technology and Theoretical Computer Science*, ed by K. Nori (Springer–Verlag, 1986) pp 1–9
69. D. Bjørner: *Software Engineering and Programming: Past-Present-Future.* IPSJ: Inform. Proc. Soc. of Japan **8**, 4 (1986) pp 265–270
70. D. Bjørner: On The Use of Formal Methods in Software Development. In: *Proc. of 9th International Conf. on Software Engineering, Monterey, California* (1987) pp 17–29
71. D. Bjørner: The Stepwise Development of Software Development Graphs: Meta-Programming VDM Developments. In: *See [121]*, vol 252 of *LNCS* (Springer-Verlag, Heidelberg, Germany, 1987) pp 77–96
72. D. Bjørner: *Facets of Software Development: Computer Science & Programming, Engineering & Management.* J. of Comput. Sci. & Techn. **4**, 3 (1989) pp 193–203
73. D. Bjørner: Specification and Transformation: Methodology Aspects of the Vienna Development Method. In: *TAPSOFT'89*, vol 352 of *Lab. Note* (Springer-Verlag, Heidelberg, Germany, 1989) pp 1–35
74. D. Bjørner: Formal Software Development: Requirements for a CASE. In: *European Symposium on Software Development Environment and CASE Technology, Königswinter, FRG, June 17–21* (Springer-Verlag, Heidelberg, Germany, 1991)
75. D. Bjørner: Formal Specification is an Experimental Science (in English). In: *Intl. Conf. on Perspectives of System Informatics* (1991)
76. D. Bjørner: *Formal Specification is an Experimental Science (in Russian).* Programmirovanie **6** (1991) pp 24–43
77. D. Bjørner: Towards a Meaning of 'M' in VDM. In: *Formal Description of Programming Concepts*, ed by E. Neuhold, M. Paul (Springer-Verlag, Heidelberg, Germany, 1991) pp 137–258
78. D. Bjørner: From Research to Practice: Self-reliance of the Developing World through Software Technology: Usage, Education & Training, Development & Research. In: *Information Processing '92, IFIP World Congress '92, Madrid*, ed by J. van Lee7uwen (IFIP Transaction A-12: Algorithms, Software, Architecture, 1992) pp 65–71
79. D. Bjørner: Trustworthy Computing Systems: The ProCoS Experience. In: *14'th ICSE: Intl. Conf. on Software Eng., Melbourne, Australia* (ACM Press, 1992) pp 15–34
80. D. Bjørner. *Formal Models of Robots: Geometry & Kinematics*, chapter 3, pages 37–58. Prentice-Hall International, January 1994. Eds.: W.Roscoe and J.Woodcock, *A Classical Mind*, Festschrift for C.A.R. Hoare.
81. D. Bjørner: Prospects for a Viable Software Industry — Enterprise Models, Design Calculi, and Reusable Modules. In: *First ACM Japan Chapter Conference* (World Scientific Publ, Singapore 1994)

82. D. Bjørner: Software Systems Engineering — From Domain Analysis to Requirements Capture: An Air Traffic Control Example. In: *2nd Asia-Pacific Software Engineering Conference (APSEC '95)* (IEEE Computer Society, 1995)
83. D. Bjørner: From Domain Engineering via Requirements to Software. Formal Specification and Design Calculi. In: *SOFSEM'97*, vol 1338 of *Lecture Notes in Computer Science* (Springer–Verlag, 1997) pp 219–248
84. D. Bjørner: Challenges in Domain Modelling — Algebraic or Otherwise. Research, Department of Information Technology, Software Systems Section, Technical University of Denmark, DK–2800 Lyngby, Denmark (1998)
85. D. Bjørner: Domains as Prerequisites for Requirements and Software *&c.* In: *RTSE'97: Requirements Targeted Software and Systems Engineering*, vol 1526 of *Lecture Notes in Computer Science*, ed by M. Broy, B. Rumpe (Springer-Verlag, Berlin Heidelberg 1998) pp 1–41
86. D. Bjørner: Formal Methods in the 21st Century — An Assessment of Today, Predictions for The Future — Panel position presented at the ICSE'98, Kyoto, Japan. Technical Report, Department of Information Technology, Software Systems Section, Technical University of Denmark (1998)
87. D. Bjørner: Issues in International Cooperative Research — Why not Asian, African or Latin American 'Esprits' ? Research, Department of Information Technology, Software Systems Section, Technical University of Denmark, DK–2800 Lyngby, Denmark (1998)
88. D. Bjørner: A Triptych Software Development Paradigm: Domain, Requirements and Software. Towards a Model Development of A Decision Support System for Sustainable Development. In: *Festschrift to Hans Langmaack: Correct Systems Design: Recent Insight and Advances*, vol 1710 of *Lecture Notes in Computer Science*, ed by E.-R. Olderog, B. Steffen (Springer–Verlag, 1999) pp 29–60
89. D. Bjørner: Challenge '2000: some aspects of: "How to Create a Software Industry". In: *Proceedings of CSIC'99, Ed.: R. Jalili* (1999)
90. D. Bjørner: *Where do Software Architectures come from ? Systematic Development from Domains and Requirements. A Re–assessment of Software Engneering ?* South African Journal of Computer Science **22** (1999) pp 3–13
91. D. Bjørner: Domain Engineering, A Software Engineering Discipline in Need of Research. In: *SOFSEM'2000: Theory and Practice of Informatics*, vol 1963 of *Lecture Notes in Computer Science* (Springer Verlag, Milovy, Czech Republic 2000) pp 1–17
92. D. Bjørner: Domain Modelling: Resource Management Strategics, Tactics & Operations, Decision Support and Algorithmic Software. In: *Millenial Perspectives in Computer Science*, ed by J. Davies, B. Roscoe, J. Woodcock (Palgrave (St. Martin's Press), Houndmills, Basingstoke, Hampshire, RG21 6XS, UK 2000) pp 23–40
93. D. Bjørner: Formal Software Techniques in Railway Systems. In: *9th IFAC Symposium on Control in Transportation Systems*, ed by E. Schnieder (2000) pp 1–12
94. D. Bjørner: Informatics: A Truly Interdisciplinary Science — Computing Science and Mathematics. In: *9th Intl. Colloquium on Numerical Analysis and Computer Science with Applications*, ed by D. Bainov (Academic Publications, P.O.Box 45, BG–1504 Sofia, Bulgaria 2000)
95. D. Bjørner: Informatics: A Truly Interdisciplinary Science — Prospects for an Emerging World. In: *Information Technology and Communication — at the Dawn of the New Millenium*, ed by S. Balasubramanian (2000) pp 71–84
96. D. Bjørner: *Pinnacles of Software Engineering: 25 Years of Formal Methods.* Annals of Software Engineering **10** (2000) pp 11–66

97. D. Bjørner: Informatics Models of Infrastructure Domains. In: *Computer Science and Information Technologies* (Institute for Informatics and Automation Problems, Yerevan, Armenia 2001) pp 13–73
98. D. Bjørner: On Formal Techniques in Protocol Engineering: Example Challenges. In: *Formal Techniques for Networks and Distributed Systems (Eds.: Myungchul Kim, Byoungmoon Chin, Sungwon Kang and Danhyung Lee)* (Kluwer, 2001) pp 395–420
99. D. Bjørner: Some Thoughts on Teaching Software Engineering – Central Rôles of Semantics. In: *Liber Amicorum: Professor Jaco de Bakker* (Stichting Centrum voor Wiskunde en Informatica, Amsterdam, The Netherlands 2002) pp 27–45
100. D. Bjørner: Domain Engineering: A "Radical Innovation" for Systems and Software Engineering ? In: *Verification: Theory and Practice*, vol 2772 of *Lecture Notes in Computer Science* (Springer–Verlag, Heidelberg 2003)
101. D. Bjørner: Dynamics of Railway Nets: On an Interface between Automatic Control and Software Engineering. In: *CTS2003: 10th IFAC Symposium on Control in Transportation Systems* (Elsevier Science Ltd., Oxford, UK 2003)
102. D. Bjørner: Logics of Formal Software Specification Languages — The Possible Worlds cum Domain Problem. In: *Fourth Pan–Hellenic Symposium on Logic*, ed by L. Kirousis (2003)
103. D. Bjørner: New Results and Trends in Formal Techniques for the Development of Software for Transportation Systems. In: *FORMS2003: Symposium on Formal Methods for Railway Operation and Control Systems* (Institut für Verkehrssicherheit und Automatisierungstechnik, Techn.Univ. of Braunschweig, Germany, 2003)
104. D. Bjørner. *"What is a Method ?" — An Essay of Some Aspects of Software Engineering*, chapter 9, pages 175–203. Monographs in Computer Science. IFIP: International Federation for Information Processing. Springer Verlag, New York, N.Y., USA, 2003. Programming Methodology: Recent Work by Members of IFIP Working Group 2.3. Eds.: Annabelle McIver and Carrol Morgan.
105. D. Bjørner: What is an Infrastructure ? In: *Formal Methods at the Crossroads. From Panacea to Foundational Support* (Springer–Verlag, Heidelberg, Germany 2003)
106. D. Bjørner: Towards "Posite & Prove" Design Calculi for Requirements Engineering and Software Design. In: *Essays and Papers in Memory of Ole–Johan Dahl* (Springer–Verlag, 2004)
107. D. Bjørner: *Software Engineering, Vol. 1: Abstraction and Modelling* (Springer, 2006)
108. D. Bjørner: *Software Engineering, Vol. 2: Specification of Systems and Languages* (Springer, 2006)
109. D. Bjørner: *Software Engineering, Vol. 3: Domains, Requirements and Software Design* (Springer, 2006)
110. D. Bjørner: *Domain Engineering: "Upstream" from Requirements Engineering and Software Design.* US ONR + Univ. of Genoa Workshop, Santa Margherita Ligure (June 2000)
111. D. Bjørner, J.R. Cuéllar: *Software Engineering Education: Rôles of Formal Specification and Design Calculi.* Annals of Software Engineering **6** (1998) pp 365–410
112. D. Bjørner, Y.L. Dong, S. Prehn: Domain Analyses: A Case Study of Station Management. In: KICS'94: *Kunming International CASE Symposium, Yunnan Province, P.R.of China* (1994)
113. D. Bjørner, L. Druffel: Industrial Experience in using Formal Methods. In: *Intl. Conf. on Software Engineering* (IEEE Computer Society Press, 1990) pp 264–266
114. Edited by D. Bjørner, A. Ershov, N. Jones: *Partial Evaluation and Mixed Computation. Proceedings of the IFIP TC2 Workshop, Gammel Avernæs, Denmark, October 1987* (North-Holland, 1988)

115. D. Bjørner, C. George, S. Prehn. *Scheduling and Rescheduling of Trains*, chapter 8, pages 157–184. Industrial Strength Formal Methods in Practice, Eds.: Michael G. Hinchey and Jonathan P. Bowen. FACIT, Springer–Verlag, London, England, 1999.

116. D. Bjørner, C.W. George, A.E. Haxthausen et al: "UML"–ising Formal Techniques. In: *INT 2004: Third International Workshop on Integration of Specification Techniques for Applications in Engineering*, vol 3147 of *Lecture Notes in Computer Science* (Springer–Verlag, 2004, ETAPS, Barcelona, Spain) pp 423–450

117. D. Bjørner, C.W. George, S. Prehn: Computing Systems for Railways — A Rôle for Domain Engineering. Relations to Requirements Engineering and Software for Control Applications. In: *Integrated Design and Process Technology. Editors: Bernd Kraemer and John C. Petterson* (Society for Design and Process Science, P.O.Box 1299, Grand View, Texas 76050-1299, USA 2002)

118. D. Bjørner, A.E. Haxthausen, K. Havelund: *Formal, Model-oriented Software Development Methods: From VDM to ProCoS, and from RAISE to LaCoS*. Future Generation Computer Systems (1992)

119. Edited by D. Bjørner, C. Jones: *The Vienna Development Method: The Meta-Language*, vol 61 of *LNCS* (Springer–Verlag, 1978)

120. Edited by D. Bjørner, C. Jones: *Formal Specification and Software Development* (Prentice-Hall, 1982)

121. D. Bjørner, C. Jones, M.M. an Airchinnigh, E. Neuhold, editors. *VDM – A Formal Method at Work*. Proc. VDM-Europe Symposium 1987, Brussels, Belgium, Springer-Verlag, Lecture Notes in Computer Science, Vol. 252, March 1987.

122. D. Bjørner, S. Koussobe, R. Noussi, G. Satchok: Michael Jackson's Problem Frames: Towards Methodological Principles of Selecting and Applying Formal Software Development Techniques and Tools. In: *ICFEM'97: Intl. Conf. on "Formal Engineering Methods", Hiroshima, Japan*, ed by L. ShaoQi, M. Hinchley (IEEE Computer Society Press, Los Alamitos, CA, USA 1997) pp 263–271

123. D. Bjørner, H.H. Løvengreen: Formal Semantics of Data Bases. In: *8th Int'l. Very Large Data Base Conf.* (1982)

124. D. Bjørner, H.H. Løvengreen: Formalization of Data Models. In: *Formal Specification and Software Development, [120]* (Prentice-Hall, 1982) pp 379–442

125. D. Bjørner, M. Nielsen: Meta Programs and Project Graphs. In: *ETW: Esprit Technical Week* (Elsevier, 1985) pp 479–491

126. D. Bjørner, J. Nilsson: Algorithmic & Knowledge Based Methods — Do they "Unify" ? — with some Programme Remarks for UNU/IIST. In: *International Conference on Fifth Generation Computer Systems: FGCS'92* (ICOT, 1992) pp (Separate folder, "191–198")

127. Edited by D. Bjørner, O. Oest: *Towards a Formal Description of Ada*, vol 98 of *LNCS* (Springer–Verlag, 1980)

128. D. Bjørner, O.N. Oest: The DDC Ada Compiler Development Project. In: *Towards a Formal Description of Ada, [127]*, vol 98 of *LNCS*, ed by D. Bjørner, O.N. Oest (Springer–Verlag, 1980) pp 1–19

129. D. Bjørner, S. Prehn: Software Engineering Aspects of VDM. In: *Theory and Practice of Software Technology*, ed by D. Ferrari (North-Holland Publ.Co., Amsterdam, 1983)

130. A. Blikle: *MetaSoft Primer; Towards a Metalanguage for Applied Denotational Semantics*, vol 288 of *Lecture Notes in Computer Science* (Springer-Verlag, 1987)

131. A. Blikle: *A Guided Tour of the Mathematics of MetaSoft.* Information Processing Letters **29** (1988) pp 81–86
132. A. Blikle: Three-valued predicates for software specification and validation. In: *[134]* (1988) pp 243–266
133. W.D. Blizard: *A Formal Theory of Objects, Space and Time.* The Journal of Symbolic Logic **55**, 1 (1990) pp 74–89
134. R. Bloomfield, L. Marshall, R. Jones, editors. *VDM – The Way Ahead.* Proc. 2nd VDM-Europe Symposium 1988, Dublin, Ireland, Springer-Verlag, Lecture Notes in Computer Science, Vol. 328, September 1988.
135. G.S. Boolos, R.C. Jeffrey: *Computability and Logic* (Cambridge University Press, September 29, 1989)
136. J.P. Bowen: *Glossary of Z Notation.* Information and Software Technology **37**, 5–6 (1995) pp 333–334
137. M. Broy, K. Stølen: *Specification and Development of Interactive Systems — Focus on Streams, Interfaces and Refinement* (Springer–Verlag, New York, N.Y., USA and Heidelberg, Germany 2001)
138. R. Bruni, J. Meseguer: Generalized Rewrite Theories. In: *Automata, Languages and Programming. 30th International Colloquium, ICALP 2003, Eindhoven, The Netherlands, June 30 - July 4, 2003. Proceedings*, vol 2719 of *Lecture Notes in Computer Science*, ed by Jos C. M. Baeten and Jan Karel Lenstra and Joachim Parrow and Gerhard J. Woeginger (Springer-Verlag, 2003) pp 252–266
139. E. Burke: *Reflections on the Revolution in France, Ed. Conor Cruise O'Brien* (Hammondsworth, 1790 (1968))
140. R.M. Burstall, J. Darlington: *A Transformation System for Developing Recursive Programs.* Journal of ACM **24**, 1 (1977) pp 44–67
141. D. Cansell, D. Méry: *Logical Foundations of the B Method.* Computing and Informatics **22**, 1–2 (2003)
142. D. Carrington, D.J. Duke, R. Duke et al: Object-Z: An Object-Oriented Extension to Z. In: *Formal Description Techniques, II (FORTE'89)*, ed by S. Vuong (Elsevier Science Publishers (North-Holland), 1990) pp 281–296
143. C.C.I.T.T.: The Specification of CHILL. Technical Report Recommendation Z200, International Telegraph and Telephone Consultative Committee, Geneva, Switzerland (1980)
144. E. Chailloux, P. Manoury, B. Pagano: *Developing Applications With Objective Caml* (Project Cristal, INRIA, Domaine de Voluceau, Rocquencourt, B.P. 105, F-78153 Le Chesnay Cedex, France 2004)
145. E. Chailloux, P. Manoury, B. Pagano: *Développement d'applications avec Objective Caml* (Éditions O'Reilly, Paris, France Avril 2000)
146. P.P. Chen: *The Entity-Relationship Model - Toward a Unified View of Data.* ACM Trans. Database Syst **1**, 1 (1976) pp 9–36
147. P.P. Chen, editor. *Entity–Relationship Approach to Systems Analysis and Design. Proc. 1st International Conference on the Entity-Relationship Approach.* North-Holland, 1980.
148. J. Cheng: A Logic for Partial Functions. PhD Thesis, Department of Computer Science, University of Manchester (1986)
149. J. Cheng, C. Jones: On the usability of logics which handle partial functions. In: *Proceedings of the Third Refinement Workshop*, ed by C. Morgan, J. Woodcock (Springer-Verlag, 1990)

150. A. Church: *The Calculi of Lambda-Conversion*, vol 6 of *Annals of Mathematical Studies* (The Princeton University Press, Princeton, New Jersey, USA 1941)
151. A. Church: *Introduction to Mathematical Logic* (The Princeton University Press, Princeton, New Jersey, USA 1956)
152. M. Clavel, F. Durán, S. Eker et al: The Maude 2.0 System. In: *Rewriting Techniques and Applications (RTA 2003)*, no 2706 of *Lecture Notes in Computer Science*, ed by Robert Nieuwenhuis (Springer-Verlag, 2003) pp 76–87
153. G. Clemmensen, O. Oest: Formal Specification and Development of an Ada Compiler – A VDM Case Study. In: *Proc. 7th International Conf. on Software Engineering, 26.-29. March 1984, Orlando, Florida* (1984) pp 430–440
154. E.F. Codd: *A Relational Model For Large Shared Databank.* Communications of the ACM **13**, 6 (1970) pp 377–387
155. P. Cohn: *Universal Algebra*, rev. edn ((Harper and Row) D. Reidel Pub., Boston (1965) 1981)
156. P. Cohn: *Classical Algebra* (John Wiley & Sons, 2001)
157. J. Conway: *On Numbers and Games* (Academic Press, 1976)
158. D. Cooper: *The Equivalence of Certain Computations.* Computer Journal **9** (1966) pp 45–52
159. T.H. Cormen, C.E. Leiserson, R.L. Rivest, C. Stein: *Introduction to Algorithms*, 2nd edn (McGrawHill and MIT Press, 2001)
160. G. Cousineau, M. Mauny: *The Functional Approach to Programming* (Cambridge University Press, Cambridge, UK 1998)
161. P. Cousot: *Abstract Interpretation.* ACM Computing Surveys **28**, 2 (1996) pp 324–328
162. P. Cousot, R. Cousot: Abstract Interpretation: A Unified Lattice Model for Static Analysis of Programs by Construction or Approximation of Fixpoints. In: *4th POPL: Principles of Programming and Languages* (ACM Press, 1977) pp 238–252
163. D. Crystal: *The Cambridge Encyclopedia of Language* (Cambridge University Press, 1987, 1988)
164. H.B. Curry, R. Feys: *Combinatory Logic I* (North-Holland Publ.Co., Amsterdam, 1968)
165. H.B. Curry, J.R. Hindley, J.P. Seldin: *Combinatory Logic II* (North-Holland Publ.Co., Amsterdam, 1972)
166. O.-J. Dahl, E.W. Dijkstra, C.A.R. Hoare: *Structured Programming* (Academic Press, 1972)
167. O.-J. Dahl, C.A.R. Hoare: Hierarchical Program Structures. In: *[166]* (Academic Press, 1972) pp 197–220
168. O.-J. Dahl, K. Nygaard: *SIMULA – An ALGOL-based Simulation Language.* Communications of the ACM **9**, 9 (1966) pp 671–678
169. W. Damm, D. Harel: *LSCs: Breathing Life into Message Sequence Charts.* Formal Methods in System Design **19** (2001) pp 45–80
170. O. Danvy: A Rational Deconstruction of Landin's SECD Machine. Research RS 03–33, BRICS: Basic Research in Computer Science, Dept. of Comp.Sci., University of Århus, Ny Munkegade, Bldg. 540, DK-8000 Århus C, Denmark (2003)
171. J. Darlington: *A Synthesis of Several Sorting Algorithms.* Acta Informatica **11** (1978) pp 1–30
172. J. Darlington, R.M. Burstall: *A System which Automatically Improves Programs.* Acta Informatica **6** (1976) pp 41–60
173. J. Darlington, P. Henderson, D. Turner: *Functional Programming and Its Applications* (Cambridge Univ. Press, 1982)
174. C. Date: *An Introduction to Database Systems, I* (Addison Wesley, 1981)

175. C. Date: *An Introduction to Database Systems, II* (Addison Wesley, 1983)
176. C. Date, H. Darwen: *A Guide to the SQL Standard* (Addison-Wesley Professional, November 8, 1996)
177. J. Davies. Announcement: Electronic version of Communicating Sequential Processes (CSP). Published electronically: `http://www.usingcsp.com/`, 2004. Announcing revised edition of [288].
178. M. Davis: *Computability and Undecidability* (McGraw-Hill Book Company, 1958)
179. R.E. Davis: *Truth, Deduction, and Computation* (Computer Science press, and imprint of W. H. Freeman and Company, New York, N.Y., USA 1989)
180. J. de Bakker: *Mathematical Theory of Programming Correctness* (Prentice-Hall, 1980)
181. J. de Bakker: *Control Flow Semantics* (The MIT Press, Cambridge, Mass., USA, 1995)
182. N. Dershowitz, J.-P. Jouannaud: Rewrite Systems. In: *Handbook of Theoretical Computer Science, Volume B: Formal Models and Semantics*, ed by J. van Leeuwen (Elsevier, 1990) pp 243–320
183. R. Descartes: *Discours de la méthode pour bien conduire sa raison et chercher la vérité dans les sciences, with three appendices: La Dioptrique, Les Météores, and* La Géométrie (Leyden, The Netherlands 1637)
184. R. Descartes: *La Géométrie* (France, 1637)
185. R. Descartes: *Discourse on Method and Related Writings (from: Discourse on the Method of Rightly Conducting the Reason, and Seeking Truth in the Sciences)* (France and Penguin Classics, 1637, respectively February 28, 2000)
186. R. Descartes: *Discourse on Method and Related Writings* (Penguin Classics, 2000)
187. R. Descartes: *Discourse on Method, Optics, Geometry, and Meteorology* (Hackett Publishing Co, Inc., Cambridge, MA, USA 2001)
188. R. Diaconescu, K. Futatsugi: Logical Semantics of CafeOBJ. Research Report IS-RR-96-0024S, JAIST (1996)
189. R. Diaconescu, K. Futatsugi: *CafeOBJ Report: The Language, Proof Techniques, and Methodologies for Object-Oriented Algebraic Specification* (World Scientific Publishing Co., Pte. Ltd., 5 Toh Tuck Link, Singapore 596224 July 1998)
190. R. Diaconescu, K. Futatsugi, S. Iida: CafeOBJ Jewels. In: *CAFE: An Industrial–Strength Algebraic Formal Method* (Elsevier, 2000) pp 33–60
191. R. Diaconescu, K. Futatsugi, K. Ogata: *CafeOBJ: Logical Foundations and Methodology.* Computing and Informatics **22**, 1–2 (2003)
192. E. Dijkstra: *A Discipline of Programming* (Prentice-Hall, 1976)
193. E. Dijkstra, W. Feijen: *A Method of Programming* (Addison-Wesley, 1988)
194. E. Dijkstra, C. Scholten: *Predicate Calculus and Program Semantics* (Springer–Verlag: Texts and Monographs in Computer Science, 1990)
195. O. Dommergaard: The Design of a Virtual Machine for Ada. In: *[57]* (Springer-Verlag, 1980) pp 463–605
196. O. Dommergaard, S. Bodilsen: A Formal Definition of P-Code. Technical Report, Dept. of Comp. Sci., Techn. Univ. of Denmark (1980)
197. D.J. Duke, R. Duke: Towards a Semantics for Object-Z. In: *VDM and Z – Formal Methods in Software Development*, vol 428 of *Lecture Notes in Computer Science*, ed by D. Bjørner, C.A.R. Hoare, H. Langmaack (Springer-Verlag, 1990) pp 244–261
198. R. Duke, P. King, G.A. Rose, G. Smith: The Object-Z Specification Language. In: *Technology of Object-Oriented Languages and Systems: TOOLS 5*, ed by T. Korson, V. Vaishnavi, M. B (Prentice Hall, 1991) pp 465–483

199. E.H. Dürr, L. Dusink: Role of VDM(++) in the Development of a Real-Time Tracking and Tracing System. In: *FME'93: Industrial-Strength Formal Methods*, ed by J. Woodcock, P. Larsen (Springer-Verlag, 1993) pp 64–72
200. E.H. Dürr, S. Goldsack. *Formal Methods and Object Technology*, chapter 6 Concurrency and Real-Time in VDM++, pages 86–112. Springer-Verlag (Eds. S.J. Goldsack and S.J.H. Kent), London, 1996.
201. E.H. Dürr, J. van Katwijk: VDM^{++} – A Formal Specification Language for Object-oriented Designs. In: *Technology of Object-oriented Languages and Systems*, ed by B.M. Georg Heeg Boris Magnusson (Prentice Hall, 1992) pp 63–78
202. E.H. Dürr, W. Lourens, J. van Katwijk: The Use of the Formal Specification Language VDM^{++} for Data Acquisition Systems. In: *New Computing Techniques in Physics Research II*, ed by D. Perret-Gallix (World Scientific Publishing Co., Singapore 1992) pp 47–52
203. B. Dutertre: Complete Proof System for First–Order Interval Temporal Logic. In: *Proceedings of the 10th Annual IEEE Symposium on Logic in Computer Science* (IEEE CS, 1995) pp 36–43
204. R.K. Dybvig: *The Scheme Programming Language* (The MIT Press, Cambridge, Mass., USA 2003)
205. H. Ehrig, B. Mahr: *Fundamentals of Algebraic Specification 1, Equations and Initial Semantics* (EATCS Monographs on Theoretical Computer Science, vol. 6, Springer-Verlag, 1985)
206. H. Ehrig, B. Mahr: *Fundamentals of Algebraic Specification 2, Module Specifications and Constraints* (EATCS Monographs on Theoretical Computer Science, vol. 21, Springer-Verlag, 1990)
207. H.B. Enderton: *A Mathematical Introduction to Logic* (Academic Press, New York, 1974)
208. H.B. Enderton: *Elements of Set Theory* (Elsevier Academic Press, Amsterdam, The Netherlands 23 May 1977)
209. E. Engeler: *Symposium on Semantics of Algorithmic Languages*, vol 188 of *Lecture Notes in Mathematics* (Springer-Verlag, 1971)
210. S.S. Epp: *Discrete Matematics with Applications*, third edition edn (Thomson, Brooks/Cole, 10 Davis Drive, Belmont, California 94002, USA 2004)
211. A. Ershov: *On the Essence of Translation.* Computer Software and System Programming **3**, 5 (1977) pp 332–346
212. A. Ershov: *On the Partial Computation Principle.* Information Processing Letters **6**, 2 (1977) pp 38–41
213. A. Ershov: *Mixed Computation: Potential Applications and Problems for Study.* Theoretical Computer Science **18** (1982) pp 41–67
214. A. Ershov: *On Futamura Projections.* BIT (Japan) **12**, 14 (1982) pp 4–5
215. A. Ershov: On Mixed Computation: Informal Account of the Strict and Polyvariant Computational Schemes. In: *Control Flow and Data Flow: Concepts of Distributed Programming. NATO ASI Series F: Computer and System Sciences, vol. 14*, ed by M. Broy (Springer-Verlag, 1985) pp 107–120
216. A. Ershov, D. Bjørner, Y. Futamura et al, editors. *Special Issue: Selected Papers from the Workshop on Partial Evaluation and Mixed Computation, 1987 (New Generation Computing, vol. 6, nos. 2,3).* Ohmsha Ltd. and Springer-Verlag, 1988.
217. A. Ershov, V. Grushetsky: An Implementation-Oriented Method for Describing Algorithmic Languages. In: *Information Processing 77, Toronto, Canada*, ed by B. Gilchrist (North-Holland, 1977) pp 117–122

218. A. Ershov, V. Itkin: Correctness of Mixed Computation in Algol-like Programs. In: *Mathematical Foundations of Computer Science, Tatranská Lomnica, Czechoslovakia. (Lecture Notes in Computer Science, vol. 53)*, ed by J. Gruska (Springer-Verlag, 1977) pp 59–77
219. A. Evans Jr.: The Lambda-Calculus and its Relation to Programming Languages. Unpubl. Notes, MIT (1972)
220. R. Fagin, J.Y. Halpern, Y. Moses, M.Y. Vardi: *Reasoning about Knowledge* (The MIT Press, Massachusetts Institute of Technology, Cambridge, Massachusetts 02142 1996)
221. W. Feijen, A. van Gasteren, D. Gries, J. Misra, editors. *Beauty is Our Business*, Texts and Monographs in Computer Science, New York, NY, USA, 1990. Springer-Verlag. A Birthday Salute to Edsger W. Dijkstra.
222. A. Field, P. Harrison: *Functional Programming* (Addison-Wesley, 1988)
223. J.S. Fitzgerald, P.G. Larsen: *Developing Software using `VDM-SL`* (Cambridge University Press, The Edinburgh Building, Cambridge CB2 1RU, England 1997)
224. FOLDOC: The free online dictionary of computing. Electronically, on the Web: `http://wombat.doc.ic.ac.uk/foldoc/foldoc.cgi?ISWIM`, 2004.
225. P. Folkjær, D. Bjørner: A Formal Model of a Generalised CSP-like Language. In: *Proc. IFIP'80*, ed by S. Lavington (North-Holland Publ.Co., Amsterdam, 1980) pp 95–99
226. Formal Systems Europe. Home of the FDR2. Published on the Internet: `http://www.fsel.com/`, 2003.
227. A. Fraenkel, Y. Bar-Hillel, A. Levy: *Foundations of Set Theory*, 2nd revised edn (Elsevier Science Publ. Co., Amsterdam, The Netherlands 1 Jan 1973)
228. Y. Futamura: *Partial Evaluation of Computation Process – An Approach to a Compiler-Compiler.* Systems, Computers, Controls **2**, 5 (1971) pp 45–50
229. K. Futatsugi, R. Diaconescu: *CafeOBJ Report The Language, Proof Techniques, and Methodologies for Object-Oriented Algebraic Specification* (World Scientific Publishing Co. Pte. Ltd., 5 Toh Tuck Link, SINGAPORE 596224. Tel: 65-6466-5775, Fax: 65-6467-7667, E-mail: wspc@wspc.com.sg 1998)
230. K. Futatsugi, J. Goguen, J.-P. Jouannaud, J. Meseguer: Principles of OBJ–2. In: *12th Ann. Symp. on Principles of Programming* (ACM, 1985) pp 52–66
231. K. Futatsugi, A. Nakagawa, T. Tamai, editors. *CAFE: An Industrial–Strength Algebraic Formal Method*, Sara Burgerhartstraat 25, P.O. Box 211, NL–1000 AE Amsterdam, The Netherlands, 2000. Elsevier. Proceedings from an April 1998 Symposium, Numazu, Japan.
232. J. Gallier: *Logic for Computer Science: Foundations of Automatic Theorem Proving* (Harper and Row, NY., USA, 1986)
233. C.W. George, P. Haff, K. Havelund et al: *The RAISE Specification Language* (Prentice-Hall, Hemel Hampstead, England 1992)
234. C.W. George, A.E. Haxthausen: *The Logic of the RAISE Specification Language.* Computing and Informatics **22**, 1–2 (2003)
235. C.W. George, A.E. Haxthausen, S. Hughes et al: *The RAISE Method* (Prentice-Hall, Hemel Hampstead, England 1995)
236. C.W. George, H.D. Van, T. Janowski, R. Moore: *Case Studies using The RAISE Method* (Springer–Verlag, London 2002)
237. C. Ghezzi, M. Jazayeri, D. Mandrioli: *Fundamentals of Software Engineering* (Prentice Hall, 2002)
238. J.-Y. Girard, Y. Lafont, P. Taylor: *Proofs and Types*, vol 7, Cambridge Tracts in Theoretical Computer Science edn (Cambridge Univ. Press, Cambridge, UK 1989)

239. Edited by M.J.C. Gordon, T.F. Melham: *Introduction to HOL: A Theorem Proving Environment for Higher–Order Logic* (Cambridge University Press, Cambridge, UK 1993)
240. J. Gosling, F. Yellin: *The Java Language Specification* (ACM Press Books, 1996)
241. D. Gries: *Compiler Construction for Digital Computers* (John Wiley and Sons, N.Y., 1971)
242. D. Gries: *The Science of Programming* (Springer-Verlag, 1981)
243. D. Gries, F.B. Schneider: *A Logical Approach to Discrete Math* (Springer–Verlag, 1993)
244. O. Grillmeyer: *Exploring Computer Science with Scheme* (Springer-Verlag, New York, USA 1998)
245. P.L. Guernic, M.L. Borgne, T. Gauthier, C.L. Maire: Programming Real Time Applications with Signal. In: *Another Look at Real Time Programming*, vol Special Issue of *Proceedings of the IEEE* (1991)
246. I. Guessarian: *Algebraic Semantics* (Springer-Verlag, 1981)
247. C. Gunter, J. Mitchell: *Theoretical Aspects of Object-oriented Programming* (The MIT Press, Cambridge, Mass., USA, 1994)
248. C. Gunter, D. Scott: Semantic Domains. In: *[343] — vol.B.*, ed by J. Leeuwen (North-Holland Publ.Co., Amsterdam, 1990) pp 633–674
249. C. Gunther: *Semantics of Programming Languages* (The MIT Press, Cambridge, Mass., USA, 1992)
250. Y. Gurevich: *Sequential Abstract State Machines Capture Sequential Algorithms.* ACM Transactions on Computational Logic **1**, 1 (2000) pp 77–111
251. Edited by P. Haff: *The Formal Definition of CHILL* (ITU (Intl. Telecmm. Union), Geneva, Switzerland 1981)
252. P. Haff, A. Olsen: Use of VDM within CCITT. In: *[121]* (Springer-Verlag, 1987) pp 324–330
253. N. Halbwachs, P. Caspi, Pilaud: The Synchronous Dataflow Programming Language Lustre. In: *Another Look at Real Time Programming*, vol Special Issue of *Proceedings at the IEEE* (1991)
254. P. Hall, D. Bjørner, Z. Mikolajuk: Decision Support Systems for Sustainable Development: Experience and Potential — a Position Paper. Administrative Report 80, UNU/IIST, P.O.Box 3058, Macau (1996)
255. P.R. Halmos: *Naive Set Theory* (Springer-Verlag, Heidelberg, Germany 1 Jan 1998)
256. A. Hamilton: *Logic for Mathematicians* (Cambridge University Press, 1978, revised ed.: 1988)
257. A. Hamilton: *Numbers, Sets and Axioms: the Apparatus of Mathematics* (Cambridge University Press, 1982)
258. M.R. Hansen, H. Rischel: *Functional Programming in Standard ML* (Addison Wesley, 1997)
259. S. Harbinson: *Modula 3* (Prentice-Hall, Englewood Cliffs, New Jersey, USA 1992)
260. G. Hardy: *A Course of Pure Mathematics* (Cambridge University Press, England, 1908, 1943–4, 1949)
261. D. Harel: *Algorithmics —The Spirit of Computing* (Addison-Wesley, 1987)
262. D. Harel: *Statecharts: A Visual Formalism for Complex Systems.* Science of Computer Programming **8**, 3 (1987) pp 231–274
263. D. Harel: *On Visual Formalisms.* Communications of the ACM **33**, 5 (1988)
264. D. Harel: *The Science of Computing — Exploring the Nature and Power of Algorithms* (Addison-Wesley, April 1989)
265. D. Harel, E. Gery: *Executable Object Modeling with Statecharts.* IEEE Computer **30**, 7 (1997) pp 31–42
266. D. Harel, H. Lachover, A. Naamad et al: *STATEMATE: A Working Environment for the Development of Complex Reactive Systems.* Software Engineering **16**, 4 (1990) pp 403–414

267. D. Harel, R. Marelly: *Come, Let's Play – Scenario-Based Programming Using LSCs and the Play-Engine* (Springer-Verlag, 2003)

268. D. Harel, A. Naamad: *The STATEMATE Semantics of Statecharts.* ACM Transactions on Software Engineering and Methodology (TOSEM) **5**, 4 (1996) pp 293–333

269. F. Harrary: *Graph Theory* (Addison Wesley Publishing Co., 1972)

270. F. Hausdorff: *Set Theory* (Oxford University Press, Oxford, UK 1991)

271. A.E. Haxthausen, X. Yong: Linking DC together with TRSL. In: *Proceedings of 2nd International Conference on Integrated Formal Methods (IFM'2000), Schloss Dagstuhl, Germany, November 2000*, no 1945 of *Lecture Notes in Computer Science* (Springer-Verlag, 2000) pp 25–44

272. E. Hehner: *The Logic of Programming* (Prentice-Hall, 1984)

273. E. Hehner: *a Practical Theory of Programming*, 2nd edn (Springer-Verlag, 1993)

274. A. Hejlsberg, S. Wiltamuth, P. Golde: *The C# Programming Language* (Addison-Wesley, 75 Arlington Street, Suite 300, Boston, MA 02116, USA, (617) 848-6000 2003)

275. P. Henderson: *Functional Programming: Application and Implementation* (Prentice-Hall Int'l., 1980)

276. J.L. Hennessy, D.A. Patterson: *Computer Architecture: a Quantitative Approach* (Morgan Kaufmann; ISBN: 1558603727, 1995)

277. M. Hennessy: *Algebraic Theory of Processes* (The MIT Press, Cambridge, Mass., USA, 1988)

278. M.C. Henson, S. Reeves, J.P. Bowen: *Z Logic and its Consequences.* Computing and Informatics **22**, 1–2 (2003)

279. J.R. Hindley: *Basic Simple Type Theory* (Cambridge University Press, October 2002)

280. J.R. Hindley, B. Lercher, J.P. Seldin: *Introduction to Combinatory Logic* (Cambridge University Press, 1972)

281. J.R. Hindley, J.P. Seldin: *Introduction to Combinators and λ-Calculus*, vol 1 of *London Mathematical Society, Student Texts* (Cambridge University Press, 1986)

282. J. Hintikka: *Knowledge and Belief: An Introduction to the Logic of the Two Notions* (Cornell University Press, Ithaca, N.Y., USA 1962)

283. C.A.R. Hoare: Notes on Data Structuring. In: *[166]* (1972) pp 83–174

284. C.A.R. Hoare, et al.: *Laws of Programming.* Communications of the ACM **30**, 8 (1987) pp 672–686, 770

285. C.A.R. Hoare, J.F. He: *Unifying Theories of Programming* (Prentice Hall, 1997)

286. C.A.R. Hoare, N. Wirth: *An Axiomatic Definition of the Programming Language PASCAL.* Acta Informatica **2** (1973) pp 335–355

287. T. Hoare: *Communicating Sequential Processes.* Communications of the ACM **21**, 8 (1978)

288. T. Hoare: *Communicating Sequential Processes* (Prentice-Hall International, 1985)

289. T. Hoare. Communicating Sequential Processes. Published electronically: `http://www.-usingcsp.com/cspbook.pdf`, 2004. Second edition of [288]. See also `http://www.usingcsp.com/`.

290. A. Hodges: *Alan Turing: the Enigma* (Random House, London, UK March 1992)

291. W. Hodges: *Logic* (Penguin Books, June 30, 1977)

292. C.J. Hogger: *Essentials of Logic Programming* (Clarendon Press, December 1990)

293. J. Hopcroft, J. Ullman: *Introduction to Automa Theory, Languages and Computation* (Addison-Wesley, 1979)

294. I. Horebeek, J. Lewi: *Algebraic specifications in software engineering An introduction* (Springer-Verlag, New York, N.Y., 1989)

295. W. Humphrey: *Managing The Software Process* (Addison-Wesley, 1989)
296. IEEE CS. IEEE Standard Glossay of Software Engineering Terminology, 1990. IEEE Std.610.12.
297. D.C. Ince: *The Collected Works of A. M. Turing: Mechanical Intelligence* (North-Holland, Amsterdam, The Netherlands 1992)
298. Inmos Ltd.: Specification of instruction set & Specification of floating point unit instructions. In: *Transputer Instruction Set – A compiler writer's guide* (Prentice Hall, Hemel Hempstead, Hertfordshire HP2 4RG, UK 1988) pp 127–161
299. B.B.S. Institution: Specification for Computer Programming Language Pascal. Technical Report BS6192, BSI (1982)
300. ITU-T. CCITT Recommendation Z.120: Message Sequence Chart (MSC), 1992.
301. ITU-T. ITU-T Recommendation Z.120: Message Sequence Chart (MSC), 1996.
302. ITU-T. ITU-T Recommendation Z.120: Message Sequence Chart (MSC), 1999.
303. M.A. Jackson: *Principles of Program Design* (Academic Press, 1969)
304. M.A. Jackson: *System Design* (Prentice-Hall International, 1985)
305. M.A. Jackson: *Problems, methods and specialisation.* Software Engineering Journal **9**, 6 (1994) pp 249–255
306. M.A. Jackson: *Software Requirements & Specifications: a lexicon of practice, principles and prejudices* (Addison-Wesley Publishing Company, Wokingham, nr. Reading, England; E-mail: ipc@awpub.add-wes.co.uk 1995)
307. M.A. Jackson: *Software Hakubutsushi: Sekai to Kikai no Kijutsu (Software Requirements & Specifications: a lexicon of practice, principles and prejudices)* (Toppan Company, Ltd., 2-2-7 Yaesu, Chuo-ku, Tokyo 104, Japan 1997)
308. M.A. Jackson: *Problem Frames — Analyzing and Structuring Software Development Problems* (Addison–Wesley, Edinburgh Gate, Harlow CM20 2JE, England 2001)
309. M.A. Jackson, G. Twaddle: *Business Process Implementation — Building Workflow Systems* (Addison–Wesley, 1997)
310. J. Jaffar, S. Michaylov: Methodology and Implementation of a CLP System. Technical Report, IBM Research, Yorktown (1987)
311. K. Jensen: *Coloured Petri Nets*, vol 1: Basic Concepts (234 pages + xii), Vol. 2: Analysis Methods (174 pages + x), Vol. 3: Practical Use (265 pages + xi) of *EATCS Monographs in Theoretical Computer Science* (Springer–Verlag, Heidelberg 1985, revised and corrected second version: 1997)
312. K. Jensen, N. Wirth: *Pascal User Manual and Report*, vol 18 of *LNCS* (Springer–Verlag, 1976)
313. C.B. Jones: Denotational Semantics of GOTO: an Exit Formulation and its Relation to Continuations. In: *[119]* (Springer-Verlag, 1978) pp 278–304
314. C.B. Jones: *Systematic Software Development Using VDM* (Prentice-Hall, 1986)
315. C.B. Jones: *Systematic Software Development using VDM*, 2nd edn (Prentice Hall International, 1990)
316. C.B. Jones, K. Middelburg: *A Typed Logic of Partial Functions Reconstructed Classically.* Acta Informatica **31**, 5 (1994) pp 399–430
317. C.B. Jones, R.C. Shaw: *Case Studies in Systematic Sotware Development* (Prentice-Hall International, 1990)
318. N.D. Jones: *Computability and Complexity — From a Programming Point of View* (The MIT Press, Cambridge, Mass., USA, 1996)
319. N.D. Jones, C. Gomard, P. Sestoft: *Partial Evaluation and Automatic Program Generation* (Prentice Hall International, 1993)

320. B. Kernighan, D. Ritchie: *C Programming Language*, 2nd edn (Prentice Hall, 1989)
321. S.C. Kleene: *Lambda-definability and recursiveness.* Duke Math. J. **2** (1936) pp 340–53
322. S.C. Kleene: *Introduction to Meta-Mathematics* (Van Nostrand, New York and Toronto, 1952)
323. S.C. Kleene: *Mathematical Logic* (Dover Publications, Dover Edition, December 1, 2002)
324. J. Klose, H. Wittke: An Automata Based Interpretation of Live Sequence Charts. In: *TACAS 2001*, ed by T. Margaria, W. Yi (Springer-Verlag, 2001) pp 512–527
325. D. Knuth: *The Art of Computer Programming, Vol.1: Fundamental Algorithms* (Addison-Wesley, Reading, Mass., USA, 1968)
326. D. Knuth: *The Art of Computer Programming, Vol.2.: Seminumerical Algorithms* (Addison-Wesley, Reading, Mass., USA, 1969)
327. D. Knuth: *The Art of Computer Programming, Vol.3: Searching & Sorting* (Addison-Wesley, Reading, Mass., USA, 1973)
328. B. Konikowska, A. Tarlecki, A. Blikle: A Three-valued Logic for Software Specification and Validation. In: *[134]* (1988) pp 218–242
329. I. Lakatos: *Proofs and Refutations: The Logic of Mathematical Discovery (Eds.: J. Worrall and E. G. Zahar)* (Cambridge University Press, The Edinburgh Building, Shaftesbury Road, Cambridge CB2 2RU, England 2 September 1976)
330. L. Lamport: *The Temporal Logic of Actions.* ACM Transactions on Programming Languages and Systems **16**, 3 (1994) pp 872–923
331. L. Lamport: *Specifying Systems* (Addison–Wesley, Boston, Mass., USA 2002)
332. P. Landin: *The Mechanical Evaluation of Expressions.* Computer Journal **6**, 4 (1964) pp 308–320
333. P. Landin: *A Correspondence Between ALGOL 60 and Church's Lambda-Notation (in 2 parts).* Communications of the ACM **8**, 2-3 (1965) pp 89–101 and 158–165
334. P. Landin: A Generalization of Jumps and Labels. Technical Report, Univac Sys. Prgr. Res. Grp., N.Y. (1965)
335. P. Landin: Getting Rid of Labels. Technical Report, Univac Sys. Prgr. Res. Grp., N.Y. (1965)
336. P. Landin: A Formal Description of ALGOL 60. In: *[483]* (1966) pp 266–294
337. P. Landin: A Lambda Calculus Approach. In: *Advances in Programming and Non-Numeric Computations*, ed by L. Fox (Pergamon Press, 1966) pp 97–141
338. P. Landin: *The Next 700 Programming Languages.* Communications of the ACM **9**, 3 (1966) pp 157–166
339. P. Landin. Histories of discoveries of continuations: Belles-lettres with equivocal tenses, 1997. In O. Danvy, editor, ACM SIGPLAN Workshop on Continuations, Number NS-96-13 in BRICS Notes Series, 1997.
340. J. Laprie: Dependable computing and fault tolerance: concepts and terminology. In: *15th. Int. Symp. on Fault-tolerant computing* (IEEE, 1985)
341. J. Lee: *Computer Semantics* (Van Nostrand Reinhold Co., 1972)
342. J. Lee, W. Delmore: The Vienna Definition Language, A Generalization of Instruction Definitions. In: *SIGPLAN Symp. on Programming Language Definitions, San Francisco* (1969)
343. Edited by J. van Leeuwen: *Handbook of Theoretical Computer Science, Volumes A and B* (Elsevier, 1990)
344. H. Leonard, N. Goodman: *The Calculus of Individuals and Its Uses.* Journal of Symbolic Logic **5** (1940) pp 45–55
345. X. Leroy, P. Weis: *Manuel de Référence du langage Caml* (InterEditions, Paris, France 1993)

346. S. Levi, A. Agrawala: *Real-Time System Design* (McGraw-Hill, New York, NY, USA 1990)
347. T. Lindholm, F. Yellin: *The Java Virtual Machine Specification* (ACM Press Books, 1996)
348. J. Lipson: *Elements of Algebra and Algebraic Computing* (Addison-Wesley, Reading, Mass., 1981)
349. W. Little, H. Fowler, J. Coulson, C. Onions: *The Shorter Oxford English Dictionary on Historical Principles* (Clarendon Press, Oxford, England, 1987)
350. J. Lloyd: *Foundation of Logic Programming* (Springer-Verlag, 1984)
351. H.H. Løvengreen, D. Bjørner: On a Formal Model of the Tasking Concepts in Ada. In: *ACM SIGPLAN Ada Symp.* (1980)
352. P. Lucas: *Formal Semantics of Programming Languages: VDL.* IBM Journal of Devt. and Res. **25**, 5 (1981) pp 549–561
353. P. Lucas, K. Walk: *On the Formal Description of PL/I.* Annual Review Automatic Programming Part 3 **6**, 3 (1969)
354. E. Luschei: *The Logical Systems of Lesniewski* (North Holland, Amsterdam, The Netherlands 1962)
355. J. Lützen: *Joseph Liouville 1809-1882: Master of Pure and Applied Mathematics*, vol 15 of *Studies in the History of Mathematics and Physical Sciences* (Springer–Verlag, New York – Berlin 1990)
356. N. Lynch: *Distributed Algorithms* (Morgan Kaufmann Publishers, 1996)
357. C. MacPherson: *Burke* (Oxford University Press, 1980)
358. Z. Manna: *Mathematical Theory of Computation* (McGraw-Hill, 1974)
359. Z. Manna, A. Pnueli: *The Temporal Logic of Reactive Systems: Specifications* (Addison Wesley, 1991)
360. Z. Manna, A. Pnueli: *The Temporal Logic of Reactive Systems: Safety* (Addison Wesley, 1995)
361. Z. Manna, R. Waldinger: *The Logical Basis for Computer Programming, Vols.1-2* (Addison-Wesley, 1985–90)
362. W. Mao: *Modern Cryptography: Theory and Practice* (Pearson Professional Education, Prentice Hall PTR, July 25, 2003)
363. D. May: *occam* (Prentice–Hall Intl., Berkhampstead, UK 1982)
364. J. McCarthy: *Recursive Functions of Symbolic Expressions and Their Computation by Machines, Part I.* Communications of the ACM **3**, 4 (1960) pp 184–195
365. J. McCarthy: Towards a Mathematical Science of Computation. In: *IFIP World Congress Proceedings*, ed by C. Popplewell (1962) pp 21–28
366. J. McCarthy: A Basis for a Mathematical Theory of Computation. In: *Computer Programming and Formal Systems* (North-Holland Publ.Co., Amsterdam, 1963)
367. J. McCarthy: A Formal Description of a Subset of ALGOL. In: *[483]* (1966)
368. J. McCarthy. Artificial Intellingence. Electronically, on the Web: `http://www-formal.stanford.-edu/jmc/`, 2004.
369. J. McCarthy, et al.: *LISP 1.5, Programmer's Manual* (The MIT Press, Cambridge, Mass., USA 1962)
370. K. Melhorn: *Data Structures and Algorithms: 3 vols.: 1: Multi-Dimensional Searching and Computational Geometry, 2: Graph Algorithms and NP-Completeness, 3: Sorting and Searching* (Springer-Verlag, EATCS Monographs, Heidelberg, 1984)
371. E. Mendelsohn: *Introduction to Mathematical Logic*, 4th edn (Lewis Publishers, International Thomson Publishing, June 1, 1997)
372. J. Meseguer: Software Specification and Verification in Rewriting Logic. NATO Advanced Study Institute (2003)

373. B. Meyer: *On Formalism in Specifications.* IEEE Software **2**, 1 (1985) pp 6–26
374. B. Meyer: *Object-oriented Software Construction* (Prentice-Hall International, 1988)
375. B. Meyer: *Eiffel: The Language*, second revised edn (Prentice Hall PTR, Upper Sadle River, New Jersey 07485, USA 1992)
376. B. Meyer: *Object–oriented Software Construction*, second revised edn (Prentice Hall PTR, Upper Sadle River, New Jersey 07485, USA 1997)
377. J. Meyer, T. Downing, e. Andrew Shulmann: *Java Virtual Machine* (O'Reilly & Associates; ISBN: 1565921941, 1997)
378. G. Michaelson: *Introduction to Functional Programming through Lambda-Calculus* (Addison-Wesley, 1989)
379. Microsoft Corporation: *MCAD/MCSD Self-Paced Training Kit: Developing Web Applications with Microsoft Visual Basic .NET and Microsoft Visual C# .NET* (Microsoft Corporation, Redmond, WA, USA 2002)
380. Microsoft Corporation: *MCAD/MCSD Self-Paced Training Kit: Developing Windows-Based Applications with Microsoft Visual Basic .NET and Microsoft Visual C# .NET* (Microsoft Corporation, Redmond, WA, USA 2002)
381. D. Miéville, D. Vernant: *Stanislaw Lesniewski aujourd'hui* (, Grenoble October 8-10, 1992)
382. P. Millican, A. Clark: *The Legacy of Alan Turing: Machines and Thought* (Oxford University Press, Oxford, UK 18 March 1999)
383. R. Milne, C. Strachey: *A Theory of Programming Language Semantics* (Chapman and Hall, London, Halsted Press/John Wiley, New York 1976)
384. R. Milner: *Calculus of Communication Systems*, vol 94 of *Lecture Notes in Computer Science* (Springer-Verlag, 1980)
385. R. Milner: *Communication and Concurrency* (Prentice Hall, 1989)
386. R. Milner: *Communicating and Mobile Systems: The π–Calculus* (Cambridge University Press, 1999)
387. R. Milner, M. Tofte, R. Harper: *The Definition of Standard ML* (The MIT Press, Cambridge, Mass., USA and London, England, 1990)
388. C.C. Morgan: *Programming from Specifications* (Prentice Hall, Hemel Hempstead, Hertfordshire HP2 4RG, UK 1990)
389. J. Morris: Lambda-Calculus Models of Programming Languages. PhD Thesis, Lab. for Computer Science, Mass. Inst. of Techn., Cambridge, Mass., USA, TR-57 (1968)
390. L. Morris: The next 700 Programming Language Descriptions. Unpubl. ms., Univ. of Essex, Comp. Ctr. (1970)
391. L. Morris: Advice on Structuring Compilers and Proving them Correct. In: *Principles of Programming Languages, SIGPLAN/SIGACT Symposium, ACM Conference Record/Proceedings* (1973) pp 144–152
392. Y.N. Moschovakis: *Notes on Set Theory* (Springer-Verlag, Heidelberg, Germany 1 February 1994)
393. T. Mossakowski, A.E. Haxthausen, D. Sanella, A. Tarlecki: *CASL — The Common Algebraic Specification Language: Semantics and Proof Theory.* Computing and Informatics **22**, 1–2 (2003)
394. P.D. Mosses: *Action Semantics* (Cambridge University Press: Tracts in Theoretical Computer Science, 1992)
395. P.D. Mosses: *CoFI: The Common Framework Initiative for Algebraic Specification.* Bull. EATCS **59** (1996) pp 127–132

396. P.D. Mosses: CASL for CafeOBJ users. In: *CAFE: An Industrial–Strength Algebraic Formal Method* (Elsevier, 2000) pp 121–144
397. Edited by P.D. Mosses: CASL *Reference Manual*, vol 2960 of *LNCS, IFIP Series* (Speinger–Verlag, Heidelberg, Germnay 2004)
398. B.C. Moszkowski: *Executing Temporal Logic Programs* (Cambridge University Press, Cambridge, England 1986)
399. Edited by G. Nelson: *Systems Programming in Modula 3* (Prentice-Hall, Englewood Cliffs, New Jersey, USA 1991)
400. A. Nerode, R. Shore: *Logic for Applications* (Springer–Verlag, February 1, 1997)
401. D.E. Newton: *Alan Turing* (Xlibris Corporation, 1 July 2003)
402. J.F. Nilsson: Formal Vienna Development Method Models of PROLOG. In: *Implementations of PROLOG*, ed by J. Campbell (Ellis Horwood Series: Artificial Intelligence, 1984) pp 281–308
403. J.F. Nilsson. Some Foundational Issues in Ontological Engineering, October 30 – Novewmber 1 2002. Lecture slides for a PhD Course in Representation Formalisms for Ontologies, Copenhagen, Denmark.
404. T. Nipkow, L.C. Paulson, M. Wenzel: *Isabelle/HOL, A Proof Assistant for Higher-Order Logic*, vol 2283 of *Lecture Notes in Computer Science* (Springer-Verlag, 2002)
405. B. Nordström, K. Petersson, J.M. Smith: *Programming in Martin-Löf's Type Theory An Introduction*, vol 7 of *International Series of Monographs on Computer Science* (Clarendon Press, Oxford University Press, Oxford, England 1990) p 232
406. Object Management Group: *OMG Unified Modelling Language Specification*, version 1.5 edn (OMG/UML, http://www.omg.org/uml/ 2003)
407. O. Ore: *Graphs and their Uses* (The Mathematical Association of America, 1963)
408. S. Owre, N. Shankar, J.M. Rushby, D.W.J. Stringer-Calvert. *PVS Language Reference.* Computer Science Laboratory, SRI International, Menlo Park, CA, Sept. 1999.
409. S. Owre, N. Shankar, J.M. Rushby, D.W.J. Stringer-Calvert. *PVS System Guide.* Computer Science Laboratory, SRI International, Menlo Park, CA, Sept. 1999.
410. D.L. Parnas: *On the Criteria to be used in Decomposing Systems into Modules.* Communications of the ACM **15**, 12 (1972) pp 1053–1058
411. D.L. Parnas: *A Technique for Software Module Specification with Examples.* Communications of the ACM **14**, 5 (1972)
412. D.L. Parnas: *Software Fundamentals: Collected Papers, Eds.: David M. Weiss and Daniel M. Hoffmann* (Addison–Wesley Publ. Co., 2001)
413. D.L. Parnas, P.C. Clements: *A Rational Design Process: How and Why to Fake it.* IEEE Trans. Software Engineering **12**, 2 (1986) pp 251–257
414. D.L. Parnas, P.C. Clements, D.M. Weiss: Enhancing reusability with information hiding. In: *Tutorial: Software Reusability (Ed.: Peter Freeman)* (IEEE Press, 1986) pp 83–90
415. D.A. Patterson, J.L. Hennesey: *Computer Organization and Design* (Morgan Kaufmann; ISBN: 155860491X, 1998)
416. L. Paulson: Isabelle: The Next 700 Theorem Provers. In: *Logic in Computer Science*, ed by P. Oddifreddi (Academic Press, 1990) pp 361–386
417. R. Penner: *Discrete Mathematics, Proof Techniques and Mathematical Structures* (World Scientific Publishing Co., Pte., Ltd., Singapore 1 Jan 1999)
418. C.A. Petri: *Kommunikation mit Automaten* (Bonn: Institut für Instrumentelle Mathematik, Schriften des IIM Nr. 2, 1962)

419. C. Petzold: *Programming Windows with C# (Core Reference)* (Microsoft Corporation, Redmond, WA, USA 2001)
420. S.L. Pfleeger: *Software Engineering, Theory and Practice*, 2nd edn (Prentice–Hall, 2001)
421. B. Pierce: *Types and Programming Languages* (The MIT Press, 2002)
422. M. Piff: *Discrete Mathematics, An Introduction for Software Engineers* (Cambridge University Press, Cambridge, UK 27 Jun 1991)
423. G.D. Plotkin: *Call-by-Name, Call-by-Value and the Lambda Calculus.* Theoretical Computer Science **1** (1975) pp 125–159
424. G.D. Plotkin: A Structural Approach to Operational Semantics. Technical Report, Comp. Sci. Dept., Aarhus Univ., Denmark; DAIMI-FN-19 (1981)
425. G.D. Plotkin: *A Structural Approach Operational Semantics.* Journal of Logic and Algebraic Programming **60–61** (2004) pp 17–139
426. A. Pnueli: The Temporal Logic of Programs. In: *Proceedings of the 18th IEEE Symposium on Foundations of Computer Science* (IEEE CS, 1977) pp 46–57
427. R.S. Pressman: *Software Engineering, A Practitioner's Approach*, 5th edn (McGraw–Hill, 1981–2001)
428. M. Pěnička, A.K. Strupchanska, D. Bjørner: Train Maintenance Routing. In: *FORMS'2003: Symposium on Formal Methods for Railway Operation and Control Systems* (L'Harmattan Hongrie, 2003)
429. B. Randell: On Failures and Faults. In: *FME 2003: Formal Methods*, vol 2805 of *Lecture Notes in Computer Science* (Springer–Verlag, 2003) pp 18–39
430. C. Reade: *Elements of Functional Programming* (Addison-Wesley, 1989)
431. M. Reiser: *The* OBERON *System, User Guide and Programmer's Manual* (Addison-Wesley Publishing Company, 1991)
432. W. Reisig: *Petri Nets: An Introduction*, vol 4 of *EATCS Monographs in Theoretical Computer Science* (Springer Verlag, 1985)
433. W. Reisig: *A Primer in Petri Net Design* (Springer Verlag, 1992)
434. W. Reisig: *Elements of Distributed Algorithms: Modelling and Analysis with Petri Nets* (Springer Verlag, 1998)
435. W. Reisig: *On Gurevich's Theorem for Sequential Algorithms.* Acta Informatica (2003)
436. W. Reisig: *The Expressive Power of Abstract State Machines.* Computing and Informatics **22**, 1–2 (2003)
437. J.C. Reynolds: On the Relation Between Direct and Continuation Semantics. In: *International Colloquium on Automata, Languages and Programming, European Association for Theoretical Computer Science* (Springer-Verlag, 1974) pp 157–168
438. J.C. Reynolds: *The Craft of Programming* (Prentice-Hall, 1981)
439. J.C. Reynolds: *Theories of Programming Languages* (Cambridge University Press, Edinburgh Building, Shaftesbury Road, Cambridge CB2 2RU, England 1998)
440. J.C. Reynolds: *The Semantics of Programming Languages* (Cambridge University Press, 1999)
441. H.R. Rogers: *Theory of Recursive Functions and Effective Computability* (McGraw-Hill, 1967)
442. P. Roget: *Roget's Thesaurus* (Collins, London and Glasgow, 1852, 1974)
443. Edited by A.W. Roscoe: *A Classical Mind: Essays in Honour of C.A.R. Hoare* (Prentice Hall International, 1994)
444. A.W. Roscoe. *Model checking CSP*, pages 353–378. Prentice-Hall Intl., 1994.

445. A.W. Roscoe: *Theory and Practice of Concurrency* (Prentice-Hall, 1997)
446. A.W. Roscoe, C.A.R. Hoare: *Laws of occam Programming.* Theoretical Computer Science **60** (1988) pp 177–229
447. Edited by A.W. Roscoe, J.C.P. Woodcock: *A Millenium Perspective on Informatics* (Palgrave, 2001)
448. J. Rushby: Formal Methods and the Certification of Critical Systems. Technical Report SRI-CSL-93-7, Computer Science Laboratory, SRI International, Menlo Park, CA., USA (1993)
449. J. Rushby: Formal Methods and their Role in the Certification of Critical Systems. Technical Report SRI-CSL-95-1, Computer Science Laboratory, SRI International, Menlo Park, CA (1995)
450. D. Sangiorgio, D. Walker: *The π–Calculus* (Cambridge University Press, 2001)
451. D.A. Schmidt: *Denotational Semantics: a Methodology for Language Development* (Allyn & Bacon, 1986)
452. D.A. Schmidt: *The Structure of Typed Programming Languages* (MIT Press, 1994)
453. S. Schneider: *Concurrent and Real-time Systems — The CSP Approach* (John Wiley & Sons, Ltd., Baffins Lane, Chichester, West Sussex PO19 1UD, England 2000)
454. J.R. Schoenfeld: *Mathematical Logic* (A.K. Peters Publ., January 15, 2001)
455. D. Scott: The Lattice of Flow Diagrams. In: *[209]* (1970) pp 311–366
456. D. Scott: Outline of a Mathematical Theory of Computation. In: *Proc. 4th Ann. Princeton Conf. on Inf. Sci. and Sys.* (1970) p 169
457. D. Scott: Continuous Lattices. In: *Toposes, Algebraic Geometry and Logic*, ed by F. Lawvere (Springer-Verlag, Lecture Notes in Mathematics, Vol. 274 1972) pp 97–136
458. D. Scott: Data Types as Lattices. Unpublished Lecture Notes, Amsterdam (1972)
459. D. Scott: Lattice Theory, Data Types and Semantics. In: *Symp. Formal Semantics*, ed by R. Rustin (Prentice-Hall, 1972) pp 67–106
460. D. Scott: Mathematical Concepts in Programming Language Semantics. In: *Proc. AFIPS, Spring Joint Computer Conference, 40* (1972) pp 225–234
461. D. Scott: Lattice-Theoretic Models for Various Type Free Calculi. In: *Proc. 4th Int'l. Congr. for Logic Methodology and the Philosophy of Science,* Bucharest (North-Holland Publ.Co., Amsterdam, 1973) pp 157–187
462. D. Scott: λ-Calculus and Computer Science Theory. In: *Lecture Notes in Computer Science, Vol. 37*, ed by C. Böhm (Springer–Verlag, 1975)
463. D. Scott: *Data Types as Lattices.* SIAM Journal on Computer Science **5**, 3 (1976) pp 522–587
464. D. Scott: Domains for Denotational Semantics. In: *International Colloquium on Automata, Languages and Programming, European Association for Theoretical Computer Science* (Springer-Verlag, 1982) pp 577–613
465. D. Scott: Some Ordered Sets in Computer Science. In: *Ordered Sets*, ed by I. Rival (Reidel Publ., 1982) pp 677–718
466. D. Scott, C. Strachey: Towards a Mathematical Semantics for Computer Languages. In: *Computers and Automata*, vol 21 of *Microwave Research Inst. Symposia* (1971) pp 19–46
467. P. Sestoft: *Java Precisely* (The MIT Press, 2002)
468. R. Sethi, A. Tang: *Constructing Call-By-Value Continuation Semantics.* Journal of the ACM **27** (1980) pp 580–597
469. N. Shankar: *Metamathematics, Machines and Gödel's Proof* (Cambridge University Press, Cambridge, UK 1994)

470. P.M. Simons. *Foundations of Logic and Linguistics: Problems and their Solutions*, chapter Leśniewski's Logic and its Relation to Classical and Free Logics. Plenum Press, New York, 1985. Georg Dorn and P. Weingartner (Eds.).
471. S. Sokołowski: *Applicative Higher-Order Programming: the Standard ML Perspective* (Chapman and Hall, 1991)
472. I. Sommerville: *Software Engineering*, 6th edn (Addison-Wesley, 1982–2001)
473. J.M. Spivey: *Understanding Z: A Specification Language and its Formal Semantics*, vol 3 of *Cambridge Tracts in Theoretical Computer Science* (Cambridge University Press, 1988)
474. J.M. Spivey: *The Z Notation: A Reference Manual* (Prentice Hall, Hemel Hempstead, Hertfordshire HP2 4RG, UK 1989)
475. J.M. Spivey: *The Z Notation: A Reference Manual*, 2nd edn (Prentice Hall International Series in Computer Science, 1992)
476. Edited by J.T.J. Srzednicki, Z. Stachniak: *Lesniewski's lecture notes in logic* (Dordrecht, 1988)
477. J.T.J. Srzednicki, Z. Stachniak: *Lesniewski's systems protothetic* (Dordrecht, 1998)
478. Staff of Encyclopœdia Brittanica. Encyclopœdia Brittanica. Merriam Webster/Brittanica: Access over the Web: http://www.eb.com:180/, 1999.
479. Staff of Merriam Webster. Online Dictionary: `http://www.m-w.com/home.htm`, 2004. Merriam–Webster, Inc., 47 Federal Street, P.O. Box 281, Springfield, MA 01102, USA.
480. Staff of Oxford University Press: *The Oxford Dictionary of Quotations* (Oxford University Press, London, 1941, 1974)
481. D.F. Stanat, D.F. McAllister: *Discrete Mathematics for Computer Science* (Prentice-Hall, Inc., 1977)
482. Edited by J. Staunstrup, W. Wolff: *Hardware/Software Co-Design: Principles and Practice* (Kluwer Academic press, Dordrecht, The Netherlands 1997)
483. Edited by T.B. Steel: *Formal Language Description Languages,* IFIP TC-2 Work. Conf., Baden (North-Holland Publ.Co., Amsterdam, 1966)
484. Edited by J. Stein: *The Random House American Everyday Disctionary* (Random House, New York, N.Y., USA 1949, 1961)
485. C. Strachey: Fundamental Concepts in Programming Languages. Unpubl. Lecture Notes, NATO Summer School, Copenhagen, 1967, and Programming Research Group, Oxford Univ. (1968)
486. C. Strachey: The Varieties of Programming Languages. Techn. Monograph 10, Programming Research Group (1973)
487. C. Strachey: Continuations: A Mathematical Semantics which can deal with Full Jumps. Techn. Monograph, Programming Research Group (1974)
488. H. Strong: Translating Recursion Equations into Flow Charts. In: *Proceedings 2nd Annual ACM Symposium on Theory of Computig (SToC)* (1970) pp 184–197
489. B. Stroustrup: *C++ Programming Language* (Addison-Wesley Publishing Company, 1986)
490. A.K. Strupchanska, M. Pěnička, D. Bjørner: Railway Staff Rostering. In: *FORMS2003: Symposium on Formal Methods for Railway Operation and Control Systems* (L'Harmattan Hongrie, 2003)
491. P.R. Suppes: *Axiomatic Set Theory* (Dover Publications, New York, NY, USA 7 May 1973)
492. P.R. Suppes, S. Hill: *A First Course in Mathematical Logic* (Dover Publications, July 1, 2002)
493. Edited by S.J. Surma, J.T. Srzednicki, D.I. Barnett, V.F. Rickey: *Stanislaw Lesniewski: Collected works (2 Vols.)* (Dordrecht, Boston – New York 1988)
494. V.G. Szebehely: *Adventures in Celestial Mechanics. A First Course in the Theory of Orbits* (University of Texas Press, University of Texas, Box 7819, Austin, Texas 78713-7819, USA 1989, 1993)

495. R. Tarjan: *Data Structures and Network Algorithms* (SIAM: Soc. f. Ind. & Appl. Math., 1983)
496. R. Tennent: *Principles of Programming Languages* (Prentice-Hall, Int'l., 1981)
497. R. Tennent: *The Semantics of Programming Languages* (Prentice–Hall Intl., 1997)
498. S. Thompson: *Haskell: The Craft of Functional Programming*, 2nd edn (Addison Wesley, 1999)
499. F.X. Tong: *From the Soil — The Foundations of Chinese Society: XiangTu ZhongGuo* (University of California Press, University of California Press Ltd., Oxford, England, and Berkeley and Los Angeles, California; Berkeley 94720, Calif., USA (1947) 1992)
500. G. Tourlakis: *Lectures in Logic and Set Theory: Volume 2, Set Theory* (Cambridge University Press, Cambridge, UK 13 February 2003)
501. W.A. Triebel: *The 80386, 80486, and Pentium Microprocessors* (Prentice Hall International Paperback Editions, 1998)
502. D. Turner: Miranda: A Non-strict Functional Language with Polymorphic Types. In: *Functional Programming Languages and Computer Architectures*, no 201 of *Lecture Notes in Computer Science*, ed by J. Jouannaud (Springer-Verlag, 1985)
503. J. van Benthem: *The Logic of Time*, vol 156 of *Synthese Library: Studies in Epistemology, Logic, Methhodology, and Philosophy of Science (Editor: Jaakko Hintika)*, 2nd edn (Kluwer Academic Publishers, P.O.Box 17, NL 3300 AA Dordrecht, The Netherlands 1983, 1991)
504. R. van Glabbeek, P. Weijland. Branching Time and Abstraction in Bisimulation Semantics. Electronically, on the Web: `http://theory.stanford.edu/~rvg/abstraction/abstraction.html`, Centrum voor Wiskunde en Informatica, Postbus 94079, 1090 GB Amsterdam, The Netherlands, January 1996.
505. W. van Orman Quine: *Set Theory and Its Logic* (Harvard University Press, Cambridge, Mass., USA 1 July 1969)
506. W. van Orman Quine: *From a Logical Point of View* (Harvard Univ. Press, Cambridge, Mass., USA 1953, 1980)
507. W. van Orman Quine: *Word and Object* (The MIT Press, Cambridge, Mass., USA 1960)
508. W. van Orman Quine: *Pursuit of Truth*, paperback edn (Harvard Univ. Press, Cambridge, Mass., USA 1992)
509. W. van Orman Quine: *Mathematical Logic* (Harvard University Press, January 1951 + March 1, 1979)
510. A. van Wijngaarden: *Report on the Algorithmic Language ALGOL 68.* Acta Informatica **5** (1975) pp 1–236
511. B. Venners: *Inside the Java 2.0 Virtual Machine (Enterprise Computing)* (McGraw-Hill; ISBN: 0071350934, 1999)
512. H. van Vliet: *Software Engineering: Principles and Practice* (John Wiley & Sons, Ltd., Baffins Lane, Chichester, West Sussex PO19 1UD, England 2000)
513. C. Wadsworth: Semantics and Pragmatics of the Lambda-Calculus. PhD Thesis, Programming Research Group (1971)
514. M. Wand: *Continuation-based Program Transformation Strategies.* Journal of the ACM **27** (1980) pp 164–180
515. M. Wand: *Induction, Recursion and Programming* (North-Holland Publ.Co., Amsterdam, 1980)
516. D. Watt, B. Wichmann, W. Findlay: *Ada: Language and Methodology* (Prentice-Hall International, 1986)
517. P. Wegner: *Programming Languages, Information Structures, and Machine Organization* (McGraw-Hill Book Company, 1968)

518. P. Weis, X. Leroy: *Le langage Caml* (Dunod, Paris, France 1999)

519. Wikipedia: Polymorphism. In: *Internet* (Published: http://en.wikipedia.org/wiki/Polymorphism_(computer_science), 2005)

520. Å. Wikström: *Functional Programming using Standard ML* (Prentice-Hall, 1984)

521. G. Winskel: *The Formal Semantics of Programming Languages* (The MIT Press, Cambridge, Mass., USA, 1993)

522. N. Wirth: *The Programming Language PASCAL.* Acta Informatica **1**, 1 (1971) pp 35–63

523. N. Wirth: *Systematic Programming* (Prentice-Hall, 1973)

524. N. Wirth: *Algorithms + Data Structures = Programs* (Prentice-Hall, 1976)

525. N. Wirth: *Programming in Modula-2* (Springer-Verlag, Heidelberg, Germany, 1982)

526. N. Wirth: *From Modula to Oberon.* Software — Practice and Experience **18** (1988) pp 661–670

527. N. Wirth: *The Programming Language Oberon.* Software — Practice and Experience **18** (1988) pp 671–690

528. N. Wirth: *The Programming Language Oberon.* Software — Practice and Experience **18** (1988) pp 671–690

529. N. Wirth, J. Gutknecht: *The Oberon System.* Software — Practice and Experience **19**, 9 (1989) pp 857–893

530. N. Wirth, J. Gutknecht: *The Oberon Project* (Addison-Wesley Publishing Company, 1992)

531. N. Wirth, C.A.R. Hoare: *A Contribution to the Development of ALGOL.* Communications of the ACM **9**, 6 (1966) pp 413–432

532. D.A. Wolfram: *The Clausal Theory of Types* (Cambridge University Press, March 1993)

533. J.C.P. Woodcock, J. Davies: *Using Z: Specification, Proof and Refinement* (Prentice Hall International Series in Computer Science, 1996)

534. J.C.P. Woodcock, M. Loomes: *Software Engineering Mathematics* (Pitman, London, 1988)

535. ANSI X3.23-1974: The COBOL Programming Language. Technical Report, American National Standards Institute, Standards on Computers and Information Processing (1974)

536. ANSI X3.53-1976: The PL/I Programming Language. Technical Report, American National Standards Institute, Standards on Computers and Information Processing (1976)

537. ANSI X3.9-1966: The FORTRAN Programming Language. Technical Report, American National Standards Institute, Standards on Computers and Information Processing (1966)

538. Y. Xia, C.W. George: An Operational Semantics for Timed RAISE. In: *FM'99 — Formal Methods*, ed by J.M. Wing, J. Woodcock, J. Davies (Springer–Verlag, 1999) pp 1008–1027

539. E.N. Zalta: Logic. In: *The Stanford Encyclopedia of Philosophy* (Published: http://plato.stanford.edu/, Winter 2003)

540. C.C. Zhou, M.R. Hansen: *Duration Calculus: A Formal Approach to Real–time Systems* (Springer–Verlag, 2004)

541. C.C. Zhou, C.A.R. Hoare, A.P. Ravn: *A Calculus of Durations.* Information Proc. Letters **40**, 5 (1992)